Stephan Terwen

Vorausschauende Längsregelung schwerer Lastkraftwagen

Schriften des
Instituts für Regelungs- und Steuerungssysteme
Karlsruher Institut für Technologie

Band 06

Vorausschauende Längsregelung schwerer Lastkraftwagen

von
Stephan Terwen

Dissertation, Universität Karlsruhe (TH)
Fakultät für Elektrotechnik und Informationstechnik, 2009

Impressum

Karlsruher Institut für Technologie (KIT)
KIT Scientific Publishing
Straße am Forum 2
D-76131 Karlsruhe
www.uvka.de

KIT – Universität des Landes Baden-Württemberg und nationales
Forschungszentrum in der Helmholtz-Gemeinschaft

KIT Scientific Publishing 2010
Print on Demand

ISSN 1862-6688
ISBN 978-3-86644-481-2

Vorausschauende Längsregelung schwerer Lastkraftwagen

Zur Erlangung des akademischen Grades eines

DOKTOR-INGENIEURS

von der Fakultät für Elektrotechnik und Informationstechnik
der Universität Fridericiana Karlsruhe
genehmigte

DISSERTATION

von

Dipl.-Ing. Stephan Terwen
aus Heilbronn

Tag der mündlichen Prüfung: 12. November 2009

Hauptreferent: Prof. Dr.-Ing. Volker Krebs

Korreferent: Prof. Dr.-Ing. Klaus Dieter Müller-Glaser

Lauffen am Neckar, den 31. März 2010

für
Simone und Paul

Vorwort

Der praktische Teil der vorliegenden Arbeit entstand im Zeitraum von Mai 2002 bis August 2006 während meiner Tätigkeit in der Konzernforschung und der Nutzfahrzeug-Vorentwicklung der Daimler AG. Aus beruflichen und privaten Gründen erfolgte die Erstellung der vorliegenden schriftlichen Ausarbeitung erst im daran anschließenden Zeitraum.

Mein besonderer Dank gilt meinem Doktorvater Herrn Prof. Dr.-Ing. Volker Krebs, nicht nur für die Übernahme des Hauptreferats zu dieser Arbeit, sondern auch für die ermutigenden Worte, welche mir besonders während der Zeit der Entwicklung des numerischen Lösungsverfahrens das Selbstbewusstsein gegeben haben, neue Wege zu beschreiten. Herrn Prof. Dr.-Ing Klaus D. Müller-Glaser danke sehr ich für die Übernahme des Korreferats.

Meinen Vorgesetzten während meiner Zeit in der Forschung, Frau Anke Kleinschmit, Herrn Ulrich Springer, Herrn Dr. Klaus Allmendinger und Herrn Dr. Rainer Müller-Finkeldei danke ich für die Unterstützung meiner Arbeit auch in den Zeiten, in denen sie nicht gefragt war. Besonderen Dank schulde ich Herrn Andreas Albrecht, dem Entdecker meiner Arbeit, der diese nicht nur unterstützte, sondern mir auch stets den Rücken frei hielt. Mein Dank richtet sich ebenfalls an Herrn Dr. Ottmar Gehring für die Bereitstellung des ersten Versuchsfahrzeugs. Mein besonderer Dank gilt Herrn Ralf Kiefer, der durch seine unbürokratische Hilfe und sein mechanisches Können dieses Fahrzeug immer wieder in Gang brachte. Weiterhin danke ich meinen Kollegen aus der Vorentwicklung Claus Kochendörfer, Werner Schleif, Heiko Schiemenz und Felix Kauffmann für die gute Zusammenarbeit.

Viel verdanke ich Herrn Dr. Michael Back, Herrn Dr. Dirk Mehlfeldt und Herrn Christian Kringe, die alle nicht nur kritische Leser meiner Arbeit waren. Herrn Dr. Michael Back danke ich darüber hinaus für die fruchtbaren Diskussionen zum Thema Prädiktive Antriebsstrangregelung, Herrn Dr. Dirk Mehlfeldt verdanke ich das stets offene Ohr für Diskussionen über numerische Optimierung und Herrn Christian Kringe danke ich sehr für die Unterstützung und die schöne Zeit bei den Versuchsfahrten in Münsingen.

Meinen Eltern Irene und Julius möchte ich für die Unterstützung während meines Studiums und auch während der Zeit meiner Promotion danken. Schließlich kann ich nicht genug meiner Frau Simone und meinem Sohn Paul für ihre Unterstützung und ihre Geduld danken, die während der Fertigstellung der schriftlichen Ausarbeitung auf sehr viele gemeinsame Wochenenden und Urlaubstage mit mir verzichten mussten.

Lauffen, im Mai 2009   Stephan Terwen

Ein Optimierungsverfahren findet nicht das Optimum,
sondern die Schwächen der Problemformulierung.

(unbekannter Verfasser)

Inhaltsverzeichnis

Kapitel 1

Einleitung

Das Führen eines Kraftfahrzeugs ist eine komplexe Aufgabe. Insbesondere ist der Fahrer eines Lastkraftwagens mit besonderen regelungstechnischen Herausforderungen konfrontiert. Es ist leicht nachvollziehbar, dass eine sichere Querregelung eines Lkws schwierig ist, da aufgrund dessen Größe nur wenig Spielraum auf engen Fahrbahnen zur Verfügung steht. Dagegen ist zunächst weniger bekannt, dass die Längsregelung eines Lkws, also die Wahl der Geschwindigkeit, der Antriebs- und Bremsmomente und des Ganges, sich als eine nicht minder komplexe Aufgabe erweist. Es geht dabei nicht alleine darum, eine zur Geschwindigkeitsbeschränkung und Kurvenkrümmung passende Geschwindigkeit einzustellen. Vielmehr müssen dabei weitere – insbesondere wirtschaftliche – Ziele erreicht werden.

Ein niedriger Kraftstoffverbrauch ist dabei entscheidend. Mit 30 % liegt der Anteil der Kraftstoffkosten an den Live-Cycle-Costs[1] eines Lkws über dessen Anschaffungspreis. Ein geringer Verbrauch eines Lkws ist deshalb ausschlaggebend für die Kaufentscheidung eines Fuhrunternehmers. Durch Optimierung des Motorwirkungsgrads, Reduzierung von Reibung im Triebstrang und Verbesserung der Aerodynamik des Fahrerhauses versuchen deshalb Fahrzeughersteller, den Verbrauch ihrer Produkte zu reduzieren. Dabei werden zum Teil Maßnahmen realisiert, welche hohe Kosten verursachen und dabei dennoch nur Einsparungen im Promillebereich erzielen, die sich aber trotzdem für den Kunden amortisieren.

Es ist nicht zu erwarten, dass in Zukunft bei der Verbesserung des Wirkungsgrads des Motors große Schritte gemacht werden. Dies liegt zum einen am Wirkprinzip des Verbrenners und zum anderen daran, dass für die Erfüllung der immer schärfer werdenden Abgasgesetze, Maßnahmen ergriffen werden müssen, welche sich eher ungünstig auf den Gesamtwirkungsgrad des Motors auswirken [KBF+05]. Auch eine weitere spürbare Verringerung des Luftwiderstands ist nicht zu erwarten, da das Spannungsdreieck aus der gesetzlichen Begrenzung der Lkw-Maße, der erzielbaren Nutzlast und dem Reisekomfort des Fahrers kaum ein Abweichen von der aerodynamisch ungünstigen Quaderform des Lkws zulässt.

Da konstruktive Maßnahmen in Zukunft immer geringere Einsparungen erwarten lassen, tritt immer mehr der Einfluss des Fahrers auf den Kraftstoffverbrauch in den Blickpunkt. In [Ame98] und [Nyl06] wird berichtet, dass ein wenig geübter Fahrer auf der selben Fahrstrecke bis zu 35 % mehr verbraucht als ein sehr versierter. Alle Fahrzeughersteller bieten

---

[1] Kosten, welche für den Betrieb eines Lkws über seinen gesamten Lebenszyklus anfallen. Diese beinhalten unter anderem die Anschaffungskosten, Lohnkosten für den Fahrer und Kosten für Reparatur und Wartung. Die Kraftstoffkosten betragen ca. 49000 €/a bei einer Laufleistung von 140000 km/a, einem Verbrauch von 35 ℓ/100 km und einem Dieselpreis von 1 €/ℓ.

deshalb Schulungen an, in denen eine *vorausschauende* ökonomische Fahrweise mit ihren Fahrzeugen gelehrt wird, so dass laut [Dai08], [Nor07] und [Vol07] eine Verbrauchseinsparung von 10 % − 15 % gegenüber einem ungeschulten Fahrer erzielt werden kann. Eine verbrauchsorientierte Fahrweise darf jedoch nicht ein zügiges Vorankommen beeinträchtigen. Zwar könnte ein Fahrer beispielsweise durch Absenken der Durchschnittsgeschwindigkeit seines Fahrzeugs den Verbrauch reduzieren, dem Fahrer eines hinter ihm fahrenden Lkws würde seine Geschwindigkeit jedoch aufgezwungen, weil die Möglichkeiten zum Überholen für Lkws selten sind. Da verbreitet ein heftiger Termindruck im Güterverkehr herrscht, birgt die Absenkung der Durchschnittsgeschwindigkeit ein hohes Konfliktpotenzial beim Zusammentreffen beider Fahrer im Rasthof.

Wegen des großen Einflusses der Fahrweise auf den Kraftstoffverbrauch bieten Fahrzeughersteller so genannte Fahrerassistenzsysteme an, welche einen weniger geübten Fahrer zugunsten einer ökonomischen Fahrweise unterstützen oder einen versierten Fahrer entlasten sollen. Beispiele hierfür sind der (Abstandsregel-)Tempomat zur Automatisierung der Geschwindigkeitsregelung und Systeme zur automatischen Wahl des Ganges. Solche Systeme sind zwar auch beim Pkw verbreitet, deren funktionale Umsetzung unterscheidet sich beim Lkw jedoch deutlich, um dem Wunsch nach kraftstoffsparendem Fahren nachzukommen.

Bis heute ist jedoch der geübte Kraftfahrer in der Längsregelung eines Lkws jedem Fahrerassistenzsystem überlegen. Dies liegt daran, dass der menschliche Fahrer gegenüber heutigen technischen Systemen den Vorteil besitzt, dass er *vorausschauend* fahren kann, weil ihm visuelle Informationen über den kommenden Streckenverlauf zur Verfügung stehen. So kann er beispielsweise schon vor einer Steigung zurückschalten, wenn er diese rechtzeitig sieht, so dass ihm dann genügend Zugkraft in der Steigung zur Verfügung steht.

Der Begriff *vorausschauend* ist im Zusammenhang mit der Fahrweise nicht in der Bedeutung einer hellseherischen Gabe des Fahrers, sondern in seiner Fähigkeit zur Antizipation zu sehen. Viele Arbeiten in der Literatur analysieren die Bedeutung der Antizipation beim Führen eines Kraftfahrzeugs [Pro00], [Hua03] und [But04]. In den zitierten Arbeiten wird erläutert, dass der Fahrer bei dieser Weise der Entscheidungsfindung ein *inneres Modell* des für ihn zu regelnden Systems Kraftfahrzeug verwendet. Über die visuelle Wahrnehmung hat er Kenntnis über die zukünftige Fahrsituation, wie über die kommende Fahrbahnsteigung und -krümmung. Diese Informationen versetzen ihn in die Lage, mit dem inneren Modell Szenarien für die Ansteuerung des Fahrzeugs zu entwickeln, diese zu bewerten und so die für ihn als optimal erachteten Stellgrößen abzuleiten. Je genauer sein inneres Modell der Wirklichkeit entspricht und je besser seine Fähigkeit ausgeprägt ist, die Fahrzeugbewegung anhand dieses Modells zu optimieren, desto besser wird auch die Qualität seiner Längsregelung sein. Insbesondere dann ist die Fähigkeit eines Fahrers zur Antizipation gefragt, wenn er auf einer für ihn weniger vertrauten Strecke fährt, da er sich in diesem Fall nur wenig auf sein durch Erfahrung erlangtes, regelbasiertes Wissen stützen kann.

Heutige Seriensysteme für die Automatisierung der Längsregelung eines Lkws sind nicht oder nur für einen sehr kurzen zeitlichen Horizont zur Antizipation in der Lage. Stellgrößen werden bei diesen Systemen allein basierend auf Informationen über die aktuelle oder vergangene Fahrsituation gewählt. Dies liegt daran, dass es mit den heute im Fahrzeug zur Verfügung stehenden Informationen nicht möglich ist, ein Modell für die Regelstrecke aufzustellen, mit dem ein Vorausrechnen mit ausreichender Genauigkeit möglich ist. Die bisher fehlende Information über die kommende Fahrsituation, welche den größten Einfluss auf die Längsdynamik eines Lkws hat, ist der Verlauf der vorausliegenden Fahrbahnsteigung.

Eine neue Möglichkeit, die Längsregelung eines Straßenfahrzeugs durch ein technisches System zu optimieren, bietet die *Prädiktive Antriebsstrangregelung* (PAR). Die zentrale Idee dieses Regelungskonzepts ist, Informationen eines erweiterten Navigationssystems für die Optimierung der Betriebsstrategie eines Fahrzeugantriebsstrangs einzusetzen. Das erweiterte Navigationssystem bestimmt dabei fortlaufend die aktuelle Position und den zukünftig befahrenen Streckenabschnitt. Für diesen Streckenabschnitt werden aus einer erweiterten digitalen Karte für die Längsregelung des Fahrzeugs relevante Daten wie die kommende Fahrbahnsteigung entnommen und den Automatisierungssystemen des Antriebsstrangs bereitgestellt. Mit der Kenntnis über die kommende Fahrbahnsteigung kann ein genaues mathematisches Modell für die Längsdynamik eines Lkws aufgestellt werden. Dieses Modell ermöglicht eine Prädiktion der Fahrzeugbewegung. So wird die Möglichkeit geschaffen, ein Fahrerassistenzsystem zu entwickeln, welches im Gegensatz zu den heutigen Seriensystemen den geübten Kraftfahrer in seiner antizipierenden Fahrweise zu kopieren vermag. Da ein solches technisches System gegenüber dem Fahrer die Vorteile besitzt, dass

- ihm genauere Informationen über Kenngrößen des Fahrzeugs, wie z.B. die Kennfelder des Motors, zur Verfügung stehen,

- es „um die Ecke schauen kann", also auch die Streckenattribute hinter einer nicht einsehbaren Kurve kennt, und

- es keinen Schwankungen bei der Konzentration auf die Fahraufgabe unterliegt,

wird hier die Hypothese aufgestellt, dass ein solches Fahrerassistenzsystem auch dem geübten Kraftfahrer bei der Längsregelung eines Lkws überlegen sein wird. Ziel der vorliegenden Arbeit ist die Entwicklung eines solchen Fahrerassistenzsystems.

Das hier entwickelte System automatisiert die Längsregelung eines Lkws basierend auf Vorausschaudaten *vollständig*, weshalb es *Integrated Predictive Powertrain Control* (IPPC) (Deutsch: *Ganzheitliche Prädiktive Antriebsstrangregelung*) genannt wird. Abbildung 1.1 zeigt eine Übersicht über das IPPC-System. Das System wählt die Getriebestufe, das Antriebsmoment und die Bremsmomente so, dass die Fahrzeuggeschwindigkeit bezüglich ändernder gesetzlicher Geschwindigkeitsbeschränkungen, der Kurvenkrümmung und dem Abstand zu einem vorausfahrenden Fahrzeug angepasst wird. Dabei wird zum einen der Kraftstoffverbrauch so gering wie möglich gehalten und gleichzeitig eine vom Fahrer vorgegebene, an der gesetzlichen Geschwindigkeitsbeschränkung orientierte Wunschgeschwindigkeit eingehalten. Bei aktiviertem IPPC-System verbleibt alleine die Lenkung des Fahrzeugs als Aufgabe beim Fahrer.

Das IPPC-System wurde in zwei Mercedes-Benz Actros Versuchsfahrzeugen implementiert und getestet. Am Ende dieser Arbeit werden Messergebnisse einer Vergleichsfahrt zwischen dem IPPC-System und einem geübten Fahrer vorgestellt, der mit der zur Zeit der Messung in Serie befindlichen automatischen Gangwahl fuhr. Diese Ergebnisse werden eindeutig die Frage beantworten, ob das IPPC in der Lage ist, dieselbe Strecke schneller und mit einem geringeren Kraftstoffverbrauch als ein geübter Fahrer zu bewältigen.

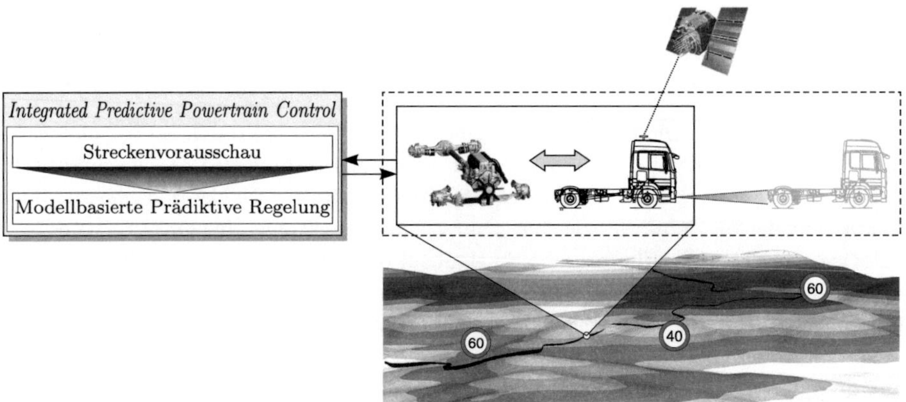

Abbildung 1.1: Wirkungsbild des Systems Integrated Predictive Powertrain Control

Funktionaler Kern des IPPC-Systems bildet eine *Modellbasierte Prädiktive Regelung* (MPR) der Fahrzeuglängsdynamik. Die MPR verwendet den Verlauf der kommenden Fahrbahnsteigung dazu, um entsprechend des inneren Modells der Antizipation ein mathematisches Modell der Fahrzeuglängsdynamik zu erstellen. Mit diesem Modell prädiziert die MPR die kommende Fahrzeugbewegung. Zur Bewertung der Fahrzeuglängsregelung wird eine Zielfunktion definiert, in der die Einhaltung der Wunschgeschwindigkeit, der Komfort der Fahrweise und der für die Fahrt durch den Prädiktionshorizont verbrauchte Kraftstoff quantitativ und gewichtet zueinander bewertet werden. Mit Modell, Zielfunktion und dem aktuellen Fahrzeugzustand wird ein *Optimalsteuerungsproblem* formuliert, dessen Lösung die optimale Ansteuerung des Antriebsstrangs für einen vorgegebenen Horizont ergibt. Die MPR verwendet dann den prädizierten optimalen Steuerungsverlauf für ein kurzes Intervall des Anfangs des Prädiktionshorizonts zur tatsächlichen Ansteuerung des Fahrzeugs. Mit der Fahrzeugbewegung verschiebt die MPR den Prädiktionshorizont und löst fortlaufend das Optimalsteuerungsproblem, jeweils basierend auf dem aktuellen tatsächlichen Fahrzeugzustand. Dadurch schließt sich der Regelkreis, so dass eine Fahrzeuglängstrajektorie erzeugt wird, welche die Zielfunktion nicht nur für einen Prädiktionshorizont, sondern näherungsweise für die gesamte Fahrstrecke minimiert.

Zur mathematischen Beschreibung der Längsdynamik eines Lkws wird ein diskret-kontinuierliches, daher ein so genanntes *hybrides Modell* benötigt. Der diskrete Modellteil beinhaltet die Beschreibung der Steuerung des Schaltprozesses des automatisierten Nutzfahrzeugschaltgetriebes sowie den Ist- und Sollgang als diskrete Zustands- und Steuerungsgrößen. Der kontinuierliche Teil des Modells umfasst die Dynamik des Antriebsstrangs und der Fahrzeugbewegung. Durch das hybride Modell entsteht ein *Hybrid-Optimalsteuerungsproblem* (HOSP), welches in jedem Zyklus der MPR des IPPC-Systems in Echtzeit gelöst werden muss. Dieses besitzt mit der Anzahl der in einem Horizont stattzufindenden Gangwechsel und der Sollgangfolge sowohl diskrete als auch mit den kontinuierlichen Sollmomentverläufen für den Antriebsstrang kontinuierliche Freiheitsgrade. Die Lösung dieses Hybrid-Optimalsteuerungsproblems in Echtzeit stellt dabei eine große rechen- und softwaretechnische Herausforderung dar. Neben der prototypischen Realisierung des IPPC-Systems ist deshalb ein weiteres Ziel der vorliegenden Arbeit die Entwicklung und Implementierung eines Lösungsverfahrens, welches das HOSP der Lkw-Längsdynamik schnell und robust zu lösen vermag. Es hat sich gezeigt, dass keines der existierenden Lösungsverfahren die für den Einsatz im IPPC-System gestellten Anforderung ausreichend erfüllt (siehe Abschnitt 2.2.4). Dies führte dazu, dass ein in weiten Teilen neues Lösungsverfahren entwickelt werden musste, welches nicht nur für die Aufgabenstellung dieser Arbeit, sondern für viele praktische Problemstellungen der Optimalsteuerung einsetzbar ist. Man kann dabei nicht von einem einzigen durchgängigen Verfahren sprechen, da sich dieses aus Methoden mehrerer Disziplinen der numerischen Mathematik zusammensetzt.

Im ersten Schritt des Lösungsverfahrens wird eine Dekomposition durchgeführt, bei der einem Suchverfahren für die diskreten Freiheitsgrade die Lösung mehrerer so genannter *Mehrphasen-Optimalsteuerungsprobleme* (MPOSP) in rein reellwertigen Entscheidungsgrößen unterlagert sind. Das hier entwickelte Suchverfahren für die optimale Schalthäufigkeit und Sollgangfolge basiert auf dem Prinzip des *Branch-and-Bound* und ist speziell auf das HOSP dieser Arbeit zugeschnitten. Die in dieser Arbeit entwickelten Methoden zur Lösung von MPOSP sind dagegen für allgemeine Problemstellungen einsetzbar. Ein Mehrphasen-Optimalsteuerungsprobleme stellt eine Erweiterung eines gewöhnlichen Optimalsteuerungsproblems dar, bei dem der Optimierungshorizont in mehrere Phasen unterteilt ist, in denen das System eine jeweils unterschiedliche Systembeschreibung besitzt. Im Zuge des Lösungsverfahrens werden die MPOSP durch die *direkte Mehrzielmethode* von Bock und Plitt [BP84] diskretisiert, so dass so genannte *Nichtlineare Programme* (NLP) in der speziellen Form von *nichtlinearen zeitdiskreten Optimalsteuerungsproblemen* (NZOSP) entstehen.

Für die Lösung dieser NZOSP wird das Verfahren der *Filter Sequentiellen Quadratischen Programmierung* (filterSQP) von Fletcher [FLT00] weiterentwickelt, so dass es gelingt, auch solche NLP näherungsweise zu lösen, deren Nebenbedingungen nicht erfüllbar sind. Die Fähigkeit eines Lösungsverfahrens, auch solche *unzulässigen* Probleme effizient lösen zu können, ist für den praktischen Einsatz in einer MPR erforderlich, da auch dann die MPR aufrechterhalten werden muss, wenn aufgrund von Störungen oder einer schwierigen Fahrsituation eine exakte Erfüllung sämtlicher Randbedingungen nicht möglich ist. Bei der Klasse der SQP-Verfahren handelt es sich um iterative Verfahren, bei denen eine Korrekturrichtung durch Lösen eines sog. *Quadratischen Programms* (QP) gefunden wird, welches als eine Approximation des NLPs im aktuellen Iterationspunkt betrachtet werden kann.

Die in dieser Arbeit vorgestellte SQP-Variante verwendet exakte zweite Ableitungen der Terme der Problemformulierung zur Bildung der quadratischen Approximation. Dadurch wird zum einen eine hohe Konvergenzgeschwindigkeit erzielt und zum anderen erhalten die zu lösenden QP die Form eines *linearen zeitdiskreten Optimalsteuerungsproblems*, welches wegen der Verwendung exakter zweiter Ableitungen nichtkonvex sein kann. Praktische Untersuchungen haben gezeigt, dass für die Lösung des HOSPs mehr als 90 % der benötigten Rechenzeit auf die Lösung dieser Probleme entfällt. Diese Problematik motivierte dazu, für die Lösung eines nichtkonvexen zeitdiskreten Optimalsteuerungsproblems ein neues Lösungsverfahren zu entwickeln, welches die Struktur eines solchen Problems optimal ausnutzt. Das Lösungsverfahren ist eine Variante des Aktive-Menge-Verfahrens für nichtkonvexe Quadratische Programme, wobei das Bellmansche Optimalitätsprinzip dazu verwendet wird, den Rechenaufwand sehr gering zu halten.

Die Arbeit ist wie folgt gegliedert:

Kapitel 2:

Im diesem Kapitel werden zunächst die technischen Besonderheiten eines Lkws und die Herausforderungen der Längsregelung eines solchen Fahrzeugs dargestellt. Anschließend erfolgt die Beschreibung der in heutigen Serienfahrzeugen erhältlichen Systeme, welche die Längsregelung eines Lkws unterstützen. Im zweiten Teil von Kapitel 2 werden die Streckenvorausschau und andere Arbeiten zur Prädiktiven Antriebsstrangregelung vorgestellt und bewertet. Nach einer kurzen Erläuterung der Methodik der MPR wird dann die Funktionsweise des IPPC-Systems beschrieben und ein Überblick über das eingesetzte Optimierungsverfahren gegeben.

Kapitel 3:

Kapitel 3 stellt das entwickelte Lösungsverfahren für ein allgemeines Mehrphasen-Optimalsteuerungsprobleme vor. Nach der Beschreibung der Diskretisierung eines MPOSPs durch die direkte Mehrzielmethode, wird die Methodik der Sequentiellen Quadratischen Programmierung und darauf aufbauend die hier entwickelte SQP-Variante vorgestellt, dem Elastic-Trust-Region-Filter-SQP-Verfahren. In Abschnitt 3.3 wird schließlich das neue rekursive Lösungsverfahren für nichtkonvexe lineare ZOSP erläutert.

Kapitel 4:

In diesem Kapitel erfolgt zunächst die Formulierung des HOSPs der Lkw-Längsdynamik. Im Anschluss wird das übergeordnete Suchverfahren zur Lösung des HOSPs beschrieben. Dieses Verfahren wird anschließend in das Echtzeit-Optimierungsschema der MPR eingebettet. In Abschnitt 4.4 wird die MPR zum Fahrerassistenzsystem IPPC ausgebaut und die Stabilität der IPPC-Längsregelung diskutiert.

Kapitel 5:

In Kapitel 5 erfolgt die Vorstellung und Analyse der mit dem IPPC-System erzielten Simulations- und Messergebnisse. In Abschnitt 5.1 werden Simulationen künstlicher Fahrszenarien und jeweils Simulationen einer realen Landstraßen- und Autobahnstrecke durchgeführt. Nach der Beschreibung der Integration des IPPC-System ins Fahrzeug werden in Abschnitt 5.2 die Messergebnisse der Vergleichsfahrt zwischen IPPC und dem geübten Fahrer sowie der vorausschauenden Abstandsregelung vorgestellt und analysiert.

Kapitel 2

Längsregelung von Lastkraftwagen

Im ersten Teil dieses Kapitels erfolgt zunächst die Vorstellung des Stands der Technik zum Thema der Längsregelung von Lastkraftwagen. Dies beinhaltet die Beschreibung der bei der Längsregelung beteiligten Komponenten eines Lkws, die Diskussion der Schwierigkeit der Längsregelung in unterschiedlichen Fahrsituationen und die Vorstellung der heute erhältlichen technischen Systeme, welche den Fahrer bei der Längsregelung seines Lkws unterstützen. Im zweiten Teil dieses Kapitels wird das im Rahmen dieser Arbeit entwickelte IPPC-System vorgestellt. Dafür erfolgt zunächst die Beschreibung der Funktionsweise eines Vorausschaumoduls, welches die Streckenvorausschau für eine Prädiktive Antriebsstrangregelung liefert. Daran schließt sich die Vorstellung bekannter Arbeiten an, in denen die Idee einer Prädiktiven Antriebsstrangregelung bereits umgesetzt wurde. Im Anschluss daran wird das Verfahren der Modellbasierten Prädiktiven Regelung erläutert. Die Streckenvorausschau und die MPR werden dann zum neuen Fahrerassistenzsystem *Integrated Predictive Powertrain Control* (IPPC) kombiniert.

2.1 Stand der Technik zur Längsregelung von Lastkraftwagen

Der Antriebsstrang eines Fahrzeugs ermöglicht dessen Längsbewegung. Er umfasst sämtliche Komponenten, welche im Fahrzeug Drehmomente generieren oder an deren Übertragung an die Straße beteiligt sind. Während die technischen Eigenschaften des Antriebsstrangs eines Pkws als allgemein bekannt vorausgesetzt werden können, besitzt der eines Lkws spezielle Komponenten und Eigenschaften, welche im ersten Teilabschnitt erläutert werden. In der Einleitung wurde darauf hingewiesen, dass die Längsregelung eines Lkws schwierig ist. In Abschnitt 2.1.2 wird dies anhand dreier Fahrsituationen veranschaulicht.

Mit dem vermehrten Einzug der Elektronik im Lastkraftwagen in den letzten zwei Dekaden stieg auch die Zahl der Regelungsfunktionen, welche den Fahrer bei der Längsregelung unterstützen oder in manchen Fahrsituation diese vollständig übernehmen. Solche Systeme zählen zu der Klasse der Fahrerassistenzsysteme. In Abschnitt 2.1.3 wird die Funktionsweisen von drei bereits auf dem Markt erhältlichen Fahrerassistenzsysteme beschrieben: der konventionelle Tempomat für Nutzfahrzeuge, der Abstandsregeltempomat und die Automatische Gangermittlung. Das in dieser Arbeit entwickelte Fahrerassistenzsystem IPPC beinhaltet die Funktionalitäten dieser Systeme. Die vorgestellten Seriensysteme stellen deshalb die Vergleichsbasis für die Beurteilung der Längsregelung des IPPC-Systems dar.

2.1.1   Der Antriebsstrang eines modernen Lastkraftwagens

Abbildung 2.1 zeigt die Komponenten eines Lkw-Antriebsstrangs. Ein Lastkraftwagen ist Investitionsgut. Sein Antriebsstrang wird deshalb so ausgelegt, dass mit ihm eine Transportaufgabe zu möglichst geringen Kosten erfüllt werden kann. Während bei der Auslegung eines Pkw-Antriebsstrangs Kriterien wie Agilität, Fahrspaß und Fahrkomfort maßgeblich sind, sind bei einem Lkw die Kriterien: geringer Kraftstoffverbrauch, hohe Lebensdauer und hohe Nutzlast entscheidend [Hoe04]. Ziel dieses einführenden Abschnitts ist, die Besonderheiten des Lkws gegenüber dem Pkw herauszustellen, um ein Verständnis für die Schwierigkeiten der Längsregelung eines Lkws zu schaffen.

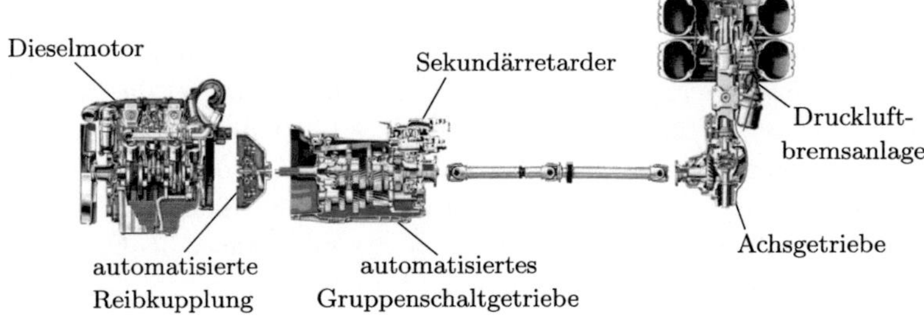

Abbildung 2.1: Aufbau des Antriebsstrangs eines Lastkraftwagens (Quelle: [Sch07])

Der Gesetzgeber schreibt für Lkw mit einer Gesamtmasse über 7,5 t durchgängige Geschwindigkeitsbeschränkungen vor. Auf Autobahnen und zweispurigen Bundesstraßen darf ein solcher Lkw nicht schneller als 80 km/h und auf Landstraßen nicht schneller als 60 km/h fahren. Dadurch sind Änderungen der Geschwindigkeit eines Lkws weniger durch die Stimmung des Fahrers bestimmt, sondern durch die Verkehrsregeln und den Fahrwiderstand.

Lastkraftwagen werden entsprechend ihres maximal zulässigen Gesamtgewichts in die leichte (bis 12 t), mittlere (bis 18 t) und schwere Klasse (18 t − 44 t) unterteilt. Das IPPC-System wurde für den Einsatz in schweren Lkw entwickelt. Diese sind gekennzeichnet durch ein geringes Leistungsgewicht[1]. In Deutschland ist ein Mindestleistungsgewicht von 4,4 kW/t für schwere Lkw vorgeschrieben, jedoch werden üblicherweise Lkw im Fernverkehr mit 11 kW/t ausgelegt [Hoe04]. Zum Vergleich besitzt ein durchschnittlicher Pkw ein Leistungsgewicht von 60 kW/t. So ist es nicht verwunderlich, dass das Beschleunigungsvermögen eines schweren Lkws weitaus geringer als das eines Pkws ist. Noch entscheidender ist das geringe Leistungsgewicht des Lkws in Steigungsstrecken, denn schon geringe Steigungen führen dazu, dass dessen Marschgeschwindigkeit[2] deutlich absinkt.

Bei schweren Lastkraftwagen kommen heute fast ausschließlich hoch aufgeladene Dieselmotoren zum Einsatz, da sie im Vergleich zu Benzinmotoren einen besseren Wirkungsgrad besitzen. Abbildung 2.2 zeigt die Betriebsgrenzen eines typischen, im Lkw eingesetzten Antriebsaggregats. Ein entsprechendes, für den Einsatz im Pkw entwickeltes Aggregat kann üblicherweise bis zu einer Nenndrehzahl von 4500 1/min betrieben werden. Dagegen steht

---

[1] Quotient aus Gesamtmasse eines Fahrzeugs und der maximalen Antriebsleistung des Motors
[2] Durchschnittsgeschwindigkeit eines Lkws auf der Autobahnen

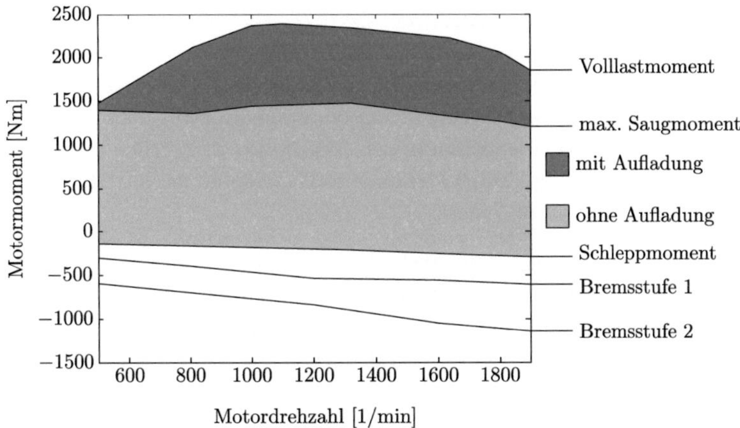

Abbildung 2.2: Betriebsgrenzen eines Mercedes-Benz Dieselaggregats

bei einem Nutzfahrzeug-Dieselmotor mit 1900 ^{1}/min nicht einmal der halbe Drehzahlbereich zur Verfügung. Schwere Lkw sind mit Dieselmotor mit einer Leistung von 320 – 660 PS ausgerüstet. Dies entspricht der Antriebsleistung eines Sportwagens der Luxusklasse. Im Gegensatz zum Pkw wird beim Lkw diese hohe Leistung durch eines hohes maximales Motormoment von 1650 Nm bis 3000 Nm anstatt durch hohe Drehzahlen erzielt. Die Kennlinien des Dieselaggregats OM502 von Mercedes-Benz in Abbildung 2.2 zeigen, dass diese hohen Momente nur bei vollem Ladedruck erzeugt werden können, wogegen bei Atmosphärendruck nur das geringe maximale Saugmoment bei gleicher Motordrehzahl zur Verfügung steht. Die Dynamik des Aufbaus des Antriebsmoments ist deshalb stark von der Dynamik des Aufbaus des Ladedrucks abhängig, welcher mehrere Sekunden benötigen kann.

Gebremst werden Lkw unter anderem über die Druckluftbremsanlage, die heute fast ausschließlich als Scheibenbremse umgesetzt ist. Die Bremsbacken werden dabei über Druckluft als Hilfsmedium auf die Bremsscheiben gepresst [Bra08]. Die Druckluftbremsanlage wird auch *Betriebsbremse* genannt. Bei langen Gefällefahrten kann die Geschwindigkeit eines beladenen Lkws nicht alleine über die Betriebsbremse gehalten werden, da ansonsten deren Überhitzung droht. Der Gesetzgeber schreibt deshalb für Lkw mit einer Gesamtmasse über 7,5 t eine sog. *Zusatzbrems-* oder auch *Dauerbremseinrichtung* vor, mit der über längere Zeit verschleißfrei im Gefälle gebremst werden kann.

Um dem nachzukommen, verfügen Lkw-Motoren über die sog. Motorbremsfunktionalität, die in zwei Ausführungen nun kurz beschrieben wird: Findet in einem Motor keine Verbrennung statt, erzeugt er aufgrund der Arbeit des Ladungswechsels und der Reibung der Kolbenbewegung ein negatives Moment. Man spricht hierbei vom Schleppbetrieb des Motors und bezeichnet das dabei am Motorausgang wirkende Moment als *Schleppmoment*. Die drehzahlabhängige Kennlinie des Schleppmoments ist in Abbildung 2.2 zu sehen. Bei der Motorbremse wird durch zusätzliche Mechanismen das Schleppmoment des Motors verstärkt. Ein Mechanismus ist die Auspuffklappe, sie wird als Motorbremsstufe 1 bezeichnet. Dabei wird durch eine Klappe im Abgastrakt der Auslassquerschnitt teilweise oder vollständig gesperrt. Dadurch erhöht sich der Auslassdruck im 4. Takt des Arbeitszyklus und damit der Widerstand beim Auslassen des Arbeitsgases, so dass ein gegenüber dem Schleppmoment höheres Bremsmoment erzielt wird. Der zweite Mechanismus wird über die Konstantdrossel erzielt, sie wird Motorbremsstufe 2 genannt. Dabei wird eine weitere Steigerung der Motorbremswirkung erzielt, indem ein Drosselventil geöffnet wird, so dass das in Takt 2 komprimierte Arbeitsmedium in den Abgastrakt entweichen kann. Dadurch wird die positive Antriebsarbeit in Takt 3 vermindert. Die Kennlinien der Motorbremsstufen 1 und 2 sind in Abbildung 2.2 zu sehen.

Das Moment der Motorbremsstufe 2 reicht in der Regel alleine nicht aus, die Geschwindigkeit eines schweren Lkws im Gefälle zu halten. Um steile Gefälle mit hoher konstanter Geschwindigkeit befahren zu können, werden deshalb schwere Lkw mit einem zusätzlichen Dauerbremsaggregat – dem *Retarder* – ausgestattet. Der Retarder ist eine hydrodynamische oder elektrodynamische Dauerbremse [Voi04]. Man unterscheidet zwischen Primär- und Sekundärretarder, wobei ein Primärretarder zwischen Getriebe und Motor und ein Sekundärretarder am Getriebeausgang verbaut ist. In dieser Arbeit wird ein Antriebsstrang mit Sekundärretarder vorausgesetzt. Sekundärretarder besitzen gegenüber Primärretardern den Vorteil, dass auch dann das volle Bremsmoment wirkt, wenn während eines Gangwechsels der Triebstrang geöffnet wird.

Das geringe Leistungsgewicht eines schweren Lkws und der enge Arbeitsbereich eines Nutzfahrzeug-Dieselaggregats erfordern eine feinere Getriebeabstufung. Nutzfahrzeuggetriebe weisen deshalb mehr Fahrstufen auf als typische Pkw-Getriebe [Kir07]. Um hohe Ganganzahlen zu erreichen, hat sich im Nutzfahrzeugbereich die Gruppenbauweise durchgesetzt. Dabei werden zwei oder drei Getriebe in Reihe geschaltet. Meist handelt sich es dabei um die Hintereinanderschaltung eines Split-, Haupt- und Bereichsgruppengetriebes. Das Splitgetriebe und die Bereichsgruppe besitzen dabei jeweils zwei Schaltstufen und das Hauptgetriebe drei bis vier Schaltstufen. Insgesamt erhält man so 12 bis 16 Vorwärtsgänge. Die Gesamtübersetzung des Gruppengetriebes ergibt sich als Produkt der Übersetzungen der einzelnen Teilgetriebe. Für eine genauere Behandlung des Aufbaus und der Auslegung von Nutzfahrzeuggetrieben sei auf [Kir07] verwiesen.

Das Schalten eines manuellen Nutzfahrzeug-Gruppengetriebes stellt eine große Herausforderung an den Fahrer dar. Für den einmaligen Wechsel der Getriebeübersetzung muss er nämlich bis zu drei Getriebe in einer sequentiellen Reihenfolge schalten. Um den Fahrer von der schwierigen Aufgabe des Gangwechsels zu entlasten, wurde bereits auf der IAA[3] 1985 von Mercedes-Benz eine elektrisch gesteuerte Schaltunterstützung für Lkw-Getriebe vorgestellt: die Elektronisch-Pneumatische Schaltung EPS [Pau98]. Der Marktanteil der automatisierten Schaltgetriebe steigt zunehmend und liegt heute bereits bei 50 % der ausgelieferten Fahrzeuge. Zukünftig ist zu erwarten, dass automatisierte Schaltgetriebe bei Lkw den Standard darstellen und nicht automatisierte nur noch als Sonderausstattung erhältlich sein werden.

Die Automatisierung des Getriebes und der Kupplung erfolgt, indem das Kupplungsausrücksystem und die Betätigungseinrichtungen des Gangwechsels durch pneumatische Aktuatoren bedient werden. An der Steuerung eines Schaltprozesses sind verschiedene Funktionen beteiligt, welche auf unterschiedliche Steuergeräte verteilt sind. Die Kommunikation

---

[3]Internationale Automobilausstellung

der Funktionen erfolgt über den Fahrzeugdatenbus (Controller Area Network CAN). Der Ablauf eines Schaltprozesses unterteilt sich in die fünf Phasen: Momentabbau, Kupplungsöffnen, Drehzahlsynchronisation, Kupplungsschließen und Momentaufbau. Dabei wird das Ziel verfolgt, die sich im Eingriff befindliche Zahnradpaarung des Getriebes in einen nahezu momentenfreien Zustand zu überführen, um ein verschleißfreies und komfortables Wechseln des Ganges zu ermöglichen [Sch07]. Abhängig von der jeweiligen Fahrsituation ist dabei ein Kompromiss zwischen Komfort und kurzer Zugkraftunterbrechung zu finden. Eine genauere Beschreibung des Schaltprozesses wird in Abschnitt 4.1.2 geliefert.

Im Gegensatz zu einem Pkw-Automatgetriebe, mit dem nahezu zugkraftunterbrechungsfrei geschaltet werden kann, erfolgt sowohl der manuelle als auch der automatisierte Gangwechsel eines Gruppenschaltgetriebes mit einer deutlichen Zugkraftunterbrechung. Da bei einem Gruppenschaltgetriebe für den Wechsel einer Getriebestufe bis zu drei Einzelgetriebe geschaltet werden müssen, kann der reine Wechsel der Zahnradpaarungen $0{,}3\,\mathrm{s}$ bis $1{,}5\,\mathrm{s}$ benötigen. Während dieser Zeit muss der Triebstrang geöffnet sein, so dass keine Zugkraft vom Motor übertragen werden kann. Dazu kommen die Phasen des Momentenauf- und -abbaus, während denen das Motormoment über Rampen zu Null reduziert und von Null zum Wunschmoment wieder freigegeben wird. Insgesamt kann der Schaltprozess bis zu fünf Sekunden benötigen, während denen nicht das volle Antriebsmoment zur Verfügung steht. Dieser Zugkraftverlust während eines Schaltprozesses kommt besonders dann zum Tragen, wenn während der Fahrt in einer Steigung der Gang gewechselt werden muss. Dies veranschaulicht der folgende Teilabschnitt.

2.1.2 Herausforderungen bei der Längsregelung von Lastkraftwagen

Für die Untersuchungen dieses Abschnitts wird zunächst die Längsdynamik eines Lkws mit

$$m_{\mathrm{Fzg}}\dot{v}_{\mathrm{Fzg}} = F_{\mathrm{U}} - F_{\mathrm{Fwst}}$$

wie in [MW04] stark vereinfacht modelliert. Der Lastkraftwagen wird dabei als Punktmasse m_{Fzg} betrachtet. Die Änderung des Fahrzeuggeschwindigkeit v_{Fzg} berechnet sich dabei aus der Differenz von der vom Rad an die Straße übertragenen Umfangskraft F_{U} und der Summe F_{Fwst} der am Fahrzeug angreifenden Fahrwiderstandskräfte. Bei einem schweren Lkw ist in Steigungen die dominante Komponente der Fahrwiderstandskraft die Hangabtriebskraft

$$F_{\mathrm{Hang}} = m_{\mathrm{Fzg}}\, g_{\mathrm{Erde}} \sin\gamma\,,$$

welche sich aus der Fahrzeugmasse, der Erdbeschleunigung g_{Erde} und der Fahrbahnsteigung γ berechnet. Letztere wird hier anstatt in [rad] meist in der auf Verkehrsschildern üblichen Einheit in Prozentpunkte [%] angegeben, die Umrechnung lautet $\gamma\,[\%] = 100\,\%\tan\gamma\,[\mathrm{rad}]$.

Die Umfangskraft erhält man nach

$$F_{\mathrm{U}} \approx \frac{i_{\mathrm{A}}i_{\mathrm{G}}(z_{\mathrm{ist}})}{r_{\mathrm{dyn}}}M_{\mathrm{Mot}} - \frac{i_{\mathrm{A}}}{r_{\mathrm{dyn}}}M_{\mathrm{Ret}} - \frac{1}{r_{\mathrm{dyn}}}M_{\mathrm{BB}}$$

näherungsweise aus den Momenten von Motor M_{Mot}, Retarder M_{Ret} und Betriebsbremse M_{BB}, den Übersetzungen des Schaltgetriebes $i_{\mathrm{G}}(z_{\mathrm{ist}})$ des aktuellen Ganges z_{ist} und des

Achsgetriebes i_A sowie dem dynamischen Reifenradius r_{dyn}. Verluste im Antriebsstrang werden hier zunächst nicht berücksichtigt. Unter Vernachlässigung des Reifenschlupfs besteht der feste Zusammenhang

$$n_{Mot} = \frac{i_G i_A}{r_{dyn}} v_{Fzg}$$

zwischen der Motordrehzahl n_{Mot} und der Fahrzeuggeschwindigkeit v_{Fzg}. Die genaue Modellierung der Längsdynamik eines Lkws wird in Abschnitt 4.1.2 behandelt. Die eben vorgestellten Gleichungen genügen jedoch, die grundlegenden Zusammenhänge zu beschreiben und nun die Herausforderungen bei der Längsregelung eines Lkws zu verdeutlichen.

Steigungsfahrt

Aufgrund seines geringen Leistungsgewichts ist ein schwerer Lastkraftwagen nicht in der Lage, größere Fahrbahnsteigung mit einer hohen Geschwindigkeit zu durchfahren. Dies veranschaulicht das Ausgangsdiagramm eines 40 t-Lkws in Abbildung 2.3. Dort aufgetragen

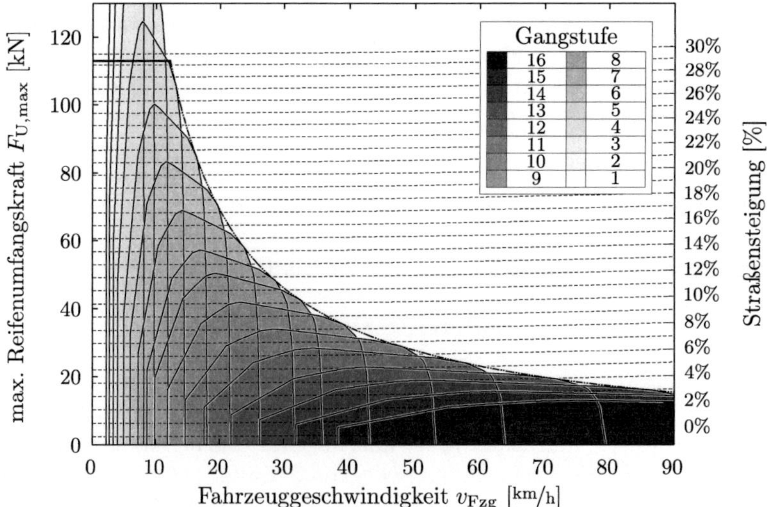

Abbildung 2.3: Ausgangsdiagramm für einen 40 t-Lkw, mit den Motorbetriebsgrenzen aus Abbildung 2.2, Hinterachsübersetzung 4,143 und 16-Gang Gruppenschaltgetriebe (Spreizung 11,73; ... ; 0,69)

ist die Kurvenschar der maximalen Umfangskräfte an den Antriebsreifen, die bei einer bestimmten Geschwindigkeit in den einzelnen Gängen durch den Motor erzeugt werden können. Der Geschwindigkeitsbereich, in dem in einem bestimmten Gang gefahren werden kann, ist durch den Drehzahlarbeitsbereich des Motors und den Getriebeübersetzungen des Triebstrangs beschränkt. Einhüllende der Kurvenschar ist die Hyperbel der maximalen Motorleistung (hier $P_{Mot,max} = 390\,kW$). Neben der maximalen Umfangskraft sind in Abbildung 2.3 als gestrichelte Linien die Kurvenschar der Fahrwiderstandskräfte für Steigungen von 0 % bis 30 % eingetragen.

Der Vergleich von maximaler Umfangskraft und Fahrwiderstandskraft verdeutlicht, dass jeder Fahrbahnsteigung ein Gang und eine Fahrzeuggeschwindigkeit zugeordnet ist, bei der Gleichgewicht zwischen beiden Kräften herrscht. Diese Geschwindigkeit ist die maximale Geschwindigkeit mit der eine Steigung stationär befahren werden kann. Laut Abbildung 2.3 kann damit bereits bei einer Fahrbahnsteigung von 3,5 % die Marschgeschwindigkeit auf Autobahnen von 80 km/h nicht mehr gehalten werden. Die Arbeitsbereiche der einzelnen Gänge überlappen sich, so dass bei einer bestimmten Geschwindigkeit bis zu sieben Alternativen für den wählbaren Gang bestehen. Jeder Fahrzeuggeschwindigkeit ist ein Gang zugeordnet, bei dem die maximale Umfangskraft erzeugt werden kann.

Beim Befahren einer Steigung mit einem schwer beladenen Lkw ist das primäre Ziel des Fahrers, dass die Geschwindigkeit seines Fahrzeugs nicht zu sehr abfällt. Der Fahrer fordert daher dauerhaft das maximale Moment des Motors. Durch die Strategie der Gangwahl vor und in der Steigung entscheidet sich, wie zügig die Steigung überwunden werden kann. Dies verdeutlicht die folgende Fahrsituation.

Der bisher betrachtete Lkw fahre mit 60 km/h aus der Ebene mit eingelegtem 16. Gang in eine 8 %-Steigung. In der Steigung können 60 km/h nicht gehalten werden. Stationär kann diese Steigung im 10. Gang mit maximal ca. 40 km/h befahren werden. Die Erläuterung verschiedener Fahrstrategien erfolgt anhand des Ausgangsdiagramms in Abbildung 2.4 des Lkws, in dem die für das Beispiel relevanten Teile von Abbildung 2.3 vergrößert dargestellt sind. Bei jeder Fahrzeuggeschwindigkeit gibt es einen Gang, bei dem die maximale Umfangskraft an den Rädern erzeugt werden kann. Die Geschwindigkeitsachse in Abbildung 2.4 ist dadurch in Zonen eingeteilt, denen der jeweilige Gang zugeordnet ist.

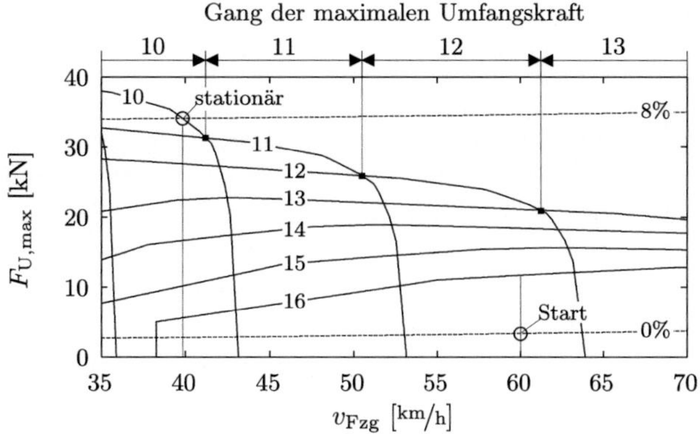

Abbildung 2.4: Veranschaulichung möglicher Schaltstrategien in einer 8 %-Steigung anhand des Ausgangsdiagramms

Eine mögliche Schaltstrategie beginnt damit, vor der Steigung maximal zurück zu schalten. Bei 60 km/h ist der kleinstmögliche Gang der 12., in dem bei dieser Geschwindigkeit die maximale Umfangskraft erzeugt werden kann. Diese reicht dennoch nicht aus, den Fahrwiderstand der 8 %-Steigung zu überwinden. Die Geschwindigkeit fällt weiter und es wird fortlaufend in den Gang der maximalen Umfangskraft zurückgeschaltet. Insgesamt würde die geschilderte Fahrstrategie drei Schaltungen benötigen. Sie scheint auf den ersten

Blick die Strategie zu sein, bei der stets die maximale Antriebskraft anliegt. Für einen Pkw mit Automatgetriebe, mit dem nahezu zugkraftunterbrechungsfrei geschaltet werden kann, wäre sie wohl auch die beste Strategie, um die Steigung mit der höchst möglichen Durchschnittsgeschwindigkeit zu bewältigen.

Der Geschwindigkeitsverlust während des Schaltprozesses eines Nutzfahrzeuggetriebes in einer Steigung ist jedoch beträchtlich. Abbildung 2.5 zeigt eine Messung des Abfalls der Fahrzeuggeschwindigkeit während einer Rückschaltung vom 14. in den 12. Gang in einer 7 %-Steigung. Dort sind zusätzlich die Verläufe des Motormoments und des Ladedrucks eingetragen.

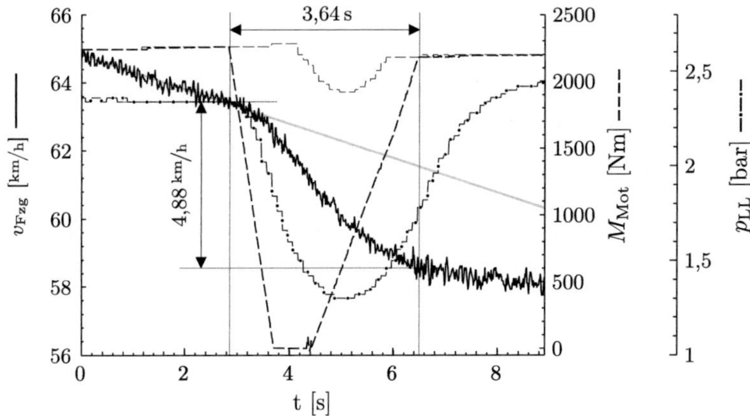

Abbildung 2.5: Messung der Fahrzeuggeschwindigkeit v_{Fzg}, des Motormoments M_{Mot} und des Ladedrucks p_{LL} während einer Rückschaltung vom 14. in den 12. Gang im Zugbetrieb

Der Schaltprozess dauert 3,64 s. Durch die eingeschränkte Zugkraft während der Momentenauf- und -abbaurampe und der kompletten Zugkraftunterbrechung während des Gangwechsels verliert das Fahrzeug 4,88 km/h. Der Ladedruck nimmt während des Schaltprozesses bis nahe dem Atmosphärendruck ab, er nimmt erst nach dem Gangwechsel wieder zu. Der in Abbildung 2.5 aufgezeichnete Verlauf des Motormoments entspricht nicht dem real durch die Verbrennung erzeugten, sondern nur der Rückmeldung der Motorregelung. Tatsächlich gibt der Motor erst bei Erreichen des maximalen Ladedrucks sein volles Moment ab. Dies führt dazu, dass noch einige Sekunden nach dem Schaltprozess, nicht die maximal mögliche Umfangskraft zur Verfügung steht.

Die Zugkraftunterbrechung des Schaltprozesses stellt damit die Schaltstrategie in Steigungen in Frage, jeweils in den Gang der maximalen Umfangskraft zu wechseln. Es ist ratsam, Gangwechsel während der Fahrt in der Steigung zu vermeiden oder zumindest deren Zahl gering zu halten. Alternativ zur Schaltfolge 16 $\rightarrow$ 12 $\rightarrow$ 11 $\rightarrow$ 10 der bisherigen Strategie könnte daher der 11. Gang übersprungen und direkt vom 12. in den 10. Gang geschaltet werden. Im Bereich von ca. 42 km/h bis 50 km/h stünde dann jedoch eine geringere Umfangskraft zur Verfügung. Es müsste nun verglichen werden, ob der daraus resultierende etwas höhere Geschwindigkeitsverlust in diesem Bereich geringer ist, als der während der Schaltung von Gang 12 nach Gang 11.

Bisher wurde bei der Wahl der Schaltstrategie davon ausgegangen, dass die Steigung sehr lang sei, so dass zuletzt immer in den stationären Gang 10 geschaltet werden muss. Je nach Länge der Steigung kann sie auch in einem höheren Gang überwunden werden. Bei einer kurzen 8 %-Steigung kann dies sogar ohne Schaltung im 16. Gang möglich sein. Geübte Fahrer *holen* vor Steigungen *Schwung*, das heißt, die Geschwindigkeit des Fahrzeugs wird direkt vor der Steigung erhöht. In der Fahrzeugmasse wird dadurch kinetische Energie gesammelt, so dass es möglich wird, längere Steigungen auch ohne oder mit einer geringen Zahl von Rückschaltungen zügig zu überwinden.

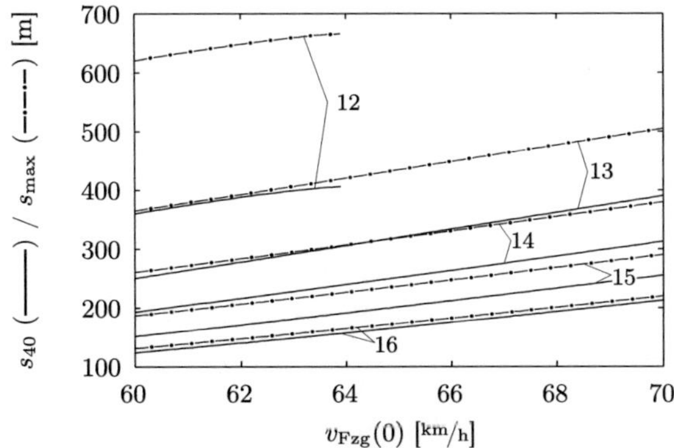

Abbildung 2.6: Streckenposition s_{40} der 8 %-Steigung bei der die Geschwindigkeit auf 40 $^{km}/_h$ gefallen ist und die Länge s_{max} einer 8 %-Steigung, welche maximal im entsprechenden Gang überwunden werden kann (aufgetragen für den jeweiligen Gang über der Geschwindigkeit $v_{Fzg}(0)$ am Fuß der Steigung)

Abbildung 2.6 veranschaulicht dies für das Beispiel der 8 %-Steigung. Dort aufgetragen ist für die Gänge 12 bis 16 in Abhängigkeit der Eintrittsgeschwindigkeit in die Steigung zum einen die Strecke s_{40}, welche man in der Steigung zurück legen kann, ohne dass die Fahrzeuggeschwindigkeit unter die stationäre des 10. Ganges von 40 $^{km}/_h$ fällt. Zum anderen ist die maximale Länge s_{max} der 8 %-Steigung eingezeichnet, die im jeweiligen Gang ohne Rückschaltung überwunden werden kann, ohne dass die Motordrehzahl unter die Leerlaufdrehzahl fällt. Es wird deutlich, dass auch ohne Schwung zu holen, kurze Steigungen in allen Gängen überwunden werden können. Wird zusätzlich die Eintrittsgeschwindigkeit angehoben, vergrößern sich die Steigungslängen in den jeweiligen Gängen deutlich. So kann zum Beispiel durch Rückschalten in den 13. Gang und Beschleunigen des Fahrzeugs auf 70 $^{km}/_h$ eine 8 %-Steigung mit einer Länge von 400 m ohne zurück zu schalten überwunden werden. Die bisherige Strategie, vor der Steigung in den 12. Gang zu schalten, erlaubt ein Schwung holen auf maximal 64 $^{km}/_h$, aufgrund der bei 1850 $^1/_{min}$ einsetzenden Abregelung des Motors. Bezüglich Maximierung der Durchschnittsgeschwindigkeit kann daher die Strategie Rückschaltung in den 13. Gang und Schwung holen vor der Steigung, der Strategie – Schalten in den Gang der maximalen Umfangskraft (12. Gang) – überlegen sein. Insbesondere deshalb, da für einen geringen Kraftstoffverbrauch ein Fahren im höheren Gang wünschenswert ist, denn der Wirkungsgrad des Verbrennungsmotors ist bei hohen Drehzahlen schlechter.

Der Fahrer muss bereits beim Heranfahren an eine Steigung seine Fahrstrategie festlegen. Er hat abzuwägen, ob es lohnt, vor der Steigung Schwung zu holen, ob er bereits vor der Steigung zurück schalten muss und welcher Gang dabei der geeignetste wäre. Bei dieser Entscheidung muss er schon die Gangfolge für die gesamte Steigung mit einbeziehen. Dies erfordert ein hohes Maß an Erfahrung und Fähigkeiten vom Fahrer. Er kann die kommende Fahrbahnsteigung nämlich nur grob abschätzen, wenn der Verlauf der Straße es ihm überhaupt ermöglicht, diese vollständig zu überblicken. Zusätzlich wird er bei der Schätzung der kommenden Fahrbahnsteigung beispielsweise durch schrägen Baumwuchs getäuscht. Schließlich muss der Fahrer die Leistungsfähigkeit und den Beladungszustand seines Fahrzeugs sehr gut kennen. Fehleinschätzungen führen dazu, dass er gezwungen ist, wider seines vorab getroffenen Plans in der Steigung zurück zu schalten. Eine gekonnte *vorausschauende Fahrweise* ist daher beim Befahren einer Steigung mit einem Lkw entscheidend.

Fahrt im Gefälle

Bisher wurde gezeigt, dass eine vorausschauende Fahrweise bei einer Steigungsstrecke notwendig ist. Nun wird gezeigt, dass eine vorausschauende Fahrweise bei Gefällestrecken für eine sichere Fahrt unabdingbar ist. Aufgrund der großen Masse eines Lkws übersteigt nämlich die Hangabtriebskraft schon bei geringen negativen Fahrbahnsteigungen die übrigen Fahrwiderstände. Der Lkw würde ungebremst schnell beschleunigen. Deshalb müssen im Gefälle die Bremseinrichtungen des Lkws, die Betriebsbremse, die Motorbremsen und eventuell ein verbauter Retarder, dauerhaft eingesetzt werden, um die Fahrzeuggeschwindigkeit in einem sicheren Bereich zu halten.

Ein dauerhafter alleiniger Einsatz der Betriebsbremse würde diese schnell überhitzen, was zu einem starkem Verschleiß oder gar zum sog. Bremsfading – einer Reduktion oder dem Komplettausfall der Bremswirkung – führen kann. Werden deshalb die Zusatzbremsen eingesetzt, muss darauf geachtet werden, dass bei zunehmender Geschwindigkeit und gleicher Bremskraft die Bremsleistung anwächst. Retarder und Motorbremse wandeln die Bremsleistung in Wärme um, die an das Kühlsystem des Motors abgeführt wird. Dieses ist meist nur auf die maximale Antriebsleistung des Motors ausgelegt. Dadurch überhitzt der Kühlkreislauf schnell bei hohen Leistungen der Zusatzbremsen. Droht eine Überhitzung, reduziert die Retardersteuerung die Bremskraft des Retarders, das Fahrzeug wird dann nicht mehr ausreichend abgebremst und beschleunigt wieder. Die Motordrehzahl wächst an und es ist dann eventuell auch nicht mehr möglich, die Bremswirkung der Motorbremse durch eine weitere Rückschaltung zu verstärken.

Zur Vermeidung hoher Leistungen der Zusatzbremsen muss die Fahrzeuggeschwindigkeit *vorausschauend* bereits vor dem kritischen Bereich des Gefälles reduziert werden. Im Gefälle fehlt meist die zusätzliche Bremskraft der Zusatzbremsen, um das Fahrzeug nicht nur zu halten, sondern gar zu verzögern. Der Fahrer ist deshalb gezwungen, Anpassungen der Geschwindigkeit im Gefälle über die Betriebsbremse vorzunehmen, was problematisch sein kann, wenn diese vorher bereits strapaziert wurde. Eine *vorausschauende Fahrweise* bei der vor einem kritischen Gefälle die Geschwindigkeit angepasst und zurückgeschaltet wird, ist kennzeichnend für einen guten Fahrer.

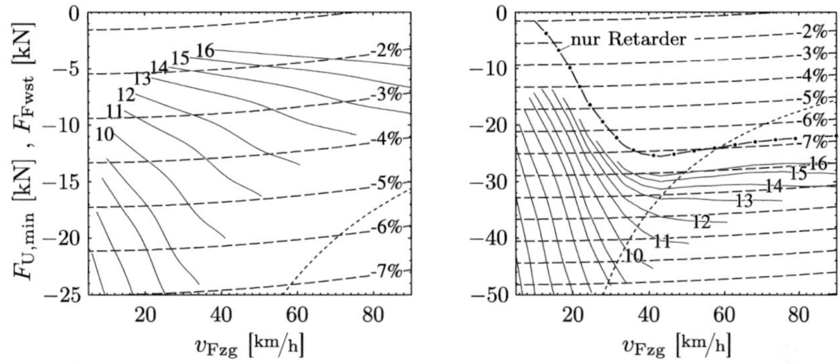

Abbildung 2.7: Ausgangsdiagramme für den Bremsbetrieb (links ohne, rechts mit Sekundär-retarder)

In Abbildung 2.7 ist auf der linken Seite das Ausgangsdiagramm für den Bremsbetrieb für ein Fahrzeug ohne Sekundärretarder dargestellt. Es ist zu sehen, dass bereits Gefälle von $-3,5\%$ Steigung nicht ohne Einsatz der Betriebsbremse konstant mit $80\,\mathrm{km/h}$ befahren werden können. Ist hingegen ein Sekundärretarder verbaut, ist es zunächst möglich in 7%-Gefällen die Geschwindigkeit auf $80\,\mathrm{km/h}$ zu halten, wie im Diagramm von Abbildung 2.7 rechts zu sehen ist. Jedoch ist zu beachten, dass die erzeugte Bremsleistung durch das Kühlsystem des Motors abgeführt werden muss.

Als Richtwert für die Leistung des Kühlsystems dient die maximale Motorantriebsleistung. In den Diagrammen von Abbildung 2.7 ist jeweils die Leistungshyperbel für $-P_{\mathrm{Mot,max}}$ (hier $-390\,\mathrm{kW}$) eingezeichnet. Nur in Betriebspunkten oberhalb dieser Kurve kann dauerhaft gefahren werden. Damit ist es selbst mit einem Fahrzeug mit Sekundärretarder nicht möglich, in einem 6 %-Gefälle dauerhaft eine Geschwindigkeit von $80\,\mathrm{km/h}$ ohne Einsatz der Betriebsbremse zu halten. Eine vorausschauende Fahrweise im Gefälle ist daher notwendig. Zum einen muss frühzeitig ein niedriger Gang gewählt werden, so dass die Motorbremse voll eingesetzt werden kann. Zum anderen muss gegebenenfalls vorausschauend die Geschwindigkeit vor langen, steilen Gefällen reduziert werden.

Fahren unter Teillast

Beim Befahren einer Steigung tritt der Wunsch nach verbrauchsgünstigem Fahren meist hinter den Wunsch nach zügigem Vorankommen. Anders sieht dies beim Teillastbetrieb aus, wenn die Fahrbahnsteigung nur geringe positive und negative Werte aufweist. Der Fahrwiderstand kann dabei in mehreren Gängen überwunden werden, so dass die Wahl eines Ganges nahe liegt, bei dem der Motor mit hohem Wirkungsgrad betrieben wird.

Abbildung 2.8 zeigt das Wirkungsgradkennfeld des bisher betrachteten Aggregates, aufgetragen als Höhenlinien normiert auf den maximal möglichen Wirkungsgrad $\eta^{*}_{\mathrm{Mot,opt}}$. In Richtung kleinerer Motormomente sinkt der Wirkungsgrad, da der relative Anteil des Schleppmoments am Motormoment steigt. Der Bereich sehr guten Wirkungsgrades befindet sich bei hohem Moment im Drehzahlbereich zwischen $1000\,\mathrm{1/min}$ und $1200\,\mathrm{1/min}$. Für höhere

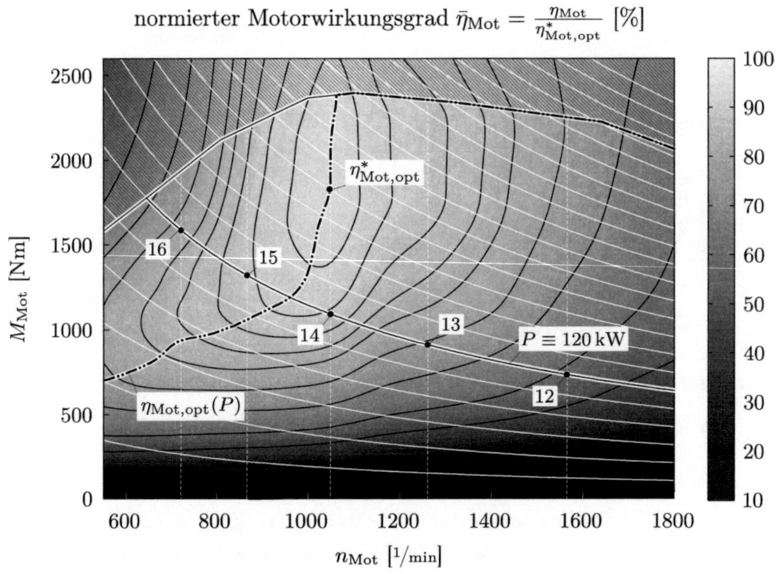

$$\text{normierter Motorwirkungsgrad } \bar{\eta}_{\mathrm{Mot}} = \frac{\eta_{\mathrm{Mot}}}{\eta^*_{\mathrm{Mot,opt}}} \; [\%]$$

Gang	12	13	14	15	16
relativer Motorwirkungsgrad $\bar{\eta}_{\mathrm{Mot}}$ [%]	83,5	92,3	97,6	97,7	94,0
maximale Umfangskraft $F_{\mathrm{U,max}}$ [kN]	26,0	22,1	18,8	14,1	9,2
Beschleunigungsfähigkeit $a_{\mathrm{B,max}}$ [m/s²]	0,47	0,37	0,29	0,17	0,05

Abbildung 2.8: Wirkungsgradkennfeld des Dieselaggregats OM502. Eingetragen sind die möglichen Arbeitspunkte bei einer Leistungsanforderung von $P = 120\,\mathrm{kW}$ bei einer Fahrzeuggeschwindigkeit von $v_{\mathrm{Fzg}} = 50\,\mathrm{km/h}$.

Drehzahlen fällt er deutlich ab, da die für den Ladungswechsel aufzubringende Arbeit sowie die Motorreibung wächst. Bei niedrigen Drehzahlen und in Richtung hoher Momente ist ebenfalls ein Abfall des Wirkungsgrads zu beobachten. In diesem Bereich steigt mit Zunahme der Einspritzmenge die Wahrscheinlichkeit einer unvollständigen Verbrennung, man sagt, der Motor beginnt zu rußen und der Wirkungsgrad sinkt.

Soll das Fahrzeug mit konstanter Geschwindigkeit v_{Fzg} fahren, muss zum Überwinden des Fahrwiderstands F_{Fwst} vom Motor näherungsweise die Leistung

$$P = n_{\mathrm{Mot}} M_{\mathrm{Mot}} \stackrel{\eta_{\mathrm{ATS}}=1}{\approx} F_{\mathrm{Fwst}} v_{\mathrm{Fzg}}$$

erzeugt werden, wenn man einen verlustfreien Triebstrang annimmt ($\eta_{\mathrm{ATS}} = 1$). Die Hyperbeln konstanter Leistung sind in Abbildung 2.8 als weiße Linien eingezeichnet. Diese besitzen jeweils genau einen Berührpunkt mit den Höhenlinien des Wirkungsgradkennfelds. Die Menge aller Berührpunkte bildet die Linie des optimalen Wirkungsgrades $\eta_{\mathrm{Mot,opt}}(P)$, die für eine Leistungsanforderung P den zugehörigen optimalen Arbeitspunkt des Motors angibt. Für eine Leistungsanforderung P wird der Arbeitspunkt $(n_{\mathrm{Mot}}, M_{\mathrm{Mot}})$, mit

$$n_{\mathrm{Mot}} = \frac{i_{\mathrm{G}} i_{\mathrm{A}}}{r_{\mathrm{dyn}}} v_{\mathrm{Fzg}} \quad \text{und} \quad M_{\mathrm{Mot}} = \frac{P}{n_{\mathrm{Mot}}},$$

über die Getriebeübersetzung i_G auf der Leistungshyperbel von P eingestellt. Mit einem CVT-Getriebe[4] wäre es möglich, für die Leistung P stets den Arbeitspunkt mit dem optimalen Wirkungsgrad $\eta_\mathrm{Mot,opt}(P)$ einzustellen. Solche Getriebe besitzen selbst jedoch einen zum Stufengetriebe vergleichsweise geringen Wirkungsgrad. Deshalb und aufgrund der Tatsache, dass heutige CVT-Getriebe nicht in der Lage sind, die großen Momente im Lkw zu übertragen, werden in schweren Lkw ausschließlich Stufengetriebe eingesetzt. Beim Stufengetriebe können nur einzelne Punkte auf einer Leistungshyperbel eingestellt werden.

An einem Beispiel wird nun die Schwierigkeit der Gangwahl bei Teillast verdeutlicht: Der Lkw soll mit einer konstanten Geschwindigkeit von 60 $^\mathrm{km}/_\mathrm{h}$ eine Straße mit einer Steigung von 1 % befahren. Die vom Motor aufzubringende Leistung betrage dabei $P = 120\,\mathrm{kW}$. Es ist möglich, zwischen den Gängen 12 bis 16 zu wählen. Die Betriebspunkte dieser Gänge sind in Abbildung 2.8 eingetragen. Der Wirkungsgrad für die Gänge 14 und 15 ist nahezu identisch, deren Betriebspunkte weisen den gleichen Abstand zur $\eta_\mathrm{Mot,opt}(P)$-Linie auf. Sie stellen damit zwei Alternativen für einen verbrauchsoptimalen Betrieb dar.

Vergleicht man die Kennzahlen der Arbeitspunkte für den 14. und den 12. Gang, fällt der deutlich schlechtere Wirkungsgrad im 12. Gang auf. Würde statt im 14. im 12. Gang die 1 %-Steigung mit 50 $^\mathrm{km}/_\mathrm{h}$ gefahren, ergäbe sich ein um 17 % höherer Verbrauch als im 14. Gang. Dagegen ist die Beschleunigungsfähigkeit im 12. Gang mit 0,47 $^\mathrm{m}/_\mathrm{s^2}$ größer als im 14. (0,29 $^\mathrm{m}/_\mathrm{s^2}$). Diese Beschleunigungsfähigkeit im 12. Gang ist jedoch von geringem Nutzen, da beim Beschleunigen der Drehzahlbereich des Motors bald verlassen werden würde.

Zurück zu den Gängen 14 und 15. Beide sind vom Wirkungsgrad aus betrachtet gleich gut. Welcher Gang der günstiger ist hängt von der *kommenden* Fahrsituation ab. Sinkt im kommenden Streckenabschnitt der Fahrwiderstand, sinkt die Leistungsanforderung an den Motor, der Arbeitspunkt des 15. Gangs rückt dadurch näher an die Linie optimalen Wirkungsgrads, der des 14. Gangs entfernt sich. Würde der Fahrwiderstand zukünftig sinken, wäre der 15. Gang die optimale Wahl. Umgekehrt wäre der 14. Gang optimal, würde der Fahrwiderstand zukünftig steigen.

Weiß der Fahrer, dass er beispielsweise wegen einer endenden Begrenzungszone bald beschleunigen will, wird er den 14. Gang dem 15. vorziehen. Zum einen wegen der besseren Beschleunigungsfähigkeit im 14. Gang, zum anderen aber auch deshalb, da ein Kickdown[5] im 15. Gang zu einem Betrieb des Motors im Rauchgebiet[6] führen würde. Geht man weiterhin davon aus, dass aufgrund der niedrigen Einspritzmenge und der geringen Motordrehzahl im Arbeitspunkt des 15. Gangs nicht der volle Ladedruck zur Verfügung steht, würde auch nicht ausreichend Luft für eine vollständige Verbrennung zur Verfügung stehen. Der Wirkungsgrad wäre daher schlechter als der im stationären Kennfeld aus Abbildung 2.8 angegebene. Die Wahl des optimalen Gangs im Betrieb des Motors unter Teillast ist damit nur durch eine *vorausschauende Fahrweise* möglich.

---

[4]Continuous Variable Transmission
[5]Schlagartiges Durchtreten des Gaspedals auf 100 %
[6]Betriebsbereich eines Motors in dem die Gefahr einer unvollständigen Verbrennung besteht

2.1.3 Unterstützung der Längsregelung durch Fahrerassistenzsysteme

Schon immer war der Mensch bestrebt, den Menschen durch ein technisches System zu unterstützen oder gar zu ersetzen. Bei der Führung eines Kraftfahrzeugs werden solche Systeme Fahrerassistenzsysteme genannt. Fahrerassistenzsysteme (FAS) (Englisch: Driver Assistance Systems (DAS)) sind elektronische Zusatzeinrichtungen in Kraftfahrzeugen zur Unterstützung des Fahrers in bestimmten Fahrsituationen. Hierbei stehen oft Sicherheitsaspekte, aber auch die Steigerung des Fahrkomforts oder der Wirtschaftlichkeit im Vordergrund. Diese Systeme greifen teilautonom oder autonom in die Steuerung oder Signalisierungseinrichtungen des Fahrzeuges ein oder warnen durch ein geeignetes Mensch-Maschine-Interface (MMI) den Fahrer kurz vor oder während kritischer Situationen.

Bis heute sind die meisten Fahrerassistenzsysteme so konzipiert, dass die Verantwortung beim Fahrer bleibt, und dieser letztlich nicht entmündigt wird. In dieser Arbeit wird ein Fahrerassistenzsystem entwickelt, welches in der Lage ist, die Längsführung eines Lastkraftwagens vollständig zu automatisieren. Bereits in heutigen Serienfahrzeugen stehen Systeme zur Teilautomatisierung zur Verfügung. Dies ist zum einen der Tempomat und dessen Erweiterung, der Abstandsregeltempomat, welche die Wahl der Antriebs- und Bremsleistung automatisieren. Zum anderen ist dies die *Automatische Gangermittlung* (AG), welche dem Fahrer die Wahl des Gangs abnimmt.

Der konventionelle Tempomat für Nutzfahrzeuge

Der Tempomat (Englisch: Cruise Control) wurde bereits Mitte der 50er Jahre zur automatischen Regelung der Kraftstoffzufuhr bei Straßenfahrzeugen eingesetzt. Es handelt sich dabei um eine Komfortfunktion, welche eine vom Fahrer vorgewählte Wunschgeschwindigkeit einzuregeln versucht. Ein Pkw-Fahrer aktiviert den Tempomat meist nur während der Fahrt auf der leeren Autobahn oder wenn er vermeiden möchte, aus Unachtsamkeit eine geltende Geschwindigkeitsbeschränkung zu verletzen. Bei schweren Lkw ist der Tempomat weitaus öfter in Gebrauch. Aufgrund der durchgängigen Geschwindigkeitsbeschränkungen von $80\,\mathrm{km/h}$ auf Autobahnen und zweispurigen Bundesstraßen und $60\,\mathrm{km/h}$ auf Landstraßen, kommt es zu weniger Variationen der Fahrzeuggeschwindigkeit bei schweren Lkw, was zu einem häufigeren Einsatz des Tempomaten motiviert. Die in [SKBZ04] beschriebenen Untersuchungen ergaben, dass heute beim Lkw 40 % bis 51 % der Betriebszeit der Tempomat verwendet wird.

Zur Bedienung des Tempomaten stellt der Fahrer über das Mensch-Maschine-Interface eine Wunschgeschwindigkeit v_{Wunsch} ein. Bei einem Pkw-Tempomat dient diese als Sollwert für einen PID-Regler. Der integrierende Anteil des Reglers ermöglicht die Kompensation des Fahrwiderstands, so dass sich stationär auch im Gefälle und in der Steigung die Wunschgeschwindigkeit einstellt, sofern dies die technischen Beschränkungen des Antriebs- und Bremsmoments zulassen. Nachteil dieser Art des Tempomaten ist, dass bereits bei geringem Überschreiten der Wunschgeschwindigkeit die Bremse aktiviert wird. Auf leichten oder kurzen Gefällestrecken wird dadurch keine kinetische Energie gesammelt. Im vorigen Abschnitt wurde gezeigt, dass ein schwer beladener Lastkraftwagen schon bei leichtem Gefälle beschleunigt, da die von der Masse abhängige Hangabtriebskraft schnell die übrigen Fahrwiderstände überschreitet. Um die potentielle Energie des Fahrzeugs zumindest in geringem Maße in kinetische Energie umsetzen zu können, ist der in Nutzfahrzeugen eingesetzte Tempomat vom Pkw-Tempomaten verschieden.

Beim Nutzfahrzeug-Tempomaten wählt der Fahrer neben der Wunschgeschwindigkeit einen sog. Hysteresewert Δv_{Hyst}. Der Geschwindigkeitsregler des Tempomaten regelt nicht exakt auf v_{Wunsch}, sondern hält die Fahrzeuggeschwindigkeit in einem Band mit der unteren Grenze v_{Wunsch} und der oberen $v_{\mathrm{max}} = v_{\mathrm{Wunsch}} + \Delta v_{\mathrm{Hyst}}$. Der Tempomatregler ist dann umschaltend aufgebaut, wobei zwischen Beschleunigungs- und Bremstempomat geschaltet wird. Im Beschleunigungsmodus kann der Regler nur die Einspritzmenge wählen. Der Stellbereich erstreckt sich so vom Schleppmoment bis zum Volllastmoment des Motors. Sollwert für den Beschleunigungsregler ist v_{Wunsch}. Der Bremstempomat hat als Sollwert v_{max}. Er kann nur die Zusatzbremsen des Antriebsstrangs ansteuern.

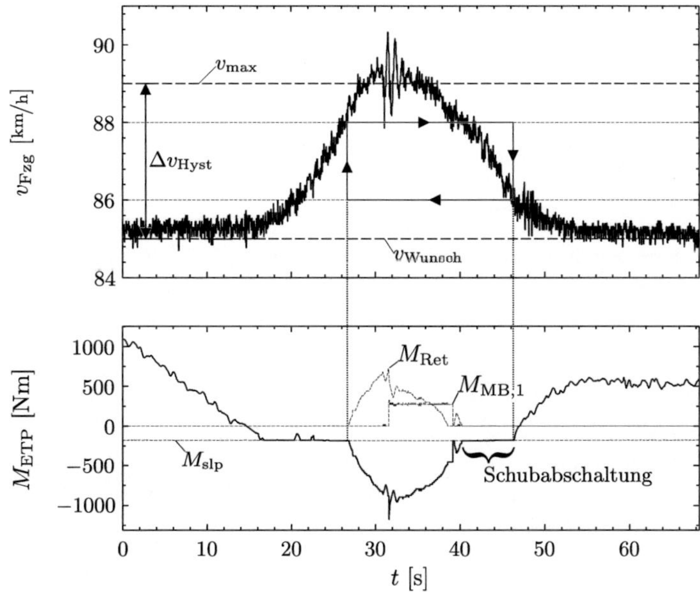

Abbildung 2.9: Messung einer Tempomatregelung (oben: Fahrzeuggeschwindigkeit, unten: Verlauf des Moments M_{ETP} in dem das Motormoment und das auf den Motor vorgerechnete Retardermoment vereinigt sind)

Die Wirkungsweise dieser umschaltenden Tempomatstruktur veranschaulicht die Messung aus Abbildung 2.9. Die Wunschgeschwindigkeit war auf $v_{\mathrm{Wunsch}} = 85\,^{\mathrm{km}}/_{\mathrm{h}}$ und die Hysterese war auf $\Delta v_{\mathrm{Hyst}} = 4\,^{\mathrm{km}}/_{\mathrm{h}}$ eingestellt. Ein 40 t-Fahrzeug befährt dabei im Intervall $[16\,\mathrm{s}, 39\,\mathrm{s}]$ ein kurzes, leichtes Gefälle. Der Tempomat befindet sich zu Beginn des Messausschnitts im Beschleunigungsmodus. Aufgrund der Beschränkung der Stellgröße des Beschleunigungsreglers nach unten auf Schleppmoment beginnt das Fahrzeug Schwung aufzunehmen. Erst nach Erreichen der Aktivierungsgrenze des Bremsmodus werden die Zusatzbremsen Retarder und Motorbremse aktiviert und die Geschwindigkeitsobergrenze v_{max} eingeregelt. Bei ca. 39 s endet der Gefälleabschnitt und der Bremsregler deaktiviert die Zusatzbremsen.

Das Fahrzeug rollt aus und erst bei ca. 46 s wird der Beschleunigungsmodus wieder aktiviert, welcher die untere Grenze v_{Wunsch} des Bandes einregelt. Durch die Aufnahme kinetischer Energie zu Beginn des Gefälleabschnitts wird dem Fahrzeug ein Ausrollen im Intervall [40 s, 46 s] möglich. Wäre, wie beim Pkw-Tempomat, schon zu Beginn des Gefälles (bei ca. 18 s) die Bremse aktiviert und so die Wunschgeschwindigkeit gehalten worden, hätte das Fahrzeug keinen Schwung aufnehmen können, so dass bereits zum Zeitpunkt $t = 40$ s der Motor wieder hätte befeuert werden müsste. Durch Ersetzen einer festen Wunschgeschwindigkeit für die Regelung durch ein Geschwindigkeitsband kann der Kraftstoffverbrauch reduziert werden.

Negativ an dieser bei Nutzfahrzeugen üblichen Art der Realisierung eines Tempomaten ist, dass bei langen Gefällestrecken dauerhaft mit $v_{\text{Fzg}} = v_{\text{max}}$ gefahren wird. Diese im Vergleich zur Fahrt in der Ebene deutlich erhöhte Geschwindigkeit birgt ein Sicherheitsrisiko. Bei längeren Gefällestrecken ist der Fahrer daher gezwungen, manuell den Hysteresewert Δv_{Hyst} zu reduzieren. Tut er dies nicht, droht wie im vorigen Abschnitt beschrieben die Gefahr, dass der Kühlkreislauf überhitzt und die Bremswirkung der Zusatzbremsen automatisch reduziert wird.

Der Abstandsregeltempomat

Der Abstandsregeltempomat (ART) (Englisch: *Adaptive Cruise Control ACC*) stellt eine Erweiterung des konventionellen Tempomaten dar. Seine Aufgabe ist es, einen vom Fahrer vorgegebenen Mindestabstand zu einem *Führungsfahrzeug* einzuregeln. Als Führungsfahrzeug wird hier ein auf der eigenen Fahrspur vorausfahrendes Fahrzeug bezeichnet.

Ein ART-Fahrzeug ist mit einer Sensorik ausgestattet, welche es ermöglicht, den Abstand und die Relativgeschwindigkeit zu einem Führungsfahrzeug zu messen. Meist kommen hierfür Radarsensoren zum Einsatz, die gegenüber den Alternativen Infrarot- und Lasermesstechnik auch bei schlechter Witterung eine zuverlässige Messung erlauben. Im Gegensatz zum konventionellen Tempomaten ist die grundlegende Funktionsweise des Abstandsregeltempomats für Pkw und Nutzfahrzeuge identisch.

Zur Zeit in Serie befindliche Systeme wie die Distronic [Dai03] von Mercedes-Benz arbeiten mit einem Sensorsystem aus drei Radarsendern und -empfängern mit einer Sendefrequenz von ca. 77 Ghz. Der abgesendete Radarstrahl besteht aus drei Strahlenkegel mit einem Öffnungswinkel von jeweils $3°$ (siehe Abbildung 2.10). Der Gesamtöffnungswinkel des Abtaststrahls beträgt damit $9°$. Mit diesem können vorausfahrende Fahrzeug bis zu einer Entfernung von 150 m detektiert werden. Der relativ geringe Öffnungswinkel birgt die Schwierigkeit, dass nur Fahrzeuge geortet werden können, welche sich in der Nähe der Längsachse der Zugmaschine des ART-Fahrzeugs befinden. Dies führt beispielsweise dazu, dass es zu einem Zielverlust kommt, wenn das Führungsfahrzeug in eine Kurve einfährt. Aufgrund dieser Problematik weisen die Fahrzeughersteller darauf hin, dass der Abstandsregeltempomat alleine für den Betrieb auf Autobahnen vorgesehen ist, wo nur geringe Kurvenkrümmungen auftreten.

Abbildung 2.11 zeigt den schematischen Aufbau des ART und dessen Zusammenwirken mit dem konventionellen Tempomaten. Der Abstandsregeltempomat besteht aus den Haupt-

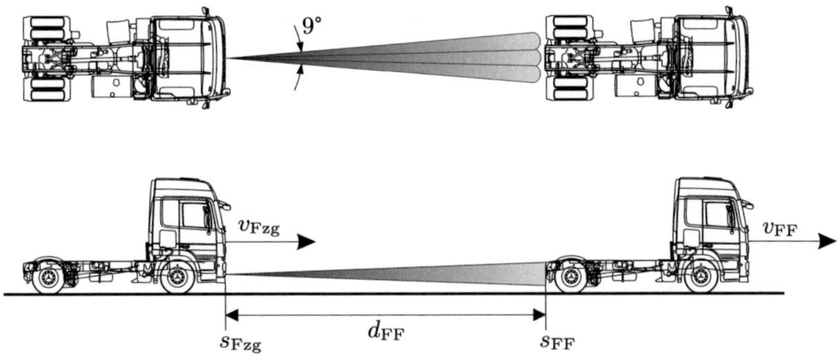

Abbildung 2.10: Geometrie des Radarkegels des Abstandsregeltempomaten

komponenten Radarsensor, Objekterkennung und Abstandsregelung. Aufgabe der Objekterkennung ist es, relevante Objekte innerhalb des Radarkegels zu identifizieren. Da auch stehende Objekte wie Schilder den Radarstrahl reflektieren und der ART auf diese nicht reagieren darf, werden nur fahrende Objekte betrachtet. Die Bestimmung der Objektgeschwindigkeit erfolgt anhand der eigenen Fahrzeuggeschwindigkeit und der über den Dopplereffekt ermittelten Relativgeschwindigkeit zum Objekt. Für eine gesicherte Objekterkennung ist es notwendig, dass das ART-Fahrzeug mit einer ausreichend großen Geschwindigkeit fährt. Heute in Serie befindliche ART-Systeme arbeiten daher nur oberhalb einer Fahrzeuggeschwindigkeit von 30 $\mathrm{km/h}$.

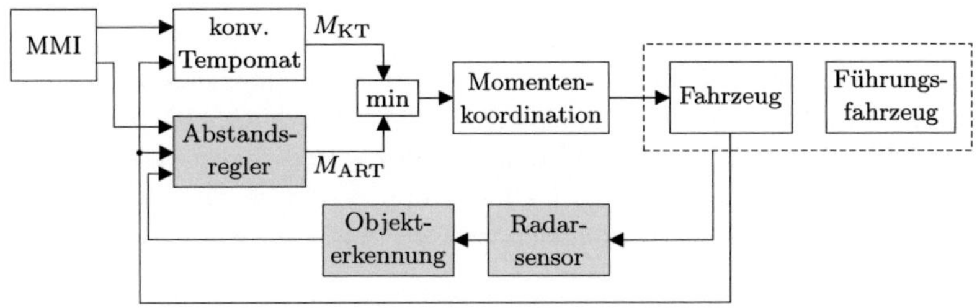

Abbildung 2.11: Schematischer Aufbau des Abstandsregeltempomaten

Als Ergebnis der Objekterkennung wird dem Abstands-Regelalgorithmus zum einen mitgeteilt, ob ein relevantes Fahrzeug voran fährt und – wenn ja – liefert diese Messwerte für den Relativabstand $d_{\text{FF}} = s_{\text{FF}} - s_{\text{Fzg}}$ und die Relativgeschwindigkeit $\Delta v_{\text{rel}} = v_{\text{FF}} - v_{\text{Fzg}}$ zum Führungsfahrzeug. Diese Größen sind in Abbildung 2.10 eingezeichnet. Der Sollabstand wird über den Zeitparameter T_{Abstand} [s] vom Fahrer über das MMI festgelegt. Aus diesem und der eigenen Geschwindigkeit wird der Sollabstand zu

$$d_{\text{FF,soll}} := v_{\text{Fzg}} T_{\text{Abstand}}$$

berechnet. Er steigt mit der Geschwindigkeit, so dass für die Wahl $T_{\text{Abstand}} > 2{,}0\,\text{s}$ der gesetzliche Sicherheitsabstand stets eingehalten wird.

Ziel des Abstandsreglers ist es nun, die Regelabweichung $e_{\text{ART}} = d_{\text{FF,soll}} - d_{\text{FF}}$ zu Null zu bringen. Dafür wird ein Regler eingesetzt, welcher ein Sollmotormoment M_{ART} berechnet, in dem Antriebs- und Bremsmomentanforderungen vereinigt sind. Das Minimum aus M_{ART} und dem Sollmotormoment M_{KT} des konventionellen Tempomaten bildet die Vorgabe für die Momentenkoordination. Diese leitet aus dem Sollmoment die tatsächlichen Stellgrößen für den Motor und den Retarder ab. Durch die Minimalauswahl entsteht das Zusammenwirken von konventionellem Tempomaten und ART.

Die Automatische Gangermittlung

Die automatische Bestimmung der Getriebestufe passend zur aktuellen Fahrsituation ist die Aufgabe der *Automatischen Gangermittlung* (AG). Dieses Fahrerassistenzsystem wird oft auch als Schaltprogramm oder Automatikgangwahl bezeichnet. Schaltprogramme für schwere Lkw unterscheiden sich von denen für Pkw. Beim Pkw wird ein Gangwechsel meist nur basierend auf der aktuellen Gaspedalstellung und Motordrehzahl ausgelöst. Dann wird sequentiell nur eine Gangstufe hoch oder zurückgeschaltet.

Die Erläuterungen im vorigen Abschnitt haben gezeigt, dass bei der Gangwahl für einen Lkw in der selben Fahrsituation bis zu sechs Möglichkeiten vorhanden sind. Eine sequentielle Durchschaltung der einzelnen Gänge beispielsweise beim Beschleunigen des Fahrzeugs ist beim Lkw wegen der langen Zugkraftunterbrechung während des Schaltprozesses nicht sinnvoll. Insbesondere auch deshalb, da besonders in den unteren Gängen wegen der feinen Abstufung des Getriebes nur sehr kurz in einem Gang beschleunigt werden kann.

Da die Masse eines Lkws erheblich variieren kann und besonders in Steigungen die Gangwahl stark von der Masse abhängt, versucht die Automatische Gangermittlung, die Fahrzeugmasse und die Fahrbahnsteigung während der Fahrt zu schätzen [RSS98]. Die Schätzungen werden dann dazu verwendet, die Parameter des Grundschaltprogramms anzupassen. Um möglichst früh auf eine sich ändernde Fahrbahnsteigung reagieren zu können, werden in modernen Lkw zunehmend Steigungssensoren verbaut.

Eine große Schwierigkeit bei der Entwicklung und Parametrierung einer AG für Lkw stellt die Vermeidung sog. *Pendelschaltungen* dar. Von einer Pendelschaltung spricht man, wenn zum Beispiel unmittelbar nach einer Hochschaltung wieder zurück geschalten werden muss, weil sich die Fahrsituation nach der Schaltung geändert hat oder die Fahrsituation vor der Hochschaltung falsch eingeschätzt wurde. Pendelschaltungen werden vom Fahrer als besonders störend empfunden, da er dabei die Zugkraftunterbrechung von zwei Schaltungen ertragen muss. Hier soll darauf hingewiesen werden, dass eine Automatische Gangermittlung stets einen schweren Standpunkt besitzt. Sie steht unter der dauerhaften Beobachtung und Bewertung des Fahrers, der selten eine *gute* Schaltung bemerkt.

Zur Vermeidung von Pendelschaltungen erfolgt bei der Automatischen Gangermittlung für Lkw die Trennung von Auslösedrehzahl der Schaltung und Zielgebietdrehzahl nach der Schaltung. Es gibt jeweils eine Auslösedrehzahl für Hoch- $n_{\text{Hochschalt}}$ und Rückschaltungen $n_{\text{Rückschalt}}$. Die AG löst einen Gangwechsel aus, wenn die Motordrehzahl $n_{\text{Hochschalt}}$ überschreitet beziehungsweise $n_{\text{Rückschalt}}$ unterschreitet.

Die Bestimmung des Sollgangs z_{soll} wird nun am Beispiel der Hochschaltung beschrieben: Die AG wählt den Sollgang bei einer Hochschaltung so, dass die Zieldrehzahl $n_{\text{Mot,Ziel}}(z_{\text{soll}})$ nach der Schaltung mit einem deutlichen Abstand oberhalb der Auslösedrehzahl für eine erneute Rückschaltung liegt. Dafür wird eine Zielgebietdrehzahl $n_{\text{Ziel,hoch}} > n_{\text{Rückschalt}} + \Delta$ mit $\Delta > 0$ berechnet und dann der größte Gang gewählt, in dem zum einen der Fahrwiderstand überwunden werden kann und für den zum anderen $n_{\text{Mot,Ziel}}(z_{\text{soll}}) \geq n_{\text{Ziel,hoch}}$ gilt. Kann ein solcher Gang nicht gefunden werden, wird im aktuellen Gang verblieben.

Die AG berechnet dafür fortlaufend die Zieldrehzahlen $n_{\text{Mot,Ziel}}(z_{\text{soll}})$ für die möglichen Sollgänge durch Simulation des Schaltprozesses ausgehend vom aktuellen Fahrzeugzustand und den Schätzungen von Fahrbahnsteigung, Fahrzeugmasse und Schaltzeit. Man kann also sagen, dass die AG eines heutigen Lastkraftwagens für einen kurzen Horizont vorausschauend ihre Entscheidungen trifft, wenn sie die Motordrehzahl nach erfolgtem Gangwechsel prädiziert.

Zur Bestimmung der Auslösedrehzahl wird ein funktionaler Zusammenhang

$$n_{\text{Hochschalt}} = f_{\text{Hochschalt}}\Big(\text{Istgang}, \text{Fahrpedalstellung}, \text{Fahrpedalgradient},$$
$$\text{Betriebsbremsstellung}, \text{Zusatzbremsstellung},$$
$$\text{Fahrzeugmasse}, \text{Fahrbahnsteigung}, \ldots\Big) \quad (2.1)$$

aufgestellt. Die Funktion $f_{\text{Hochschalt}}$ stellt dabei eine nur wenig auf physikalischen Zusammenhängen basierende Rechenvorschrift dar, sondern ist ein Funktionsrahmen, der über eine Vielzahl an Parametern die Kalibrierung gewünschter Eigenschaften durch Experten ermöglicht. Diese Parameter müssen in Abhängigkeit des Fahrzeug-, Motor- und Getriebetyps sowie des Fahrzeugeinsatzes[7] individuell eingestellt werden. Bedenkt man, dass auch für $n_{\text{Hochschalt}}$, $n_{\text{Rückschalt}}$ und $n_{\text{Ziel,rück}}$ ein funktionaler Zusammenhang entsprechend (2.1) parametriert werden muss, wird schnell deutlich, dass bei der enormen Variantenvielfalt im Nutzfahrzeug der Applikationsaufwand zu explodieren droht.

Aufgrund dieser Problematik, die mit der beschriebenen Realisierung einer Automatisierten Gangermittlung verbunden ist, wurde in einigen Arbeiten der Versuch unternommen, eine automatisierte Gangwahl mehr basierend auf physikalischen Zusammenhängen zu entwickeln. Die Arbeit [Löf00] beschreibt ein Schaltprogramm, bei dem die Gangwahl als Mehrkriterien-Optimierungsproblem betrachtet wird, dessen Lösung den Sollgang mit dem besten Kompromiss aus Verbrauch, Emission und Antriebsleistung ergibt.

In [Sch07] wird der Versuch unternommen, eine situationsadaptive Gangermittlung für Lkw zu entwickeln. Dabei wird zunächst die momentane Fahrsituation anhand aktueller und vergangener Fahrzeugmessgrößen ermittelt, um dann eine geeignete Auswahl zwischen einer verbrauchs- und leistungsorientierten Gangwahl entsprechend der Fahrsituation zu treffen. Beide zitierten Arbeiten haben gemein, dass der Gang nur basierend auf dem aktuellen und vergangenen Fahrzeugzustand bestimmt wird. Die Verwendung der Daten einer Streckenvorausschau für die Gangwahl wird in beiden Arbeiten als sinnvoll erachtet, aber nicht näher untersucht.

---

[7]Fernverkehrsfahrzeug, Baufahrzeug, Feuerwehrfahrzeug, ...

2.2 Ein neues vorausschauendes Fahrerassistenzsystem

Im vorigen Abschnitt wurde verdeutlicht, dass eine vorausschauende Fahrweise bei der Längsregelung eines Lastkraftwagens wichtig ist. Heute in Serie erhältliche Fahrerassistenzsysteme für Lkw sind nicht in der Lage, eine vorausschauende Fahrweise zu realisieren. Ziel der so genannten *vorausschauenden Fahrerassistenzsysteme* ist, mit einem erweiterten Navigationssystem nicht nur die aktuelle Position des Fahrzeugs im Straßennetz zu bestimmen, sondern zusätzlich den in naher Zukunft befahrenen Streckenabschnitt zu prädizieren. Für diesen Streckenabschnitt werden Informationen einer erweiterten digitalen Straßenkarte entnommen, mit deren Hilfe der Fahrer bei einer vorausschauenden Fahrweise unterstützt wird oder gar Teile der Längsregelung eines Fahrzeugs unter Einbeziehung der Streckenvorausschau automatisiert werden. Im zweiten Fall spricht man von einer *Prädiktiven Antriebsstrangregelung* (PAR).

In diesem Abschnitt wird zuerst näher auf die allgemeine Funktionsweise eines vorausschauenden Fahrerassistenzsystems eingegangen und es werden bekannte Arbeiten auf diesem Gebiet vorgestellt. Wichtiger Bestandteil ist dabei das Vorausschaumodul, das erweiterte Navigationssystem, welches eine Streckenvorausschau ermöglicht. Dieses wird beschrieben und dabei werden für eine Längsregelung relevante Streckenattribute vorgestellt, welche in naher Zukunft in digitalen Karten enthalten sein werden. Die große Menge an neuen Informationen gewinnbringend einzusetzen, stellt eine große Herausforderung an den in der PAR hinterlegten Regelungsalgorithmus dar. Die meisten klassischen Regelungsverfahren sind nicht in der Lage, die große Menge an neuen Informationen der Streckenvorausschau auszuschöpfen. Die Streckenvorausschau ermöglicht dagegen erst den Einsatz der *Modellbasierten Prädiktiven Regelung* (MPR) für die Längsregelung eines Fahrzeugs, denn mit Hilfe der gelieferten Informationen kann die optimale Trajektorie der Lkw-Längsdynamik prädiziert werden. In Teilabschnitt 2.2.2 wird dieses Regelungsverfahren vorgestellt.

In Teilabschnitt 2.2.3 wird dann die Technologie der Prädiktiven Antriebsstrangregelung und die Methode der Modellbasierten Prädiktiven Regelung zum neuen vorausschauenden Fahrerassistenzsystem Integrated Predictive Powertrain Control (IPPC) zusammengeführt, welches die Längsregelung eines Lkws vollständig automatisiert. Beschrieben wird zunächst dessen grundlegende Funktionsweise und Bedienung. Anschließend wird ein Überblick über das im IPPC-System eingesetzte numerische Verfahren zur optimalen Trajektorienplanung der Lkw-Längsdynamik gegeben. Die genaue Beschreibung des Verfahrens wird Gegenstand der folgenden zwei Kapitel sein.

2.2.1 Vorausschauende Fahrerassistenzsysteme

Ein Vorausschaumodul besteht stets aus drei Komponenten:

1. Eine Schätzung der aktuellen Streckenposition des Fahrzeugs im Straßennetz

2. Eine Schätzung des zukünftig befahrenen Streckenabschnitts

3. Eine erweiterte digitale Straßenkarte, die neben dem Straßenverlauf noch weitere, für eine Automatisierungsfunktion relevante Attribute enthält

Die Funktion der Positionierung des Fahrzeugs im Straßennetz wird auch als *Map-Matching* bezeichnet. Das Map-Matching benötigt die fortlaufende Messung der geographischen Fahrzeugposition. Dafür wird in heutigen Navigationssystemen meist ein satellitengestütztes Messverfahren wie das Global Positioning System (GPS) verwendet [Man04], welches vom amerikanischen Militär in den 80er-Jahren entwickelt wurde.

Das GPS basiert auf 24 die Erde umkreisende Satelliten, die ständig ihre sich ändernde Position und die genaue Uhrzeit aussenden. Aus der Signallaufzeit zu den einzelnen Satelliten und der Kenntnis über deren Position können dann GPS-Empfänger ihre eigene Position berechnen. Dafür wird der Sendekontakt zu mindestens vier Satelliten benötigt – drei, um die Position zu bestimmen, und ein weiterer zur Korrektur der eigenen Uhr.

Das GPS ist dadurch prinzipiell in der Lage, die Koordinaten des Fahrzeugs in Längen- und Breitengrad des WGS84-Ellipsoiden an jedem Punkt der Erde mit einer Genauigkeit von ca. $\pm 15\,\mathrm{m}$ zu liefern. Praktisch treten unter anderem dadurch Probleme bei der Positionsmessung auf, wenn nur wenige der sichtbaren Satelliten in direktem Kontakt mit der Empfangsantenne des Fahrzeugs stehen. Insbesondere wenn der Empfänger weniger als vier Satelliten sieht, kann keine gesicherte Positionsschätzung mehr durchgeführt werden. Werden die Signale zusätzlicher Satelliten empfangen, kann die Genauigkeit der Positionsschätzung erhöht werden.

Bei der Positionsmessung treten Fehler durch Sekundäreffekte wie Reflexionen, Laufzeitunterschiede durch die Ionosphäre und Bahnfehler der Satelliten selbst auf. Ein um Korrekturmechanismen erweitertes GPS wird als *differentielles* GPS (DGPS) bezeichnet. Dabei werden vom GPS-Empfänger zusätzliche Signale mit Korrekturinformation empfangen und verarbeitet. Mit diesen Systemen kann so eine Genauigkeit bei der Positionsbestimmung im Submeterbereich erzielt werden. Die Problematik der Abschattung bleibt jedoch auch beim DGPS bestehen, so dass es nicht als alleiniger Sensor für das Map-Matching verwendet werden kann. Neben dem GPS existiert das von der europäischen Raumfahrtbehörde für die zivile Nutzung neu entwickelte *Galileo*-System [Eur03]. Letzteres wird 2010 seinen vollständigen Betrieb aufnehmen und eine Genauigkeit ohne zusätzliche differentielle Korrekturen von $\pm 4\,\mathrm{m}$ liefern [Eur03].

Neben der Messung der Absolutposition des Fahrzeugs über ein Satellitensystem besteht die Möglichkeit, die Fahrzeugposition über Integration des dreidimensionalen Geschwindigkeitsvektors des Fahrzeugs zu schätzen, sofern die Anfangsposition des Fahrzeugs bekannt ist. Die Messung der Fahrzeuggeschwindigkeit in alle drei Bewegungsrichtung kann über Beschleunigungs- und Drehratensensoren sowie den Drehzahlen der einzelnen Räder des Fahrzeugs erfolgen. Wegen der Fusion mehrerer fahrzeuginterner Sensorinformationen wird dieses Verfahren Koppelnavigation (Englisch: Dead Reckoning) genannt. Dabei besteht jedoch die Schwierigkeit, dass stets vorhandene, nicht mittelwertfreie Fehler in den Messgrößen mit zunehmender Integrationsdauer die geschätzte Fahrzeugbahn von der tatsächlichen abweichen lassen. Die Lösung zu der Problematik der Abschattung beim GPS und des eben beschriebenen Drifts der Koppelnavigation bildet die Kombination beider Techniken.

Aufgabe des Map-Matchings ist es nun, aus den zur Verfügung gestellten Messwerten den Streckenabschnitt auf dem das Fahrzeug fährt sowie die genaue Position und Fahrtrichtung auf dem Abschnitt zu bestimmen. Neben den Messgrößen verwendet das Map-Matching dafür den in der digitalen Straßenkarte gespeicherten zweidimensionalen Straßenverlauf. Durch die Kenntnis, dass sich das Fahrzeug auf der Straße befindet, kann die Genauigkeit der Positionsschätzung durch die Karte gegenüber der Genauigkeit des reinen GPS-Messwerts deutlich gesteigert werden. Dies ist aber nur möglich, wenn die digitale Karte genauer als die Positionsmessung ist.

In der Literatur sind zahlreiche Arbeiten zu finden, die sich mit der Aufgabe des Map-Matchings und der Fusion der Informationen von GPS, digitaler Karte und Fahrzeug interner Sensorik widmen. In [Czo00] werden insgesamt fünf Verfahren untersucht, bei denen jeweils unterschiedliche Sensorkonfigurationen zum Einsatz kommen. Man kommt zu dem Ergebnis, dass es auch ohne die Information des GPS, alleine über inertiale Sensorik möglich ist, die Fahrzeugposition genau zu bestimmen, indem die Krümmung der Bahn der Fahrzeugbewegung und die Straßenkrümmung der digitalen Karte miteinander korreliert werden. Wegen der Problematik der Abschattung des GPS wird eine Kombination mit Odometer und Winkelsensorik als unverzichtbar erachtet.

In [Sch00] wird ein Map-Matching-Verfahren beschrieben, bei von den DGPS-Positionspunkten das Lot auf die digitale Karte gefällt wird und jeweils der Schnittpunkt des Lots mit dem Streckenabschnitt der Karte als Fahrzeugposition angenommen wird. Da das DGPS die Messdaten nur mit einer Rate von 1 Hz überträgt, wird zwischen den DGPS-Takten die Fahrzeuggeschwindigkeit aufintegriert, um die Streckenposition zu schätzen.

Für die Anwendung eines Map-Matching-Verfahrens innerhalb einer Prädiktiven Antriebsstrangregelung muss es nicht nur in der Lage sein, die Position des Fahrzeugs auf der Route genau zu bestimmen, sondern auch frühzeitig erkennen, wenn das Fahrzeug die Route verlässt. Da bei einer PAR Stellgrößen für den Antriebsstrang basierend auf der Information über kommende Streckenattribute berechnet werden, würde ein Abweichen von der Route unter Umständen eine komplett falsche Ansteuerung bedeuten. Insbesondere bei dem in dieser Arbeit entwickelten IPPC-System, welches das Fahrzeug basierend auf der Streckenvorausschau nicht nur bremst sondern auch beschleunigt, kann ein nicht frühzeitig erkanntes Abkommen von der Route ein Sicherheitsrisiko darstellen.

Für das IPPC-System wurde deshalb ein auf die Bedürfnisse des Systems zugeschnittenes Verfahren entwickelt. Als Messgrößen verwendet dieses zum einen die Position eines DGPS-Systems mit EGNOS[8]-Korrektur und zum anderen die Drehzahlen der Räder des Zugfahrzeugs. Ähnlich dem in [Sch00] beschriebenen Verfahren, wird anhand des Abstands eines GPS-Punktes zur bisher geschätzten Streckenposition entschieden, ob sich das Fahrzeug noch auf der Route befindet. Zusätzlich wird bei Abschattung des GPS basierend auf dem Vergleich des Krümmungsverlaufs der Fahrzeugbewegung und dem des Straßenverlaufs ein Abweichen von der Route erkannt.

Die Genauigkeit der Karteneinpassung ist zum größten Teil bestimmt durch die Genauigkeit der zweidimensionalen Geometrie der digitalen Karte. Frühe digitale Karten entstanden durch Digitalisierung konventionellen Kartenmaterials. Heute werden sie von den führenden Kartenherstellern durch Abfahren des Streckennetzes mit speziell ausgestatteten Messfahrzeugen direkt gemessen. Das *Geographic Data Format* (GDF) ist heute das Standardformat

---

[8]European Geostationary Navigation Overlay Service

zur Beschreibung digitaler Karten. Kommerzielle digitale Karten, wie sie in heutigen Navigationssystemen eingesetzt werden, besitzen nur eine Genauigkeit von $\pm 15\,\mathrm{m}$.

Aus der Motivation heraus, die digitale Karte als Sensor für FAS zu verwenden, welche die Sicherheit des Straßenverkehrs steigern sollen, wurde im Teilprojekt MAPS&ADAS [Ble08] des EU-Projekts PreVENT Anforderungen an eine neue Generation digitaler Karten spezifiziert. Dieses Projekt hat es sich nicht nur zur Aufgabe gemacht, neue, für FAS interessante Attribute in Karten zu integrieren, sondern auch standardisierte Schnittstellen zu entwickeln, um die Informationen verschiedenen Applikationen zugänglich zu machen. Dabei wurden acht neue Streckenattribute priorisiert, welche für ein Fahrerassistenzsystem von Interesse sein könnten, diese sind

- Gesetzliche Geschwindigkeitsbeschränkungen

- Verkehrsschilder

- Spurinformationen (Anzahl, Breite, usw.)

- Ampeln

- Kreuzungen mit Nicht-Straßen (z.B. Fußgängerüberwege, Bahnlinien, usw.)

- Punkte hohen Unfallrisikos

- Fahrbahnsteigung

- Querneigung der Fahrbahn (Superelevation)

Für die Automatisierung der Längsregelung eines Lastkraftwagens sind diejenigen Attribute relevant, welche die Wahl der Geschwindigkeit und die Längsdynamik eines Lkws beeinflussen. Für die Wahl der Geschwindigkeit sind dies vornehmlich die Geschwindigkeitsbeschränkung und die Kurvenkrümmung. Letztere ist in obiger Liste nicht aufgeführt, da angenommen wird, sie könne aus der zweidimensionalen Representation des Straßennetzes der digitalen Karte berechnet werden. Dies ist jedoch nur sehr bedingt möglich, da die Kurvenkrümmung als zweite Ableitung der Trajektorie des Fahrbahnverlaufs sehr anfällig auf Fehler im Kartenmaterial ist. Die Wahl der Kurvengeschwindigkeit ist nicht nur durch die Krümmung der Kurve vorgegeben, sondern auch durch die Querneigung der Fahrbahn, da sie die fahrdynamisch maximale Geschwindigkeit beeinflusst, mit der eine Kurve durchfahren werden kann. Diese messtechnisch zu erfassen, ist nur mit hohem Aufwand möglich.

Auf die Längsdynamik des Lkws hat die Fahrbahnsteigung den größten Einfluss. In heutigen digitalen Karten ist sie noch nicht enthalten, sie könnte aber mit bereits zur Verfügung stehenden technischen Mitteln schon in naher Zukunft erhoben werden. Die gängigen Methoden zur Steigungsmessung werden nun vorgestellt, da sie im Rahmen dieser Arbeit evaluiert und angewendet wurden, um die Steigungsinformation für Testfahrten zu erzeugen. Die Bestimmung der Steigung erfolgt entweder durch Messung der Steigung selbst oder über die Ableitung des Verlaufs der gemessenen Absoluthöhe der Fahrbahn.

Höhenmessungen können beispielsweise direkt über GPS oder barometrisch durchgeführt werden. Eine andere Möglichkeit wäre, diese der Datenbasis eines digitalen Geländemodells zu entnehmen, welches durch Satelliten oder Flugzeugüberfliegung mit Hilfe von Radar gemessen wurde. Eine genaue Bestimmung der Fahrbahnsteigung auf diese Weise benötigt jedoch eine sehr exakte Höhenmessung – man bedenke, dass für eine absolute Genauigkeit von 1 % Steigung der Fehler der Höhenmessung auf 100 m gerade 1 m sein darf. Keine der erwähnten Messmethoden ist alleine in der Lage die benötigte Genauigkeit zu liefern. Als besser geeignet erweist sich deshalb die direkte Messung der Fahrbahnsteigung. Dafür kommen meist Neigungssensoren zum Einsatz. Auch über die Geschwindigkeitsmessung des GPS über den Dopplereffekt ist eine gute Steigungsmessung während der Fahrt möglich [BRG01]. Die Fahrbahnsteigung wird dabei als Quotient aus den Geschwindigkeitskomponenten in vertikaler und horizontaler Richtung berechnet.

In Abschnitt 5.1.2 wird die Panzerringstraße in Münsingen vorgestellt, welche als Versuchsstrecke für die in dieser Arbeit vorgestellten Testfahrten mit dem IPPC-System diente. Für die digitale Karte mit Steigungsinformation wurde die Teststrecke abgefahren und dabei die GPS-Geschwindigkeiten, die GPS-Absoluthöhe und das Signal eines Steigungssensors gemessen. Durch ein Schätzverfahren wurde dann der wahrscheinlichste Steigungsverlauf aus den drei Messgrößen berechnet.

Ist die Position und die Fahrtrichtung auf der Straße durch das Map-Matching bestimmt, kann der zukünftig befahrene Streckenabschnitt einfach bestimmt werden, wenn durch Eingabe des Fahrers im Navigationssystem die Route bekannt gemacht wurde. Hat dieser keine Route vorgegeben, muss die Fahrtroute für den Vorausschauhorizont geschätzt werden. Die wahrscheinlichste Route wird dabei durch Regeln bestimmt. Dabei wird beispielsweise angenommen, dass an einer Kreuzung auf der „höherwertigen" Straße weiter gefahren wird. Eine Autobahn wird dabei als höherwertiger als eine Bundesstraße, welche selbst als höherwertiger als eine Landstraße eingestuft wird. Sind alle Straßen an einer Kreuzung von gleicher Wertigkeit, wird davon ausgegangen, dass geradeaus weiter gefahren wird. Die Betätigung des Blinkers teilt dem Vorausschaumodul dann das Verlassen der höherwertigen Straße mit. Durch solche Heuristiken ist es möglich, für Fahrten auf Landstraßen, Bundesstraßen und Autobahnen für einen sehr hohen Prozentsatz der Fahrzeit die Route des Fahrzeugs ausgehend von dessen aktueller Position zu prädizieren.

Für den so ermittelten, zukünftig befahrenen Streckenabschnitt entnimmt das Vorausschaumodul Daten der digitalen Karte und stellt sie als Kennlinien über der vorausliegenden Fahrstrecke einer Applikation wie einer Automatisierungsfunktion des Antriebsstrangs zur Verfügung. Die Übertragung der Vorausschauinformationen kann dabei über den Arbeitsspeicher des Steuergeräts erfolgen, sofern Vorausschaumodul und Applikation im selben Steuergerät untergebracht sind, oder diese werden in Datenpakete aufgeteilt über ein Bussystem des Fahrzeugs übertragen. Für die Übertragung über den CAN-Bus des Fahrzeugs wurde in [BRA$^+$05] eine Spezifikation für eine standardisierte Schnittstelle zwischen einem Vorausschaumodul und FAS-Applikationen unterschiedlichster Ausprägungen bereits erstellt. Diese Standardisierung wird mit dazu beitragen, dass bereits in naher Zukunft auf Kartenvorausschau basierende Fahrerassistenzsysteme auf dem Automobilmarkt vermehrt erhältlich sein werden.

Bekannte vorausschauende Fahrerassistenzsysteme

In der Literatur werden einige Anwendungen beschrieben, bei denen die Informationen einer Streckenvorausschau von einem Fahrerassistenzsystem dazu verwendet werden, den Fahrer zu informieren oder Vorschläge für seine Handlungen zu geben. Es handelt sich dabei also um passive Fahrerassistenzsysteme.

In [HMV$^+$05] wird beispielsweise ein Fahrerassistenzsystem evaluiert, welches basierend auf Vorausschauinformationen einer digitalen Karte den Fahrer informiert, wenn er auf einen Punkt mit hoher Unfallhäufigkeit zufährt. Einen Schritt weiter geht das in [Ebe96] beschriebene FAS. Dort wird der Fahrer eines Pkws basierend auf den Informationen über kommende Geschwindigkeitsbeschränkungen und Kurvenkrümmungen gewarnt, wenn er seine Geschwindigkeit reduzieren sollte.

Ein passives Fahrerassistenzsystem, welches darauf abzielt, den Fahrer eines Pkws zu einer ökonomischen Fahrweise zu verleiten, wird in [RFD$^+$99] beschrieben. Tritt im Prädiktionshorizont eine Geschwindigkeitsbeschränkung auf, berechnet das System den Punkt vor der Begrenzungszone, ab dem der Fahrer das Fahrzeug ausrollen lassen kann. Über ein aktives Fahrpedal wird dem Fahrer dafür spürbar gemacht, wann er dieses nicht weiter betätigen sollte. Von einem ähnlichen Fahrerassistenzsystem wird auch in [KS01] berichtet.

Die Informationen der Streckenvorausschau können nicht nur zur Information des Fahrers eingesetzt werden, sondern auch die Funktionsweise heutiger Seriensysteme verbessern. Ein Beispiel hierfür ist das bereits seit 2005 auf dem Markt erhältliche *Active Cruise Control* [LVR$^+$06] von BMW. Es handelt sich dabei um einen Abstandsregeltempomaten, der eine Schnittstelle zum Navigationssystem besitzt, welches eine Streckenvorausschau liefert. Die Information des kommenden Straßenverlaufs wird dazu verwendet, um einen fälschlichen Zielverlust zu vermeiden, wenn das vorausfahrende Fahrzeug hinter einer Kurve nicht mehr detektiert werden kann. Weitere Fahrerassistenzsysteme, welche durch eine Streckenvorausschau verbessert werden könnten, sind in [SMI$^+$08] aufgelistet, diese sind zum Beispiel das adaptive Kurvenlicht sowie der Spurhalte- und der Nachtsichtassistent.

Ein erstes Seriensystem, welches Kartendaten zur vorausschauenden Gangwahl verwendet, wird in [ITT$^+$02] beschrieben. Das für Pkw der Marke Toyota erhältliche, als *Navimatic* bezeichnete System, benutzt die Informationen eines Vorausschaumoduls, um schon vor Kurven zurück zu schalten. Späte Rückschaltungen in der Kurve werden dadurch vermieden, so dass für den Fahrer eine angenehmere Kurvenfahrt entsteht. Von einem vorausschauenden Schaltprogramm, welches den Verbrauch von Pkw senken soll, wird in [Föl01] und [Mül05] berichtet. Dort wird basierend auf einer Prädiktion des Verlaufs der Fahrzeuggeschwindigkeit der Verlauf des zukünftigen Antriebsmoments berechnet. Anhand dessen wird mit Hilfe einer Heuristik entschieden, tendenziell in höheren Gängen zu fahren, wenn keine Erhöhung der Lastanforderung an den Motor prädiziert wird.

In [Sch00] wird ein Vorausschaumodul vorgestellt, das in der Lage ist, während der Fahrt durch fahrzeuginterne Sensorik ermittelte Streckenattribute wie die Fahrbahnkrümmung zu lernen und in der digitalen Karte zu speichern. Die Daten über die Kurvenkrümmung werden dann dazu verwendet, die Geschwindigkeit eines Pkws vor einer Kurve automatisch zu reduzieren.

Die Arbeit von Back [Bac05] beschreibt eine Prädiktive Antriebsstrangregelung für Hybridfahrzeuge. Durch eine Modellbasierte Prädiktive Regelung berechnet das System die Aufteilung des Sollmoments auf Verbrennungsmotor und E-Maschine sowie eine Gangvorgabe an das Automatgetriebe. Für die Lösung der Optimalsteuerungsprobleme der MPR wurde in [Bac05] die Methode der Dynamischen Programmierung für den Einsatz in der MPR bei Systemen 1. Ordnung zugeschnitten, so dass die Rechenzeit reduziert werden konnte. Das resultierende Verfahren wurde Prädiktive Dynamische Programmierung genannt. In Messungen konnte gezeigt werden, dass eine vorausschauende Betriebsstrategie zusätzliche Einsparpotenziale für ein Hybridfahrzeug eröffnet. In [Ter02] wird eine vorausschauende Regelung für die Momentaufteilung für einen Lkw mit hybridem Antriebsstrang entwickelt. Eine Sollgangvorgabe berechnete das System nicht.

Das erste aktive Fahrerassistenzsystem für Lastkraftwagen, welches die Information über die Fahrbahnsteigung des kommenden Streckenabschnitts verwendet, war der 2001 entwickelte Prädiktive Tempomat (Englisch: Predictive Cruise Control PCC), über den in [Ter01] und [LNTC04] berichtet wird und dessen Idee in [TNC02] geschützt wurde. Es handelt sich dabei um eine Tempomatfunktion, bei der mit Hilfe der Vorausschauinformationen eine MPR realisiert wird, welche einen bezüglich eines quadratischen Gütemaßes optimalen Geschwindigkeitsverlauf innerhalb eines eingestellten Geschwindigkeitsbandes berechnet. Der prädizierte Geschwindigkeitsverlauf dient als Eingangsgröße für die Geschwindigkeitsregelung des konventionellen Tempomaten. PCC war der Vorläufer des Projekts IPPC, im Rahmen dessen die vorliegende Arbeit entstand. Fahrstrategien, wie das automatische Schwung holen vor einer Steigung und das Absenken der Geschwindigkeit vor Gefälleabschnitten, wie sie bei den Tests des IPPC-Systems in Kapitel 5 beobachtet werden können, konnten bereits mit dem PCC-System dargestellt werden.

Da es mit dem in PCC eingesetzten Optimierungsverfahren weder möglich war, eine Abstandsregelung zu realisieren, Beschränkungen und Änderungen des Sollmoment sowie das Verbrauchskennfeld des Motors zu berücksichtigen, noch die optimale Ansteuerung des Getriebes zu berechnen, wollte man mit dem neuen Projekt Integrated Predictive Powertrain Control einen ganzheitlichen Ansatz für die vorausschauende Längsregelung schwerer Lastkraftwagen verfolgen. Der hier verfolgte Ansatz wurde erstmalig 2004 in [TBK04] vorgestellt. Das IPPC-System nutzt nicht nur die Information über die kommende Steigung, sondern auch den kommenden Verlauf der Kurvenkrümmung und der Geschwindigkeitsbeschränkung für die Planung der Fahrzeuglängstrajektorie.

Bei der Entwicklung des IPPC-Systems wurde nicht die Vorgehensweise verfolgt, eine Problemformulierung für die bei der MPR zu lösenden Optimalsteuerungsprobleme zu finden, welche durch ein Optimierungsverfahren vom Stand der Technik schnell genug gelöst werden kann, da man nicht wie bei PCC starke Abstriche in der Performance der Längsregelung machen wollte. Stattdessen wurde ohne Kompromisse an die spätere Systemperformance die Problemformulierung der MPR aufgestellt und das für dessen Echtzeitlösung notwendige Optimierungsverfahren neu entwickelt. So kann mit dem IPPC-System das vollständige Potenzial einer vorausschauenden Längsregelung für Lastkraftwagen dargestellt werden. Schwerpunkt der vorliegenden Arbeit bildet deshalb die Entwicklung eines neuen numerischen Optimierungsverfahrens, welches es ermöglicht, sowohl komplexe beschränkte nichtlineare Systeme von höherer Ordnung als auch die Gangwahl in Echtzeit zu optimieren.

In [Hel07] wird die Idee dieser Arbeit aufgegriffen, eine vorausschauende Antriebsstrangregelung für Lkw zu entwickeln. Kern des beschriebenen Systems bildet ebenfalls eine MPR, wobei die unterlagerten Optimalsteuerungsprobleme durch die in [Bac05] entwickelte Prädiktive Dynamische Programmierung gelöst werden. Dieses Verfahren ermöglicht eine PAR für Systeme mit nur einer Zustandsgröße. Entsprechend wurde in [Hel07] im Prädiktionsmodell der MPR die Längsdynamik des Lkw mit einem System von nur 1. Ordnung beschrieben, welches unter anderem nicht in der Lage ist, Momentänderungen und die genaue Dynamik des Schaltprozesses in der Trajektorienplanung zu berücksichtigen. Das System berechnet zwar Momentvorgaben, die aber aufgrund ihrer treppenförmigen Gestalt aus Komfortgründen nicht direkt der Motorsteuerung vorgegeben werden können. Praktisch werden deshalb in [Hel07] entsprechend PCC nur Änderungen der Setzgeschwindigkeit für den konventionellen Tempomat ausgegeben, was eine direkte Ansteuerung günstiger Lastpunkte des Motors verhindert. Ebenso werden in [Hel07] in der Prädiktion Gangwechsel zwar berechnet, praktisch wurden diese jedoch nicht im Fahrzeug umgesetzt.

2.2.2 Modellbasierte Prädiktive Regelung

Klassische Regelungsverfahren wie die PID-Regelung und die lineare Zustandsrückführung besitzen zwei Nachteile. Zum einen ist es nicht möglich, Beschränkungen des Steuerungs- und Zustandsvektors beim Reglerentwurf direkt zu berücksichtigen. Zum anderen ist es nicht möglich, beispielsweise ökonomische Ziele beim Reglerentwurf direkt vorzugeben. Das Verfahren der Modellbasierten Prädiktiven Regelung (MPR) berücksichtigt dagegen Zustands- und Steuerungsbeschränkungen bei der Bestimmung der Stellgrößen und über eine Zielfunktion kann dem Verfahren das Regelungsziel direkt vorgegeben werden.

Für die Beschreibung der grundlegenden Funktionsweise einer MPR wird ein System betrachtet, dessen Dynamik durch die gewöhnliche Differentialgleichung

$$\dot{\underline{x}}(t) = \underline{f}\left(\underline{x}(t), \underline{u}(t)\right) \tag{2.2}$$

beschrieben wird. Dabei bezeichnet $\underline{f} : \mathbb{R}^{n_x} \times \mathbb{R}^{n_u} \to \mathbb{R}^{n_x}$ die Systemfunktion, $\underline{x}(t) \in \mathcal{X} \subseteq \mathbb{R}^{n_x}$ den Zustandsvektor und $\underline{u}(t) \in \mathcal{U} \subseteq \mathbb{R}^{n_u}$ den Steuerungsvektor. Durch die Mengen $\mathcal{X}$ und $\mathcal{U}$ sind die zulässigen Zustands- und Steuergrößen festgelegt. Ist die Systemfunktion $\underline{f}$ linear, spricht man von der *linearen* Modellbasierten Prädiktiven Regelung. Ist sie nichtlinear, wird entsprechend von der *nichtlinearen* Modellbasierten Prädiktiven Regelung (NMPR) gesprochen. Den allgemeinsten Fall stellt die *hybride Modellbasierte Prädiktive Regelung* (HMPR) dar. Dabei zeichnet sich der zu regelnde Prozess durch die Interaktion von kontinuierlicher und ereignisdiskreter Dynamik aus. Anstatt (2.2) wird das zu regelnde System dann durch ein hybrides Modell beschrieben. Die Entwicklung einer HMPR ist Gegenstand der vorliegenden Arbeit. Für die Beschreibung der prinzipiellen Funktionsweise einer MPR in diesem Abschnitt genügt jedoch, ein dynamisches System zu betrachten, welches durch (2.2) beschrieben werden kann.

Optimalsteuerung eines technischen Prozesses

Ausgangspunkt der MPR ist die *Optimalsteuerung* eines Prozesses. Bei der Optimalsteuerung ist es die Aufgabe, einen Steuerungsverlauf $\underline{u}(t) \in \mathcal{U}$ aus dem zulässigen Steuerraum zu bestimmen, welcher ausgehend vom Anfangszustand $\underline{x}_A$ einen zulässigen Zustandsverlauf $\underline{x}(t) \in \mathcal{X}$ erzeugt, so dass $\underline{u}(t)$ und $\underline{x}(t)$ zusammen eine Zielfunktion

$$J_\infty \left[\underline{u}(t), \underline{x}(t)\right] := \int_0^\infty K(\underline{x}(t), \underline{u}(t)) \mathrm{d}t \tag{2.3}$$

zum Minimum bringen. Ist die Steuerungsaufgabe, den Zustand in den Ursprung zu überführen, wird für den Term $K(\cdot)$ meist

$$K(\underline{x}(t), \underline{u}(t)) = \frac{1}{2}\underline{x}^T(t)\underline{Q}\,\underline{x}(t) + \frac{1}{2}\underline{u}^T(t)\underline{S}\,\underline{u}(t) \tag{2.4}$$

gewählt, welcher die quadratische Abweichung des Zustands- und Steuerungsverlaufs von den stationären Werten misst. Über die positiv definiten, symmetrischen Gewichtungsmatrizen $\underline{Q}$ und $\underline{S}$ werden dabei die Eigenschaften der Steuerung eingestellt.

Durch die Lösung $\underline{u}^*(t)$ der Optimalsteuerung ist es theoretisch möglich, ein System aus einem beliebigen Anfangszustand in den stationären Zustand zu überführen, sofern die Optimalsteuerungsaufgabe lösbar und der Prozess steuerbar ist. Dabei besitzt sie folgende Vorteile gegenüber einer Ansteuerung des Prozesses, welche über eine konventionelle Regelung bestimmt wurde:

1. Bei der Bestimmung von $\underline{u}^*(t)$ werden Beschränkungen für $\underline{u}(t)$ und $\underline{x}(t)$ berücksichtigt. Dadurch kann das System näher an seine Grenzen gefahren werden.

2. Über die Vorgabe eines Gütemaßes ist es möglich, der Betriebsweise des technischen Prozesses direkt gewünschte Eigenschaften wie z. B. niedrige Kosten für die Ansteuerung aufzuprägen. Bei einer konventionellen Regelung werden die Eigenschaften der Regelung durch Vorgabe von Eigenwerten oder manuelle Kalibrierung von Reglerparametern festgelegt, wobei jeweils kein direkter Bezug zum eigentlichen Wunschverhalten des Systems besteht.

In der Realität ist es jedoch aufgrund der folgenden Tatsachen nicht möglich, das Ergebnis der Optimalsteuerung direkt anzuwenden:

1. Ein Optimalsteuerungsproblem mit unendlichem Optimierungshorizont bei dem der Steuerungs- oder Zustandsvektor beschränkt ist, kann in der Regel nicht bzw. nicht mit vertretbarem Aufwand gelöst werden.

2. Ein realer technischer Prozess unterliegt Störungen, so dass mit der Zeit der reale Zustandsverlauf $\underline{x}(t)$ vom berechneten Referenzverlauf $\underline{x}^*(t)$ zunehmend abweicht.

3. Das mathematische Modell des Prozesses, anhand dessen $\underline{u}^*(t)$ berechnet wurde, beschreibt in der Regel nicht exakt die Wirklichkeit.

4. Bei einem zeitvarianten System sind eventuell nicht zu jedem Zeitpunkt alle Informationen zum Bilden des Modells für einen beliebig fernen Zeitpunkt bekannt[9].

---

[9]In der vorliegenden Arbeit sind zum Beispiel die Informationen über die Fahrstrecke nur für einen

Aufgrund dieser Schwierigkeiten ist es praktisch nicht möglich, den optimalen Steuerungsverlauf zu berechnen oder wegen Fehlern im Modell oder Störungen weicht der tatsächliche Zustandsverlauf vom berechneten $\underline{x}^*(t)$ ab, so dass sich keineswegs ein optimaler Betrieb des Systems ergibt oder gar das Steuerungsziel verfehlt wird.

Optimalsteuerung im gleitenden Horizont

Die Modellbasierte Prädiktive Regelung umgeht die eben geschilderten Probleme, versucht aber gleichzeitig, die Vorteile der Optimalsteuerung weitestgehend auszuschöpfen. Bei der MPR handelt es sich um eine zeitdiskrete Zustandsregelung, wobei der tatsächliche Systemzustand mit der Rate T_{MPR} zurückgeführt wird.

Es wird nun der Ablauf der MPR im Takt zum Zeitpunkt t_n beschrieben: Mit dem aktuellen Zustand $\underline{x}(t_n)$ als Anfangszustand wird das Optimalsteuerungsproblem

$$\min_{\hat{\underline{u}}(t\,|\,t_n),\hat{\underline{x}}(t\,|\,t_n)} \int_{t_n}^{t_n+T_n} K(\hat{\underline{x}}(t|t_n),\hat{\underline{u}}(t|t_n))\mathrm{d}t + E(\hat{\underline{x}}(t_n+T_n|t_n)) \tag{2.5a}$$

unter den Nebenbedingungen:

$$\hat{\underline{x}}(t_n\,|\,t_n) = \underline{x}(t_n) \tag{2.5b}$$

$$\dot{\hat{\underline{x}}}(t\,|\,t_n) = \underline{f}\left(\hat{\underline{x}}(t\,|\,t_n),\hat{\underline{u}}(t\,|t_n)\right) \tag{2.5c}$$

$$\hat{\underline{u}}(t\,|\,t_n) \in \mathcal{U}\,,\ \hat{\underline{x}}(t\,|\,t_n) \in \mathcal{X} \tag{2.5d}$$

$$\hat{\underline{x}}(t_n+T_n\,|\,t_n) \in \mathcal{Z} \tag{2.5e}$$

anstatt für einen unendlichen Horizont für den sog. *Prädiktionshorizont* $\mathbb{P}_n := [t_n, t_n + T_n]$ im n-ten Takt gelöst. Dabei wird die Schreibweise $\hat{\underline{x}}(t|t_n)$ und $\hat{\underline{u}}(t|t_n)$ für den basierend auf $\underline{x}(t_n)$ prädizierten Zustands- und Steuerungsverlauf verwendet. Die zeitliche Dauer T_n des Prädiktionshorizonts kann fest vorgegeben sein oder sie ist zunächst ein Freiheitsgrad aber dann implizit durch die Endbedingung (2.5e) festgelegt. Die Menge $\mathcal{Z} \subseteq \mathcal{X}(t_n + T_n)$ legt dabei die zulässigen Werte für den Zustand am Horizontende fest. Die Zielfunktion (2.5a) besteht aus dem Lagrange-Term $K(\cdot)$ und zusätzlich aus einem Mayer-Term $E(\cdot)$, mit dem der Zustand am Horizontende mit Kosten behaftet werden kann.

Die Ergebnisverläufe $\hat{\underline{x}}^*(t\,|\,t_n)$ und $\hat{\underline{u}}^*(t\,|\,t_n)$ von (2.5) werden bei der MPR als eine Prädiktion des Zustands- und Steuerungsverlaufs für $\mathbb{P}_n$ angesehen. Die prädizierte Steuerung wird für die Dauer bis zum nächsten Takt der MPR für die tatsächliche Ansteuerung des Systems verwendet und entsprechend

$$\underline{u}(t) = \hat{\underline{u}}^*(t\,|\,t_n) \quad \text{für } t \in [t_n, t_n + T_{\mathrm{MPR}}]$$

gesetzt. Zum Zeitpunkt $t_{n+1} = t_n + T_{\mathrm{MPR}}$ beginnt ein neuer Takt der MPR. Dort wird der soeben geschilderte Prozess wiederholt: Der aktuelle Zustand $\underline{x}(t_{n+1})$ wird bestimmt und mit ihm das Optimalsteuerungsproblem (2.5) gelöst, dieses Mal für den um die Dauer T_{MPR}

---

begrenzten zukünftigen Horizont bekannt

verschobenen Prädiktionshorizont $\mathbb{P}_{n+1} = [t_{n+1}, t_{n+1} + T_{n+1}]$. Das Ergebnis $\hat{\underline{u}}^*(t|t_{n+1})$ der Optimalsteuerung wird dann für $t \in [t_{n+1}, t_{n+1} + T_{\mathrm{MPR}}]$ auf das System geschaltet.

Durch die Begrenzung der Berechnung auf einen endlichen Horizont sind bei der MPR die Optimalsteuerungsprobleme durch Verfahren der numerischen Mathematik auch beim Vorhandensein von Zustands- und Steuerungsbeschränkungen lösbar. Während der Regelung kann es zwar aufgrund von Störungen oder Ungenauigkeiten im Prädiktionsmodell zu Abweichungen zwischen dem tatsächlichen und jeweils prädizierten Zustandsverlauf kommen. Durch die ständige Rückführung des tatsächlichen Zustandsvektors und die Adaption der Prädiktion an diesen, wird mit der MPR dennoch eine stabile Regelung erzielt.

2.2.3 Das vorausschauende Fahrerassistenzsystem Integrated Predictive Powertrain Control

Das Fahrerassistenzsystem Integrated Predictive Powertrain Control (Deutsch: Integrierte vorausschauende Antriebsstrangregelung) kombiniert die Technologie der *Prädiktiven Antriebsstrangregelung* mit der Methode der *Modellbasierten Prädiktiven Regelung* für die vollständige Automatisierung der Längsregelung eines Lastkraftwagens.

Das System wählt sämtliche Stellgrößen der Längsdynamik selbst: den Sollgang, das Soll-Antriebsmoment des Motors und die Soll-Bremsmomente für Motor, Retarder und Betriebsbremse und vereinigt so die Funktionen der in Abschnitt 2.1.3 vorgestellten Fahrerassistenzsysteme konventioneller Tempomat, Abstandsregeltempomat und Automatische Gangermittlung. Diese Antriebsstrangfunktionen wirken im heutigen Serienfahrzeug in einer Hierarchie zusammen: der Tempomat regelt die Geschwindigkeit und gibt dafür die Momente vor und die Gangermittlung passt den Gang entsprechend dem Momentenwunsch an. Im Gegensatz dazu wird beim IPPC-System eine *integrierte* Momenten- und Gangbestimmung vollzogen und so die Möglichkeit geschaffen, dass z.B. durch eine vorausschauende Wahl des Moments eine Schaltung vermieden werden kann oder durch eine vorausschauende Gangwahl Zugkraft bereits kurz vor der Anforderung bereitgestellt wird.

Durch die Informationen über die kommende Fahrstrecke einer Streckenvorausschau ist es dem IPPC-System möglich, entsprechend dem geübten Kraftfahrer vorausschauend zu fahren. Die Vielzahl an neuen Informationen stellen jedoch eine große Herausforderung bei der Entwicklung des Algorithmus dar, durch den die Stellgrößen berechnet werden. Standard-Regelungsverfahren, wie z.B. die beim Tempomaten eingesetzte PID-Regelung, sind kaum dazu in der Lage, sich die Vorausschauinformationen zu Nutze zu machen.

Ein mehr auf Regeln und Kalibrierung basiertes Expertensystem wie die Automatische Gangermittlung, wäre theoretisch durch Aufstellen entsprechender Regeln für die Wahl des optimalen Ganges bezüglich der kommenden Fahrsituation dazu in der Lage. Jedoch existieren für die Kombination aus aktueller Fahrsituation – gekennzeichnet durch den aktuellen Fahrzeugzustand, den Abstand zum Führungsfahrzeug, die momentanen Fahrbahnsteigung, usw. – und der kommenden Fahrsituation eine sehr große Anzahl an Variationen. Die Entwicklung einer abgesicherten Regelbasis für die kaum abzählbare Zahl an Kenngrößen, welche für eine Beschreibung der aktuellen und kommenden Fahrsituation notwendig wären, ist schwierig oder gar unmöglich. Insbesondere wenn man bedenkt, dass wie bei der in Abschnitt 2.1.3 vorgestellten Serien-AG, die nur basierend auf Informationen über die aktuelle und die vergangene Fahrsituation entscheidet, die Zahl der Regeln und Parameter bereits heute zu explodieren droht. Regelbasierte vorausschauende Gangermittlungen, wie die in [Mül05] beschriebene für einen Pkw, stützen sich daher auf wenige allgemein gültige Regeln. Dadurch geht jedoch ein großer Teil des Potenzials einer Prädiktiven Antriebsstrangregelung verloren. Die Entwicklung einer vorausschauenden Längsregelung für einen Lkw mit Hilfe eines Standardreglers oder eines Expertensystems wird deshalb in der vorliegenden Arbeit als nicht zielführend erachtet.

Das im vorigen Abschnitt vorgestellte Verfahren der Modellbasierten Prädiktiven Regelung ist hingegen ideal dazu geeignet, das vollständige Potenzial einer Prädiktiven Antriebsstrangregelung für einen Lkw auszunutzen. Die Informationen der Streckenvorausschau ermöglichen, ein genaues mathematisches Modell der Längsdynamik des Lkws für den zukünftigen befahrenen Streckenabschnitt aufzustellen. Dieses Modell ermöglicht den Einsatz der MPR und damit die im vorigen Abschnitt vorgestellten Vorteile einer MPR auszuschöpfen. Damit imitiert das IPPC-System die antizipierende Weise mit der ein geübter Kraftfahrer in einem ihm unbekannte Gelände fährt.

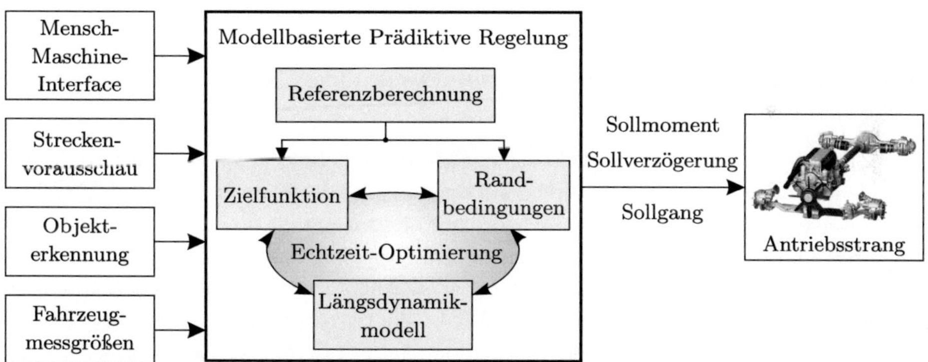

Abbildung 2.12: Strukturbild der Funktionsweise des Fahrerassistenzsystems IPPC

Die Funktionsweise und die Schnittstellen des IPPC-Systems werden anhand des Schemas in Abbildung 2.12 beschrieben. IPPC verwendet dieselben Fahrzeugmessgrößen wie die heutigen Seriensysteme für Tempomat und Gangermittlung, um den aktuellen Zustand des Fahrzeugs zu bestimmen. Die wichtigsten Signale sind hierbei die Fahrzeuggeschwindigkeit v_{Fzg}, der eingelegte Gang z_{ist} und die Information, ob, und wenn ja, in welcher Phase gerade ein Schaltprozess vollzogen wird.

Von besonderer Bedeutung sind die Informationen vom in Abschnitt 2.2.1 vorgestellten Vorausschaumodul. Das IPPC-System bekommt von ihm neben der aktuellen Fahrzeugposition s_{Fzg} auf der Route die Verläufe

- der Fahrbahnsteigung $\gamma(s)$,

- der Kurvenkrümmung $\kappa(s)$ in der Mitte der rechten Fahrspur und

- gesetzlichen Geschwindigkeitsbeschränkung $v_\S(s)$

für den zukünftig befahrenen Streckenabschnitt $s \in \mathbb{S} := [s_\mathrm{Fzg}, s_\mathrm{Fzg} + D_\mathrm{S}]$ der Länge D_S gesendet. Das Intervall $\mathbb{S}$ wird in der weiteren Folge *Vorausschauhorizont* genannt.

Ausgangsgrößen des IPPC-Systems sind die Sollgangvorgabe für das Getriebe, ein Sollmoment für die Momentenkoordination des Antriebsstrangs und die Sollverzögerung für die Betriebsbremssteuerung. Die Momentenkoordination leitet aus dem an sie gesendeten Sollmoment das Sollantriebsmoment bzw. die Sollbremsstufe der Motorbremse für den Verbrennungsmotor und das Sollmoment für den Retarder ab. Die Betriebsbremssteuerung berechnet selbständig die für die geforderte Sollverzögerung notwendigen Bremsdrücke und das Sollmoment für die Momentenkoordination.

IPPC regelt wie der in Abschnitt 2.1.3 vorgestellte konventionelle Tempomat die Fahrzeuggeschwindigkeit innerhalb eines Geschwindigkeitsbandes, sofern kein langsamer fahrendes Fahrzeug voraus fährt. Im Gegensatz zum konventionellen Tempomat, bei dem die untere Grenze und die Höhe des Bandes auf konstante Werte durch den Fahrer eingestellt werden, wird beim IPPC-System das Geschwindigkeitsband an den Verlauf der Kurvenkrümmung und an gesetzliche Geschwindigkeitsbeschränkungen angepasst. Es entstehen dadurch Verläufe in Abhängigkeit der Streckenposition für die *Wunschgeschwindigkeit* $v_\mathrm{Wunsch}(s)$ für die untere und die *Grenzgeschwindigkeit* $v_\mathrm{max}(s)$ für die obere Grenze des Bandes. Der Fahrer gibt dabei über das Mensch-Maschine-Interface (MMI) vor, inwieweit die gesetzliche Geschwindigkeitsbeschränkung eingehalten werden muss bzw. maximal überschritten werden darf[10].

Neben der Berechnung des Geschwindigkeitsbandes basierend auf $v_\S(s)$, wird ein Verlauf eines Geschwindigkeitsbandes basierend auf dem Verlauf der Kurvenkrümmung berechnet. Dessen obere Grenze sorgt für ein sicheres und dessen untere für ein komfortables Fahren durch eine Kurve. Das Minimum aus beiden Geschwindigkeitsbändern wird dann zur Regelung der Fahrzeuggeschwindigkeit verwendet. Aufgabe des in Abbildung 2.12 mit *Referenzberechnung* bezeichneten Teils der MPR ist die Berechnung des zukünftigen Verlaufs des Geschwindigkeitsbandes im Vorausschauhorizont. Die detaillierte Beschreibung der Referenzberechnung wird in Abschnitt 4.1.3 geliefert.

Die obere Grenze v_max des Bandes stellt für IPPC eine harte Grenze für die Regelung dar, welche nie überschritten wird. Unterschreitungen der unteren Grenze v_Wunsch des Bandes können hingegen z.B. in einer steilen Steigung vom IPPC-System auch nicht durch eine vorausschauende Gangwahl vermieden werden oder IPPC lässt v_Fzg kurzzeitig absichtlich unter v_Wunsch fallen, wenn dadurch der Verbrauch reduziert werden kann. IPPC versucht daher v_Fzg nur möglichst über v_Wunsch zu halten.

Über die in Abschnitt 2.1.3 beschriebene Objekterkennung wird dem IPPC-System mitgeteilt, ob sich ein Führungsfahrzeug vor dem eigenen Fahrzeug befindet. Gegebenenfalls teilt diese zusätzlich den Abstand d_FF und die Relativgeschwindigkeit Δv_rel zu diesem mit, aus denen IPPC die Absolutposition und -geschwindigkeit des Führungsfahrzeugs berechnet. Mit diesen Größen als Startwert und einem stark vereinfachten Modell der Längsdynamik des Führungsfahrzeugs wird eine konservative Prädiktion $\hat{s}_\mathrm{FF}(t)$ der zukünftigen Position des Führungsfahrzeugs für den Vorausschauhorizont berechnet (siehe Abschnitt 4.1.3).

---

[10]Diese Art der Bedienung motiviert den Fahrer natürlich dazu, die Verkehrsregeln zu verletzen. Für ein späteres Seriensystem muss geprüft werden, ob dieser Art der Fahrervorgabe zulässig ist.

Durch diese Prädiktion wird es möglich, in der MPR die Bewegung des Führungsfahrzeugs bei der Planung der Trajektorie des eigenen Fahrzeugs dahingehend mit einzubeziehen, dass ein Sicherheitsabstand zu diesem stets eingehalten wird. Durch diese Maßnahme wird nicht nur die Funktionalität der Abstandsregelung im IPPC-System realisiert, sondern zusätzlich ermöglicht, dass auch im Kolonnenverkehr vorausschauend gefahren wird.

Durch die Regelung der Fahrzeuggeschwindigkeit unterhalb des Verlaufs $v_{\max}(s)$, welcher angepasst an die Kurvenkrümmung und gesetzliche Geschwindigkeitsbeschränkung ist, und durch die gleichzeitige Einhaltung des Sollabstands zu einem vorausfahrenden Fahrzeug kann das Fahrerassistenzsystem IPPC deutlich häufiger eingesetzt werden als der heutige (Abstandsregel-)Tempomat. Während der Fahrer beim heutigen Tempomaten bei kurvenreichen Strecken und wechselnden Geschwindigkeitsbeschränkungen gezwungen ist, manuell zu fahren, reduziert IPPC automatisch die Fahrzeuggeschwindigkeit, beispielsweise wenn von der Landstraße in eine Ortschaft gefahren wird oder eine enge Kurve eine langsamere Fahrt erforderlich macht. IPPC beschleunigt auch wieder, wenn das Fahrzeug die Ortschaft oder die Kurve verlässt. Dies bedeutet, dass nur die Lenkung des Fahrzeugs, die Einstellung eines gewünschten Geschwindigkeitsbandes und die Überwachung der Längsregelung als Aufgaben beim Fahrer verbleiben.

Praktische Untersuchungen haben gezeigt, dass der Einsatz von IPPC bis $15\,\mathrm{km/h}$ sinnvoll ist. Für niedrigere Geschwindigkeiten ist es nicht möglich, ein ausreichend genaues Prädiktionsmodell für die MPR herzuleiten, da dann schwer modellierbare Effekte wie die Verspannung zwischen Zugmaschine und Auflieger beim Abbiegen dominant werden.

Die Referenzberechnung liefert für den Vorausschauhorizont den Verlauf des Geschwindigkeitsbandes, welches der MPR als Zielgebiet für die Planung des Zustandsverlaufs der Fahrzeuglängsdynamik im Prädiktionshorizont dient. Wie im vorigen Abschnitt beschrieben wurde, wird der prädizierte Zustands- und Steuerungsverlauf bei der MPR durch die Lösung eines Optimalsteuerungsproblems (OSP) ermittelt. Die Formulierung des OSPs für die Lkw-Längsdynamik wird in Abschnitt 4.1 vorgestellt. Hier wird bereits ein Überblick über das zu berechnende OSP geliefert, um zum einen die Funktionsweise der IPPC-MPR weiter zu verdeutlichen und zum anderen im anschließenden Teilabschnitt Anforderungen an das Verfahren spezifizieren zu können, welches das OSP in Echtzeit lösen soll.

Die MPR, eingesetzt für die Längsregelung eines Lkws, benötigt ein mathematisches Modell der Lkw-Längsdynamik zur Prädiktion des Geschwindigkeitsverlaufs im Prädiktionshorizont. Wie in Abschnitt 2.1.2 gezeigt wurde, hat die Zugkraftunterbrechung während eines Schaltprozesses einen signifikanten Einfluss auf den Verlauf der Fahrzeuggeschwindigkeit. Das Modell muss deshalb die diskrete Dynamik des Schaltprozesses berücksichtigen. Zur mathematischen Beschreibung der Regelstrecke wird daher ein diskret-kontinuierliches, sog. *hybrides Modell* benötigt.

In Abschnitt 4.1.2 wird entsprechend für die Lkw-Längsdynamik ein hybrides Modell in der Ausprägung eines *hybriden Automaten* entwickelt. Zur Beschreibung der diskreten Dynamik wird der diskrete Zustandsvektor definiert, der sich unter anderem aus dem aktuell eingelegten Vorwärtsgang z_{ist} und der Zustandsvariable δ_{EAS} zusammensetzt, welche die Fahrt mit eingelegtem Gang und die einzelnen Phasen des Schaltprozesses unterscheidet.

Als kontinuierliche Stellgrößen werden bei der Optimalsteuerung zum einen der Verlauf eines Betriebsbremsmoments berechnet, aus dem das IPPC-System die Sollverzögerung für die Betriebsbremssteuerung ermittelt und zum anderen der Verlauf eines *verallgemeinerten Motorsollmoments* $M_{\mathrm{soll}}(t)$, aus dem das Sollmoment für die Momentenkoordination abgeleitet wird. Um einen stetigen Verlauf $M_{\mathrm{soll}}(t)$ sowohl als Lösung der Optimalsteuerung als auch über die einzelnen MPR-Takte hinweg zu erhalten, wird im Prädiktionsmodell M_{soll} nicht als Stellgröße, sondern als Zustandsvariable betrachtet, für die $\dot{M}_{\mathrm{soll}}(t) = R_{\mathrm{soll}}(t)$ angesetzt wird. Die zweite kontinuierliche Stellgröße des Prädiktionsmodells ist dann die Rate $R_{\mathrm{soll}}(t)$ des verallgemeinerten Motorsollmoments. Das Prädiktionsmodell besitzt drei kontinuierliche Zustandsgrößen: die Fahrzeugposition s_{Fzg}, die Fahrzeuggeschwindigkeit v_{Fzg} und M_{soll}. Als diskrete Stellgröße wird ein Sollgangverlauf $z_{\mathrm{soll}}(t)$ berechnet, der durch die Anzahl der Gangwechsel im Prädiktionshorizont, den jeweiligen Schaltzeitpunkten und den ganzzahligen Sollgängen festgelegt ist.

Zur Bewertung der Fahrweise wird für die Verläufe des diskreten und kontinuierlichen Zustands- und Steuerungsvektors eine Zielfunktion definiert, in der über Gewichtungsfaktoren bewertet einzelne Güteterme miteinander kombiniert sind. Jedes der Güteterme misst die Verletzung eines Optimierungsziels quantitativ. Die verschiedenen Kriterien werden in Abschnitt 4.1.4 vorgestellt. Diese sind unter anderem:

- das Nachkommen des Fahrerwunsches $\hat{=}$ Einhaltung der Wunschgeschwindigkeit

- eine wirtschaftliche Fahrweise $\hat{=}$ geringem Kraftstoffverbrauch

- eine sichere Fahrt im Gefälle $\hat{=}$ geringem Wärmeeintrag im Dauerbremsbetrieb

- eine komfortable Fahrweise $\hat{=}$ weichem Sollmomentverlauf

Manche der Kriterien sind gegeneinander konkurrierend. So führt ein striktes Einhalten der Wunschgeschwindigkeit in der Regel zu einem höheren Kraftstoffverbrauch. Über die Gewichtungsfaktoren ist es möglich, den einzelnen Kriterien unterschiedlich starken Einfluss auf die Lösung des Optimalsteuerungsproblems und damit auf das Verhalten der Längsregelung zukommen zu lassen. In der prototypischen Implementierung von IPPC ist es dem Fahrer über das MMI möglich, die Gewichtung des verbrauchten Kraftstoffs gegenüber der Einhaltung der Wunschgeschwindigkeit kontinuierlich vorzugeben.

Über die Zielfunktion werden *gewünschte* Eigenschaften der Regelung vorgegeben, dagegen werden bei der Formulierung des OSPs über Nebenbedingungen *strikt einzuhaltende* Vorgaben erwirkt. Während eine Unterschreitung der Wunschgeschwindigkeit als Term der Zielfunktion bestraft wird, wird ein Überschreiten der Grenzgeschwindigkeit durch Zufügen der Nebenbedingung

$$v_{\mathrm{Fzg}}(t) \leq v_{\max}(s_{\mathrm{Fzg}}(t))$$

zur Problemformulierung verhindert. Ebenso wird durch die Nebenbedingung

$$\hat{s}_{\mathrm{FF}}(t) - s_{\mathrm{Fzg}}(t) \geq T_{\mathrm{Abstand}} v_{\mathrm{Fzg}}(t)$$

die Einhaltung des Sollabstands für den gesamten Prädiktionshorizont gefordert.

2.2.4 Methodische Vorgehensweise

Die Entwicklung einer MPR für ein technisches System teilt sich in zwei Aufgaben. Zum einen muss das Optimalsteuerungsproblem formuliert werden, welches in jedem Takt der MPR zu lösen ist. Diese Problemformulierung bestimmt zum größten Teil die Eigenschaften des geregelten Systems. Zum anderen muss ein numerisches Lösungsverfahren implementiert werden, welches in der Lage ist, das Optimalsteuerungsproblem *in Echtzeit* zu lösen. Die Geschwindigkeit, mit der die Problemstellung eines Takts gelöst werden kann, legt die Untergrenze für die Abtastrate der MPR fest. *In Echtzeit* bedeutet damit im Zusammenhang mit der MPR, dass die Rechenzeit des Optimierungsverfahrens deutlich kleiner sein muss, als die Dynamik des zu regelnden technischen Prozesses.

Die effiziente Lösung (nichtlinearer) Optimalsteuerungsprobleme ist jedoch nicht trivial, sie benötigt bei komplexen Systemen eine beträchtliche Rechenzeit. Dies ist der Grund, weshalb heutige industrielle Anwendungen der nichtlinearen MPR meist nur in der Verfahrenstechnik zu finden sind, wo Abtastzeiten im Bereich von mehreren Minuten bis Stunden ausreichend sind. Von einer praktischen Realisierung einer nichtlinearen hybriden MPR, bei dem das hybride Systemverhalten nicht nur von diskreten Eingangsgrößen herrührt, wurde bis zur Fertigstellung der vorliegenden Arbeit nicht berichtet.

Bei der im IPPC-System realisierten MPR wird in jedem Takt ein sog. Hybrid-Optimalsteuerungsproblem für die Längsdynamik des Lastkraftwagens gelöst. Die Definition eines allgemeinen Hybrid-Optimalsteuerungsproblems und die Formulierung des in dieser Arbeit vorliegenden Problems werden in Abschnitt 4.1 vorgestellt. Die Zeit, welche für dessen Lösung auf dem Echtzeitrechner benötigt werden darf, soll $T_{\mathrm{C,max}} = 1\,\mathrm{s}$ nicht überschreiten, damit ein gutes Regelverhalten erzielt werden kann. Bei der Einhaltung dieser Taktrate findet zum einen eine gute Übereinstimmung zwischen der Fahrzeuglängstrajektorie des geschlossenen Regelkreises und der bezüglich der Zielfunktion optimalen Trajektorie statt. Zum anderen kann die MPR bei dieser Rate noch schnell genug auf Störungen reagieren. Der Wert für $T_{\mathrm{C,max}}$ wurde durch Simulationen ermittelt.

Insgesamt werden an das Optimierungsverfahren der IPPC-MPR die folgenden Forderungen gestellt, die Auflistung erfolgt dabei nach der Priorität der Anforderung:

1. Lösung des Hybrid-Optimalsteuerungsproblems

2. Lauffähigkeit der Software auf einem Echtzeitrechner: Da das Ziel dieser Arbeit die praktische Entwicklung eines Fahrerassistenzsystems ist, muss der Programmcode des Verfahrens in die Umgebung eines Echtzeitsystems eingebettet werden können. Die beiden in dieser Arbeit verwendeten Entwicklungsplattformen setzen jeweils die Verfügbarkeit des Quellcodes des Verfahrens in der Programmiersprache C voraus.

3. Niedrige maximale Rechenzeit: Besitzt das Optimierungsverfahren einen Mechanismus, der zwar in den meisten Fällen die Rechenzeit verkürzt, diese aber in manchen Fällen erhöht, dann ist dies für die MPR nicht vorteilhaft. Folgende Eigenschaften eines Verfahrens führen zu einer kurzen Rechenzeit:

   (a) Sehr gute Warmstart-Eigenschaften: Eine Eigenschaft der MPR ist, dass sich die fortlaufend zu lösenden Optimalsteuerungsprobleme der einzelnen Prädiktionshorizonte sehr ähneln. Das Verfahren sollte die Lösung des letzten Taktes zur schnellen Initialisierung der neuen Berechnung einsetzen.

    (b) Durchgängige Ausnutzung der Problemstruktur: Das Verfahren muss in jeder Stufe der Lösung die Struktur der ursprünglich gestellten Aufgabe berücksichtigen, so dass hochdimensionale Rechenoperationen vermieden werden.

4. Robuste Konvergenz: Das Verfahren muss auch bei schlechten Initialwerten sicher konvergieren. Zusätzlich bedeutet robuste Konvergenz, dass das Verfahren auch bei begrenzter Zahlendarstellung auf einem Mikrorechner numerisch stabil rechnet. Eine fehlgeschlagene Optimierung kann für die technische Anwendung nicht toleriert werden, da sie ein Abschalten der MPR erforderlich machen würde. Insbesondere bei der Automatisierung der Fahrt eines Lkws würde dies ein Sicherheitsrisiko darstellen, wenn sich beispielsweise der Fahrer gerade darauf verlässt, dass das IPPC-System eine angemessene Geschwindigkeit für eine kommende Kurve einstellt.

5. Näherungsweise Lösung *unzulässiger Probleme*: Unter dem Aspekt der Sicherheit muss das Verfahren eine gute Lösung auch dann finden, wenn für die gestellte Optimierungsaufgabe keine zulässige Lösung existiert. Es gibt keine zulässige Lösung, wenn kein Steuerungs- und Zustandsverlauf gefunden werden kann, welche zusammen sämtliche Nebenbedingungen erfüllen. Eine dennoch *gute* Lösung sucht Verletzungen der Randbedingungen möglichst klein zu halten. Damit kann es möglich sein, einen sicheren Betrieb bis zu Übernahme des Fahrers aufrecht zu erhalten.

6. Nachvollziehbarkeit des Verfahrens: Diese Anforderung ist entscheidend, wenn das IPPC-System den Reifegrad eines Forschungsprojekts verlassen und den Weg in ein Serienprojekt finden soll, wo Projektteilnehmer unterschiedlicher fachlicher Disziplinen mit dem Verfahren arbeiten müssen, die eventuell weniger tiefes mathematisches Wissen aber dafür ein hohes Maß an Systemwissen auszeichnet. Zumindest die prinzipielle Funktionsweise des Verfahrens muss auch solchen Experten zugänglich sein und keine *Black-Box* darstellen, damit ein Projekterfolg entstehen kann.

Der Fokus dieser Arbeit lag zu Beginn auf der praktischen Umsetzung des IPPC-Systems und nicht darin, ein neues Optimierungsverfahren für Hybrid-Optimalsteuerungsprobleme zu entwickeln. Wäre ein bereits existierendes Verfahren oder gar kommerzielles Softwarepaket dazu in der Lage gewesen, die gestellten Anforderungen ausreichend zu erfüllen, hätte dieses im IPPC-System Anwendung gefunden. Die Gründe, die dazu veranlassten, dennoch in großen Teilen ein neues Optimierungsverfahren für das IPPC-System zu entwickeln, werden im Folgenden parallel zur Beschreibung des Verfahrens vorgestellt.

Ein Hybrid-Optimalsteuerungsproblem (HOSP) unterscheidet sich von einem gewöhnlichen Optimalsteuerungsproblem zum einen dadurch, dass sowohl diskrete als auch kontinuierliche Freiheitsgrade berechnet werden müssen. Zum anderen beinhaltet die Problemformulierung eines HOSPs ein hybrides Systemmodell. Das HOSP, welches bei der MPR des IPPC-Systems zu lösen ist, besitzt als diskrete Freiheitsgrade die Anzahl der im Prädiktionshorizont durchzuführenden Gangwechsel und die jeweils zu wählenden Sollgänge. Kontinuierliche Freiheitsgrade sind die Verläufe der Sollmomente und die Schaltzeitpunkte. Eine hybride Systembeschreibung erfordert der diskrete Ablauf des Schaltprozesses.

In [BBM98], [Bus00] und [Sch01] werden Lösungsverfahren für Hybrid-Optimalsteuerungsprobleme vorgestellt, welche auf der Methode der Dynamischen Programmierung basieren. Es handelt sich dabei um Suchverfahren, welche prinzipiell dazu in der Lage wären, die Problemformulierung dieser Arbeit zu lösen. Jedoch sind mit diesen Verfahren nur Systeme sehr geringer Dimension mit vertretbarem Rechenaufwand lösbar. Bellman, der Erfinder der Dynamischen Programmierung, spricht deshalb vom „Fluch der Dimension", da der Rechenaufwand des Verfahrens exponentiell mit der Dimension des Zustandsvektors des Systems wächst [Bel57]. Systeme mit mehr als drei kontinuierlichen Zustandsgrößen sind deshalb nicht mehr durch die Dynamische Programmierung mit vertretbarem Rechenaufwand lösbar. Den Einsatz der Dynamischen Programmierung in einer Echtzeitanwendung, wie in [Bac05] berichtet, ist deshalb mit der hier geforderten Taktrate nur für Systeme 1. Ordnung möglich. Da mindestens drei kontinuierliche Zustandsvariablen benötigt werden, um die Problemformulierung der Längsdynamik des Lkws aufzustellen, scheidet die Dynamische Programmierung als Lösungsverfahren für das IPPC-System aus.

Neben der Klasse der Suchverfahren, der die hybriden Varianten der Dynamische Programmierung der eben referenzierten Arbeiten zuzuordnen sind, sind Verfahren der Klasse der *ableitungsbasierten Verfahren* dazu in der Lage, Optimalsteuerungsprobleme für Systeme von sehr hoher Dimension zu lösen. Die Anwendung von Verfahren dieser Klasse setzt jedoch voraus, dass sämtliche Terme der Problemformulierung mindestens zweimal stetig bezüglich aller Größen differenzierbar sind. Aufgrund der zum Teil diskreten Größen und dem umschaltenden Charakters eines hybriden Systems sind Verfahren dieser Klasse zunächst nicht direkt zur Lösung eines HOSPs anwendbar.

In [vS03], [Sch01], [vSG00], [BvSBS00] und [BGH$^+$02] werden Vorgehensweisen vorgeschlagen, mit denen ein Hybrid-Optimalsteuerungsproblem in die Lösung mehrerer Optimierungsprobleme in rein reellwertigen Größen aufgeteilt werden kann. Es findet dabei eine *Dekomposition* der Bestimmung der Freiheitsgrade in eine überlagerte Suche nach den diskreten Größen und einer unterlagerten Lösung von Problemen in rein kontinuierlichen Entscheidungsgrößen statt. Bei Letzteren handelt es sich um so genannte *Mehrphasen-Optimalsteuerungsprobleme* (MPOSP). Ein MPOSP ist ein Optimalsteuerungsproblem, bei dem der Optimierungshorizont in mehrere Phasen unterteilt ist, in denen die Dynamik des Systems eine unterschiedliche Beschreibung besitzt. Die Zeitpunkte der Phasenwechsel sind dabei Freiheitsgrade der Optimierung oder durch Randbedingungen implizit festgelegt. Ein MPOSP kann mit Hilfe ableitungsbasierter Verfahren, wie z.B. mit den in [BH75], [vS94] und [Lei99] beschriebenen, gelöst werden.

Abbildung 2.13 zeigt schematisch die einzelnen Stufen des hier verfolgten Ansatzes. Das Lösungsverfahren besteht aus einer Verschachtelung iterativer Rechenschritte. Abgebildet sind jeweils nur deren erste Iteration, so dass eine sequentielle Darstellung möglich ist. In der Sequenz findet ausgehend vom ursprünglichen HOSP ein Wechsel von angewandter Methode (eckige Kästen) und neu entstehender Problemformulierung (abgerundete Kästen) statt. Das Schema ist dabei in zwei Spalten aufgeteilt, wobei in der linken Spalte der prinzipielle Ablauf eines Lösungsverfahrens für HOSPs dem Ablauf des hier entwickelten Verfahrens in der rechten Spalte gegenüber gestellt ist. Ist die Verbindung einer Methode mit einer Folge-Problemformulierung durch drei Pfeile dargestellt, bedeutet dies, dass innerhalb der Methode mehrere der Folgeprobleme gelöst werden müssen.

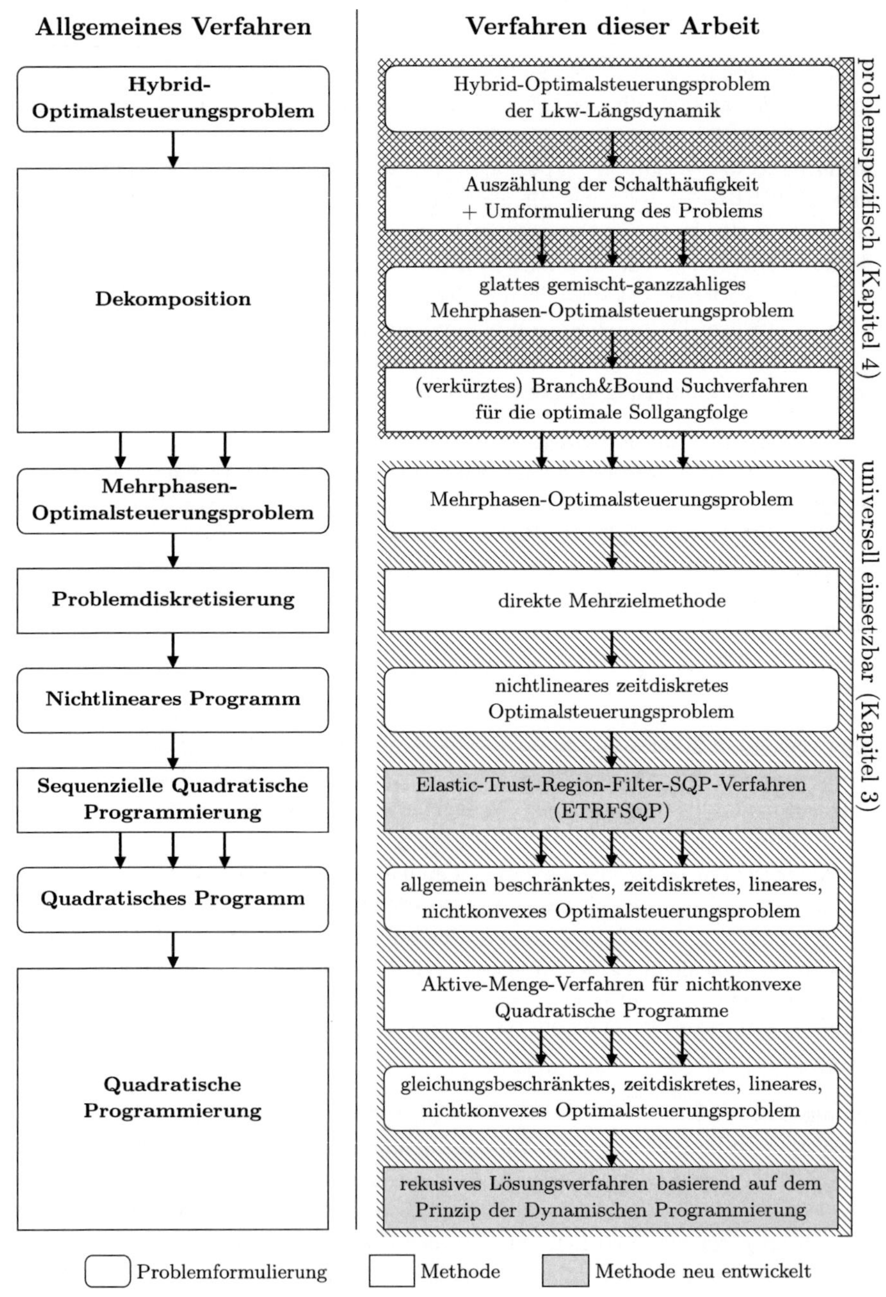

Abbildung 2.13: Schematische Darstellung des entwickelten Lösungsverfahrens für das Hybrid-Optimalsteuerungsproblem der Lkw-Längsdynamik

Der erste Schritt des hier entwickelten Lösungansatzes folgt der Vorgehensweise der Dekomposition. Ziel dabei ist, das HOSP in die Lösung mehrerer Mehrphasen-Optimalsteuerungsprobleme zu zerlegen. Die Klasse der hybriden Systeme beschreibt eine sehr weite Klasse von dynamischen Systemen. Es existiert daher keine allgemeine Methode, eine solche Dekomposition eines HOSPs durchzuführen, welche in jedem Fall zu einem effizienten Lösungsverfahren führt. Deshalb wurde für das hier zu lösende HOSP eine auf die Problemformulierung zugeschnittene Vorgehensweise entwickelt. Wie in Abbildung 2.13 zu sehen ist, ist diese in zwei Stufen unterteilt.

In der ersten Stufe wird für die Zahl der im betrachteten Optimierungshorizont möglichen Gangwechsel eine obere Grenze festgesetzt und anschließend für jede mögliche Anzahl an Gangwechsel (Schalthäufigkeit) aus dem HOSP ein glattes *gemischt-ganzzahliges Mehrphasen-Optimalsteuerungsproblem* (ggMPOSP) abgeleitet und gelöst. Gemischt-ganzzahlig deutet an, dass es sich bei dem Problem um ein Mehrphasen-Optimalsteuerungsproblem handelt, welches noch ganzzahlige Freiheitsgrade besitzt. Im vorliegenden Fall sind dies die im Optimierungshorizont zu wählenden diskreten Sollgänge. Glatt – bedeutet hier, dass das ggMPOSP mindestens zweimal stetig differenzierbar bezüglich aller Größen ist, auch bezüglich der Gänge. Zur Ableitung des ggMPOSPs aus dem HOSP werden hybride Übergangsbedingungen in Gleichungsrandbedingungen und nicht glatte Terme der Problemformulierung durch Einführung zusätzlicher Freiheitsgrade und Nebenbedingungen in glatte Ausdrücke umformuliert. Die Vorgehensweise wird in Abschnitt 4.2 beschrieben.

Id der zweiten Stufe der Dekomposition werden aus den in der ersten Stufe entstandenen ggMPOSPs die verbliebenen diskreten Freiheitsgrade – die Sollgänge – eliminiert. Eine weit verbreitete Vorgehensweise in der kombinatorischen Optimierung ist das *Teilen und Begrenzen* (Englisch: *Branch and Bound*) [Dak65]. Dabei wird ein Suchbaum für die Sollgangfolge aufgespannt und abgearbeitet. Es wird nicht jede mögliche Sollgangfolge untersucht, sondern sich die Eigenschaft zu Nutze gemacht, dass die ggMPOSP im zweiten Schritt der Dekomposition bezüglich der Sollgänge differenzierbar sind. Es wird dadurch möglich, sie zu *relaxieren*. Das heißt, sie werde als reellwertige Freiheitsgrade betrachtet.

Werden manche Sollgänge in einem ggMPOSP relaxiert oder auf ganzzahlige Werte festgesetzt, entsteht ein MPOSP, welches mit Hilfe ableitungsbasierter Verfahren gelöst werden kann. Als Ergebnis erhält man in der Regel für die relaxierten Gänge nicht ganzzahlige Werte. Die optimalen relaxierten Gänge werden jedoch dazu verwendet, um zum einen das Gebiet einzuschränken, in dem die optimale ganzzahlige Sollgangfolge zu finden ist, und zum anderen dazu, eine untere Schranke für die in einem (Unter-)Baum des Branch-and-Bound Suchbaums erzielbaren Kosten zu berechnen. Dadurch wird es möglich, Teile des Suchbaums *abzuschneiden*, wenn die untere Schranke höher ist als die Kosten einer bereits berechneten Sollgangfolge. Die in dieser Arbeit für die Berechnung der Sollgangfolge entwickelte Ausprägung des Branch-and-Bound wird in Abschnitt 4.2 beschrieben. Durch sie wird es möglich, dass gegenüber einem „Ausprobieren" sämtlicher möglicher Sollgangfolgen, weitaus weniger MPOSP gelöst werden müssen.

Die Lösung des HOSPs wird bei der MPR für die Ansteuerung des Antriebsstrangs verwendet. Da das HOSP dabei fortlaufend neu berechnet wird, wird stets nur der erste Sollgang im Horizont der Lösung tatsächlich ausgegeben. Deshalb muss im Rahmen der MPR bei der

Lösung der HOSPs nur der erste Sollgang zwingend ganzzahlig sein, die weiteren Sollgänge im Optimierungshorizont können relaxiert bleiben. In Abschnitt 4.3 wird diese Idee für die Ableitung eines verkürzten Suchverfahrens aufgegriffen. Dieses reduziert die in jedem Takt der MPR benötigte Rechenzeit gegenüber dem vollständigen Suchverfahren, ermöglicht dabei aber dennoch die Berücksichtigung von Schaltfolgen im Prädiktionshorizont.

Bisher wurde der Weg beschrieben, wie das HOSP der Lkw-Längsdynamik in die Lösung mehrerer MPOSP zerlegt wird. Die effiziente Lösung eines MPOSPs ist ein Arbeitsgebiet der numerischen Mathematik für sich. Es existieren einige Verfahren [BGR97], [Lei99] und [vS94] aus denen kommerzielle Softwarepakete wie SOCS, MUSCOD II und DIRCOL entstanden sind, welche prinzipiell dazu in der Lage wären, die im Zuge des Lösungsverfahrens dieser Arbeit auftretenden MPOSP zu berechnen. Die Verwendung eines bestehenden Softwarepakets innerhalb des IPPC-Systems wäre wünschenswert gewesen, da ein kommerzielles Produkt der Forderung 4 nach Robustheit wohl eher nachkäme als eine Neuentwicklung. Jedoch erfüllt keines der Softwarepakete die verpflichtende Anforderung 2, dass deren Quellcode in der Programmiersprache C offen zur Verfügung steht, so dass es als Teil der Software des IPPC-System Zielplattform spezifisch übersetzt werden könnte.

Es blieb deshalb, die existierenden und in den kommerziellen Softwarepaketen eingesetzten Verfahren zu überprüfen, ob sie entsprechend den gestellten Anforderungen und damit für eine Eigenimplementierung geeignet sind. Dabei hat sich gezeigt, dass es für die Erfüllung aller Anforderungen notwendig war, dass bestehende Verfahren weiter und die unterste Ebene des Lösers neu entwickelt werden mussten, so dass schließlich ein neues durchgängiges Lösungsverfahren für Mehrphasen-Optimalsteuerungsprobleme entstand. *Durchgängig* bedeutet dabei, dass bei diesem zum einen die Struktur eines Optimalsteuerungsproblems bis in die unterste Ebene des Lösungsverfahrens erhalten bleibt. Zum anderen beschreibt Durchgängigkeit das Verfahren, da die einzelnen Methoden des Verfahrens ineinander übergreifen, so dass ein effizientes Verfahren ohne sog. *Black-Boxen* entsteht.

Alle in den soeben zitierten Arbeiten beschriebenen Verfahren folgen bei der Lösung des MPOSPs der in der linken Spalte des Schemas aus Abbildung 2.13 dargestellten Vorgehensweise der sog. *direkten Lösungsverfahren.* Dabei wird das MPOSP, welches mit den kontinuierlichen Steuerungsverläufen der einzelnen Phasen zunächst unendlich viele Freiheitsgrade besitzt, diskretisiert, so dass eine glatte Optimierungsaufgabe mit endlich vielen Freiheitsgraden entsteht, ein sog. *Nichtlineares Programm* (NLP). Ein NLP bezeichnet eine Optimierungsaufgabe in einem endlich dimensionalen Zielvektor mit einer nichtlinearen Zielfunktion und nichtlinearen Gleichungs- und Ungleichungsbeschränkungen als Nebenbedingungen. In dieser Arbeit wird zur Diskretisierung des MPOSPs die von Bock [BP84] entwickelte direkte Mehrzielmethode verwendet. Die Beschreibung dieses Verfahrens ist in Abschnitt 3.1.1 zu finden. Durch eine Neuordnung der bei der Diskretisierung eingeführten Variablen bekommt das NLP, welches aus der Diskretisierung des MPOSPs entsteht, die Gestalt eines nichtlinearen zeitdiskreten Optimalsteuerungsproblems (NZOSP).

Das Arbeitsgebiet der *Nichtlinearen Programmierung* beschäftigt sich mit der Entwicklung von Verfahren zur Lösung Nichtlinearer Programme. Es ist heute möglich, durch spezielle Techniken NLP mit mehreren 100000 Freiheitsgraden zu lösen. Die meisten der effizientesten Lösungsverfahren für NLP sind Varianten der *Sequentiellen Quadratischen Pro-*

grammierung (SQP). Bei den SQP-Verfahren handelt es sich um Abstiegsverfahren, wobei ausgehend von einem Startpunkt eine Suchrichtung durch Lösen eines *Quadratischen Programms* (QP) berechnet wird. Ein QP ist eine Optimierungsaufgabe mit einer quadratischen Form als Zielfunktion und linearen Gleichungs- und Ungleichungsbeschränkungen als Nebenbedingungen. Bei der Sequentiellen Quadratischen Programmierung wird dieses durch Linearisierung der Nebenbedingungen und quadratische Approximation der Zielfunktion im aktuellen Iterationspunkt gebildet. Die verschiedenen SQP-Verfahren unterscheiden sich zum einen darin, wie die Zielfunktion des QPs gebildet wird und zum anderen in der *Globalisierungsstrategie*, mit der globale Konvergenz zu einem Optimum auch von Startpunkten fern ab der Lösung erreicht wird. Eine Beschreibung der verbreiteten Techniken der SQP-Verfahren ist in Abschnitt 3.2.2 zu finden.

Mit einem SQP-Verfahren ist es möglich, eine quadratische Konvegenzrate[11] zu erzielen, wenn sich der Iterationspunkt nahe der Lösung befindet. Deshalb erweist sich ein SQP-Verfahren als besonders geeignet für den Einsatz als Teil des Lösungsverfahrens innerhalb einer MPR, denn dort steht mit der optimalen Trajektorie des letzten Takts stets ein sehr guter Startpunkt zur Verfügung. Die schnelle Konvergenzrate nahe der Lösung wird aber nur dann erzielt, wenn bei der Bildung des QPs für die Hesse-Matrix der Zielfunktion die exakten zweiten Ableitungen der Lagrange-Funktion des NLPs im aktuellen Iterationspunkt verwendet werden. Die Hesse-Matrix kann in diesem Fall auch negative Eigenwerte besitzen, was dazu führt, dass für die Bestimmung der Suchrichtung ein *nichtkonvexes* Quadratisches Programm gelöst werden muss. Dies ist nicht unproblematisch, da zum einen die Lösung eines nichtkonvexen QPs schwieriger als die eines konvexen ist. Zum anderen besteht die Möglichkeit, dass ein nichtkonvexes QP keine Lösung besitzt, wenn keine zusätzlichen Maßnahmen im Rahmen der Globalisierungsstrategie des SQP-Verfahren getroffen werden. Die meisten SQP-Verfahren verwenden deshalb keine exakten zweiten Ableitungen sondern approximieren oder modifizieren die Hesse-Matrix so, dass stets ein konvexes QP entsteht.

Da hier die Möglichkeit zur schnellen Konvergenz des SQP-Verfahrens ausgeschöpft werden soll, wird das *Trust-Region-Filter-SQP*-Verfahren (TRFSQP), wie es in [Fle97], [GT01] und [GKV03] in verschiedenen Varianten beschrieben ist, als Vorlage für eine Weiterentwicklung verwendet. Die TRFSQP-Varianten zeichnen sich dadurch aus, dass für sie zum einen globale Konvergenz ohne Modifikation der Hesse-Matrix bewiesen werden kann. Zum anderen besitzt die in ihnen eingesetzte Filter-Globalisierungsstrategie den Vorteil gegenüber anderen, dass eine mögliche quadratische Konvergenzrate am wenigsten gestört wird.

Die Erweiterung des TRFSQP-Verfahrens in dieser Arbeit betrifft unter anderem die Möglichkeit, dass es eine Lösung auch für unzulässige Probleme findet, welche zum einen die Norm der Unzulässigkeit des Ergebnisses minimiert und in verbleibenden Freiheitsgraden die Kostenfunktion minimiert. In Abschnitt 3.2.3 wird das *Elastic-Trust-Region-Filter-SQP*-Verfahren (ETRFSQP) (Deutsch: elastisches Vertrauensbereichs-Filter-SQP-Verfahren) beschrieben, welches so auch der Anforderung 5 gerecht wird. Die bisher existierenden TRFSQP-Verfahren brechen die Berechnung ab, wenn ein unzulässiges Problem erkannt wird. Wie in Abschnitt 3.2.2 beschrieben wird, bestünde zwar die Möglichkeit

---

[11] Die Zahl der gültigen Nachkommastellen verdoppelt sich dabei näherungsweise mit jeder Iteration. Diese Konvergenzrate entspricht der des bekannten Newton-Verfahrens für die Lösung nichtlinearer Gleichungssysteme.

durch eine Aufweichung nicht erfüllbarer Beschränkungen unzulässige Probleme durch die bestehenden Verfahren zu lösen. Dieses Vorgehen kann jedoch zu Ineffizienz und numerischer Instabilität beim Rechnen mit begrenzter Zahlendarstellung führen, wie in Abschnitt 3.2.2 gezeigt wird. Eine weitere Besonderheit des ETRFSQP-Verfahrens ist, dass es Mechanismen besitzt, welche zu sehr guten Warmstart-Eigenschaften führen. So wird die SQP-Suchrichtung in drei Stufen berechnet und dabei möglichst viel Information über die mit Gleichheit erfüllten Ungleichungsbeschränkungen im Lösungspunkt von Iteration zu Iteration weitergereicht.

Entsprechend der Nichtlinearen Programmierung befasst sich die *Quadratische Programmierung* mit der Lösung von Quadratischen Programmen, sie ist ein eigenständiges Arbeitsgebiet der numerischen Mathematik. Viele praktische Problemstellungen lassen sich direkt als Quadratisches Programm formulieren. Zu nennen sind beispielsweise die Portfolio-Optimierung [Per84] und lineare allgemein beschränkte zeitdiskrete Optimalsteuerungsprobleme, wie sie bei der linearen MPR zu lösen sind. Ein nur durch Gleichungen beschränktes QP kann mit den Methoden der linearen Algebra direkt gelöst werden. Die Lösung eines ungleichungsbeschränkten QPs erfolgt stets iterativ, durch die Lösung mehrerer nur gleichungsbeschränkter Quadratischer Programme. Die meisten Verfahren zählen hierbei zu den Innere-Punkt- oder den Aktive-Menge-Verfahren. Für letztere existieren auch Varianten zur Lösung nichtkonvexer Quadratischer Programme [GMS95].

Wird ein nichtlineares zeitdiskretes Optimalsteuerungsproblem mit Hilfe eines SQP-Verfahrens gelöst, berechnet sich die Suchrichtung durch die Lösung linearer zeitdiskreter Optimalsteuerungsprobleme. Nahezu alle kommerziellen SQP-Verfahren behandeln den Löser des QPs als eine Black-Box, meist wird ein kommerzieller QP-Löser eingebunden [Lei95]. Das SQP-Verfahren ist dann gezwungen, die Struktur des zu lösenden QPs an die sehr allgemeine Schnittstelle des QP-Lösers anzupassen. Dabei geht Information über eine etwaige dünn besetzte Struktur der Matrizen des QPs verloren, so dass es bei der Lösung des QPs kaum mehr möglich ist, diese zur Reduktion der Rechenzeit auszuschöpfen.

In der vorliegenden Arbeit hat sich gezeigt, dass für die Lösung des HOSPs ca. 90 % der Rechenzeit auf die Lösung der linearen zeitdiskreten Optimalsteuerungsprobleme anfällt. Deshalb ist es essenziell, das zeitdiskrete lineare Optimalsteuerungsproblem nicht als ein allgemeines QP zu betrachten, sondern dessen rekursive Struktur voll auszuschöpfen. Dafür wird in der vorliegenden Arbeit ein neues Lösungsverfahren entwickelt, welches die Suchrichtungen eines Aktive-Menge-QP-Lösers durch das Prinzip der Dynamischen Programmierung berechnet. Ein besonderes Kennzeichen dieses Lösers ist, dass mit diesem auch nichtkonvexe lineare zeitdiskrete Optimalsteuerungsprobleme effizient gelöst werden können. Die Vorstellung des Verfahrens erfolgt in Abschnitt 3.3.

2.3 Zusammenfassung Kapitel 2

In diesem Kapitel wurde zuerst die Schwierigkeit der Längsregelung eines Lkws veranschaulicht. Dafür wurden zunächst die Besonderheiten des Antriebsstrangs eines Lastkraftwagens vorgestellt und dann anhand dreier Fahrsituationen verdeutlicht, dass eine vorausschauende Fahrweise wichtig ist, wenn eine Steigung zügig überwunden, sicher im Gefälle gefahren oder bei leichtem Steigungsprofil Kraftstoff eingespart werden soll. Im Anschluss daran wurden in Abschnitt 2.1.3 drei heute in Serie erhältliche Fahrerassistenzsysteme, der konventionelle Tempomat, der Abstandsregeltempomat und die Automatische Gangermittlung beschrieben. Diese Systeme stellen die Vergleichsbasis für das IPPC-System dar.

In Abschnitt 2.2 wurde die Technologie der Prädiktiven Antriebsstrangregelung vorgestellt, welche die Entwicklung eines vorausschauenden Fahrerassistenzsystems möglich macht. Dabei wird mit einem erweiterten Navigationssystem nicht nur die aktuelle Position des Fahrzeugs im Straßennetz bestimmt, sondern auch der zukünftig befahrene Streckenabschnitt. Für diesen Streckenabschnitt werden Informationen einer erweiterten digitalen Straßenkarte entnommen und einer Automatisierungsfunktion des Antriebsstrangs zur Verfügung gestellt. In Abschnitt 2.2.1 wurden bekannte Arbeiten vorgestellt, in denen vorausschauende Fahrerassistenzsysteme entwickelt wurden.

Im Anschluss wurde die Methode der Modellbasierten Prädiktiven Regelung beschrieben. Bei diesem Verfahren werden die Stellgrößen durch eine fortlaufende Prädiktion des optimalen Zustands- und Steuerungsverlaufs für einen Prädiktionshorizont bestimmt. Die Prädiktion erfolgt dabei durch Lösen eines Optimalsteuerungsproblems, welches mit Hilfe eines Modells des zu regelnden Prozesses, einer Zielfunktion und Nebenbedingungen für den Prädiktionshorizont formuliert wird. Die Information über den kommenden Steigungsverlauf einer Streckenvorausschau ermöglicht ein hybrides Modell für die Lkw-Längsdynamik herzuleiten und damit den Einsatz der MPR.

In Abschnitt 2.2.3 wurde das neue vorausschauende Fahrerassistenzsystem Integrated Predictive Powertrain Control vorgestellt, dessen Entwicklung und Erprobung Ziel der vorliegenden Arbeit ist. Dieses automatisiert mit Hilfe der Information über die kommende Fahrbahnsteigung und den zukünftigen Verläufen von Kurvenkrümmung und Geschwindigkeitsbeschränkung die Längsregelung eines Lastkraftwagens vollständig. Die Fahrzeuggeschwindigkeit wird dabei in ein Geschwindigkeitsband geregelt, welches an Fahrervorgaben, Geschwindigkeitsbeschränkungen und die Kurvenkrümmung angepasst ist. Gleichzeitig wird entsprechend des ART ein Sicherheitsabstand zu einem vorausfahrenden Fahrzeug stets eingehalten.

Funktionaler Kern des IPPC-Systems bildet eine MPR der Lkw-Längsdynamik, durch welche die optimale Ansteuerung von Getriebe, Motor, Betriebsbremse und Retarder berechnet wird. Eine große Herausforderung stellt dabei die Lösung der Hybrid-Optimalsteuerungsprobleme der Lkw-Längsdynamik in Echtzeit dar. Um den in Abschnitt 2.2.4 spezifizierten Forderungen an das Lösungsverfahren nachzukommen, wurde ein in großen Teilen neues Verfahren entwickelt. Dieses wurde in Abschnitt 2.2.4 allgemein beschrieben und wird in den folgenden zwei Kapiteln näher erläutert.

Kapitel 3

Numerische Lösung glatter Optimalsteuerungsprobleme

Im vorigen Kapitel wurde das Vorgehen bei der Lösung des Hybrid-Optimalsteuerungsproblems der Längsdynamik eines Lastkraftwagens vorgestellt. Dabei wird ein Suchverfahren für die optimale Schalthäufigkeit und Sollgangfolge der Lösung mehrerer glatter Mehrphasen-Optimalsteuerungsprobleme überlagert. Während das überlagerte Suchverfahren speziell auf die Aufgabenstellung dieser Arbeit zugeschnitten ist, ist das entwickelte Lösungsverfahren für die Mehrphasen-Optimalsteuerungsprobleme allgemein einsetzbar. Deshalb wird es in diesem Kapitel zusammenhängend vorgestellt.

Das Verfahren beinhaltet Methoden aus drei Fachgebieten der numerischen Mathematik:

1. Diskretisierung von (Mehrphasen-)Optimalsteuerungsproblemen

2. Nichtlineare Programmierung

3. Quadratische Programmierung

Entsprechend der durchstreiften Fachgebiete unterteilt sich dieses Kapitel. Ziel bei der Entwicklung des Gesamtlösungsverfahren ist es, keines der Teilgebiet isoliert zu betrachten, sondern ein Verfahren zu entwickeln, bei dem die Struktur eines Optimalsteuerungsproblems durchgängig erhalten bleibt. So wird es möglich, bis in die unterste Ebene des Lösungsverfahrens, der Lösung Quadratischer Programme, die schwach gekoppelte Struktur eines Optimalsteuerungsproblems auszuschöpfen.

3.1 Mehrphasen-Optimalsteuerungsproblem

In diesem Abschnitt wird zunächst das Mehrphasen-Optimalsteuerungsproblem definiert. Für ein solches Problem werden anschließend bekannte Lösungsmethoden vorgestellt und diskutiert. Aus diesen Methoden wird dann die *direkte Mehrzielmethode* zur Diskretisierung des Problems ausgewählt. Durch Anwendung dieses Verfahrens entsteht am Ende dieses Abschnitts aus dem MPOSP ein nichtlineares zeitdiskretes Optimalsteuerungsproblem.

3.1.1 Problemformulierung und allgemeine Lösungsverfahren

Betrachtet wird ein technischer Prozess auf einem zeitlichen Intervall $\mathbb{O} := [t_0, t_{N+1}]$, welches durch Umschaltzeitpunkte t_i, $i = 1, \ldots, N$, in $N+1$ Phasen unterteilt ist. Der Anfangszeitpunkt t_0 sei fest, wogegen der Endzeitpunkt t_{N+1} noch frei sein kann. In den einzelnen Phasen $[t_i, t_{i+1}]$ wird der Systemzustand durch die Vektoren $\underline{x}_i \in \mathbb{R}^{n_{x,i}}$ beschrieben. Dabei kann die Dimension $n_{x,i}$ des Zustandsvektors in den einzelnen Phasen unterschiedlich sein. Sie kann beispielsweise dann wechseln, wenn eine Zustandsgröße in einer Phase durch eine nur dort geltende Zwangsbedingung zur algebraischen Variable wird.

Zu Beginn von $\mathbb{O}$ sei der Anfangszustand des Systems durch

$$\underline{x}_0(t_0) = \underline{x}_{\mathrm{A}} \tag{3.1}$$

fest vorgegeben. Innerhalb einer Phase wird die Dynamik des Systems durch die abschnittweise definierte, zeitvariante, nichtlineare Systemfunktion

$$\underline{\dot{x}}_i(t) = \underline{f}_i(t, \underline{x}_i(t), \underline{u}_i(t), \underline{p}_i), \quad t \in [t_i, t_{i+1}), \quad i = 0, \ldots, N \tag{3.2}$$

beschrieben. Wie beim Zustandsvektor kann auch die Dimension $n_{u,i}$ des Steuerungsvektors $\underline{u}_i \in \mathbb{R}^{n_{u,i}}$ in den einzelnen Phasen variieren. Beeinflusst wird die Dynamik des Systems durch Phasenparameter $\underline{p}_i \in \mathbb{R}^{n_{p,i}}$, welche mit optimiert werden sollen. Der Zustandsübergang an den Umschaltzeitpunkten ist durch die Sprunggleichungen

$$\underline{x}_i(t_i) = \underline{f}_{\mathrm{S},i}(t_i, \underline{x}_{i-1}(t_i), \underline{p}_{i-1}), \quad i = 1, \ldots, N \tag{3.3}$$

festgelegt, mit den Sprungfunktionen $\underline{f}_{\mathrm{S},i} : \mathbb{R} \times \mathbb{R}^{n_{x,i-1}} \times \mathbb{R}^{n_{p,i-1}} \to \mathbb{R}^{n_{x,i}}$. Der Anfangszustand einer Phase ist damit vollständig durch den Endzustand und die Systemparameter der vorangegangenen Phase festgelegt. Für den so beschriebenen Prozess wird das Mehrphasen-Optimalsteuerungsproblem wie folgt definiert:

Definition 3.1.1 (Mehrphasen-Optimalsteuerungsproblem MPOSP)
Als Mehrphasen-Optimalsteuerungsproblem *wird die folgende beschränkte Optimierungsaufgabe bezeichnet:*

$$\min_{\underline{x}_i(t), \underline{u}_i(t), \underline{p}_i, t_i} \Phi(t_{N+1}, \underline{x}_N(t_{N+1}), \underline{p}_N) \tag{3.4a}$$

unter den Nebenbedingungen, dass der Zustandsverlauf ausgehend vom Anfangszustand

$$\underline{x}_0(t_0) = \underline{x}_{\mathrm{A}} \tag{3.4b}$$

zusammen mit dem Steuerungsverlauf die abschnittsweise definierte Systemgleichung

$$\underline{\dot{x}}_i = \underline{f}_i\left(t, \underline{x}_i(t), \underline{u}_i(t), \underline{p}_i\right), \qquad t \in [t_i, t_{i+1}), \quad i = 0, \ldots, N \tag{3.4c}$$

und die Pfadbeschränkungen

$$\underline{b}_i\left(t, \underline{x}_i(t), \underline{u}_i(t), \underline{p}_i\right) \geq \underline{0}, \qquad t \in [t_i, t_{i+1}), \quad i = 0, \ldots, N \tag{3.4d}$$

erfüllt, an den Phasenübergängen die Sprunggleichungen

$$\underline{x}_i(t_i) = \underline{f}_{\mathrm{S},i}(t_i, \underline{x}_{i-1}(t_i), \underline{p}_{i-1}), \qquad i = 1, \ldots, N \tag{3.4e}$$

und Randbedingungen

$$\left.\begin{array}{l} \underline{r}_{\mathrm{g},i}\big(t_i,\underline{x}_{i-1}(t_i),\underline{p}_{i-1},\underline{x}_i(t_i),\underline{p}_i\big) = \underline{0} \\[2mm] \underline{r}_{\mathrm{u},i}\big(t_i,\underline{x}_{i-1}(t_i),\underline{p}_{i-1},\underline{x}_i(t_i),\underline{p}_i\big) \geq \underline{0} \end{array}\right\}, \qquad i = 1,\ldots,N \qquad (3.4\mathrm{f})$$

eingehalten werden sowie die Randbedingungen am Anfang

$$\underline{r}_{\mathrm{g},0}\big(t_0,\underline{x}_0(t_0),\underline{p}_0\big) = \underline{0}$$
$$\underline{r}_{\mathrm{u},0}\big(t_0,\underline{x}_0(t_0),\underline{p}_0\big) \geq \underline{0} \qquad\qquad (3.4\mathrm{g})$$

und am Ende des Optimierungshorizonts

$$\underline{r}_{\mathrm{g},N+1}\big(t_{N+1},\underline{x}_N(t_{N+1}),\underline{p}_N\big) = \underline{0}$$
$$\underline{r}_{\mathrm{u},N+1}\big(t_{N+1},\underline{x}_N(t_{N+1}),\underline{p}_N\big) \geq \underline{0} \qquad\qquad (3.4\mathrm{h})$$

erfüllt werden.

In der Definition des MPOSPs wird der Spezialfall der Mayer-Zielfunktion angenommen. Es kann aber auch eine allgemeine Zielfunktion durch entsprechende Erweiterung des Zustandsvektors berücksichtigt werden. Ein Beispiel für eine allgemeine Zielfunktion ist die für Mehrphasenprozesse erweitere Bolza-Zielfunktion:

$$\sum_{i=0}^{N}\int_{t_i}^{t_{i+1}} K_i(t,\underline{x}_i(t),\underline{u}_i(t),\underline{p}_i)\mathrm{d}t$$

$$+ \sum_{i=1}^{N}\Phi_i(t_i,\underline{x}_{i-1}(t_i),\underline{p}_{i-1},\underline{x}_i(t_i),\underline{p}_i) + \Phi_{N+1}(t_{N+1},\underline{x}_N(t_{N+1}),\underline{p}_N). \qquad (3.5)$$

Dabei setzen sich die Kosten aus einem abschnittweise definierten integralen Lagrange-Term K_i und Kostenterme Φ_i für den Endzustand sowie die Phasenübergänge zusammen. Die Kostenfunktion (3.5) wird durch Einführung der neuen Zustandsgröße $x_{n_x,i+1} := J$ umformuliert, welche die bis zum Zeitpunkt t angefallenen Kosten misst. Für die neue Zustandsgröße J wird entsprechend (3.4) die Systembeschreibung

$$J_0(t_0) = 0 \qquad\qquad (3.6\mathrm{a})$$
$$\dot{J}_i(t) = K_i(t,\underline{x}_i(t),\underline{u}_i(t),\underline{p}_i) \qquad\qquad (3.6\mathrm{b})$$
$$J_i(t_i) = J_{i-1}(t_i) + \Phi_i(t_i,\underline{x}_{i-1}(t_i),\underline{p}_{i-1},\underline{f}_{\mathrm{S},i}(t_i,\underline{x}_{i-1}(t_i),\underline{p}_{i-1}),\underline{p}_i) \qquad (3.6\mathrm{c})$$

vorgegeben, so dass mit dem Mayer-Kostenterm

$$\Phi(t_{N+1},\underline{x}_N(t_{N+1}),\underline{p}_N) = J_N(t_{N+1}) + \Phi_{N+1}(t_{N+1},\underline{x}_N(t_{N+1}),\underline{p}_N) \qquad (3.7)$$

die Zielfunktionen (3.5) und (3.4a) den selben Wert ergeben.

Wegen der großen praktischen Bedeutung von Optimalsteuerungsproblemen wurden für diese zahlreiche Lösungsverfahren entwickelt. Ein Überblick über die verbreiteten Methoden ist in [CB99b], [Sag05] und [Bet98] zu finden. Die verschiedenen Lösungsverfahren können in drei Klassen eingeteilt werden: indirekte Lösungsverfahren, Dynamische Programmierung und direkte Lösungsverfahren.

Bei den *indirekten Lösungsverfahren* werden mit Hilfe der Variationsrechnung die notwendigen Bedingungen für den optimalen Zustands- und Steuerungsverlauf als Mehrpunkt-Randwertproblem formuliert. Die Lösung dieses Problems gelingt nur für sehr einfache Probleme analytisch, so dass numerische Verfahren wie die Schießverfahren oder die Kollokation angewendet werden müssen. Problematisch bei den indirekten Verfahren ist, wenn – wie hier und in den meisten praktischen Anwendungsfällen – Ungleichungen in der Problemformulierung enthalten sind. Dann muss nämlich bereits *vor* dem Aufstellen der Optimalitätsbedingungen die Abfolge bekannt sein, wann welche Beschränkung aktiv ist. Da diese aber in der Regel vorab nicht bekannt ist, können Probleme mit Ungleichungen durch indirekte Lösungsverfahren nur mit sehr hohem Aufwand beispielsweise durch Homotopie-Techniken gelöst werden. Für eine genauere Beschreibung der indirekten Lösungsverfahren sei an dieser Stelle auf [BH75], [vS94] und [Föl94] verwiesen.

Die Dynamische Programmierung wurde bereits in Abschnitt 2.2.4 vorgestellt. Schwierigkeiten bei diesem Verfahren bereitet, dass die Bellmansche Rekursionsgleichung bei Problemen mit Ungleichungen oder nichtlinearer Systemfunktion in der Regel nicht analytisch gelöst werden kann, so dass ein Suchverfahren eingesetzt werden muss. Der Rechenaufwand steigt dabei exponentiell mit der Dimension des Zustandsvektors, so dass nur sehr einfache Probleme praktisch gelöst werden können. Ein lineares nur durch Gleichungen beschränktes OSP kann jedoch mit Hilfe der Dynamischen Programmierung analytisch gelöst werden. Diese Tatsache findet bei der Entwicklung des Lösungsverfahrens für ein allgemein beschränktes lineares ZOSPs in Abschnitt 3.3 Anwendung.

Bei den *direkten Lösungsverfahren* wird eine Zeittransformation durchgeführt und der kontinuierliche Steuerungsverlauf diskretisiert, so dass ein endlichdimensionaler Steuerungsparametervektor diesen vollständig festgelegt. Aus dem OSP entsteht dadurch ein Nichtlineares Programm, welches mit weiterführenden numerischen Methoden gelöst werden kann. Bei den direkten Lösungsverfahren unterscheidet man weiterhin *sequentielle* und *simultane* Verfahren. Bei den sequentiellen Verfahren – auch Einfach-Schießverfahren genannt – wird der Zustandsverlauf nicht diskretisiert, so dass nur die Steuerungsparameter bestimmt werden müssen. Der Zustandsverlauf wird im Zuge des iterativen Lösungsverfahrens durch Simulation der Systembeschreibung bestimmt. Schwierigkeiten bereitet dabei, dass zum einen Vorwissen über den optimalen Zustandsverlauf vorab nicht eingebracht werden kann und zum anderen, insbesondere bei stark nichtlinearen Systemen, die robuste Lösung des NLPs kaum möglich ist, da die Simulation der Systembeschreibung über den kompletten Horizont sehr sensitiv gegenüber leichten Variationen der Steuerungsparameter ist oder die Simulation bei einem instabilen System eventuell gar nicht gelingt [AMR88].

Diese Schwierigkeiten werden bei den simultanen Verfahren dadurch umgangen, dass auch der Zustandsverlauf diskretisiert wird. Folglich entsteht zwar ein NLP mit mehr Entscheidungsgrößen, dieses besitzt jedoch eine schwach gekoppelte Struktur, so dass es durch ein strukturausnützendes NLP-Lösungsverfahren effizient berechnet werden kann. Zur Diskretisierung des Zustandsverlaufs kommen Kollokationsverfahren ([Sch96], [vS94] und [Ste95]) oder die direkte Mehrzielmethode zum Einsatz. Letztere besitzt gegenüber den Kollokationsverfahren den Vorteil, dass der Zustandsverlauf mit beliebiger Genauigkeit berechnet werden kann und weniger zusätzliche Größen eingeführt werden [Sag05]. Deshalb kommt es auch in dieser Arbeit zum Einsatz.

3.1.2 Diskretisierung durch die direkte Mehrzielmethode

Die direkte Mehrzielmethode geht zurück auf die Arbeit [BP84] von Bock und Plitt. Grundlage der direkten Mehrzielmethode ist die zeitliche Diskretisierung von Steuerungs- und Zustandsverlauf. Die in diesem Abschnitt geschilderte Vorgehensweise bei der direkten Mehrzielmethode weicht von den Beschreibungen in [BP84], [Lei95] und [Lei99] ab. Dadurch wird erzielt, dass das nach Diskretisierung entstehende parametrische Optimierungsproblem die spezielle Struktur eines zeitdiskreten nichtlinearen Optimalsteuerungsproblems aufweist. Diese Struktur ermöglicht, das in der weiteren Folge dieses Kapitels beschriebene rekursive Lösungsverfahren anzuwenden.

Zeittransformation

Handelt es sich bei dem zu diskretisierenden Optimalsteuerungsproblem um eine MPOSP, so wird im ersten Schritt für jede Phase getrennt eine Zeittransformation durchgeführt. In der i-ten Phase lautet die Transformationsvorschrift

$$\zeta_i(\tau_i, t_{A,i}, t_{E,i}) := t_{A,i} + (t_{E,i} - t_{A,i})\tau_i \, .$$

Dabei wird $\tau_i \in [0,1]$ die neue unabhängige Variable in der i-ten Phase. Die Zeitpunkte $t_{A,i}$ sind die Anfangs- und die $t_{E,i}$ Endzeitpunkt der einzelnen Phasen. Sie stehen mit den bisher in der Problemformulierung vorhandenen Umschaltzeitpunkten t_i im Zusammenhang:

$$t_0 = t_{A,0} \tag{3.8a}$$

$$t_i = t_{A,i} = t_{E,i-1} \, , \quad i = 1, \dots, N \tag{3.8b}$$

$$t_{N+1} = t_{E,N} \, . \tag{3.8c}$$

In den Gleichungen der Problemformulierung (3.4) wird nun die Zeit t als bisherige unabhängige Variable durch $t = \zeta_i(\cdot)$, $i = 0, \dots, N$ in den einzelnen Phasen getrennt voneinander ersetzt. Dabei wird in der Systemgleichung (3.4c) das Differential $\mathrm{d}t$ mit Hilfe von

$$\mathrm{d}t = (t_{E,i} - t_{A,i})\mathrm{d}\tau_i \quad \text{für } t \in [t_i, t_{i+1})$$

in $\mathrm{d}\tau_i$ gewechselt, so dass die Systemgleichung der i-ten Phase

$$\frac{\mathrm{d}}{\mathrm{d}\tau_i}\tilde{\underline{x}}_i(\tau_i) = \underbrace{(t_{E,i} - t_{A,i})\underline{f}_i(t_{A,i} + (t_{E,i} - t_{A,i})\tau_i, \tilde{\underline{x}}_i(\tau_i), \tilde{\underline{u}}_i(\tau_i), \underline{p}_i)}_{=: \tilde{\underline{f}}_i(\tau_i, \tilde{\underline{x}}_i(\tau_i), \tilde{\underline{u}}_i(\tau_i), \tilde{\underline{p}}_i)}, \quad i = 0, \dots, N$$

wird. Dabei wurde zur Unterscheidung der Verläufe in Abhängigkeit von t und τ_i

$$\tilde{\underline{x}}_i(\tau_i) := \underline{x}_i(t_{A,i} + (t_{E,i} - t_{A,i})\tau_i)$$

$$\tilde{\underline{u}}_i(\tau_i) := \underline{u}_i(t_{A,i} + (t_{E,i} - t_{A,i})\tau_i)$$

eingeführt. Die Phasenrandzeitpunkte $t_{A,i}$ und $t_{E,i}$ treten damit explizit in den Gleichungen der Problemformulierung auf. Sie stellen Entscheidungsgrößen der Optimierung dar und erweitern die Phasenparametervektoren zu

$$\tilde{\underline{p}}_i^T := \begin{pmatrix} \underline{p}_i^T & t_{A,i} & t_{E,i} \end{pmatrix}^T.$$

Da der Endzeitpunkt einer Zwischenphase gleich dem Anfangszeitpunkt der Folgephase ist, werden die Randbedingungen (3.4g) und (3.4f) um die Zusammenhänge (3.8a) und (3.8b) ergänzt. Im Gegensatz zu der in [Lei99] beschriebenen Zeittransformation, wo als Freiheitsgrade nur die Verweildauern in einer Phase eingeführt werden, werden hier mit den $t_{A,i}$ und $t_{E,i}$ mehr Größen zur Problemformulierung zugefügt. Dies ist eine der Maßnahmen, um ein schlankes NZOSP als Ergebnis der Diskretisierung zu erhalten.

Abschnittsweise Steuerungsparametrisierung

Jede Phase wird nun durch $m_i + 1$ äquidistante Stützstellen τ_{ij}, mit

$$\tau_{ij} := \frac{j}{m_i}, \quad j = 0, \ldots, m_i \;\Rightarrow\; 0 = \tau_{i0} < \cdots < \tau_{ij} < \cdots < \tau_{i,m_i} = 1,$$

in m_i Diskretisierungsintervalle unterteilt. In jedem der entstehenden Diskretisierungsintervalle wird der kontinuierliche Steuerungsverlauf $\tilde{u}_i(\tau_i)$ durch feste lokale Basisfunktionen

$$\tilde{u}_i(\tau_i) = \varphi_{ij}(\tau_i, \underline{q}_{ij}), \quad \tau_i \in [\tau_{ij}, \tau_{i,j+1}), \quad j = 0, \ldots, m_i - 1 \tag{3.9}$$

mit $\underline{\varphi}_{ij} : \mathbb{R} \times \mathbb{R}^{n_{q,i}} \to \mathbb{R}^{n_{u,i}}$ und freien Steuerungsparametern $\underline{q}_{ij} \in \mathbb{R}^{n_{q,i}}$ approximiert. Zu empfehlen ist eine stückweise konstante Approximation des Steuerungsverlaufs, für die

$$\underline{\varphi}_{ij}(\tau_i, \underline{q}_{ij}) = \underline{q}_{ij}$$

gilt. Es wäre auch möglich, Basisfunktionen höherer Ordnung zu wählen. Steigt jedoch die Zahl der Freiheitsgrade, sinkt die Sensitivität einzelner Komponenten des Steuerungsvektors, so dass es schwieriger wird, diese zu bestimmen.

Damit nach Diskretisierung ein Problem in der Form eines NZOSPs entsteht, wird hier gefordert, dass die Steuerungsparameter lokalen Charakter besitzen. Das heißt, dass sämtliche Terme der Problemformulierung zu einer Diskretisierungsstelle auch nur von dessen Parametervektor abhängen dürfen. Deshalb dürfen nicht wie in [Lei99] zum Erzielen eines stetigen Steuerungsverlaufs Randbedingungen der Art

$$\underline{\varphi}_{ij}(\tau_{i,j+1}, \underline{q}_{ij}) - \underline{\varphi}_{i,j+1}(\tau_{i,j+1}, \underline{q}_{i,j+1}) = \underline{0}$$

eingeführt werden. Diese Forderung stellt keine Einschränkung dar. Soll z.B. ein stetiger Steuerungsverlauf berechnet werden, so wird dies durch Erweiterung des Zustandsvektors erreicht: Die ursprüngliche Steuerungsvariable u wird dann zur Zustandsvariable, für welche die Systemgleichung

$$\dot{u} = u_{\text{neu}} \tag{3.10}$$

angesetzt wird. Für die neue Steuerungsvariable u_{neu} genügt es nun, einen treppenförmigen Verlauf zu berechnen, da $u(t)$ wegen (3.10) immer stetig ist.

Diskretisierung der Zustandstrajektorie

Bei der direkten Mehrzielmethode wird nicht nur der Steuerungsverlauf sondern auch die Zustandstrajektorie zeitlich diskretisiert. Dafür werden für jede Diskretisierungsstelle sog. *Schießparameter* $\underline{s}_{ij} \in \mathbb{R}^{n_x,i}$ eingeführt, welche den Werten der Zustandstrajektorie $\tilde{x}_i(\tau_{ij}) = \underline{s}_{ij}$ zu den Zeitpunkten τ_{ij} entsprechen. Für feste Parameter $\underline{s}_{ij}^\diamond$, $\underline{q}_{ij}^\diamond$ und $\underline{p}_i^\diamond$ erhält man mit (3.9) und der Systemgleichung das Anfangswertproblem

$$\hat{\underline{x}}_i(\tau_{ij}) = \underline{s}_{ij}^\diamond$$

$$\frac{\mathrm{d}}{\mathrm{d}\tau_i}\hat{\underline{x}}_i(\tau_i) = \tilde{\underline{f}}_i\left(\tau_i, \hat{\underline{x}}_i(\tau_i), \underline{\varphi}_{ij}(\tau_i, \underline{q}_{ij}^\diamond), \underline{p}_i^\diamond\right).$$

Durch durch numerische Integration erhält man dessen Lösung $\hat{\underline{x}}(\tau_i; \underline{s}_{ij}^\diamond, \underline{q}_{ij}^\diamond, \underline{p}_i^\diamond)$ für das Intervall $[\tau_{ij}, \tau_{i,j+1}]$. Wird dafür ein Verfahren mit automatischer Schrittweitensteuerung eingesetzt, ist es möglich, die Zustandstrajektorie hochgenau zu berechnen.

Abbildung 3.1 zeigt ein Beispiel für eine Diskretisierung zweier aufeinander folgender Phasen für ein System mit nur einer Zustandsgröße. Es ist zu sehen, dass für zunächst frei gewählte Parameter $\underline{s}_{ij}^\diamond$, $\underline{q}_{ij}^\diamond$ und $\underline{p}_i^\diamond$ der Zustandsverlauf, welcher sich aus den Teilstücken der einzelnen Diskretisierungsintervalle zusammensetzt, in der Regel Sprünge an den Diskretisierungsstellen aufweist. Da der Zustandsverlauf innerhalb einer Phase stetig sein soll, werden die sog. Kontinuitätsbedingungen

$$\hat{\underline{x}}_{ij}(\tau_{i,j+1}; \underline{s}_{ij}, \underline{q}_{ij}, \underline{p}_i) - \underline{s}_{i,j+1} = \underline{0}, \quad j = 0, \dots, m_i - 1 \tag{3.11}$$

eingeführt, welche innerhalb einer Phase die Schießparameter zweier aufeinander folgender Diskretisierungsstellen miteinander verknüpfen. An den Phasenübergängen werden die Schießparameter durch die Sprunggleichungen (3.4e) miteinander verkettet

$$\underline{s}_{i,j} = \underline{f}_{\mathrm{S},i}(t_{\mathrm{E},i-1}, \underline{s}_{i-1,m_{i-1}}, \underline{p}_{i-1}) =: \tilde{\underline{f}}_{\mathrm{S},i}(\underline{s}_{i-1,m_{i-1}}, \tilde{\underline{p}}_{i-1}) \tag{3.12}$$

und die Anfangsbedingung wird zu

$$\underline{s}_{0,0} = \underline{x}_{\mathrm{A}}. \tag{3.13}$$

Für fest vorgegebene Vektoren für die $\underline{q}_{ij}$ und $\underline{p}_i$ sind die Schießparameter $\underline{s}_{ij}$ durch das Gleichungssystem, welches sich aus (3.11), (3.12) und (3.13) zusammensetzt, vollständig festgelegt. Das Gleichungssystem wird als Nebenbedingung zur diskretisierten Optimierungsaufgabe hinzugefügt. Werden alle Beschränkungen der Nebenbedingung erfüllt, erhält man, wie in Abbildung 3.1 unten, eine Zustandstrajektorie, welche innerhalb der einzelnen Phasen stetig ist und die jeweilige Systemgleichung erfüllt.

Im Gegensatz zum Einfachen-Schießverfahren werden bei der direkten Mehrzielmethode mit den $\underline{s}_{ij}$ zusätzliche Parameter zum Problem zugefügt. Dadurch sinkt aber die Nichtlinearität der einzelnen Nebenbedingungen. Ist in einer Phase die Systemgleichung instabil, ist es bei schlechten Startwerten für die Freiheitsgrade $\underline{q}_{ij}$ und $\underline{p}_i$ eventuell nicht möglich, diese für eine komplette Phase zu simulieren. Bei der direkten Mehrzielmethode wird diese Schwierigkeit umgangen, da eine Simulation des Systems nur für ein kurzes Diskretisierungsintervall notwendig ist.

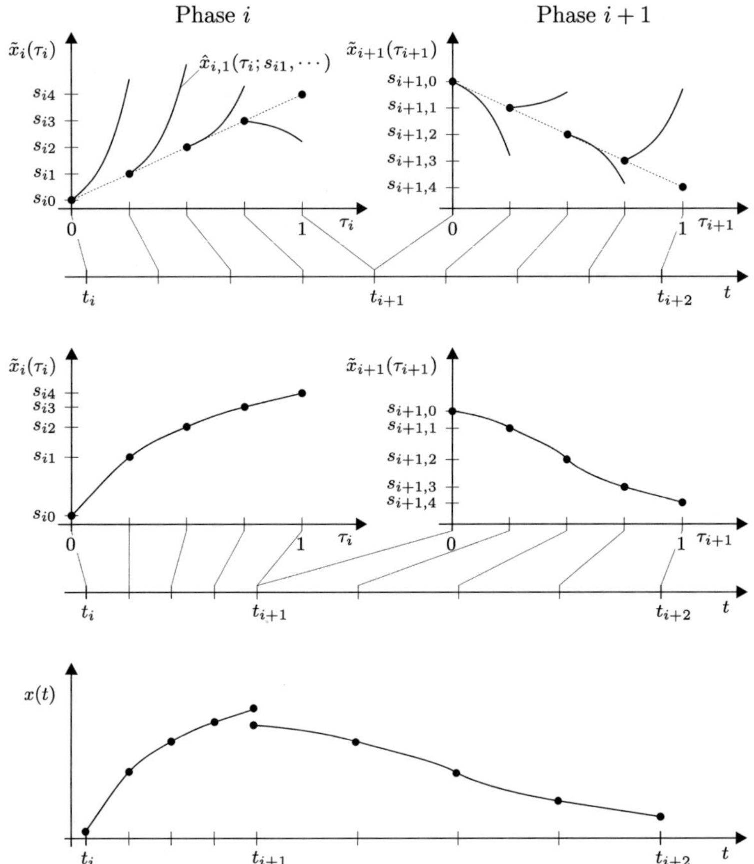

Abbildung 3.1: Veranschaulichung der direkten Mehrzielmethode anhand zweier aufeinander folgender Phasen (oben: Anfangstrajektorie durch lineare Interpolation bestimmt, Mitte: Lösungstrajektorie beider Phasen getrennt, unten: Lösungstrajektorie im Zeitbereich)

Diskretisierung der Pfadbeschränkungen

Zur Berücksichtigung der Pfadbeschränkungen im diskretisierten Problem wird gefordert, dass diese nur in den Diskretisierungsstellen erfüllt sein müssen. Dadurch erhält man die diskreten Pfadbeschränkungen

$$\underline{b}_i(\tau_{ij}, \underline{s}_{ij}, \underline{q}_{ij}, \underline{\tilde{p}}_i) \geq \underline{0} \quad , j = 0, \ldots, m_i \, , \; i = 0, \ldots, N \, .$$

Zwischen den Diskretisierungsstellen kann es zu Verletzungen der Beschränkungen kommen. Aufgrund der Stetigkeit der Zustandstrajektorie innerhalb einer Phase sind diese jedoch beschränkt. Eine striktere Einhaltung der Pfadbeschränkungen wird durch Erhöhung der Anzahl der Diskretisierungsintervalle einer Phase oder durch zusätzliche Auswertungen der Pfadbeschränkung innerhalb eines Diskretisierungsintervalls erzielt.

Das zeitdiskrete Optimalsteuerungsproblem

Die Optimierungsaufgabe nach Diskretisierung des Zustands- und Steuerungsverlaufs und der Pfadbeschränkungen lautet:

$$\min_{\{\underline{s}_{ij}\},\{\underline{q}_{ij}\},\{\tilde{p}_i\}} \left\{ \tilde{\Phi}(\underline{s}_{N,m_N},\tilde{\underline{p}}_N) := \Phi(t_{E,N},\underline{s}_{N,m_N},\underline{p}_N) \right\} \tag{3.14a}$$

unter den Nebenbedingungen:

$$\underline{s}_{00} - \underline{x}_A = \underline{0} \tag{3.14b}$$

$$\tilde{\underline{r}}_{g,0}(\underline{s}_{00},\tilde{\underline{p}}_0) = \underline{0} \tag{3.14c}$$

$$\tilde{\underline{r}}_{u,0}(\underline{s}_{00},\tilde{\underline{p}}_0) \geq \underline{0} \tag{3.14d}$$

$$\hat{\underline{x}}_{ij}(\tau_{i,j+1},\underline{s}_{ij},\underline{q}_{ij},\tilde{\underline{p}}_i) - \underline{s}_{i,j+1} = \underline{0} \quad , i = 0,\ldots,N \quad , j = 0,\ldots,m_i-1 \tag{3.14e}$$

$$\tilde{\underline{b}}_{ij}(\tau_{ij},\underline{s}_{ij},\underline{q}_{ij},\tilde{\underline{p}}_i) \geq \underline{0} \qquad\quad , i = 0,\ldots,N \quad , j = 0,\ldots,m_i-1 \tag{3.14f}$$

$$\tilde{\underline{f}}_{S,i}(\underline{s}_{i-1,m_i},\tilde{\underline{p}}_{i-1}) - \underline{s}_{i,0} = \underline{0} \qquad , i = 1,\ldots,N \tag{3.14g}$$

$$\tilde{\underline{r}}_{g,i}(\underline{s}_{i-1,m_{i-1}},\tilde{\underline{p}}_{i-1},\underline{s}_{i,0},\tilde{\underline{p}}_i) = \underline{0} \quad , i = 1,\ldots,N \tag{3.14h}$$

$$\tilde{\underline{r}}_{u,i}(\underline{s}_{i-1,m_{i-1}},\tilde{\underline{p}}_{i-1},\underline{s}_{i,0},\tilde{\underline{p}}_i) = \underline{0} \quad , i = 1,\ldots,N \tag{3.14i}$$

$$\tilde{\underline{r}}_{g,N+1}(\underline{s}_{N,m_N},\tilde{\underline{p}}_N) = \underline{0} \tag{3.14j}$$

$$\tilde{\underline{r}}_{u,N+1}(\underline{s}_{N,m_N},\tilde{\underline{p}}_N) \geq \underline{0} \tag{3.14k}$$

Die Nebenbedingungen dieser parametrischen Optimierungsaufgabe sind nur schwach miteinander verkoppelt. Die einzelnen Diskretisierungsintervalle sind einerseits durch die Kontinuitätsbedingungen und die Sprunggleichungen miteinander verknüpft. Zusätzlich herrscht eine Kopplung über die Phasenparameter.

Um die rekursive Struktur der Problemformulierung stärker auszuprägen, werden nun zusätzlich Variablen eingeführt, um die Phasenparameter zu *lokalisieren*: Es seien $\underline{p}_{ij} \in \mathbb{R}^{n_{p,i}}$ die Phasenparameter, von denen die Terme der (ij)-ten Diskretisierungsstelle abhängen. Für die Parametervektoren der einzelnen Diskretisierungsstellen gilt

$$\underline{p}_{ij} = \tilde{\underline{p}}_i$$
$$\text{und} \quad \underline{p}_{i,j+1} = \underline{p}_{ij} \quad \text{für} \quad i = 0,\ldots,N , \quad j = 0,\ldots,m_i-1 . \tag{3.15}$$

Unter nicht Berücksichtigung der Randbedingungen sind die $\underline{p}_{i0}$ Freiheitsgrade der Optimierung und die $\underline{p}_{i1},\ldots,\underline{p}_{i,m_i}$ abhängige Größen. Gleichung (3.15) besitzt die Gestalt einer diskreten Systemgleichung, wobei die lokalen Parametervektoren als Zustandsvariablen interpretiert werden können. Für die Vereinfachung der Darstellungen in den folgenden Abschnitten wird der erweiterte zeitdiskrete Zustands- und Steuerungsvektor

$$\underline{x}_{ij} := \begin{cases} \underline{s}_{i0} & \text{für } j = 0 \\ \begin{pmatrix} \underline{s}_{ij} \\ \underline{p}_{ij} \end{pmatrix} & \text{für } j \neq 0 \end{cases} \quad \text{und} \quad \underline{u}_{ij} := \begin{cases} \begin{pmatrix} \underline{q}_{00}^T & \underline{p}_{00}^T \end{pmatrix}^T & \text{für } i = j = 0 \\ \underline{p}_{i+1,0} & \text{für } j = m_i , \ i < N \\ \underline{q}_{ij} & \text{sonst} \end{cases}$$

eingeführt. Für den erweiterten Zustandsvektor wird die verallgemeinerte zeitdiskrete Systemfunktion

$$
\underline{F}_{ij}(\underline{x}_{ij}, \underline{u}_{ij}) := \begin{cases} \begin{pmatrix} \underline{\tilde{f}}_{S,i+1}(\underline{s}_{i,m_i}, \underline{p}_{i,m_i}) \\ \underline{p}_{i+1,0} \end{pmatrix} & \text{für } j = m_i \wedge i < N \\[2em] \begin{pmatrix} \underline{\hat{x}}_{ij}(\tau_{i,j+1}; \underline{s}_{ij}, \underline{q}_{ij}, \underline{p}_{ij}) \\ \underline{p}_{ij} \end{pmatrix} & \text{sonst} \end{cases}
$$

definiert, so dass die Kontinuitäts- und Sprunggleichungen die einheitliche Gestalt

$$
\underline{x}_{i,j+1} = \underline{F}_{ij}(\underline{x}_{ij}, \underline{u}_{ij}) \qquad , i = 0, \ldots, N \qquad , j = 0, \ldots, m_{i-1}
$$

$$
\underline{x}_{i+1,0} = \underline{F}_{i,m_i}(\underline{x}_{i,m_i}, \underline{u}_{i,m_i}) \, , \, i = 0, \ldots, N-1 \, , \, j = m_i
$$

annehmen. Auch die Pfadbeschränkungen und die Ungleichungsrandbedingungen

$$
\underline{c}_{ij}(\underline{x}_{ij}, \underline{u}_{ij}) := \begin{cases} \underline{\tilde{r}}_{u,0}(\underline{s}_{00}, \underline{p}_{00}) & \text{für } j = i = 0 \\ \underline{\tilde{r}}_{u,i+1}(\underline{s}_{i,m_i}, \underline{f}_{S,i+1}(\underline{s}_{i,m_i}, \underline{p}_{i,m_i}), \underline{p}_{i,m_i}, \underline{p}_{i+1,0}) & \text{für } j = m_i \wedge i < N \\ \underline{\tilde{r}}_{u,N+1}(\underline{s}_{N,m_N}, \underline{p}_{N,m_N}) & \text{für } j = m_N \wedge i = N \\ \underline{\tilde{b}}_{ij}(\underline{s}_{ij}, \underline{q}_{ij}, \underline{p}_{ij}) & \text{sonst} \end{cases}
$$

sowie die Gleichungsrandbedingungen

$$
\underline{d}_{ij}(\underline{x}_{ij}, \underline{u}_{ij}) := \begin{cases} \underline{\tilde{r}}_{g,0}(\underline{s}_{00}, \underline{p}_{00}) & \text{für } j = i = 0 \\ \underline{\tilde{r}}_{g,i+1}(\underline{s}_{i,m_i}, \underline{f}_{S,i+1}(\underline{s}_{i,m_i}, \underline{p}_{i,m_i}), \underline{p}_{i,m_i}, \underline{p}_{i+1,0}) & \text{für } j = m_i \wedge i < N \\ \underline{\tilde{r}}_{g,N+1}(\underline{s}_{N,m_N}, \underline{p}_{N,m_N}) & \text{für } j = m_N \wedge i = N \\ \varnothing & \text{sonst} \end{cases}
$$

werden durch die Funktionen $\underline{c}_{ij}$ und $\underline{d}_{ij}$ in eine gemeinsame Darstellung gebracht.

Die doppelte Indizierung, i für die Phase und j für den Index der Diskretisierungsstelle innerhalb einer Phase, erzeugt eine eindeutige Ordnung der Diskretisierungsstellen. Zur weiteren Vereinfachung der Darstellungen wird mit der Indexzuordnung

$$
k \leftarrow j + \sum_{\nu=1}^{i} m_{i-1}, \quad k = 0, \ldots, n
$$

eine einfache Indizierung der Komponenten des Optimierungsproblems eingeführt, wobei für die Gesamtzahl der Diskretisierungsintervalle $n = \sum_{i=0}^{N}(m_i + 1) - 1$ gilt. Die Optimierungsaufgabe (3.14) bekommt dadurch die Gestalt eines *nichtlinearen zeitdiskreten Optimalsteuerungsproblems* (NZOSP), welches wie folgt definiert ist:

Definition 3.1.2 (Nichtlineares zeitdiskretes Optimalsteuerungsproblem)

$$
\min_{\{\underline{x}_k\}, \{\underline{u}_k\}} \Phi(\underline{x}_n) \quad \text{u.Nb.:} \quad \begin{cases} \underline{x}_0 = \underline{x}_A \\ \underline{x}_{k+1} = \underline{F}_k(\underline{x}_k, \underline{u}_k) & , k = 0, \ldots, n-1 \\ \underline{d}_k(\underline{x}_k, \underline{u}_k) = \underline{0} & , k = 0, \ldots, n-1 \\ \underline{c}_k(\underline{x}_k, \underline{u}_k) \geq \underline{0} & , k = 0, \ldots, n-1 \\ \underline{d}_n(\underline{x}_n) = \underline{0} \\ \underline{c}_n(\underline{x}_n) \geq \underline{0} \end{cases} \tag{3.16}
$$

3.2 Nichtlineare Programmierung

Für die Behandlungen dieses Abschnitts werden die Größen des im vorigen Abschnitt diskretisierten Optimalsteuerungsproblems in einem Vektor $\underline{w} \in \mathbb{R}^{n_w}$ zu

$$\underline{w} := \left(\underline{x}_0^T, \underline{u}_0^T, \underline{x}_1^T, \ldots, \underline{u}_{n-1}^T, \underline{x}_n^T \right)^T$$

vereinigt. Die Gleichungs- und Ungleichungsbeschränkungen des NZOSPs (3.16) werden in den Vektorfunktionen $\underline{c} : \mathbb{R}^{n_w} \to \mathbb{R}^{n_c}$ und $\underline{d} : \mathbb{R}^{n_w} \to \mathbb{R}^{n_d}$, mit

$$\underline{c}(\underline{w}) := \begin{pmatrix} \underline{c}_0(\underline{x}_0, \underline{u}_0) \\ \vdots \\ \underline{c}_{n-1}(\underline{x}_{n-1}, \underline{u}_{n-1}) \\ \underline{c}_n(\underline{x}_n) \end{pmatrix} \quad \text{und} \quad \underline{d}(\underline{w}) := \begin{pmatrix} \underline{x}_0 - \underline{x}_A \\ \underline{F}_0(\underline{x}_0, \underline{u}_0) - \underline{x}_1 \\ \underline{d}_0(\underline{x}_k, \underline{u}_k) \\ \vdots \\ \underline{F}_{n-1}(\underline{x}_{n-1}, \underline{u}_{n-1}) - \underline{x}_n \\ \underline{d}_{n-1}(\underline{x}_{n-1}, \underline{u}_{n-1}) \\ \underline{d}_n(\underline{x}_n) \end{pmatrix},$$

zusammengefasst. Weiterhin wird für die Zielfunktion $J(\underline{w}) := \Phi(\underline{x}_n)$ eingeführt.

Damit erhält das zeitdiskrete Optimalsteuerungsproblem die Gestalt eines *Nichtlinearen Programms*, welches wie folgt definiert ist:

Definition 3.2.1 (Nichtlineares Programm NLP)

$$\min_{\underline{w} \in \mathbb{R}^{n_w}} J(\underline{w}) \tag{3.17a}$$

unter den Nebenbedingungen:
$$\underline{d}(\underline{w}) = \underline{0} \tag{3.17b}$$
$$\underline{c}(\underline{w}) \geq \underline{0} \tag{3.17c}$$

Für eine Einführung in Theorie und Methoden der Nichtlinearen Programmierung wird auf die Lehrbücher [Fle87] und [NW99] verwiesen. Die wichtigsten der in der vorliegenden Arbeit verwendeten Begriffe, Definitionen und Sätze der Nichtlinearen Programmierung sind außerdem in Anhang A.1 zusammengefasst.

In diesem Abschnitt werden zuerst Methoden zur Lösung konvexer und nichtkonvexer Quadratischer Programme vorgestellt. Diese Methoden bilden die Basis für die in Teilabschnitt 3.2.2 vorgestellte Sequentielle Quadratische Programmierung und für das neue Verfahren zur Lösung linearer zeitdiskreter Optimalsteuerungsprobleme in Abschnitt 3.3. Darauf im Anschluss werden in Teilabschnitt 3.2.2 die Methoden der SQP-Verfahren beschrieben. In Teilabschnitt 3.2.3 erfolgt dann die Vorstellung der in dieser Arbeit entwickelten SQP-Variante, welche in der Lage ist, eine quadratische Konvergenzrate zu erzielen und welche auch NLP näherungsweise lösen kann, deren zulässige Menge leer ist.

3.2.1 Lösung eines Quadratischen Programms

Ein wichtiger Spezialfall eines Nichtlinearen Programms ist das *Quadratische Programm* (QP). Es bildet nicht nur die Grundlage der Sequentiellen Quadratischen Programmierung, sondern viele praktische Problemstellungen können auch direkt durch ein QP beschrieben werden. So ist das in Abschnitt 3.3 behandelte lineare zeitdiskrete Optimalsteuerungsproblem ein Spezialfall eines Quadratischen Programms. In diesem Abschnitt erfolgt die Vorstellung der allgemeinen Methoden und Rechentechniken der Quadratischen Programmierung. Die numerische Effizienz der Verfahren steht dabei hier zunächst nicht im Fokus. Mit den Verfahren dieses Abschnitts als Rahmen wird dann in Abschnitt 3.3 für den Spezialfall des linearen ZOSPs ein leistungsfähiges Lösungsverfahren entwickelt. Hier ist zunächst ein allgemeines QP Gegenstand der Betrachtung, das wie folgt definiert ist:

Definition 3.2.2 (Quadratisches Programm QP)

$$
\min_{\Delta \underline{w} \, \in \, \mathbb{R}^{n_w}} \left\{ J_{\mathrm{QP}}(\Delta \underline{w}) = \frac{1}{2} \Delta \underline{w}^T \underline{H} \Delta \underline{w} + \underline{g}^T \Delta \underline{w} \right\} \tag{3.18a}
$$

$$
\text{unter den Nebenbedingungen:} \qquad \underline{D} \Delta \underline{w} + \underline{d} = 0 \tag{3.18b}
$$

$$
\underline{C} \Delta \underline{w} + \underline{c} \geq 0 \tag{3.18c}
$$

Kennzeichnend für ein Quadratisches Programm sind eine quadratische Form als Zielfunktion sowie lineare Gleichungs- und Ungleichungsbeschränkungen als Nebenbedingungen. Die quadratische Form wird aus der symmetrischen Hesse-Matrix $\underline{H} \in \mathbb{R}^{n_w \times n_w}$ und dem Gradientenvektor im Ursprung $\underline{g} \in \mathbb{R}^{n_w}$ gebildet. Die Nebenbedingungen sind durch die Matrizen $\underline{D} \in \mathbb{R}^{n_d \times n_w}$ und $\underline{C} \in \mathbb{R}^{n_c \times n_w}$ sowie die in diesem Abschnitt konstanten Vektoren $\underline{d} \in \mathbb{R}^{n_d}$ und $\underline{c} \in \mathbb{R}^{n_c}$ festgelegt. Zur Vorbereitung auf die Behandlung der SQP-Verfahren wurde in (3.18) bereits der Zielvektor $\Delta \underline{w} \in \mathbb{R}^{n_w}$ anstatt $\underline{w}$ gewählt.

Anhand der Eigenwerte der Hesse-Matrix $\underline{H}$ werden Quadratische Programme weiter klassifiziert. Ist $\underline{H}$ positiv definit, so ist die Zielfunktion streng konvex. Da lineare Nebenbedingungen stets ein konvexes Gebiet einschließen, handelt es sich dann um eine streng konvexe Optimierungsaufgabe, so dass man von einem *streng konvexen Quadratischen Programm* spricht. Nach Satz A.1.1 besitzt eine solche Optimierungsaufgabe nur ein lokales Minimum, welches gleichzeitig auch globales Minimum ist. Ist $\underline{H}$ positiv semidefinit, dann ist mindestens ein Eigenwert von $\underline{H}$ gleich Null. Das QP ist dann noch konvex, jedoch nicht mehr streng konvex. Ein nur konvexes QP kann eines der folgenden drei Eigenschaften besitzen:

1. Das QP besitzt genau ein globales Minimum

2. Es gibt unendlich viele Lösungen, deren Zielfunktionswerte gleich dem globalen Minimalwert sind

3. Es gibt keine Lösung, da die Zielfunktion nach unten unbeschränkt ist

Besitzt die Hesse-Matrix $\underline{H}$ auch negative Eigenwerte, dann spricht man von einem *nichtkonvexen Quadratischen Programm*. Neben den drei Möglichkeiten des konvexen QPs besteht beim nichtkonvexen noch die zusätzliche Möglichkeit, dass lokale Minima existieren, deren Zielfunktionswerte größer als der des globalen Optimums sind. Das Auffinden eines globalen Optimums für ein nichtkonvexes QP ist eine NP-schwere Aufgabe. In dieser Arbeit wird daher stets nur versucht, eine lokale Lösung eines nichtkonvexen QPs zu finden.

Nach Einführung der Lagrange-Multiplikatoren $\hat{\underline{\lambda}}$ für die Gleichungs- und $\hat{\underline{\eta}}$ für die Ungleichungsnebenbedingung lautet die Lagrange-Funktion (Definition A.1.1) für das QP (3.18)

$$L_{\mathrm{QP}}(\Delta\underline{w}, \hat{\underline{\lambda}}, \hat{\underline{\eta}}) = \frac{1}{2}\Delta\underline{w}^T \underline{H}\Delta\underline{w} + \underline{g}^T\Delta\underline{w} - \hat{\underline{\lambda}}^T(\underline{D}\Delta\underline{w} + \underline{d}) - \hat{\underline{\eta}}^T(\underline{C}\Delta\underline{w} + \underline{c})\,.$$

Mit ihr lauten die, nach ihren Entdeckern auch als *Karush-Kuhn-Tucker-Bedingungen (KKT-Bedingungen)* bezeichneten, notwendigen Optimalitätsbedingungen erster Ordnung für eine lokale Lösung $(\Delta\underline{w}^*, \hat{\underline{\lambda}}^*, \hat{\underline{\eta}}^*)$ des QPs (siehe Anhang Satz A.1.3):

$$\underline{H}\Delta\underline{w}^* + \underline{g} - \underline{D}^T\hat{\underline{\lambda}}^* - \underline{C}^T\hat{\underline{\eta}}^* = \underline{0} \tag{3.19a}$$

$$\underline{D}\Delta\underline{w}^* + \underline{d} = \underline{0} \tag{3.19b}$$

$$\underline{C}\Delta\underline{w}^* + \underline{c} \geq \underline{0} \tag{3.19c}$$

$$[\hat{\underline{\eta}}^*]_i \geq 0 \qquad\qquad , i = 1, \ldots, n_c \tag{3.19d}$$

$$\left([\underline{C}]_i'\Delta\underline{w}^* + [\underline{c}]_i\right) \cdot [\hat{\underline{\eta}}^*]_i = 0 \qquad , i = 1, \ldots, n_c\,. \tag{3.19e}$$

Aus diesen kann die Lösung aufgrund der Ungleichungen (3.19c) und (3.19d) sowie der nichtlinearen Gleichungen (3.19e) nicht direkt berechnet werden. Bei einem nur durch Gleichungen beschränkten Quadratischen Programm (GQP) vereinfachen sich die Karush-Kuhn-Tucker-Bedingungen zu einem linearen Gleichungssystem aus (3.19a) und (3.19b), welches mit den Methoden der Linearen Algebra gelöst werden kann. Die Lösung gleichungsbeschränkter Quadratischer Programme bildet die Grundlage für die Lösung allgemein beschränkter Quadratischer Programme. Wie ein gleichungsbeschränktes QP numerisch stabil gelöst werden kann, wird nun behandelt.

Lösung eines gleichungsbeschränkten streng konvexen QPs

Ein gleichungsbeschränktes Quadratisches Programm hat die Formulierung

$$\min_{\Delta\underline{w}\in\mathbb{R}^{n_w}} \frac{1}{2}\Delta\underline{w}^T \underline{H}\Delta\underline{w} + \underline{g}^T\Delta\underline{w} \quad \text{u.Nb.:} \quad \underline{D}\Delta\underline{w} + \underline{d} = \underline{0}\,. \tag{3.20}$$

Es wird angenommen, dass die Jacobi-Matrix $\underline{D}$ der Beschränkung vollen Rang n_d besitzt und $n_d < n_w$ gilt. Andernfalls ist die zulässige Menge leer ($n_d > n_w$), eine Zeile der Beschränkungsgleichung ist redundant oder $\Delta\underline{w}$ ist bereits durch die Beschränkung vollständig bestimmt ($n_d = n_w$). Ist $n_d < n_w$, sind manche der Komponenten des Zielvektors $\Delta\underline{w}$ festgelegt, die restlichen sind noch zur Reduktion des Zielfunktionswerts frei wählbar.

Die Aufteilung des Zielvektors $\Delta\underline{w}$ in einen Vektor abhängiger $\Delta\underline{w}_y$ und unabhängiger Größen $\Delta\underline{w}_z$ ist die Grundlage des *Nullraumverfahrens*. Dabei wird $\Delta\underline{w}$ durch

$$\Delta\underline{w} = \underline{Y}\Delta\underline{w}_y + \underline{N}\Delta\underline{w}_z \tag{3.21}$$

festgelegt. Die Matrizen werden so gewählt, dass das Produkt $\underline{D}\underline{Y}$ von $\underline{D}$ mit der sog.

Bildraummatrix $\underline{Y} \in \mathbb{R}^{n_w \times n_d}$ vollen Rang besitzt und die sog. *Nullraummatrix* $\underline{N} \in \mathbb{R}^{n_w \times (n_w - n_d)}$ die Gleichung $\underline{D}\,\underline{N} = \underline{0}$ erfüllt.

Eine numerisch stabile Möglichkeit, die Matrizen $\underline{Y}$ und $\underline{N}$ zu berechnen, liefert das QR-Verfahren (siehe [NW99]), welches auch in Abschnitt 3.3.2 Anwendung findet. Dabei wird $\underline{D}^T$ in das Produkt

$$\underline{D}^T = \underline{Q} \begin{pmatrix} R \\ \underline{0} \end{pmatrix}$$

einer unitätren [1] Matrix Q und einer regulären oberen Dreiecksmatrix $\underline{R}$ zerlegt. Die Matrizen $\underline{Y}$ und $\underline{N}$ werden dann zu $\begin{pmatrix} \underline{Y} & \underline{N} \end{pmatrix} := Q$ aus den Spalten von Q aufgebaut. Da hier $\underline{Y}$ und $\underline{N}$ mit Hilfe der QR-Zerlegung berechnet werden, gilt

$$\underline{Y}^T \underline{Y} = \underline{I} \,, \quad \underline{N}^T \underline{Y} = \underline{0} \,, \quad \underline{N}^T \underline{N} = \underline{I} \quad \text{und} \quad \underline{D}\,\underline{Y} = \underline{R}^T \,.$$

Über die Nullraumzerlegung (3.21) erfolgt nun die Lösung von (3.20). Dafür wird (3.21) zuerst in die Beschränkungsgleichung eingesetzt

$$\underbrace{\underline{D}\,\underline{Y}}_{=\underline{R}^T} \Delta\underline{w}_y + \underbrace{\underline{D}\,\underline{N}}_{=\underline{0}} \Delta\underline{w}_z + \underline{d} = \underline{0} \quad \Rightarrow \quad \Delta\underline{w}_y^* = -(\underline{R}^T)^{-1}\underline{d} \tag{3.22}$$

und der optimale abhängige Vektor $\Delta\underline{w}_y^*$ berechnet. Ersetzen von $\Delta\underline{w}$ durch (3.21) in der Zielfunktion ergibt zusammen mit (3.22)

$$\min_{\Delta\underline{w}_z \in \mathbb{R}^{n_{w,z}}} \underbrace{\frac{1}{2}\Delta\underline{w}_z^T \tilde{\underline{H}} \Delta\underline{w}_z + \tilde{\underline{g}}^T \Delta\underline{w}_z + \pi}_{= \tilde{J}_{\text{GQP}}(\Delta\underline{w}_z)} ,$$

mit

$$\tilde{\underline{H}} := \underline{N}^T \underline{H}\,\underline{N} \qquad \tilde{\underline{g}} := \underline{N}^T \underline{g} - \underline{d}^T \underline{R}^{-1} \underline{Y}^T \underline{H}\,\underline{N} \qquad \pi := \frac{1}{2}\underline{d}^T \underline{R}^{-1} \underline{Y}^T \underline{H}\,\underline{Y}\,\underline{R}^{-T}\underline{d} ,$$

ein unbeschränktes Quadratische Programm in den noch freien Variablen $\Delta\underline{w}_z$. Die Matrix $\tilde{\underline{H}} \in \mathbb{R}^{(n_{w,z} \times n_{w,z})}$ wird *reduzierte Hesse-Matrix*, der Vektor $\tilde{\underline{g}}$ *reduzierter Gradient* genannt.

Es wird nun angenommen, die reduzierte Hesse-Matrix sei positiv definit. Auf den allgemeinen Fall wird bei der Behandlung nichtkonvexer Quadratische Programme eingegangen. Ist $\tilde{\underline{H}}$ positiv definit, berechnet sich $\Delta\underline{w}_z^*$ durch die notwendige Optimalitätsbedingung zu

$$\nabla_{\Delta\underline{w}} \tilde{J}_{\text{GQP}}(\Delta\underline{w}^*) \overset{!}{=} \underline{0} \quad \Rightarrow \quad \Delta\underline{w}_z^* = -\tilde{\underline{H}}^{-1}\tilde{\underline{g}} \,. \tag{3.23}$$

Durch einsetzten von $\Delta\underline{w}_y^*$ und $\Delta\underline{w}_z^*$ in (3.21) erhält man die Lösung des GQPs:

$$\Delta\underline{w}^* = -\underline{Y}\,\underline{R}^{-T}\underline{d} - \underline{N}\,\tilde{\underline{H}}^{-1}\tilde{\underline{g}} \,. \tag{3.24}$$

Da hier $\tilde{\underline{H}}$ positiv definit ist, ist auch die hinreichende Optimalitätsbedingung zweiter Ordnung (Satz A.1.4) in $\Delta\underline{w}^*$ erfüllt und damit $\Delta\underline{w}^*$ globales Optimum des GQPs.

---

[1] Eine unitäre Matrix Q ist quadratisch. Die Spaltenvektoren q_i von Q sind normiert und orthogonal zueinander. Damit gilt $\underline{Q}^T \underline{Q} = \underline{I}$.

Aktive-Menge-Verfahren für streng konvexe Quadratische Programme

Soeben wurde ein Verfahren vorgestellt, welches ein streng konvexes Quadratisches Programm, das nur durch Gleichungen beschränkt ist, mit Hilfe der Methoden der Linearen Algebra löst. Die Lösung eines allgemein beschränkten QPs könnte auch direkt durch dieses Verfahren erfolgen, wenn die Aktive-Menge[2] im Lösungspunkt $\mathcal{A}(\Delta \underline{w}^*)$ vorab bekannt wäre. Die aktiven Ungleichungsbeschränkungen würden dann zu Gleichungen und die inaktiven müssten nicht beachtet werden.

In der Regel ist die Aktive-Menge im Lösungspunkt $\mathcal{A}(\Delta \underline{w}^*)$ vorab nicht bekannt. Das sog. *Aktive-Menge-Verfahren* bestimmt sie deshalb im Zuge des Lösungsverfahrens iterativ. Kern dieser Methode ist die *Arbeitsmenge* $\mathcal{W}^{(\nu)}$. Sie ist eine Untermenge $\mathcal{W}^{(\nu)} \subseteq \mathcal{A}(\Delta \underline{w}^{(\nu)})$ der Indizes der im ν-ten Iterationspunkt $\Delta \underline{w}^{(\nu)}$ aktiven Ungleichungsbeschränkungen. Für $\mathcal{W}^{(\nu)}$ wird gefordert, dass die Gradienten $[\underline{C}]'_i$ der Ungleichungsbeschränkungen für alle $i \in \mathcal{W}^{(\nu)}$ und die Gradienten $[\underline{D}]'_i$, mit $i = 1, \ldots, n_d$, der Gleichungsbeschränkungen linear unabhängig sein sollen. Man bezeichnet $\mathcal{W}^{(\nu)}$ deshalb auch als eine linear unabhängige Untermenge von $\mathcal{A}(\Delta \underline{w}^{(\nu)})$. Hier bezeichnet $[\underline{A}]'_i$ die i-te Zeile und $[\underline{A}]_j$ die j-te Spalte einer Matrix $\underline{A}$. Ist der Index i ein Element der Arbeitsmenge, dann wird in der weiteren Folge die Terminologie verwendet, dass die i-te Zeile der Ungleichungsbeschränkungen (3.18c) in $\mathcal{W}^{(\nu)}$ enthalten ist, auch wenn es eigentlich ihr Zeilenindex ist.

Das Aktive-Menge-Verfahren beginnt mit einem zulässigen Startpunkt $\Delta \underline{w}^{(0)}$ und einer initialen Arbeitsmenge $\mathcal{W}^{(0)} \subseteq \mathcal{A}(\Delta \underline{w}^{(0)})$ Ausgehend von $\Delta \underline{w}^{(0)}$ bestimmt das Verfahren eine Folge zulässiger Iterationspunkte $\Delta \underline{w}^{(\nu)}$. Der Folgeiterationspunkt $\Delta \underline{w}^{(\nu+1)}$ wird dabei durch

$$\Delta \underline{w}^{(\nu+1)} = \Delta \underline{w}^{(\nu)} + \alpha^{(\nu)} \delta \underline{w}^* \tag{3.25}$$

aus dem aktuellen Iterationspunkt $\Delta \underline{w}^{(\nu)}$, einer Suchrichtung $\delta \underline{w}^* \in \mathbb{R}^{n_w}$ und einer Schrittweite $\alpha^{(\nu)} \in [0, 1]$ berechnet.

In jeder Iteration wird $\mathcal{W}^{(\nu)}$ als Kandidat für die Aktive-Menge im Lösungspunkt $\mathcal{A}(\Delta \underline{w}^*)$ aufgefasst. Aus (3.18) wird dann ein nur gleichungsbeschränktes Quadratisches Programm abgeleitet, bei dem diejenigen Ungleichungsbeschränkungen aus (3.18c), welche in der Arbeitsmenge enthalten sind, als Gleichungsbeschränkungen gesetzt und die übrigen Ungleichungen zunächst außer Acht gelassen werden. Die so gebildete Gleichungsnebenbedingung lautet

$$\underbrace{\begin{pmatrix} \underline{D} \\ [\underline{C}]'_{\forall i | i \in \mathcal{W}^{(\nu)}} \end{pmatrix}}_{=:\ \tilde{D}^{(\nu)}} \Delta \underline{w} + \underbrace{\begin{pmatrix} \underline{d} \\ [\underline{c}]_{\forall i | i \in \mathcal{W}^{(\nu)}} \end{pmatrix}}_{=:\ \tilde{d}^{(\nu)}} = \underline{0}. \tag{3.26}$$

Da der aktuelle Iterationspunkt zulässig ist und Ungleichungen der Arbeitsmenge in ihm exakt erfüllt sind, erfüllt er das Gleichungssystem (3.26). Wird in (3.26) $\Delta \underline{w}$ durch $\Delta \underline{w} = \Delta \underline{w}^{(\nu)} + \delta \underline{w}$ ersetzt, vereinfacht sich die Nebenbedingung daher zu

$$\tilde{D}^{(\nu)}(\Delta \underline{w}^{(\nu)} + \delta \underline{w}) + \tilde{\underline{d}} = \tilde{D}^{(\nu)}\delta \underline{w} + \underbrace{\tilde{D}^{(\nu)}\Delta \underline{w}^{(\nu)} + \tilde{\underline{d}}^{(\nu)}}_{=\,0} = \tilde{D}^{(\nu)}\delta \underline{w} = 0, \tag{3.27}$$

---

[2]Die Indexmenge der Komponenten der Ungleichungsnebenbedingung, welche in einem Punkt mit Gleichheit zu Null erfüllt werden (siehe Definition A.1.5)

also einem homogenen Gleichungssystem. Dieselbe Ersetzung in der Zielfunktion liefert

$$J_{\mathrm{QP}}(\Delta \underline{w}^{(\nu)} + \delta \underline{w}) = \frac{1}{2} \delta \underline{w}^T \underline{H} \delta \underline{w} + (\underline{g}^{(\nu)})^T \delta \underline{w} + \pi^{(\nu)} \qquad (3.28)$$

mit

$$\underline{g}^{(\nu)} := \underline{H} \Delta \underline{w}^{(\nu)} + \underline{g} \quad \text{und} \quad \pi^{(\nu)} := J_{\mathrm{QP}}(\Delta \underline{w}^{(\nu)}) = \frac{1}{2} (\Delta \underline{w}^{(\nu)})^T \underline{H} \Delta \underline{w}^{(\nu)} + \underline{g}^T \Delta \underline{w}^{(\nu)}.$$

Da ein Weglassen des konstanten Anteils $\pi^{(\nu)}$ der Zielfunktion den Lösungspunkt nicht ändert, wird zur Verkürzung der Schreibweise die Zielfunktion

$$\delta J_{\mathrm{QP}}(\delta \underline{w}) := J_{\mathrm{QP}}(\Delta \underline{w}^{(\nu)} + \delta \underline{w}) - J_{\mathrm{QP}}(\Delta \underline{w}^{(\nu)}) = \frac{1}{2} \delta \underline{w}^T \underline{H} \delta \underline{w} + (\underline{g}^{(\nu)})^T \delta \underline{w} \qquad (3.29)$$

eingeführt, welche die durch $\delta \underline{w}$ erreichte Zielfunktionsänderung angibt. Die Suchrichtung $\delta \underline{w}^*$ wird nun als Lösung des folgenden im aktuellen Iterationspunkt $\Delta \underline{w}^{(\nu)}$ gebildeten gleichungsbeschränkten Quadratischen Programms GQP$^{(\nu)}$ bestimmt:

GQP$^{(\nu)}$:

$$\min_{\delta \underline{w} \in \mathbb{R}^{n_w}} \frac{1}{2} \delta \underline{w}^T \underline{H} \delta \underline{w} + (\underline{g}^{(\nu)})^T \delta \underline{w} \quad \text{u. Nb.:} \quad \tilde{\underline{D}}^{(\nu)} \delta \underline{w} = \underline{0}. \qquad (3.30)$$

Die Lösung

$$\delta \underline{w}^* = -\underline{N}(\underline{N}^T \underline{H} \underline{N})^{-1} \underline{N}^T \underline{g}^{(\nu)} \qquad (3.31)$$

wird durch das bereits beschriebene Nullraumverfahren berechnet. Mit ihr als Suchrichtung wird nun der Schritt (3.25) durchgeführt. Ersetzt man $\delta \underline{w}$ in (3.29) durch $\alpha \delta \underline{w}^*$ erhält man die Zielfunktionsänderung

$$\delta J_{\mathrm{QP}}^{(\nu)}(\alpha \delta \underline{w}^*) = \frac{1}{2} \underbrace{(\underline{g}^{(\nu)})^T \underline{N}(\underline{N}^T \underline{H} \underline{N})^{-1} \underline{N}^T \underline{g}^{(\nu)}}_{\geq\, 0,\ \text{da } \tilde{\underline{H}} \text{ positiv definit ist}} \left((\alpha - 1)^2 - 1\right) \leq 0.$$

Diese ist negativ, sofern der reduzierte Gradient $\underline{N}^T \underline{g}^{(\nu)} \neq \underline{0}$ ist und die Schrittweite $\alpha \in (0, 1]$ gewählt wird, wobei für den vollen Schritt $\alpha = 1$ die maximale Reduktion erzielt wird.

Da bei der Berechnung von $\delta \underline{w}^*$ Ungleichungsbeschränkungen, welche nicht in der Arbeitsmenge enthalten sind, außer Acht gelassen wurden, ist es möglich, dass der volle Schritt $\Delta \underline{w}^{(\nu)} + \delta \underline{w}^*$ eine von ihnen verletzt. Die Schrittweite $\alpha^{(\nu)}$ wird daher als die maximale Schrittweite aus dem Intervall $[0, 1]$ gewählt, so dass der durch (3.25) festgelegt Folgeiterationspunkt gerade noch zulässig ist. Dafür wird von $\Delta \underline{w}^{(\nu)}$ in Richtung $\delta \underline{w}^*$ so weit entlang gegangen, bis eine bisher inaktive Beschränkung aktiv wird. Die Formel für die maximale Schrittweite $\alpha^{(\nu)}$ lautet

$$\alpha^{(\nu)} = \min\left\{1, \min_{\left\{i \,\notin\, \mathcal{W}^{(\nu)} \,\middle|\, [\underline{C}]_i' \delta \underline{w}^* < 0\right\}} -\frac{[\underline{C}]_i' \Delta \underline{w}^{(\nu)} + [\underline{c}]_i}{[\underline{C}]_i' \delta \underline{w}^*}\right\}. \qquad (3.32)$$

Ist der volle Schritt $\alpha^{(\nu)} = 1$ nicht möglich, dann sei i_{B} der Index der Ungleichung, welche in (3.32) die Schrittweite $\alpha^{(\nu)} < 1$ bestimmt. Für den durch (3.25) festgelegten Folgeiterationspunkt $\Delta \underline{w}^{(\nu+1)}$ gilt dann

$$[\underline{C}]'_{i_\mathrm{B}} \Delta \underline{w}^{(\nu+1)} + [\underline{c}]_{i_\mathrm{B}} = 0\,.$$

Der Index i_B wird zur Arbeitsmenge $\mathcal{W}^{(\nu+1)} = \mathcal{W}^{(\nu)} \cup \{i_\mathrm{B}\}$ der Folgeiteration hinzugefügt.

In der Folge der Iterationen werden Beschränkungen der Arbeitsmenge zugefügt, bis der volle Schritt ($\alpha^{(\nu)} = 1$) zulässig ist. Es wird dann keine weitere Beschränkung der Arbeitsmenge hinzugefügt. In diesem Fall ist es möglich, dass eine weitere Reduktion der Zielfunktion erreicht werden kann, wenn eine Beschränkung aus der Arbeitsmenge wieder entfernt wird. Welche der Ungleichungen hierfür in Frage kommt, wird anhand der Lagrange-Multiplikatoren der Ungleichungsbeschränkungen der Arbeitsmenge entschieden. Das Vorzeichen des Lagrange-Multiplikators einer Ungleichungsbeschränkung gibt an, wie sich der Wert der Zielfunktion ändert, wenn man sich von der Beschränkung in Richtung des zulässigen Gebiets bewegt (siehe Anhang A.1).

Es sei der Iterationspunkt $\Delta \underline{w}^{(\nu+1)}$ optimal bezüglich der Arbeitsmenge $\mathcal{W}^{(\nu)}$ (die Schrittweitensteuerung ergab also $\alpha^{(\nu)} = 1$), so dass man bei unveränderter Arbeitsmenge für die Suchrichtung $\delta \underline{w}^{(\nu+1)} = \underline{0}$ erhalten würde. Mit dem Lagrange-Multiplikator $\tilde{\underline{\lambda}}$ der zusammengesetzten Gleichungsnebenbedingung liefert dann die erste KKT-Bedingung:

$$\underline{g}^{(\nu+1)} - (\tilde{\underline{D}}^{(\nu)})^T \tilde{\underline{\lambda}} = \underline{0}\,. \tag{3.33}$$

Durch Linksmultiplikation dieser Gleichung mit der Bildmatrix $\underline{Y}^T$ von $\tilde{\underline{D}}^{(\nu)}$ und Auflösen nach $\tilde{\underline{\lambda}}$ erhält man

$$\tilde{\underline{\lambda}} = \underline{R}^{-1} \underline{g}^{(\nu+1)}\,. \tag{3.34}$$

Die ersten n_d Komponenten von $\tilde{\underline{\lambda}}$ entsprechen den Multiplikatoren der ursprünglichen Gleichungsbeschränkungen $\hat{\underline{\lambda}}^{(\nu+1)}$ im Iterationspunkt $\Delta \underline{w}^{(\nu+1)}$, die restlichen Komponenten entsprechen den Multiplikatoren der Ungleichungsbeschränkungen der Arbeitsmenge $\mathcal{W}^{(\nu)}$, aus denen zusammen mit (3.19e) der Multiplikator $\hat{\underline{\eta}}^{(\nu+1)}$ zusammengesetzt wird.

Ein Multiplikator $[\hat{\underline{\eta}}^{(\nu+1)}]_i$ mit $[\hat{\underline{\eta}}^{(\nu+1)}]_i < 0$ zeigt an, dass nach Entfernen des Index i aus der Arbeitsmenge eine Bewegung ins zulässige Gebiet berechnet werden kann, welche den Zielfunktionswert weiter reduziert. In dieser Arbeit wird die Beschränkung mit dem Index

$$i_\mathrm{D} = \operatorname*{arg\,min}_{\{i \in \mathcal{W}^{(\nu)} \,|\, [\hat{\underline{\eta}}^{(\nu+1)}]_i < 0\}} [\hat{\underline{\eta}}^{(\nu+1)}]_i$$

gewählt und $\mathcal{W}^{(\nu+1)} = \mathcal{W}^{(\nu)} \setminus \{i_\mathrm{D}\}$ gesetzt. Sind die Multiplikatoren $[\hat{\underline{\eta}}^{(\nu+1)}]_i$ mit $i \in \mathcal{W}^{(\nu)}$ allesamt nicht negativ, dann ist $\Delta \underline{w}^* = \Delta \underline{w}^{(\nu+1)}$ die Lösung von (3.18). In Abbildung 3.2 ist der Ablauf des Aktive-Menge-Verfahrens für streng konvexe Quadratische Programme nochmals zusammengefasst.

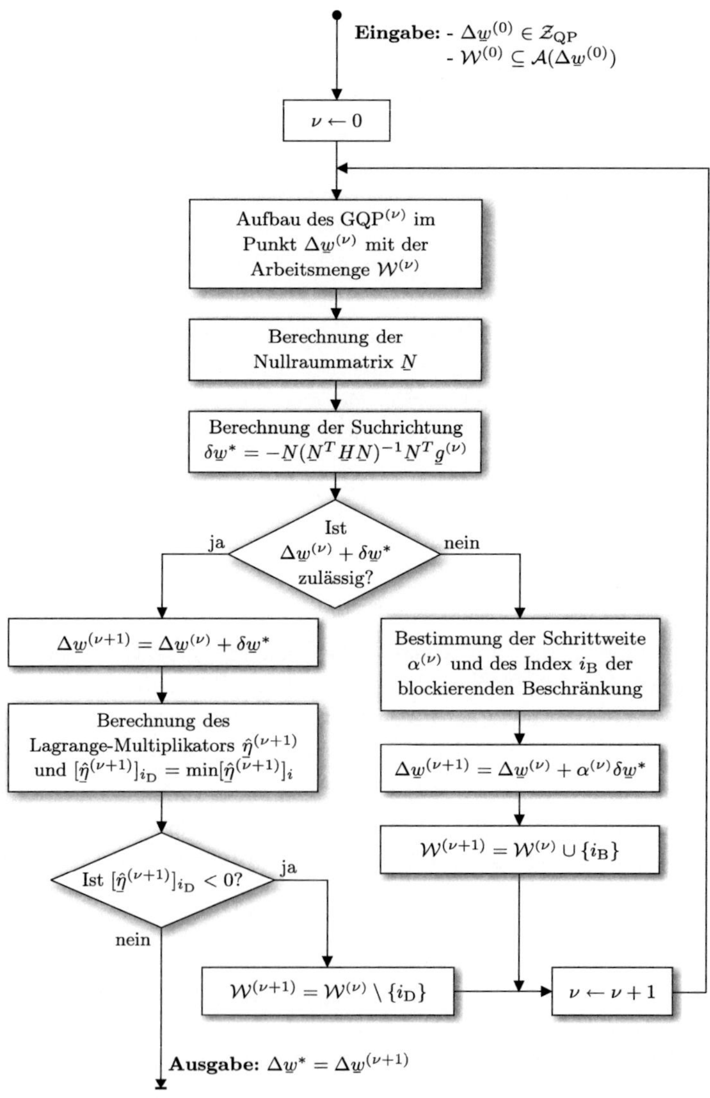

Abbildung 3.2: Ablaufdiagramm des Aktive-Menge-Verfahrens für die Lösung streng konvexer Quadratischer Programme

Erweiterung für nichtkonvexe Quadratische Programme

Das soeben vorgestellte Lösungsverfahren für streng konvexe Quadratische Programme setzt voraus, dass in jeder Iteration die reduzierte Hesse-Matrix $\tilde{H}$ positiv definit ist. Ist die Matrix $\tilde{H}$ positiv semidefinit, so ist sie gleichzeitig singulär. Die Berechnung der Nullraumkomponente der Suchrichtung kann dann nicht durch (3.31) erfolgen, da die Inverse $\tilde{H}^{-1}$ in diesem Fall nicht existiert. Besitz $\tilde{H}$ auch negative Eigenwerte, ist es zwar eventuell möglich, Ausdruck (3.31) zu berechnen, das Ergebnis $\delta\underline{w}^*$ ist dann aber ein Sattelpunkt oder gar ein Maximum des GQPs. Die Suchrichtung bei einer nicht positiv definiten reduzierten Hesse-Matrix auf die zuvor beschriebene Weise zu ermitteln, ist also nicht möglich.

Nun wird gezeigt, wie bei einer indefiniten Matrix $\tilde{H}$ eine Suchrichtung berechnet wird, so dass das Aktive-Menge-Verfahren des vorigen Abschnitts nur wenig modifiziert werden muss, um auch nichtkonvexe Quadratische Programme lösen zu können. Für die weiteren Behandlungen werden die folgenden Terminologien eingeführt: Der Vektor

$$\delta\underline{w} \neq \underline{0} \text{ ist eine Richtung} \begin{cases} \textit{positiver Krümmung} & \text{, wenn } \delta\underline{w}^T\underline{H}\delta\underline{w} > 0 \\ \textit{negativer Krümmung} & \text{, wenn } \delta\underline{w}^T\underline{H}\delta\underline{w} < 0 \\ \textit{ohne Krümmung} & \text{, wenn } \delta\underline{w}^T\underline{H}\delta\underline{w} = 0 \end{cases}$$

gilt. Das Aktive-Menge-Verfahren für streng konvexe Quadratische Programme berechnet stets Abstiegsrichtungen, welche Richtungen positiver Krümmung sind. Bei einer nicht positiv definiten reduzierten Hesse-Matrix existieren Richtungen ohne oder mit negativer Krümmung. Solche Richtungen können *Richtungen unendlichen Abstiegs* $\delta\underline{w}_\infty$ sein. Für eine solche Richtung gilt

$$\delta J_{\mathrm{QP}}^{(\nu)}(\alpha\delta\underline{w}_\infty) \xrightarrow{\alpha\to\infty} -\infty \,. \tag{3.35}$$

Das folgende Beispiel veranschaulicht die Besonderheiten eines nichtkonvexen QPs:

Beispiel 3.2.1 (Nichtkonvexes Quadratisches Programm)
In Abbildung 3.3 ist der Verlauf der Zielfunktion eines nichtkonvexen QPs dargestellt. Diese ist nur von einer Variablen Δw abhängig, welche durch $\Delta w_{\min} \leq \Delta w \leq \Delta w_{\max}$ eingeschränkt ist. Die Krümmung von $J_{\mathrm{QP}}(\Delta w)$ ist negativ, so dass die Zielfunktion eine nach unten geöffnete Parabel darstellt. In den Punkten Δw_1, Δw_2 und Δw_3 sind die KKT-Bedingungen erfüllt. Der Punkt Δw_3 ist das globale Maximum, er erfüllt nicht die notwen-

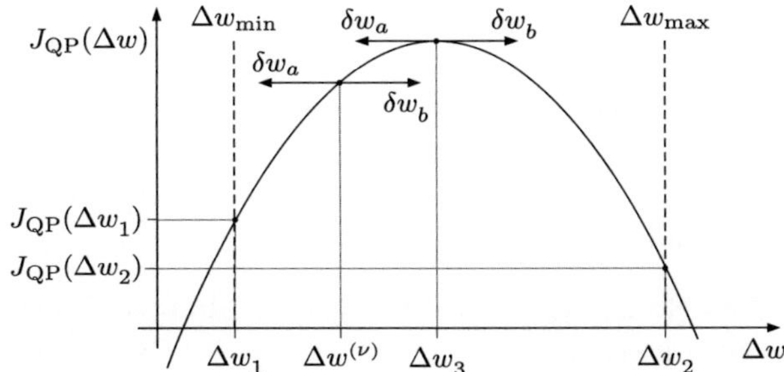

Abbildung 3.3: Beispiel für ein nichtkonvexes Quadratisches Programm

dige Optimalitätsbedingung 2. Ordnung. Alleine anhand der KKT-Bedingungen kann die Lösung eines nichtkonvexen QPs also nicht berechnet werden. An den Rändern $\Delta w_1 = \Delta w_{\min}$ und $\Delta w_2 = \Delta w_{\max}$ liegen lokale Minima. In diesen Punkten wird die hinreichende Optimalitätsbedingung 2. Ordnung erfüllt. Die reduzierte Hesse-Matrix verschwindet in diesen Punkten, sie ist dann definitionsgemäß positiv definit. Die lokale Minimallösung Δw_2 ist auch die globale Lösung des Problems. Betrachtet wird nun der Punkt $\Delta w^{(\nu)}$, in dem keine der Beschränkung aktiv ist. Vom Punkt $\Delta w^{(\nu)}$ aus sind die Richtungen $\delta w_a = -1$ und $\delta w_b = +1$ Richtungen unendlichen Abstiegs, jedoch ist nur δw_a eine Abstiegsrichtung. Die Richtung δw_b scheint auf den ersten Blick interessant zu sein, da sie in Richtung des globalen Minimums weist. Jedoch wird die Suchrichtung δw^* ohne Kenntnis über die Lage der Beschränkungen ermittelt. Wäre $\Delta w_{\max} = \Delta w_3$, dann würde die Schrittweitensteuerung den Schritt in Richtung δw_b auf $\Delta w^{(\nu+1)} = \Delta w_3$ begrenzen und somit ein Zunahme des Zielfunktionswerts bewirken. Im Punkt Δw_3 existiert keine Abstiegsrichtung, da der Zielfunktionsgradient dort Null ist. Trotzdem ist in beide Richtungen δw_a und δw_b eine Reduktion der Zielfunktion möglich.

Das Beispiel hat gezeigt, dass wenn $\delta \underline{w}$ eine Richtung negativer Krümmung ist, gleichzeitig $\delta \underline{w}^T g^{(\nu)} \leq 0$ gelten muss, so dass sie für das Aktive-Menge-Verfahren geeignet ist. Damit das bereits beschriebene Aktive-Menge-Verfahren konvergieren kann, muss die berechnete Suchrichtung $\delta \underline{w}^*$ nicht eine Abstiegsrichtung sein, für sie muss also nicht zwangsläufig $(\delta \underline{w}^*)^T g^{(\nu)} < 0$ gelten. Es genügt eine sog. *Reduktionsrichtung*. Ein Vektor $\delta \underline{w}$ wird Reduktionsrichtung für die Zielfunktion $J_{\mathrm{QP}}(\Delta \underline{w})$ im Punkt $\Delta \underline{w}^{(\nu)}$ genannt, wenn eine Konstante $\alpha_{\max} > 0$ existiert, so dass $J_{\mathrm{QP}}(\Delta \underline{w}^{(\nu)} + \alpha \delta \underline{w}) < J_{\mathrm{QP}}(\Delta \underline{w}^{(\nu)})$ für alle $0 < \alpha < \alpha_{\max}$ gilt. Eine Abstiegsrichtung ist Reduktionsrichtung, aber auch alle Richtungen, für die

$$(\delta \underline{w}^T \underline{H} \delta \underline{w} < 0 \ \wedge \ \delta \underline{w}^T g^{(\nu)} \leq 0) \ \vee \ (\delta \underline{w}^T \underline{H} \delta \underline{w} = 0 \ \wedge \ \delta \underline{w}^T g^{(\nu)} < 0) \tag{3.36}$$

gilt. Eine Richtung $\delta \underline{w}$, welche (3.36) erfüllt, wird in der weiteren Folge als eine *geeignete Richtung unendlichen Abstiegs* (GRUA-Richtung) bezeichnet. Nach (3.36) ist $\delta \underline{w}$ zum einen dann eine GRUA-Richtung, wenn $\delta \underline{w}$ eine Richtung negativer Krümmung ist und in Richtung $\delta \underline{w}$ die Zielfunktion nicht zunimmt. Eine Richtung $\delta \underline{w}$ ohne Krümmung kann entsprechend (3.36) auch eine GRUA-Richtung sein, wenn $\delta \underline{w}$ gleichzeitig eine Abstiegsrichtung ist. Gilt für eine Richtung $\delta \underline{w} \neq \underline{0}$ der Sonderfall

$$\delta \underline{w}^T \underline{H} \delta \underline{w} = 0 \quad \wedge \quad \delta \underline{w}^T g^{(\nu)} = 0\,,$$

dann ist $\delta \underline{w}$ eine *neutrale Richtung*. Eine Bewegung vom Iterationspunkt entlang dieser Richtung verändert den Zielfunktionswert nicht. Das Auftreten einer solchen Richtung weist darauf hin, dass der Modellierer zu viele Freiheitsgrade zur Problemformulierung hinzugefügt oder das eigentliche Optimierungsziel nicht durch eine geeignete Wahl der Zielfunktion und der Nebenbedingungen vorgegeben hat. Eine neutrale Richtung ist als Suchrichtung für das Aktive-Menge-Verfahren nicht geeignet.

Abbildung 3.4 zeigt die Erweiterung für nichtkonvexe Quadratische Programme des Aktive-Menge-Verfahrens aus Abbildung 3.2 für streng konvexe Probleme. Für den Fall, dass die reduzierte Hesse-Matrix nicht positiv definit ist, berechnet das Verfahren die Suchrichtung $\delta \underline{w}^*$ anstatt durch (3.31), als eine GRUA-Richtung. Während bei einer durch (3.31) be-

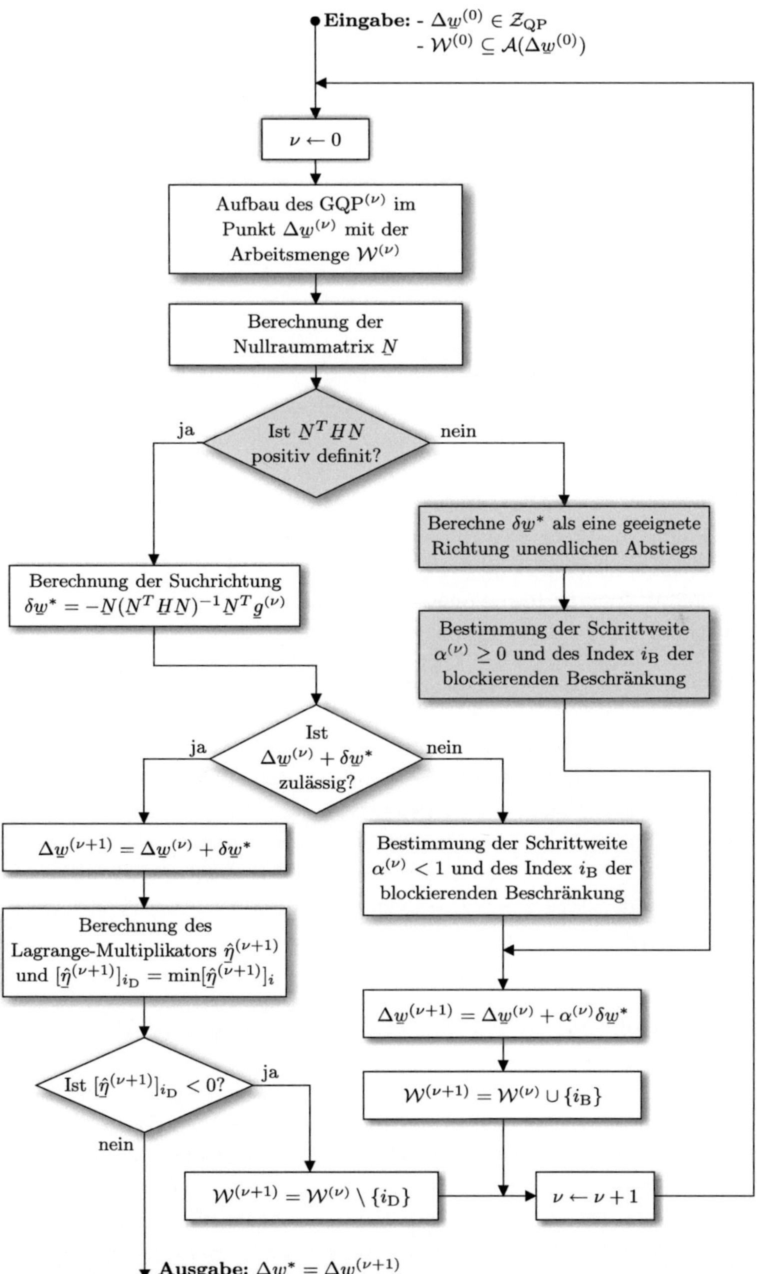

Abbildung 3.4: Ablaufdiagramm für das Aktive-Menge-Verfahren für nichtkonvexe Quadratische Programme (die Unterschiede zum Verfahren für streng konvexe Quadratische Programme sind grau hinterlegt)

rechneten Richtung positiver Krümmung die maximale Reduktion der Zielfunktion für den vollen Schritt ($\alpha = 1$) erreicht wird, wird die Zielfunktion entlang einer geeigneten Richtung unendlichen Abstiegs mit einer Schrittweite $\alpha > 1$ weiter reduziert. Im Gegensatz zum Aktive-Menge-Verfahren für streng konvexe Probleme wird daher die maximale Schrittweite für eine GRUA-Richtung durch

$$\alpha^{(\nu)} = \min\left\{10^{20}, \min_{\left\{i \notin \mathcal{W}^{(\nu)} \mid [C]'_i \delta w^* < 0\right\}} -\frac{[C]'_i \Delta w^{(\nu)} + [c]_i}{[C]'_i \delta w^*}\right\} \tag{3.37}$$

bestimmt. Erhält man dabei $\alpha^{(\nu)} = 10^{20}$, ist dies ein Indiz dafür, dass das ursprüngliche QP einen nach unten unbegrenzten Abstieg zulässt und es damit keine Lösung besitzt.

In der Regel wird $\alpha^{(\nu)}$ durch eine bisher inaktive Beschränkung begrenzt, welche in der Folgeiteration zur Arbeitsmenge hinzugefügt wird. Besitzt das QP eine Lösung, dann werden solange Beschränkungen zur Arbeitsmenge hinzugefügt, wie geeignete Richtungen unendlichen Abstiegs gefunden werden können. Die Kardinalität der Arbeitsmenge wächst dadurch von Iteration zu Iteration und gleichzeitig sinkt die Dimension der reduzierten Hesse-Matrix. Dadurch reduziert sich auch die Anzahl der nicht positiven Eigenwerte von $\tilde{H}$. Die Berechnung von geeigneten Richtungen unendlichen Abstiegs endet, wenn $\tilde{H}$ positiv definit ist. Dies ist spätestens dann der Fall, wenn dim $\tilde{H} = 0$ ist, $\tilde{H}$ ist dann definitionsgemäß positiv definit. Eine Richtung unendlichen Abstiegs wird erst dann wieder berechnet, wenn eine Beschränkung aus der Arbeitsmenge entfernt wird.

Darauf, wie eine GRUA-Richtung berechnet werden kann, wurde bisher noch nicht eingegangen. Eine Möglichkeit wäre, eine Eigenwertzerlegung der reduzierten Hesse-Matrix durchzuführen. Die Eigenvektoren v_i von $\tilde{H}$, welche zu nicht positiven Eigenwerten y_i gehören, wären dann Kandidaten für eine GRUA-Richtung, denn für sie gilt $v_i^T \tilde{H} v_i = y_i \leq 0$. Da die Berechnung einer Eigenwertzerlegung mit hohem Aufwand verbunden ist, findet diese Methode selten in der Praxis Anwendung. Effizientere Methoden, eine GRUA-Richtung für ein allgemeines QP zu berechnen, sind in [Fle87], [NW99] und [GMSW91] zu finden. Für den Spezialfall des linearen zeitdiskreten Optimalsteuerungsproblems eines QPs wird in Abschnitt 3.3.2 eine sehr effiziente Methode vorgestellt.

3.2.2 Sequentielle Quadratische Programmierung (SQP)

Der vorige Teilabschnitt behandelte das Quadratische Programm als Spezialfall eines Nichtlinearen Programms. Hier ist nun wieder das allgemeine Nichtlineare Programm (3.17) Gegenstand der Betrachtung. Die *Sequentielle Quadratische Programmierung* (SQP) beschreibt nicht einen bestimmten Algorithmus zur Lösung Nichtlinearer Programme, sondern ein methodisches Konzept, aus dem zahlreiche spezielle Verfahren hervorgegangen sind [BT95]. Es handelt sich dabei stets um iterative Verfahren. Die Grundidee der SQP-Verfahren ist es, in einem Iterationspunkt $w^{(\kappa)}$ das Nichtlineare Programm durch ein Quadratisches Programm zu approximieren. Die Lösung dieses QPs wird dann dazu eingesetzt, einen neuen besseren Iterationspunkt $w^{(\kappa+1)}$ zu konstruieren. Die SQP-Verfahren gelten als die effizienteste Möglichkeit, ein glattes NLP zu lösen [BT95]. In der weiteren Folge wird vorausgesetzt, dass die Funktionen J, d und c zweimal stetig differenzierbar sind.

Zunächst wird in diesem Abschnitt das grundlegende *Vollschritt-SQP-Verfahren* vorgestellt und seine Parallelen zum Newton-Verfahren aufgezeigt. Die schnelle *quadratische* Konvergenzrate des Newton-Verfahrens nahe der Lösung soll die in dieser Arbeit entwickelte SQP-Variante möglichst erzielen. Die Konvergenz des Vollschritt-SQP-Verfahrens ist jedoch nicht von beliebigen Startpunkten sicher. Deshalb wird das grundlegende Verfahren um einen Mechanismus, die sog. *Globalisierungsstrategie*, erweitert, so dass die Konvergenz des Verfahrens von jedem beliebigen Punkt zu einem *lokalen Optimum* sichergestellt wird. Die verschiedenen Globalisierungsstrategien werden vorgestellt, bezüglich der Anforderungen dieser Arbeit (siehe Abschnitt 2.2.4) bewertet und schließlich der Mechanismus des *Filters* ausgewählt, da dieser eine lokale quadratische Konvergenzrate am wenigsten beeinträchtigt. Nach der Erläuterung der allgemeinen Methoden der Sequentiellen Quadratischen Programmierung in diesem Teilabschnitt erfolgt dann im nächsten Teilabschnitt die Vorstellung des *Elastic-Trust-Region-Filter-SQP*-Verfahrens.

Vollschritt-SQP-Verfahren

Für die Herleitung des SQP-Verfahrens in seiner Grundform wird wie bei der Quadratischen Programmierung im vorigen Teilabschnitt zunächst ein nur gleichungsbeschränktes Nichtlineares Programm

$$\min_{\underline{w} \in \mathbb{R}^{n_w}} J(\underline{w}) \quad \text{u.Nb.:} \quad \underline{d}(\underline{w}) = \underline{0} \tag{3.38}$$

betrachtet und anschließend die Erweiterung des Verfahrens für allgemein beschränkte Nichtlineare Programme vorgenommen.

Ein Kandidat für den optimalen Zielvektor $\underline{w}^*$ von (3.38) kann aus den notwendigen Optimalitätsbedingungen 1. Ordnung (Satz A.4) berechnet werden. Diese vereinfachen sich für (3.38) zu einem Gleichungssystem

$$\underline{f}(\underline{x}) := \begin{pmatrix} \nabla_{\underline{w}} J(\underline{w}) - \nabla_{\underline{w}} \underline{d}(\underline{w}) \underline{\lambda} \\ \underline{d}(\underline{w}) \end{pmatrix} = \underline{0} \tag{3.39}$$

mit dem Vektor $\underline{x} := (\underline{w}^T, \underline{\lambda}^T)^T$ der gesuchten Größen und dem Lagrange-Multiplikator $\underline{\lambda}$ der Nebenbedingung. Dieses Gleichungssystem ist nichtlinear und damit in der Regel nicht geschlossen lösbar. Deshalb muss die Lösung $\underline{x}^*$ durch ein numerisches Verfahren iterativ bestimmt werden. Für die Lösung eines nichtlinearen Gleichungssystems wird meistens das Newton-Verfahren eingesetzt, da mit diesem eine hohe Konvergenzrate erzielt werden kann.

Ausgehend von einer Startschätzung $\underline{x}^{(0)}$ berechnet sich beim Newton-Verfahren der Folgeiterationspunkt $\underline{x}^{(\kappa+1)}$, indem das nichtlineare Gleichungssystem um den aktuellen Iterationspunkt linearisiert und $\underline{x}^{(\kappa+1)}$ aus dem entstehenden linearen Gleichungssystem

$$\nabla_{\underline{x}} \underline{f}(\underline{x}^{(\kappa)})^T (\underline{x}^{(\kappa+1)} - \underline{x}^{(\kappa)}) + \underline{f}(\underline{x}^{(\kappa)}) = \underline{0}$$

berechnet wird. Vom Newton-Verfahren ist bekannt, dass die Iterationspunkte *lokal quadratische* gegen die Lösung konvergieren [Sto89]. Dies aber nur dann, wenn der Startpunkt nahe genug an der Lösung lag. Das Newton-Verfahren ist damit nur *lokal* konvergent und nicht *global*, wenn keine zusätzlichen Mechanismen eingeführt werden. Liegt der Startpunkt nämlich weit entfernt der Lösung, können Terme höherer Ordnung der Reihenentwicklung von (3.39) dominant werden, so dass das Verfahren divergiert.

Die Berechnung einer Iteration des Newton-Verfahrens für das Gleichungssystem (3.39) führt auf das lineare Gleichungssystem

$$\begin{pmatrix} \underline{H}^{(\kappa)} & -(\underline{D}^{(\kappa)})^T \\ \underline{D}^{(\kappa)} & \underline{0} \end{pmatrix} \begin{pmatrix} \Delta\underline{w}^* \\ \hat{\underline{\lambda}}^* \end{pmatrix} + \begin{pmatrix} \underline{g}^{(\kappa)} \\ \underline{d}^{(\kappa)} \end{pmatrix} = \underline{0}. \tag{3.40}$$

Darin wurde $\Delta\underline{w}^* = \underline{w}^{(\kappa+1)} - \underline{w}^{(\kappa)}$ und $\underline{\lambda}^{(\kappa+1)}$ durch $\hat{\underline{\lambda}}^*$ ersetzt und folgende abkürzende Bezeichnungen vorgenommen:

$$\underline{H}^{(\kappa)} := \nabla^2_{\underline{w}\underline{w}} J(\underline{w}^{(\kappa)}) - \sum_{i=1}^{n_d} [\underline{\lambda}^{(\kappa)}]_i \nabla^2_{\underline{w}\underline{w}} [\underline{d}(\underline{w}^{(\kappa)})]_i \qquad \underline{g}^{(\kappa)} := \nabla_{\underline{w}} J(\underline{w}^{(\kappa)})$$

$$\underline{D}^{(\kappa)} := \nabla_{\underline{w}} \underline{d}(\underline{w}^{(\kappa)})^T \qquad\qquad\qquad\qquad \underline{d}^{(\kappa)} := \underline{d}(\underline{w}^{(\kappa)}).$$

Die Matrix $\underline{H}^{(\kappa)} \in \mathbb{R}^{n_w \times n_w}$ ist die *Hesse-Matrix der Lagrange-Funktion* $L(\underline{w}, \underline{\lambda})$ ausgewertet im aktuellen Iterationspunkt. Ihr kommt später bei der Entwicklung eines praktischen numerischen SQP-Verfahrens eine besondere Bedeutung zu. Der Vektor $\underline{g}^{(\kappa)}$ ist der Gradient der Zielfunktion. Die Matrix $\underline{D}^{(\kappa)}$ ist die Jacobi-Matrix der Beschränkungsgleichung. Ist $\underline{w}^{(\kappa)}$ zulässig, so verschwindet der Residuenvektor $\underline{d}^{(\kappa)}$.

Das lineare Gleichungssystem (3.40) eines Newton-Schritts ist äquivalent der KKT-Bedingungen für das Optimierungsproblem

$$\min_{\Delta\underline{w} \in \mathbb{R}^{n_w}} \frac{1}{2} \Delta\underline{w}^T \underline{H}^{(\kappa)} \Delta\underline{w} + (\underline{g}^{(\kappa)})^T \Delta\underline{w} \quad \text{u. Nb.:} \quad \underline{D}^{(\kappa)} \Delta\underline{w} + \underline{d}^{(\kappa)} = \underline{0}$$

mit der Lagrange-Funktion

$$L_{\mathrm{GQP}}(\Delta\underline{w}, \hat{\underline{\lambda}}) = \frac{1}{2} \Delta\underline{w}^T \underline{H}^{(\kappa)} \Delta\underline{w} + (\underline{g}^{(\kappa)})^T \Delta\underline{w} - \hat{\underline{\lambda}}^T (\underline{D}^{(\kappa)} \Delta\underline{w} + \underline{d}^{(\kappa)}).$$

Es handelt sich dabei um ein gleichungsbeschränktes Quadratisches Programm. Ein Iterationsschritt des Newton-Verfahrens für die KKT-Bedingungen des NLPs kann also auch durch Lösen eines gleichungsbeschränkten QPs erfolgen.

Diese Beobachtung motivierte zu der folgenden Erweiterung für allgemeine Nichtlineare Programme mit Ungleichungsnebenbedingungen: Bei der Berechnung der Suchrichtung wird zusätzlich zu den linearisierten Gleichungsbeschränkungen auch die im aktuellen Iterationspunkt linearisierten Ungleichungsbeschränkungen zum QP hinzugefügt. Die Suchrichtung $\Delta\underline{w}^*$ und die Schätzwerte für die Lagrange-Multiplikatoren $\hat{\underline{\lambda}}^*$ und $\hat{\underline{\eta}}^*$ werden dabei durch Lösen des allgemein beschränkten Quadratischen Programms

$$\min_{\Delta\underline{w} \in \mathbb{R}^{n_w}} \frac{1}{2} \Delta\underline{w}^T \underline{H}^{(\kappa)} \Delta\underline{w} + (\underline{g}^{(\kappa)})^T \Delta\underline{w} \quad \text{u. Nb.:} \quad \begin{cases} \underline{D}^{(\kappa)} \Delta\underline{w} + \underline{d}^{(\kappa)} = \underline{0} \\ \underline{C}^{(\kappa)} \Delta\underline{w} + \underline{c}^{(\kappa)} \geq \underline{0} \end{cases} \tag{3.41}$$

mit der Lagrange-Funktion

$$L_{\mathrm{QP}}(\Delta\underline{w}, \hat{\underline{\lambda}}, \hat{\underline{\eta}}) = \frac{1}{2} \Delta\underline{w}^T \underline{H}^{(\kappa)} \Delta\underline{w} + (\underline{g}^{(\kappa)})^T \Delta\underline{w} - \hat{\underline{\lambda}}^T (\underline{C}^{(\kappa)} \Delta\underline{w} + \underline{c}^{(\kappa)}) - \hat{\underline{\eta}}^T (\underline{D}^{(\kappa)} \Delta\underline{w} + \underline{d}^{(\kappa)})$$

ermittelt, wobei für die Linearisierung der Ungleichungsnebenbedingung $\underline{c}^{(\kappa)} := \underline{c}(\underline{w}^{(\kappa)})$ und $\underline{\underline{C}}^{(\kappa)} := \nabla_{\underline{w}}\underline{c}(\underline{w}^{(\kappa)})^T$ gesetzt wurde. Beim grundlegenden SQP-Verfahren – dem *Vollschritt-SQP-Verfahren* – wird der Folgeiterationspunkt durch

$$\underline{w}^{(\kappa+1)} = \underline{w}^{(\kappa)} + \Delta\underline{w}^* \qquad \underline{\lambda}^{(\kappa+1)} = \hat{\underline{\lambda}}^* \qquad \underline{\eta}^{(\kappa+1)} = \hat{\underline{\eta}}^*$$

ohne Modifikation mit Hilfe der Lösung von (3.41) festgelegt. Erhält man als Lösung des QPs einer Iteration $\Delta\underline{w}^* = \underline{0}$, dann ist der aktuelle Iterationspunkt $\underline{w}^{(\kappa)}$ Lösung des NLPs. Es gilt dann

$$\underline{g}^{(\kappa)} - (\underline{\underline{D}}^{(\kappa)})^T\hat{\underline{\lambda}}^* - (\underline{\underline{C}}^{(\kappa)})^T\hat{\underline{\eta}}^* = \underline{0}\,,$$
$$\underline{d}^{(\kappa)} = \underline{0}\,,$$
$$\underline{c}^{(\kappa)} \geq \underline{0}\,,$$
$$[\hat{\underline{\eta}}^*]_i \geq 0 \quad \text{und} \quad [\underline{c}^{(\kappa)}]_i \cdot [\hat{\underline{\eta}}^*]_i = 0\,, \quad \text{mit} \quad i = 1,\dots,n_c\,.$$

Der Vergleich dieser Bedingungen mit den KKT-Bedingungen des ursprünglichen NLPs (Satz A.4) macht deutlich, dass $(\underline{w}^{(\kappa)}, \hat{\underline{\lambda}}^*, \hat{\underline{\eta}}^*)$ die KKT-Bedingungen des NLPs erfüllt und somit die Lösung $\underline{w}^* = \underline{w}^{(\kappa)}$ bereits gefunden wurde.

Unter gewissen Voraussetzungen[3] stimmen die aktiven Mengen $\mathcal{A}_{\mathrm{NLP}}(\underline{w}^*) = \mathcal{A}_{\mathrm{QP}(\underline{w}^*)}(0)$ überein. Aufgrund der Kontinuität der Formulierung der Quadratischen Programme werden dann die optimale Aktive-Menge $\mathcal{A}_{\mathrm{QP}(\underline{w}^\circ)}(\Delta\underline{w}^*)$ des QPs in einem Punkt $\underline{w}^\circ \in \mathcal{N}(\underline{w}^*)$ in einer Umgebung $\mathcal{N}(\underline{w}^*)$ von $\underline{w}^*$ mit der im Optimum übereinstimmen. Die optimale Aktive-Menge wird also in der Nähe der Lösung identifiziert sein und in der weiteren Folge der Iterationen gleich bleiben. Das SQP-Verfahren verhält sich beim allgemein beschränkten NLP dann wie bei einem nur gleichungsbeschränkten, so dass eine lokal quadratische Konvergenzrate beobachtet wird.

Das Vollschritt-SQP-Verfahren besitzt jedoch die folgenden drei Nachteile

1. Das Verfahren konvergiert nur, wenn der Startpunkt $(\underline{w}^{(0)}, \underline{\lambda}^{(0)}, \underline{\eta}^{(0)})$ nahe genug an einem lokalen Optimum liegt

2. Ist ein QP nicht streng konvex, besitzt es eventuell keine Lösung

3. Wenn das Verfahren konvergiert, dann nur gegen einen Punkt, der die notwendigen Optimalitätsbedingungen 1. Ordnung erfüllt, dies kann auch ein Maximum sein

Jedes der drei Nachteile disqualifiziert das Vollschritt-SQP-Verfahren für die technische Anwendung in einem Regelungssystem. Deshalb wird es durch weitere Maßnahmen modifiziert, welche eben genannte Nachteile beheben und gleichzeitig die positive Eigenschaft des Vollschritt-SQP-Verfahrens, die lokale quadratische Konvergenzrate, möglichst wenig beeinträchtigen. Um globale Konvergenz von einem beliebigen Startpunkt aus zu erzielen, wird bei der Sequentiellen Quadratischen Programmierung über die sog. *Globalisierungsstrategie* die Iterationsfolge gesteuert.

---

[3]Wenn im Lösungspunkt die strikte Komplementarität gilt (siehe Definition A.1.8)

Globalisierungsstrategien

Bei der Sequentiellen Quadratischen Programmierung sollen zwei Ziele erreicht werden: die Reduktion der Zielfunktion und die Erfüllung der Nebenbedingungen. Die Lösung eines Quadratischen Programms $\Delta \underline{w}^*$ erfüllt zwar die Linearisierung der Nebenbedingungen, ist aber $\|\Delta \underline{w}^*\|$ groß, dann können die Terme höherer Ordnung in den Reihenentwicklungen der Nebenbedingungen dominant werden. Dadurch ist es möglich, dass die Verletzung der Nebenbedingungen durch $\Delta \underline{w}^*$ vergrößert wird. Außerdem ist die Zielfunktion des QPs bei einem beschränkten NLP nicht ein quadratisches Modell der nichtlinearen Zielfunktion, sondern sie wird aus dem Zielfunktionsgradienten und aus Information zweiter Ordnung der Lagrange-Funktion aufgebaut. Es ist daher möglich, dass bei großer Norm $\|\Delta \underline{w}^*\|$ des Suchvektors der Zielfunktionswert zunimmt, obwohl die Lösung des QPs einen negativen Wert ergab. Ziel des Globalisierungsverfahrens ist die gleichmäßige Verbesserung beider Kriterien, die Reduktion der Zielfunktion und die Einhaltung der Nebenbedingungen. Je nach Globalisierungsstrategie werden die verschiedenen SQP-Verfahren klassifiziert. Es erfolgt nun die Vorstellung und Diskussion der drei bekanntesten Strategien.

Bei den *SQP-Liniensuchverfahren* wird nicht stets ein voller Schritt durchgeführt, sondern der Folgeiterationspunkt wird durch

$$\begin{pmatrix} \underline{w}^{(\kappa+1)} \\ \underline{\lambda}^{(\kappa+1)} \\ \underline{\eta}^{(\kappa+1)} \end{pmatrix} = \begin{pmatrix} \underline{w}^{(\kappa)} \\ \underline{\lambda}^{(\kappa)} \\ \underline{\eta}^{(\kappa)} \end{pmatrix} + \alpha \begin{pmatrix} \Delta \underline{w}^* \\ \hat{\underline{\lambda}}^* - \underline{\lambda}^{(\kappa)} \\ \hat{\underline{\eta}}^* - \underline{\eta}^{(\kappa)} \end{pmatrix} \tag{3.43}$$

mit der Schrittweite $\alpha \in (0, 1]$ festgelegt. Die Schrittweite wird dabei auf einen Wert $\alpha < 1$ reduziert, wenn ein voller Schritt keinen hinreichenden Fortschritt zur Lösung erzielt. Um den Fortschritt zur Lösung quantitativ messen zu können, wird eine Gütefunktion (*Merit*-Funktion) eingeführt. Diese ist eine gewichtete Summe des Zielfunktionswerts mit einem Maß für die Verletzung der Nebenbedingungen. Eine in praktischen SQP-Verfahren häufig eingesetzte Gütefunktion ist die nicht differenzierbare ℓ_1-Gütefunktion:

$$M(\underline{w}) = J(\underline{w}) + \gamma \left(\sum_{i=1}^{n_d} |[\underline{d}(\underline{w})]_i| + \sum_{i=1}^{n_c} \max\{0, -[\underline{c}(\underline{w})]_i\} \right). \tag{3.44}$$

Als Maß für die Verletzung der Nebenbedingungen wird dabei die ℓ_1-Norm und damit die Betragssumme der Verletzung gewählt. Der Gewichtungsparameter γ wird Strafparameter genannt. Die Gütefunktion wird als *exakt* bezeichnet, da für eine hinreichend große Wahl des Strafparameters ein lokales Optimum des NLPs auch lokales Optimum der Gütefunktion ist. Es kann gezeigt werden, dass für die Wahl

$$\gamma > \max \left\{ \max_i |[\underline{\lambda}^*]_i|, \max_i |[\underline{\eta}^*]_i| \right\} \tag{3.45}$$

dies sichergestellt ist [BT95].

Die Schrittweite in (3.43) wird bei den Liniensuchverfahren wie folgt bestimmt: Nach Einsetzen der Schrittgleichung (3.43) in die Gütefunktion (3.44) entsteht die Funktion $\hat{M}(\alpha)$

$$\hat{M}(\alpha) := M(\underline{w}^{(\kappa)} + \alpha \Delta \underline{w}^*), \tag{3.46}$$

welche nur von der Schrittweite α abhängt. Die Schrittweite wird nun so bestimmt, dass für α^* eine *hinreichende Reduktion* der Gütefunktion erreicht wird. Eine hinreichende Reduktion ist gegeben, wenn die Schrittweite

$$\hat{M}(\alpha^*) \leq \hat{M}(0) + K_3 \frac{\mathrm{d}\hat{M}(0)}{\mathrm{d}\alpha} \alpha^* \tag{3.47}$$

mit einer Konstanten $0 < K_3 < 1$ erfüllt. Die Bedingung (3.47) muss in jeder Iteration erfüllt sein, so dass globale Konvergenz für ein SQP-Liniensuchverfahren gezeigt werden kann. Als Voraussetzung dafür, dass eine Schrittweite α^* gefunden werden kann, die (3.47) erfüllt, muss die Lösung $\Delta \underline{w}^*$ des QPs eine Abstiegsrichtung für die Gütefunktion sein, es muss also

$$\frac{\mathrm{d}\hat{M}(0)}{\mathrm{d}\alpha} = \nabla_{\underline{w}} M(\underline{w}^{(\kappa)})^T \Delta \underline{w}^* < 0$$

gelten. Andernfalls würde (3.47) einen Anstieg der Gütefunktion zulassen oder die Suche nach einer passenden Schrittweite fehlschlagen. Es ist nur dann sichergestellt, dass $\Delta \underline{w}^*$ eine Abstiegsrichtung für die Gütefunktion ist, wenn in jedem Punkt die Hesse-Matrix $\underline{H}^{(\kappa)}$ auf dem Nullraum der aktiven Beschränkungen positiv definit ist [BT95]. Nichtlineare Programme, insbesondere diejenigen mit nichtlinearen Gleichungsnebenbedingungen, sind in der Regel nichtkonvex. Dies bedeutet, dass die exakte Hesse-Matrix der Lagrange-Funktion im Nullraum der aktiven Beschränkungen negative Eigenwerte besitzen kann. Die Lösung $\Delta \underline{w}^*$ des QPs ist damit nicht zwangsläufig eine Abstiegsrichtung für die Gütefunktion. Wenn $\underline{H}$ negative Eigenwerte besitzt, besteht die zusätzliche Schwierigkeit, dass das QP unbegrenzt sein kann und damit keine Lösung besitzt.

Daher wird bei SQP-Liniensuchverfahren nicht die exakte Hesse-Matrix der Lagrange-Funktion $\underline{H}$ für den Aufbau des quadratischen Modells verwendet, sondern eine positiv definite Modifikation oder Approximation $\underline{B}^{(\kappa)} \approx \underline{H}^{(\kappa)}$ von ihr. Eine gängige Technik, durch Modifikation eine positiv definite Matrix aus der exakten Hesse-Matrix zu erhalten, ist, die Addition eines positiven Vielfachen der Einheitsmatrix zu $\underline{H}$. Problematisch bei diesem Vorgehen ist, dass dabei alle Eigenwerte von $\underline{H}$ modifiziert werden. Krümmungsinformation geht dadurch verloren, so dass die Konvergenzrate stark beeinträchtigt wird. Eine andere Möglichkeit ist, in $\underline{H}$ nur die nicht positiven Eigenwerte zu modifizieren. Dafür muss eine Eigenwertzerlegung von $\underline{H}$ durchgeführt werden, was einen enormen, bei hochdimensionalen Aufgaben nicht vertretbaren Rechenaufwand darstellt. Außerdem ist ein Entfernen negativer Krümmung aus $\underline{H}$ problematisch, da in Einzelfällen nur mit der Information über die negative Krümmung in einem Punkt Konvergenz erzielt werden kann (z.B. wenn sich der Startpunkt auf einem lokalen Maximum befindet).

Die meisten SQP-Liniensuchverfahren verzichten deshalb auf die Berechnung der zweiten Ableitungen. Stattdessen wird die Hesse-Matrix aus den Gradienten der Lagrange-Funktion der vergangenen Iterationen approximiert. Gestartet wird dabei mit einem positiven Vielfachen der Einheitsmatrix. Die Approximation der Hesse-Matrix erfolgt dann über sog. Quasi-Newton-Aktualisierungsformeln. Über diese Formeln kann erreicht werden, dass die $\underline{B}^{(\kappa)}$ in jeder Iteration positiv definit sind. Die Vorgehensweise der Approximation von $\underline{H}$ hat zwei Vorteile. Zum einen sind die $\underline{B}^{(\kappa)}$ stets positiv definit, wenn exakte Arithmetik vorausgesetzt wird. Zum anderen entfällt die Notwendigkeit, zweite Ableitungen der Funktionen der Problemformulierung zu berechnen. Es wurden in den vergangenen Jahrzehnten sehr effiziente SQP-Liniensuchverfahren mit Quasi-Newton Hesse-Matrix entwickelt. Eine Aktualisierungsformel, die speziell für diskretisierte Optimalsteuerungsprobleme entwickelt wurde, wird in [Lei99] vorgestellt. Bei dieser bleibt die Block-Band-Struktur der Hesse-Matrix erhalten, so dass strukturausnützende QP-Lösungsverfahren, wie das im nächsten Abschnitt vorgestellte, angewendet werden können.

Die Quasi-Newton-SQP-Varianten zeigen jedoch für die Anwendung im IPPC-System Nachteile auf: Im Gegensatz zum Vollschritt-SQP-Verfahren kann mit den Quasi-Newton-SQP-Varianten nur eine superlineare anstatt der quadratischen Konvergenzrate erzielt werden. Hier ist eine hohe lokale Konvergenzrate wünschenswert, da bei der MPR viele ähnliche NLP zu lösen sind. Gute Startwerte für das SQP-Verfahren erhält man deshalb aus der Lösungstrajektorie des letzten Horizonts. Bei der Quasi-Newton Approximation der Hesse-Matrix werden zunächst einige Iterationen benötigt, bis die Krümmungsinformation zumindest auf dem Nullraum der aktiven Beschränkungen hinreichend genau ist. Dadurch wird ein langsames Anlaufverhalten beobachtet, bei dem in den ersten Iteration nur wenig Fortschritt erzielt wird, auch wenn der Startpunkt in der Nähe des Lösungspunkts liegt. Zum anderen besteht die Schwierigkeit, dass durch die Bestimmung der Krümmungsinformation aus der Iterationsfolge eine Art Gedächtnis entsteht. In einer späteren Iteration stört deshalb eine schnelle Konvergenz die Krümmungsinformation, welche aus den Lagrange-Gradienten von frühen, eventuell entfernten Iterationen gelernt wurde. Eines der bekanntesten Verfahren SNOPT [GMS05] führt daher nach einer bestimmen Zahl von Iterationen einen Reset durch und setzt $\underline{B}^{(\kappa)}$ zurück auf den Startwert $\underline{B}^{(\kappa)} = \rho \underline{I}$. Die Krümmungsinformation muss dann wieder neu gelernt werden.

Aufgrund der negativen Eigenschaften einer Modifikation oder Approximation der Hesse-Matrix auf die Konvergenzrate soll in dieser Arbeit ein SQP-Verfahren eingesetzt werden, welches die unmodifizierte exakte Hesse-Matrix verwenden kann. Neuere SQP-Verfahren nutzen die Fähigkeit der Automatischen Differentiation [Gri89], welche eine effiziente Berechnung der Ableitungen einer Funktion ermöglicht, so dass der Vorteil der Quasi-Newton-Verfahren in den Hintergrund tritt, dass zweite Ableitungen nicht berechnet werden müssen. Da die SQP-Liniensuchverfahren nicht in der Lage sind, mit der exakten Hesse-Matrix zu arbeiten, wird nun eine Globalisierungsstrategie vorgestellt, die auch bei gegebenenfalls indefiniten Hesse-Matrizen konvergiert.

Die *Methode des Vertrauensbereichs (Trust-Region-Verfahren)* verändert die Länge $\|\Delta \underline{w}^*\|$ des Aktualisierungsvektors bereits während der Lösung des Quadratischen Programms, anstatt sie nach der Berechnung durch eine Schrittweitensteuerung zu verkürzen. Zur Steuerung der Länge von $\|\Delta \underline{w}^*\|$ wird zum QP die sog. Vertrauensbereichsbeschränkung

$$\|\Delta \underline{w}\| \leq \Gamma \tag{3.48}$$

zugefügt und zur Bestimmung der Suchrichtung das Quadratische Programm

$$\min_{\Delta \underline{w} \in \mathbb{R}^{n_w}} \frac{1}{2} \Delta \underline{w}^T \underline{H}^{(\kappa)} \Delta \underline{w} + \underline{g}^{(\kappa)T} \Delta \underline{w} \quad \text{u. Nb.:} \begin{cases} \underline{D}^{(\kappa)} \Delta \underline{w} + \underline{d}^{(\kappa)} = \underline{0} \\ \underline{C}^{(\kappa)} \Delta \underline{w} + \underline{c}^{(\kappa)} \geq \underline{0} \\ \|\Delta \underline{w}\| \leq \Gamma^{(\kappa)} \end{cases} \tag{3.49}$$

in jeder SQP-Iteration gelöst. Die Norm $\|\cdot\|$ ist dabei beliebig. Die Aktualisierung des Iterationspunkts erfolgt durch den vollen Schritt

$$\underline{w}^{(\kappa+1)} = \underline{w}^{(\kappa)} + \Delta\underline{w}^*\,, \quad \underline{\lambda}^{(\kappa+1)} = \hat{\underline{\lambda}}^* \quad \text{und} \quad \underline{\eta}^{(\kappa+1)} = \hat{\underline{\eta}}^*\,.$$

Die Größe des Vertrauensbereichs wird über den Parameter $\Gamma > 0$ gesteuert. Je kleiner Γ ist, um so besser ist die Übereinstimmung zwischen quadratischem Modell im Iterationspunkt und dem Nichtlinearen Programm. Der Parameter Γ wird nun in jeder Iteration so bestimmt, dass globale Konvergenz erzielt wird. Als Entscheidungsgrundlage dafür, ob ein Schritt geeignet ist, oder Γ verkleinert werden muss, wird die bereits beim Liniensuchverfahren vorgestellte ℓ_1-Gütefunktion herangezogen. Da $\underline{H}$ eventuell nicht positiv definit sein kann, ist $\Delta\underline{w}^*$ auch nicht zwangsläufig eine Abstiegsrichtung für die Gütefunktion. Anstatt (3.47) kommt daher das Kriterium

$$\frac{M(\underline{w}^{(\kappa)}) - M(\underline{w} + \Delta\underline{w}^*)}{-J_{\mathrm{QP}}(\Delta\underline{w}^*)} \geq K_4\,, \tag{3.50}$$

mit $0 < K_4 < 1$, zum Einsatz, um eine hinreichende Reduktion durch $\Delta\underline{w}^*$ festzustellen. Der Term $M(\underline{w}^{(\kappa)}) - M(\underline{w} + \Delta\underline{w}^*)$ im Zähler ist die tatsächlich durch $\Delta\underline{w}^*$ erzielt Reduktion und der Term $-J_{\mathrm{QP}}(\Delta\underline{w}^*)$ im Nenner, die durch das quadratische Modell prädizierte Reduktion von M. Bedingung (3.50) fordert, dass prädizierte und tatsächliche Reduktion hinreichend gut übereinstimmen. Es kann gezeigt werden, dass ein Γ gefunden werden kann, so dass $\Delta\underline{w}^*$ Bedingung (3.50) erfüllt, wenn kein unzulässiges QP auftritt. Die Bestimmung von Γ erfolgt iterativ. Ausgehend vom Startwert $\Gamma_0^{(\kappa)} := \Gamma_{\mathrm{Start}}^{(\kappa)}$ wird das QP gelöst und (3.50) überprüft. Ist (3.50) nicht erfüllt, wird der Vertrauensbereich reduziert und dabei

$$K_5\Gamma_j^{(\kappa)} < \Gamma_{j+1}^{(\kappa)} < K_6\Gamma_j^{(\kappa)}\,, \tag{3.51}$$

mit $0 < K_5 < K_6 < 1$, gewählt.

Durch die Vertrauensbereichsbeschränkung (3.48) wird die Möglichkeit beseitigt, dass ein unbegrenztes QP in einer SQP-Iteration entsteht, da durch sie $\|\Delta\underline{w}^*\|$ nach oben und damit auch der Zielfunktionswert nach unten begrenzt wird. Die Methode des Vertrauensbereichs ist deshalb im Gegensatz zu den Liniensuchverfahren in der Lage, mit der exakten Hesse-Matrix zu arbeiten. Das QP besitzt also stets eine Lösung, sofern dessen zulässiges Gebiet nicht leer ist. Wird Γ reduziert, dann führt dies jedoch unausweichlich zu einem unzulässigen QP, wenn der aktuelle Iterationspunkt $\underline{w}^{(\kappa)}$ nicht bereits zulässig ist. Dann gilt $\|\underline{d}(\underline{w}^{(\kappa)})\| \neq \underline{0}$ oder $\min_i c_i(\underline{w}^{(\kappa)}) < 0$ und es kann ein $\Gamma_{\min}$ gefunden werden, so dass für alle $\Gamma < \Gamma_{\min}$ die zulässige Menge des Quadratischen Programms leer ist.

Die bisher vorgestellten SQP-Methoden besitzen die Schwierigkeit, dass die Steuerung der Iterationsfolge auf einer Gütefunktion basiert und für sie ein *geeigneter* Strafparameter γ gefunden werden muss. Wird γ zu klein gewählt, erfolgt eventuell keine Konvergenz des Verfahrens. Wählt man im Gegensatz dazu γ sehr groß, dann wird in der Gütefunktion zu viel Gewicht auf die Erfüllung der Nebenbedingungen gelegt, was die Iterationsfolge dazu zwingt, sich sehr Nahe am zulässigen Gebiet der nichtlinearen Nebenbedingung aufzuhalten. Dies hat zur Folge, dass nur sehr kurze Schritte die Gütefunktion reduzieren und das SQP-Verfahren deshalb nur sehr langsam konvergiert. Eine vorab optimale Wahl des

Strafparameters nach (3.45) ist nicht möglich, da die Lagrange-Multiplikatoren im Lösungspunkt vorab nicht bekannt sind. Viele praktische SQP-Verfahren, welche eine Gütefunktion verwenden, versuchen deshalb γ während den Iterationen anzupassen. Dabei besteht jedoch stets das Problem, dass er dennoch einen zu großen Wert annehmen kann. Eine Verkleinerung von γ birgt nämlich die Gefahr, dass die Iterationsfolge zyklisches Verhalten aufzeigt oder gar das Verfahren nicht konvergiert. Eine weitere Schwierigkeit im Zusammenhang mit den über eine Gütefunktion gesteuerten SQP-Verfahren ist, dass zum Teil die Schrittweite oder der Vertrauensbereich unnötig verkleinert wird, was eine schnelle Konvergenz beeinträchtigt. Insbesondere in der Nähe der Lösung kann bei stark nichtlinearen Nebenbedingungen beobachtet werden, dass die Gütefunktion den für eine quadratische Konvergenzrate notwendigen vollen Schritt verhindert. Dieses Phänomen im Zusammenhang mit den auf Merit-Funktionen basierten SQP-Verfahren wird *Maratos-Effekt* genannt [NW99].

Filterverfahren

Die Problematik der Wahl des Strafparameters und des Maratos-Effekts bei der Verwendung einer Gütefunktion zur Steuerung der SQP-Globalisierung motivierte dazu, eine Globalisierungsstrategie zu finden, welche zum einen weniger restriktiv ist und zum anderen ohne einen Strafparameter auskommt, aber dennoch gesichert zu globaler Konvergenz führt. Fletcher und Leyffer stellten 1997 in [Fle97] eine solche neue SQP-Globalisierungsstrategie vor, welche ohne eine Gütefunktion auskommt und damit die Wahl eines Strafparameters umgeht. Dabei wurde versucht, ein Verfahren zu entwickeln, welches so wenig wie möglich eine quadratische Konvergenzrate beeinträchtigt [FLT06].

Sie verfolgten dabei die Idee, die zwei im Konflikt stehenden Kriterien bei der Lösung eines NLPs – die Minimierung der Zielfunktion und die Minimierung der Verletzung der Nebenbedingungen – nicht über eine kombinierte Gütefunktion, sondern über einen sog. *Filter* zu steuern. Während über die Gütefunktion entschieden wird, ob ein neuer Iterationspunkt $\underline{w}^{(\kappa)} + \Delta\underline{w}^*$ „besser" als der aktuelle $\underline{w}^{(\kappa)}$ ist, wird bei den Filterverfahren ein neuer Punkt als Folgeiterationspunkt angenommen, wenn er nicht „schlechter" als ein bisheriger Iterationspunkt ist. Ein Iterationspunkt ist „schlechter" als ein anderer, wenn er sowohl zu höheren Kosten als auch zu einer stärken Verletzung der Nebenbedingungen führt. Als Maß $h(\underline{w})$ für die Verletzung der Nebenbedingungen im Punkt $\underline{w}$ wird hier die maximale Verletzung

$$h(\underline{w}) := \max\left\{ \max_{i=1,\ldots,n_d} |[\underline{d}(\underline{w})]_i|, \max_{i=1,\ldots,n_c} \{0, -[\underline{c}(\underline{w})]_i\} \right\}$$

einer Beschränkungskomponente verwendet, aber auch eine beliebige andere Norm kann hierfür eingesetzt werden. Ein Punkt $\underline{w}_a$ ist damit schlechter als ein Punkt $\underline{w}_b$, wenn

$$J(\underline{w}_a) \geq J(\underline{w}_b) \quad \wedge \quad h(\underline{w}_a) \geq h(\underline{w}_b) \tag{3.52}$$

gilt. Ist dies der Fall, dann spricht man auch davon, dass $\underline{w}_b$ den Punkt $\underline{w}_a$ *dominiert*.

Bei der Filterglobalisierung wird ein Iterationspunkt *akzeptiert*, wenn er nicht von einem der bisher akzeptierten Iterationspunkte dominiert wird. Dies wird in der (h, J)-Ebene in Abbildung 3.5(a) graphisch veranschaulicht. Bezüglich dem aktuellen Iterationspunkt $\underline{w}^{(\kappa)}$

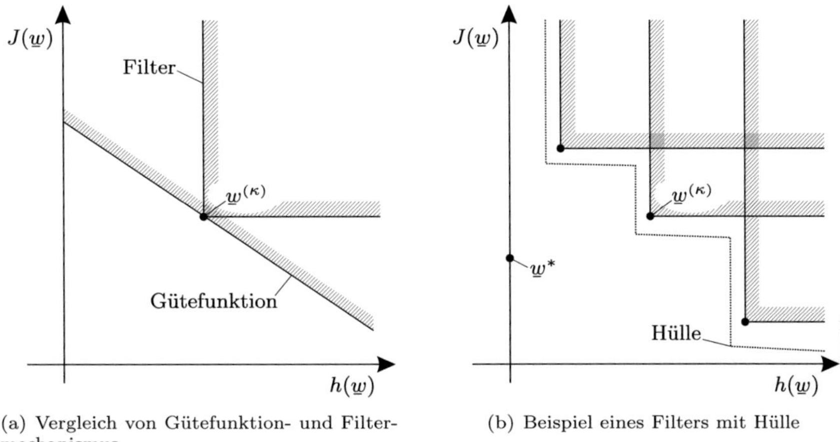

(a) Vergleich von Gütefunktion- und Filtermechanismus

(b) Beispiel eines Filters mit Hülle

Abbildung 3.5: Veranschaulichungen für die Filterglobalisierung.

ist ein Punkt akzeptabel, wenn er nicht im von $\underline{w}^{(\kappa)}$ ausgehenden nordöstlichen Quadranten liegt. Bei einer Gütefunktion sind die zwei Gebiete, in denen ein Folgeiterationspunkt angenommen wird oder nicht, durch eine Gerade getrennt, welche durch den aktuellen Iterationspunkt $\underline{w}^{(\kappa)}$ verläuft. Aus Abbildung 3.5(a) wird deutlich, dass bei der Filterglobalisierung bezüglich $\underline{w}^{(\kappa)}$ Punkte aus einem deutlich größeren Gebiet akzeptiert werden.

Für ein global konvergentes SQP-Verfahren genügt es jedoch nicht, nur die Akzeptanz des Folgeiterationspunktes bezüglich des aktuellen zu prüfen. Es wird ein „Gedächtnis" benötigt, so dass die Akzeptanz bezüglich aller bisheriger Iterationspunkte sichergestellt werden kann. Dafür wird eine als Filter bezeichnete Datenstruktur verwendet, in der bisher nicht von anderen Iterationspunkten dominierte Iterationspunkte gespeichert sind. Das *Filter* ist eine Liste $\mathcal{F}$ von Wertepaaren der Form (J_i, h_i) für die $J_i < J_j$ oder $h_i < h_j$ für alle $i \neq j$ gilt. Abbildung 3.5(b) zeigt ein Beispiel für einen Filter mit drei Einträgen in der (h, J)-Ebene. Das vom Filter abgelehnte Gebiet ist dort größer als das des Filters mit nur einem Eintrag in Abbildung 3.5(a), aber dennoch kleiner als das der Gütefunktion.

Die Steuerung der Schrittlänge erfolgt bei Filter-SQP-Verfahren meist über eine Vertrauensbereichsbeschränkung [Fle97], [GT01] und [GKV03]. Es gibt aber auch SQP-Liniensuchverfahren, welche einen Filter anstatt einer Gütefunktion für die Steuerung der Schrittweite verwenden [Chi02], [UUV03] und [WB05]. In der weiteren Folge wird die Steuerung der Schrittweite über eine Vertrauensbereichsbeschränkung betrachtet, da dieser Mechanismus auch bei dem im nächsten Teilabschnitt vorgestellten ETRFSQP-Verfahren Anwendung findet. Der grundlegende Ablauf eines Vertrauensbereich-Filter-SQP-Verfahrens (Trust-Region-Filter-SQP-Verfahren TRFSQP) wird nun beschrieben.

In der Iteration $\kappa = 0$ wird das Filter mit $F^{(\kappa)} = \{(U, -\infty)\}$ initialisiert, mit $U > h(\underline{w}^{(0)})$ als obere Schranke für die maximale Beschränkungsverletzung der einzelnen Iterationspunkte. In jeder Iteration werden nur diejenigen Punkte $\underline{w}^{(\kappa)} + \Delta\underline{w}^*$ akzeptiert, welche nicht von einem Filtereintrag und dem aktuellen Iterationspunkt dominiert werden. Wird ein Punkt akzeptiert wird $\underline{w}^{(\kappa+1)} = \underline{w}^{(\kappa)} + \Delta\underline{w}^*$ gesetzt, der Vertrauensbereich eventuell vergrößert und das Filter gegebenenfalls um den letzten Iterationspunkt $\underline{w}^{(\kappa)}$ erweitert. Dominiert hingegen ein Filtereintrag den aktuellen Schritt, wird dieser nicht akzeptiert, der Vertrauensbereich entsprechend (3.51) verkleinert und eine neue Suchrichtung $\Delta\underline{w}^*$ als Lösung von (3.49) berechnet. Die Konvergenz des Verfahrens wird festgestellt, wenn die Lösung von (3.49) die Suchrichtung $\Delta\underline{w}^* = \underline{0}$ ergibt.

Die Überprüfung, ob ein Folgeiterationspunkt von keinem Filtereintrag dominiert wird, reicht noch nicht aus, um die Konvergenz des Verfahrens sicherzustellen. Dafür muss jedes TRFSQP-Verfahren noch über drei weitere Mechanismen verfügen [FLT06]. Zum einen muss dazu die Bedingung (3.52) für die Dominanz eines Punktes weiter verschärft werden, so dass das Verfahren nicht gegen einen unzulässigen Punkt ($h > 0$) konvergieren kann. Dazu wird eine schmale Hülle um das Filter gelegt (siehe Abbildung 3.5(b)) und nur solche Punkte akzeptiert, für die für alle $(J_i, h_i) \in F^{(\kappa)}$ gilt:

$$J(\underline{w}^{(\kappa)} + \Delta\underline{w}^*) \leq J_i - \beta h(\underline{w}^{(\kappa)} + \Delta\underline{w}^*) \quad \vee \quad h(\underline{w}^{(\kappa)} + \Delta\underline{w}^*) \leq (1 - \beta)h_i \,,$$

mit einer Konstanten $0 < \beta < 1$. Die Addition der zukünftigen Verletzung der Nebenbedingungen über den Gewichtungsparameter β mag zunächst an eine Gütefunktion erinnern. Praktische wird β mit $\beta \approx 10^{-5}$ sehr klein gewählt, so dass der Einfluss von h im Vergleich zu (3.44) marginal ist.

Durch das Filter ist sichergestellt, dass das Verfahren gegen einen zulässigen Punkt konvergiert sofern einer existiert. Es ist jedoch noch nicht gewährleistet, dass dieser ein lokales Minimum des NLPs ist. Deshalb wird gefordert, dass die Lösung des QPs ein Abstieg der Zielfunktion erwarten lässt, tatsächlich auch ein hinreichender Abstieg erzielt wird. Zu diesem Zweck werden zwei Arten von Schritten unterschieden. Zum einen „h-Typ-Iteratonen“, bei denen primär die Verletzung der Nebenbedingungen reduziert wird und „J-Typ-Iterationen“, bei denen die Reduktion der Zielfunktion im Vordergrund steht. Ein J-Typ-Schritt wird

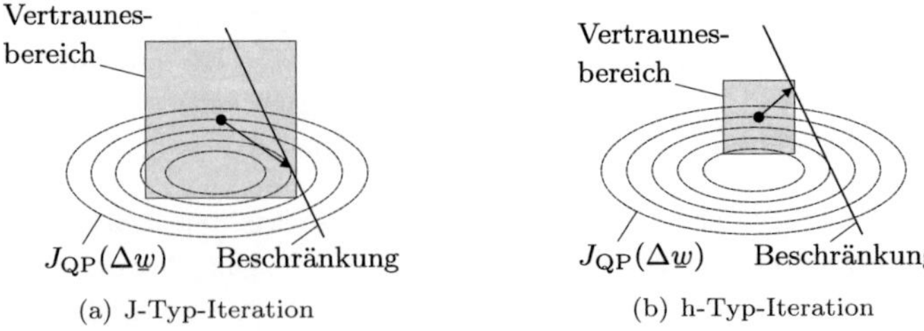

Abbildung 3.6: Beispiele für die zwei Iterationsarten bei einem QP in zwei Größen mit einer Gleichungsnebenbedingung

festgestellt, wenn die Lösung des QPs einen negativen QP-Zielfunktionswert ergab, also $J_{\mathrm{QP}}(\Delta\underline{w}^*) < 0$ gilt. Abbildung 3.6 zeigt jeweils ein Beispiel für beide Iterationsarten. Das Beispiel macht deutlich, dass J-Typ-Iterationen in der Regel dann auftreten, wenn entweder der Vertrauensbereich groß ist (wie in Abbildung 3.6(a)) oder $h(\underline{w}^{(\kappa)})$ klein ist, sich der aktuelle Iterationspunkt also bereits nahe am zulässigen Gebiet befindet. Ist Γ klein und ist $\underline{w}^{(\kappa)}$ nicht zulässig, wie in Abbildung 3.6(b), wird der größte Teil der durch die Vertrauensbereichsbeschränkung zugelassenen Schrittlänge für die Erfüllung der Linearisierung der Nebenbedingungen benötigt. Zur Reduktion der Zielfunktion bleibt dann nur noch wenig Raum, so dass $J_{QP}(\Delta\underline{w}^*) > 0$ werden kann.

Als zweite Maßnahme dafür, dass das TRFSQP-Verfahren gegen ein lokales Minimum konvergiert, wird im Fall einer J-Typ-Iteration gefordert, dass entsprechend dem bereits vorgestellten Vertrauensbereichsverfahren

$$\frac{J(\underline{w}^{(\kappa)}) - J(\underline{w}^{(\kappa)} + \Delta\underline{w}^*)}{-J_{QP}(\Delta\underline{w}^*)} > \delta \, , \tag{3.53}$$

mit $\delta > 0$ erfüllt ist, also ein hinreichender Abstieg der Zielfunktion (hier nicht der Gütefunktion) durch den Schritt $\underline{w}^{(\kappa)} + \Delta\underline{w}^*$ erreicht wird. Gilt im Falle einer J-Typ-Iteration Bedingung (3.53) nicht, wird der Folgeiterationspunkt nicht akzeptiert und der Vertrauensbereich verkleinert. Mit der Verkleinerung von Γ sinkt die Wahrscheinlichkeit für einen J-Typ-Iteration und die für eine h-Typ-Iterationen steigt.

Abbildung 3.6(b) lässt bereits erahnen, dass wenn dort Γ weiter reduziert wird, die mögliche Schrittlänge nicht mehr ausreicht, die Nebenbedingung zu erfüllen. Das QP besitzt dann keine Lösung mehr. Dies ist ein Anzeichen dafür, dass der aktuelle Iterationspunkt zu weit vom zulässigen Gebiet entfernt ist. Deshalb wird beim auftreten eines unzulässigen QPs die sog. *Restaurationsphase* eingeleitet, in der nur versucht wird, h zu verkleinern. Die Zielfunktion wird dabei außer Acht gelassen und mit Hilfe eines iterativen Verfahrens h so lange reduziert, bis ein Iterationspunkt zum einen vom Filter akzeptiert wird und zum anderen das in ihm gebildete QP zulässig ist. Wird innerhalb der Restaurationsphase ein solcher Punkt gefunden, wird sie beendet, der letzte Iterationspunkt vor Beginn der Restaurationsphase zum Filter hinzugefügt und anschließend in der bereits beschriebenen Weise wieder unter Berücksichtung der Zielfunktion fortgefahren. Die Restaurationsphase ist der dritte Bestandteil eines Filter-SQP-Verfahrens, welcher für einen Konvergenzbeweis benötigt wird. Die Restaurationsphase kann nur dann gesichert erfolgreich beendet werden, wenn zum einen kein zulässiger Punkt (mit $h = 0$) in den Filter aufgenommen wird und zum anderen die zulässige Menge des NLPs nicht leer ist. Damit kein zulässiger Punkt im Filter aufgenommen wird, werden nur diejenigen Iterationspunkte $\underline{w}^{(\kappa)}$ aufgenommen, bei deren Folgeschritt $\underline{w}^{(\kappa)} + \Delta\underline{w}^*$ es sich um einen h-Typ-Iteration handelt.

Im Falle eines unzulässigen NLPs mit $\mathcal{Z}_{NLP} = \varnothing$ brechen die heute bekannten TRFSQP-Verfahren nach einer unvermeidlich erfolglosen Restaurationsphase die Berechnung ab (siehe [Fle97], [GT01] und [GKV03]). Laut Forderung 4 aus Abschnitt 2.2.4 an das im IPPC-System einzusetzende Lösungsverfahren, nach der auch unzulässige Optimalsteuerungsprobleme näherungsweise gelöst werden sollen, wird dies für die vorliegende Arbeit nicht akzeptiert. Dies wird nun näher erläutert.

Näherungsweise Lösung unzulässiger Probleme

Ein unzulässiges NLP führt unausweichlich auch zu unzulässigen Quadratischen Programmen, so dass die Berechnung der Suchrichtung fehlschlägt. Die meisten Optimierungsverfahren brechen in diesem Fall die Berechnung mit der Fehlermeldung ab, dass die Beschränkungen der Problemformulierung inkonsistent seien. Für die Anwendung eines Verfahrens innerhalb einer Modellbasierten Prädiktiven Regelung eines technischen Systems kann dies jedoch nicht toleriert werden. Es wird nun anhand der folgenden drei Beispiele erläutert, wo in der technischen Anwendung unzulässige NLP auftreten können und weshalb dennoch deren näherungsweise Lösung erfolgen muss:

1. Eine MPR ist in der Lage ein technisches System bis an seine Betriebsgrenzen zu betreiben. Oft kommt es aufgrund von Störungen oder Messrauschen dazu, dass bei einem Betrieb nahe der Grenzen der Systemzustand die zulässigen Grenzen verlässt. In diesem Fall ist es wünschenswert, den Zustand möglichst schnell wieder in den zulässigen Bereich zu bringen und anschließend optimal weiter zu regeln, anstatt das Regelungssystem abzuschalten.

2. Betriebssicherheit ist ein weiterer Grund, weshalb im Fall von nicht erfüllbaren Pfadbeschränkungen ein Abbruch der MPR nicht akzeptiert werden kann: Auch wenn es nicht mehr möglich ist, eine Ansteuerung zu finden, welche das System zurück in den zulässigen Bereich bringt, muss die Regelung dennoch versuchen, das System so nahe wie möglich an den zulässigen Bereich zu bringen. Damit wird dem menschlichen Führer des zu regelnden Prozesses, hier dem Fahrer des Lkws, genügend Zeit verschafft, die manuelle Regelung des Prozesses zu übernehmen.

3. Die Fähigkeit zur Lösung unzulässiger Probleme wird benötigt, um mit einer MPR Stabilität zu erzielen [CB99a]. Selbst wenn eine Ansteuerung des Fahrzeugs existiert, welche den Zustandsverlauf im zulässigen Gebiet hält, ist nicht sichergestellt, dass die Optimalsteuerungsprobleme der MPR stets eine zulässige Lösung besitzen [BBB$^+$01]. Dies liegt an der begrenzten Dauer des Prädiktionshorizonts.

Im ersten Fall besteht die Verletzung der Pfadbeschränkungen nur kurzzeitig. Wurde der Systemzustand wieder mit der Wahl der ersten Steuergrößen im Optimierungshorizont in den zulässigen Bereich gebracht, dann sollen die verbleibenden Steuerungen dazu verwendet werden, die Kostenfunktion zu reduzieren. Es bestehen damit bei der Optimierungsaufgabe zwei Ziele mit absteigender Priorität: Von höherer Priorität ist die bestmögliche Erfüllung der Beschränkungen. Ist dies erreicht, ist von zweiter Priorität die Reduktion der Zielfunktion, wobei sich der Abstand zum zulässigen Gebiet nicht vergrößern darf. Ein Maß für die Verletzung der Nebenbedingungen ist

$$\Theta(\underline{w}) = \sum_{i=1}^{n_d} |[\underline{d}(\underline{w})]_i| + \sum_{i=1}^{n_c} \max\{0, -[\underline{c}(\underline{w})]_i\}, \qquad (3.54)$$

dies entspricht der ℓ_1-Norm der Verletzung. Die Funktion Θ ist nicht stetig differenzierbar. Deshalb ist deren Minimierung mit Hilfe eines ableitungsbasierten Optimierungsverfahren zunächst nicht möglich.

Durch Einführung von Schlupfvariablen $\underline{r}_d \in \mathbb{R}^{n_d}$, $\underline{t}_d \in \mathbb{R}^{n_d}$ und $\underline{r}_c \in \mathbb{R}^{n_c}$ und zusätzliche Beschränkungen wird für (3.54) eine glatte Optimierungsaufgabe im erweiterten Suchvektor

$$\underline{y} := \begin{pmatrix} \underline{w}^T & \underline{t}_d^T & \underline{r}_d^T & \underline{r}_c^T \end{pmatrix}^T \in \mathbb{R}^{n_y}$$

formuliert, mit welcher ein Punkt $\underline{w}^{\circ}$ bestimmt werden kann, der (3.54) minimiert:

$$\min_{\underline{y} \in \mathbb{R}^{n_y}} \sum_{i=1}^{n_d} \left([\underline{r}_d]_i + [\underline{t}_d]_i\right) + \sum_{i=1}^{n_c} [\underline{r}_c]_i \tag{3.55a}$$

$$\text{u. Nb.:} \quad \underline{d}(\underline{w}) + \underline{r}_d - \underline{t}_d = \underline{0} \tag{3.55b}$$

$$\underline{c}(\underline{w}) + \underline{r}_c \geq \underline{0} \tag{3.55c}$$

$$\underline{r}_d \,, \underline{t}_d \,, \underline{r}_c \geq \underline{0} \,. \tag{3.55d}$$

Es handelt sich dabei um ein stets zulässiges NLP, bei dem für jeden Punkt $\underline{w}$ durch geeignete Wahl der Schlupfvariablen ein zulässiger Punkt $\underline{y}$ gefunden werden kann.

Der Gedanke liegt nun nahe, ein unzulässiges NLP in zwei Stufen zu lösen. In der ersten Stufe wird durch Lösung von (3.55) ein Punkt $\underline{y}^{\circ}$ bestimmt, welcher die Beschränkungen am geringsten bezüglich des Maßes (3.54) verletzt. In der zweiten Stufe werden im ursprünglichen NLP (3.17) die Beschränkungen (3.17b) und (3.17c) durch

$$\underline{d}(\underline{w}) + \underline{r}_d^{\circ} - \underline{t}_d^{\circ} = \underline{0} \quad \text{und} \quad \underline{c}(\underline{w}) + \underline{r}_c^{\circ} \geq \underline{0} \tag{3.56}$$

ersetzt. Das entstehende NLP besitzt zumindest den zulässigen Punkt $\underline{w}^{\circ}$. Ist das ursprüngliche NLP zulässig, wird die Lösung von (3.55) für die Schlupfvariablen $\underline{r}_d^{\circ} = \underline{t}_d^{\circ} = \underline{0}$ und $\underline{r}_c^{\circ} = \underline{0}$ ergeben, so dass die Beschränkungen durch (3.56) nicht modifiziert werden. Das zweistufige Vorgehen bei der Lösung eines NLPs besitzt den Nachteil, dass stets zwei NLP gelöst werden müssen, was deutlich mehr Rechenzeit benötigt. Selbst wenn das NLP zulässig ist, ist dies erst nach Lösung der ersten Stufe bekannt. Man könnte nun glauben, dass mit der Lösung $\underline{w}^{\circ}$ der ersten Stufe, schon ein Schritt in Richtung der Lösung $\underline{w}^{*}$ des ursprünglichen NLPs gegangen wird. Dies ist aber nicht der Fall, denn in der ersten Stufe wird die Zielfunktion nicht berücksichtigt. Steht ein Startpunkt $\underline{w}^{(0)}$ zur Verfügung, der nahe der Lösung liegt aber nicht zulässig ist, dann wird man sich mit $\underline{w}^{\circ}$ mit hoher Wahrscheinlichkeit von $\underline{w}^{*}$ wegbewegen. Bei der MPR ist es möglich, aus der Lösung des letzten Prädiktionshorizonts einen sehr guten Startpunkt für das im aktuellen Horizont zu lösende NLP abzuleiten. Die zweistufige Vorgehensweise würde diesen Vorteil zunichte machen. Es ist deshalb vorzuziehen, in einem Zuge eine näherungsweise Lösung eines (unzulässigen) NLPs zu berechnen.

Wenn beispielsweise das Programmpaket SNOPT [GMS05] während der Lösung des NLPs bemerkt, dass die Nebenbedingungen nicht erfüllbar sind, wird in den *elastischen Modus* gewechselt. Dabei wird anstatt des ursprünglichen NLPs (3.17), das *elastische Nichtlineare Programm* (eNLP)

$$\min_{\underline{y} \in \mathbb{R}^{n_y}} J(\underline{w}) + \gamma \left(\sum_{i=1}^{n_d} \left([\underline{r}_d]_i + [\underline{t}_d]_i\right) + \sum_{i=1}^{n_c} [\underline{r}_c]_i \right) \quad \text{u. Nb.:} \quad \text{(3.55b) bis (3.55d)} \tag{3.57}$$

gelöst, bei dem zur ursprünglichen Zielfunktion, über einen Strafparameter γ gewichtet, die Verletzung der Nebenbedingungen addiert wird. Als Zielfunktion wird damit die ℓ_1-Gütefunktion verwendet, von der bekannt ist, dass wenn γ größer als der betragsmäßig größte Lagrange-Multiplikator im Lösungspunkt gewählt wird, der Lösungspunkt $\underline{w}^{*}$ des elastischen NLPs mit dem des ursprünglichen NLPs übereinstimmt, sofern das ursprüngliche NLP zulässig ist. Ähnliche Strategien zur Behandlung unzulässiger NLP verfolgen das $S\ell_1$QP-Verfahren von Fletcher [Fle87] und die in [Bom99] untersuchte SQP-Variante. Wie bei der Vorstellung der gütemaßbasierten SQP-Verfahren beschrieben wurde, ist die Wahl des Strafparameters γ schwierig. Wird γ zu klein gewählt, so werden die Nebenbedingungen kaum berücksichtigt, was zu einem unbegrenzten elastischen NLP führen kann. Es stellt sich nun die Frage, inwieweit im Falle eines unzulässigen NLPs durch die Problemformulierung (3.57) die Verletzung der Beschränkungen klein gehalten wird, beziehungsweise, wie groß müsste γ gewählt werden, dass die Verletzung der Nebenbedingungen minimal wird. Die Frage beantwortet das folgende Beispiel:

Beispiel 3.2.2 (unzulässiges Nichtlineares Programm)
Betrachtet wird das NLP

$$\min_{\underline{w}\in\mathbb{R}^{n_w}} J(\underline{w}) \quad u.\,Nb.: \quad c(\underline{w}) \geq 0. \tag{3.58}$$

Die Beschränkungsfunktion nimmt im Punkt $\underline{w}^\circ$ ihr globales Maximum $c(\underline{w}^\circ) = c_{\max} < 0$ an. Sie ist also nicht erfüllbar und das NLP unzulässig. Das eNLP zu (3.58) lautet:

$$\min_{\underline{w}\in\mathbb{R}^{n_w}} J(\underline{w}) + \gamma r_c \quad u.\,Nb.: \quad \begin{cases} c(\underline{w}) + r_c \geq 0 \\ r_c \geq 0 \end{cases}. \tag{3.59}$$

Mit der Lagrange-Funktion des eNLPs

$$L_{\mathrm{eNLP}}(\underline{w}, r_c, \eta, \mu_r) := J(\underline{w}) + \gamma r_c - \eta\,(c(\underline{w}) + r_c) - \mu_r r_c$$

lauten die notwendigen Optimalitätsbedingungen 1. Ordnung für eine Lösung

$$\nabla_{\underline{w}} J(\underline{w}) - \nabla_{\underline{w}} c(\underline{w})\eta = 0\,, \qquad (3.60\mathrm{a}) \qquad\qquad r_c\,, \eta\,, \mu_r \geq 0\,, \qquad (3.60\mathrm{d})$$

$$\gamma - \eta - \mu_r = 0\,, \qquad (3.60\mathrm{b}) \qquad\qquad \eta(c(\underline{w}) + r) = 0\,, \qquad (3.60\mathrm{e})$$

$$c(\underline{w}) + r \geq 0\,, \qquad (3.60\mathrm{c}) \qquad\qquad r\mu_r = 0\,. \qquad (3.60\mathrm{f})$$

Damit (3.60c) erfüllt werden kann, muss $r_c \geq -c_{\max} > 0$ sein, so dass nach (3.60f) für den Multiplikator $\mu_r = 0$ gelten muss. Nach (3.60b) muss dann $\eta = \gamma$ sein, so dass mit (3.60a)

$$\nabla_{\underline{w}} J(\underline{w}) = \gamma \nabla_{\underline{w}} c(\underline{w}) \tag{3.61}$$

gelten muss. Da in $\underline{w}^\circ$ die Funktion c ihr globales Maximum annimmt, muss $\nabla_{\underline{w}} c(\underline{w}^\circ) = \underline{0}$ gelten. Zusammen mit (3.61) folgt damit, dass der Punkt $\underline{w}^\circ$ nur dann Lösung des elastischen NLPs sein kann, wenn in ihm auch $\nabla_{\underline{w}} J(\underline{w}^\circ) = \underline{0}$ gilt, also er auch Lösung des unbeschränkten Optimierungsproblems $\min J(\underline{w})$ ist. Im Allgemeinen wird erst für $\gamma \to \infty$ Gleichung (3.61) in $\underline{w}^\circ$ näherungsweise erfüllt sein.

Da erst für $\gamma \to \infty$ die Verletzung der Nebenbedingungen minimal wird, könnte man bestrebt sein, γ sehr groß zu wählen, so dass $\Theta(\underline{w}^*)$ sehr nahe an $\Theta(\underline{w}^\circ)$ liegt. Dies führt jedoch bei der technischen Realisierung des Verfahrens auf einem Digitalrechner zu numerischen Schwierigkeiten, da auf einem Prozessor nur mit begrenzter Zahlendarstellung gerechnet werden kann. Wird das eNLP mit einem SQP-Verfahren gelöst, wird für den Aufbau des

QPs im aktuellen Iterationspunkt die Hesse-Matrix der Lagrange-Funktion benötigt. Im Fall des eNLP aus Beispiel 3.2.2 berechnet sich diese in der Iteration κ mit $\eta = \gamma$ zu

$$\underline{H}^{(\kappa)} = \nabla_{ww}^2 J(w^{(\kappa)}) - \gamma \nabla_{ww}^2 c(w^{(\kappa)})\,. \tag{3.62}$$

Wird dort γ sehr groß gewählt, so dominiert die Krümmungsinformation der nicht erfüllbaren Beschränkung die der Zielfunktion. Mit vertretbarem Aufwand kann die Berechnung der zweiten Ableitungen der Zielfunktion und der Beschränkungen auf einem Prozessor nur mit einer begrenzten Genauigkeit durchgeführt werden, insbesondere wenn wie im Falle eines diskretisierten Optimalsteuerungsproblems die Auswertung der Komponenten der Problemformulierung eine numerische Simulation einer Differentialgleichung erfordert. Wird dann $\gamma > 1/\epsilon$ gewählt, wobei ϵ der relativen Genauigkeit der zweiten Ableitungen entspricht, dann überwiegt in (3.62) das numerische Rauschen von $\nabla_{\underline{w}\underline{w}} c(\underline{w}^{(\kappa)})$ die Krümmungsinformation der Zielfunktion. Für das SQP-Verfahren steht dann quasi keine Information zweiter Ordnung für die Optimierung noch freier Komponenten von $\underline{w}$ zur Verfügung, so dass nur eine sehr langsame Konvergenz beobachtet werden kann oder das Verfahren gar nicht konvergiert. Keine der eben geschilderten Methoden und der aus ihnen entstandenen bekannten Verfahren ist in der Lage, ein unzulässiges NLP genau und effizient zu lösen. Aus diesem Grund, aber auch aus der Absicht heraus für das IPPC-System ein Verfahren einzusetzen, welches sehr gute Warmstarteigenschaften besitzt, wird in der vorliegenden Arbeit das *Elastic-Trust-Region-Filter-SQP-Verfahren* (ETRFSQP) entwickelt.

3.2.3 Das neue Elastic-Trust-Region-Filter-SQP-Verfahren

Es wird nun ein neuartiges SQP-Verfahren vorgestellt, welches *in einem Zuge* das Maß der Verletzung der Nebenbedingungen minimiert und in verbleibenden Freiheitsgraden die Zielfunktion zum Minimum bringt. Das Verfahren ist an das TRFSQP-Verfahren *filterSQP* von Fletcher und Leyffer [FL99] angelehnt. Jenes ist nicht in der Lage, unzulässige Probleme zu lösen. Ein besonderer Augenmerk bei der Entwicklung des ETRFSQP-Verfahrens wurde auf die Fähigkeit zum Warmstart gelegt. Dabei wird versucht, möglichst viel Information über die optimale Aktive-Menge zur Initialisierung einer neuen Iteration einzubringen. Da in der vorliegenden Arbeit der größte Teil der Rechenzeit für die Berechnung der QPs anfällt und die Schwierigkeit bei der Lösung eines QPs hauptsächlich im Auffinden der optimalen Aktiven-Menge liegt, wird durch den Warmstart der Arbeitsmenge bei der Berechnung der Quadratischen Programme die Rechenzeit gegenüber bekannten Ansätzen merklich reduziert. Das Verfahren löst das folgende Zwei-Kriterien-Optimierungsproblem:

$$\text{Priorität 1:} \quad \min_{\underline{y}\in\mathbb{R}^{n_y}} \; \underline{e}_d^T(\underline{r}_d + \underline{t}_d) + \underline{e}_c^T\underline{r}_c \tag{3.63a}$$

$$\text{Priorität 2:} \quad \min_{\underline{y}\in\mathbb{R}^{n_y}} \; J(\underline{w}) \tag{3.63b}$$

$$\text{u. Nb.:} \quad \underline{a}(\underline{w}) = \underline{0} \tag{3.63c}$$

$$\underline{d}(\underline{w}) + \underline{r}_d - \underline{t}_d = \underline{0} \tag{3.63d}$$

$$\underline{c}(\underline{w}) + \underline{r}_c \geq \underline{0} \tag{3.63e}$$

$$\underline{r}_d,\,\underline{t}_d,\,\underline{r}_c \geq \underline{0}\,. \tag{3.63f}$$

Im Vergleich zur NLP-Formulierung (3.17) ist hier die Funktion der Gleichungsnebenbedingung aufgetrennt. Dabei beschreibt $\underline{a} : \mathbb{R}^{n_w} \to \mathbb{R}^{n_a}$ die Gleichungsnebenbedingung, welche die Lösung auf jeden Fall erfüllen muss, eine Verletzung der übrigen Beschränkungen kann dagegen unvermeidbar sein. Zur Unterscheidung wird im Folgenden die durch $\underline{a}$ gebildete Beschränkung *Systembeschränkung* und die durch $\underline{d}$ und $\underline{c}$ gebildeten *Bereichsbeschränkungen* genannt. Die Vektoren $\underline{e}_d \in \mathbb{R}^{n_d}$ und $\underline{e}_c \in \mathbb{R}^{n_c}$ sind Einsvektoren $(1, \ldots, 1)^T$ in passender Dimension. Für diese können auch allgemeine Vektoren mit positiven Elementen eingesetzt werden, durch welche die Verletzung der einzelnen Komponenten der Bereichsbeschränkungen unterschiedlich gewichtet werden. Handelt es sich bei (3.63) um ein diskretisiertes Optimalsteuerungsproblem, so beschreibt $\underline{a}$ die Nebenbedingungen, welche aus der Diskretisierung der Systemgleichung herrühren und die Bereichsbeschränkungen zusätzliche Nebenbedingungen, wie die Einhaltung einer Geschwindigkeitsbeschränkung. Die Lösung $\underline{w}^*$ muss eine zulässige Trajektorie des Systems beschreiben, ansonsten ist sie für eine MPR nicht verwendbar, eine kurzzeitige Verletzung einer Bereichsbeschränkung kann hingegen eher toleriert werden.

Das Zwei-Kriterien-Problem (3.17) kann entsprechend der Methodologie der Filterverfahren auch als ein Drei-Kriterien-Optimierungsproblem aufgefasst werden, mit den folgenden Kriterien in absteigender Priorität:

1. Einhaltung der Nebenbedingungen von (3.63)

2. Minimierung der Verletzung der Bereichsbeschränkungen

3. Minimierung der Zielfunktion

Das ETRFSQP-Verfahren berechnet Suchrichtungen, welche auf jeden Fall die Linearisierung der Nebenbedingungen von (3.63) erfüllen, das Kriterium 2 minimieren und zuletzt die Zielfunktion möglichst reduzieren. Zur Steuerung, ob eine Suchrichtung geeignet ist, wird der Mechanismus des Filters eingesetzt. Im Gegensatz zur Definition des Filtereintrags bestehend aus den zwei Komponenten Zielfunktionswert und Verletzung der Nebenbedingungen von filterSQP [FL99], wird hier ein Dreikomponenten-Filter eingesetzt.

Definition 3.2.3 (Dreikomponenten-Filtereintrag)

Der Dreikomponenten-Filtereintrag $F(\underline{y})$ eines Punktes $\underline{y} = \begin{pmatrix} \underline{w}^T & \underline{r}_d^T & \underline{t}_d^T & \underline{r}_c^T \end{pmatrix}^T$ ist definiert als das Wertetripel $F(\underline{y}) := \big(J(\underline{w}),\, \Theta(\underline{y}),\, h(\underline{y}) \big)$.

Dabei bezeichnet $J(\underline{w})$ den Zielfunktionswert. Die Komponente

$$\Theta(\underline{y}) := \underline{e}_d^T (\underline{r}_d + \underline{t}_d) + \underline{e}_c^T \underline{r}_c$$

ist die ℓ_1-Norm der Verletzung der Bereichsbeschränkungen und $h(\underline{y})$ ist das Maß

$$h(\underline{y}) := \max\left\{ \max_{i=1,\ldots,n_a} |[\underline{a}(\underline{w})]_i|, \right.$$

$$\left. \max_{i=1,\ldots,n_d} |[\underline{d}(\underline{w})]_i + [\underline{r}_d]_i - [\underline{t}_d]_i|,\ \max_{i=1,\ldots,n_c} \{0, -([\underline{c}(\underline{w})]_i + [\underline{r}_c]_i)\} \right\}$$

für die Verletzung der Nebenbedingungen von (3.63).

Zur Vereinfachung der Schreibweise wird in der weiteren Folge für den zum Iterationpunkt $\underline{y}^{(\kappa)}$ gehörenden Filtereintrag kurz $(J_\kappa, \Theta_\kappa, h_\kappa) := (J(\underline{y}^{(\kappa)}), \Theta(\underline{y}^{(\kappa)}), h(\underline{y}^{(\kappa)}))$ geschrieben. Das Filter $\mathcal{F}^{(\kappa)}$ ist eine Menge von Filtereinträgen aus Iterationspunkten, welche bis zur Iteration κ aufgetreten sind.

Für die Bestimmung eines möglichen Folgeiterationspunktes wird die Suchrichtung $\Delta \underline{y}^*$ durch Lösung der folgenden Zwei-Kriterien-Optimierungsaufgabe bestimmt:

$$\text{Priorität 1:} \quad \min_{\Delta \underline{y} \in \mathbb{R}^{n_y}} \underline{e}_d^T (\Delta \underline{r}_d + \Delta \underline{t}_d) + \underline{e}_c^T \Delta \underline{r}_c \tag{3.64a}$$

$$\text{Priorität 2:} \quad \min_{\Delta \underline{y} \in \mathbb{R}^{n_y}} \left\{ J_{\mathrm{QP}}(\Delta \underline{w}) = \frac{1}{2} \Delta \underline{w}^T \underline{H}^{(\kappa)} \Delta \underline{w} + (\underline{g}^{(\kappa)})^T \Delta \underline{w} \right\} \tag{3.64b}$$

$$\text{u. Nb.:} \quad \underline{A}^{(\kappa)} \Delta \underline{w} + \underline{a}^{(\kappa)} = \underline{0} \tag{3.64c}$$

$$\underline{D}^{(\kappa)} \Delta \underline{w} + \Delta \underline{r}_d - \Delta \underline{t}_d + (\underline{d}^{(\kappa)} + \underline{r}_d^{(\kappa)} - \underline{t}_d^{(\kappa)}) = \underline{0} \tag{3.64d}$$

$$\underline{C}^{(\kappa)} \Delta \underline{w} + \Delta \underline{r}_c + (\underline{c}^{(\kappa)} + \underline{r}_c^{(\kappa)}) \geq \underline{0} \tag{3.64e}$$

$$\Delta \underline{r}_d + \underline{r}_d^{(\kappa)} \geq \underline{0}, \; \Delta \underline{t}_d + \underline{t}_d^{(\kappa)} \geq \underline{0}, \; \Delta \underline{r}_c + \underline{r}_c^{(\kappa)} \geq \underline{0} \tag{3.64f}$$

$$\|\Delta \underline{w}\|_\infty \leq \Gamma^{(\kappa)} . \tag{3.64g}$$

Diese entsteht durch Linearisierung der Nebenbedingungen und quadratische Approximation der beiden Zielfunktionen um den aktuellen Iterationspunkt $\underline{y}^{(\kappa)}$. Die Zielfunktion (3.63a) von höherer Priorität ist dabei schon linear, so dass sich auch in (3.64a) eine lineare Zielfunktion ergibt. Zur Approximation der nichtlinearen Zielfunktion (3.63b) durch eine quadratische Form wird die exakte Hesse-Matrix

$$\underline{H}^{(\kappa)} := \nabla_{\underline{w}\underline{w}}^2 J(\underline{w}^{(\kappa)})$$

$$- \sum_{i=1}^{n_a} [\underline{\lambda}_a^{(\kappa)}]_i \nabla_{\underline{w}\underline{w}}^2 [\underline{a}(\underline{w}^{(\kappa)})]_i - \sum_{i=1}^{n_d} [\underline{\lambda}_d^{(\kappa)}]_i \nabla_{\underline{w}\underline{w}}^2 [\underline{d}(\underline{w}^{(\kappa)})]_i - \sum_{i=1}^{n_c} [\underline{\eta}^{(\kappa)}]_i \nabla_{\underline{w}\underline{w}}^2 [\underline{c}(\underline{w}^{(\kappa)})]_i$$

der Lagrange-Funktion und der Zielfunktionsgradient $\underline{g}^{(\kappa)}$ im aktuellen Iterationspunkt verwendet. Dabei bezeichnen $\underline{\lambda}_a$, $\underline{\lambda}_d$ und $\underline{\eta}$ die Lagrange-Multiplikatoren der Systembeschränkung sowie der Gleichungs- und Ungleichungs-Bereichsbeschränkung.

Die Suchrichtung $\Delta \underline{y}^* = \Delta \underline{y}_h^* + \Delta \underline{y}_\Theta^* + \Delta \underline{y}_J^*$ setzt sich entsprechend dem Filtereintrag auch aus drei Komponenten zusammen: die Komponente $\Delta \underline{y}_h^*$, welche die linearisierten Nebenbedingungen von (3.63) erfüllt, die Komponente $\Delta \underline{y}_\Theta^*$, welche Θ verkleinert, und die dritte Komponente $\Delta \underline{y}_J^*$, welche den Zielfunktionswert reduziert. Die Suchrichtung $\Delta \underline{y}^*$ legt den möglichen Folgeiterationspunkt $\hat{\underline{y}} = \underline{y}^{(\kappa)} + \Delta \underline{y}^*$ fest. Als notwendige Bedingung dafür, dass der Punkt $\hat{\underline{y}}$ Folgeiterationspunkt werden kann, muss er vom Filter und $\underline{y}^{(\kappa)}$ akzeptiert werden. Das heißt, mit der Definition 3.2.3 des Dreikomponenten-Filtereintrags wird $\hat{\underline{y}}$ akzeptiert, wenn für alle $(J_i, \Theta_i, h_i) \in \mathcal{F}^{(\kappa)} \cup F(\underline{y}^{(\kappa)})$

$$\underbrace{h(\hat{\underline{y}}) \leq (1 - \beta)h_i}_{\text{Nebenbedingungen}} \quad \vee \quad \underbrace{\Theta(\hat{\underline{y}}) \leq \Theta_i - \beta h(\hat{\underline{y}})}_{\text{Bereichsbeschränkungen}} \quad \vee \quad \underbrace{J(\hat{\underline{y}}) \leq J_i - \beta h(\hat{\underline{y}})}_{\text{Zielfunktion}}$$

gilt, mit einer Konstanten $0 < \beta \ll 1$.

Es muss also $\Delta \underline{y}^*$ zumindest eine der drei Kriterien hinreichend reduzieren. Je nachdem, welches der Kriterien $\Delta \underline{y}^*$ hauptsächlich reduziert, werden h-Typ-, Θ-Typ- und J-Typ-Iterationen unterschieden. Die Differenzierung erfolgt nach den folgenden Merkmalen: Eine h-Typ-Iteration wird festgestellt, wenn

$$-J_{\mathrm{QP}}(\Delta \underline{w}^*) < K_1 h^2(\underline{y}^{(\kappa)}) \quad \wedge \quad \Theta(\underline{y}^{(\kappa)}) - \Theta(\hat{y}) < K_2 h^2(\underline{y}^{(\kappa)}) \tag{3.65}$$

gilt, mit Konstanten K_1 und $K_2 > 0$. Es ist möglich, diese Konstanten anhand von oberen Schranken für die Normen der zweiten Ableitungen der Komponenten der Problemformulierung optimal festzulegen. Da solche Schranken jedoch schwer zu bestimmen sind, ist es vorzuziehen, diese durch Kalibrierung des Verfahrens festzulegen. Ist $-J_{\mathrm{QP}}(\Delta \underline{w}^*) \geq K_1 h^2(\underline{y}^{(\kappa)})$, handelt es sich um eine J-Typ-Iteration, da ein ausreichender Abstieg der Zielfunktion bei der Lösung des QPs prädiziert wurde. In diesem Fall muss auch ein tatsächlicher hinreichender Abstieg der Zielfunktion 2 erzielt werden, der durch

$$J(\underline{w}^{(\kappa)}) - J(\hat{w}) \geq -K_3\, J_{\mathrm{QP}}(\Delta \underline{w}^*)\,,$$

mit $0 < K_3 < 1$, festgestellt wird. Wird diese Bedingung nicht erfüllt, wird $\hat{y}$ nicht Folgeiterationspunkt und der Vertrauensbereich verkleinert. Handelt es sich beim vom Filter und $\underline{y}^{(\kappa)}$ akzeptierten Punkt $\hat{y}$ weder um eine h-Typ-, noch um eine J-Typ-Iteration, dann ist $\hat{y}$ eine Θ-Typ-Iteration. Eine hinreichende Reduktion von Θ muss in diesem Fall nicht geprüft werden, da die Zielfunktion 1 linear ist und damit stets gilt:

$$\underline{e}_d^T (\Delta \underline{r}_d^* + \Delta \underline{t}_d^*) + \underline{e}_c^T \Delta \underline{r}_c^* = \Theta(\hat{y}) - \Theta(\underline{y}^{(\kappa)})\,.$$

Ziel bei der Berechnung der Suchrichtung $\Delta \underline{y}^*$ ist, möglichst viel Information von früheren Iterationen über die optimale Arbeitsmenge für den Warmstart einer Iteration zu verwenden. Dieser Warmstart ist essenziell, da sich gezeigt hat, dass bei der Lösung des Optimalsteuerungsproblems der IPPC-MPR ca. 90 % der Rechenzeit für die Lösung der Quadratischen Programme aufgebracht werden muss und nur 10 % für die SQP-Globalisierung und die Berechnung von Funktionswerten und deren Ableitungen. Bedenkt man, dass für die Dimension n_c der Ungleichungs-Bereichsbeschränkungen 2^{n_c} Möglichkeiten für die Aktive-Menge existieren, sind theoretisch bis zu 2^{n_c} Iterationen nötig, ein QP oder LP mit Hilfe eines Aktive-Menge-Verfahrens zu lösen. Zwar sind es praktisch deutlich weniger Iterationen, welche ein solches Verfahren benötigt, der Rechenaufwand eines Aktive-Menge-Verfahrens steigt aber dennoch exponentiell mit der Zahl der Ungleichungsbeschränkungen. Wie in Abschnitt (3.2.1) erläutert wurde, würde dagegen eine einzige Iteration ausreichen, wenn die Aktive-Menge im Lösungspunkt vorab bekannt wäre. Es ist deshalb von entscheidender Bedeutung, ein Aktive-Menge-Verfahren mit einer Arbeitsmenge zu beginnen, welcher der Aktiven-Menge im Lösungspunkt sehr ähnlich ist. Gelingt dies, reduziert sich die Rechenzeit, welche für die Berechnung der Suchrichtung $\Delta \underline{y}^*$ benötigt wird, um Dekaden. Während des Ablaufs des ETRFSQP-Verfahrens wird dafür die Arbeitsmenge $\mathcal{V}^{(\kappa)}$, mit der die Berechnung der Suchrichtung in der Iteration κ möglichst gestartet werden soll, von Iteration zu Iteration weitergereicht.

Die Aktive-Menge im Lösungspunkt $\underline{y}^*$ ist vor der Berechnung einer Suchrichtung nicht bekannt, sie kann aber vorab gut abgeschätzt werden. Zum einen erweist sich die optimale

Arbeitsmenge der letzten Iteration als ein sehr guter Kandidat für die initiale Arbeitsmenge und man setzt $\mathcal{V}^{(\kappa)} = \mathcal{W}^{(\kappa-1)}$. In der ersten Iteration des SQP-Verfahrens hat man diese Information natürlich nicht zur Verfügung. Wird das Verfahren wie im Fall der vorliegenden Arbeit im Rahmen einer MPR eingesetzt, steht mit der Lösung des vorigen MPR-Taktes eine Trajektorie zur Verfügung, welche in weiten Teilen – im Intervall wo sich beide Horizonte überlappen – sehr ähnlich der Lösung des aktuellen Takts ist. Es wird deshalb angenommen, dass die Komponenten der Ungleichungs-Bereichsbeschränkung, welche in der Lösung des letzten Takts aktiv waren, im aktuellen Takt wieder aktiv sein werden. Mit den Indizes dieser Beschränkungen wird dann eine initiale Arbeitsmenge $\mathcal{V}^{(0)}$ für die Berechnung der ersten Suchrichtung des aktuellen Takts gebildet.

Die Berechnung der einzelnen Komponenten der Suchrichtung erfolgt in drei Phasen, jeweils durch Lösen eines Optimierungsproblems. Die Suchrichtung wird dabei zu

$$\Delta \underline{y}^* := \underbrace{\begin{pmatrix} \Delta \underline{w}_h^* \\ 0 \\ 0 \\ 0 \end{pmatrix}}_{=\Delta \underline{y}_h^*} + \underbrace{\begin{pmatrix} \Delta \underline{w}_\Theta^* \\ \Delta \underline{r}_d^* \\ \Delta \underline{t}_d^* \\ \Delta \underline{r}_c^* \end{pmatrix}}_{=\Delta \underline{y}_\Theta^*} + \underbrace{\begin{pmatrix} \Delta \underline{w}_J^* \\ 0 \\ 0 \\ 0 \end{pmatrix}}_{=\Delta \underline{y}_J^*}$$

zusammengesetzt, wobei die Komponenten der Schlupfvariablen von $\Delta \underline{y}^*$ nur in der zweiten Phasen berechnet werden. Die drei Phasen der Bestimmung der Suchrichtung werden nun vorgestellt und dabei die Maßnahmen erläutert, welche zu den guten Warmstarteigenschaften des ETRFSQP-Verfahrens führen. Im Anschluss daran wird ein Überblick über den Ablauf des Verfahrens gegeben.

Die erste Komponente $\Delta \underline{w}_h^*$ dient als zulässiger Startpunkt für die weitere Berechnung der Richtungen $\Delta \underline{y}_\Theta^*$ und $\Delta \underline{w}_J^*$. Sie soll deshalb zumindest die Nebenbedingungen (3.64c) und (3.64g) erfüllen. Die übrigen Beschränkungen können hingegen durch geeignete Wahl der Schlupfvariablen stets eingehalten werden. Die Richtung $\Delta \underline{w}_h^*$ wird durch Lösen des Linearen Programms (LP)

$$\min_{\Delta \underline{w}_h \in \mathbb{R}^{n_w}, \theta \in \mathbb{R}} -\theta \tag{3.66a}$$

$$\text{u. Nb.:} \quad \underline{A}^{(\kappa)} \Delta \underline{w}_h + \theta \, \underline{a}^{(\kappa)} = \underline{0} \tag{3.66b}$$

$$\check{\underline{D}} \Delta \underline{w}_h + \theta \, \check{\underline{d}} = \underline{0} \tag{3.66c}$$

$$\theta \leq 1 \tag{3.66d}$$

$$\|\Delta \underline{w}_h\|_\infty \leq \xi_1 \, \Gamma^{(\kappa)} \tag{3.66e}$$

mit

$$\check{\underline{D}} := \begin{pmatrix} D^{(\kappa)} \\ [\underline{C}^{(\kappa)}]'_{i|i \in \mathcal{V}^{(\kappa)}} \end{pmatrix} \qquad \check{\underline{d}} := \begin{pmatrix} \underline{d}^{(\kappa)} + \underline{r}_d^{(\kappa)} - \underline{t}_d^{(\kappa)} \\ [\underline{c}^{(\kappa)} + \underline{r}_c^{(\kappa)}]_{i|i \in \mathcal{V}^{(\kappa)}} \end{pmatrix}$$

bestimmt. Über den Parameter $0 < \xi_1 < 1$ wird dabei der Vertrauensbereich für die Berechnung von $\Delta \underline{w}_h^*$ gegenüber $\Gamma^{(\kappa)}$ verkleinert, so dass den beiden anderen Komponenten noch

Raum zur Reduktion von Θ und J_{QP} bleibt. Die Nebenbedingungen (3.66b) des LPs (3.66) entstehen zum einen durch Relaxierung der Systembeschränkung von (3.64) über den Relaxationsparameter θ. Zusätzlich zur Systembeschränkung wird das LP um die Gleichungsnebenbedingung (3.66c) ergänzt, welche aus der Gleichungs-Bereichsbeschränkung und den Komponenten der initialen Arbeitsmenge $\mathcal{V}^{(\kappa)}$ der Ungleichungs-Bereichsbeschränkung entsteht. Diese Nebenbedingung nimmt die Rolle einer temporären Beschränkung ein, da im Zuge der Berechnung von $\Delta \underline{w}_h^*$ gegebenenfalls Komponenten von (3.66c) aus der Formulierung des LPs entfernt werden. Auch diese temporäre Beschränkung wird über θ relaxiert, so dass (3.66) den zulässigen Startpunkt $\theta^{(0)} = 0$, $\Delta \underline{w}_h^{(0)} = \underline{0}$ für die Lösung des LPs mit Hilfe eines Aktive-Menge-Verfahrens besitzt.

Die numerische Lösung des LPs liefert dessen globales Optimum, da Lineare Programme konvex sind. Ist $(\Delta \underline{w}_h^*, \theta^*)$ eine Lösung von (3.66), dann wird geprüft, ob θ^* gleich dem unbeschränkten Optimum $\theta^* = 1$ ist. Ist dies der Fall, dann erfüllt $\Delta \underline{w}_h^*$ zum einen die Systembeschränkung. Zum anderen sind dann in $\Delta \underline{w}_h^*$ sämtliche Komponenten der Ungleichungs-Bereichsbeschränkung aus $\mathcal{V}^{(\kappa)}$ aktiv, so dass ein idealer Warmstart mit dem Startpunkt $\Delta \underline{w}_h^*$ erzielt wird. Ist $\theta^* < 1$, wird untersucht, ob durch Entfernen einer der temporären Beschränkungen θ weiter vergrößert werden kann. Für die Entscheidung, welche davon in Frage kommt, werden die Lagrange-Multiplikatoren $\check{\lambda}_d$ der temporären Beschränkungen herangezogen. Gilt für eine Komponente $[\check{\lambda}_d]_i \neq 0$, dann wird die i-te Zeile aus den temporären Beschränkungen (3.66c) entfernt und mit der Berechnung von (3.66) weiter fortgefahren. So werden Komponenten der temporären Beschränkungen entfernt und die Lösung des LPs weiter fortgesetzt, bis entweder $\theta = 1$, keine temporäre Beschränkung mehr übrig oder $\check{\lambda}_d = \underline{0}$ ist. Ist θ dann immer noch kleiner als Eins, dann stehen die linearisierte Systembeschränkung und die Vertrauensbereichsbeschränkung im Konflikt zueinander.

In diesem Fall wird die *Restaurationsphase* eingeleitet, bei der die Zielfunktion außer Acht gelassen und die Verletzung der Systembeschränkung reduziert wird. Da gefordert wird, dass die Systembeschränkung stets erfüllbar ist, und die eventuell nicht erfüllbaren Bereichsbeschränkungen relaxiert werden, wird im Gegensatz zu den bekannten Filter-SQP-Verfahren die Restaurationsphase hier stets mit Erfolg beendet. Ziel der Restaurationsphase ist, einen Punkt $\underline{w}_r$ zu finden, der vom Filter akzeptiert wird, der möglichst nahe am letzten Iterationspunkt $\underline{w}^{(\kappa)}$ vor dem Beginn der Retstaurationsphase liegt und für den $\|\underline{a}(\underline{w}_r)\|$ so klein ist, dass mit $\Gamma^{(\kappa)}$ das Lineare Programm (3.66) eine Lösung mit $\theta^* = 1$ besitzt. Der Punkt wird durch näherungsweise Lösung des NLPs

$$\min_{\underline{w}_r \in \mathbb{R}^{n_w}} \frac{1}{2}(\underline{w}_r - \underline{w}^{(\kappa)})^T(\underline{w}_r - \underline{w}^{(\kappa)}) \quad \text{u. Nb.:} \quad \underline{a}(\underline{w}_r) = \underline{0} \tag{3.67}$$

ermittelt. Dies geschieht iterativ durch ein SQP-Liniensuchverfahren. Das NLP wird dabei nicht bis zur Konvergenz gelöst, sondern die Berechnung abgebrochen, wenn $\underline{w}_r$ vom Filter und $\underline{w}^{(\kappa)}$ akzeptiert wird und für die Suchrichtung der Restaurationsphase

$$\|\Delta \underline{w}_r^*\|_\infty < \frac{\beta_1}{2}\Gamma^{(\kappa)}$$

gilt. Da keine zulässigen Punkte in den Filter eingetragen werden, wird ein Punkt mit $\underline{a}(\underline{w}_r) = \underline{0}$ stets akzeptiert, auch wenn während der Restaurationsphase J oder Θ erhöht werden. Nach Abbruch der Restaurationsphase wird als Folgeiterationspunkt

$$\underline{w}^{(\kappa+1)} = \underline{w}_r \qquad\qquad \underline{r}_d^{(\kappa+1)} = \max\{0, -\underline{d}(\underline{w}_r)\}$$
$$\underline{t}_d^{(\kappa+1)} = \max\{0, \underline{d}(\underline{w}_r)\} \qquad\qquad \underline{r}_c^{(\kappa+1)} = \max\{0, -\underline{c}(\underline{w}_r)\}$$

gesetzt, so dass $h(\underline{y}^{(\kappa+1)}) = 0$ gilt.

War die Berechnung der Suchrichtung $\Delta\underline{w}_h^*$ erfolgreich, dann wird die zweite Komponente $\Delta\underline{y}_\Theta^*$ bestimmt, welche die Verletzung der Bereichsbeschränkungen reduziert. Diese geschieht durch Lösen des Linearen Programms

$$\min_{\Delta\underline{y}_\Theta \in \mathbb{R}^{n_y}} \underline{e}_d^T(\Delta\underline{r}_d + \Delta\underline{t}_d) + \underline{e}_c^T\Delta\underline{r}_c \tag{3.68a}$$

unter den Nebenbedingungen

$$\underline{A}^{(\kappa)}\Delta\underline{w}_\Theta = \underline{0} \tag{3.68b}$$
$$\underline{D}^{(\kappa)}\Delta\underline{w}_\Theta + \Delta\underline{r}_d - \Delta\underline{t}_d + \bar{\underline{d}} = \underline{0} \qquad \Delta\underline{r}_d + \underline{r}_d^{(\kappa)} \geq \underline{0} \qquad \Delta\underline{t}_d + \underline{t}_d^{(\kappa)} \geq \underline{0} \tag{3.68c}$$
$$\underline{C}^{(\kappa)}\Delta\underline{w}_\Theta + \Delta\underline{r}_c + \bar{\underline{c}} \geq \underline{0} \qquad \Delta\underline{r}_c + \underline{r}_c^{(\kappa)} \geq \underline{0} \tag{3.68d}$$
$$\|\Delta\underline{w}_\Theta + \Delta\underline{w}_h^*\|_\infty \leq \xi_2\Gamma^{(\kappa)} \tag{3.68e}$$

mit

$$\bar{\underline{d}} := \underline{D}^{(\kappa)}\Delta\underline{w}_h^* + \breve{\underline{d}} \qquad\qquad \bar{\underline{c}} := \underline{C}^{(\kappa)}\Delta\underline{w}_h^* + \breve{\underline{c}}.$$

Über den Parameter ξ_2, mit $\xi_1 < \xi_2 < 1$, wird der Vertrauensbereich gegenüber $\Gamma^{(\kappa)}$ verkleinert, aber weniger als bei der Berechnung von $\Delta\underline{w}_h^*$. Als initiale Arbeitsmenge für die Lösung des Linearen Programms wird die Arbeitsmenge am Ende der Berechnung von $\Delta\underline{w}_h^*$ verwendet. Ein zulässiger Startpunkt für (3.68) ist

$$\Delta\underline{w}_\Theta^{(0)} = \underline{0} \qquad\qquad [\Delta\underline{r}_d^{(0)}]_i = \max\{-[\underline{r}_d^{(\kappa)}]_i, -[\bar{\underline{d}}]_i\}$$
$$[\Delta\underline{t}_d^{(0)}]_i = \max\{-[\underline{t}_d^{(\kappa)}]_i, [\bar{\underline{d}}]_i\} \qquad\qquad [\Delta\underline{r}_c^{(0)}]_i = \max\{-[\underline{r}_c^{(\kappa)}]_i, -[\bar{\underline{c}}]_i\}.$$

Die Summe der Vektoren $\Delta\underline{w}_h^* + \Delta\underline{w}_\Theta^*$ erfüllt zum einen die Nebenbedingungen und reduziert zum anderen die Verletzung der Bereichsbeschränkungen maximal. Die Richtung $\Delta\underline{w}_J^*$ wird nun so bestimmt, dass mit den noch freien Komponenten im Rahmen des noch zur Verfügung stehenden Vertrauensbereichs die Zielfunktion reduziert wird, wobei die Verletzung der Bereichsbeschränkungen nicht zunehmen darf. Die Richtung $\Delta\underline{w}_J^*$ wird als Lösung des folgenden Quadratischen Programms berechnet:

$$\min_{\Delta\underline{w}_J \in \mathbb{R}^{n_w}} \frac{1}{2}\Delta\underline{w}_J^T H^{(\kappa)}\Delta\underline{w}_J + \breve{\underline{g}}^T\Delta\underline{w}_J \tag{3.69a}$$

$$\text{u. Nb.:} \quad \underline{A}^{(\kappa)}\Delta\underline{w}_J = \underline{0} \tag{3.69b}$$

$$\underline{D}^{(\kappa)}\Delta\underline{w}_J = \underline{0} \tag{3.69c}$$

$$\underline{C}^{(\kappa)}\Delta\underline{w}_J + \tilde{\underline{c}} \geq \underline{0} \tag{3.69d}$$

$$\|\Delta\underline{w}_J + \Delta\underline{w}_h^* + \Delta\underline{w}_\Theta^*\| \leq \Gamma^{(\kappa)} \tag{3.69e}$$

mit

$$\tilde{g} := \underline{g}^{(\kappa)} + \underline{H}^{(\kappa)} \left(\Delta \underline{w}_h^* + \Delta \underline{w}_\Theta^* \right) \qquad\qquad \underline{\tilde{c}} := \underline{C}^{(\kappa)} \Delta \underline{w}_\Theta^* + \underline{\bar{c}} + \Delta \underline{r}_c^* \,.$$

Der Punkt $\Delta \underline{w}_J^{(0)} = \underline{0}$ ist ein zulässiger Startpunkt für die Berechnung des QPs durch ein Aktive-Menge-Verfahren, da nach (3.68d) die Komponenten $[\underline{\tilde{c}}]_i$ nicht negativ sind. Aus den KKT-Bedingungen im Lösungspunkt $\Delta \underline{w}_J^*$ des QPs werden die Schätzwerte für die Lagrange-Multiplikatoren $\hat{\underline{\lambda}}_a$ der Systembeschränkung, $\hat{\underline{\lambda}}_d$ der Gleichungs-Bereichs-beschränkung und $\hat{\eta}$ der Ungleichungs-Bereichsbeschränkung berechnet, mit denen bei er-folgreichem Schritt $\underline{\lambda}_a^{(\kappa+1)}$, $\underline{\lambda}_d^{(\kappa+1)}$ und $\underline{\eta}^{(\kappa+1)}$ aktualisiert werden.

Der Ablauf des ETRFSQP-Verfahrens erfolgt nach dem Schema in Abbildung 3.7. Zu Be-ginn des Verfahrens wird ein Startpunkt $\underline{w}^{(0)}$ benötigt, der zunächst keine der Nebenbedin-gungen des NLPs erfüllen muss. Die Berechnung der Startwerte für die Schlupfvariablen erfolgt dann durch

$$\underline{r}_d^{(0)} = \max\{0, -\underline{d}(\underline{w}^{(0)})\} \qquad \underline{t}_d^{(0)} = \max\{0, \underline{d}(\underline{w}^{(0)})\} \qquad \underline{r}_c^{(0)} = \max\{0, -\underline{c}(\underline{w}^{(0)})\}$$

für $\underline{w}^{(0)}$. Weiterhin werden Startwerte für die Lagrange-Multiplikatoren $\underline{\lambda}_a^{(0)}$, $\underline{\lambda}_d^{(0)}$ und $\underline{\eta}^{(0)}$ benötigt, um von Beginn an die exakte Hesse-Matrix der Lagrange-Funktion für die Berech-nung von $\Delta \underline{w}_J^*$ verwenden zu können. Im einfachsten Fall genügt es, diese Größen zu Null zu initialisieren. Es ist aber auch möglich, für sie gute Startwerte zu schätzen, wenn wie bei der MPR eine ähnliche Optimierungsaufgabe bereits gelöst wurde. Zu Beginn wird das Filter mit $\mathcal{F}^{(0)} = \{(-\infty, -\infty, h_{\max})\}$ mit $h_{\max} \geq h(\underline{y}^{(0)})$ initialisiert. Dieser Filtereintrag erzielt, dass kein Iterationspunkt die Nebenbedingungen von (3.63) mehr als $h_{\max}$ verletzen wird. Konvergenz des Verfahrens wird festgestellt, wenn die euklidische Norm der Suchrichtung kleiner einer numerischen Schranke $\epsilon \approx 10^{-6}$ ist. Für die effiziente numerische Lösung der für die Bestimmung von $\Delta \underline{y}^*$ zu berechnenden Quadratischen und Linearen Programme wird in dieser Arbeit ein neues Verfahren entwickelt, welches die Struktur von QPs und LPs ausschöpft, die bei der Anwendung des ETRFSQP-Verfahrens für die Lösung eines nichtlinearen zeitdiskreten Optimalsteuerungsproblems entstehen. Dieses Verfahren wird nun im folgenden Teilabschnitt vorgestellt.

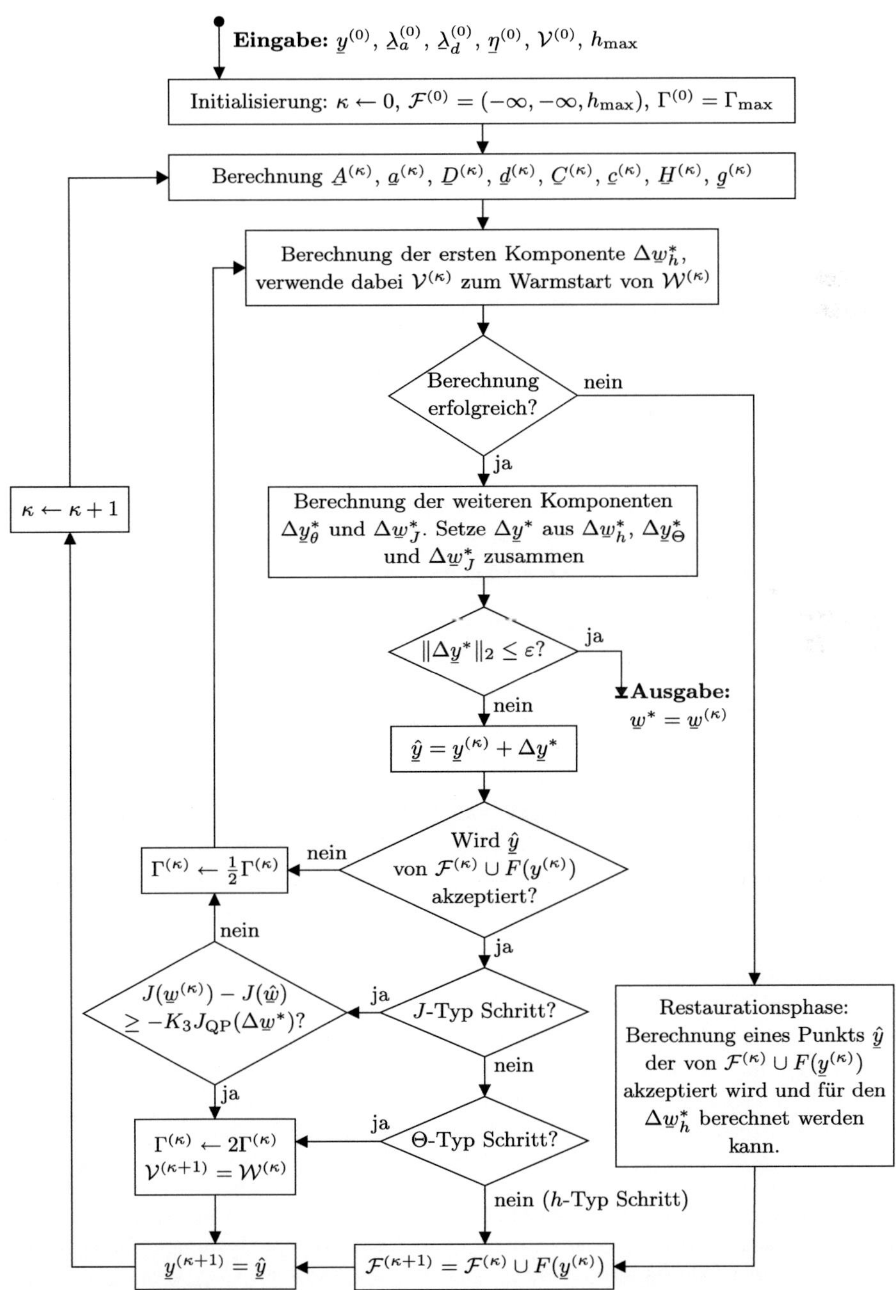

Abbildung 3.7: Schematischer Ablauf des ETRFSQP-Verfahrens

3.3   Ein neues Lösungsverfahren für lineare zeitdiskrete Optimalsteuerungsprobleme

Das im vorigen Abschnitt vorgestellte SQP-Verfahren löst ein Nichtlineares Programm durch die sukzessive Lösung von Quadratischen Programmen. Es ist in der Lage, auch ein eventuell unzulässiges NLP numerisch robust und effizient zu berechnen. Diese Arbeit hat als Ziel, ein numerisches Lösungsverfahren für Optimalsteuerungsprobleme zu entwickeln. Zu Beginn von Abschnitt 3.2 wurde das nichtlineare zeitdiskrete Optimalsteuerungsproblem (3.16) in die sehr allgemeine Form eines NLPs (3.17) gebracht, um die dort behandelten Verfahren sehr allgemein und kompakt darstellen zu können. In Abschnitt 3.2.1 wurden Verfahren zur Lösung konvexer und nichtkonvexer Quadratischer Programme (3.18) vorgestellt. Das folgende Beispiel verdeutlicht, welcher Rechenaufwand entsteht, wenn man die Verfahren aus Abschnitt 3.2 direkt zur Lösung eines ZOSPs anwendet.

Beispiel 3.3.1 (Rechenaufwand)
Betrachtet wird ein unbeschränktes ZOSP mit 100 Abtastintervallen, wobei in jedem Intervall drei Steuergrößen also insgesamt 300 Steuerungen zu bestimmen sind. Bei der Lösung eines QPs im Zuge des SQP-Verfahrens mit dem Verfahren aus Abschnitt 3.2.1 setzt sich die Nullraumkomponente $\Delta \underline{w}_z$ der Suchrichtung aus den Suchrichtungen für die Steuerungen $\Delta \underline{u}_k$ zusammen. Es gilt damit $\dim\{\Delta \underline{w}_z\} = 300$.

Zur Berechnung von $\Delta \underline{w}_z^*$ muss die Inverse der 300×300-Matrix $\tilde{\underline{H}}$ berechnet werden. Es ist bekannt, dass der Rechenaufwand einer Matrix-Inversion mit der dritten Potenz der Dimension der Matrix wächst. Bei der Berechnung nur einer Suchrichtung würde damit im vorliegenden Fall alleine die Berechnung der Matrix-Inversion mehr als 27000000 Operationen benötigen.

In diesem Abschnitt wird ein Lösungsverfahren für Quadratische Programme vorgestellt, welche entstehen, wenn ein zeitdiskretes Optimalsteuerungsproblem mit Hilfe eines SQP-Verfahrens gelöst wird. Der Rechenaufwand im vorigen Beispiel entsteht nur dann, wenn das QP-Lösungsverfahren die Struktur eines ZOSPs nicht beachtet. Das Verfahren dieses Abschnitt schöpft dagegen die rekursive Struktur eines ZOSPs voll aus, so dass es im Beispiel 3.3.1 nur 900 Rechenoperationen für die Matrix-Inversion benötigt und damit um den Faktor 30000 schneller ist, als die Anwendung der Standardverfahren aus Abschnitt 3.2.1. Die Rechentechniken dieses Abschnitts ermöglichen deshalb erst die Optimierung in Echtzeit innerhalb des IPPC-Systems. Das Beispiel hat verdeutlicht, dass die Betrachtung des ZOSPs als kompaktes NLP wie in Abschnitt 3.2 zu einem hohen Rechenaufwand führt. Es wird deshalb genauer untersucht, welche Gestalt die Quadratischen Programme besitzen, die bei der Lösung eines nichtlinearen ZOSPs durch das SQP-Verfahren entstehen.

Nach Einführung des Lagrange-Multiplikators $\underline{\lambda}_{-1}$ für die Anfangsbedingung und der Folgen der Lagrange-Multiplikatoren $\{\underline{\lambda}_k\}$, $\{\underline{\mu}_k\}$ und $\{\underline{\eta}_k\}$ für die Systemgleichung sowie die Gleichungs- und Ungleichungsbeschränkungen der einzelnen Diskretisierungsstufen lautet mit

$$h_k(\underline{x}_k, \underline{u}_k, \underline{\lambda}_k, \underline{\mu}_k, \underline{\eta}_k) := -\underline{\lambda}_k^T \underline{F}_k(\underline{x}_k, \underline{u}_k) - \underline{\mu}_k^T \underline{d}_k(\underline{x}_k, \underline{u}_k) - \underline{\eta}_k^T \underline{c}_k(\underline{x}_k, \underline{u}_k)$$

$$h_n(\underline{x}_n, \underline{\mu}_n, \underline{\eta}_n) := \Phi(\underline{x}_n) - \underline{\mu}_n^T \underline{d}_k(\underline{x}_n) - \underline{\eta}_n^T \underline{c}_k(\underline{x}_n)$$

die Lagrange-Funktion des ZOSPs (3.16)

$$L_{\text{ZOSP}}(\{\underline{x}_k\}, \{\underline{u}_k\}, \{\underline{\lambda}_k\}, \{\underline{\mu}_k\}, \{\underline{\eta}_k\}) :=$$

$$\underline{\lambda}_{-1}^T(\underline{x}_0 - \underline{x}_{\text{A}}) + \sum_{k=0}^{n-1} \left\{ h_k(\underline{x}_k, \underline{u}_k, \underline{\lambda}_k, \underline{\mu}_k, \underline{\eta}_k) + \underline{\lambda}_k^T \underline{x}_{k+1} \right\} + h_n(\underline{x}_n, \underline{\mu}_n, \underline{\eta}_n).$$

Berechnet man ihre zweite Ableitung

$$\nabla^2_{\underline{y}_k \underline{y}_k} L_{\text{ZOSP}}(\cdot) = \begin{pmatrix} \nabla^2_{\underline{x}_k \underline{x}_k} h_k(\underline{x}_k, \underline{u}_k, \underline{\lambda}_k, \underline{\mu}_k, \underline{\eta}_k) & \left(\nabla^2_{\underline{u}_k \underline{x}_k} h_k(\underline{x}_k, \underline{u}_k, \underline{\lambda}_k, \underline{\mu}_k, \underline{\eta}_k)\right)^T \\ \nabla^2_{\underline{u}_k \underline{x}_k} h_k(\underline{x}_k, \underline{u}_k, \underline{\lambda}_k, \underline{\mu}_k, \underline{\eta}_k) & \nabla^2_{\underline{u}_k \underline{u}_k} h_k(\underline{x}_k, \underline{u}_k, \underline{\lambda}_k, \underline{\mu}_k, \underline{\eta}_k) \end{pmatrix} \quad (3.70)$$

bezüglich dem Vektor $\underline{y}_k := (\underline{x}_k^T, \underline{u}_k^T)^T$, in dem die Variablen einer Diskretisierungsstufe vereinigt sind, wird deutlich, dass dieser Hesse-Matrix-Block nur von den Größen der k-ten Diskretisierungsstufe abhängt. Die Hesse-Matrix der Lagrange-Funktion besitzt somit eine sog. *Blockbandstruktur*.

Das QP des ZOSPs (3.16) in einem Iterationspunkt $(\{\underline{x}_k^{(\kappa)}\}, \{\underline{u}_k^{(\kappa)}\}, \{\underline{\lambda}_k^{(\kappa)}\}, \{\underline{\mu}_k^{(\kappa)}\}, \{\underline{\eta}_k^{(\kappa)}\})$ bekommt dadurch die folgende spezielle Gestalt:

Definition 3.3.1 (Lineares zeitdiskretes Optimalsteuerungsproblem)

$$\min_{\{\Delta \underline{x}_k\}, \{\Delta \underline{u}_k\}} \sum_{k=0}^{n-1} J_{\text{QP},k}(\Delta \underline{x}_k, \Delta \underline{u}_k) + J_{\text{QP},n}(\Delta \underline{x}_n) \quad (3.71\text{a})$$

unter den Nebenbedingungen

$$\Delta \underline{x}_0 = \Delta \underline{x}_{\text{A}} \quad\quad (3.71\text{b})$$

$$\Delta \underline{x}_{k+1} = \underline{A}_k \Delta \underline{x}_k + \underline{B}_k \Delta \underline{u}_k + \underline{a}_k^\varepsilon \quad\quad k = 0, \ldots, n-1 \quad (3.71\text{c})$$

$$\underline{D}_{x,k} \Delta \underline{x}_k + \underline{D}_{u,k} \Delta \underline{u}_k + \underline{d}_k^\varepsilon = \underline{0} \quad\quad k = 1, \ldots, n-1 \quad (3.71\text{d})$$

$$\underline{C}_{x,k} \Delta \underline{x}_k + \underline{C}_{u,k} \Delta \underline{u}_k + \underline{c}_k^\varepsilon \geq \underline{0} \quad\quad k = 1, \ldots, n-1 \quad (3.71\text{e})$$

$$\underline{D}_{x,n} \Delta \underline{x}_k + \underline{d}_n^\varepsilon = \underline{0} \quad\quad (3.71\text{f})$$

$$\underline{C}_{x,n} \Delta \underline{x}_k + \underline{c}_n^\varepsilon \geq \underline{0}. \quad\quad (3.71\text{g})$$

Dabei wurden die folgenden Bezeichnungen eingeführt:

$$J_{\text{QP},k}(\Delta \underline{x}_k, \Delta \underline{u}_k) := \frac{1}{2} \begin{pmatrix} \Delta \underline{x}_k \\ \Delta \underline{u}_k \end{pmatrix}^T \begin{pmatrix} \underline{H}_{xx,k} & \underline{H}_{ux,k}^T \\ \underline{H}_{ux,k} & \underline{H}_{uu,k} \end{pmatrix} \begin{pmatrix} \Delta \underline{x}_k \\ \Delta \underline{u}_k \end{pmatrix} + \begin{pmatrix} \underline{g}_{x,k} \\ \underline{g}_{u,k} \end{pmatrix}^T \begin{pmatrix} \Delta \underline{x}_k \\ \Delta \underline{u}_k \end{pmatrix}$$

$$J_{\text{QP},n}(\Delta \underline{x}_n) := \frac{1}{2} \Delta \underline{x}_N^T \underline{H}_{xx,n} \Delta \underline{x}_n + \underline{g}_{x,n}^T \Delta \underline{x}_n$$

und

$$\underline{H}_{xx,k} := \nabla^2_{\underline{x}_k \underline{x}_k} h_k(\underline{x}_k^{(\kappa)}, \underline{u}_k^{(\kappa)}, \underline{\lambda}_k^{(\kappa)}, \underline{\mu}_k^{(\kappa)}, \underline{\eta}_k^{(\kappa)}) \quad\quad \underline{g}_{x,k} := \nabla_{\underline{x}_k} J_k(\underline{x}_k^{(\kappa)}, \underline{u}_k^{(\kappa)})$$

$$\underline{H}_{ux,k} := \nabla^2_{\underline{u}_k \underline{x}_k} h_k(\underline{x}_k^{(\kappa)}, \underline{u}_k^{(\kappa)}, \underline{\lambda}_k^{(\kappa)}, \underline{\mu}_k^{(\kappa)}, \underline{\eta}_k^{(\kappa)}) \quad\quad \underline{g}_{u,k} := \nabla_{\underline{u}_k} J_k(\underline{x}_k^{(\kappa)}, \underline{u}_k^{(\kappa)})$$

$$\underline{H}_{uu,k} := \nabla^2_{\underline{u}_k \underline{u}_k} h_k(\underline{x}_k^{(\kappa)}, \underline{u}_k^{(\kappa)}, \underline{\lambda}_k^{(\kappa)}, \underline{\mu}_k^{(\kappa)}, \underline{\eta}_k^{(\kappa)}) \quad\quad \Delta \underline{x}_{\text{A}} := \underline{x}_{\text{A}} - \underline{x}_0^{(\kappa)}$$

$$\underline{A}_k := \nabla_{\underline{x}_k} \underline{F}_k(\underline{x}_k^{(\kappa)}, \underline{u}_k^{(\kappa)})^T \quad\quad \underline{B}_k := \nabla_{\underline{u}_k} \underline{F}_k(\underline{x}_k^{(\kappa)}, \underline{u}_k^{(\kappa)})^T$$

$$a_k^\varepsilon := F_k(\underline{x}_k^{(\kappa)}, \underline{u}_k^{(\kappa)}) - \underline{x}_{k+1}^{(\kappa)} \qquad\qquad D_{x,k} := \nabla_{\underline{x}_k} \underline{d}_k(\underline{x}_k^{(\kappa)}, \underline{u}_k^{(\kappa)})^T$$

$$D_{u,k} := \nabla_{\underline{u}_k} \underline{d}_k(\underline{x}_k^{(\kappa)}, \underline{u}_k^{(\kappa)})^T \qquad\qquad \underline{d}_k^\varepsilon := \underline{d}_k(\underline{x}_k^{(\kappa)}, \underline{u}_k^{(\kappa)})$$

$$C_{x,k} := \nabla_{\underline{x}_k} \underline{c}_k(\underline{x}_k^{(\kappa)}, \underline{u}_k^{(\kappa)})^T \qquad\qquad C_{u,k} := \nabla_{\underline{u}_k} \underline{c}_k(\underline{x}_k^{(\kappa)}, \underline{u}_k^{(\kappa)})^T$$

$$\underline{c}_k^\varepsilon := \underline{c}_k(\underline{x}_k^{(\kappa)}, \underline{u}_k^{(\kappa)}).$$

Ein QP in der speziellen Form (3.71) kann auch als *lineares zeitdiskretes Optimalsteuerungsproblem* interpretiert werden. Die Nebenbedingung (3.71c) repräsentiert dabei die affine Systemfunktion. Die Zielfunktion (3.71a) ist eine Summe von Zielfunktionstermen $J_{\mathrm{QP},k}$ der einzelnen Diskretisierungsstufen. Diese sind potentiell *nichtkonvex*, da die Hesse-Matrix-Blöcke (3.70) beliebig definit sein können. Die Nebenbedingungen (3.71b) bis (3.71g) entstehen durch Linearisierung der nichtlinearen Nebenbedingungen im aktuellen SQP-Iterationspunkt. Die Systemgleichungen und die Pfadbeschränkungen werden also um die Zustands- $\{\underline{x}_k^{(\kappa)}\}$ und Steuerungsfolge $\{\underline{u}_k^{(\kappa)}\}$ der aktuellen Iteration linearisiert.

Zur Berechnung der ersten und zweiten Ableitungen der zeitdiskreten Systemgleichung wird hier die Methode der *Internen Numerischen Differentiation* eingesetzt [Lei99], [Bau99]. Bei diesem Verfahren erhält man die Ableitungen als Lösung der Variationsdifferentialgleichung 1. und 2. Ordnung der Systemgleichung. Die Berechnung der partiellen Ableitungen der Terme der kontinuierlichen Problemformulierung erfolgt dabei auf analytischem Weg.

Der Ablauf des in diesem Abschnitt vorgestellten Verfahrens, zur Lösung linearer ZOSPs, ist identisch dem Ablauf der Verfahren zur Lösung streng konvexer bzw. nichtkonvexer Quadratischer Programme aus Abschnitt 3.2.1. Im Fall des linearen ZOSPs setzt sich der QP-Iterationspunkt $\Delta\underline{w}^{(\nu)} := ((\Delta\underline{x}_0^{(\nu)})^T, (\Delta\underline{u}_0^{(\nu)})^T, \ldots, (\Delta\underline{x}_n^{(\nu)})^T)^T$ sowie die QP-Suchrichtung $\delta\underline{w}^* := ((\delta\underline{x}_0^*)^T, (\delta\underline{u}_0^*)^T, \ldots, (\delta\underline{x}_n^*)^T)^T$ aus den Komponenten der Zustands- und Steuerungsvektoren der einzelnen Stufen zusammen. Schwerpunkt in diesem Abschnitt bildet die *effiziente* Berechnung der QP-Suchrichtung, insbesondere die einer geeigneten Richtung unendlichen Abstiegs für den Fall eines nichtkonvexen GQPs.

Das Verfahren berechnet die Suchrichtungen $\delta\underline{w}^*$ unter Anwendung des Bellmanschen Optimalitätsprinzips rekursiv. Diese Vorgehensweise ist inspiriert durch das von Steinbach [Ste95] entwickelte Lösungsverfahren für *konvexe*, lineare, *nur gleichungsbeschränkte*, zeitdiskrete Optimalsteuerungsprobleme. Das Verfahren der vorliegenden Arbeit unterscheidet sich von diesem in zwei entscheidenden Merkmalen:

1. Das hier entwickelte Verfahren ist in der Lage, eine lokale Lösung auch für *nichtkonvexe* Probleme effizient zu bestimmen.

2. Steinbach nutzt das Prinzip der Dynamischen Programmierung für die Lösung eines nur gleichungsbeschränkten QPs. Die Einbettung seines Verfahrens in das Aktive-Menge-Verfahren hat er nicht weiter untersucht.

   Wie später gezeigt wird, ist es aufgrund der rekursiven Struktur des Problems möglich, bei einer Änderung der Arbeitsmenge, die Suchrichtung zu einem Bruchteil der Kosten zu berechnen, als wenn das GQP ohne Berücksichtigung der Lösung des GQPs der vorigen Iteration berechnet wird. Das Verfahren dieser Arbeit berechnet so nur diejenigen Größen neu, welche bei einem Wechsel der Arbeitsmenge tatsächlich notwendig sind.

Die Lösung von (3.71) ergibt die Suchrichtung $\Delta\underline{w}_J^*$ des im vorigen Abschnitt vorgestellten SQP-Verfahrens. Durch eine Umformulierung von (3.71) ist es auch möglich, die beiden anderen Komponenten $\Delta\underline{w}_h^*$ und $\Delta\underline{w}_\Theta^*$ des Suchvektors des ETRFSQP-Verfahrens mit dem in diesem Abschnitt behandelten Verfahren zu berechnen. Die Berechnung dieser Komponenten erfordert zwar die Lösung jeweils eines Linearen Programmes, ein solches Problem ist aber nur ein Spezialfall eines nicht streng konvexen Quadratischen Programms.

Bei der Anwendung des ETRFSQP-Verfahrens enthält die Problemformulierung (3.71) zusätzlich die Vertrauensbereichsbeschränkungen

$$\|\Delta\underline{x}_k\|_\infty \leq \Gamma^{(\kappa)} \quad \text{und} \quad \|\Delta\underline{u}_k\|_\infty \leq \Gamma^{(\kappa)}\,.$$

Um die Darstellung in der weiteren Folge dieses Abschnitts zu vereinfachen, wird angenommen, dass diese bereits in den Beschränkungen (3.71e) und (3.71g) enthalten sind.

Im ersten Teilabschnitt wird zunächst das rekursive Lösungsverfahren für *streng konvexe allgemein beschränkte* lineare zeitdiskrete Optimalsteuerungsprobleme beschrieben. Dieses wird im darauf folgenden Teilabschnitt für *nichtkonvexe* Probleme erweitert. Ein besonderer Schwerpunkt wird dabei auf die Berücksichtung der numerischen Effekte gelegt, welche durch das Rechnen mit begrenzter Zahlendarstellung bei der praktischen Implementierung des Verfahrens entstehen.

3.3.1 Ein rekursives Lösungsverfahren für streng konvexe Probleme

Ausgangspunkt für die Lösung des linearen ZOSPs (3.71) ist ein zulässiger Punkt $\Delta\underline{w}^{(0)}$, bestehend aus einer zulässigen Zustands- $\{\Delta\underline{x}_k^{(0)}\}$ und Steuerungsfolge $\{\Delta\underline{u}_k^{(0)}\}$. Dieser entsteht beim ETRFSQP-Verfahren aus der Summe $\Delta\underline{w}_h^* + \Delta\underline{w}_\Theta^*$. Das Aktive-Menge-Verfahren berechnet anschließend eine Folge zulässiger Punkte. In der ν-ten Iteration wird eine Abstiegsrichtung $\delta\underline{w}^*$ anhand eines gleichungsbeschränkten Quadratischen Programms ermittelt, welches im vorliegenden Fall eines linearen ZOSPs die folgende Gestalt besitzt:

$$\min_{\{\delta\underline{x}_k\},\{\delta\underline{u}_k\}} \delta J_{\mathrm{QP}}^{(\nu)}(\{\delta\underline{x}_k\},\{\delta\underline{u}_k\}) = \sum_{k=0}^{n-1} \delta J_{\mathrm{QP},k}^{(\nu)}(\delta\underline{x}_k,\delta\underline{u}_k) + \delta J_{\mathrm{QP},n}^{(\nu)}(\delta\underline{x}_n) \tag{3.72a}$$

unter den Nebenbedingungen

$$\delta\underline{x}_0 = \underline{0} \tag{3.72b}$$

$$\delta\underline{x}_{k+1} = A_k\delta\underline{x}_k + B_k\delta\underline{u}_k \qquad k = 0,\dots,n-1 \tag{3.72c}$$

$$\tilde{D}_{x,k}^{(\nu)}\delta\underline{x}_k + \tilde{D}_{u,k}^{(\nu)}\delta\underline{u}_k = \underline{0} \qquad k = 0,\dots,n-1 \tag{3.72d}$$

$$\tilde{D}_{x,n}^{(\nu)}\delta\underline{x}_n = \underline{0}\,. \tag{3.72e}$$

Dieses entsteht aus dem QP (3.71) indem die Folgen $\{\Delta\underline{x}_k\}$ und $\{\Delta\underline{u}_k\}$ durch $\{\Delta\underline{x}_k^{(\nu)} + \delta\underline{x}_k\}$ bzw. $\{\Delta\underline{u}_k^{(\nu)} + \delta\underline{u}_k\}$ ersetzt werden. Die Zielfunktion

$$\delta J_{\mathrm{QP}}^{(\nu)}(\{\delta\underline{x}_k\},\{\delta\underline{u}_k\}) = J_{\mathrm{QP}}(\{\Delta\underline{x}_k^{(\nu)} + \delta\underline{x}_k\},\{\Delta\underline{u}_k^{(\nu)} + \delta\underline{u}_k\}) - J_{\mathrm{QP}}(\{\Delta\underline{x}_k^{(\nu)}\},\{\Delta\underline{u}_k^{(\nu)}\})$$

misst die Änderung des Zielfunktionswerts bezüglich dem des aktuellen Iterationspunkts $\Delta \underline{w}^{(\nu)}$. Sie ist aus Termen

$$\delta J_{\mathrm{QP},k}^{(\nu)}(\delta \underline{x}_k, \delta \underline{u}_k) = \frac{1}{2} \begin{pmatrix} \delta \underline{x}_k \\ \delta \underline{u}_k \end{pmatrix}^T \begin{pmatrix} \underline{H}_{xx,k} & \underline{H}_{ux,k}^T \\ \underline{H}_{ux,k} & \underline{H}_{uu,k} \end{pmatrix} \begin{pmatrix} \delta \underline{x}_k \\ \delta \underline{u}_k \end{pmatrix} + \begin{pmatrix} \underline{g}_{x,k}^{(\nu)} \\ \underline{g}_{u,k}^{(\nu)} \end{pmatrix}^T \begin{pmatrix} \delta \underline{x}_k \\ \delta \underline{u}_k \end{pmatrix} \tag{3.73}$$

aufgebaut, mit den Komponenten des Zielfunktionsgradienten

$$\begin{aligned} \underline{g}_{x,k}^{(\nu)} &:= \nabla_{\Delta \underline{x}_k} J_{\mathrm{QP},k}(\Delta \underline{x}_k^{(\nu)}, \Delta \underline{u}_k^{(\nu)}) = \underline{H}_{xx,k} \Delta \underline{x}_k^{(\nu)} + \underline{H}_{ux,k}^T \Delta \underline{u}_k^{(\nu)} + \underline{g}_{x,k} \\ \underline{g}_{u,k}^{(\nu)} &:= \nabla_{\Delta \underline{x}_u} J_{\mathrm{QP},k}(\Delta \underline{x}_k^{(\nu)}, \Delta \underline{u}_k^{(\nu)}) = \underline{H}_{ux,k} \Delta \underline{x}_k^{(\nu)} + \underline{H}_{uu,k} \Delta \underline{u}_k^{(\nu)} + \underline{g}_{u,k} \,. \end{aligned} \tag{3.74}$$

im aktuellen Iterationspunkt.

Die Gleichungsnebenbedingungen (3.72d) sind aus den ursprünglichen Gleichungsnebenbedingungen (3.71d) und den aktiven Ungleichungsnebenbedingungen der Arbeitsmenge $\mathcal{W}_\varepsilon^{(\nu)}$ aus (3.71e) zusammengesetzt:

$$\underbrace{\begin{pmatrix} \underline{D}_{x,k} \\ [\underline{C}_{x,k}]'_{i \mid (k,i) \in \mathcal{W}_\varepsilon^{(\nu)}} \end{pmatrix}}_{=: \, \tilde{D}_{x,k}^{(\nu)}} \delta \underline{x}_k + \underbrace{\begin{pmatrix} \underline{D}_{u,k} \\ [\underline{C}_{u,k}]'_{i \mid (k,i) \in \mathcal{W}_\varepsilon^{(\nu)}} \end{pmatrix}}_{=: \, \tilde{D}_{u,k}^{(\nu)}} \delta \underline{u}_k = \underline{0} \,. \tag{3.75}$$

Da der aktuelle Iterationspunkt $\Delta \underline{w}^{(\nu)}$ zum einen zulässig ist und zum anderen die Ungleichungen der Arbeitsmenge mit Gleichheit zu Null erfüllt, verschwinden die konstanten Anteile in den Nebenbedingungen (3.72b) bis (3.72e). Die Arbeitsmenge $\mathcal{W}_\varepsilon^{(\nu)}$ ist eine Untermenge der im aktuellen Iterationspunkt $\Delta \underline{w}^{(\nu)}$ aktiven Beschränkungen. Da beim Rechnen mit begrenzter Zahlendarstellung Gleichungen nur in gewissen Toleranzen erfüllbar sind, wird in diesem Abschnitt die Aktive-Menge $\mathcal{A}_\varepsilon(\Delta \underline{w}^{(\nu)})$ und die Arbeitsmenge $\mathcal{W}_\varepsilon^{(\nu)}$ in einem Iterationspunkt $\Delta \underline{w}^{(\nu)}$ durch

$$\mathcal{W}_\varepsilon^{(\nu)} \subseteq \mathcal{A}_\varepsilon(\Delta \underline{w}^{(\nu)}) := \left\{ (k,i) \,\middle|\, \left| [\underline{C}_{x,k}]'_i \Delta \underline{x}_k^{(\nu)} + [\underline{C}_{u,k}]'_i \Delta \underline{x}_k^{(\nu)} + [\underline{c}_k^\varepsilon]_i \right| \leq \varepsilon_{\mathrm{zul}} \right\} . \tag{3.76}$$

definiert. Über den Toleranzparameter $\varepsilon_{\mathrm{zul}} \approx 10^{-8}$ wird dabei ein Band festgelegt, in dem eine Beschränkung als aktiv betrachtet wird. Abbildung 3.8 zeigt die rekursive Struktur der nur gleichungsbeschränkten Optimierungsaufgabe (3.72).

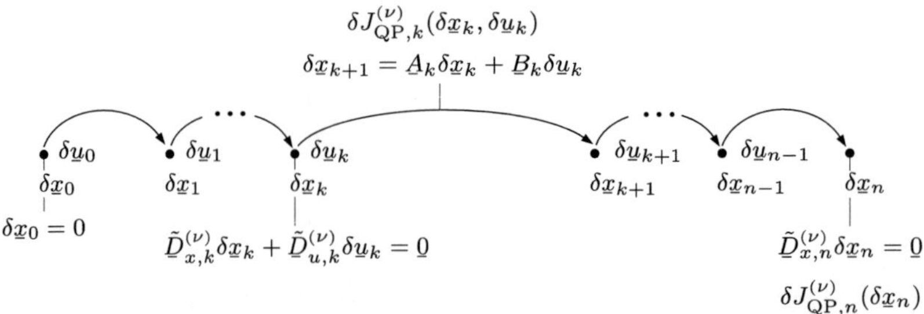

Abbildung 3.8: Struktur des gleichungsbeschränkten linearen zeitdiskreten Optimalsteuerungsproblems, durch das die Berechnung einer zulässigen Abstiegsrichtung erfolgt

Die Berechnung der Suchrichtung mit Hilfe des Prinzips der Dynamischen Programmierung teilt sich in zwei Phasen auf. In der Rückwärtsrekursionsphase werden die optimalen Restkostenfunktionen und Regelgesetze bestimmt. In der zweiten Phase, der Vorwärtsrekursion, werden mit Hilfe des Anfangszustands $\delta\underline{x}_0^* = \underline{0}$, den Regelgesetzen und der Systemgleichung die Folgen $\{\delta\underline{u}_k^*\}$ und $\{\delta\underline{x}_k^*\}$ berechnet. Ist der volle Schritt $\Delta\underline{w}^{(\nu)} + \delta\underline{w}^*$ zulässig, ist er optimal für die aktuelle Arbeitsmenge. Um zu überprüfen, ob das Entfernen einer Beschränkung aus der Arbeitsmenge eine weitere Reduktion der Zielfunktion zur Folge hat, müssen die Lagrange-Multiplikatoren der aktiven Beschränkungen der Arbeitsmenge berechnet werden. Gegen Ende dieses Teilabschnitts wird beschrieben, wie dies mit geringem Aufwand erfolgt.

Rückwärtsrekursion

Die Funktionsweise der Phase der Rückwärtsrekursion wird anhand des Schemas aus Abbildung 3.9 beschrieben. Bei der Dynamischen Programmierung wird ausgehend vom Ende des Optimierungshorizonts rückwärtsrekursiv die Funktion der *optimalen Restkosten* gebildet. Reine Zustandsbeschränkungen einer Stufe werden durch Einsetzen der Systemgleichung in die Beschränkungsgleichung zu Steuerungsbeschränkungen und legen dadurch Steuerungen in einer früheren Stufe fest. Es ist jedoch möglich, dass beispielsweise eine reine Zustandsbeschränkung in der Stufe $k + 1$ nicht bereits in der Stufe k aufgelöst werden kann. In diesem Fall schränkt sie die Wahl des Zustandsvektors in der Stufe k und eventuell noch in früheren Stufen ein. Mit der sog. *Restpfadbeschränkung* werden neben der Restkostenfunktion bisher nicht aufgelöste Beschränkungen in Richtung des Horizontanfangs vorgerechnet, so dass in jeder Stufe die Menge der zulässigen Steuerungen bestimmt werden kann.

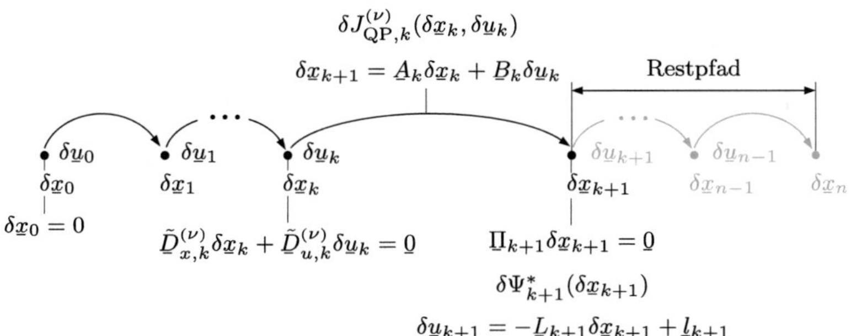

Abbildung 3.9: Schema der Berechnung der Rückwärtsrekursion

Die Rückwärtsrekursion startet in der Stufe $k = n$. Die Funktion der optimalen Restkosten

$$\delta\Psi_n^*(\delta\underline{x}_n) = \frac{1}{2}\delta\underline{x}_n^T\Omega_n\delta\underline{x}_n + \underline{\zeta}_n^T\delta\underline{x}_n + \sigma_n$$

ist dort identisch dem Endkostenterm. Sie ist eine quadratische Form, mit der Hesse-Matrix $\Omega_n := \underline{H}_{xx,n}$, dem Gradientenanteil $\underline{\zeta}_n := \underline{g}_{x,n}^{(\nu)}$ und dem konstanten Anteil $\sigma_n := 0$. Entsprechend erhält man die Restpfadbeschränkung $\underline{\Pi}_n\delta\underline{x}_n = \underline{0}$ mit $\underline{\Pi}_n := \tilde{\underline{D}}_n$ aus (3.72e), welche die Wahl des Endzustandes beschränkt.

Das Verfahren bestimmt nun für jede Stufe die Funktion der optimalen Restkosten $\delta\Psi_k^*(\delta\underline{x}_k)$ in der Form

$$\delta\Psi_k^*(\delta\underline{x}_k) = \frac{1}{2}\delta\underline{x}_k^T\underline{\Omega}_k\delta\underline{x}_k + \underline{\zeta}_k^T\delta\underline{x}_k + \sigma_k \tag{3.77}$$

und eine Restpfadbeschränkung in der Gestalt

$$\underline{\Pi}_k\delta\underline{x}_k = \underline{0}\,. \tag{3.78}$$

Für die Berechnung eines Schrittes der Bellmanschen Rekursionsgleichung von der Stufe $k+1$ zur Stufe k muss zum einen das parametrische Optimierungsproblem

$$\min_{\delta\underline{u}_k\in\mathbb{R}^{n_{u,k}}} \delta J_{\mathrm{QP},k}^{(\nu)}(\delta\underline{x}_k,\delta\underline{u}_k) + \delta\Psi_{k+1}^*(\delta\underline{x}_{k+1}) \tag{3.79a}$$

$$\text{u.\,Nb.:}\quad \delta\underline{x}_{k+1} = \underline{A}_k\delta\underline{x}_k + \underline{B}_k\delta\underline{u}_k \tag{3.79b}$$

$$\tilde{\underline{D}}_{x,k}^{(\nu)}\delta\underline{x}_k + \tilde{\underline{D}}_{u,k}^{(\nu)}\delta\underline{u}_k = \underline{0} \tag{3.79c}$$

$$\underline{\Pi}_{k+1}\delta\underline{x}_{k+1} = \underline{0} \tag{3.79d}$$

gelöst werden. Zum anderen muss eine Beschränkung der Form (3.78) gefunden werden, welche das zulässige Gebiet für $\delta\underline{x}_k$ so einschränkt, dass die Beschränkungen der Folgestufen erfüllt werden können. Dafür wird mit Hilfe der Systemgleichung (3.79b) der Folgezustand $\delta\underline{x}_{k+1}$ aus der Problemformulierung eliminiert. Man erhält so das Optimierungsproblem:

$$\min_{\delta\underline{u}_k\in\mathbb{R}^{n_{u,k}}} \delta\psi(\delta\underline{x}_k,\delta\underline{u}_k) \tag{3.80a}$$

$$\text{u.\,Nb.:}\quad \underline{F}_{x,k}\delta\underline{x}_k + \underline{F}_{u,k}\delta\underline{u}_k = \underline{0}\,, \tag{3.80b}$$

mit dem Zielvektor $\delta\underline{u}_k$, dem Parameter $\delta\underline{x}_k$ und den Bezeichnungen

$$\delta\psi(\delta\underline{x}_k,\delta\underline{u}_k) := \frac{1}{2}\begin{pmatrix}\delta\underline{x}_k\\\delta\underline{u}_k\end{pmatrix}^T\begin{pmatrix}\underline{Z}_{xx,k} & \underline{Z}_{ux,k}^T\\\underline{Z}_{ux,k} & \underline{Z}_{uu,k}\end{pmatrix}\begin{pmatrix}\delta\underline{x}_k\\\delta\underline{u}_k\end{pmatrix} + \begin{pmatrix}\underline{z}_{x,k}\\\underline{z}_{u,k}\end{pmatrix}^T\begin{pmatrix}\delta\underline{x}_k\\\delta\underline{u}_k\end{pmatrix} + \sigma_{k+1}$$

sowie

$$\begin{aligned}
\underline{Z}_{xx,k} &:= \underline{H}_{xx,k} + \underline{A}_k^T\underline{\Omega}_{k+1}\underline{A}_k\\
\underline{Z}_{ux,k} &:= \underline{H}_{ux,k} + \underline{B}_k^T\underline{\Omega}_{k+1}\underline{A}_k\\
\underline{Z}_{uu,k} &:= \underline{H}_{uu,k} + \underline{B}_k^T\underline{\Omega}_{k+1}\underline{B}_k\\
\underline{z}_{x,k} &:= \underline{g}_{x,k}^{(\nu)} + \underline{A}_k^T\underline{\zeta}_{k+1}\\
\underline{z}_{u,k} &:= \underline{g}_{u,k}^{(\nu)} + \underline{B}_k^T\underline{\zeta}_{k+1}
\end{aligned}
\qquad
\begin{aligned}
\underline{F}_{x,k} &:= \begin{pmatrix}\underline{\Pi}_{k+1}\underline{A}_k\\\tilde{\underline{D}}_{x,k}^{(\nu)}\end{pmatrix}\\[2em]
\underline{F}_{u,k} &:= \begin{pmatrix}\underline{\Pi}_{k+1}\underline{B}_k\\\tilde{\underline{D}}_{u,k}^{(\nu)}\end{pmatrix}
\end{aligned}\,.$$

Für die Lösung von (3.80) wird zunächst die Beschränkung (3.80b) aufgelöst. Je nach Rang der $(n_{f,k}\times n_{u,k})$-Matrix $\underline{F}_{u,k}$ aus (3.80b) können drei Fälle unterschieden werden:

1. $\mathrm{Rang}\{\underline{F}_{u,k}\} < n_{u,k}$: Einige (oder auch keine für $\mathrm{Rang}\{\underline{F}_{u,k}\} = 0$) der Komponenten des Steuerungsvektors sind durch die Beschränkung (3.80b) festgelegt. Es stehen dann noch Komponenten von $\delta\underline{u}_k$ zur Reduktion der Zielfunktion zur Verfügung.

2. $\mathrm{Rang}\{\underline{F}_{u,k}\} = n_{u,k}$ und $n_{f,k} = n_{u,k}$: Der Steuervektor $\delta\underline{u}_k$ der Stufe k ist vollständig durch (3.80b) festgelegt.

3. Rang$\{F_{u,k}\} = n_{u,k}$ und $n_{f,k} > n_{u,k}$: Alle Komponenten von $\delta\underline{u}_k$ sind durch (3.80b) festgelegt. Zusätzlich wird der Zustandsraum der Stufe k eingeschränkt, da mehr Nebenbedingungen als Steuerungen zu deren Auflösung vorhanden sind.

Eine QR-Zerlegung mit Spaltenpivotisierung ist in der Lage, ein lineares Gleichungssystem zu lösen, dessen Systemmatrix nicht vollen Rang besitzt oder dessen Rang ungewiss ist [ABB$^+$99]. Die Anwendung des Verfahrens auf die Matrix $F_{u,k}^T$ liefert

$$F_{u,k}^T \underline{P}_{f,k} = \underline{Q}_{f,k} \begin{pmatrix} \underline{R}_{f,k} & \underline{G}_{f,k} \\ \underline{0} & \underline{E}_{f,k} \end{pmatrix}. \tag{3.81}$$

Dabei ist $\underline{P}_{f,k}$ eine $(n_{f,k} \times n_{f,k})$-Spalten-Permutationsmatrix[4], die $(n_{u,k} \times n_{u,k})$-Matrix $\underline{Q}_{f,k}$ ist unitär, $\underline{R}_{f,k}$ ist eine $(r_{f,k} \times r_{f,k})$-Rechtsdreiecksmatrix von vollem Rand und $\underline{G}_{f,k}$ ist eine $(r_{f,k} \times (n_{f,k} - r_{f,k}))$-Matrix. Die Dimension $r_{f,k}$ von $\underline{R}_{f,k}$ ist der numerische Rang der Matrix $F_{u,k}$. Durch die Matrix $\underline{P}_{f,k}$ werden die Spalten von $F_{u,k}^T$ und damit die Zeilen von (3.80b) ausgewählt, welche durch Steuerungen in der Stufe k aufgelöst werden können.

Um ein numerisch stabiles Verfahren zu erhalten, wird für die Berechnung der QR-Zerlegung eine Rangtoleranz ε_r angegeben. Während der Berechnung wird die weitere Zerlegung angehalten, wenn ein Diagonalelement auftritt, für das $|[\underline{R}_{f,k}]_{ii}| < \varepsilon_r$ gilt. Die Elemente $[\underline{E}_{f,k}]_{ij}$ der $((n_{u,k} - r_{f,k}) \times (n_{u,k}))$-Matrix $\underline{E}_{f,k}$ sind dann alle vom Betrag kleiner als ε_r. Beim Rechnen mit exakter Arithmetik könnte ε_r beliebig klein gewählt werden, so dass die Matrix $\underline{E}_{f,k} = \underline{0}$ wird. Eine zu kleine Wahl für ε_r würde eine zu starke Verstärkung von Rundungsfehlern durch das Rechnen mit begrenzter Zahlendarstellung während der weiteren Rückwärtsrekursion hervorrufen. Hier wird die Konstante zu $\varepsilon_r = \sqrt{\varepsilon_\mathrm{m}}$ gewählt, mit der Rechengenauigkeit ε_m des Prozessors ($\varepsilon_\mathrm{m} \approx 10^{-16}$ für *double precision* - Arithmetik).

Mit der Zerlegung (3.81) von $F_{u,k}^T$ erfolgt nun die Auflösung der Nebenbedingung (3.80b). Dafür werden zunächst die Matrizen

$$\underline{Y}_{f,k} := \left([\underline{Q}_{f,k}]_{j=1,\ldots,r_{f,k}}\right) \qquad \underline{N}_{f,k} := \left([\underline{Q}_{f,k}]_{j=r_{f,k}+1,\ldots,n_{u,k}}\right)$$
$$\underline{P}_{f1,k} := \left([\underline{P}_{f,k}]_{j=1,\ldots,r_{f,k}}\right) \qquad \underline{P}_{f2,k} := \left([\underline{P}_{f,k}]_{j=r_{f,k}+1,\ldots,n_{f,k}}\right)$$

aus den Spalten von $\underline{Q}_{f,k}$ und $\underline{P}_{f,k}$ aufgebaut und mit $\underline{Y}_{f,k}$ und $\underline{N}_{f,k}$ die Nullraumzerlegung

$$\delta\underline{u}_k = \underline{Y}_{f,k}\delta\underline{u}_f + \underline{N}_{f,k}\delta\underline{u}_z \tag{3.82}$$

des Steuerungsvektors $\delta\underline{u}_k$ durchgeführt. Die transformierte Steuerung wird dabei in die Komponente $\delta\underline{u}_f$, welche durch die Nebenbedingung (3.80b) festgelegt ist, und die noch freie Komponente $\delta\underline{u}_z$ aufgeteilt.

Linksmultiplikation von (3.80b) mit $\underline{P}_{f,k}^T$ und Einsetzen von (3.82) ergibt

$$\begin{pmatrix} \underline{P}_{f1,k}^T \underline{F}_{x,k} \\ \underline{P}_{f2,k}^T \underline{F}_{x,k} \end{pmatrix} \delta\underline{x}_k + \begin{pmatrix} \underline{R}_{f,k}^T & \underline{0} \\ \underline{G}_{f,k}^T & \underline{E}_{f,k}^T \end{pmatrix} \begin{pmatrix} \delta\underline{u}_f \\ \delta\underline{u}_z \end{pmatrix} = \underline{0}. \tag{3.83}$$

---

[4]Eine Permutationsmatrix (auch Vertauschungsmatrix genannt) P entsteht aus der Einheitsmatrix, indem deren Zeilen (Zeilen-Permutationsmatrix) oder Spalten (Spalten-Permutationsmatrix) in eine neue Ordnung gebracht werden

Aus der ersten Zeile von (3.83) wird $\delta\underline{u}_f$ in Abhängigkeit des Zustandsvektors $\delta\underline{x}_k$ berechnet. Das Ergebnis hat die Form eines linearen Regelgesetzes:

$$\delta\underline{u}_f = -\underbrace{\left(\underline{R}_{f,k}^{-T}\underline{P}_{f1,k}^T\underline{F}_{x,k}\right)}_{=:\,\underline{L}_{f,k}}\delta\underline{x}_k\,. \tag{3.84}$$

Dieses in die zweite Zeile von (3.83) eingesetzt ergibt

$$\underbrace{\left(\underline{P}_{f2,k}^T\underline{F}_{x,k} - \underline{G}_{f,k}^T\underline{L}_{f,k}\right)}_{=:\,\Pi_k}\delta\underline{x}_k + \underbrace{\underline{E}_{f,k}^T\delta\underline{u}_z}_{\approx\,\underline{0}} = \underline{0}\,. \tag{3.85}$$

Die Zeilen dieser Gleichung sind jene Beschränkungen, welche in der Stufe k nicht beziehungsweise nicht numerisch stabil durch geeignete Wahl des Steuerungsvektors aufgelöst werden können. Der Term $\underline{E}_{f,k}^T\delta\underline{u}_z$ wird in (3.85) vernachlässigt, so dass die Restpfadbeschränkung für die Stufe k in der Form (3.78) entsteht. Da für die Elemente der Matrix $\underline{E}_{f,k}$: $[\underline{E}_{f,k}]_{ij} < \varepsilon_r$ gilt, sind die Verletzungen der Beschränkungen in den Folgestufen trotz Vernachlässigung des Terms $\underline{E}_{f,k}^T\delta\underline{u}_z$ sehr gering.

Für die Bestimmung von $\delta\underline{u}_z$ wird (3.82) in die Zielfunktion $\delta\psi(\delta\underline{x}_k, \delta\underline{u}_k)$ eingesetzt und dann $\delta\underline{u}_f$ durch (3.84) eliminiert. Dadurch entsteht die unbeschränkte Optimierungsaufgabe

$$\min_{\delta\underline{u}_z\in\mathbb{R}^{n_{u,z}}} \delta\tilde{\psi}(\delta\underline{x}_k, \delta\underline{u}_z) \tag{3.86}$$

mit den Bezeichnungen

$$\delta\tilde{\psi}(\delta\underline{x}_k, \delta\underline{u}_z) := \frac{1}{2}\begin{pmatrix}\delta\underline{x}_k\\\delta\underline{u}_z\end{pmatrix}^T\begin{pmatrix}\tilde{\underline{Z}}_{xx,k} & \tilde{\underline{Z}}_{ux,k}^T\\\tilde{\underline{Z}}_{ux,k} & \tilde{\underline{Z}}_{uu,k}\end{pmatrix}\begin{pmatrix}\delta\underline{x}_k\\\delta\underline{u}_z\end{pmatrix} + \begin{pmatrix}\tilde{\underline{z}}_{x,k}\\\tilde{\underline{z}}_{u,k}\end{pmatrix}^T\begin{pmatrix}\delta\underline{x}_k\\\delta\underline{u}_z\end{pmatrix} + \sigma_{k+1}$$

$$\tilde{\underline{Z}}_{xx,k} := \underline{Z}_{xx,k} - \underline{L}_{f,k}^T\underline{Y}_{f,k}^T\underline{Z}_{ux,k} - \underline{Z}_{ux,k}^T\underline{Y}_{f,k}\underline{L}_{f,k} + \underline{L}_{f,k}^T\underline{Y}_{f,k}^T\underline{Z}_{uu,k}\underline{Y}_{f,k}\underline{L}_{f,k}$$

$$\tilde{\underline{Z}}_{ux,k} := \underline{N}_{f,k}^T\underline{Z}_{ux,k} - \underline{N}_{f,k}^T\underline{Z}_{uu,k}\underline{Y}_{f,k}\underline{L}_{f,k}$$

$$\tilde{\underline{Z}}_{uu,k} := \underline{N}_{f,k}^T\underline{Z}_{uu,k}\underline{N}_{f,k}$$

$$\tilde{\underline{z}}_{x,k} := \underline{z}_{x,k} - \underline{Z}_{ux,k}^T\underline{Y}_{f,k}\underline{L}_{f,k} - \underline{L}_{f,k}^T\underline{Y}_{f,k}^T\underline{z}_{u,k}$$

$$\tilde{\underline{z}}_{u,k} := \underline{N}_{f,k}^T\underline{z}_{u,k} - \underline{N}_{f,k}^T\underline{Z}_{uu,k}\underline{Y}_{f,k}\underline{L}_{f,k}\,.$$

In diesem Abschnitt wird ein streng konvexes Optimierungsproblem vorausgesetzt. Die reduzierte Hesse-Matrix $\tilde{\underline{Z}}_{uu,k}$ ist dann positiv definit, so dass ihre Inverse existiert. Der optimale Vektor $\delta\underline{u}_z$ wird dann mit Hilfe der KKT-Bedingung $\nabla_{\delta\underline{u}_z}\tilde{\psi}(\delta\underline{x}_k, \delta\underline{u}_z) = \underline{0}$ in Abhängigkeit von $\delta\underline{x}_k$ berechnet. Die Bestimmungsgleichung für $\delta\underline{u}_z$ hat dabei die Gestalt eines affinen Regelgesetzes:

$$\delta\underline{u}_z = -\underbrace{\left(\tilde{\underline{Z}}_{uu,k}^{-1}\tilde{\underline{Z}}_{ux,k}\right)}_{=:\,\underline{L}_{z,k}}\delta\underline{x}_k - \underbrace{\left(\tilde{\underline{Z}}_{uu,k}^{-1}\tilde{\underline{z}}_{u,k}\right)}_{=:\,\underline{l}_{z,k}}\,. \tag{3.87}$$

Nach Einsetzen des Regelgesetzes (3.87) in (3.86), erhält man die Funktion $\delta\Psi_k^*(\delta\underline{x}_k)$ der optimalen Restkosten in der Form (3.77) mit

$$\Omega_k := \tilde{Z}_{xx,k} - \tilde{Z}_{ux,k}^T \tilde{Z}_{uu,k}^{-1} \tilde{Z}_{ux,k} \tag{3.88a}$$

$$\zeta_k := \tilde{z}_{x,k} - \tilde{Z}_{ux,k}^T \tilde{Z}_{uu,k}^{-1} \tilde{z}_{u,k} \tag{3.88b}$$

$$\sigma_k := \sigma_{k+1} - \frac{1}{2}\tilde{z}_{u,k}^T \tilde{Z}_{uu,k}^{-1} \tilde{z}_{u,k} \, . \tag{3.88c}$$

Das optimale Regelgesetz für die Stufe k erhält man aus (3.84), (3.87) und (3.82) zu

$$\delta\underline{u}_k = - \underbrace{(\underline{Y}_{f,k}\underline{L}_f + \underline{N}_{f,k}\underline{L}_{z,k})}_{=:\, \underline{L}_k} \delta\underline{x}_k - \underbrace{(\underline{N}_f\underline{l}_{z,k})}_{=:\, \underline{l}_k} \, . \tag{3.89}$$

Vorwärtsrekursion

Die Rückwärtsrekursion endet in der ersten Stufe $k = 0$ mit der Restkostenfunktion

$$\delta\Psi_0^*(\delta\underline{x}_0) = \frac{1}{2}\delta\underline{x}_0^T \Omega_0 \delta\underline{x}_0 + \zeta_0^T \delta\underline{x}_0 + \sigma_0$$

und eventuell mit einer Restpfadbeschränkung

$$\underline{\Pi}_0 \delta\underline{x}_0 = \underline{0} \, . \tag{3.90}$$

Sind in der ersten Stufe Restpfadbeschränkungen übrig ($\dim\{\underline{\Pi}_0\} > 0$), dann sind diese linear abhängig zu den anderen Nebenbedingungen des GQPs, da sie gemeinsam mit der Anfangsbedingung ein überbestimmtes Gleichungssystem bilden. In diesem Fall wurde entweder die Arbeitsmenge nicht korrekt gewählt, denn für sie wird gefordert, dass die in ihr enthaltenen Ungleichungen zusammen mit den Gleichungsbeschränkungen von (3.71) linear unabhängig sein sollen. Eine weitere Ursache für $\dim\{\underline{\Pi}_0\} \neq 0$ kann aber auch sein, dass aufgrund von numerischem Rauschen bei der Berechnung der Suchrichtung ein linear abhängiges GQP entsteht. Für die Berechnung der Suchrichtung $\delta\underline{w}^*$ bedeutet dies jedoch keine Schwierigkeiten, denn (3.90) wird durch den Anfangszustand $\delta\underline{x}_0 = \delta\underline{x}_A = \underline{0}$ erfüllt.

In der Vorwärtsrekursion werden die Folgen $\{\delta\underline{x}_k^*\}$ und $\{\delta\underline{u}_k^*\}$ ausgehend vom Anfangszustand $\delta\underline{x}_0^* = \underline{0}$ durch rekursives Auswerten der affinen Regelgesetze (3.89) und der linearen Systemgleichungen (3.72c) berechnet. Für die so ermittelte Suchrichtung ändert sich der Zielfunktionswert gegenüber dem des aktuellen Iterationspunkts um

$$\delta J_{\mathrm{QP}}(\{\delta\underline{x}_k^*\}, \{\delta\underline{u}_k^*\}) = \delta\Psi_0^*(\underline{0}) = \sigma_0 = \sum_{k=0}^{n-1} -\frac{1}{2}\tilde{z}_{u,k}^T \tilde{Z}_{uu,k}^{-1} \tilde{z}_{u,k} \, . \tag{3.91}$$

Für die Summanden in (3.91) gilt $-\frac{1}{2}\tilde{z}_{u,k}^T \tilde{Z}_{uu,k}^{-1} \tilde{z}_{u,k} \leq 0$, da die $\tilde{Z}_{uu,k}$ positiv definit sind. Die Gleichheit zu Null ist dabei nur gegeben, wenn der reduzierte Gradient $\tilde{z}_{u,k}$ verschwindet. Ist ein $\tilde{z}_{u,k} \neq \underline{0}$ dann ist (3.91) negativ und eine Zielfunktionsreduktion durch $\delta\underline{w}^*$ kann erreicht werden. Sind alle reduzierten Gradienten $\tilde{z}_{u,k}$ gleich Null, dann ist $\delta\underline{w}^* = \underline{0}$ Lösung von (3.72). In diesem Fall erfüllt bereits der aktuelle Iterationpunkt die KKT-Bedingungen des gleichungsbeschränkten QPs.

Schrittweitensteuerung

Der Punkt $\Delta\underline{w}^{(\nu)} + \delta\underline{w}^*$ erfüllt die Anfangsbedingung, die Systemgleichung sowie die Gleichungs- und Ungleichungsnebenbedingungen, welche in der Arbeitsmenge enthalten sind. Es ist jedoch möglich, dass dieser eine Ungleichung verletzt, welche bisher nicht in der Arbeitsmenge $\mathcal{W}_\varepsilon^{(\nu)}$ enthalten ist. Für diesen Fall wird eine Schrittweitensteuerung durchgeführt, wobei die maximale Schrittweite $\alpha^{(\nu)} \in [0,1]$ so bestimmt wird, dass $\Delta\underline{w}^{(\nu+1)} = \Delta\underline{w}^{(\nu)} + \alpha^{(\nu)}\delta\underline{w}^*$ noch zulässig ist. Dies geschieht durch Auswerten der Formel

$$\alpha^{(\nu)} = \min_{(k,i)\notin\mathcal{W}_\varepsilon^{(\nu)}\,\wedge\,[\underline{C}_{x,k}]_i'\delta\underline{x}_k^*+[\underline{C}_{u,k}]_i'\delta\underline{u}_k^*<-\varepsilon_{\mathrm{sw}}} -\frac{[\underline{C}_{x,k}]_i'\Delta\underline{x}_k^{(\nu)} + [\underline{C}_{x,u}]_i'\Delta\underline{u}_k^{(\nu)} + [\underline{c}_k^\varepsilon]_i}{[\underline{C}_{x,k}]_i'\delta\underline{x}_k^* + [\underline{C}_{x,u}]_i'\delta\underline{u}_k^*}$$

Der Doppelindex $(k,i)_{\mathrm{Block}}$, für den das Minimum erzielt wird, gehört zu der blockierenden Beschränkung, welche in $\Delta\underline{w}^{(\nu+1)}$ neu aktiv wird. Er wird zur Arbeitsmenge hinzugefügt:

$$\mathcal{W}_\varepsilon^{(\nu+1)} = \mathcal{W}_\varepsilon^{(\nu)} \cup \left\{(k,i)_{\mathrm{Block}}\right\}.$$

Es werden dabei nur diejenigen bisher inaktiven Beschränkungen untersucht, für die

$$[\underline{C}_{x,k}]_i'\delta\underline{x}_k^* + [\underline{C}_{u,k}]_i'\delta\underline{u}_k^* < -\varepsilon_{\mathrm{sw}}$$

gilt. Der Toleranzparameter $\varepsilon_{\mathrm{sw}} > 0$ wird dabei zu $\varepsilon_{\mathrm{sw}} = 0{,}1\varepsilon_{\mathrm{zul}}$ gewählt, so dass nur Beschränkungen zur Arbeitsmenge hinzugefügt werden, deren Gradient einen hinreichend großen Winkel mit der Suchrichtung bilden. Dies mindert die Gefahr, dass die Beschränkungen der Arbeitsmenge linear abhängig werden.

Berechnung der Lagrange-Multiplikatoren

Ergibt der volle Schritt $\Delta\underline{w}^{(\nu+1)} = \Delta\underline{w}^{(\nu)} + \delta\underline{w}^*$ einen zulässigen Punkt für (3.16), würde die Bestimmung der Suchrichtung in der Folgeiteration bei unveränderter Arbeitsmenge $\delta\underline{w}^* = \underline{0}$ ergeben, da $\Delta\underline{w}^{(\nu+1)}$ bereits die globale Optimallösung für das aus $\mathcal{W}_\varepsilon^{(\nu)}$ gebildete GQP ist. Eine weitere Reduktion des Zielfunktionswerts könnte dann möglicherweise durch Eliminieren einer Beschränkung aus der Arbeitsmenge erzielt werden. Besitzt eine Ungleichungsbeschränkung der Arbeitsmenge im Punkt $\Delta\underline{w}^{(\nu+1)}$ einen negativen Lagrange-Multiplikator, dann wird nach Entfernen dieser Beschränkung ein weiterer Fortschritt in der Iteration $\nu + 1$ erzielt. Die Berechnung der Folgen der Lagrange-Multiplikatoren $\{\hat{\underline{\lambda}}_k^{(\nu+1)}\}$ und $\{\hat{\underline{\eta}}_k^{(\nu+1)}\}$ im Folgeiterationspunkt erfolgt wie die Berechnung der Suchrichtung rekursiv. Um die Rekursionsgleichungen herzuleiten, wird die Lagrange-Funktion

$$L_{\mathrm{GQP}}^{(\nu)}\left(\{\delta\underline{x}_k\}, \{\delta\underline{u}_k\}, \{\hat{\underline{\lambda}}_k\}, \{\hat{\underline{\eta}}_k\}\right) :=$$

$$-\hat{\underline{\lambda}}_{-1}^T(\underline{0} - \delta\underline{x}_0) + \sum_{k=0}^{n-1}\left\{\delta J_{\mathrm{QP},k}^{(\nu)}(\delta\underline{x}_k, \delta\underline{u}_k) - \hat{\underline{\lambda}}_k^T\left(\underline{A}_k\delta\underline{x}_k + \underline{B}_k\delta\underline{u}_k - \delta\underline{x}_{k+1}\right)\right.$$

$$\left. -\hat{\underline{\eta}}_k^T\left(\tilde{D}_{x,k}^{(\nu)}\delta\underline{x}_k + \tilde{D}_{u,k}^{(\nu)}\delta\underline{u}_k\right)\right\} + \delta J_{\mathrm{QP},n}^{(\nu)}(\delta\underline{x}_n) - \hat{\underline{\eta}}_n^T\tilde{D}_{x,n}^{(\nu)}\delta\underline{x}_n \qquad (3.92)$$

für das GQP (3.72) im Punkt $\Delta\underline{w}^{(\nu)}$ eingeführt. Berechnet das Verfahren in der ν-ten Iteration den vollen Schritt, dann gelten im Lösungspunkt $\delta\underline{w}^*$ die KKT-Bedingungen:

$$\nabla_{\delta\underline{x}_n} L_{\mathrm{GQP}}^{(\nu)}\left(\{\delta\underline{x}_k^*\}, \{\delta\underline{u}_k^*\}, \{\hat{\underline{\lambda}}_k^{(\nu+1)}\}, \{\hat{\underline{\eta}}_k^{(\nu+1)}\}\right) = \underline{0}$$

$$\Rightarrow \quad \hat{\underline{\lambda}}_{n-1}^{(\nu+1)} - \tilde{D}_{x,n}^{(\nu)T}\hat{\underline{\eta}}_n^{(\nu+1)} + H_{xx,n}\delta\underline{x}_n^* + \underline{g}_{x,n}^{(\nu)} = \underline{0} \tag{3.93a}$$

und für $k = 0, \ldots, n-1$:

$$\nabla_{\delta\underline{x}_k} L_{\mathrm{GQP}}^{(\nu)}\left(\{\delta\underline{x}_k^*\}, \{\delta\underline{u}_k^*\}, \{\hat{\underline{\lambda}}_k^{(\nu+1)}\}, \{\hat{\underline{\eta}}_k^{(\nu+1)}\}\right) = \underline{0}$$

$$\Rightarrow \quad \hat{\underline{\lambda}}_{k-1}^{(\nu+1)} - A_k^T\hat{\underline{\lambda}}_k^{(\nu+1)} - \tilde{D}_{x,k}^{(\nu)T}\hat{\underline{\eta}}_k^{(\nu+1)} + H_{xx,k}\delta\underline{x}_k^* + H_{ux,k}^T\delta\underline{u}_k^* + \underline{g}_{x,k}^{(\nu)} = \underline{0} \tag{3.93b}$$

$$\nabla_{\delta\underline{u}_k} L_{\mathrm{GQP}}^{(\nu)}\left(\{\delta\underline{x}_k^*\}, \{\delta\underline{u}_k^*\}, \{\hat{\underline{\lambda}}_k^{(\nu+1)}\}, \{\hat{\underline{\eta}}_k^{(\nu+1)}\}\right) = \underline{0}$$

$$\Rightarrow \quad -B_k^T\hat{\underline{\lambda}}_k^{(\nu+1)} - \tilde{D}_{u,k}^{(\nu)T}\hat{\underline{\eta}}_k^{(\nu+1)} + H_{ux,k}\delta\underline{x}_k^* + H_{uu,k}\delta\underline{u}_k^* + \underline{g}_{u,k}^{(\nu)} = \underline{0}. \tag{3.93c}$$

Zusammen bilden die Gleichungen ein lineares Gleichungssystem aus dem die Lagrange-Multiplikatoren $\{\hat{\underline{\eta}}_k^{(\nu+1)}\}$ und $\{\hat{\underline{\lambda}}_k^{(\nu+1)}\}$ in Abhängigkeit der Folgen $\{\delta\underline{x}_k^*\}$ und $\{\delta\underline{u}_k^*\}$ berechnet werden können. Die Lösung erfolgt nun mit den bereits bei der Berechnung der Suchrichtung bestimmten Größen. Diese teilt sich in eine Rückwärts- und eine Vorwärtsrekursion auf. Dazu wird für jede Stufe ein Vektor $\underline{\xi}_k$ eingeführt, welcher die Lagrange-Multiplikatoren der Beschränkungen enthält, die in der Stufe k nicht aufgelöst werden können. In der letzten Stufe ist $\underline{\xi}_n = \hat{\underline{\eta}}_n^{(\nu+1)}$, die Zustandsbeschränkung (3.72e) kann dort nicht aufgelöst werden. Mit $\underline{\xi}_n$, der KKT-Bedingung (3.93a) und den bereits eingeführten Bezeichnungen erhält man

$$\hat{\underline{\lambda}}_{n-1}^{(\nu+1)} + \Omega_n\delta\underline{x}_n^* + \underline{\zeta}_n - \Pi_n^T\underline{\xi}_n = \underline{0}. \tag{3.94}$$

Es wird nun angenommen, dass wie in der Stufe $n-1$ auch für $k = -1, \ldots, n-1$ die Lagrange-Multiplikatoren $\hat{\underline{\lambda}}_k^{(\nu+1)}$ und $\underline{\xi}_{k+1}$ die Gleichung

$$\hat{\underline{\lambda}}_k^{(\nu+1)} + \Omega_{k+1}\delta\underline{x}_{k+1}^* + \underline{\zeta}_{k+1} - \Pi_{k+1}^T\underline{\xi}_{k+1} = \underline{0} \tag{3.95}$$

erfüllen. Unter dieser Annahme ergibt nach Einsetzen der Systemgleichung in (3.95), Linksmultiplikation des entstehenden Ausdrucks mit B_k^T und Addition zu (3.93c)

$$-\underbrace{\left(B_k^T\Pi_{k+1}^T \quad \tilde{D}_{u,k}^T\right)}_{= F_{u,k}^T}\begin{pmatrix}\underline{\xi}_{k+1} \\ \hat{\underline{\eta}}_k^{(\nu+1)}\end{pmatrix} + Z_{ux,k}\delta\underline{x}_k^* + Z_{uu,k}\delta\underline{u}_k^* + \underline{z}_{u,k} = \underline{0}. \tag{3.96}$$

Mit der Permutationsmatrix $P_{f,k}$ werden durch

$$\begin{pmatrix}\hat{\underline{\eta}}_k^{(\nu+1)} \\ \underline{\xi}_{k+1}\end{pmatrix} = P_{f,k}\begin{pmatrix}\tilde{\underline{\eta}} \\ \underline{\xi}_k\end{pmatrix} \quad \text{bzw.} \quad \begin{pmatrix}\tilde{\underline{\eta}} \\ \underline{\xi}_k\end{pmatrix} = P_{f,k}^T\begin{pmatrix}\hat{\underline{\eta}}_k^{(\nu+1)} \\ \underline{\xi}_{k+1}\end{pmatrix} \tag{3.97}$$

die Komponenten des aus $\hat{\underline{\eta}}_k^{(\nu+1)}$ und $\underline{\xi}_{k+1}$ gemeinsam gebildeten Vektors vertauscht, so dass $\tilde{\underline{\eta}}$ die Multiplikatoren beinhaltet, welche in der Stufe k bestimmt werden können, und $\underline{\xi}_k$ diejenigen, welche noch in einer weiter vorn liegenden Stufe zu ermitteln sind. Nach

Durchführung der Vertauschung und Linksmultiplikation von (3.96) mit $\underline{Y}_{f,k}^T$ erhält man

$$\tilde{\eta} = -\{\underline{R}_{f,k}^{-1}\underline{G}_{f,k}\}\underline{\xi}_k + \underline{R}_{f,k}^{-1}\underline{Y}_{f,k}^T\left(\underline{Z}_{ux,k}\delta\underline{x}_k^* + \underline{Z}_{uu,k}\delta\underline{u}_k^* + \underline{z}_{u,k}\right) \tag{3.98}$$

für die Hilfsgröße $\tilde{\eta}$ in Abhängigkeit von $\underline{\xi}_k$. Diesen Ausdruck eingesetzt in (3.97) ergibt

$$\begin{pmatrix} \hat{\underline{\eta}}_k^{(\nu+1)} \\ \underline{\xi}_{k+1} \end{pmatrix} = \underline{M}_{\xi,k}\underline{\xi}_k + \underline{M}_{x,k}\delta\underline{x}_k + \underline{m}_k, \tag{3.99}$$

mit den Bezeichnungen

$$\underline{M}_{\xi,k} := \underline{P}_{f2,k} - \underline{P}_{f1,k}\underline{R}_{f,k}^{-1}\underline{G}_{f,k} \tag{3.100a}$$

$$\underline{M}_{x,k} := \underline{P}_{f1,k}^T\underline{R}_{f,k}^{-1}\underline{Y}_{f,k}^T(\underline{Z}_{ux,k} - \underline{Z}_{uu,k}\underline{L}_k) \tag{3.100b}$$

$$\underline{m}_k := \underline{P}_{f1,k}^T\underline{R}_{f,k}^{-1}\underline{Y}_{f,k}^T(\underline{z}_{u,k} - \underline{Z}_{uu,k}\underline{l}_k). \tag{3.100c}$$

Nun wird gezeigt, dass die Annahme (3.95) gilt. Dafür wird Gleichung (3.95) mit $\underline{A}_k^T$ linksmultipliziert, in das Ergebnis die Systemgleichung (3.72c) eingesetzt und der resultierende Ausdruck zu (3.93b) addiert, dies ergibt

$$\hat{\underline{\lambda}}_{k-1}^{(\nu+1)} + \underline{Z}_{xx,k}\delta\underline{x}_k^* + \underline{Z}_{ux,k}^T\delta\underline{u}_k^* + \underline{z}_{x,k} - \begin{pmatrix} \underline{\Pi}_{k+1}^T & \tilde{\underline{D}}_{x,k}^T \end{pmatrix} \begin{pmatrix} \underline{\xi}_{k+1} \\ \hat{\underline{\eta}}_k^{(\nu+1)} \end{pmatrix} = \underline{0}.$$

Wird darin das optimale Regelgesetz (3.89) eingesetzt, die Umsortierung (3.97) durchgeführt und anschließend (3.98) eingesetzt, erhält man

$$\hat{\underline{\lambda}}_{k-1}^{(\nu+1)} + \underline{\Omega}_k\Delta\underline{x}_k^* + \underline{\zeta}_k - \underline{\Pi}_k^T\underline{\xi}_k = \underline{0}. \tag{3.101}$$

Mit dem Induktionsanfang (3.94) in der Stufe $n-1$, der Induktionsannahme (3.95) und dem eben gezeigten Induktionsschluss von k auf $k-1$ ist die Annahme (3.95) durch vollständige Induktion bewiesen.

Die Rückwärtsrekursion endet in der Stufe $k = 0$ mit

$$\hat{\underline{\lambda}}_{-1}^{(\nu+1)} + \underline{\Omega}_0\delta\underline{x}_0^* + \underline{\zeta}_0 - \underline{\Pi}_0^T\underline{\xi}_0 = \underline{0} \quad \overset{\delta\underline{x}_0^*=\underline{0}}{\Rightarrow} \quad \begin{pmatrix} \underline{I} & -\underline{\Pi}_0^T \end{pmatrix} \begin{pmatrix} \hat{\underline{\lambda}}_{-1}^{(\nu+1)} \\ \underline{\xi}_0 \end{pmatrix} + \underline{\zeta}_0 = \underline{0}. \tag{3.102}$$

Dieses Gleichungssystem ist unterbestimmt, sofern $\dim\underline{\Pi}_0 > 0$ ist. Wie bereits bei der Ermittlung der Suchrichtung bemerkt wurde, sind dann die Beschränkungen aus denen die Zeilen von $\underline{\Pi}_0$ aufgebaut sind, linear abhängig zu den übrigen Beschränkungen des GQPs – zumindest im Rahmen der vorgegebenen Rechentoleranz. Die Lagrange-Multiplikatoren sind in diesem Fall nicht eindeutig durch die KKT-Bedingungen bestimmt. Eine Möglichkeit, dieser Problematik zu entgegnen, wäre, die Beschränkungen aus denen die Zeilen von $\underline{\Pi}_0$ entstanden sind, aus der Arbeitsmenge zu entfernen. Die Gradienten der Gleichungs- und der Ungleichungsnebenbedingungen der neuen Arbeitsmenge wären dann linear unabhängig. Dieses Vorgehen birgt jedoch die Gefahr, dass eine soeben entfernte Beschränkung in der nächsten Iteration wieder aktiviert wird und dann wieder in $\underline{\Pi}_0$ auftaucht. Es besteht also die Gefahr eines zyklischen Verhaltens, was die Konvergenz des Verfahrens verhindert.

Deshalb entfernt das Verfahren linear abhängige Beschränkungen nur in der ersten Iteration aus der Arbeitsmenge, so dass mit einer linear unabhängigen Arbeitsmenge gestartet wird. In den weiteren Iterationen belässt es linear abhängige Beschränkungen in der Arbeitsmenge und setzt für den Multiplikator der nicht aufgelösten Beschränkungen in der ersten Stufe $\underline{\xi}_0 = \underline{0}$. Der Lagrange-Multiplikator für die Anfangsbedingung wird dann $\hat{\underline{\lambda}}_{-1}^{(\nu+1)} = -\underline{\zeta}_0^{(\nu)}$. Durch die Wahl $\underline{\xi}_0 = \underline{0}$ haben die Beschränkungen aus $\underline{\Pi}_0$ keinen Einfluss auf die restlichen Lagrange-Multiplikatoren, da diese den selben Wert erhalten, als wenn die linear abhängigen Beschränkungen deaktiviert worden wären.

Die Berechnung der Lagrange-Multiplikatoren für die Pfadbeschränkungen beginnt in der ersten Stufe mit $\underline{\xi}_0 = \underline{0}$. Mit Hilfe des Ausdrucks (3.99) werden sukzessive für $k = 0, \ldots, n-1$ die Lagrange-Multiplikatoren $\hat{\underline{\eta}}_k^{(\nu+1)}$ und $\underline{\xi}_{k+1}$ aus $\underline{\xi}_k$ berechnet. In der letzten Stufe $k = n$ wird schließlich $\hat{\underline{\eta}}_n^{(\nu+1)} = \underline{\xi}_n$ gesetzt. Die Lagrange-Multiplikatoren der Systemgleichung und der Anfangsbedingung bestimmt das Verfahren ausgehend von $\hat{\underline{\lambda}}_{-1}^{(\nu+1)} = -\underline{\zeta}_0$ direkt mit Hilfe von (3.95) aus den Folgen $\{\underline{\xi}_k\}$ und $\{\delta\underline{x}_k^*\}$. Die Matrizen $\underline{M}_{\xi,k}$ und $\underline{M}_{x,k}$, sowie die Vektoren $\underline{m}_k$ werden während der Rückwärtsrekursion, bei der die optimalen Regelgesetze bestimmt werden, stets mit berechnet, auch wenn die Lagrange-Multiplikatoren in der aktuellen Iteration nicht benötigt werden. Dafür erspart man sich zum einen die Speicherung der temporären Größen $\underline{Z}_{..,k}$, $\underline{z}_{.,k}$, $\underline{G}_{f,k}$, $\underline{R}_{f,k}$ und $\underline{Q}_{f,k}$ für jede Diskretisierungsstelle. Zum anderen ermöglicht die Bildung des expliziten Ausdrucks (3.99) die nun im Anschluss vorgestellte Maßnahme zur Rechenzeitoptimierung.

Teilweise Rückwärtsrekursion

In jeder Iteration des Aktive-Menge-Verfahrens wird genau eine Beschränkung zur Arbeitsmenge hinzugefügt oder entfernt. Es wird nun angenommen, dass für die Iteration $\nu + 1$ eine Ungleichung der Stufe $k^\dagger$ neu aktiviert oder deaktiviert wurde. Vergleicht man die Optimierungsprobleme $\mathrm{GQP}^{(\nu+1)}$ und $\mathrm{GQP}^{(\nu)}$ fällt auf, dass diese sich alleine durch die Zielfunktionsgradienten und die Gleichungsnebenbedingung in der Stufe $k^\dagger$ unterscheiden. Die Matrizen $\tilde{\underline{D}}_{x,k^\dagger}^{(\nu+1)}$ und $\tilde{\underline{D}}_{u,k^\dagger}^{(\nu+1)}$ der Nebenbedingung von $\mathrm{GQP}^{(\nu+1)}$ entstehen durch Zufügen oder Entfernen jeweils einer Zeile aus den Matrizen $\tilde{\underline{D}}_{x,k^\dagger}^{(\nu)}$ und $\tilde{\underline{D}}_{u,k^\dagger}^{(\nu)}$ der Optimierungsaufgabe $\mathrm{GQP}^{(\nu)}$. Auf dem Restpfad $\mathcal{K}_R = [k^\dagger + 1, \ldots, n]$ sind die Nebenbedingungen identisch. Damit ergibt die Auflösung der Beschränkungen in der Rückwärtsrekursion dieselben Ergebnisse auf $\mathcal{K}_R$, so dass

$$\underline{\Pi}_k^{(\nu+1)} = \underline{\Pi}_k^{(\nu)} \quad \forall k \in \mathcal{K}_R \tag{3.103}$$

gilt. Für die Zielfunktion erhält man aus (3.74) und (3.3.1) die Zusammenhänge

$$\underline{g}_{x,k}^{(\nu+1)} = \underline{g}_{x,k}^{(\nu)} + \alpha^{(\nu)} \left(\underline{H}_{xx,k}\delta\underline{x}_k^* + \underline{H}_{ux,k}^T\delta\underline{u}_k^* \right)$$

$$\underline{g}_{u,k}^{(\nu+1)} = \underline{g}_{u,k}^{(\nu)} + \alpha^{(\nu)} \left(\underline{H}_{ux,k}\delta\underline{x}_k^* + \underline{H}_{uu,k}\delta\underline{u}_k^* \right)$$

$$\delta J_{\mathrm{QP},k}^{(\nu+1)}(\delta\underline{x}_k, \delta\underline{u}_k) = \delta J_{\mathrm{QP},k}^{(\nu)}(\delta\underline{x}_k, \delta\underline{u}_k) + (\underline{g}_{x,k}^{(\nu+1)} - \underline{g}_{x,k}^{(\nu)})^T\delta\underline{x}_k + (\underline{g}_{u,k}^{(\nu+1)} - \underline{g}_{u,k}^{(\nu)})^T\delta\underline{u}_k \,.$$

Die Zielfunktionssummanden unterscheiden sich alleine in deren Gradientenanteile. Dies legt die Vermutung nahe, dass sich auf dem Restpfad $\mathcal{K}_R$ auch die Restkostenfunktionen

$\delta\Psi_k^{*(\nu+1)}(\delta\underline{x}_k)$ nur im Gradientenanteil von den bereits berechneten Funktionen $\delta\Psi_k^{*(\nu)}(\delta\underline{x}_k)$ unterscheiden. Die Vermutung bestätigt der folgende Satz:

Satz 3.3.1

Wird im Zuge des Verfahrens in der Iteration ν in der Stufe $k^\dagger$ eine Beschränkung hinzugefügt oder entfernt, dann berechnen sich die Komponenten der Restkostenfunktionen $\delta\Psi_k^{*(\nu+1)}(\delta\underline{x}_k)$ der Folgeiteration auf dem Restpfad $\mathcal{K}_R = [k^\dagger + 1, n]$ durch

$$\underline{\Omega}_k^{(\nu+1)} = \underline{\Omega}_k^{(\nu)} \qquad \underline{\zeta}_k^{(\nu+1)} = \underline{\zeta}_k^{(\nu)} + \alpha^{(\nu)}\underline{\Omega}_k^{(\nu)}\delta\underline{x}_k^* \qquad \sigma_k^{(\nu+1)} = (1 - \alpha^{(\nu)})\sigma_k^{(\nu)} \qquad (3.104)$$

und für die Matrizen der Restpfadbeschränkungen gilt dort

$$\underline{\Pi}_k^{(\nu+1)} = \underline{\Pi}_k^{(\nu)} \,. \qquad (3.105)$$

Der Beweis des Satzes ist in Anhang A.2 zu finden. Mit Hilfe des Satzes kann gezeigt werden, dass in der Iteration $\nu + 1$ die optimalen Regelgesetze auf dem Restpfad $\mathcal{K}_R$ durch

$$\underline{L}_k^{(\nu+1)} = \underline{L}_k^{(\nu)} \qquad\qquad \underline{l}_k^{(\nu+1)} = \underline{l}_k^{(\nu)} + \alpha^{(\nu)}\underline{L}_k^{(\nu)}\delta\underline{x}_k^* \qquad (3.106)$$

und die Komponenten der Gleichung für die Lagrange-Multiplikatoren

$$\underline{M}_{\xi,k}^{(\nu+1)} = \underline{M}_{\xi,k}^{(\nu)} \qquad \underline{M}_{\underline{x},k}^{(\nu+1)} = \underline{M}_{\underline{x},k}^{(\nu)} \qquad \underline{m}_k^{(\nu+1)} = \underline{m}_k^{(\nu)} + \alpha^{(\nu)}\underline{M}_{x,k}^{(\nu)}\delta\underline{x}_k^* \qquad (3.107)$$

mit geringem Aufwand ermittelt werden können.

Die Rückwärtsrekursion wird daher nicht in letzten Stufe n begonnen, sondern erst in der Stufe $k^\dagger$, wo der Wechsel der Arbeitsmenge stattgefunden hat. Zuvor werden für $k = k^\dagger + 1, \ldots, n$ mit Hilfe der Gleichungen (3.104), (3.106) und (3.107) die Größen der Rückwärtsrekursion berechnet. Durch diese Maßnahme wird die Anzahl der effektiv beim Aktive-Menge-Verfahren berechneten Rückwärtsrekursionsschritte deutlich reduziert. Ein Schritt der Vorwärtsrekursion und der eben hergeleiteten Aktualisierungsformeln für den Restpfad benötigt einen vernachlässigbaren Rechenaufwand gegenüber eines Schrittes der Rückwärtsrekursion, da dabei die aufwändigeren Berechnungen, wie die QR-Zerlegung und die Matrix-Inversion, stattfinden. Die Maßnahme, die Rückwärtsrekursion nicht in der letzten Stufe zu beginnen, senkt den Gesamtrechenaufwand des Verfahrens deshalb merklich.

Die Reduktion des Rechenaufwands wird nun grob abgeschätzt: Wird in der in der Stufe $k^\dagger$ die Arbeitsmenge geändert, dann werden in der Folgeiteration $N_{\text{rück}} = k^\dagger + 1$ Rückwärtsrekursionsschritte berechnet. Es wird angenommen, dass in jeder Iteration der Wechsel der Arbeitsmenge in jeder Stufe mit gleicher Wahrscheinlichkeit $p = 1/n{+}1$ statt finden kann. Dann ist der Erwartungswert für die Anzahl an Rückwärtsrekursionsschritte pro Iteration

$$E\{N_{\text{rück}}\} = \frac{1}{n+1}\sum_{k=0}^{n}(k+1) = \frac{n}{2} + 1 \,. \qquad (3.108)$$

Die Rechenzeit wird durch die beschriebene Maßnahme also nahezu halbiert.

3.3.2 Erweiterung des Verfahrens für nichtkonvexe Probleme

Das im vorigen Abschnitt vorgestellte Verfahren zur Lösung streng konvexer linearer Optimalsteuerungsprobleme setzt voraus, dass die reduzierten Hesse-Matrizen bezüglich der Steuerung $\tilde{Z}_{uu,k}$ in jeder Stufe positiv definit sein müssen. Besitzt $\tilde{Z}_{uu,k}$ in der Stufe k auch nicht positive Eigenwerte, kann das optimale Regelgesetz (3.87) nicht durch das Verfahren des vorigen Abschnitts berechnet werden. In Abschnitt 3.2.1 wurde beschrieben, dass ein nicht streng konvexes unbeschränktes Quadratisches Programm in der Regel einen nach unten unbegrenzten Abstieg erlaubt, so dass kein Lösungspunkt gefunden werden kann. Ein unbegrenzter Abstieg ist dabei in Richtungen ohne oder negativer Krümmung möglich.

Das in Abschnitt 3.2.1 vorgestellte Lösungsverfahren für ein allgemeines nichtkonvexes QP dient als Grundlage für das Lösungsverfahren für nichtkonvexe lineare zeitdiskrete Optimalsteuerungsprobleme in diesem Abschnitt. Das Verfahren dieses Abschnitts berechnet im Gegensatz zu dem Verfahren in Abschnitt 3.2.1 beim Auftreten eines nicht streng konvexen GQPs nicht unmittelbar eine geeignete Richtung unendlichen Abstiegs, sondern versucht zunächst, in einem streng konvexen Unterraum der reduzierten Hessematrizen $\tilde{Z}_{uu,k}$, die Zielfunktion weiter zu reduzieren. Die Rückwärtsrekursion wird dabei wie im vorigen Abschnitt beschrieben vollzogen. Erst wenn in diesem Unterraum keine Verbesserung des Zielfunktionswerts mehr erreicht werden kann, wird eine geeignete Richtung unendlichen Abstiegs bestimmt. Dies gelingt mit den in der vorigen Iteration berechneten Größen und durch Auswerten der Systemfunktion. Der Aufwand hierfür ist sehr gering. Zunächst erfolgt die Beschreibung der eben geschilderten Optimierung im positiv definiten Unterraum. Dabei wird verdeutlicht, dass für den Fall, dass ein streng konvexes Optimierungsproblem vorliegt, keinerlei zusätzlicher Rechenaufwand entsteht. Darauf folgt die Beschreibung, wie das Verfahren eine Steuerungs- und Zustandsfolge bestimmt, welche eine geeignete Richtung unendlichen Abstiegs für das Aktive-Menge-Verfahren ist.

Optimierung im positiv definiten Unterraum

Bei der Lösung des lokalen Optimierungsproblems (3.86) des Verfahrens für streng konvexe Probleme wird die Inverse von $\tilde{Z}_{uu,k}$ numerisch effizient berechnet, indem sie vorab mit Hilfe der Cholesky-Zerlegung in die Form

$$\tilde{Z}_{uu,k} = R_z^T \Lambda_z R_z \tag{3.109}$$

gebracht wird. Das Verfahren zerlegt eine positiv definite Matrix $\tilde{Z}_{uu,k}$ in eine Rechtsdreiecksmatrix R_z und eine Diagonalmatrix Λ_z mit positiven Elementen auf der Hauptdiagonalen. Die Ermittlung der Inversen R_z^{-1} der Dreiecksmatrix und Λ_z^{-1} der Diagonalmatrix erfordert nur einen geringen Aufwand, so dass auch für die Berechnung der Inversen von $\tilde{Z}_{uu,k}$ durch $\tilde{Z}_{uu,k}^{-1} = R_z^{-1} \Lambda_z^{-1} R_z^{-T}$ ein nur geringer Rechenaufwand anfällt. Das Cholesky-Verfahren ist nicht nur geeignet die Inverse einer symmetrischen positiv definiten Matrix zu berechnen, sondern ist auch die numerisch effizienteste Weise, um festzustellen, ob eine symmetrische Matrix positiv definit ist. Die Cholesky-Zerlegung gelingt nämlich genau dann vollständig, wenn $\tilde{Z}_{uu,k}$ positiv definit ist [Fle87].

Schlägt die vollständige Cholesky-Zerlegung fehl, ist $\tilde{Z}_{uu,k}$ nicht positiv definit. In diesem Fall wird, anstatt einer vollständigen, eine *teilweise Cholesky-Zerlegung mit symmetrischen Vertauschungen* von $\tilde{Z}_{uu,k}$ durchgeführt. Diese Faktorisierung von $\tilde{Z}_{uu,k}$ hat die Gestalt

$$
P_{z,k}^T \tilde{Z}_{uu,k} P_{z,k} = R_{z,k}^T \Lambda_{z,k} R_{z,k} = \underbrace{\begin{pmatrix} \breve{R}_{z,k}^T & 0 \\ G_{z,k}^T & I \end{pmatrix}}_{= R_{z,k}^T} \underbrace{\begin{pmatrix} \breve{\Lambda}_{z,k} & 0 \\ 0 & S_k \end{pmatrix}}_{= \Lambda_{z,k}} \underbrace{\begin{pmatrix} \breve{R}_{z,k} & G_{z,k} \\ 0 & I \end{pmatrix}}_{= R_{z,k}} \tag{3.110}
$$

$$
= \begin{pmatrix} \breve{R}_{z,k}^T \breve{\Lambda}_{z,k} \breve{R}_{z,k} & G_{z,k}^T \breve{\Lambda}_{z,k} \breve{R}_{z,k} \\ \breve{R}_{z,k}^T \breve{\Lambda}_{z,k} G_{z,k} & S_k + G_{z,k}^T \breve{\Lambda}_{z,k} G_{z,k} \end{pmatrix}.
$$

Dabei bezeichnet $P_{z,k} = (P_{z1,k}, P_{z2,k})$ eine Permutationsmatrix, aus deren Spalten die Matrizen $P_{z1,k} = ([P_{z,k}]_{j=1,\dots,n_{u,zp}})$ und $P_{z2,k} = ([P_{z,k}]_{j=n_{u,zp}+1,\dots,n_{u,z}})$ abgeleitet werden. Die Permutation hat den Zweck, die Zeilen und Spalten von $\tilde{Z}_{uu,k}$ so zu vertauschen, dass in der linken oberen Ecke von $P_{z,k}^T \tilde{Z}_{uu,k} P_{z,k}$ die symmetrische positiv definite $(n_{u,zp} \times n_{u,zp})$-Untermatrix $P_{1z,k}^T \tilde{Z}_{uu,k} P_{1z,k}$ entsteht, für welche die Cholesky-Faktorisierung

$$
P_{1z,k}^T \tilde{Z}_{uu,k} P_{1z,k} = \breve{R}_{z,k}^T \breve{\Lambda}_{z,k} \breve{R}_{z,k}
$$

mit der Rechtsdreiecksmatrix $\breve{R}_{z,k}$ und der Diagonalmatrix $\breve{\Lambda}_{z,k}$ mit positiven Diagonalelementen durchgeführt werden kann. Die Pivotisierungsstrategie[5], aus welcher die Permutationsmatrix $P_{z,k}$ hervorgeht, sucht in dem noch nicht zerlegten Anteil S_k nach einem positiven Diagonalelement, welches größer einem vorgegebenen sehr kleinen Wert $\varepsilon_{\text{opt}} > 0$ ist. Wird ein solches Element gefunden, dann wird eine Vertauschung durchgeführt, so dass dieses an der Stelle $n_{u,zp}+1$ in $\Lambda_{z,k}$ erscheint. Mit diesem kann ein weiterer Schritt der Zerlegung durchgeführt werden, so dass $n_{u,zp} \leftarrow n_{u,zp}+1$ gesetzt werden kann. In dieser Weise wird sukzessive die Dimension des Diagnalanteils $\breve{\Lambda}_{z,k}$ von $\Lambda_{z,k}$ vergrößert und die des nicht zerlegten Anteils S_k verkleinert. Der Prozess endet, wenn es gelungen ist, $\Lambda_{z,k}$ vollständig auf Diagonalform zu bringen (in diesem Fall ist $\tilde{Z}_{uu,k}$ positiv definit), oder wenn sämtliche Diagonalelemente der Restmatrix S_k kleiner oder gleich ε_{opt} sind. Der zweite Fall weist auf eine nicht positiv definite oder nahezu singuläre Matrix $\tilde{Z}_{uu,k}$ hin. Für eine genauere Beschreibung des Verfahrens wird auf [GL89] und [FGM95] verwiesen.

Gelingt die Zerlegung vollständig, dann ist $\tilde{Z}_{uu,k}$ positiv definit und die Rückwärtsrekursion wird wie im vorigen Abschnitt beschrieben weiter vollzogen. Ansonsten ist es möglich, dass innerhalb des durch $P_{z1,k}$ aufgespannten Unterraums eine Suchrichtung gefunden werden kann, welche den Zielfunktionswert reduziert. Ersetzt man die Nullraumkomponente δu_z der Steuerung im lokalen QP (3.86) durch

$$
\delta u_z = P_{z1,k} \delta u_{zp}, \tag{3.111}
$$

erhält man die streng konvexe parametrische Optimierungsaufgabe

$$
\min_{\delta u_{zp} \in \mathbb{R}^{n_{u,zp}}} \frac{1}{2} \begin{pmatrix} \delta x_k \\ \delta u_{zp} \end{pmatrix}^T \begin{pmatrix} \tilde{Z}_{xx,k} & \tilde{Z}_{ux,k}^T P_{z1,k} \\ P_{z1,k}^T \tilde{Z}_{ux,k} & \breve{R}_{z,k}^T \breve{\Lambda}_{z,k} \breve{R}_{z,k} \end{pmatrix} \begin{pmatrix} \delta x_k \\ \delta u_{zp} \end{pmatrix} + \begin{pmatrix} \tilde{z}_{x,k} \\ P_{z1,k}^T \tilde{z}_{u,k} \end{pmatrix}^T \begin{pmatrix} \delta x_k \\ \delta u_{zp} \end{pmatrix}.
$$

---

[5] Die Strategie nach der Zeilen- oder Spalten bei der Vertauschung ausgewählt werden

Die Lösung dieser Optimierungsaufgabe ist

$$\delta \underline{u}_{zp} = -(\breve{R}_{z,k}^T \breve{\Lambda}_{z,k} \breve{R}_{z,k})^{-1} \underline{P}_{z1,k}^T \left(\tilde{Z}_{ux,k} \delta \underline{x}_k + \tilde{\underline{z}}_{u,k} \right) .$$

Das optimale Regelgesetz $\delta \underline{u}_k = -\underline{L}_{x,k} \delta \underline{x}_k - \underline{l}_x$ für die Stufe k erhält man dann aus dieser Komponente, (3.111) und (3.89) zu

$$\underline{L}_{x,k} := \underline{Y}_{f,k} \underline{L}_{f,k} + \underline{N}_{f,k} \underline{P}_{z1,k} (\breve{R}_{z,k}^T \breve{\Lambda}_{z,k} \breve{R}_{z,k})^{-1} \underline{P}_{z1,k}^T \tilde{Z}_{ux,k}$$

$$\underline{l}_k := \underline{N}_f \underline{P}_{z1,k} (\breve{R}_{z,k}^T \breve{\Lambda}_{z,k} \breve{R}_{z,k})^{-1} \underline{P}_{z1,k}^T \tilde{\underline{z}}_{u,k} .$$

Wird dieses in (3.86) eingesetzt, erhält man eine Restkostenfunktion $\delta \Psi_k(\delta \underline{x}_k)$, welche in dem Fall, dass nur im positiv definiten Unterraum optimiert wurde ($n_{u,z} > n_{u,zp}$), keine optimale Restkostenfunktion im Sinne der Dynamischen Programmierung darstellt. Die optimale Restkostenfunktion existiert nämlich nicht, da das nicht streng konvexe Optimierungsproblem keine Lösung besitzt.

Wird die Rückwärtsrekursion mit der Modifikation, dass im Fall eines nicht streng konvexen lokalen QPs nur im positiv definiten Unterraum von $\tilde{Z}_{uu,k}$ optimiert wird, wie im vorigen Abschnitt beschrieben vollzogen und berechnet man anschließend $\delta \underline{w}^*$ aus der Systemgleichung, dann ist $\delta \underline{w}^*$ eine Abstiegsrichtung positiver Krümmung, sofern $\delta \underline{w}^* \neq \underline{0}$ ist, da die Kosten der Stufe k für einen vollen Schritt

$$\sigma_{k+1} - \sigma_k = -\frac{1}{2} \tilde{\underline{z}}_{u,k}^T \underline{P}_{z1,k} (\breve{R}_{z,k}^T \breve{\Lambda}_{z,k} \breve{R}_{z,k})^{-1} \underline{P}_{z1,k}^T \tilde{\underline{z}}_{u,k} \leq 0$$

negativ sind, wenn $\underline{P}_{z1,k}^T \tilde{\underline{z}}_{u,k} \neq 0$ und damit die Komponenten des reduzierten Gradienten im positiv definiten Unterraum von $\tilde{Z}_{uu,k}$ nicht allesamt Null sind.

Wie beim Verfahren für streng konvexe Optimalsteuerungsprobleme werden zunächst Abstiegsrichtungen positiver Krümmung berechnet und durch die Schrittweitensteuerung Beschränkungen zur Arbeitsmenge hinzugefügt. Durch die wachsende Anzahl an Beschränkungen in der Arbeitsmenge sinken die Dimensionen der Matrizen $\tilde{Z}_{uu,k}$ und damit auch die Wahrscheinlichkeit, dass ein lokales Optimierungsproblem nicht streng konvex ist. Dadurch ist es möglich, dass nach einigen Iterationsschritten, in denen nur im positiv definiten Unterraum optimiert wurde, alle $\tilde{Z}_{uu,k}$ positiv definit sind und das Verfahren wie im streng konvexen Fall weiter rechnen kann. Der Prozess des Zufügens von Beschränkungen zur Arbeitsmenge ist endlich. Es wird deshalb nach einer endlichen Zahl von Iterationen der volle Schritt vollzogen. Da sich die Arbeitsmenge dabei nicht ändert, ist der Folgeiterationspunkt das globale Minimum des aktuellen gleichungsbeschränkten QPs.

Das Verfahren für streng konvexe Probleme des vorigen Abschnitts berechnet dann die Lagrange-Multiplikatoren und entfernt eventuell eine Beschränkung mit negativem Multiplikator aus der Arbeitsmenge, so dass die Zielfunktion weiter reduziert werden kann. Das in diesem Abschnitt entwickelte Verfahren versucht an dieser Stelle, für einen weiteren Fortschritt zuerst eine geeignete Richtung unendlichen Abstiegs (GRUA-Richtung) zu berechnen, da Richtungen ohne oder mit negativer Krümmung durch die Wahl (3.111) in der ersten Phase blockiert wurden.

Bestimmung einer geeigneten Richtung unendlichen Abstiegs

Es wird nun angenommen, dass die Optimierung im positiv definiten Unterraum vollständig vollzogen wurde und in mindestens einer Stufe die Matrix $\tilde{Z}_{uu,k}$ nicht positiv definit ist. Die Menge $\mathcal{I} := \{k \,|\, \tilde{Z}_{uu,k}$ ist nicht positiv definit $\}$ beinhaltet dann die Indizes aller Stufen, in denen die lokalen Optimierungsprobleme nicht streng konvex sind und der Index $\check{k}$, mit $\check{k} = \max_{k \in \mathcal{I}} k$, ist der späteste Index im Optimierungshorizont aus $\mathcal{I}$. Für $k = \check{k} + 1, \ldots, n$ sind die lokalen Optimierungsprobleme positiv definit, so dass dort wie im vorigen Abschnitt beschrieben in der Rückwärtsrekursion die Funktionen der optimalen Restkosten und die optimalen Regelgesetze berechnet werden. Da die Optimierung im positiv definiten Unterraum vollständig vollzogen wurde, gilt für die reduzierten Gradienten $\tilde{z}_{u,k} = \underline{0}$ für $k = \check{k} + 1, \ldots, n$ und für die konstanten Anteile der optimalen Restkostenfunktionen $\sigma_k = 0$ für $k = \check{k} + 1, \ldots, n$.

Zur Konstruktion einer geeignete Richtung unendlichen Abstiegs wird

$$\delta \underline{u}_k^* = \underline{0} \quad \text{für} \quad k = 0, \ldots, \check{k} - 1 \tag{3.112}$$

gewählt, woraus $\delta \underline{x}_k^* = \underline{0}$ für $k = 0, \ldots, \check{k}$ folgt. Für $k = \check{k} + 1, \ldots, n$ wird die Steuerungsfolge $\{\delta \underline{u}_k^*\}$ durch die optimalen Regelgesetze festgelegt. Die Gesamtkostenänderung $\delta J_{\mathrm{QP}}^{(\nu)}(\delta \underline{w})$ ist damit alleine durch die Wahl der Steuerung $\delta \underline{u}_{\check{k}}$ in der Stufe $\check{k}$ bestimmt, denn es gilt:

$$\delta J_{\mathrm{QP}}^{(\nu)}(\delta \underline{w}) = \underbrace{\sum_{k=0}^{\check{k}-1} \delta J_{\mathrm{QP},k}^{(\nu)}(\delta \underline{x}_k^*, \delta \underline{u}_k^*)}_{=0} + \delta J_{\mathrm{QP},\check{k}}^{(\nu)}(\delta \underline{x}_{\check{k}}^*, \delta \underline{u}_{\check{k}}) + \delta \Psi_{\check{k}+1}^*(\delta \underline{x}_{\check{k}+1}) \overset{(3.112)}{=} \psi_{\check{k}}(\underline{0}, \delta \underline{u}_{\check{k}}) \, .$$

Die Zielfunktion $\psi_{\check{k}}(\delta \underline{x}_{\check{k}}, \delta \underline{u}_{\check{k}})$ des lokalen Optimierungsproblems in der Stufe $\check{k}$ lautet nach Transformation auf den Nullraum und Setzen von $\delta \underline{x}_{\check{k}} = \underline{0}$:

$$\tilde{\psi}_{\check{k}}(\underline{0}, \delta \underline{u}_{z,\check{k}}) = \frac{1}{2} \delta \underline{u}_{z,\check{k}}^T \tilde{Z}_{uu,\check{k}} \delta \underline{u}_{z,\check{k}} + \tilde{z}_{u,\check{k}}^T \delta \underline{u}_{z,\check{k}} \, .$$

In dieser ist kein konstanter Anteil enthalten, da $\sigma_{\check{k}+1}^{(\nu)} = 0$ ist. Nun wird die Vertauschung

$$\delta \underline{u}_{z,\check{k}} = \underline{P}_{1z,\check{k}} \delta \underline{u}_{zp,\check{k}} + \underline{P}_{2z,\check{k}} \delta \underline{u}_{zn,\check{k}}$$

der teilweisen Cholesky-Zerlegung durchgeführt. Mit der Faktorisierung (3.110) erhält die Zielfunktion die Gestalt

$$\check{\psi}_{\check{k}}(\delta \underline{u}_{zp}, \delta \underline{u}_{zn}) =$$

$$\frac{1}{2} \begin{pmatrix} \delta \underline{u}_{zp} \\ \delta \underline{u}_{zn} \end{pmatrix}^T \begin{pmatrix} \check{\underline{R}}_{z,\check{k}}^T & \underline{0} \\ \underline{G}_{z,\check{k}}^T & \underline{I} \end{pmatrix} \begin{pmatrix} \check{\underline{\Lambda}}_{z,\check{k}} & \underline{0} \\ \underline{0} & \underline{S}_{\check{k}} \end{pmatrix} \begin{pmatrix} \check{\underline{R}}_{z,\check{k}} & \underline{G}_{z,\check{k}} \\ \underline{0} & \underline{I} \end{pmatrix} \begin{pmatrix} \delta \underline{u}_{zp} \\ \delta \underline{u}_{zn} \end{pmatrix} + \tilde{z}_{un,\check{k}}^T \delta \underline{u}_{zn} \, ,$$

mit $\tilde{z}_{un,\check{k}} = \underline{P}_{z2,\check{k}}^T \tilde{z}_{u,\check{k}}$. Darin wurde verwendet, dass $\underline{P}_{1z,\check{k}}^T \tilde{z}_{u,\check{k}} = \underline{0}$ gelten muss, da ansonsten eine weitere Zielfunktionsreduktion im positiv definiten Unterraum möglich wäre.

Die Diagonalelemente $[\underline{S}_{\check{k}}]_{ii}$, mit $i = 1, \ldots, n_{u,zn}$, der Matrix $\underline{S}_{\check{k}}$ sind kleiner oder gleich dem Toleranzparameter $\varepsilon_{\mathrm{opt}}$. Um eine GRUA-Richtung für die Zielfunktion zu bestimmen, werden die Vektoren $\delta \underline{u}_{zp}$ und $\delta \underline{u}_{zn}$ so gewählt, dass sie das Gleichungssystem

$$\begin{pmatrix} \breve{R}_{z,\check{k}} & G_{z,\check{k}} \\ \underline{0} & I \end{pmatrix} \begin{pmatrix} \delta \underline{u}_{zp} \\ \delta \underline{u}_{zn} \end{pmatrix} = \begin{pmatrix} \underline{0} \\ \gamma \underline{e}_i \end{pmatrix} \tag{3.113}$$

erfüllen. Der Vektor $\underline{e}_i \in \mathbb{R}^{n_{u,zn}}$ ist dabei der i-te Einheitsvektor des Euklidischen Raums und $\gamma \in \{-1, 1\}$ ist eine noch zu bestimmende Größe. Dieses Gleichungssystem ist stets lösbar, da $\underline{R}_{z,\check{k}}$ vollen Rang besitzt. Außerdem ist es mit geringem Aufwand lösbar, da $\delta \underline{u}_{zn} = \gamma \underline{e}_i$ direkt abgelesen und $\delta \underline{u}_{zp}$ durch Rückwärtssubstitution ermittelt werden kann. Aus $\delta \underline{u}_{zp}$ und $\delta \underline{u}_{zn}$ wird die Steuerung $\delta \underline{u}_{\check{k}}^*$ durch Rücktransformation berechnet. Die Folge $\{\delta \underline{u}_k^*\}$ für $k = \check{k}+1, \dots, n-1$ auf dem Restpfad wird dann mit den optimalen Regelgesetzen und die Folge $\{\delta \underline{x}_k^*\}$ wird für $k = \check{k} + 1, \dots, n$ mit Hilfe der Systemgleichung berechnet. Der Schritt der Weite α mit der in der beschriebenen Weise gewählten Suchrichtung $\delta \underline{w}^*$ liefert die Änderung

$$\delta J_{\mathrm{QP}}(\alpha \delta \underline{w}^*) = \frac{1}{2} \underbrace{\underline{e}_i^T S_{\check{k}} \underline{e}_i}_{=[S_{\check{k}}]_{ii}} \alpha^2 + \underbrace{\underline{\tilde{z}}_{un,\check{k}}^T \underline{e}_i}_{=[\tilde{\underline{z}}_{un,\check{k}}]_i} \gamma \alpha$$

der Zielfunktion. Wird in diesem Ausdruck $\gamma = -1$ für $[\tilde{\underline{z}}_{un,\check{k}}]_i > 0$ und $\gamma = 1$ für $[\tilde{\underline{z}}_{un,\check{k}}]_i \leq 0$ gewählt, erhält man für die Zielfunktionsänderung

$$\delta J_{\mathrm{QP}}(\alpha \delta \underline{w}^*) = \frac{1}{2} [\underline{S}_{\check{k}}]_{ii} \alpha^2 - |[\tilde{\underline{z}}_{un,\check{k}}]_i| \alpha . \tag{3.114}$$

Der Index i wird nun so bestimmt, dass $\delta J_{\mathrm{QP}}(\alpha \delta \underline{w}) < 0$ für alle möglichen $\alpha > 0$ gilt. Erfüllt kein Index diese Bedingung, wird die Diskretisierungsstufe des nächst kleineren Index aus $\mathcal{I}$ untersucht, ob für sie ein GRUA-Richtung gefunden werden kann. Gelingt dies für keine Stufe aus $\mathcal{I}$, ist es auch nicht möglich, eine GRUA-Richtung im aktuellen Iterationspunkt $\Delta \underline{w}^{(\nu)}$ zu finden. Das Verfahren fährt dann mit der Prüfung fort, ob ein Entfernen einer Beschränkung aus der Arbeitsmenge eine weitere Zielfunktionsreduktion liefert. Beim Rechnen mit exakter Arithmetik könnte $\varepsilon_{\mathrm{opt}} = 0$ gewählt werden, so dass für die Diagonalelemente $[S_k]_{ii} \leq 0$ gilt. In diesem Fall könnte der Index durch die Bedingung

$$([\underline{S}_{\check{k}}]_{ii} < 0) \; \vee \; \left([\underline{S}_{\check{k}}]_{ii} = 0 \; \wedge \; [\tilde{\underline{z}}_{un,\check{k}}]_i \neq 0 \right) \tag{3.115}$$

identifiziert werden, für den $\delta J_{\mathrm{QP}}(\alpha \delta \underline{w}) < 0$ für alle möglichen $\alpha > 0$ erfüllt ist. Da nur mit begrenzter Zahlendarstellung auf einem Prozessor gerechnet werden kann, erfolgt die teilweise Cholesky-Zerlegung mit dem Toleranzparameter $\varepsilon_{\mathrm{opt}} = 10^{-12}$. Die Diagonalelemente der Restmatrix von $\underline{S}_{\check{k}}$ sind dann kleiner oder gleich $\varepsilon_{\mathrm{opt}}$. Es wird nun nicht die scharfe Bedingung (3.115) verwendet, einen geeigneten Index i zu identifizieren, sondern

$$([\underline{S}_{\check{k}}]_{ii} < -\varepsilon_{\mathrm{opt}}) \; \vee \; \left(|[\underline{S}_{\check{k}}]_{ii}| \leq \varepsilon_{\mathrm{opt}} \; \wedge \; |[\tilde{\underline{z}}_{un,\check{k}}]_i| \geq 2\varepsilon_{\mathrm{opt}} \sqrt{n_{u,\check{k}}} \right) . \tag{3.116}$$

Im Gegensatz zu (3.115) werden dabei die Suchrichtungen nicht verwendet, die aus den Indizes entstehen würden, welche

$$|[\underline{S}_{\check{k}}]_{ii}| \leq \varepsilon_{\mathrm{opt}} \; \wedge \; |[\tilde{\underline{z}}_{un,\check{k}}]_i| < 2\varepsilon_{\mathrm{opt}} \sqrt{n_{u,\check{k}}}$$

erfüllen. Diese werden als *quasineutrale Richtungen* angesehen (vgl. Abschnitt 3.2.1). Es erfolgt nun eine Abschätzung, welcher Fehler durch die Blockierung einer solchen Richtung entsteht: Für eine quasi neutrale Richtung kann die Zielfunktionsänderung (3.114) durch

$$\delta J_{\mathrm{QP}}(\alpha \delta \underline{w}) \geq -\frac{1}{2}\varepsilon_{\mathrm{opt}}\alpha^2 - 2\alpha\varepsilon_{\mathrm{opt}}\sqrt{n_{u,\check{k}}} \qquad (3.117)$$

abgeschätzt werden. Für eine GRUA-Richtung kann die Schrittweite α zwar auch größer Eins werden, jedoch nimmt sie nicht beliebig große Werte an. Der Grund hierfür liegt in den Vertrauensbereichsbeschränkungen der SQP-Globalisierung, durch welche unter anderem die Steuerung der Stufe $\check{k}$ der Beschränkung $\|\Delta \underline{u}_{\check{k}}\|_\infty \leq \Gamma^{(\kappa)} \leq \Gamma_{\mathrm{max}}$ unterliegt. Setzt man darin die Schrittgleichung ein, kann die folgenden Abschätzung durchgeführt werden:

$$\Gamma_{\mathrm{max}} \geq \|\Delta \underline{u}_{\check{k}}^{(\nu)} + \alpha\delta\underline{u}_{\check{k}}\|_\infty \geq -\|\Delta \underline{u}_{\check{k}}^{(\nu)}\|_\infty + \alpha\|\delta\underline{u}_{\check{k}}\|_\infty \quad \Rightarrow \quad \alpha \leq \frac{2\Gamma_{\mathrm{max}}}{\|\delta\underline{u}_{\check{k}}\|_\infty}.$$

Mit dieser und der Abschätzung

$$\|\delta\underline{u}_{\check{k}}\|_\infty \geq \frac{1}{\sqrt{n_{u,\check{k}}}}\|\delta\underline{u}_{\check{k}}\|_2 = \frac{1}{\sqrt{n_{u,\check{k}}}}\|\underline{N}_{f,\check{k}}(\underline{P}_{z1,\check{k}}\delta\underline{u}_{zp,\check{k}} + \underline{P}_{z2,\check{k}}\delta\underline{u}_{zn,\check{k}})\|_2$$

$$= \frac{1}{\sqrt{n_{u,\check{k}}}}\sqrt{\delta\underline{u}_{zp,\check{k}}^T\delta\underline{u}_{zp,\check{k}} + \delta\underline{u}_{zn,\check{k}}^T\delta\underline{u}_{zn,\check{k}}} \geq \frac{1}{\sqrt{n_{u,\check{k}}}}\sqrt{\delta\underline{u}_{zn,\check{k}}^T\delta\underline{u}_{zn,\check{k}}} \overset{(3.113)}{=} \frac{1}{\sqrt{n_{u,\check{k}}}}$$

für die ∞-Norm von $\delta\underline{u}_{\check{k}}$ erhält man die obere Schranke für die Schrittweite

$$\alpha \leq 2\Gamma_{\mathrm{max}}\sqrt{n_{u,\check{k}}}. \qquad (3.118)$$

Sind die Größen der nichtlinearen Problemformulierung skaliert auf Werte im Intervall $[0, 1]$, dann gilt auch für die maximale Größe des Vertrauensbereichs $\Gamma_{\mathrm{max}} \leq 1$. In diesem Fall besitzt die Zielfunktionsänderung (3.117) für die quasineutrale Richtung die Abschätzung $\delta J_{\mathrm{QP}}(\alpha\delta\underline{w}^*) \geq -6\varepsilon_{\mathrm{opt}}n_{u,\check{k}}$. Wird der Parameter $\varepsilon_{\mathrm{opt}} \approx 10^{-12}$ gewählt und ist die Anzahl $n_{u,\check{k}}$ der Steuerungen der Stufe nicht sehr groß, dann ist die Zielfunktionsreduktion vernachlässigbar, welche in eine quasineutrale Richtung erreicht werden könnte. Eine nicht Verwendung von quasineutralen Richtungen bei einem Aktive-Menge-Verfahren ist dagegen essenziell für die numerische Stabilität des Verfahrens. Gilt für einen Index i der erste Teil der Bedingung (3.116), nämlich $[\underline{S}_{\check{k}}]_{ii} < -\varepsilon_{\mathrm{opt}}$, dann gilt für die Zielfunktionsänderung $\delta J_{\mathrm{QP}}(\alpha\delta\underline{w}^*) \leq -\frac{1}{2}\varepsilon_{\mathrm{opt}}\alpha^2$, so dass für alle $\alpha > 0$ eine Reduktion erzielt wird. Gilt der rechte Teil von (3.116)

$$|[\underline{S}_{\check{k}}]_{ii}| \leq \varepsilon_{\mathrm{opt}} \ \wedge \ |[\tilde{\underline{z}}_{un,\check{k}}]_i| \geq 2\varepsilon_{\mathrm{opt}}\sqrt{n_{u,\check{k}}}$$

erhält man die Abschätzung für die Zielfunktionsänderung

$$\delta J_{\mathrm{QP}}(\alpha\delta\underline{w}^*) \leq \frac{1}{2}\varepsilon_{\mathrm{opt}}\alpha^2 - 2\alpha\varepsilon_{\mathrm{opt}}\sqrt{n_{u,\check{k}}} = \frac{1}{2}\varepsilon_{\mathrm{opt}}((\alpha - 2\sqrt{n_{u,\check{k}}})^2 - 4n_{u,\check{k}}).$$

Dieser Ausdruck ist kleiner Null, sofern α aus dem Intervall $(0, 4\sqrt{n_{u,\check{k}}})$ gewählt wird. Es wird, wie bei der neutralen Richtung, angenommen, dass (3.118) gilt. Dann wird auch bei positiver Krümmung ($[\underline{S}_k]_{ii} > 0$) die QP-Zielfunktion reduziert.

3.4 Zusammenfassung Kapitel 3

In diesem Kapitel wurde ein Lösungsverfahren für Mehrphasen-Optimalsteuerungsprobleme entwickelt, welches die in Abschnitt 2.2.4 gestellten Anforderungen erfüllt. In Abschnitt 3.1 wurde das Mehrphasen-Optimalsteuerungsproblem mit Hilfe der direkten Mehrzielmethode diskretisiert. Durch die dort vorgeschlagene Wahl der Parametrierung, entstand nach Diskretisierung ein zeitdiskretes nichtlineares Optimalsteuerungsproblem, welches ein Spezialfall eines Nichtlinearen Programms ist. Verfahren der Klasse der Sequentiellen Quadratischen Programmierung lösen ein Nichtlineares Programm iterativ mit Suchrichtungen, die als Lösung Quadratischer Programme bestimmt werden, welche das nichtlineare Problem im aktuellen Iterationspunkt approximieren. In Abschnitt 3.2.2 wurden die wichtigsten Techniken der SQP-Verfahren zur Erzielung globaler Konvergenz vorgestellt und diskutiert. Von diesen Techniken wurde in Abschnitt 3.2.3 die Steuerung der Iterationsfolge über einen sog. *Filter* in Kombination mit einer Vertrauensbereichsbeschränkung als Basis für eine neue SQP-Variante ausgewählt: dem Elastic-Trust-Region-Filter-SQP-Verfahren (ETRFSQP). Das ETRFSQP-Verfahren verwendet die exakte Hesse-Matrix der Lagrange-Funktion zum Aufbau des QPs und vermag damit, eine quadratische Konvergenzrate zu erzielen, wenn wie bei der MPR ein Startpunkt nahe der Lösung ermittelt werden kann. Das Verfahren ist weiterhin in der Lage, auch ein eventuell unzulässiges NLP robust und effizient zu berechnen. Außerdem besitzt es einen Mechanismus, der eine Schätzung darüber, welche der Ungleichungsbeschränkungen im Lösungspunkt zu Gleichheit erfüllt sein werden, zum Warmstart der Berechnung eines QPs verwendet. Dies ermöglicht dessen schnelle Lösung durch ein Aktive-Menge-Verfahren, wie es in Abschnitt 3.2.1 allgemein beschrieben wurde.

Wird das ETRFSQP-Verfahren zur Lösung eines nichtlinearen zeitdiskreten Optimalsteuerungsproblems eingesetzt, besitzen die Quadratischen Programme die Gestalt von linearen zeitdiskreten Optimalsteuerungsproblemen. Diese können wegen der Verwendung der exakten Hesse-Matrix nichtkonvex sein. In Abschnitt 3.3 wurde ein neues Lösungsverfahren für solche Probleme vorgestellt. Dieses berechnet Suchrichtungen für das Aktive-Menge-Verfahren unter Verwendung des Prinzips der Dynamischen Programmierung rekursiv. Dadurch werden hochdimensionale Matrix-Operationen vermieden, so dass beispielsweise für die Inversion der reduzierten Hesse-Matrix anstatt einem Aufwand von $\mathcal{O}((n_u n)^3)$ nur ein Aufwand von $\mathcal{O}(n n_u^3)$ anfällt[6]. Bei Problemen mit einer hohen Zahl n an Abtastintervallen, wie das der vorliegenden Arbeit, reduziert sich so der Rechenaufwand gegenüber dem allgemeinen Verfahren aus Abschnitt 3.2.1 beträchtlich. Zusätzlich beutet das Verfahren aus Abschnitt 3.3 die rekursive Struktur des Problems dahingehend aus, dass bei einem Wechsel der Arbeitsmenge die Rekursion nur teilweise durchgeführt wird. Ein besonderes Merkmal des Verfahrens aus Abschnitt 3.3 ist, dass auch nichtkonvexe Probleme effizient gelöst werden. Im nichtkonvexen Fall reduziert das Verfahren zunächst in einem positiv definiten Unterraum weiter die Zielfunktion und berechnet anschließend, anhand einer teilweisen Cholesky-Zerlegung der reduzierten Hesse-Matrix einer Diskretisierungsstufe, eine geeignete Suchrichtung für das Aktive-Menge-Verfahren.

---

[6] Bei einem unbeschränkten Problem mit n Abtastintervallen und n_u Steuerungen pro Intervall

Kapitel 4

Optimalsteuerung der Längsdynamik eines Lkws in Echtzeit

Dieses Kapitel behandelt die Formulierung und Lösung des Hybrid-Optimalsteuerungsproblems (HOSPs) der Längsdynamik eines Lastkraftwagens, die Einbettung des Lösungsverfahrens in das Echtzeit-Optimierungsschema der Modellbasierten Prädiktiven Regelung sowie den Aufbau des Gesamtsystems IPPC.

Die Formulierung des Optimalsteuerungsproblems stellt bei der MPR den eigentlichen Reglerentwurf dar. In Abschnitt 4.1 wird zunächst eine allgemeine Formulierung für ein HOSP vorgestellt und anschließend für diese das HOSP der Lkw-Längsdynamik formuliert. Schwerpunkt ist dabei die Entwicklung eines hybriden Automaten, welcher zum einen die diskret-kontinuierliche Dynamik eines Lkws ausreichend genau beschreibt und zum anderen von geringer Komplexität ist, so dass mit diesem eine Optimierung in Echtzeit möglich ist. Weitere Themen der Problemformulierung sind die Berechnung des Sollgeschwindigkeitsbandes, die Prädiktion der Führungsfahrzeugbewegung und die Aufstellung einer Zielfunktion, mit der die Fahrweise im Prädiktionshorizont quantitativ bewertet wird.

Entsprechend der bereits in Abschnitt 2.2.4 vorgestellten zweistufigen Vorgehensweise bei der Lösung des HOSPs der vorliegenden Arbeit, wird der Lösung von rein reellwertigen Mehrphasen-Optimalsteuerungsproblemen ein Suchverfahren für die diskreten Entscheidungsgrößen überlagert. Während das in Kapitel 3 entwickelte Verfahren für die Lösung von Mehrphasen-Optimalsteuerungsproblemen allgemein einsetzbar ist, ist das Suchverfahren auf die Problemformulierung dieser Arbeit zugeschnitten. Das Verfahren wird deshalb in diesem Kapitel im Anschluss an die Problemformulierung in Abschnitt 4.2 beschrieben.

In Abschnitt 4.3 wird das Gesamtlösungsverfahren in das Echtzeit-Optimierungsschema der MPR integriert. Dort werden Maßnahmen vorgestellt, welche sich das Prinzip des gleitenden Horizonts zu Nutze machen, um die Berechnung der einzelnen HOSPs effizienter als bei einer isolierten Betrachtung der HOSPs der einzelnen MPR-Takte zu gestalten.

Im letzten Abschnitt dieses Kapitels wird die Softwarestruktur des IPPC-System beschrieben, und die zusätzlichen Module werden vorgestellt, welche neben der MPR als funktionalem Kern benötigt werden, damit ein für den Einsatz im Straßenverkehr taugliches Gesamtsystem entsteht. In Teilabschnitt 4.4.3 erfolgt die Diskussion der Stabilität der Längsregelung des IPPC-Systems.

4.1 Das Optimalsteuerungsproblem der Lkw-Längsdynamik

Das vorige Kapitel behandelte die numerische Lösung von Mehrphasen-Optimalsteuerungs-problemen. Bei solchen Problemen wird die Dynamik des Prozesses in verschiedenen Phasen jeweils durch ein System gewöhnlicher Differentialgleichungen beschrieben. Die Längsdy-namik eines Lkws kann jedoch nicht direkt durch ein Mehrphasenprozess beschrieben wer-den. Stattdessen wird ein hybrides Modell benötigt, um das Zusammenwirken zwischen der diskreten Steuerung des Schaltprozesses und der kontinuierlichen Dynamik der Längs-bewegung abbilden zu können. Zu Beginn dieses Abschnitts wird zunächst eine hybride Modellform, der hybride Automat, vorgestellt und mit diesem ein allgemeines Hybrid-Optimalsteuerungsproblem definiert. Für die allgemeine Formulierung wird anschließend das HOSP der Lkw-Längsdynamik hergeleitet.

4.1.1 Hybrid-Optimalsteuerungsprobleme

Eine Verallgemeinerung der nichtlinearen dynamischen Systeme stellt die Klasse der *hybri-den Systeme* dar. Systeme dieser Klasse sind gekennzeichnet durch das Zusammenwirken von kontinuierlicher und ereignisdiskreter Dynamik. Beim diskreten Systemanteil handelt es sich oft um eine Steuerung, welche einen kontinuierlichen Prozess beeinflusst. Auch ent-steht bei der Modellierung eines kontinuierlichen Systems ein diskreter Systemanteil, wenn ein im Vergleich zu den dominanten Systemanteilen sehr schneller Teilprozess durch ein sprunghaftes Übergangsverhalten approximiert wird[1]. Für eine tiefere Einführung in die Eigenschaften und Theorie der hybriden Systeme wird an dieser Stelle auf die Arbeiten [Nen01], [Sch01] und [Bus00] verwiesen.

Der Zustand eines hybriden Systems wird zum einen durch den kontinuierlichen Zustands-vektor $\underline{x}_K \in \mathcal{X}_K \subseteq \mathbb{R}^{n_K^x}$ und zum anderen durch den diskreten Zustandsvektor $\underline{x}_D \in \mathcal{X}_D \subseteq \mathbb{Z}^{n_D^x}$ beschrieben. Beide gemeinsam bilden den *hybriden Systemzustand*

$$\underline{x} = \begin{pmatrix} \underline{x}_D^T & \underline{x}_K^T \end{pmatrix}^T \in \mathcal{X}_H = \mathcal{X}_D \times \mathcal{X}_K \,.$$

Von außen wirken auf das System der kontinuierliche Steuerungsvektor $\underline{u}_K \in \mathcal{U}_K \subseteq \mathbb{R}^{n_K^u}$ und der diskrete Steuerungsvektor $\underline{u}_D \in \mathcal{U}_D \subseteq \mathbb{Z}^{n_D^u}$. Beide zusammengefasst bilden den *hybriden Steuerungsvektor*

$$\underline{u} = \begin{pmatrix} \underline{u}_D^T & \underline{u}_K^T \end{pmatrix}^T \in \mathcal{U}_H = \mathcal{U}_D \times \mathcal{U}_K \,.$$

Zur Vervollständigung wird hier noch der kontinuierliche Messvektor $\underline{y}_K \in \mathcal{Y}_K \subseteq \mathbb{R}^{n_K^y}$ und der diskrete Messvektor $\underline{y}_D \in \mathcal{Y}_D \subseteq \mathbb{Z}^{n_D^y}$ angegeben. Gemeinsam bilden diese den *hybriden Messvektor*

$$\underline{y} = \begin{pmatrix} \underline{y}_D^T & \underline{y}_K^T \end{pmatrix}^T \in \mathcal{Y}_H = \mathcal{Y}_D \times \mathcal{Y}_K \,.$$

---

[1] Ein Beispiel hierfür ist die Vernachlässigung des Übergangsverhaltens beim Öffnen eines Ventils, wenn die Dynamik des Massestroms vergleichsweise träge ist. Im Modell wird dann angenommen, das Ventil öffne sich in infinitesimaler Zeit.

Zur Formulierung eines Hybrid-Optimalsteuerungsproblems wird eine formale Beschreibung in der Ausprägung eines mathematischen Modells des zu steuernden Systems benötigt. Zur Beschreibung der Längsdynamik eines Lkws wird in Abschnitt 4.1.2 ein *hybrider Automat* entwickelt. Zunächst wird die allgemeine Definition dieser Modellform geliefert. Anschließend werden weitere Modellformen kurz vorgestellt und es wird erläutert, weshalb hier der hybride Automat als Modellform verwendet wird.

Definition 4.1.1 (Hybrider Automat)

Ein hybrider Automat ist definiert als das 13-Tupel

$$HA := \{\mathcal{X}_D, \mathcal{U}_D, \mathcal{Y}_D, \mathcal{X}_K, \mathcal{U}_K, \mathcal{Y}_K, \underline{h}_D, H_K, F_K, T, B, F_S, \underline{x}_A\}\,, \tag{4.1}$$

mit den Elementen

diskreter Zustand-, Steuerungs- und Messraum : $\quad \mathcal{X}_D, \mathcal{U}_D, \mathcal{Y}_D\,,$

kontinuierlicher Zustand-, Steuerungs- und Messraum: $\quad \mathcal{X}_K, \mathcal{U}_K, \mathcal{Y}_K\,,$

diskrete Ausgangsfunktion: $\quad \underline{h}_D : \mathcal{X}_D \to \mathcal{Y}_D\,,$

kontinuierliche Ausgangsfunktionen: $\quad H_K : \mathcal{X}_D \to \{\underline{h}_K : \mathcal{X}_K \to \mathcal{Y}_K\}\,,$

kontinuierliche Dynamiken: $\quad F_K : \mathcal{X}_D \to \{\underline{f}_K : \mathcal{X}_K \times \mathcal{U}_K \to \mathcal{X}_K\}\,,$

Übergänge: $\quad T \subseteq \mathcal{X}_D \times \mathcal{X}_D\,,$

Übergangsbedingungen: $\quad B : T \to \{\beta : \mathbb{R} \times \mathcal{U}_D \times \mathcal{X}_K \times \mathcal{U}_K \to \{\text{WAHR}, \text{FALSCH}\}\}\,,$

Sprungfunktionen: $\quad F_S \to \{\underline{f}_S : \mathcal{X}_K \to \mathcal{X}_K\}\,,$

hybrider Anfangszustand: $\quad \underline{x}_A = \left(\underline{x}_{D,A}^T, \underline{x}_{K,A}^T\right)^T \in \mathcal{X}_D \times \mathcal{X}_K\,.$

Der diskrete Systemanteil wird beim hybriden Automaten durch einen deterministischen endlichen Automaten beschrieben. Dieser stellt einen gerichteten Graphen dar mit den diskreten Zuständen aus $\mathcal{X}_D$ als Knoten. Gilt für zwei Knoten $(x_D^a, x_D^b) \in T$, dann besitzt der Graph eine gerichtete Verbindung von $\underline{x}_D^a$ nach $\underline{x}_D^b$ und ein Zustandsübergang von $\underline{x}_D^a$ nach $\underline{x}_D^b$ ist möglich. Die Menge B weist dabei jedem Übergang $(\underline{x}_D^a, x_D^b) \in T$ eine Übergangsbedingung $\beta^{a,b}(t, \underline{u}_D, \underline{x}_K, \underline{u}_K)$ zu. Ist der diskrete Zustand $\underline{x}_D^a$ und die logische Bedingung $\beta^{a,b}(\cdot) = \text{WAHR}$, findet unmittelbar der diskrete Zustandswechsel von $\underline{x}_D^a$ nach $\underline{x}_D^b$ statt. Bei einem Wechsel des diskreten Zustands ist es möglich, dass der kontinuierliche Zustand sich sprunghaft ändert. Um dies mit dem Modell beschreiben zu können, ist über die Abbildung F_S jedem diskreten Übergang $(\underline{x}_D^a, x_D^b) \in T$ eine kontinuierliche Sprungfunktion $\underline{f}_S^{a,b}(\underline{x}_K(t^-))$ zugeordnet, die den kontinuierlichen Zustand nach dem diskreten Zustandswechsel $\underline{x}_K(t^+)$ in Abhängigkeit des kontinuierlichen Zustands unmittelbar vor dem Übergang $\underline{x}_K(t^-)$ festlegt. Jedem diskreten Zustand $\underline{x}_D^a$ wird über F_K eine Beschreibung des kontinuierlichen Systemanteils durch ein System gewöhnlicher Differentialgleichungen

$$\underline{\dot{x}}_K = \underline{f}_K^a(\underline{x}_K, \underline{u}_K) \tag{4.2}$$

zugeordnet. Ebenso wird über H_K jedem diskreten Zustand eine kontinuierliche Ausgangsfunktion zugewiesen:

$$\underline{y}_K = \underline{h}_K^a(\underline{x}_K)\,.$$

Das hybride Modell dient im Anschluss als Nebenbedingungen zur Formulierung eines Hybrid-Optimalsteuerungsproblems. Die gewählte Modellform muss daher nicht nur in der Lage sein, den hier betrachteten technischen Prozess zu beschreiben, sondern es wird zusätzlich die Forderung gestellt, dass weiterführende Methoden zur Lösung der vorliegenden Optimierungsaufgabe effizient angewendet werden können. Unter diesem Gesichtspunkt werden nun der hybride Automat und weitere hybride Modellformen diskutiert.

Zur Lösung des Hybrid-Optimalsteuerungsproblems der vorliegenden Arbeit wird ein Verfahren eingesetzt, welches der Vorgehensweise der Dekomposition folgt. Bei einer allgemeinen Dekomposition wird zunächst eine diskrete Erreichbarkeitsanalyse durchgeführt, um alle als Lösung möglichen diskreten Zustandsfolgen zu identifizieren. Die Übergangsbedingungen werden dabei zunächst außer Acht gelassen. Beim hybriden Automaten kann dies anhand der formalen Beschreibung T der Übergangsmenge – gegebenen Falls auch automatisiert – ausgehend vom Anfangszustand $x_{D,A}$ erfolgen. Für jeden möglichen Pfad durch den hybriden Automaten wird dann aus den durchlaufenen kontinuierlichen Systembeschreibungen ein Mehrphasen-Optimalsteuerungsproblem zusammengesetzt, welches durch das Verfahren des vorigen Kapitels gelöst werden kann. Aus den logischen Übergangsbedingungen und den Sprunggleichungen der Kanten des jeweiligen Pfades werden dabei Randbedingungen in Form von Gleichungen und Ungleichungen formuliert, welche die Zeitpunkte interner Ereignisse eindeutig festlegen. Der hybride Automat erweist sich damit als eine geeignete Basis, um eine Dekomposition erfolgreich durchführen zu können.

Bei der Modellierung der Lkw-Längsdynamik im nächsten Abschnitt wird sich zeigen, dass die Dimensionen und Zusammensetzungen des kontinuierlichen Steuerungs- und Zustandsvektors variieren, je nachdem, ob gerade ein Schaltprozess stattfindet oder nicht. Beispielsweise hat das Sollantriebsmoment als Stellgröße während eines Gangwechsels keinen Einfluss auf das System. Ebenso ist beispielsweise die Motordrehzahl freie Zustandsgröße bei geöffneter Kupplung. Bei geschlossener Kupplung ist sie fest mit der Getriebeeingangsdrehzahl verkoppelt. Unabhängig vom diskreten Zustand einen einheitlichen kontinuierlichen Zustands- und Steuerungsvektor zu definieren, stellt laut [Sch01] – rein die Modellierung betrachtet – zunächst keine Problematik dar, da in der Regel alle Größen, wenn auch verkoppelt oder unwirksam, physikalisch noch existieren.

Jedoch soll mit dem Modell ein Optimalsteuerungsproblem numerisch gelöst werden. Eine Stellgröße ist dabei Freiheitsgrad der Optimierungsaufgabe. Hat eine Stellgröße in einer Phase keinen Einfluss auf das Ergebnis der Optimierung, kann das numerische Verfahren diese nicht eindeutig festlegen, was zu großen Schwierigkeiten bei der numerische Berechnung führt. Man spricht dabei von einer Singularität in der Optimierungsaufgabe. Ähnliches gilt für den kontinuierlichen Zustandsvektor. Wird eine von anderen Zustandsgrößen algebraisch abhängige Größe bei der Lösung der Optimierungsaufgabe als Komponente des Zustandsvektors mitgeführt, bringt dies nicht nur zusätzlichen unnötigen Rechenaufwand mit sich. Es besteht darüber hinaus die Gefahr, dass bei der Simulation des kontinuierlichen Teilsystems im Zuge des Lösungsverfahrens numerische Fehler zu einer zunehmenden Verletzung der algebraischen Zwangsbedingung führen. Die Folge daraus ist, dass gegebenen Falls weitere Nebenbedingungen der Problemformulierung nicht mehr erfüllt werden können und eine numerische Lösung fehlschlägt.

Da beim hybriden Automaten über die Abbildungen F_K, F_S und H_K jedem diskreten Zustand eine unterschiedliche Beschreibung des kontinuierlichen Teilsystems zugeordnet ist, ist es mit ihm möglich, auch solche Systeme zu beschreiben, bei denen der kontinuierliche Zustands- oder Steuerungsraum in Abhängigkeit des diskreten Zustands wechselt. Zur Vereinfachung wurde dies in Definition 4.1.1 nicht explizit dargestellt.

In den vergangenen zwei Dekaden wurden einige weitere Modellformen für hybride Systeme entwickelt, die je nach Verwendungszweck unterschiedliche Vorteile aufweisen. Eine hiervon ist das *hybride Zustandsraummodell* ([Sch01] und [BGH$^+$02]), bei dem der diskrete Systemanteil durch eine diskrete Zustandsgleichung und der kontinuierliche Systemanteil durch eine kontinuierliche Zustandsdifferentialgleichung sowie eine Spunggleichung beschrieben wird, die jeweils explizit von x_D abhängig sind. Das hybride Zustandsraummodell erweist sich als Modellform für die vorliegende Aufgabenstellung nicht als geeignet, da zum einen mit diesem eine wechselnde Dimension des kontinuierlichen Zustands- und Steuerungsraums nicht modelliert werden kann. Zum anderen gestaltet sich mit ihm eine diskrete Erreichbarkeitsanalyse schwieriger, da aus der diskreten Zustandsgleichung in der Regel nicht direkt die möglichen diskreten Zustandsübergänge abgelesen werden können.

Ein hybrider Automat kann als gerichteter Graph visualisiert werden. Mit wachsender Kardinalitäten der Mengen $\mathcal{X}_D$ und T verliert der Graph aber schnell seine Übersicht, so dass der hybride Automat nur bedingt zur Visualisierung der diskreten Vorgänge eines hybriden Systems geeignet ist. Weitaus besser geeignet, um ein hybrides System anschaulich zu beschreiben, ist das *Netz-Zustands-Modell* ([NK97], [Nen01] und [Sch01]). Der diskrete Systemanteil wird dabei durch ein interpretiertes Petri-Netz und der kontinuierliche Systemanteil durch ein erweitertes Zustandsraummodell beschrieben. Die Parameter des Zustandsraummodells können sich dabei in Abhängigkeit des diskreten Zustands ändern. Die Stärken des Netz-Zustands-Modells bestehen zum einen in der anschaulichen Darstellung von Systemen mit komplexem diskreten Systemanteil mit Nebenläufigkeiten und Synchronisationen [Mün06]. Zum anderen ermöglicht das Netz-Zustands-Modell, weiterführende Analyse- und Synthesemethoden anwenden zu können (siehe [Nen01] und [Sch01]). Jedoch können auch mit dem Netz-Zustands-Modell solche Systeme, bei denen die Dimension oder die Zusammensetzung des kontinuierlichen Zustands- oder Steuerungsvektors in Abhängigkeit des diskreten Zustands wechselt, nicht beschrieben werden.

Weitere Modellformen für hybride Systeme wie die *Stückweisen Affinen* Systeme (englisch: Piecewise Affine Systems PWA) und die *Gemischt Logischen Dynamischen* Systeme (englisch: Mixed Logical Dynamic Systems MLD), für welche in den letzten Jahren zahlreiche praktische Methoden entwickelt wurden [BM99], setzen voraus, dass der Zustandsraum in Gebiete unterteilt werden kann, in denen die eventuell nichtlineare Dynamikgleichung gut durch eine affine Funktion approximiert werden kann. Die Längsdynamik eines Lkws kann jedoch beispielsweise wegen des nichtlinearen Verlaufs der Fahrbahnsteigung über der Fahrstrecke nicht mit vertretbaren Aufwand durch stückweise affine Funktionen beschrieben werden. Der Einsatz eines PWA-Modells und damit die Anwendung der Methoden für PWA-Systeme ist daher für die gegebene Problemstellung nicht möglich.

Problemformulierung

Bei einem Mehrphasen-Optimalsteuerungsproblem ist der Optimierungshorizont in eine vorab bekannte Anzahl an Phasen aufgeteilt. Alleine die Zeitpunkte der Phasengrenzen sind eventuell noch zu bestimmen. Außerdem besitzt ein MPOSP nur reellwertige Entscheidungsgrößen und die Systeme gewöhnlicher Differentialgleichungen, mit welchen der Prozess in den einzelnen Phasen beschrieben wird, sind vorgegeben. Soll ein Optimalsteuerungsproblem für ein hybrides System formuliert werden, dann unterteilt sich der Optimierungshorizont auch in einzelne Phasen. Im Gegensatz zum MPOSP ist aber beim hybriden System die Zahl N der Phasenwechsel sowie die diskrete Zustandsfolge und damit die kontinuierlichen Systembeschreibungen der einzelnen Phasen nicht vorab bekannt, sondern es ist Teil der Aufgabe, diese zu bestimmen. Das Hybrid-Optimalsteuerungsproblem stellt damit eine Erweiterung eines MPOSPs dar.

Bei einem Hybrid-Optimalsteuerungsproblem werden Verläufe für die hybride Steuerung und den hybriden Zustand gesucht. Der diskrete Zustand ändert sich nur zu Ereigniszeitpunkten $\mathcal{E} := \{t_1, \ldots, t_N\}$. Sein Verlauf ist daher durch die diskrete Zustandsfolge $\{\underline{x}_{D,i}\}$ und die Ereigniszeitpunkte festgelegt:

$$\underline{x}_D(t) = \sum_{i=0}^{N} \underline{x}_{D,i} \cdot \left(\sigma(t - t_i) - \sigma(t - t_{i+1}) \right) ,$$

mit $\sigma(t) = 1$ für $t \geq 0$ und $\sigma(t) = 0$ für $t < 0$. Änderungen des diskreten Steuerungsverlaufs sind nur dann von Belang, wenn diese auch zu einem diskreten Zustandswechsel führen. Sie finden deshalb nur zu den Zeitpunkten aus $\mathcal{E}$ statt. Die diskrete Steuerungsfolge $\{\underline{u}_{D,i}\}$ legt dann den diskreten Steuerungsverlauf zu

$$\underline{u}_D(t) = \sum_{i=0}^{N} \underline{u}_{D,i} \cdot \left(\sigma(t - t_i) - \sigma(t - t_{i+1}) \right)$$

fest. Mit den Folgen $\{\underline{x}_{D,i}\}$ und $\{\underline{u}_{D,i}\}$ wird nun ein allgemeines Hybrid-Optimalsteuerungsproblem wie folgt definiert:

Definition 4.1.2 (Hybrid-Optimalsteuerungsproblem HOSP)

Als Hybrid-Optimalsteuerungsproblem *wird in dieser Arbeit die folgende Optimierungsaufgabe bezeichnet: Bestimmt werden soll auf dem Intervall $\mathbb{O} = [t_0, t_e]$ ein kontinuierlicher Steuerungsverlauf $\underline{u}_K(t)$ und Zustandsverlauf $\underline{x}_K(t)$, eine diskrete Steuerungsfolge $\{\underline{u}_{D,i}\}$ und Zustandsfolge $\{\underline{x}_{D,i}\}$, ein Parametervektor $\underline{p} \in \mathbb{R}^{n_p}$, die Anzahl N der im Intervall auftretenden Ereignisse und Ereigniszeitpunkte $\mathcal{E} = \{t_1, \ldots, t_N\}$ sowie der Endzeitpunkt $t_e = t_{N+1}$ von $\mathbb{O}$, so dass das Gütemaß*

$$\Phi(t_{N+1}, \underline{x}_K(t_{N+1}), \underline{p}) \tag{4.3a}$$

minimal wird, unter den Nebenbedingungen, dass der hybride Zustands- und Steuerungsverlauf die Beschreibung des hybriden Automaten laut Definition 4.1.1 erfüllen. Außerdem muss zwischen den Umschaltzeitpunkten, also $\forall t \in [t_i, t_{i+1})$, $i = 0, \ldots, N$, die vom diskreten Zustand abhängende Pfadbeschränkung

$$\underline{b}^{[\underline{x}_{D,i}]}(t, \underline{x}_K(t), \underline{u}_K(t), \underline{p}) \geq \underline{0} \tag{4.3b}$$

erfüllt werden und zusätzlich müssen die Randbedingungen am Horizontanfang

$$\underline{x}_{D,0} = \underline{x}_{D,A} \tag{4.3c}$$

$$\underline{x}_K(t_0) = \underline{x}_{K,A} \tag{4.3d}$$

$$\underline{r}_{\mathrm{g,A}}^{[\underline{x}_{D,0}]}(t_0, \underline{x}_K(t_0), \underline{p}) = \underline{0} \tag{4.3e}$$

$$\underline{r}_{\mathrm{u,A}}^{[\underline{x}_{D,0}]}(t_0, \underline{x}_K(t_0), \underline{p}) \geq \underline{0} \tag{4.3f}$$

und Horizontende

$$\underline{x}_{D,N} \in \mathcal{X}_{D,\mathrm{E}} \subseteq \mathcal{X}_D \tag{4.3g}$$

$$\underline{r}_{\mathrm{g,E}}^{[\underline{x}_{D,N}]}(t_{N+1}, \underline{x}_K(t_{N+1}), \underline{p}) = \underline{0} \tag{4.3h}$$

$$\underline{r}_{\mathrm{u,E}}^{[\underline{x}_{D,N}]}(t_{N+1}, \underline{x}_K(t_{N+1}), \underline{p}) \geq \underline{0} \tag{4.3i}$$

eingehalten werden.

4.1.2 Ein hybrides Modell der Regelstrecke

In diesem Teilabschnitt erfolgt die Herleitung des Prädiktionsmodells für die Lkw-Längsdynamik in der Gestalt eines hybriden Automaten. An das Modell werden die folgenden Forderungen gestellt:

- Das Modell muss von möglichst niedriger Ordnung sein, so dass mit ihm eine Optimierung in Echtzeit durchgeführt werden kann

- Es muss die Wirkung der Ausgangsmomente der Aggregate des Antriebsstrangs auf die Fahrzeugbeschleunigung sehr genau beschreiben, da anhand des Modells die tatsächlichen Stellgrößen der MPR abgeleitet werden

- Das Modell muss den momentanen Kraftstofffluss sehr genau berechnen, so dass die MPR auch Verbrauchseinsparungen im Promillebereich ermöglichen kann

- Der Schaltprozess muss abgebildet sein

Die Dekomposition der Regelstrecke in Teilsysteme ist in Abbildung 4.1 dargestellt. Die übergeordneten Regelungs- und Steuerungsfunktionen des Antriebsstrangs sind im Teilsystem *Elektronische Antriebsstrangsteuerung* zusammengefasst. Das Teilsystem *Antriebsstrang* beinhaltet sämtliche Komponenten des Fahrzeugs, welche für den Energietransport vom Kraftstofftank bis zur Radnabe verantwortlich sind. Jede dieser Komponenten wird wie in [Spi02] als ein mechatronisches Teilsystem betrachtet. So beinhaltet die Modellierung des Motors nicht nur dessen mechanischen und thermodynamischen Anteile, sondern auch die Funktionen der Motorsteuerung. Im Teilsystem *Fahrzeugrahmen/Umwelt* werden die Zugmaschine und der Auflieger zu einem starrer Körper zusammengefasst und die an diesem angreifenden äußeren Kräfte eingeführt. Das Bindeglied zwischen dem Fahrzeugrahmen und dem Antriebsstrang bildet das Teilsystem *Räder* der angetriebenen Achse. Das Teilsystem *Führungsfahrzeug* beinhaltet die Dynamik eines vorausfahrenden Fahrzeugs. Dieses wird erst im nächsten Teilabschnitt behandelt, wo anhand des Modells des Führungsfahrzeugs dessen zukünftige Position s_{FF} und Geschwindigkeit v_{FF} geschätzt werden.

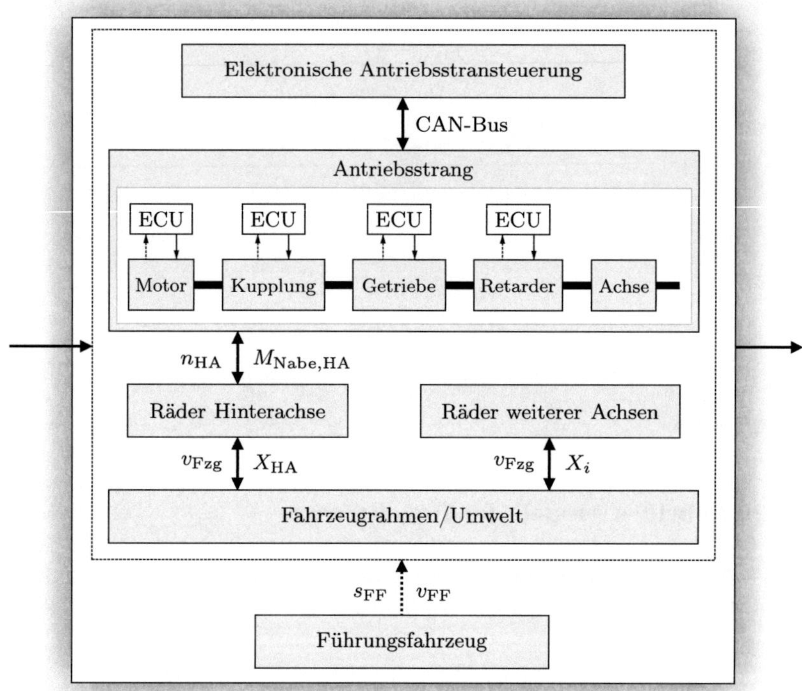

Abbildung 4.1: Dekomposition der Regelstrecke in Teilsysteme

Das Teilsystem Fahrzeugrahmen/Umwelt

Abbildung 4.2 zeigt den Freischnitt eines Sattelzugs. Bei der Modellierung des Fahrzeugrahmens wird eine steife Kopplung zwischen Zugmaschine und Auflieger vorausgesetzt. Für die Modellierung der Längsbewegung genügt es dann, den Sattelzug als einen starren Körper anzusehen. Zustandsgrößen des Fahrzeugrahmens sind die Geschwindigkeit v_{Fzg} und die Position s_{Fzg} des Schwerpunkts. Dabei wird angenommen, das Fahrzeug fahre auf einer festen Route. Diese Straße beginnt bei $s_{\mathrm{Fzg}} = 0\,\mathrm{m}$, so dass s_{Fzg} die gefahrene Distanz auf der Straße ab dem Startpunkt beschreibt. Es gilt infolgedessen der Zusammenhang

$$\dot{s}_{\mathrm{Fzg}} = v_{\mathrm{Fzg}}\,.$$

An den Achsaufhängungen des Fahrzeugs wirken in vertikaler Richtung die Achslasten Z und die horizontalen Kräfte X. Dabei bezeichnen Z_{HA} und X_{HA} die Kräfte der angetriebenen Hinterachse, die Kräfte der nicht angetriebenen Achsen Z_i und X_i , $i = 1,\ldots,n_{\mathrm{NA}}$, werden von der Vorderachse beginnend durchnummeriert. Die genaue Achslastverteilung ist hier für die Modellierung der Längsdynamik des Lkws nicht relevant. Es wird jedoch zumindest näherungsweise die Achslast Z_{HA} für die Beschreibung der Kraftübertragung an den Antriebsreifen benötigt. Diese wird von der Niveauregelung eines luftgefederten

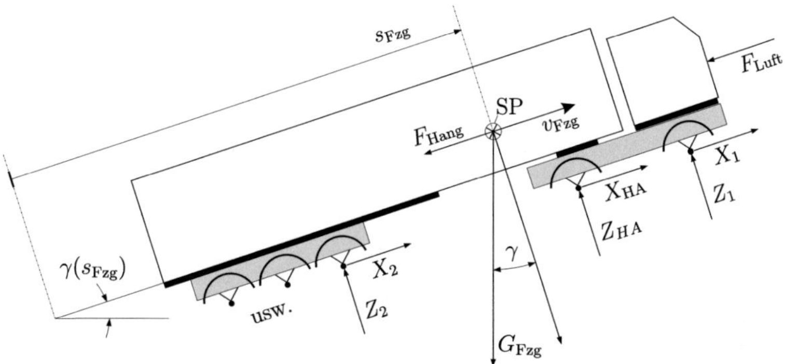

Abbildung 4.2: Freischnitt des Fahrzeugrahmens eines Sattelzugs

Sattelzugs gemessen oder geschätzt und daher als ein sich langsam ändernder, bekannter Parameter für das Modell angenommen.

Das Kräftegleichgewicht in Fahrtrichtung ergibt

$$m_{\mathrm{Fzg}}\dot{v}_{\mathrm{Fzg}} = -F_{\mathrm{Luft}}(v_{\mathrm{Fzg}}, v_{\mathrm{Wind}\,\|}) - F_{\mathrm{Hang}}(\gamma(s_{\mathrm{Fzg}}), \Delta\gamma) + X_{\mathrm{HA}} + \sum_{i=1}^{n_{\mathrm{NA}}} X_i \,. \tag{4.4}$$

Dabei bezeichnet F_{Hang} die im Schwerpunkt angreifende Hangabtriebskraft. Beim Aufstellen des Kräftegleichgewichts am Fahrzeugrahmen wird angenommen, dass die Fahrbahnsteigung über die gesamte Länge des Sattelzugs konstant der an der Position des Schwerpunkts sei. Gegenüber der realen Fahrbahnsteigung $\gamma_{\mathrm{act}}(s_{\mathrm{Fzg}})$ ist dem IPPC-System nur der Steigungswert $\gamma(s_{\mathrm{Fzg}})$ aus der digitalen Karte bekannt, welche systematische Fehler enthält. Für die Hangabtriebskraft wird im Modell deshalb der Ausdruck

$$F_{\mathrm{Hang}}(\gamma, \Delta\gamma) = m_{\mathrm{Fzg}} g_{\mathrm{Erde}} \left(\Delta\gamma + \sin\gamma \right) \tag{4.5}$$

angesetzt, wobei $\Delta\gamma \approx \gamma_{\mathrm{act}} - \gamma$ den nicht bekannten Kartenfehler bezeichnet.

Die turbulente Luftreibung wird wie in [MW04] durch

$$F_{\mathrm{Luft}}(v_{\mathrm{Fzg}}, v_{\mathrm{Wind}\perp}) = \frac{1}{2} c_{\mathrm{w}} \varrho_{\mathrm{Luft}} A_{\mathrm{Spann}} \left(v_{\mathrm{Fzg}} + v_{\mathrm{Wind}\perp} \right)^2 \tag{4.6}$$

bestimmt. Dabei ist $v_{\mathrm{Wind}\perp}$ die senkrecht auf die Fahrzeugfront auftreffende Komponente der Geschwindigkeit des Gegenwindes, c_{w} der Oberflächenkoeffizient, A_{Spann} die effektive Fahrzeugfrontfläche und ϱ_{Luft} die Luftdichte. Letztere hängt von der Umgebungstemperatur ab und kann nach [MW04] bis zu 20 % variieren und als Folge auch F_{Luft}. Im Fahrzeug stehen Messwerte des Atmosphärendrucks und der Umgebungstemperatur zur Verfügung. Diese werden beim IPPC-System dazu verwendet, die Luftdichte in guter Näherung zu bestimmen. Für die Geschwindigkeit des Gegenwindes und dessen Anströmwinkel gibt es keine Messeinrichtung im Fahrzeug. Die frontale Komponente des Gegenwindes ist damit eine nicht messbare Störgröße im Streckenmodell.

Das Teilsystem Antriebsstrang

Als erste Komponente des Antriebsstrangs wird der intelligente Aktor Verbrennungsmotor betrachtet. Im Lastkraftwagen eingesetzte Dieselmotoren dienen sowohl als Antriebs- als auch als Bremsaggregat. Im Antriebsmodus berechnet die Motorsteuerung für ein vorgegebenes Sollmoment $M_{\mathrm{Mot,soll}}$ den Zeitpunkt und die Dauer der Einspritzung, so dass das an der Kurbelwelle erzeugte Moment M_{Mot} mit der Vorgabe übereinstimmt. Die Einspritzdauer legt dabei die Kraftstoffmenge m_{Diesel} [kg/AS] fest, welche während des Arbeitsspiels (AS) eines Zylinders verbrannt wird. Die Dynamik der zylinderindividuellen Momenterzeugung ist gegenüber der weitaus trägeren Dynamik der Längsbewegung des Lkws vernachlässigbar. Deshalb wird hier wie in [GO04] für den Motor ein Mittelwertmodell verwendet. Das an der Kurbelwelle wirkende Motormoment M_{Mot} wird dabei durch

$$M_{\mathrm{Mot}} = \frac{1}{4\pi} \int_0^{4\pi} \sum_{i=1}^{n_{\mathrm{Z}}} M_{\mathrm{Mot},i}(\varphi_{\mathrm{Mot}}) \mathrm{d}\varphi_{\mathrm{Mot}}$$

als Mittelwert über zwei Kurbelwellenumdrehungen der überlagerten Momentverläufe aller Zylinder $M_{\mathrm{Mot},i}(\varphi_{\mathrm{Mot}})$ berechnet. Für die Modellierung des Verbrennungsmotors wird die Totzeit zwischen Momentvorgabe und Einspritzung vernachlässigt, so dass stets $M_{\mathrm{Mot}}(t) \equiv M_{\mathrm{Mot,soll}}(t)$ gilt, sofern $M_{\mathrm{Mot,soll}}$ im zulässigen Arbeitsbereich des Aggregates liegt. Der Arbeitsbereich eines Dieselaggregats wurde bereits im einleitenden Kapitel in Abbildung 2.2 vorgestellt. Wird der Motor befeuert, berechnet sich der mittlere Kraftstofffluss Q_{Diesel} [ℓ/s] für einen 4-Takt Verbrennungsmotor zu

$$Q_{\mathrm{Diesel}} = \frac{n_{\mathrm{Z}} m_{\mathrm{Diesel}} n_{\mathrm{Mot}}}{4\pi \varrho_{\mathrm{Diesel}}} \tag{4.7}$$

aus der Zylinderanzahl n_{Z}, der eingespritzten Kraftstoffmasse m_{Diesel}, der Motordrehzahl n_{Mot} und der Dichte des Dieselkraftstoffs $\varrho_{\mathrm{Diesel}}$. Bei diesem Kraftstofffluss erzeugt der Motor ein mittleres Motormoment M_{Mot}, welches bei der Mittelwertmodellierung durch

$$M_{\mathrm{Mot}} = \eta_{\mathrm{Mot}}(n_{\mathrm{Mot}}, M_{\mathrm{Mot}}) \frac{Q_{\mathrm{Diesel}} \varrho_{\mathrm{Diesel}} H_{\mathrm{Diesel}}}{n_{\mathrm{Mot}}} \tag{4.8}$$

aus dem Motorwirkungsgrad η_{Mot} und dem Heizwert des Dieselkraftstoffs H_{Diesel} [J/kg] bestimmt wird. Für den stationären Betrieb wird der Motorwirkungsgrad $\eta_{\mathrm{Mot}}(n_{\mathrm{Mot}}, M_{\mathrm{Mot}})$ als Kennfeld in Abhängigkeit der Motordrehzahl und des Motormoments am Prüfstand gemessen. Dieses Kennfeld und Gleichung (4.8) wird hier für die Berechnung des Kraftstoffflusses Q_{Diesel} für ein vorgegebenes Sollmoment verwendet.

Schwierigkeiten bereitet dabei, dass der Motorwirkungsgrad nur für positive Momente definiert ist, insbesondere gilt $\eta_{\mathrm{Mot}} \to 0$ für $M_{\mathrm{Mot}} \to 0$. Den Kraftstofffluss für Momente zwischen Schleppmoment und Null kann deshalb anhand des Kennfelds η_{Mot} nicht berechnet werden. Deswegen wird aus dem Motorwirkungsgradkennfeld das Kennfeld des *indizierten Motorwirkungsgrades* $\eta_{\mathrm{Mot,ind}}$ abgeleitet, welches eine Extrapolation für negative Momente ermöglicht. Dafür wird das Kurbelwellenmoment

$$M_{\mathrm{Mot}} = M_{\mathrm{Mot,ind}} + M_{\mathrm{slp}}(n_{\mathrm{Mot}}) \tag{4.9}$$

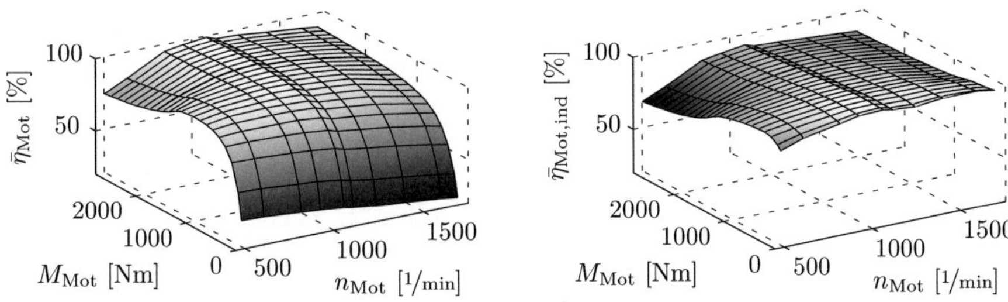

Abbildung 4.3: Motorwirkungsgrad (links) und indizierter Motorwirkungsgrad (rechts), jeweils normiert auf den Wirkungsgrad des optimalen Arbeitspunktes

in das rein durch die Verbrennung erzeugt positive *indizierte Motormoment* $M_{\text{Mot,ind}}$ und das negative Schleppmoment $M_{\text{slp}}(n_{\text{Mot}})$ aufgeteilt. Der indizierte Motorwirkungsgrad

$$\eta_{\text{Mot,ind}}(n_{\text{Mot}}, M_{\text{Mot,ind}}) = \frac{P_{\text{Mot,ind}}}{P_{Q_{\text{Diesel}}}} = \frac{n_{\text{Mot}} M_{\text{Mot,ind}}}{Q_{\text{Diesel}} \varrho_{\text{Diesel}} H_{\text{Diesel}}} \tag{4.10}$$

ist der Quotient aus der durch die Verbrennung erzeugten Leistung und dem Energiefluss der Kraftstoffzufuhr. Aus (4.8), (4.9) und (4.10) erhält man

$$\eta_{\text{Mot,ind}}(n_{\text{Mot}}, M_{\text{Mot}}) = \eta_{\text{Mot}}(n_{\text{Mot}}, M_{\text{Mot}}) \frac{M_{\text{Mot}} - M_{\text{slp}}(n_{\text{Mot}})}{M_{\text{Mot}}}. \tag{4.11}$$

Für die Berechnung des Treibstoffflusses wird zuerst durch (4.9) das indizierte Motormoment bestimmt und mit dem indizierten Wirkungsgrad der Kraftstofffluss aus Gleichung (4.10) berechnet. Im Gegensatz zu $\eta_{\text{Mot}}(n_{\text{Mot}}, M_{\text{Mot}})$ ist $\eta_{\text{Mot,ind}}(n_{\text{Mot}}, M_{\text{Mot}})$ in allen Betriebspunkten positiv, wie in Abbildung 4.3 zu sehen ist, wo beide Kennfelder gegenüber gestellt sind. Dadurch ist die Berechnung von Q_{Diesel} durch (4.10) auch für $M_{\text{Mot}} = 0\,\text{Nm}$ möglich. Da außerdem das Kennfeld $\eta_{\text{Mot,ind}}(n_{\text{Mot}}, M_{\text{Mot}})$ nur wenig Krümmung aufweist, ist mit diesem eine brauchbare Extrapolation auch für negative Momente möglich.

Je nach Luftmasse im Zylinder kann nur eine bestimmte maximale Kraftstoffmenge verbrannt werden. Die Motorsteuerung schätzt basierend auf dem Messwerten von Ladeluftdruck p_{LL}, der Außenluft- und Ladelufttemperatur sowie der Motordrehzahl die Luftmasse im Zylinder und begrenzt die einzuspritzende Kraftstoffmasse entsprechend. Für die Modellierung der Begrenzung des maximalen Motormoments wird hier ein Kennfeld

$$M_{\text{Mot}} \le M_{\text{Mot,max}}(n_{\text{Mot}}, p_{\text{LL}}) \tag{4.12}$$

in Abhängigkeit der Motordrehzahl n_{Mot} und des Ladeluftdrucks p_{LL} angesetzt. Soll das Längsdynamikmodell den Verlauf des Ladeluftdrucks korrekt wiedergeben, müsste es um ein Modell des Abgasturboladers, des Ladeluftkühlers und des Wastegates erweitert werden. Die Komplexität des Gesamtmodells würde dann jedoch stark zunehmen, so dass keine Optimierung in Echtzeit mit ihm mehr realisierbar wäre. Auf die Modellierung des Luftpfads wird deshalb verzichtet. Um dennoch die Dynamik des Ladedruckaufbaus und dessen Auswirkung auf die Begrenzung des Motormoments zu berücksichtigen, wird etwas später ein empirischer Ansatz vorgestellt, um die Auswirkungen des Ladedruckabfalls während des Gangwechsels in die Trajektorienplanung mit einzubeziehen.

Im Bremsmodus wird der Motorsteuerung eine diskrete Bremsstufe vorgegeben. In der vorliegenden Arbeit wird ein Motor betrachtet, der je nach gewählter Stufe die Auspuffklappe und eventuell zusätzlich die Konstantdrossel ansteuert. Je nach Kombination aus beiden Bremseinrichtungen wird dadurch an der Kurbelwelle ein negatives Moment M_{Mot} erzeugt, welches vom Betrag mit steigender Motordrehzahl wächst. Die Kennfelder der Motorbremsstufen wurden bereits im einleitenden Kapitel in Abbildung 2.2 vorgestellt. Die Dynamik des Bremsmomentaufbaus wird hier vernachlässigt und wie im Antrieb auch für den Bremsbetrieb $M_{\text{Mot}}(t) \equiv M_{\text{Mot,soll}}(t)$ angenommen.

Mechanik des Antriebsstrangs

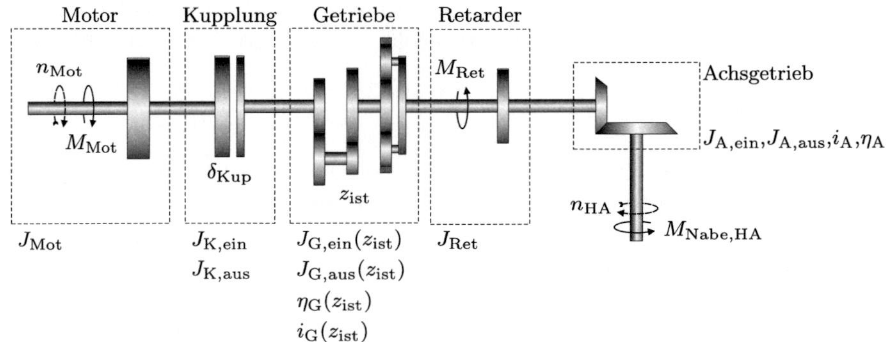

Abbildung 4.4: Schema der Mechanik des Antriebsstrangs

Abbildung 4.4 zeigt den schematischen Aufbau des Antriebsstrangs mit dessen für das Längsdynamikmodell relevanten Komponenten. Dort werden auch die für das Modell verwendeten Größen und Parameter eingeführt. Die Abgrenzung des Teilsystems Antriebsstrangs zum Teilsystem Räder erfolgt an der Felge. Als Rückwirkung der Räder der Antriebsachse wirkt dort das Moment $M_{\text{Nabe,HA}}$ bei der Hinterachsdrehzahl n_{HA}.

Die Beschreibung der Mechanik der Komponenten erfolgt nun beginnend mit dem Motor bis zur Felge. Beim Mittelwertmodell wird ein festes Trägheitsmoment J_{Mot} für den Motor für die Schwungscheibe und die Massenbewegung der Zylinder angesetzt. Die oszillierenden Schwungmomente der einzelnen Zylinder werden dabei nicht berücksichtigt.

Die Kupplung wird hier stark vereinfacht modelliert. Es wird angenommen, dass sie nur entweder komplett geschlossen oder geöffnet sein kann. Eine schleifende Kupplung, bei der das in der Kupplung übertragende Moment eine Funktion des Kupplungswegs ist, wird also nicht betrachtet. Der Zustand der Kupplung wird dann durch die diskrete Zustandsvariable $\delta_{\text{Kupp}} \in \{\text{OFFEN}, \text{ZU}\}$ beschrieben.

Der Zustand des Gruppenschaltgetriebes ist durch den aktuell eingelegten Gang $z_{\text{ist}} \in \mathbb{Z}$ festgelegt. Zur Modellierung der Dynamik des Gruppengetriebes wird angenommen, dass es nur aus einer Zahnradpaarung bestünde und zu jedem Zeitpunkt ein Vorwärtsgang eingelegt ist. Die Neutralstellung wird also nicht betrachtet, da sich dabei der Antriebsstrang in sehr guter Näherung wie bei geöffneter Kupplung und eingelegtem Gang verhält.

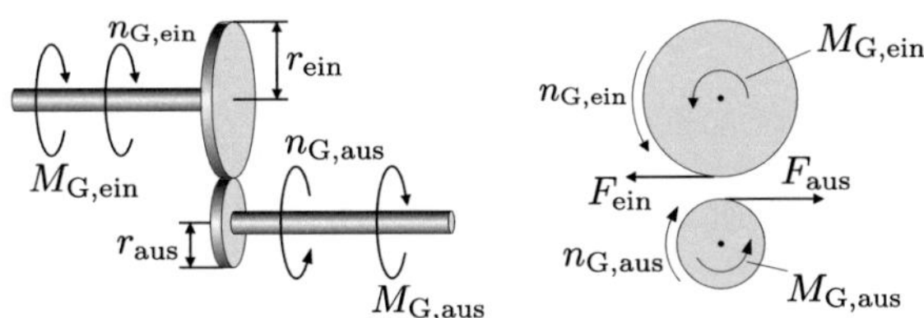

Abbildung 4.5: Ersatzmodell des Gruppenschaltgetriebes

Für ein Zahnradpaar wird nun mit den Größen aus Abbildung 4.5 das Kräftegleichgewicht aufgestellt. Angenommen, es besteht ein Energiefluss vom Getriebeein- zum -ausgang und am Zahnrad der Eingangswelle wirkt die Kraft F_{ein}. Aufgrund von Verzahnverlusten wegen lastabhängiger Reibung [Kir07] wirkt dann auf das Zahnrad der Ausgangswelle nur die geringere Kraft $F_{\text{aus}} = \eta_{\text{G}}(z_{\text{ist}})F_{\text{ein}}$. Dabei bezeichnet $\eta_{\text{G}}(z_{\text{ist}}) < 1$ den Wirkungsgrad des Getriebes, der beim Gruppengetriebe davon abhängt, wie viele Zahnräder bei der Energieübertragung beteiligt sind. Ist die Energieflussrichtung dagegen vom Ein- zum Ausgang, gilt $F_{\text{ein}} = \eta_{\text{G}}(z_{\text{ist}})F_{\text{aus}}$, so dass sich stets eine positive Verlustleistung ergibt. Zur Vereinfachung der Schreibweise wird der von der Energieflussrichtung abhängige Wirkungsgrad

$$\overset{\leftrightarrow}{\eta}_{\text{G}}(z_{\text{ist}}) = \begin{cases} \eta_{\text{G}}(z_{\text{ist}}) & ; \ F_{\text{ein}} \geq F_{\text{aus}} \\ \frac{1}{\eta_{\text{G}}(z_{\text{ist}})} & ; \ F_{\text{ein}} < F_{\text{aus}} \end{cases}$$

eingeführt. Das Ersatzmodell des Gruppengetriebes aus Abbildung 4.5 wird dann durch

$$\left(J_{\text{G,aus}}(z_{\text{ist}}) + \overset{\leftrightarrow}{\eta}_{\text{G}}^{2}(z_{\text{ist}})i_{\text{G}}^{2}(z_{\text{ist}})J_{\text{G,ein}}(z_{\text{ist}}) \right) \dot{n}_{\text{G,aus}} = \overset{\leftrightarrow}{\eta}_{\text{G}}(z_{\text{ist}})i_{\text{G}}(z_{\text{ist}})M_{\text{G,ein}} - M_{\text{G,aus}}$$

und den kinematischen Zusammenhang

$$n_{\text{G,ein}} = i_{\text{G}}(z_{\text{ist}})n_{\text{G,aus}}$$

beschrieben. Dabei bezeichnen $n_{\text{G,ein}}$ und $n_{\text{G,aus}}$ die Drehzahlen und $M_{\text{G,ein}}$ und $M_{\text{G,aus}}$ die Momente an den Wellen am Getriebeein- und -ausgang. Je nach eingelegtem Gang ergibt sich die Gesamtgetriebeübersetzung $i_{\text{G}}(z_{\text{ist}}) = {}^{r_{\text{aus}}}/r_{\text{ein}}$ des Gruppengetriebes als Produkt der Übersetzungen des Split-, Haupt- und Bereichsgruppengetriebes. Die gangabhängigen Werte der Trägheitsmomente $J_{\text{G,ein}}$, $J_{\text{G,aus}}$, der Übersetzung und der Wirkungsgrade werden bei der Konstruktion des Getriebes festgelegt bzw. am Prüfstand ermittelt. Sie stehen dem IPPC-System in tabellarischer Form zur Verfügung.

Der Retarder wird als ideale Momentensenke mit Trägheitsmoment J_{Ret} modelliert. Es wird dabei angenommen, dass das Retardermoment zu jedem Zeitpunkt dessen Sollmoment entspricht ($M_{\text{Ret}}(t) \equiv M_{\text{Ret,soll}}(t)$). Für $M_{\text{Ret,soll}}(t)$ gilt dabei die Beschränkung

$$0 \leq M_{\text{Ret,soll}}(t) \leq M_{\text{Ret,max}}(n_{\text{G,aus}}) \,,$$

mit der Kennlinie des maximalen Retardermoments in Abhängigkeit der Retarderdrehzahl $n_{\text{Ret}} = n_{\text{G,aus}}$ aus Abbildung 4.6. Die eigentliche Funktion des Hinterachsgetriebes, die Aufteilung der Momente auf die beiden Antriebswellen und die Entkopplung der Drehzahlen der linken und rechten Antriebsräder, wird hier nicht berücksichtigt, sondern ein Einrad-

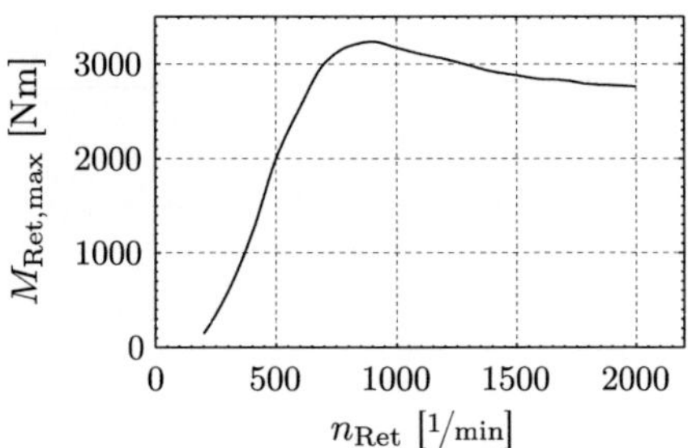

Abbildung 4.6: Maximales Retardermoment in Abhängigkeit der Retarderdrehzahl

modell für den Triebstrang angesetzt. Für das Hinterachsgetriebe wird dann ein Modell entsprechend dem Gruppengetriebe mit der festen Übersetzung i_A, dem richtungsabhängigen Wirkungsgrad $\overset{\leftrightarrow}{\eta}_A$ und den Eingangs- und Ausgangsträgheitsmomenten $J_{A,\mathrm{ein}}$ und $J_{A,\mathrm{aus}}$ verwendet.

Die Gleichungen der Antriebsstrangdynamik werden nun zusammengefasst. Zur Verkürzung der Schreibweise wird das, je nach eingelegtem Gang und Zustand der Kupplung, effektiv an der Radnabe wirkende Antriebsstrangmoment

$$M_{\mathrm{eff,ATS}} := \begin{cases} \overset{\leftrightarrow}{\eta}_A i_A \left(\overset{\leftrightarrow}{\eta}_G(z_{\mathrm{ist}}) i_G(z_{\mathrm{ist}}) M_{\mathrm{Mot}} - M_{\mathrm{Ret}} \right) & ; \delta_{\mathrm{Kupp}} = \mathrm{ZU} \\ -\overset{\leftrightarrow}{\eta}_A i_A M_{\mathrm{Ret}} & ; \delta_{\mathrm{Kupp}} = \mathrm{OFFEN} \end{cases} \tag{4.13}$$

und Trägheitsmoment

$$J_{\mathrm{ATS}} :=$$

$$\begin{cases} \left\{ J_{A,\mathrm{aus}} + \overset{\leftrightarrow}{\eta}_A^2 i_A^2 \left(J_{A,\mathrm{ein}} + J_{\mathrm{Ret}} + J_{G,\mathrm{aus}}(z_{\mathrm{ist}}) \right. \right. \\ \left. \left. + \overset{\leftrightarrow}{\eta}_G^2(z_{\mathrm{ist}}) i_G^2(z_{\mathrm{ist}}) \left(J_{G,\mathrm{ein}}(z_{\mathrm{ist}}) + J_{K,\mathrm{aus}} + J_{K,\mathrm{ein}} + J_{\mathrm{Mot}} \right) \right) \right\} & ; \delta_{\mathrm{Kupp}} = \mathrm{ZU} \\ \left\{ J_{A,\mathrm{aus}} + \overset{\leftrightarrow}{\eta}_A^2 i_A^2 \left(J_{A,\mathrm{ein}} + J_{\mathrm{Ret}} + J_{G,\mathrm{aus}}(z_{\mathrm{ist}}) \right. \right. \\ \left. \left. + \overset{\leftrightarrow}{\eta}_G^2(z_{\mathrm{ist}}) i_G^2(z_{\mathrm{ist}}) \left(J_{G,\mathrm{ein}}(z_{\mathrm{ist}}) + J_{K,\mathrm{aus}} \right) \right) \right\} & ; \delta_{\mathrm{Kupp}} = \mathrm{OFFEN} \end{cases}$$

eingeführt, so dass die Gleichung für das Nabenmoment die einheitliche Gestalt

$$M_{\mathrm{Nabe,HA}} = M_{\mathrm{eff,ATS}} - J_{\mathrm{ATS}} \, \dot{n}_{\mathrm{HA}} \tag{4.14}$$

bekommt. Das Vorzeichen von $M_{\mathrm{Nabe,HA}}$ gibt die Energieflussrichtung im Triebstrang an. Werden im Antriebsstrang antreibende oder bremsende Momente erzeugt, gilt in den für das IPPC-System relevanten Fahrsituationen $|M_{\mathrm{eff,ATS}}| \gg |J_{\mathrm{ATS}} \, \dot{n}_{\mathrm{HA}}|$. Da zusätzlich angenommen werden kann, dass kein gleichzeitiges Befeuern des Motors und Bremsen des Retarders stattfindet, werden die richtungsabhängigen Wirkungsgrade nach

$$\overset{\leftrightarrow}{\eta}_G(z_{\mathrm{ist}}) \approx \begin{cases} \eta_G(z_{\mathrm{ist}}) & ; M_{\mathrm{Mot}} \geq 0 \\ 1/\eta_G(z_{\mathrm{ist}}) & ; M_{\mathrm{Mot}} < 0 \end{cases} \quad \text{und} \quad \overset{\leftrightarrow}{\eta}_A \approx \begin{cases} \eta_A & ; M_{\mathrm{Mot}} \geq 0 \\ 1/\eta_A & ; M_{\mathrm{Mot}} < 0 \end{cases}$$

an das Vorzeichen von M_{Mot} geknüpft. Die Elastizität des Triebstrangs wird nicht berücksichtigt, so dass bei geschlossener Kupplung die feste Koppelung

$$n_{\text{Mot}} = i_{\text{A}} i_{\text{G}}(z_{\text{ist}}) n_{\text{HA}}$$

zwischen Motor- und Hinterachsdrehzahl besteht. Bei offener Kupplung wird die Motordrehzahl Zustandsvariable, wobei der Antriebsstrang durch (4.14) gemeinsam mit

$$(J_{\text{Mot}} + J_{\text{K,ein}})\, \dot{n}_{\text{Mot}} = M_{\text{Mot}} \tag{4.15}$$

beschrieben wird.

Das Teilsystem Räder

Das Modell eines Rades besteht aus den Komponenten Felge, Betriebsbremse und Reifen. In der Literatur sind verschiedene Ansätze für die Beschreibung der Kraftübertragung vom Triebstrang auf die Straße und der Kopplung zwischen Raddrehzahl und Schwerpunktgeschwindigkeit zu finden. Meist wird dabei wie in [MW04], [San01] und [Hoe04] die Physik des Reifens komplett vernachlässigt und die feste Kopplung

$$r_{\text{dyn}} n_{\text{HA}} = v_{\text{Fzg}} \tag{4.16}$$

zwischen v_{Fzg} und der Hinterachsdrehzahl angenommen. Die Größe r_{dyn} bezeichnet dabei den *dynamischen Halbmesser* des Reifens [KN00]. Gleichung (4.16) gilt jedoch nur für ein nicht angetriebenes Rad. Aufgrund des an einem angetriebenen Rad stets auftretenden *Reifenschlupfs*, liegt die Hinterachsdrehzahl über dem durch (4.16) berechneten Wert. Für den Schlupf σ_{A} eines angetriebenen Rades wird in dieser Arbeit die Definition

$$\sigma_{\text{A}} := 1 - \frac{v_{\text{Fzg}}}{n_{\text{HA}} r_{\text{dyn}}} \tag{4.17}$$

verwendet. Ursache des Reifenschlupfs ist, dass nur, wenn sich der Reifengürtel schneller als die Fahrzeuggeschwindigkeit bewegt, eine Spannung in den Stollenelementen des Reifens aufgebaut wird, welche zur Kraftübertragung an die Straße führt. Die Kraft, welche durch die Scherung der Stollenelemente übertragen wird, nennt sich Umfangskraft $F_{\text{U}}(\sigma_{\text{A}})$. Sie kann näherungsweise als Funktion des Schlupfs σ_{A} berechnet werden, welche zusätzlich von der Achslast und dem Haftreibungskoeffizient zwischen Reifen und Fahrbahn abhängt. Insbesondere wegen den bei schweren Lkw beim Befahren einer Steigung auftretenden hohen Momenten an der Antriebsachse kann n_{HA} aufgrund des Schlupfs permanent bis zu 7 % größer sein als der durch (4.16) berechnete Wert. Da der Treibstofffluss proportional zu n_{Mot} und damit auch zu n_{HA} ist, würde ein nicht Beachten des Reifenschlupfs im Prädiktionsmodell zu einem deutlichen Fehler bei der Bestimmung des Verbrauchs führen. Außerdem soll das IPPC-System beim Befahren einer Steigung die Motorleistung bis nahe an die Abregelung des Motors ausschöpfen. Die drehzahlerhöhende Wirkung des Schlupfs muss deshalb im Prädiktionsmodell berücksichtigt werden. Eine exakte Modellierung des Schlupfs im Prädiktionsmodell würde jedoch zum einen die Systemordnung erhöhen und zum anderen zu einem steifen Modell führen, so dass der numerischen Aufwand bei der Berechnung der Trajektorienplanung kritisch werden würde.

Es wird deshalb die drehzahlerhöhende Wirkung des Schlupfs durch eine Näherung modelliert, welche für die praktischen Betriebszustände des IPPC-Systems Gültigkeit besitzt. Dabei wird angenommen, dass der Schlupf an der Antriebsachse klein ($\sigma_{A,HA} < 7\,\%$) ist und kein Durchdrehen der Reifen der Antriebsachse statt findet. Da in den relevanten Betriebszuständen die Dynamik des Schlupfaufbaus deutlich schneller als die Dynamik der Fahrzeugbewegung ist, wird weiterhin angenommen, dass zu jedem Zeitpunkt

$$\dot{\sigma}_A \approx 0 \tag{4.18}$$

gilt. Die Dynamik des Schlupfaufbaus wird also komplett vernachlässigt, so dass man beim entwickelten Reifenmodell auch vom *quasistationären Schlupfmodell* spricht.

Die Energiebilanz für die Räder einer Achse liefert die Gleichung

$$J_{\mathrm{Rad}}\dot{n}_{\mathrm{Rad}} = M_{\mathrm{Nabe}} - M_{\mathrm{BB,Rad}} - Z e_{\mathrm{roll}} - r_{\mathrm{dyn}} F_{\mathrm{U}}(\sigma_A)\,. \tag{4.19}$$

Dabei bezeichnet J_{Rad} die Summe der Trägheitsmomente von Felgen und Reifen aller Räder der Achse, $M_{\mathrm{BB,Rad}}$ die Summe der Betriebsbremsmomente der linken und rechten Seite, Z die Achslast und e_{roll} den Rollreibungskoeffizient. Beim Aufstellen der Energiebilanz wurden die Massen der Räder direkt m_{Fzg} zugeschlagen, so dass für die an den Fahrzeugrahmen übertragende Kraft $X = F_{\mathrm{U}}(\sigma_A)$ gilt. Es wird nun untersucht, welcher Schlupf sich einstellt, wenn der Motor befeuert wird, so dass die Erhöhung der Hinterachsdrehzahl durch den Schlupf näherungsweise berechnet werden kann. Wird der Motor unter erhöhter Antriebslast betrieben, gilt $M_{\mathrm{BB,HA}} = 0$ und $M_{\mathrm{ATS,eff}} \gg |\,(J_{\mathrm{Rad,HA}} + J_{\mathrm{ATS}})\,\dot{n}_{\mathrm{HA}} + Z_{\mathrm{HA}} e_{\mathrm{roll}}|$ und damit $M_{\mathrm{ATS,eff}} \approx r_{\mathrm{dyn}} F_{\mathrm{U,HA}}(\sigma_{A,HA})$.

Für kleine Schlupfwerte ist die Umfangskraft der Hinterachse

$$F_{\mathrm{U,HA}}(\sigma_{A,HA}) \approx C_{\mathrm{R}} Z_{\mathrm{HA}} \sigma_{A,HA}$$

näherungsweise proportional zum Schlupf. Dabei bezeichnet C_{R} die Steigung der Schlupf-Kraftschlusskennlinie im Ursprung. Der quasistationäre Reifenschlupf $\bar{\sigma}_{\mathrm{HA}}$ wird dann durch

$$\bar{\sigma}_{A,HA} \approx \frac{M_{\mathrm{ATS,eff}}}{r_{\mathrm{dyn}} C_{\mathrm{R}} Z_{\mathrm{HA}}} \tag{4.20}$$

berechnet. Die Wirkung des Betriebsbremsmoments auf den Reifenschlupf wird in dieser Gleichung nicht berücksichtigt, da für die exakte Berechnung des Kraftstoffverbrauchs eine Beschreibung des Reifenschlupfs nur bei positivem Nabenmoment benötigt wird. Unter der Annahmen des quasistatischen Schlupfs ist mit (4.17) und (4.20) die Hinterachsdrehzahl fest durch

$$n_{\mathrm{HA}} = \frac{v_{\mathrm{Fzg}}}{r_{\mathrm{dyn}}} \frac{r_{\mathrm{dyn}} C_{\mathrm{R}} Z_{\mathrm{HA}}}{r_{\mathrm{dyn}} C_{\mathrm{R}} Z_{\mathrm{HA}} - M_{\mathrm{ATS,eff}}}$$

mit der Fahrzeuggeschwindigkeit und dem effektiven Antriebsstrangmoment verkoppelt.

Da der Motor nur in einem bestimmten Drehzahlbereich arbeiten kann, ist Teil des Prädiktionsmodells die Beschränkung

$$n_{\mathrm{Mot,min}} \leq i_{\mathrm{A}} i_{\mathrm{G}}(z_{\mathrm{ist}}) \frac{v_{\mathrm{Fzg}}}{r_{\mathrm{dyn}}} \cdot \frac{r_{\mathrm{dyn}} C_{\mathrm{R}} Z_{\mathrm{HA}}}{r_{\mathrm{dyn}} C_{\mathrm{R}} Z_{\mathrm{HA}} - M_{\mathrm{ATS,eff}}} \leq n_{\mathrm{Mot,max}}\,, \tag{4.21}$$

mit der unteren Grenze $n_{\text{Mot,min}} > n_{\text{Mot,LL}} = 560\,1/\text{min}$, welche oberhalb der Leerlaufdrehzahl liegen muss und der oberen Grenze $n_{\text{Mot,max}} < n_{\text{Mot,abregel}} = 1900\,1/\text{min}$, welche unterhalb der Abregeldrehzahl gewählt wird. Die Beschränkung (4.21) muss jedoch nur für $\delta_{\text{Kupp}} = \text{ZU}$ eingehalten werden.

Zusammenfassung der Längsdynamikgleichung

Unter der Annahme (4.18) gilt der Zusammenhang

$$\dot{v}_{\text{Fzg}} n_{\text{HA}} = \dot{n}_{\text{HA}} v_{\text{Fzg}} \, . \tag{4.22}$$

Mit diesem, dem Nabenmoment $M_{\text{Nabe,i}} = -J_{\text{Rad},i}\dot{n}_{\text{Rad},i}$ der nicht angetriebenen Räder sowie den Gleichungen (4.19) und (4.4) erhält man die Grundgleichung der Lkw-Längsdynamik zu

$$m_{\text{eff}}(\delta_{\text{Kupp}}, z_{\text{ist}})\dot{v}_{\text{Fzg}} = \frac{M_{\text{eff,ATS}} - M_{\text{BB}}}{r_{\text{dyn}}} - F_{\text{Fwst}}(v_{\text{Fzg}}, \gamma(s_{\text{Fzg}})) + \xi \, . \tag{4.23}$$

Darin ist

$$F_{\text{Fwst}}(v_{\text{Fzg}}, \gamma) = F_{\text{Luft}}(v_{\text{Fzg}}, v_{\text{Wind}\perp} = 0) + F_{\text{Hang}}(\gamma, \Delta\gamma = 0) + F_{\text{roll}}(\gamma) \tag{4.24}$$

die Summe der Fahrwiderstände, zu denen die Rollreibung aller Räder

$$F_{\text{roll}}(\gamma) = m_{\text{Fzg}} g_{\text{Erde}} \frac{e_{\text{roll}}}{r_{\text{dyn}}} \cos\gamma$$

gezählt wird. Die Summe der Betriebsbremsmomente aller Achsen ist M_{BB}. In der Störgröße

$$\xi := -A_{\text{Spann}} c_{\text{w}} \varrho_{\text{Luft}} \left(\frac{1}{2} v_{\text{Wind}}^2 + v_{\text{Fzg}} v_{\text{Wind}\perp} \right) - m_{\text{Fzg}} g_{\text{Erde}} \Delta\gamma$$

sind sämtliche Terme der Systemgleichung enthalten, welche von nicht bekannten Größen abhängen. Diese Größen sind die Geschwindigkeit des Gegenwindes $v_{\text{Wind}\perp}$ und der Steigungsfehler $\Delta\gamma$ der Karte. Die Störgröße ξ wird vom Beobachter des IPPC-Systems geschätzt und im Prädiktionsmodell als Konstante angenommen. Verwendet wird also das triviale Störgrößenmodell $\dot{\xi} = 0$. Dadurch wird, zumindest bei konstantem Kartenfehler oder einem sich nur langsam ändernden Gegenwind, ermöglicht, dass die Geschwindigkeitsregelung des IPPC-Systems stationär genau ist.

In der *effektiven Masse*

$$m_{\text{eff}}(\delta_{\text{Kupp}}, z_{\text{ist}}) := m_{\text{Fzg}} + \frac{1}{r_{\text{dyn}}^2} \left(\sum_{i=1}^{n_{\text{A}}} \frac{J_{\text{Rad},i}}{1 - \sigma_{\text{A},i}} + \frac{J_{\text{Rad,HA}} + J_{\text{ATS}}(\delta_{\text{Kupp}}, z_{\text{ist}})}{1 - \sigma_{\text{A,HA}}} \right)$$

$$\approx m_{\text{Fzg}} + \frac{1}{r_{\text{dyn}}^2} \left(\sum_{i=1}^{n_{\text{A}}} J_{\text{Rad},i} + J_{\text{Rad,HA}} + J_{\text{ATS}}(\delta_{\text{Kupp}}, z_{\text{ist}})|_{\eta_{\text{G}}, \eta_{\text{A}}=1} \right) \tag{4.25}$$

sind neben der Masse m_{Fzg} des Lkws die Massenträgheiten aller bewegten Komponenten zusammengefasst und auf den Fahrzeugschwerpunkt gerechnet. Sie hängt vom Kupplungsstatus, dem eingelegten Gang, der Energieflussrichtung im Triebstrang und vom Schlupf an den einzelnen Rädern ab. Da der Einfluss der Trägheitsmomente in (4.25) gegenüber dem der Fahrzeugmasse klein ist, wird im Prädiktionsmodell für m_{eff} der Ausdruck (4.25) dahingehend vereinfacht, dass der Einfluss des Schlupfs (durch Setzen von $\sigma_{A,\square} = 0$) und der Wirkungsgrade (durch Setzen von $\overset{\leftrightarrow}{\eta}_{\square} = 1$) vernachlässigt wird. Die effektive Masse ist dann nur noch abhängig vom eingelegten Gang und dem Kupplungsstatus.

Elektronische Antriebsstrangsteuerung

Das in dieser Arbeit entwickelte System ist eine *eingebettete Antriebsstrangfunktion*. Das heißt, sie steht mit anderen Funktionen des Antriebsstrangs in Kooperation, die ständig oder in gewissen Fahrsituationen die Regelstrecke des eigenen Systems beeinflussen. Es ist daher notwendig, neben der Mechanik des Antriebsstrangs, auch diese kooperierenden Funktionen mit zu modellieren. Einer dieser Komponenten ist der *Drehmomentenpfad* ETP (englisch: Electronic Torque Path). Abbildung 4.7 zeigt schematisch die für das IPPC-System relevanten Teile dieser Funktion.

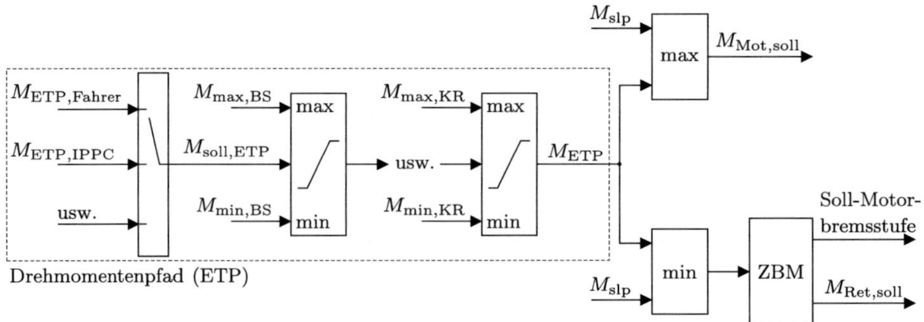

Abbildung 4.7: Blockschaltbild von Drehmomentenpfad und Zusatzbremsmanagement

Der ETP koordiniert Momentanforderungen unterschiedlicher Funktionen des Antriebsstrangs. Antriebs- und Bremsmomentanforderungen werden von ihm zunächst gleich behandelt. Dazu wird das Sollmoment des Sekundärretarders mit Hilfe der Getriebekenngrößen des aktuellen Gangs auf den Verbrennungsmotor vorgerechnet. Aus der Summe von Motorsollmoment und dem über $i_{\text{G}}(z_{\text{ist}})$ und $\eta_{\text{G}}(z_{\text{ist}})$ auf den Motor vorgerechneten Retardermoment wird dabei ein Moment

$$M_{\text{ETP}} = M_{\text{Mot,soll}} - \frac{\eta_{\text{G}}(z_{\text{ist}})}{i_{\text{G}}(z_{\text{ist}})} M_{\text{Ret,soll}} \tag{4.26}$$

gebildet. Unterschiedliche Antriebsstrangfunktionen, wie die Betriebsbremssteuerung (BS), die Kupplungsregelung (KR) und auch das IPPC-System, senden eine Vorgabe oder eine Begrenzung für dieses Moment an den Drehmomentenpfad. Dieser entscheidet nach der in Abbildung 4.7 dargestellten Hierarchie, welchen der Vorgaben Priorität erteilt wird. Am Ende des Drehmomentenpfads steht ein Moment M_{ETP}. Ist dieses größer dem Schleppmoment, wird vom Motor das Sollmoment $M_{\text{Mot,soll}} = \max\{M_{\text{slp}}(n_{\text{Mot}}), M_{\text{ETP}}\}$ gefordert.

Ist M_ETP kleiner als $M_\mathrm{slp}(n_\mathrm{Mot})$ wird mindestens eine der Zusatzbremseinrichtungen des Antriebsstrangs eingesetzt. Die Aufteilung von M_ETP auf Motor und Retarder ist Aufgabe des *Zusatzbremsmanagements* ZBM. Dem ZBM ist über Kennfelder bekannt, wie groß das zu erwartende Bremsmoment in den verschieden Stufen der Motorbremse bei aktueller Motordrehzahl ist. Im Fall des in dieser Arbeit betrachteten Motors mit zwei Bremsstufen sind dies die Momente $M_\mathrm{MB,1}(n_\mathrm{Mot})$ und $M_\mathrm{MB,2}(n_\mathrm{Mot})$. In Abhängigkeit des Ausgangsmoments des ETP wird das Motorsollmoment bei geschlossenem Triebstrang wie folgt festgelegt:

$$M_\mathrm{Mot,soll} = f_\mathrm{ZBM}(M_\mathrm{ETP}, n_\mathrm{Mot}) := \begin{cases} M_\mathrm{ETP} & \text{für } M_\mathrm{ETP} \geq M_\mathrm{slp}(n_\mathrm{Mot}) \\ M_\mathrm{slp}(n_\mathrm{Mot}) & \text{für } M_\mathrm{ETP} > M_\mathrm{MB,1}(n_\mathrm{Mot}) \\ M_\mathrm{MB,1}(n_\mathrm{Mot}) & \text{für } M_\mathrm{ETP} > M_\mathrm{MB,2}(n_\mathrm{Mot}) \\ M_\mathrm{MB,2}(n_\mathrm{Mot}) & \text{sonst} \end{cases} \quad . \quad (4.27)$$

In Abhängigkeit des so gewählten Sollmoments für den Motor berechnet das ZBM das Sollmoment für den Retarder zu

$$M_\mathrm{Ret,soll} = \frac{i_\mathrm{G}(z_\mathrm{ist})}{\eta_\mathrm{G}(z_\mathrm{ist})}\left(M_\mathrm{Mot,soll} - M_\mathrm{ETP}\right) = \frac{i_\mathrm{G}(z_\mathrm{ist})}{\eta_\mathrm{G}(z_\mathrm{ist})}\left(f_\mathrm{ZBM}(M_\mathrm{ETP}, n_\mathrm{Mot}) - M_\mathrm{ETP}\right) , \quad (4.28)$$

so dass sich am Ausgang des Getriebes dasselbe Moment einstellt, als wenn alleine der Motor in der Lage wäre, M_ETP aufzubringen. Durch die gleichzeitige Ansteuerung der Motorbremsen und des Retarders wird zum einen der volle negative Stellbereich des Antriebsstrangs ausgenutzt. Zum anderen wird es möglich, diesen kontinuierlich auszuschöpfen, obwohl die Motorbremsen nur in Stufen Moment liefern können. Ist der Triebstrang offen gilt stets $M_\mathrm{Mot,soll} = 0$. Nach Gleichung (4.28) erhöht das ZBM dann das Retardermoment, so dass beispielsweise während eines Gangwechsels die am Rad wirkende Bremswirkung der Zusatzbremsen gleich bleibt.

Koordination des Gangwechsels

Im einleitenden Kapitel wurde bereits beschrieben, dass ein automatisierter Schaltprozess bei einem Lastkraftwagen deutlich länger dauert als bei einem Pkw. Dies hat zweierlei Gründe: Erstens muss beim Lkw vor dem Öffnen der Kupplung gegebenenfalls ein sehr hohes Triebstrangmoment abgebaut werden. Dies kann nicht beliebig schnell getan werden, da sonst im Triebstrang heftige Schwingungen angeregt werden. Entsprechendes gilt für den Drehmomentaufbau nach dem Gangwechsel. Zum anderen dauert der Wechsel der Getriebestufe länger, da beim hier betrachteten Gruppengetriebe bis zu drei Einzelgetriebe für eine Stufe geschaltet werden müssen.

Für die Herleitung eines vereinfachten Modells des Schaltprozesses werden zunächst die einzelnen Phasen des Schaltablaufs beschrieben und anschließend die relevanten Teile extrahiert. Dies geschieht anhand eines beispielhaften Messschriebs einer Rückschaltung vom 13. in den 11. Gang unter Volllast. Dieser ist in Abbildung 4.8 dargestellt. Beteiligt beim Schaltprozess sind die Antriebsstrangfunktionen Automatische Gangermittlung (AG), Kupplungsregelung (KR), Drehmomentenpfad (ETP) und Getriebesteuerung (GS). Diese Funktionen zusammen bilden die so genannte *Elektronische Antriebsstrangsteuerung* (EAS).

Der Triebstrang befindet sich zu Beginn des in Abbildung 4.8 betrachteten Intervalls in der Phase *Fahren* (Phase A), die Kupplung ist dabei vollständig geschlossen, ein Gang ist eingelegt und es wirkt keine Momentbegrenzung im ETP. Ausgelöst wird ein Schaltprozess durch die Automatische Gangermittlung, entweder auf Grund einer Betätigung des so genannten Gebergeräts durch den Fahrer oder der internen Schaltstrategie der AG. Die AG sendet den Sollgang z_{soll} und die *Schaltungsfreigabe* an die GS. Ist die Schaltungsfreigabe gesetzt und der Sollgang vom aktuellen Istgang verschieden und auch schaltbar, übernimmt die GS z_{soll} als Zielgang z_{Ziel} und leitet den Schaltprozess ein. Sie sendet dazu eine Anforderung an die Kupplungsregelung, das Triebstrangmoment abzubauen und die Kupplung vollständig zu öffnen. Dies geschieht in der Messung aus Abbildung 4.8 zum Zeitpunkt t_0, an dem die erste Phase des Schaltprozesses beginnt. In der Phase B – dem Momentabbau – reduziert die KR über ihren begrenzenden Eingriff im ETP das Motormoment zu Null, so dass die Kupplung ohne Trennschlag geöffnet werden kann. Dies geschieht rampenförmig, so dass während des Momentabbaus für das Moment am Ausgang des ETP

$$\dot{M}_{\mathrm{ETP}}(t) = -R_{\mathrm{ab}}(\gamma(s_{\mathrm{Fzg}}(t_0))) \quad \text{für} \quad t \in [t_0, t_1) \tag{4.29}$$

gilt, sofern zu Beginn des Momentabbaus $M_{\mathrm{ETP}}(t_0) > 0$ war. Der Betrag der Rampensteigung $R_{\mathrm{ab}} > 0$ wird in Abhängigkeit der Fahrbahnsteigung γ zu Beginn des Schaltprozesses festgelegt. Bei größeren Steigungen erfolgt dabei ein schnellerer Abbau des Motormoments.

Der Momentabbau ist zum Zeitpunkt t_1 beendet, wenn $M_{\mathrm{ETP}}(t_1) = 0$ gilt. War bereits zum Zeitpunkt t_0 das ETP-Moment $M_{\mathrm{ETP}}(t_0) \leq 0$, verschwindet die Phase des Momentabbaus ($t_1 = t_0$). Erzeugte der Motor vor dem Auslösen des Gangwechsels ein negatives Moment, wird vom Zusatzbremsmanagement vor dem Gangwechsel das Retardermoment erhöht, so dass nach Abkopplung des Motors während des Gangwechsels dasselbe Radnabenmoment wie vor dem Gangwechsel wirkt. Zur Vereinfachung der Modellierung wird die Zeit für die Erhöhung des Retardermoments vor dem Gangwechsel vernachlässigt, so dass

$$M_{\mathrm{Ret}}(t_1) = M_{\mathrm{Ret}}(t_1^-) + \frac{i_{\mathrm{G}}(z_{\mathrm{ist}})}{\eta_{\mathrm{G}}(z_{\mathrm{ist}})} \max\{0, -M_{\mathrm{Mot}}(t_1^-)\}$$

gilt. Der Verlauf des Moments am Ausgang des ETP ist dadurch in t_1 stetig, sofern der Retarder in der Lage ist, das zusätzliche Moment aufzubringen.

Nachdem das Motormoment abgebaut ist, öffnet die KR in der Phase C schnell die Kupplung. Sieht die GS, dass die Kupplung vollständig geöffnet ist, schaltet sie während der Phase D das Getriebe in den Zielgang. Je nachdem aus welchem Istgang z_{ist} in welchen Zielgang z_{Ziel} geschaltet werden soll, ergibt sich ein unterschiedlicher Prozess. Während eine Schaltung von 16 nach 15 eine reine Splitschaltung ist und nur 0,3 s benötigt, muss für eine Schaltung von 8 nach 9 die Bereichsgruppe geschaltet werden. Dafür muss die GS zuvor das Hauptgetriebe in Neutralstellung bringen. Die Schaltzeit für die 8/9-Schaltung ist mit 0,8 s deshalb deutlich höher als die 16/15-Schaltung. In Phase E – der so genannten *Schwungmomentenphase* – schließt die KR wieder die Kupplung und passt dabei die Motordrehzahl der Getriebeeingangsdrehzahl an. Da während des Gangwechsels die Motordrehzahl bereits nahe an die Anschlussdrehzahl eingeregelt wurde, geht dies zügig von statten, so dass dabei nur sehr wenig Moment übertragen wird.

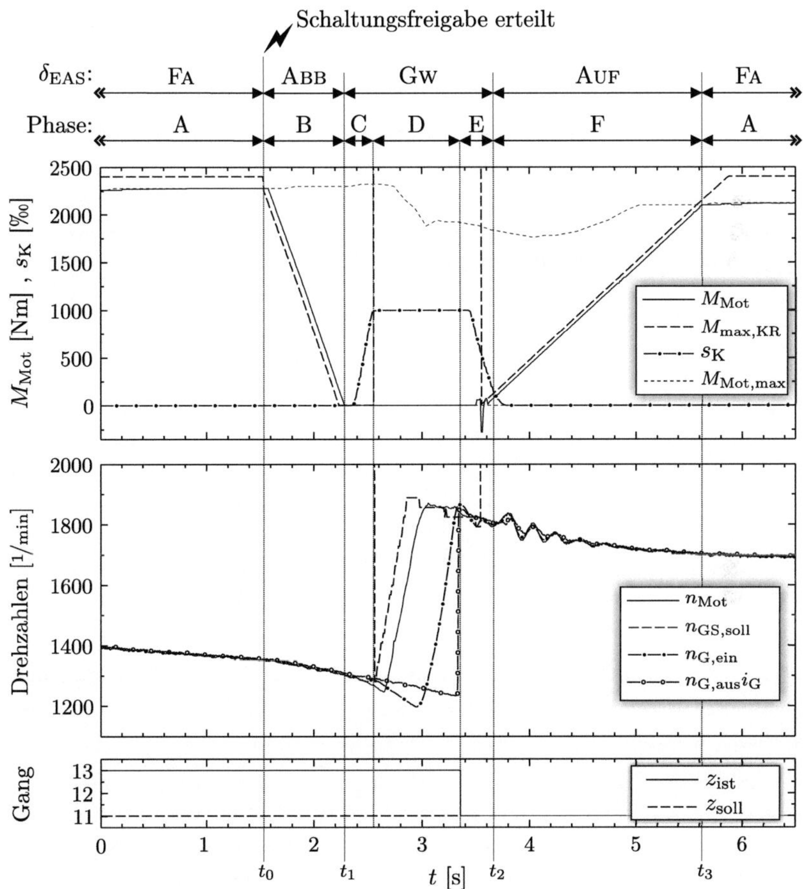

Phase A   –   Freies Fahren mit eingelegtem Gang und geschlossener Kupplung
Phase B   –   Abbau des Antriebsmoments
Phase C   –   Öffnen der Kupplung
Phase D   –   Schalten des Getriebes und Synchronisation auf Zieldrehzahl
Phase E   –   Schließen der Kupplung
Phase F   –   Aufbau des Antriebsmoments

Abbildung 4.8: Messverläufe eines Schaltprozesses für eine Rückschaltung vom 13. in den 11. Gang unter Volllast (oben: Motormoment und dessen Begrenzungen sowie der Istkupplungsweg s_{K}, Mitte: Verlauf der Motor-, Getriebeeingangs- und der auf den Getriebeeingang vorgerechneten Getriebeausgangsdrehzahl, unten: Soll- und Istgang)

Zum Zeitpunkt t_2 im Beispiel aus Abbildung 4.8 ist die Kupplung wieder ausreichend geschlossen und es herrscht Gleichlauf zwischen Getriebeeingangs- und Motordrehzahl. Nun gibt die KR das Motormoment rampenförmig wieder frei. Ausgehend von $M_\mathrm{ETP}(t_2) = 0$ wird bei einem positiven Eingangsmoment $M_\mathrm{ETP,soll}$ am ETP die KR-Momentbegrenzung geöffnet, so dass während der Phase F

$$\dot{M}_\mathrm{ETP}(t) = R_\mathrm{auf}(\gamma(s_\mathrm{Fzg}(t_2))) \quad \text{für} \quad t \in [t_2, t_3]$$

gilt, mit der von der Fahrbahnsteigung abhängenden Momentrate $R_\mathrm{auf}(\gamma) > 0$. Die Phase des Momentaufbaus ist beendet, wenn die KR-Momentbegrenzung nicht mehr wirkt, also $M_\mathrm{ETP,soll}(t_3) \leq M_\mathrm{ETP}(t_3)$ gilt. Stand nach dem Schließen der Kupplung kein positives Sollmoment am Eingang des Momentenpfads an, verschwindet die Phase des Momentaufbaus und es wird direkt ins Fahren übergegangen.

Für das Prädiktionsmodell der MPR des IPPC-Systems ist der detaillierte Ablauf des Gangwechsels nicht relevant, sondern nur, dass der Prozess eine gewisse Zeit dauert, während der der Triebstrang offen ist und somit durch den Motor kein Moment am Rad erzeugt werden kann. Für das Prädiktionsmodell wird deshalb der Zustand der Elektronischen Antriebsstrangsteuerung, anstatt durch die Phasen A bis F, durch die diskrete Zustandsvariable $\delta_\mathrm{EAS} \in \{\mathrm{FA} = 0, \mathrm{ABB} = 1, \mathrm{GW} = 2, \mathrm{AUF} = 3\} \subset \mathbb{Z}$ beschrieben, mit der Zuordnung

$$\delta_\mathrm{EAS} = \begin{cases} \mathrm{FA} & \text{für Phase A} \\ \mathrm{ABB} & \text{für Phase B} \\ \mathrm{GW} & \text{für die Phasen C, D und E} \\ \mathrm{AUF} & \text{für Phase F} \end{cases}$$

zu den erläuterten Phasen. Im Modell werden die Phasen C, D und E im Zustand $\delta_\mathrm{EAS} = \mathrm{GW}$ zusammengefasst. Während dieses Zustands ist der Kupplungsstatus $\delta_\mathrm{Kupp} = \mathrm{OFFEN}$, sonst ist $\delta_\mathrm{Kupp} = \mathrm{ZU}$ für $\delta_\mathrm{EAS} \in \{\mathrm{FA}, \mathrm{ABB}, \mathrm{AUF}\}$.

Es wird angenommen, dass ein Gangwechsel vom Gang z_ist in einen neuen Gang z_Ziel stets dieselbe Zeit benötigt. Die akkumulierte Zugkraftunterbrechungszeiten der Phasen C, D und E der möglichen Schaltkombinationen wurde durch Messungen ermittelt und in der sog. *Schaltzeitmatrix* $T_\mathrm{S}(z_\mathrm{ist}, z_\mathrm{Ziel})$ zusammengefasst, welche Werte aus dem Intervall $[0{,}4\,\mathrm{s}, 1{,}3\,\mathrm{s}]$ enthält. Der minimale Wert wird für eine reine Split-Rückschaltung benötigt. Die längste Zugkraftunterbrechungszeit entsteht bei einer Hochschaltung über die maximal mögliche Zahl an Stufen, bei der die Bereichsgruppe gewechselt und eine große Drehzahllücke beim Schließen der Kupplung angeglichen werden muss.

Während dem Zustand $\delta_\mathrm{EAS} = \mathrm{GW}$ wird die Motordrehzahl auf die Anschlussdrehzahl

$$n_\mathrm{Mot,Ziel} = i_\mathrm{G}(z_\mathrm{Ziel}) n_\mathrm{G,aus} = i_\mathrm{A} i_\mathrm{G}(z_\mathrm{Ziel}) n_\mathrm{HA} \,.$$

eingeregelt. Für das Prädiktionsmodell wird vereinfacht angenommen, dass diese Regelung sprungartig erfolgt, es gilt dann $n_\mathrm{Mot}(t) \equiv n_\mathrm{Mot,Ziel}(t)$ für $\delta_\mathrm{EAS} = \mathrm{GW}$. Damit besteht auch während des Gangwechsels eine feste Kopplung zwischen Motor- und Hinterachsdrehzahl.

Berücksichtigung der Turboladerdynamik

Das maximale Motormoment ist abhängig vom Ladedruck p_{LL}. Eine genaue Modellierung der Dynamik des Ladedruckverlaufs würde die Komplexität des Prädiktionsmodells drastisch erhöhen und es damit für eine Optimierung in Echtzeit disqualifizieren. Würde man dagegen den Abfall des Ladedrucks während eines Schaltprozesses nicht im Prädiktionsmodell berücksichtigen und annehmen, dass bereits direkt nach dem Einkuppeln das maximal mögliche Motormoment zur Verfügung stünde, würde die MPR beispielsweise gegen Ende einer Steigung dazu verleitet werden, zu früh hoch zu schalten.

Da tatsächlich der Ladedruck nach einer Hochschaltung nahe dem Atmosphärendruck ist, steht nach dem Gangwechsel ein deutlich geringeres Motormoment maximal zur Verfügung. Dies würde in der geschilderten Fahrsituation dazu führen, dass nach einer Schaltung entgegen der Prädiktion der Fahrwiderstand nicht überwunden werden kann, die Fahrzeuggeschwindigkeit deshalb absinkt und eventuell wieder zurückgeschaltet werden muss. Da eine solche Pendelschaltung unbedingt zu vermeiden ist, wird im Prädiktionsmodell durch ein empirischer Ansatz der Ladedruckabfall während des Schaltprozesses berücksichtigt.

Dabei wird pessimistisch angenommen, der Ladedruck falle während des Gangwechsels auf Atmosphärendruck p_{ATM}. Nach dem Gangwechsel zum Zeitpunkt t_{KS} baue sich der Ladedruck dann nach der Differentialgleichung

$$T_{LL}^2 \ddot{\tilde{p}}_{LL} + 2T_{LL}\dot{\tilde{p}}_{LL} + \tilde{p}_{LL} = p_{LL,max}$$

ausgehend von $\tilde{p}_{LL}(t_{KS}) = p_{ATM}$ und $\dot{\tilde{p}}_{LL}(t_{KS}) = 0$ mit der Zeitkonstante T_{LL} wieder auf. Die Zeitkonstante T_{LL} wurde anhand von Messungen des Verlaufs des Ladeluftdrucks bei riskanten Hochschaltungen in Steigungen ermittelt. Die analytische Lösung der Differentialgleichung ergibt einen geschätzten Verlauf $\tilde{p}_{LL}(t, t_{KS})$. Das maximale Motormoment $M_{Mot,max}(n_{Mot}, \tilde{p}_{LL}(t, t_{KS}))$ ist damit eine Funktion der Motordrehzahl, des Zeitpunktes t_{KS} des Endes des letzten Gangwechsels sowie der Zeit.

Sollwertvorgabe durch das IPPC-System

Stellgrößen des IPPC-Systems sind zum einen die Sollmomentvorgabe $M_{ETP,IPPC}$ an den ETP, über welche der Motor und der Retarder angesteuert werden, und zum anderen die Sollverzögerung $a_{Ret,soll}$ für die Betriebsbremssteuerung. Zur Reduktion der Komplexität des Prädiktionsmodells werden nun andere Stellgrößen eingeführt, aus denen die tatsächlichen Stellgrößen eindeutig bestimmt werden können.

Mit dem ETP-Moment, den Ausdrücken (4.13) und (4.26) sowie den Übersetzungen und Wirkungsgraden des Triebstrangs berechnet sich das effektive Antriebsstrangmoment zu

$$M_{eff,ATS} = \begin{cases} \eta_A \eta_G(z_{ist}) i_A i_G(z_{ist}) M_{ETP} & ; M_{ETP} \geq 0 \\ \frac{i_A i_G(z_{ist})}{\eta_A \eta_G(z_{ist})} M_{ETP} & ; M_{ETP} < 0 \end{cases} . \tag{4.30}$$

Dieser Ausdruck ist nicht stetig differenzierbar bezüglich M_{ETP}. Um diese Diskontinuität im Prädiktionsmodell zu eliminieren, wird M_{ETP} durch das Moment M zu

$$M_{\mathrm{ETP}} = \begin{cases} M & ; M \geq 0 \\ \eta_{\mathrm{A}}^2 \eta_{\mathrm{G}}^2(z_{\mathrm{ist}}) M & ; M < 0 \end{cases} \tag{4.31}$$

ersetzt. Das Moment M wird in der weiteren Folge *verallgemeinertes Motormoment* genannt. Durch die Ersetzung gilt für das effektive Antriebsstrangmoment stets der Ausdruck

$$M_{\mathrm{eff,ATS}} = \eta_{\mathrm{A}} \eta_{\mathrm{G}}(z_{\mathrm{ist}}) i_{\mathrm{A}} i_{\mathrm{G}}(z_{\mathrm{ist}}) M \,, \tag{4.32}$$

welcher weder von der Richtung des Energieflusses noch vom Zustand der Kupplung abhängt. Die Begrenzungen des verallgemeinerten Motormoments

$$\frac{M_{\mathrm{MB},2}(n_{\mathrm{Mot}})}{\eta_{\mathrm{A}}^2 \eta_{\mathrm{G}}^2(z_{\mathrm{ist}})} - \frac{M_{\mathrm{Ret,max}}(n_{\mathrm{G,aus}})}{\eta_{\mathrm{A}}^2 \eta_{\mathrm{G}}(z_{\mathrm{ist}}) i_{\mathrm{G}}(z_{\mathrm{ist}})} \leq M \leq M_{\mathrm{Mot,max}}(n_{\mathrm{Mot}}, p_{\mathrm{LL}}(t, t_{\mathrm{KS}})) \tag{4.33}$$

für $\delta_{\mathrm{Kupp}} = \mathrm{ZU}$ und

$$-\frac{M_{\mathrm{Ret,max}}(n_{\mathrm{G,aus}})}{\eta_{\mathrm{A}}^2 \eta_{\mathrm{G}}(z_{\mathrm{ist}}) i_{\mathrm{G}}(z_{\mathrm{ist}})} \leq M \leq 0 \tag{4.34}$$

für $\delta_{\mathrm{Kupp}} = \mathrm{OFFEN}$, sind dagegen von δ_{Kupp} und damit auch von δ_{EAS} abhängig.

Für das verallgemeinerte Motormoment M berechnet die MPR eine Sollvorgabe M_{soll}. Die reale Stellgröße $M_{\mathrm{ETP,IPPC}}$ des IPPC-Systems an den Drehmomentenpfad berechnet sich dann zu

$$M_{\mathrm{ETP,IPPC}} = \begin{cases} M_{\mathrm{soll}} & ; M_{\mathrm{soll}} \geq 0 \\ \frac{1}{\eta_{\mathrm{A}}^2 \eta_{\mathrm{G}}^2(z_{\mathrm{ist}})} M_{\mathrm{soll}} & ; M_{\mathrm{soll}} < 0 \end{cases} \tag{4.35}$$

aus M_{soll}. Für M_{soll} wird während $\delta_{\mathrm{EAS}} = \mathrm{FA}$ die Differentialgleichung

$$\dot{M}_{\mathrm{soll}} = R_{\mathrm{soll}} \tag{4.36}$$

angesetzt. Die eigentliche kontinuierliche Stellgröße des Prädiktionsmodell ist damit die Rate R_{soll} des Sollmoments und M_{soll} wird Zustandsgröße des Prädiktionsmodells. Dadurch wird es möglich, die Momentänderung durch

$$R_{\mathrm{min}} \leq R_{\mathrm{soll}} \leq R_{\mathrm{max}} \tag{4.37}$$

zu beschränken, wobei $0 < R_{\mathrm{min}} < R_{\mathrm{KR,ab}}$ und $0 < R_{\mathrm{max}} < R_{\mathrm{KR,aus}}$ gilt. Dadurch können bei der Lösung der MPR zu große Momentänderungen verhindert werden, welche ansonsten zu einer unkomfortablen Fahrweise führen würden.

Die Ansteuerstrategie des IPPC-Systems sieht vor, dass während des Schaltprozesses das auf den Getriebeausgang vorgerechnete Sollmoment konstant gehalten wird. Dadurch wird erreicht, dass der Schaltprozess nicht durch Änderungen des Sollmoments gestört wird. Beim Übergang von Gw nach AUF zum Zeitpunkt t_2 wechselt die Getriebe-Istübersetzung sprungartig. Befindet sich der Antriebsstrang während des Schaltprozesses im Bremsbetrieb, würde sich bei konstant gehaltenem M dadurch $M_{\mathrm{eff,ATS}}$ und damit die Fahrzeugbeschleunigung sprunghaft ändern. Da dies eine unkomfortable Betriebsweise darstellt, wird vom IPPC-System beim Wechsel der Getriebeübersetzung die Sollwertvorgabe sprungartig

$$M_{\text{soll}}(t_2^+) = \frac{\eta_{\text{G}}(z_{\text{ist}}(t_2^-))i_{\text{G}}(z_{\text{ist}}(t_2^-))}{\eta_{\text{G}}(z_{\text{Ziel}}(t_2^-))i_{\text{G}}(z_{\text{Ziel}}(t_2^-))} M_{\text{soll}}(t_2^-) \tag{4.38}$$

geändert, so dass nach dem Gangwechsel dasselbe effektive Antriebsstrangmoment wie während dem Gangwechsel an der Antriebsachse wirkt.

Für eine vorgegebene Wunschverzögerung $a_{\text{Ret,soll}}$ stellt die Betriebsbremssteuerung (BS) automatisch das notwendige Betriebsbremsmoment M_{BB} und das Sollmoment für den Drehmomentenpfad ein. Die BS schätzt dazu die Masse des Fahrzeugs und die aktuelle Fahrbahnsteigung. Für das Prädiktionsmodell wird die Verzögerungssteuerung der BS nicht berücksichtigt und angenommen, dass dem IPPC-System direkt das Betriebsbremsmoment M_{BB} als Steuergröße zur Verfügung stünde. Berechnet die MPR ein Moment $M_{\text{BB}} \neq 0$, wird aus der Fahrzeuggleichung (4.23) die zugehörige Verzögerung berechnet und diese als tatsächliche Stellgröße an die BS gesendet.

Zusammenfassung zum hybriden Automaten

Bei der vorliegenden Aufgabenstellung wird nur das Fahren in einem Vorwärtsgang betrachtet. Die Menge $\mathcal{G} := \{z_{\text{min}}, \dots, z_{\text{max}}\} \subset \mathbb{Z}$ der zulässigen Gänge ist damit durch den kleinsten $z_{\text{min}} = 1$ und den höchsten Gang $z_{\text{max}} = 16$ des Gruppengetriebes festgelegt. Aus einem Gang kann nicht beliebig weit hoch- oder zurückgeschaltet werden. Die Menge

$$\mathcal{S}(z_{\text{ist}}) := \left\{ z_{\text{soll}} \in \mathcal{G} \mid z_{\text{soll}} >= z_{\text{ist}} - \Delta z_{\text{rück,max}} \wedge z_{\text{soll}} \leq z_{\text{ist}} + \Delta z_{\text{hoch,max}} \wedge z_{\text{soll}} \neq z_{\text{ist}} \right\}$$

beinhaltet alle Gänge, welche aus einem Istgang z_{ist} schaltbar sind. Dabei bezeichnet $\Delta z_{\text{rück,max}} = 6$ und $\Delta z_{\text{hoch,max}} = 4$ die maximal schaltbaren Ebenen.

Zur Beschreibung der diskreten Dynamik wird nun der diskrete Zustandsvektor

$$\underline{x}_D := (\delta_{\text{EAS}}, z_{\text{ist}}, z_{\text{Ziel}})^T \in \mathcal{X}_D := \Big\{ \underline{x}_D \in \{\text{FA}, \text{ABB}, \text{GW}, \text{AUF}\} \times \mathcal{G} \times \mathcal{G} \mid$$
$$(\delta_{\text{EAS}} \in \{\text{FA}, \text{AUF}\} \wedge z_{\text{Ziel}} = z_{\text{ist}}) \vee (\delta_{\text{EAS}} \in \{\text{ABB}, \text{GW}\} \wedge z_{\text{Ziel}} \in \mathcal{S}(z_{\text{ist}})) \Big\}$$

aus den Zuständen der Elektronischen Antriebsstrangsteuerung sowie dem Ist- und Zielgang zusammengesetzt. Der Kupplungszustand δ_{Kupp} wurde nicht als Komponente des diskreten Zustandsvektors aufgenommen, da sein Wert fest mit δ_{EAS} verkoppelt ist. Diskrete Steuergröße ist die Sollgangvorgabe $u_D := z_{\text{soll}} \in \mathcal{U}_D := \mathcal{S}(z_{\text{ist}})$.

Der Aufbau des kontinuierlichen Zustandsvektors

$$\underline{x}_K := \begin{cases} (v_{\text{Fzg}}, s_{\text{Fzg}}, M_{\text{soll}}, \xi, t_{\text{KS}})^T & ; \delta_{\text{EAS}} = \text{FA} \\ (v_{\text{Fzg}}, s_{\text{Fzg}}, M, M_{\text{soll}}, \xi, t_{\text{KS}})^T & ; \delta_{\text{EAS}} \in \{\text{ABB}, \text{AUF}\} \\ (v_{\text{Fzg}}, s_{\text{Fzg}}, M, M_{\text{soll}}, \xi, t_{\text{GW}})^T & ; \delta_{\text{EAS}} = \text{GW} \end{cases} \tag{4.39}$$

hängt von δ_{EAS} ab. In allen Phasen sind die Fahrzeuggeschwindigkeit v_{Fzg}, die Fahrzeugposition s_{Fzg}, das Sollmoment M_{soll} und die Störgröße ξ im kontinuierlichen Zustandsvektor enthalten. Das verallgemeinerte Motormoment M ist hingegen in $\delta_{\text{EAS}} = \text{FA}$ nicht Zustandsvariable, da es dort identisch M_{soll} ist. In den Phasen mit geschlossenem Triebstrang ist die (triviale) Zustandsvariable t_{KS} in $\underline{x}_K$ enthalten, die den Zeitpunkt des letzten Schließens des Triebstrangs speichert. Sie wird für die Berechnung des Verlaufs des maximalen Motormoments benötigt. Für $\delta_{\text{EAS}} = \text{Gw}$ wird t_{KS} nicht benötigt, da dort kein positives Motormoment angefordert wird. Dafür wird der Zeitpunkt t_{GW} des Beginns des laufenden Gangwechsels benötigt, um dessen Ende feststellen zu können.

Der Aufbau des kontinuierlichen Steuerungsvektors $\underline{u}_K$ hängt ebenfalls von δ_{EAS} ab:

$$\underline{u}_K := \begin{cases} (R_{\text{soll}} , M_{\text{BB}})^T & ; \delta_{\text{EAS}} = \text{FA} \\ M_{\text{BB}} & ; \delta_{\text{EAS}} \in \{\text{ABB}, \text{Gw}, \text{AUF}\} \end{cases} . \tag{4.40}$$

Das Betriebsbremsmoment steht in jeder Phase als Stellgröße zur Verfügung. Die Rate R_{soll} des Sollmoments kann hingegen nur vorgegeben werden, wenn gerade kein Schaltprozess durchgeführt wird. Der zulässige kontinuierliche Zustands- und Steuerraum ist durch die in diesem Abschnitt eingeführten technischen Beschränkungen definiert.

Die diskrete Dynamik des hybriden Automaten ist durch die Übergangsmenge

$$T := \left\{ (\underline{x}_D^a, \underline{x}_D^b) \in \mathcal{X}_D \times \mathcal{X}_D \,\middle|\, \left(\delta_{\text{EAS}}^a = \text{FA} \wedge \delta_{\text{EAS}}^b = \text{ABB} \wedge z_{\text{ist}}^b = z_{\text{ist}}^a \right) \right.$$
$$\vee \left(\delta_{\text{EAS}}^a = \text{ABB} \wedge \delta_{\text{EAS}}^b = \text{Gw} \wedge z_{\text{ist}}^b = z_{\text{ist}}^a \wedge z_{\text{Ziel}}^b = z_{\text{Ziel}}^a \right)$$
$$\vee \left(\delta_{\text{EAS}}^a = \text{Gw} \wedge \delta_{\text{EAS}}^b = \text{AUF} \wedge z_{\text{ist}}^b = z_{\text{Ziel}}^a \wedge z_{\text{Ziel}}^b = z_{\text{Ziel}}^a \right)$$
$$\left. \vee \left(\delta_{\text{EAS}}^a = \text{AUF} \wedge \delta_{\text{EAS}}^b = \text{FA} \wedge z_{\text{ist}}^b = z_{\text{ist}}^a \wedge z_{\text{Ziel}}^b = z_{\text{Ziel}}^a \right) \right\} \tag{4.41}$$

und die Übergangsbedingungen festgelegt. Die Übergangsbedingungen lauten:

$$B := \begin{cases} \{(\underline{x}_D^a, \underline{x}_D^b) \in T \,|\, \delta_{\text{EAS}}^a = \text{FA}\} & \to \beta_1(\cdot) := \text{„}z_{\text{Ziel}}^b = z_{\text{ist}}^a + z_{\text{soll}}\text{“} \\ \{(\underline{x}_D^a, \underline{x}_D^b) \in T \,|\, \delta_{\text{EAS}}^a = \text{ABB}\} & \to \beta_2(\cdot) := \text{„}M \leq 0\text{“} \\ \{(\underline{x}_D^a, \underline{x}_D^b) \in T \,|\, \delta_{\text{EAS}}^a = \text{Gw}\} & \to \beta_3(\cdot) := \text{„}t = t_{\text{GW}} + T_{\text{S}}(z_{\text{ist}}^a, z_{\text{Ziel}}^a)\text{“} \\ \{(\underline{x}_D^a, \underline{x}_D^b) \in T \,|\, \delta_{\text{EAS}}^a = \text{AUF}\} & \to \beta_4(\cdot) := \text{„}M \geq M_{\text{soll}}\text{“} \end{cases} . \tag{4.42}$$

Jedem diskreten Zustand wird eine kontinuierliche Dynamik in der Form einer gewöhnlichen Differentialgleichung zugeordnet. Diese unterscheiden sich alleine in Abhängigkeit von δ_{EAS}:

$$F_K := \begin{cases} \{\underline{x}_D \in \mathcal{X}_D \,|\, \delta_{\text{EAS}} = \text{FA}\} & \to \underline{f}_K^{\text{FA}}(\underline{x}_D, \underline{x}_K, \underline{u}_K) \\ \{\underline{x}_D \in \mathcal{X}_D \,|\, \delta_{\text{EAS}} = \text{ABB}\} & \to \underline{f}_K^{\text{ABB}}(\underline{x}_D, \underline{x}_K, \underline{u}_K) \\ \{\underline{x}_D \in \mathcal{X}_D \,|\, \delta_{\text{EAS}} = \text{Gw}\} & \to \underline{f}_K^{\text{Gw}}(\underline{x}_D, \underline{x}_K, \underline{u}_K) \\ \{\underline{x}_D \in \mathcal{X}_D \,|\, \delta_{\text{EAS}} = \text{AUF}\} & \to \underline{f}_K^{\text{AUF}}(\underline{x}_D, \underline{x}_K, \underline{u}_K) \end{cases} \tag{4.43}$$

mit

$$\underline{f}_K^{\text{FA}}(\underline{x}_D, \underline{x}_K, \underline{u}_K) := \begin{pmatrix} f_v(\text{ZU}, z_{\text{ist}}, v_{\text{Fzg}}, s_{\text{Fzg}}, M_{\text{soll}}, M_{\text{BB}}, \xi) \\ v_{\text{Fzg}} \\ R_{\text{soll}} \\ \underline{0} \end{pmatrix} \qquad \underline{f}_K^{\text{ABB}}(\underline{x}_D, \underline{x}_K, \underline{u}_K) := \begin{pmatrix} f_v(\text{ZU}, z_{\text{ist}}, v_{\text{Fzg}}, s_{\text{Fzg}}, M, M_{\text{BB}}, \xi) \\ v_{\text{Fzg}} \\ R_{\text{ab}} \\ \underline{0} \end{pmatrix}$$

$$\underline{f}_K^{\mathrm{Gw}}(\underline{x}_D,\underline{x}_K,\underline{u}_K) :=$$
$$\begin{pmatrix} f_v(\mathrm{OFFEN}, z_{\mathrm{ist}}, v_{\mathrm{Fzg}}, s_{\mathrm{Fzg}}, M, M_{\mathrm{BB}}, \xi) \\ v_{\mathrm{Fzg}} \\ \underline{0} \end{pmatrix}$$

$$\underline{f}_K^{\mathrm{Auf}}(\underline{x}_D,\underline{x}_K,\underline{u}_K) :=$$
$$\begin{pmatrix} f_v(\mathrm{ZU}, z_{\mathrm{ist}}, v_{\mathrm{Fzg}}, s_{\mathrm{Fzg}}, M, M_{\mathrm{BB}}, \xi) \\ v_{\mathrm{Fzg}} \\ R_{\mathrm{auf}} \\ \underline{0} \end{pmatrix} \tag{4.44}$$

und der aus (4.32) und (4.23) zusammengesetzten Systemgleichung für v_{Fzg}:

$$f_v(\delta_{\mathrm{Kupp}}, z_{\mathrm{ist}}, v_{\mathrm{Fzg}}, s_{\mathrm{Fzg}}, M, M_{\mathrm{BB}}, \xi) :=$$
$$\frac{1}{m_{\mathrm{eff}}(\delta_{\mathrm{Kupp}}, z_{\mathrm{ist}})} \left\{ \frac{\eta_A \eta_G(z_{\mathrm{ist}}) i_A i_G(z_{\mathrm{ist}}) M - M_{\mathrm{BB}}}{r_{\mathrm{dyn}}} - F_{\mathrm{Fwst}}(v_{\mathrm{Fzg}}, \gamma(s_{\mathrm{Fzg}})) + \xi \right\} . \tag{4.45}$$

Die Sprungfunktionen für den Übergang des kontinuierlichen Zustandsvektors bei einem Wechsel des diskreten Zustandes lauten:

$$F_S := \left\{ \begin{array}{ll} \{(\underline{x}_D^a,\underline{x}_D^b) \in T \mid \delta_{\mathrm{EAS}}^a = \mathrm{FA}\} & \rightarrow \quad \underline{f}_{S,1}(t, \underline{x}_D^a, \underline{x}_K) \\ \{(\underline{x}_D^a,\underline{x}_D^b) \in T \mid \delta_{\mathrm{EAS}}^a = \mathrm{ABB}\} & \rightarrow \quad \underline{f}_{S,2}(t, \underline{x}_D^a, \underline{x}_K) \\ \{(\underline{x}_D^a,\underline{x}_D^b) \in T \mid \delta_{\mathrm{EAS}}^a = \mathrm{Gw}\} & \rightarrow \quad \underline{f}_{S,3}(t, \underline{x}_D^a, \underline{x}_K) \\ \{(\underline{x}_D^a,\underline{x}_D^b) \in T \mid \delta_{\mathrm{EAS}}^a = \mathrm{Auf}\} & \rightarrow \quad \underline{f}_{S,4}(t, \underline{x}_D^a, \underline{x}_K) \end{array} \right.$$

mit

$$\underline{f}_{S,1}(\cdot) := \begin{pmatrix} v_{\mathrm{Fzg}} \\ s_{\mathrm{Fzg}} \\ M_{\mathrm{soll}} \\ M_{\mathrm{soll}} \\ \xi \\ t_{\mathrm{KS}} \end{pmatrix} \quad \underline{f}_{S,2}(\cdot) := \begin{pmatrix} v_{\mathrm{Fzg}} \\ s_{\mathrm{Fzg}} \\ M_{\mathrm{soll}} \\ M \\ \xi \\ t \end{pmatrix} \quad \underline{f}_{S,3}(\cdot) := \begin{pmatrix} v_{\mathrm{Fzg}} \\ s_{\mathrm{Fzg}} \\ \frac{\eta_G(z_{\mathrm{ist}}^a) i_G(z_{\mathrm{ist}}^a)}{\eta_G(z_{\mathrm{Ziel}}^a) i_G(z_{\mathrm{Ziel}}^a)} M_{\mathrm{soll}}(t^-) \\ \frac{\eta_G(z_{\mathrm{ist}}^a) i_G(z_{\mathrm{ist}}^a)}{\eta_G(z_{\mathrm{Ziel}}^a) i_G(z_{\mathrm{Ziel}}^a)} M \\ \xi \\ t \end{pmatrix} \quad \underline{f}_{S,4}(\cdot) := \begin{pmatrix} v_{\mathrm{Fzg}} \\ s_{\mathrm{Fzg}} \\ M_{\mathrm{soll}} \\ \xi \\ t_{\mathrm{KS}} \end{pmatrix} . \tag{4.46}$$

Zur Verdeutlichung zeigt Abbildung 4.9 einen Ausschnitt des hybriden Automaten der Lkw-Längsdynamik für das Beispiel aus Abbildung 4.8 der Zug-Rückschaltung.

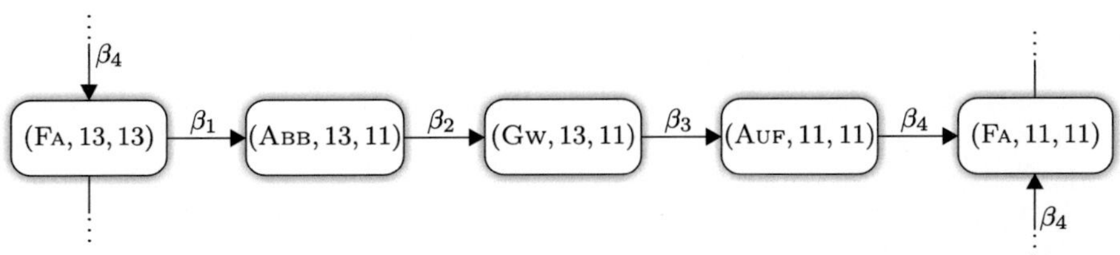

Abbildung 4.9: Ausschnitt aus dem hybriden Automaten des Prädiktionsmodells

4.1.3 Bestimmung der Sollgrößenverläufe für die Regelung

Will man durch die Fahrweise möglichst wenig Kraftstoff mit einem Fahrzeug verbrauchen, so ist die optimale Fahrstrategie, gar nicht zu fahren! Diese provokative Aussage soll deutlich machen, dass es das eigentliche Ziel bei der Fahrt ist, eine Wegdistanz zu überbrücken und dabei auch mit einer der Fahrsituation angepassten Geschwindigkeit zu fahren. Diese situationsabhängige Geschwindigkeit wird im Folgenden als *Wunschgeschwindigkeit* v_{Wunsch} bezeichnet. Die Strategie eines Fahrers ist es nicht, diese Wunschgeschwindigkeit strikt einzuhalten, er überschreitet sie auch gelegentlich bis zu einer maximalen Geschwindigkeit, diese wird hier *Grenzgeschwindigkeit* $v_{\mathrm{max}} \geq v_{\mathrm{Wunsch}}$ genannt. Durch v_{Wunsch} und v_{max} entsteht ein Geschwindigkeitsband, in dem der Fahrer bevorzugt zu fahren. Bestimmt werden Wunsch- und Grenzgeschwindigkeit von der Stimmung und Risikobereitschaft des Fahrers sowie durch Streckenattribute, wie der geltenden Geschwindigkeitsbeschränkung und dem Kurvenverlauf. Durch die Änderung dieser Größen mit der Position s auf der Route, sind auch $v_{\mathrm{Wunsch}}(s)$ und $v_{\mathrm{max}}(s)$ Funktionen der Streckenposition.

Ist ein Führungsfahrzeug[2] vorhanden, so ändert sich die Fahrweise des Fahrers gegenüber der Fahrweise bei freier Fahrt, weil er zum Vordermann einen Sicherheitsabstand wahren muss. Die ursprüngliche Wunschgeschwindigkeit der freien Fahrt wird dann hinfällig, wenn das Führungsfahrzeug langsamer fährt. Bei Folgefahrt begrenzt neben $v_{\mathrm{max}}(s)$ auch die Position $s_{\mathrm{FF}}(t)$ und die Geschwindigkeit $v_{\mathrm{FF}}(t)$ des vorausfahrenden Fahrzeugs die Wahl der eigenen Geschwindigkeit. In diesem Anschnitt wird zunächst die Berechnung des Verlaufs des Sollgeschwindigkeitsbandes $[v_{\mathrm{Wunsch}}(s), v_{\mathrm{max}}(s)]$ beschrieben, in welches das IPPC-System die Fahrzeuggeschwindigkeit bei freier Fahrt regelt. Im Anschluss daran wird die Schätzung der zukünftigen Bewegung des Führungsfahrzeugs erläutert.

Wunschgeschwindigkeit bei freier Fahrt

Grundlage für den Wunschgeschwindigkeitsverlauf bildet der Verlauf der gesetzlichen Geschwindigkeitsbeschränkung $v_{\S}(s)$, welcher aus der digitalen Karte bekannt ist. Beobachtungen des täglichen Straßenverkehrs zeigen, dass die vom Gesetz zugelassene Höchstgeschwindigkeit nur ein Richtwert für die tatsächlich vom Fahrer gewählte Geschwindigkeit darstellt. Wenn es die Straßenverhältnisse zulassen, wird meist schneller gefahren. Bei schlechten Witterungsverhältnissen kann es dagegen auch der Wunsch des Fahrers sein, langsamer zu fahren, als es die Verkehrsregeln erlauben würden. Beim IPPC-System wird daher dem Fahrer die Möglichkeit gegeben, seine Wunschgeschwindigkeit orientiert an der Geschwindigkeitsbeschränkung $v_{\S}(s)$ über das Mensch-Maschine-Interface selbst vorzugeben. Er kann dabei einen Prozentwert $\Upsilon_{\mathrm{Wunsch}} \leq 20\,\%$ einstellen, um welchen $v_{\mathrm{Wunsch}}(s)$ höher oder niedriger als $v_{\S}(s)$ sein soll, so dass sich die an der Geschwindigkeitsbeschränkung orientierte Komponente der Wunschgeschwindigkeit durch

$$v_{\mathrm{Wunsch},\S}(s) = \left(1 + \frac{\Upsilon_{\mathrm{Wunsch}}[\%]}{100\,\%}\right) v_{\S}(s)$$

---

[2]Als *Führungsfahrzeug* wird ein direkt vor dem eigenen Fahrzeug fahrendes Fahrzeug bezeichnet. Dabei ist der Abstand zum Führungsfahrzeug und die Geschwindigkeit des Führungsfahrzeug so gering, dass die eigene Geschwindigkeitswahl beeinflusst wird.

berechnet. Diese Geschwindigkeit möchte der Fahrer einhalten, wobei Unterschreitungen der Wunschgeschwindigkeit weniger vom Fahrer gewünscht sind als Überschreitungen.

Als weitere Größe, welche aus der digitalen Karte bekannt ist, beeinflusst die Fahrbahnkrümmung $\kappa(s)$ den Verlauf der Wunschgeschwindigkeit. Eine zu schnelle Fahrt mit einem halb gefüllten Tankfahrzeug durch eine Kurve ist nicht nur gefährlich, sondern auch unkomfortabel. In der Literatur sind einige Arbeiten zu finden, in denen Formeln für die gewünschte Geschwindigkeit eines Pkw-Fahrers beim Durchfahren einer Kurve entwickelt werden ([Sch00], [Ebe96] und [KB70]). Eine Übertragbarkeit der Ergebnisse auf die Wahl der Kurvengeschwindigkeit für einen Lkw wird hier als nicht praktikabel erachtet. Mit der automatischen Geschwindigkeitsführung eines Lkws durch eine Kurve übernimmt der Systemhersteller des IPPC-Systems zumindest eine Teilschuld, wenn es aufgrund einer zu hoch gewählten Kurvengeschwindigkeit zu einem Unfall käme. Deshalb müssen bei der Wahl des Geschwindigkeitsbandes für die Fahrt durch eine Kurve die Toleranzen der relevanten Größen berücksichtigt werden. Beispielsweise hängt der Haftreibungskoeffizient zwischen Reifen und der Fahrbahn stark von der Fahrbahnbeschaffenheit und der Bereifung des Fahrzeugs ab, sein Wert kann bis dato nicht durch ein Schätzverfahren gesichert bestimmt werden. Auch Fehler in der Information über die Kurvenkrümmung müssen einbezogen werden. Diese entstehen zum einen durch Fehler in der digitalen Karte und zum anderen durch Ungenauigkeiten der Streckenpositionierung. Weitere Kriterien, welche die maximale Geschwindigkeit, mit der durch eine Kurve gefahren werden kann, entscheidend beeinflussen, sind die Fahrbahnquerneigung und die Weise der Beladung. Auch zu diesen Einflüssen besitzt das IPPC-System keine Informationen.

Aufgrund der Unsicherheiten bei der Bestimmung der maximalen Kurvengeschwindigkeit aus fahrdynamischer Sicht, muss bei der Festlegung des Kurvengeschwindigkeitsbandes vom schlimmsten Fall ausgegangen werden. Das IPPC-System fährt deshalb langsamer als ein Fahrer durch Kurven. Für die Berechnung der Wunschgeschwindigkeit in Kurven wurde ein Ansatz gewählt, welcher auf Kalibrierung basiert, wobei die Wahl der Parameter sehr konservativ durchgeführt wurde. Dafür wurden Fahrversuche mit verschiedenen Probanden mit einem 40 t-Sattelzug unternommen und eine Kennlinie festgelegt, bei der über der aktuellen Fahrzeuggeschwindigkeit die vom Fahrer als angenehm empfundene Querbeschleunigung aufgetragen wurde. Die Versuche haben gezeigt, dass ein Fahrer bei niedrigen Geschwindigkeiten größere Querbeschleunigungen akzeptiert als bei höheren. Dies zeigt die ermittelte Kennlinie in Abbildung 4.10 links. Aus der Gleichung

$$\kappa_{\text{Kurve}} v_{\text{Wunsch,Kurve}}^2 = a_{\text{Z,Wunsch}}\left(v_{\text{Wunsch,Kurve}}\right)$$

für die Zentripetalbeschleunigung einer rotierenden Punktmasse wurde dann eine Kennlinie $v_{\text{Wunsch},\kappa}(\kappa_{\text{Kurve}})$ berechnet, aus der für eine bestimmte Kurvenkrümmung die Kurvengeschwindigkeit ausgelesen werden kann. Die Kennlinie ist in Abbildung 4.10 rechts zu sehen. Das soeben beschriebene Verfahren zur Festlegung der Wunschgeschwindigkeit in der Kurve hat sich für die mit dem IPPC-System durchgeführten Tests bewährt. Unterschiedliche Testfahrer haben die eingestellte Geschwindigkeit zwar als tendenziell langsam aber akzeptabel beurteilt. Zur Verbesserung der Akzeptanz des IPPC-Systems durch Berufskraftfahrer würde aber dennoch eine Verfeinerung der Bestimmung von $v_{\text{Wunsch},\kappa}$ sinnvoll sein, bei der beispielsweise der Richtungsänderungswinkel einer Kurve mit einbezogen wird.

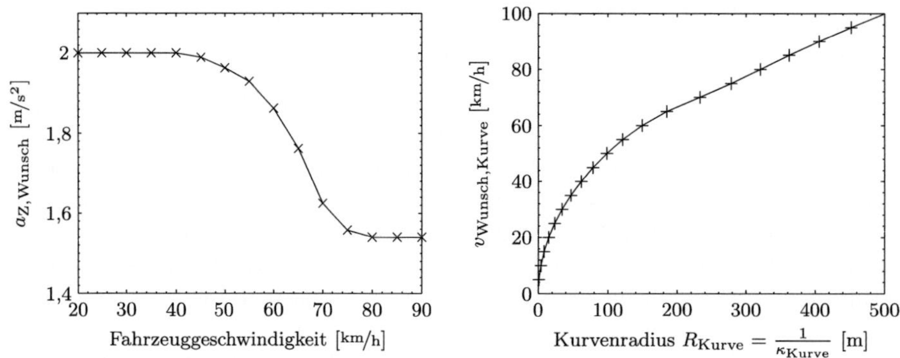

Abbildung 4.10: Links: Parametrierung der gewünschten Querbeschleunigung $a_{\mathrm{Z,Wunsch}}$ in Abhängigkeit der Fahrzeuggeschwindigkeit für einen 40 t-Sattelzug, rechts: resultierende Kurvenwunschgeschwindigkeit $v_{\mathrm{Wunsch,Kurve}}$ in Abhängigkeit des Kurvenradius

Das Minimum der Verläufe beider Komponenten der Wunschgeschwindigkeit ergibt den Verlauf des Sollwerts

$$v_{\mathrm{Wunsch,soll}}(s) = \min\{v_{\mathrm{Wunsch,\S}}(s), v_{\mathrm{Wunsch,Kurve}}(s)\}$$

für den tatsächlichen Wunschgeschwindigkeitsverlauf $v_{\mathrm{Wunsch}}(s)$. Da sich die Geschwindigkeitsbeschränkung sprunghaft mit der Streckenposition s ändert, gilt dies auch für $v_{\mathrm{Wunsch,soll}}(s)$. Der Verlauf der Wunschgeschwindigkeit $v_{\mathrm{Wunsch}}(s)$ sollte aber stetig sein, da es wohl kaum der Wunsch eines Fahrers ist, dass sich die Fahrzeuggeschwindigkeit sprunghaft ändert. Das Übergangsverhalten von $v_{\mathrm{Wunsch}}(s)$ wird daher über zwei Parameter vorgeben: eine Zunahme von $v_{\mathrm{Wunsch}}(s)$ wird durch die Wunschbeschleunigung $a_{\mathrm{Besch,Wunsch}} > 0$ und eine Abnahme wird über die Wunschverzögerung $a_{\mathrm{Verz,Wunsch}} < 0$ parametriert.

Berechnet wird nun der Wunschgeschwindigkeitsverlauf $v_{\mathrm{Wunsch}}(s)$ in Abhängigkeit der Streckenposition. Dies geschieht anhand des idealisierten Modells

$$\begin{aligned}
\dot{v}_{\mathrm{Wunsch}}(t) &= a_{\mathrm{Wunsch}}(t) \\
\dot{s}(t) &= v_{\mathrm{Wunsch}}(t)
\end{aligned} \tag{4.47}$$

für die Längsbewegung eines Fahrzeugs. Da die Berechnung über das feste Streckenintervall $\mathbb{S} := [s_{\mathrm{Fzg}}(t_0), s_{\mathrm{Fzg}}(t_0)+D_{\mathbb{S}}]$ ausgehend von der aktuellen Fahrzeugposition $s_{\mathrm{Fzg}}(t_0)$ erfolgen soll, werden beide Gleichungen von (4.47) durcheinander dividiert, so dass die wegabhängige Gleichung für die Geschwindigkeit entsteht:

$$\frac{\mathrm{d}}{\mathrm{d}s} v_{\mathrm{Wunsch}}(s) = \frac{a_{\mathrm{Wunsch}}(s)}{v_{\mathrm{Wunsch}}(s)}. \tag{4.48}$$

Der Vorausschauhorizont $\mathbb{S}$ wird nun in $n+1$ äquidistante Stützstellen

$$s_k = s_{\mathrm{Fzg}} + hk \,, \ \text{mit } h = \frac{D_{\mathbb{S}}}{n}$$

der Länge h unterteilt. Der Wunschbeschleunigungsverlauf wird dann durch eine Treppenfunktion mit dem Beschleunigungswert $a_{\text{Wunsch}}(s_k)$ im k-ten Diskretisierungsintervall approximiert. Die Lösung von (4.48) für ein Intervall, ergibt dann die Änderung der Wunschgeschwindigkeit zweier aufeinander folgender Diskretisierungsstellen zu

$$v_{\text{Wunsch}}(s_{k+1}) = \sqrt{v^2_{\text{Wunsch}}(s_k) + 2ha_{\text{Wunsch}}(s_k)} \,. \tag{4.49}$$

Die Verläufe $v_{\text{Wunsch}}(s)$ und $a_{\text{Wunsch}}(s)$ werden nun als Lösung des wegdiskreten Optimalsteuerungsproblems

$$\min_{\{a_{\text{Wunsch}}(s_k)\},\{v_{\text{Wunsch}}(s_k)\}} \sum_{k=0}^{n} \left(v_{\text{Wunsch,soll}}(s_k) - v_{\text{Wunsch}}(s_k)\right) \tag{4.50a}$$

$$\text{u.Nb.:} \quad v_{\text{Wunsch}}(s_0) = v^{\text{alt}}_{\text{Wunsch}}(s_{\text{Fzg}}(t_0)) \tag{4.50b}$$

$$v_{\text{Wunsch}}(s_{k+1}) = \sqrt{v^2_{\text{Wunsch}}(s_k) + 2ha_{\text{Wunsch}}(s_k)} \tag{4.50c}$$

$$v_{\text{Wunsch}}(s_k) \leq v_{\text{Wunsch,soll}}(s_k) \tag{4.50d}$$

$$a_{\text{Wunsch}}(s_k) \leq a_{\text{Besch,Wunsch}} \tag{4.50e}$$

$$a_{\text{Wunsch}}(s_k) \geq a_{\text{Verz,Wunsch}} \tag{4.50f}$$

berechnet. Dabei ist das Ziel, dass $v_{\text{Wunsch}}(s)$ den Verlauf $v_{\text{Wunsch,soll}}(s)$ nicht überschreiten und er gleichzeitig die Unterschreitung von $v_{\text{Wunsch,soll}}(s)$ minimieren soll. Als Startwert für den Verlauf $v_{\text{Wunsch}}(s)$ wird dabei die Wunschgeschwindigkeit des letzten MPR-Taktes $v^{\text{alt}}_{\text{Wunsch}}(s_{\text{Fzg}}(t_0))$ an der aktuellen Streckenposition gewählt. Im ersten MPR-Takt liegt dieser Wert natürlich nicht zur Verfügung, so dass für den Startwert $v^{\text{alt}}_{\text{Wunsch}}(s_{\text{Fzg}}(t_0)) = v_{\text{Fzg}}(t_0)$ die aktuelle tatsächliche Fahrzeuggeschwindigkeit gesetzt wird. Durch diese Vorgabe des Startwerts entsteht ein stetiger Verlauf $v_{\text{Wunsch}}(s)$ über alle MPR-Takte hinweg.

Die numerische Lösung der Optimierungsaufgabe (4.50) erfolgt mit Hilfe der Dynamischen Programmierung. In der Rückwärtsrekursion wird dabei für jede Diskretisierungsstelle eine obere Grenze $\bar{v}_k$ für $v_{\text{Wunsch}}(s_k)$ bestimmt, so dass eine zulässige Steuerungsfolge $\{a_{\text{Wunsch}}(s_{k'})\}$ für $k' = k, \ldots, n - 1$ existiert, für die ausgehend von $v_{\text{Wunsch}}(s_k) \leq \bar{v}_k$ die Folge $\{v_{\text{Wunsch}}(s_{k'})\}$ für $k' = k, \ldots, n$ auf dem Restpfad die Beschränkung (4.50d) einhält. Die Berechnung der Folge $\{\bar{v}_k\}$ erfolgt ausgehend von $\bar{v}_n = v_{\text{Wunsch,soll}}(s_n)$ für $k = n - 1, \ldots, 1$ durch die Rekursionsgleichung

$$\bar{v}_k = \min \left\{ v_{\text{Wunsch,soll}}(s_k), \sqrt{\bar{v}^2_{k+1} - 2ha_{\text{Verz,Wunsch}}} \right\} \,.$$

In der Vorwärtsrekursion erhält man dann ausgehend von (4.50b) die Wunschbeschleunigungswerte zu

$$a_{\text{Wunsch}}(s_k) = \min \left\{ \frac{\bar{v}^2_{k+1} - v^2_{\text{Wunsch}}(s_k)}{2h}, a_{\text{Besch,Wunsch}} \right\}$$

und mit Hilfe der diskreten Systemgleichung (4.49) die Folge $\{v_{\text{Wunsch}}(s_k)\}$ der Werte der Wunschgeschwindigkeit in den Diskretisierungsstellen.

Verlauf der Grenzgeschwindigkeit

Beim IPPC-System kann der Fahrer vorgeben, in wie weit die Fahrzeuggeschwindigkeit die Wunschgeschwindigkeit und damit auch die gesetzliche Geschwindigkeitsbeschränkung überschreiten darf. Dies geschieht über den Parameter $\Upsilon_{\text{max}} \in [0\,\%, 20\,\%]$, aus dem sich die erste Komponente zur Berechnung der Grenzgeschwindigkeit zu

$$v_{\text{max},\text{Wunsch}}(s) = \left(1 + \frac{\Upsilon_{\text{max}}[\%]}{100\%}\right) v_{\text{Wunsch}}(s)$$

aus dem Wunschgeschwindigkeitsverlauf berechnet. Die so berechnete Grenzgeschwindigkeit kann jedoch in der Kurve zu schnell sein, denn es würde eine Überschreitung der Kurvenwunschgeschwindigkeit um bis zu 20 % zugelassen. Die Grenzgeschwindigkeit wird deshalb zu

$$v_{\text{max}}(s) = \min\left\{v_{\text{max},\text{Wunsch}}(s),\, v_{\text{Wunsch},\text{Kurve}}(s) + \Delta v_{\text{Kurve}}\right\}, \tag{4.51}$$

mit $\Delta v_{\text{Kurve}} = 2\,{}^{\text{km}}\!/_{\text{h}}$ festgelegt. In der Kurve steht der Regelung damit ein engeres Geschwindigkeitsband zur Verfügung als in der Geraden. Da $v_{\text{max},\text{Wunsch}}(s)$ und $v_{\text{Wunsch},\kappa}(s)$ stetige Verläufe sind, ist auch $v_{\text{max}}(s)$ stetig.

Prädiktion der Bewegung eines Führungsfahrzeugs

Fährt ein Führungsfahrzeug voran, muss ein Sicherheitsabstand eingehalten werden. Der Sicherheitsabstand $d_{\text{FF},\text{soll}}$ wird hier wie in [Raj06] durch

$$d_{\text{FF},\text{soll}} = v_{\text{Fzg}} T_{\text{Abstand}}$$

anhand der eigenen Geschwindigkeit und einem Abstandsfaktor T_{Abstand} festgelegt. Letzteren stellt der Fahrer über das MMI ein, wobei $T_{\text{Abstand}} \geq 2{,}2\,\text{s}$ gelten muss, um nicht mit dem Gesetz in Konflikt zu geraten. Für den Abstand zum Führungsfahrzeug muss dann stets $d_{\text{FF}} = s_{\text{FF}} - s_{\text{Fzg}} \geq v_{\text{Fzg}} T_{\text{Abstand}}$ eingehalten werden. Um dies bei der Trajektorienplanung berücksichtigen zu können, muss der zukünftige Verlauf $s_{\text{FF}}(t)$ geschätzt werden. Dafür stehen als Messwerte der Abstand und die Relativgeschwindigkeit zum Führungsfahrzeug zum aktuellen Zeitpunkt zur Verfügung, aus denen mit dem Zustand des eigenen Fahrzeugs $s_{\text{FF}}(t_0)$ und $v_{\text{FF}}(t_0)$ berechnet werden.

Die Schätzung der zukünftigen Bewegung des Führungsfahrzeugs erweist sich als eine schwierige Aufgabe, da dem IPPC-System dafür weniger Informationen als einem Fahrer zur Verfügung stehen. Ein Fahrer ist nämlich in der Lage, den Fahrzeugtyp – Pkw oder Lkw – festzustellen, so dass er Aussagen über das Leistungsgewicht des vorausfahrenden Fahrzeugs machen kann. Zusätzlich sieht er unter Umständen den Verkehr vor dem Führungsfahrzeug und kann damit den Verkehrsfluss für einen nahen Zeitraum schätzen.

Zur Prädiktion der Bewegung des Führungsfahrzeugs wird die Bewegungsgleichung

$$\dot{s}_{FF} = v_{FF} \tag{4.52a}$$

$$\dot{v}_{FF} = -\frac{F_{Fwst}(v_{FF}, \gamma(s_{FF}))}{m_{Fzg}} + \frac{1}{m_{Fzg} v_{FF}} P_{FF} \tag{4.52b}$$

angesetzt. Für den Fahrwiderstand wird dabei der selbe Ausdruck und für die Masse der selbe Wert wie für den eigenen Lkw verwendet. Die Eingangsgröße P_{FF} des Systems Führungsfahrzeug ist die momentane Antriebsleistung $P_{FF} \leq P_{FF,max}$. Sowohl P_{FF} als auch die maximale Antriebsleistung $P_{FF,max}$ des Führungsfahrzeugs sind dem IPPC-System zunächst nicht bekannt. Die maximale Antriebsleistung kann jedoch bei der Fahrt in Steigungsstrecken grob geschätzt werden. Handelt es sich bei dem Führungsfahrzeug um einen beladenen Lkw, so wird dieses in der Steigung Geschwindigkeit verlieren und mit annähernd $P_{FF,max}$ als Stellgröße fahren. Durch Beobachtung von v_{FF} und durch Kenntnis über die Fahrbahnsteigung an der Position des Führungsfahrzeugs erfolgt die Schätzung von $P_{FF,max}$. Der geschätzte Wert für $P_{FF,max}$ wird nach oben durch das maximale Leistung des eigenen Fahrzeug begrenzt, so dass nie angenommen wird, das Führungsfahrzeug könne eine Steigung schneller bewältigen als der eigene Lkw.

Es wird nun angenommen, dass der Fahrer des Führungsfahrzeugs die Geschwindigkeit seines Fahrzeugs auf

$$v_{Wunsch,FF}(s) = \min\{v_{Wunsch}(s), v_{FF}(t_0)\}$$

regelt. Basis für $v_{Wunsch,FF}(s)$ bildet die eigene Wunschgeschwindigkeit, wobei bei der Prädiktion angenommen wird, dass das Führungsfahrzeug nie schneller als seine momentane Geschwindigkeit fahren wird. Würde nämlich fälschlicherweise prädiziert, dass das Führungsfahrzeug in Zukunft schneller fahren wird, könnte dies das IPPC-System dazu ermutigen, selbst zu beschleunigen, um beispielsweise Schwung vor einer Steigung zu holen. Ist die Annahme dann falsch und das Führungsfahrzeug hält seine Geschwindigkeit, müsste IPPC das Fahrzeug wieder abbremsen. Dies wäre für den Fahrer ein unverständliches Fahrverhalten und damit nicht akzeptabel.

Für die Prädiktion des Verlaufs der Geschwindigkeit des Führungsfahrzeugs wird die wegabhängige Form

$$\frac{d}{ds_{FF}} v_{FF} = \frac{P_{FF} - v_{FF} F_{Fwst}(v_{FF}, \gamma(s_{FF}))}{m_{Fzg} v_{FF}^2}$$

von (4.52) verwendet und für die Antriebsleistung das Regelgesetz

$$P_{FF} = \min\left\{ P_{FF,max}, v_{FF} F_{Fwst}(v_{FF}, \gamma(s_{FF})) + m_{Fzg} v_{FF}^2 \left(\frac{dv_{Wunsch,FF}(s_{FF})}{ds_{FF}} + a_{FF,reg} \right) \right\}$$

mit

$$a_{FF,reg} = \begin{cases} a_{Besch,Wunsch} & ; v_{FF} < v_{Wunsch,FF}(s_{FF}) \\ 0 & ; v_{FF} = v_{Wunsch,FF}(s_{FF}) \\ a_{Verz,Wunsch} & ; v_{FF} > v_{Wunsch,FF}(s_{FF}) \end{cases}$$

angesetzt. Die Berechnung des Verlaufs $v_{FF}(s)$ erfolgt dann ausgehend von der tatsächlichen Position $s_{FF}(t_0)$ und Geschwindigkeit $v_{FF}(t_0)$ des Führungsfahrzeugs zum aktuellen Zeitpunkt t_0 durch Simulation des geschlossen Regelkreises. Parallel dazu wird ausgehend von $t = t_0$ die Gleichung

$$\frac{\mathrm{d}t}{\mathrm{d}s_{FF}} = \frac{1}{v_{FF}}$$

mit simuliert, so dass man den absoluten Zeitpunkt $t(s_{FF})$ erhält, an dem das Führungsfahrzeug an der Position s_{FF} sein wird. Mit dem Verlauf $t(s_{FF})$ werden dann die gesuchten Verläufe $v_{FF}(t)$ und $s_{FF}(t)$ in Abhängigkeit der Zeit gebildet.

4.1.4 Festlegung der Steuerungsziele

Ziele können bei einem Optimalsteuerungsproblem auf zwei Weisen vorgegeben werden. Eigenschaften, welche die Lösung auf jeden Fall erfüllen soll, werden über Nebenbedingungen formuliert. Diese stellen dann neben den technischen Beschränkungen zusätzliche Nebenbedingungen bei der Optimierung dar. Die Definition gewünschter, eventuell nicht erfüllbarer Eigenschaften erfolgt über die Zielfunktion. Diese ist meist eine gewichtete Summe unterschiedlicher Zielfunktionsterme. Jeder dieser Terme ist ein Maß für die Verletzung eines der Optimierungskriterien. Die Parameter, mit denen die einzelnen Terme in der Zielfunktion gewichtet werden, stellen Kalibrierungsparameter für das Gesamtsystem dar. Sie bieten die Möglichkeit, das Systemverhalten intuitiv einzustellen, da die Erhöhung eines Gewichtungsparameters die gezielte Verbesserung genau dieses Kriteriums hervorruft.

Die Ziele der Optimalsteuerung der Lkw-Längsdynamik werden nun in diesem Abschnitt als Terme der Zielfunktion und als Nebenbedingungen formuliert. Bei der Definition des Hybrid-Optimalsteuerungsproblems in Abschnitt 4.1.1 wird die Zielfunktion alleine über einen Mayer-Kostenterm $\Phi(t_e, \underline{x}_D(t_e), \underline{x}_K(t_e))$ angegeben, welcher den hybriden Zustand am Ende des Horizonts bewertet. Um eine Zielfunktion entsprechend der Definition zu erhalten, wird deshalb die kontinuierliche Zustandsgröße $J(t)$ eingeführt, welche die bis zum Zeitpunkt t angefallenen Kosten misst. Für diese Zustandsgröße werden Differentialgleichungen

$$\underline{x}_D \rightarrow \dot{J}(t) = K(\underline{x}_D, \underline{x}_K, \underline{u}_K) := \sum_i K_i(\underline{x}_D, \underline{x}_K, \underline{u}_K)$$

und Sprunggleichungen

$$\{\underline{x}_{D,i-1}, \underline{x}_{D,i}\} \rightarrow S(\underline{x}_{D,i-1}, \underline{x}_K) := J(t^-) + \sum_i S_i(\underline{x}_{D,i-1}, \underline{x}_K(t^-)) \qquad (4.53)$$

entwickelt, welche den Zuwachs der Kosten festlegen.

Zurückgelegte Distanz

Das primäre Ziel beim Fahren eines Fahrzeugs ist, eine gewisse Distanz zurückzulegen. Durch die Nebenbedingung

$$s_{Fzg}(t_e) = s_{Fzg}(t_0) + D_P \qquad (4.54)$$

wird dies für die Lösung der Optimalsteuerung sichergestellt. Die Festlegung der Länge D_P des Prädiktionshorizonts wird in Abschnitt 4.3.1 behandelt. Würde die Trajektorienplanung statt über einen festen Weghorizont für einen festen zeitlichen Horizont durchgeführt, ergäbe die Lösung nicht das gewünschte Fahrverhalten, wie das folgende Beispiel zeigt:

Beispiel 4.1.1

Angenommen, das Fahrzeug fahre in der Ebene und nähere sich einer steilen Steigung. Ist es das Ziel der Optimierung, die quadratische Unterschreitung der Wunschgeschwindigkeit über die nächsten 30 s der Fahrt zu minimieren, dann wäre die optimale Strategie, vor der Steigung langsamer als mit Wunschgeschwindigkeit zu fahren. Durch die langsamere Fahrt würde bewirkt, dass innerhalb der 30 Sekunden die Steigung nicht erreicht und so der starke Einbruch der Geschwindigkeit in der Steigung verhindert werden würde. Das tatsächlich gewünschte Fahrverhalten ist genau gegenteilig – es sollte vor der Steigung, um Schwung zu holen, beschleunigt werden.

Fahren im Geschwindigkeitsband

Die vorgegebene Distanz mit einer angepassten Geschwindigkeit zurückzulegen, ist das zweitwichtigste Ziel. Eine angepasste Geschwindigkeit befindet sich im Sollgeschwindigkeitsband $[v_\mathrm{Wunsch}(s), v_\mathrm{max}(s)]$. Die untere Grenze des Bandes ist durch den Verlauf $v_\mathrm{Wunsch}(s)$ der Wunschgeschwindigkeit festgelegt, nach oben ist das Band durch den Verlauf der Grenzgeschwindigkeit $v_\mathrm{max}(s)$ beschränkt. Letztere stellt eine harte Grenze für die Regelung dar, da der Fahrer unter keinen Umständen diese überschreiten will. Um dies bei der MPR sicherzustellen, wird die Nebenbedingung

$$v_\mathrm{Fzg} \leq v_\mathrm{max}(s_\mathrm{Fzg}) \tag{4.55}$$

zur Problemformulierung hinzugefügt.

Die untere Schranke des Bandes $v_\mathrm{Wunsch}(s)$ kann vom Fahrzeug nicht in jeder Fahrsituation gehalten werden. Beispielsweise beim Befahren einer steilen Steigung verliert ein Lkw aufgrund dessen geringen Leistungsgewichts deutlich an Geschwindigkeit. Unterschreitungen von v_Wunsch müssen deshalb akzeptiert werden, wobei größere Unterschreitungen weniger toleriert werden als kleinere. Als Maß für die Unterschreitung von v_Wunsch wird der Term

$$K_\mathrm{Wunsch}(x_D, x_K) :=$$
$$\frac{1}{2}\left(\max\{v_\mathrm{Wunsch}(s_\mathrm{Fzg}) - v_\mathrm{Fzg}, 0\}\right)^2 + c_\infty \cdot \max\{v_\mathrm{Wunsch}(s_\mathrm{Fzg}) - v_\mathrm{Fzg}, 0\} \tag{4.56}$$

verwendet, der größere Unterschreitungen mit höheren Kosten bewertet. Die Wirkung des Parameters $c_\infty \geq 0$, der den Betrag der Unterschreitung gewichtet, wird in Teilabschnitt 4.4.3 näher behandelt. Überschreitungen der Wunschgeschwindigkeit führen durch (4.56) nicht zu einer Zunahme der Kosten. Es wird daher ein weiterer Zielfunktionsterm

$$K_\mathrm{Wunsch,sym}(x_D, x_K) := \frac{\pi_\mathrm{sym}}{2}\left(v_\mathrm{Fzg} - v_\mathrm{Wunsch}(s_\mathrm{Fzg})\right)^2 \tag{4.57}$$

definiert, durch welchen auch Überschreitungen bestraft werden. Der Term $K_\mathrm{Wunsch,sym}$

wird über den Parameter π_{sym} in der Zielfunktion sehr gering gewichtet. Er beeinflusst das Optimierungsergebnis nur, wenn alle anderen Terme voll ausgeschöpft sind. Durch (4.57) wird bei der Fahrt im langen Gefälle v_{Fzg} langsam auf v_{Wunsch} heruntergeführt. Es kann dadurch vermieden werden, dass das Fahrzeug während der gesamten Gefällefahrt mit $v_{\text{Fzg}} = v_{\text{max}}$ fährt, was zwar dem Regelverhalten des konventionellen Tempomaten entspricht, vom Fahrer aber als unangenehm empfunden wird.

Kraftstoffverbrauch

Um eine verbrauchsorientierte Fahrweise als Ergebnis der Optimalsteuerung zu erhalten, wird der für die Fahrt durch den Prädiktionshorizont benötigte Kraftstoff in der Zielfunktion bewertet. Die Berechnung des Kraftstoffverbrauchs erfolgt durch Integration des Treibstoffflusses, welcher, wie in Abschnitt 4.1.2 beschrieben, durch das Kennfeld des indizierten Motorwirkungsgrades $\eta_{\text{Mot,ind}}(n_{\text{Mot}}, M_{\text{Mot}})$, das indizierte Motormoment $M_{\text{Mot,ind}} = \max\{0, M_{\text{Mot}} - M_{\text{slp}}(n_{\text{Mot}})\}$ und die Motordrehzahl festgelegt ist. Mit Gleichung (4.10) erhält man damit als Term der Zielfunktion

$$K_{\text{Verbrauch}}(\underline{x}_D, \underline{x}_K) := \pi_Q Q_{\text{Diesel}}(M_{\text{Mot,ind}}, n_{\text{Mot}})$$

$$= \pi_Q \frac{n_{\text{Mot}} \max\{0, M_{\text{Mot}} - M_{\text{slp}}(n_{\text{Mot}})\}}{\eta_{\text{Mot,ind}}(n_{\text{Mot}}, M_{\text{Mot}}) \varrho_{\text{Diesel}} H_{\text{Diesel}}} \qquad (4.58)$$

für die Kostenzunahme aufgrund des verbrauchten Kraftstoffs. Mit dem Parameter π_Q wird der Kraftstoffverbrauch gegenüber der Einhaltung der Wunschgeschwindigkeit gewichtet.

Ein zusätzlicher Kraftstoffverbrauch entsteht bei Rückschaltungen. In Abschnitt 4.1.2 wurde bei der Modellierung des Gangwechsels vereinfacht angenommen, dass die Synchronisation der Motordrehzahl auf Anschlussdrehzahl sprungartig erfolgt. In der Zielfunktion soll der für die Anhebung der Motordrehzahl zusätzlich verbrauchte Kraftstoff berücksichtigt werden. Bei einer Rückschaltung ist $n_{\text{Mot,Ziel}} = \frac{i_G(z_{\text{Ziel}})}{i_G(z_{\text{ist}})} n_{\text{Mot}} > n_{\text{Mot}}$, so dass zum Einstellen der Synchronisationsdrehzahl mindestens die Energie

$$W_{\text{synch}}(\underline{x}_D, \underline{x}_K) = \frac{1}{2}(J_{\text{Mot}} + J_{\text{K,ein}}) n_{\text{Mot}}^2 \max\left\{0, \frac{i_G^2(z_{\text{Ziel}})}{i_G^2(z_{\text{ist}})} - 1\right\}$$

benötigt wird. Damit wird der für Synchronisation benötigte Kraftstoff $V_{\text{HS}}[\ell]$ mit Hilfe eines durchschnittlichen Motorwirkungsgrades $\bar{\eta}_{\text{Mot,ind}}$ und Gleichung (4.8) zu

$$V_{\text{HS}}(\underline{x}_D, \underline{x}_K) = \frac{W_{\text{synch}}(\underline{x}_D, \underline{x}_K)}{\bar{\eta}_{\text{Mot,ind}} H_{\text{Diesel}} \varrho_{\text{Diesel}}}$$

abgeschätzt. Die Sprunggleichung der Zielfunktion für den Übergang $\text{ABB} \rightarrow \text{Gw}$ wird dann entsprechend um die Komponente

$$\{(\underline{x}_D^a, \underline{x}_D^b) \in T \mid \delta_{\text{EAS}}^a = \text{ABB}\} \rightarrow S_{\text{Verbrauch}}(\underline{x}_D^a, \underline{x}_K(t^-)) = \pi_Q V_{\text{HS}}(\underline{x}_D^a, \underline{x}_K(t^-)) \qquad (4.59)$$

für den bei Rückschaltungen zusätzlich verbrauchten Kraftstoff ergänzt.

Emissionen

Es gibt zwei Gebiete im Arbeitsbereich des Motors, in denen dieser besonders zu Emissionen neigt. Zum einen steigen bei hoher Drehzahl und hohem Moment die NO_x-Emissionen an, zum anderen nehmen die Partikelemissionen bei kleiner Drehzahl und hohem Motormoment zu. Es ist mit großem Aufwand verbunden, Modelle für die Emissionsbildung zu erstellen. Solche Modelle wären auch kaum für eine MPR verwendbar. Es wird daher Expertenwissen in der Gestalt eingebracht, dass durch Beifügen einer zusätzlichen Beschränkung Betriebspunkte mit starker Emissionsbildung ausgeschlossen werden. Dabei wird das Anfahren von Betriebspunkten mit vermehrter Partikelbildung über die Beschränkung

$$M_{\text{Mot}} \leq M_{\text{Partikel}}(n_{\text{Mot}}) \tag{4.60}$$

verhindert. Der durch sie ausgeschlossene Betriebsbereich zeichnet sich zusätzlich durch ein stark instationäres Verhalten beim Momentaufbau aus, so dass dort die Annahme $M_{\text{Mot}}(t) \equiv M_{\text{Mot,soll}}(t)$ nicht gilt. Durch (4.60) werden damit auch Fehler im Prädiktionsmodell verhindert. Der Bereich vermehrter NO_x-Emissionen wird nicht ausgeschlossen, denn dieser wird für die Fahrt in Steigungen benötigt. Ein Abschneiden dieses Bereichs hätte eine unerwünschte Leistungsminderung zur Folge.

Fahrkomfort

Als unkomfortabel empfindet ein Fahrer schnelle Beschleunigungswechsel und Schwingungen im Triebstrang in Frequenzbereichen von $2-7\,\text{Hz}$, wobei Schwingungen durch schnelle Lastwechsel hervorgerufen werden. Schnelle Lastwechsel sind deshalb zu vermeiden. Dies wird beim IPPC-System durch zwei Maßnahmen erreicht. Zum einen wird die Momentrate

$$R_{\min} \leq R_{\text{soll}} \leq R_{\max}$$

beschränkt, so dass Lastschläge generell verhindert werden. Um ein noch *weicheres* Fahren zu realisieren, wird zusätzlich die Änderung des Motormoments in der Zielfunktion durch

$$K_{\text{Komfort}}(\underline{u}_K) := \frac{\pi_{\text{R}}}{2} R_{\text{soll}}^2$$

mit dem Gewichtungsfaktor π_{R} bestraft.

Verschleiß

Jeder Gangwechsel belastet die Schaltelemente des automatisierten Schaltgetriebes und das Ausrücksystem der Kupplung. Es wird daher jeder Gangwechsel mit einem Kostenwert

$$\{(x_D^a, x_D^b) \in T \mid \delta_{\text{EAS}}^a = \text{ABB}\} \to \pi_{\text{GW}} S_{\text{Gangwechsel}}(z_{\text{ist}}^a, z_{\text{Ziel}}^a) \tag{4.61}$$

in der Sprunggleichung der Zielfunktion beaufschlagt. Der Term hängt vom Ist- und Zielgang ab. Hochschaltungen über mehrere Gangstufen werden dabei mit höheren Kosten bewertet, da sie die Synchronringe stärker beanspruchen. Die Gewichtung der Kosten für den Gangwechsel erfolgt mit dem Parameter $\pi_{\text{Gangwechsel}}$.

Jede Betätigung der Betriebsbremse verursacht eine Abnutzung der Bremsbeläge. Durch die vorausschauende Fahrweise des IPPC-System können Betriebsbremsungen komplett vermieden werden. Dies wird durch den Term

$$K_{\text{Bremse}}(\underline{u}_K) := \pi_{\text{BB}} M_{\text{BB}} \tag{4.62}$$

der Zielfunktionsgleichung erzielt. Dieser Term wird mit dem Parameter π_{BB} gegenüber den anderen Termen der Zielfunktion sehr stark gewichtet, so dass IPPC zunächst alles daran setzt, ohne den Einsatz der Betriebsbremse auszukommen.

Sicherheit

In Abschnitt 2.1.2 wurde beschrieben, dass bei langer Fahrt im Gefälle unter vollem Einsatz der Motorbremsen und des Retarders durch die erzeugte Bremsleistung ein hoher Wärmeeintrag ins Kühlsystem des Motors stattfindet. Dies kann schnell dazu führen, dass eine Überhitzung des Kühlsystems droht, was die automatische Abschaltung des Retarders zur Folge hat, so dass die Geschwindigkeit nicht mehr alleine über die Zusatzbremsen gehalten werden kann. Es ist deshalb notwendig, im Zusatzbremsbetrieb für eine gute Wärmeabfuhr aus dem Kühlsystem zu sorgen. Da die Kühlwasserpumpe und der Ventilator mechanisch an den Motor gekoppelt sind, steigt die Rate der Wärmeabfuhr mit der Drehzahl des Motors. Ziel ist daher, bei der Fahrt im Gefälle mit niedrigem Gang und damit mit erhöhter Motordrehzahl zu fahren, auch wenn in einem höheren Gang das zum Halten der Geschwindigkeit notwendige Bremsmoment am Rad aufgebracht werden könnte.

Es findet dafür eine vereinfachte Modellierung für den Wärmeeintrag ins Kühlsystem statt, wobei für die abgeführte Leistung des Kühlsystems eine statische Funktion $f_\vartheta(n_{\text{Mot}})$ der Motordrehzahl angesetzt wird. Der Term

$$K_\vartheta(\underline{x}_D, \underline{x}_K) := \pi_\vartheta \max\{0, -n_{\text{Mot}} M - f_\vartheta(n_{\text{Mot}})\} \tag{4.63}$$

behaftet dann den nicht abführbaren Teil des Wärmeeintrags ins Kühlsystem während des Dauerbremsbetriebs mit Kosten. Er misst den Betrag der Differenz aus der eingetragenen Bremsleistung und der maximalen Kühlleistung bei der aktuellen Motordrehzahl. Der Gewichtungsparameter π_ϑ wird gegenüber π_{BB} klein gewählt, aber hoch im Vergleich zu den weiteren Gewichtungsparametern.

Ein weiterer Aspekt der Verkehrssicherheit ist die Einhaltung eines sicheren Abstands zu einem vorausfahrenden Fahrzeug. Durch die Beschränkung

$$s_{\text{FF}}(t) - s_{\text{Fzg}} \geq v_{\text{Fzg}} T_{\text{Abstand}} \tag{4.64}$$

wird der Sicherheitsabstand stets eingehalten, sofern es gelingt, die Bewegung des Führungsfahrzeugs genau zu prädizieren.

Kosten und Beschränkungen für den Zustand am Horizontende

Um die Lösung des HOSPs der Lkw-Längsdynamik zu vereinfachen wird gefordert, dass ein Schaltprozess am Ende des Optimierungshorizonts vollständig vollzogen sein muss. Die Menge der diskreten Endzustände ist damit durch

$$\mathcal{X}_{D,E} = \{\underline{x}_D \in \mathcal{X}_D \mid \delta_{\mathrm{EAS}} = \mathrm{FA}\}$$

vorgegeben. Der Wert der kontinuierlichen Zustandsgröße $J(t_e)$ am Horizontende entspricht den im Laufe des Optimierungshorizonts angefallenen Kosten. Die Zielfunktion der Formulierung des HOSPs entsprechend Definition 4.1.2 wird nun zu

$$\Phi(t_e, \underline{x}_K(t_e), \underline{x}_D(t_e)) = J(t_e) + E(\underline{x}_D(t_e), \underline{x}_K(t_e)) \tag{4.65}$$

aus $J(t_e)$ und einem zusätzlichen Endkostenterm $E(\cdot)$ zusammengesetzt.

Bei der MPR werden die Stellgrößen anhand der Lösung des HOSPs der Lkw-Längsdynamik für einen nur begrenzten Horizont der Länge D_P bestimmt. Die Trajektorie des geschlossenen Regelkreises weicht deshalb von derjenigen ab, welche man erhalten würde, wenn für D_P die Länge der gesamten Fahrstrecke gesetzt werden könnte, was unter anderem aus Gründen des Rechenaufwands nicht möglich ist. Je kleiner D_P gewählt wird, um so mehr weicht die Trajektorie des geschlossenen Regelkreises der MPR von der optimalen ab. In Anhang A.3 wird gezeigt, dass deshalb selbst bei stationärer Fahrsituation, wenn Fahrbahnsteigung und Wunschgeschwindigkeit konstant sind, sich keine stationäre Geschwindigkeit einstellt, sofern der Endkostenterm $E(\cdot)$ nicht geeignet gewählt wird.

Für die *klassische MPR* existieren Methoden zur Konstruktion des Endkostenterms, welche darauf abzielen, dass mit der MPR asymptotische Stabilität bezüglich einer Ruhelage erzielt wird (siehe [FA02], [MRRS00] und [Fon00]). Die Erläuterungen in Teilabschnitt 4.4.3 werden jedoch zeigen, dass die MPR des IPPC-Systems nicht asymptotisch stabil ist. Eine asymtotisch stabile Regelung auf Wunschgeschwindigkeit ist aber auch nicht das mit dem IPPC-System verfolgte Ziel. Die bestehenden Methoden zur Wahl des Endkostenterms können deshalb hier nicht Anwendung finden. Die Entwicklung eines geeigneten Endkostenterms für die MPR des IPPC-Systems wird in Anhang A.3 bei der Untersuchung der stationären Fahrsituation erläutert. An dieser Stelle wird nun auch bei einer im Prädiktionshorizont herrschenden instationären Fahrsituation angenommen, dass sich die Fahrsituation für die verbleibende Strecke nach dem Horizont nicht ändert. Es gelte also

$$\left.\begin{aligned}
\gamma(s) &\equiv \gamma^\infty &&:= \gamma(s_{\mathrm{Fzg}}(t_e)) \\
v_{\mathrm{Wunsch}}(s) &\equiv v_{\mathrm{Wunsch}}^\infty &&:= v_{\mathrm{Wunsch}}(s_{\mathrm{Fzg}}(t_e)) \\
v_{\mathrm{max}}(s) &\equiv v_{\mathrm{max}}^\infty &&:= v_{\mathrm{max}}(s_{\mathrm{Fzg}}(t_e))
\end{aligned}\right\} \quad \text{für} \quad s > s_{\mathrm{Fzg}}(t_e).$$

Dabei sei angemerkt, dass wegen (4.54) die Position $s_{\mathrm{Fzg}}(t_e)$ stets fest ist. Für die durch $(\gamma^\infty, v_{\mathrm{Wunsch}}^\infty, v_{\mathrm{max}}^\infty)$ bestimmte stationäre Fahrsituation wird nun der optimale stationäre Betriebszustand berechnet. Der optimale stationäre Betriebszustand ist dabei durch die Geschwindigkeit v_{Fzg}^∞, den Gang z_{ist}^∞ und das Sollmoment M_{soll}^∞ festgelegt, für welche für $R_{\mathrm{soll}}(t) \equiv 0$ und $M_{\mathrm{BB}}(t) \equiv 0$

- $\dot{v}_{\mathrm{Fzg}}(t) \equiv 0$ gilt,

- sämtliche Pfadbeschränkungen der Problemformulierung erfüllt sind und

- die geringste Kostenzunahme über die gefahrene Strecke erreicht wird.

Die Berechnung des optimalen stationären Betriebszustand $(z_{\mathrm{ist}}^{\infty}, v_{\mathrm{Fzg}}^{\infty}, M_{\mathrm{soll}}^{\infty})$ erfolgt nach der in Anhang A.3 beschriebenen Vorgehensweise durch Lösen eines NLPs mit Hilfe des ETRFSQP-Verfahrens. Mit dem optimalen stationären Betriebszustand für die Streckenposition $s_{\mathrm{Fzg}}(t_e)$ wird der Endkostenterm des HOSPs wie folgt gewählt:

$$E(\underline{x}_D(t_e), \underline{x}_K(t_e)) :=$$

$$[\bar{\lambda}^{\infty}]_1 \left(v_{\mathrm{Fzg}}^{\infty} - v_{\mathrm{Fzg}}(t_e) \right) + \frac{\pi_{\mathrm{E},1}}{2} \left(z_{\mathrm{ist}}(t_e) - z_{\mathrm{ist}}^{\infty} \right)^2 + \frac{\pi_{\mathrm{E},2}}{2} \left(v_{\mathrm{Fzg}}(t_e) - v_{\mathrm{Fzg}}^{\infty} \right)^2$$

$$+ \frac{\pi_{\mathrm{E},3}}{2} \left(\frac{\eta_{\mathrm{A}}\eta_{\mathrm{G}}(z_{\mathrm{ist}}(t_e))i_{\mathrm{A}}i_{\mathrm{G}}(z_{\mathrm{ist}}(t_e))}{r_{\mathrm{dyn}}} M_{\mathrm{soll}}(t_e) - F_{\mathrm{Fwst}}\left(v_{\mathrm{Fzg}}(t_e), \gamma(s_{\mathrm{Fzg}}(t_e)) \right) \right)^2 . \quad (4.66)$$

Der Endkostenterm besteht dabei aus vier Teiltermen. Der erste Teilterm wird entsprechend der Erläuterung aus Anhang A.3 dazu benötigt, dass die MPR bei stationärer Fahrsituation eine Ruhelage besitzt. Den Gewichtungsparameter $[\lambda^{\infty}]_1$ erhält man als Nebenergebnis der Berechnung des optimalen stationären Betriebszustands. Der zweite Term bestraft die Abweichung des am Horizontende eingelegten Gangs vom optimalen. Dadurch wird ein *hängen Bleiben* in einem nicht optimalen Gang wie im folgenden Beispiels verhindert:

Beispiel 4.1.2
Angenommen das Fahrzeug fahre bei stationärer Fahrsituation im 15. Gang. Optimal wäre es, im 16. Gang zu fahren. Die Lösung des HOSPs für einen Prädiktionshorizont ergäbe aber nur dann die gewünschte Schaltung in den 16. Gang, wenn die Kosteneinsparung, welche man für eine Horizontlänge durch das Fahren im 16. anstatt im 15. Gang erzielen würde, höher ist, als die Kosten, welche durch den Schaltprozess aufgrund des Geschwindigkeitsabfalls, der Momentänderung und des Getriebeverschleißes entstehenden würden. Dies kann dazu führen, dass keine Hochschaltung erfolgt, auch wenn, über die gesamte Fahrstrecke betrachtet, der Kostenunterschied zwischen dem 15. und dem 16. Gang weitaus größer als die Kosten einer Schaltung ist.

Der Gewichtungsparameter $\pi_{\mathrm{E},1} > 0$ wird so gewählt, dass die Kosten des zweiten Teilterms der Endkosten größer als die Kosten einer Schaltung sind, wenn der Gang am Horizontende nicht dem optimalen stationären Gang entspricht. Über die Gewichtungsparameter $\pi_{\mathrm{E},2}, \pi_{\mathrm{E},3} > 0$ wird eingestellt, inwieweit die möglicherweise nach dem Prädiktionshorizont herrschende Fahrsituation die Wahl der Stellgrößen des aktuellen Horizonts beeinflussen. Auch wenn wie in Abschnitt 4.4.3 erläutert wird, das Stabilitätsgebiet der MPR des IPPC-Systems nicht analytisch berechnet werden kann, wurde in Simulationen und Messfahrten festgestellt, dass die Wahl von $\pi_{\mathrm{E},2}$ und $\pi_{\mathrm{E},3}$ die Längsregelung des IPPC-Systems beeinflusst. Durch eine zu hohe Wahl der Parameter werden gewünschte Abweichungen von der Wunschgeschwindigkeit, wie beispielsweise das Absenken der Geschwindigkeit vor einem Gefälle, verhindert. Bei einer zu geringen Gewichtung wurde beobachtet, dass die Fahrzeuggeschwindigkeit zu sehr von $v_{\mathrm{Wunsch}}(s)$ abwich. Die Parameter $\pi_{\mathrm{E},2}$ und $\pi_{\mathrm{E},3}$ wurden anhand von Simulationen geeignet festgelegt.

4.2 Lösung des HOSPs der Lkw-Längsdynamik

Die System- und Sprunggleichungen aus Teilabschnitt 4.1.4 werden zu dem hybriden Automaten aus Abschnitt 4.1.2 ergänzt. Ebenso werden die technischen Beschränkungen aus Abschnitt 4.1.2 und die zusätzlichen Nebenbedingungen aus Abschnitt 4.1.4 zu Pfad- und Randbedingungen vereinigt, so dass insgesamt ein Hybrid-Optimalsteuerungsproblem in der Formulierung nach Definition 4.1.2 mit der Zielfunktion (4.65) entsteht. Freiheitsgrade dieses Optimierungsproblems sind

- die Zahl $n_S \in \mathbb{N}_0$ der im Horizont $\mathbb{O} = [t_0, t_e]$ stattzufindenden Schaltprozesse,

- die Sollgänge $z_{\mathrm{soll},j} \in \mathcal{S} \subset \mathbb{Z}$, $j = 1, \ldots, n_S$,

- die Schaltzeitpunkte $t_{S,j} \in \mathbb{O} \subset \mathbb{R}$, $j = 1, \ldots, n_S$ und

- der kontinuierliche reellwertige Steuerungsverlauf $\underline{u}_K(t)$.

Mit der Schalthäufigkeit n_S und den Sollgängen müssen ganzzahlige Größen bestimmt werden. Dagegen liegen mit den Schaltzeitpunkten und der kontinuierlichen Steuerung reellwertige Freiheitsgrade vor, so dass eine diskret-kontinuierliche Optimierungsaufgabe entsteht. Die Lösung der Optimierungsaufgabe wird nach der Vorgehensweise der Dekomposition aufgeteilt in eine überlagerte Suche für die diskreten Freiheitsgrade und der unterlagerten Lösung von Optimierungsproblemen in rein reellwertigen Größen. Ausgangspunkt ist dabei, dass die Zahl der möglichen Schaltprozesse im Optimierungshorizont nach oben auf einen Wert $n_{S,\mathrm{max}}$ beschränkt wird. In der oberen Ebene des Suchverfahrens wird für jede Schalthäufigkeit $n_S \in \{0, \ldots, n_{S,\mathrm{max}}\}$ untersucht, welche zu den geringsten Kosten führt, um so die optimale Schalthäufigkeit n_S^* zu bestimmen. In der unteren Ebene des Suchverfahrens wird für eine vorgegebene Schalthäufigkeit die optimale Sollgangfolge, die optimalen Schaltzeitpunkte und der optimale kontinuierliche Steuerungsverlauf bestimmt.

Ist die Schalthäufigkeit festgelegt, kann aus dem HOSP der Lkw-Längsdynamik ein glattes gemischt-ganzzahliges Mehrphasen-Optimalsteuerungsproblem (ggMPOSP) abgeleitet werden. Bei dem ggMPOSP handelt es sich um ein Mehrphasen-Optimalsteuerungsproblem gemäß Definition 3.1.1, wobei zusätzlich die Sollgänge als ganzzahlige Entscheidungsgrößen vorliegen. Ein Problem wird als *glatt* bezeichnet, wenn sämtliche Komponenten der Problemformulierung bezüglich der zu bestimmenden Größen, dies umfasst auch die ganzzahligen, mindestens zweimal stetig differenzierbar sind. Der folgende Teilabschnitt beschreibt, wie für eine vorgegeben Schalthäufigkeit aus dem HOSP ein zweimal stetig differenzierbares ggMPOSP abgeleitet wird. In Kapitel 3 wurde ein numerisches Lösungsverfahren für glatte Mehrphasen-Optimalsteuerungsprobleme entwickelt. Die Anwendung dieses Verfahrens setzt voraus, dass sämtliche der zu bestimmenden Größen reellwertig sein müssen. Aufgrund der Ganzzahligkeit der Gänge kann es daher nicht direkt zur Lösung eines ggMPOSPs eingesetzt werden. Für die Lösung eines ggMPOSPs wird deshalb in Teilabschnitt 4.2.2 ein Suchverfahren entwickelt, welches auf dem Prinzip des Branch-and-Bound beruht. Dabei wird die Lösung eines ggMPOSPs in die Lösung mehrerer MPOSP in rein reellwertigen Größen aufgeteilt, die dann durch das Verfahren aus Kapitel 3 lösbar sind.

4.2.1 Ableitung des glatten gemischt-ganzzahligen MPOSPs bei vorgegebener Schalthäufigkeit

Im Zuge des Lösungsverfahrens wird die Zahl n_S der Sollgangwechsel in ⓪ auf verschiedene Werte vorgegeben. Bei der Lösung des HOSPs wird gefordert, dass der Zustand δ_{EAS} der Antriebsstrangsteuerung sowohl am Anfang als auch am Ende des Optimierungshorizonts $\delta_{\mathrm{EAS}}(t_0) = \delta_{\mathrm{EAS}}(t_e) = \mathrm{F_A}$ sein muss. Das Fahrzeug soll sich also am Anfang in freier Fahrt mit eingelegtem Gang befinden und am Ende des Horizonts muss ein möglicher Schaltprozess vollständig vollzogen sein. Mit der vorgegebenen Zahl n_S der Sollgangvorgaben, den Randbedingungen für $\delta_{\mathrm{EAS}}(t)$ und wegen des sequentiellen Ablaufs des Schaltprozesses ist die Folge $\{\delta_{\mathrm{EAS},i}\}$ festgelegt durch

$$n_S = 0 \Rightarrow \quad \{\delta_{\mathrm{EAS},i}\} = \{\mathrm{F_A}\}$$
$$n_S = 1 \Rightarrow \quad \{\delta_{\mathrm{EAS},i}\} = \{\mathrm{F_A}, \mathrm{A_{BB}}, \mathrm{G_W}, \mathrm{A_{UF}}, \mathrm{F_A}\}$$
$$n_S = 2 \Rightarrow \quad \{\delta_{\mathrm{EAS},i}\} = \{\mathrm{F_A}, \mathrm{A_{BB}}, \mathrm{G_W}, \mathrm{A_{UF}}, \mathrm{F_A}, \mathrm{A_{BB}}, \mathrm{G_W}, \mathrm{A_{UF}}, \mathrm{F_A}\}$$

und allgemein gilt:

$$\delta_{\mathrm{EAS},i} = \begin{cases} \mathrm{F_A} & ; \ i \in \mathcal{I}_{\mathrm{F_A}} := \{i \in \mathbb{N}_0 \,|\, i = 4j - 4,\ j = 1,\dots,n_S + 1\} \\ \mathrm{A_{BB}} & ; \ i \in \mathcal{I}_{\mathrm{A_{BB}}} := \{i \in \mathbb{N}_0 \,|\, i = 4j - 3,\ j = 1,\dots,n_S\} \\ \mathrm{G_W} & ; \ i \in \mathcal{I}_{\mathrm{G_W}} := \{i \in \mathbb{N}_0 \,|\, i = 4j - 2,\ j = 1,\dots,n_S\} \\ \mathrm{A_{UF}} & ; \ i \in \mathcal{I}_{\mathrm{A_{UF}}} := \{i \in \mathbb{N}_0 \,|\, i = 4j - 1,\ j = 1,\dots,n_S\} \end{cases}$$

Darin wurden zur Vereinfachung der Darstellung die Indexmengen $\mathcal{I}_{\mathrm{F_A}}$, $\mathcal{I}_{\mathrm{A_{BB}}}$, $\mathcal{I}_{\mathrm{G_W}}$ und $\mathcal{I}_{\mathrm{A_{UF}}}$ definiert. Da Wechsel der zwei weiteren Komponenten von $\underline{x}_D$, z_{ist} und z_{Ziel}, an den Wechsel von δ_{EAS} gekoppelt sind, findet allgemein ein Wechsel der diskreten Zustandsfolge $\{\underline{x}_{D,i}\}$ nur zu den Zeitpunkten t_i, $i = 1,\dots,N$, des Wechsels von $\{\delta_{\mathrm{EAS},i}\}$ statt. Damit ist mit n_S auch die Zahl N der diskreten Zustandswechsel zu $N = 4n_S$ festgelegt.

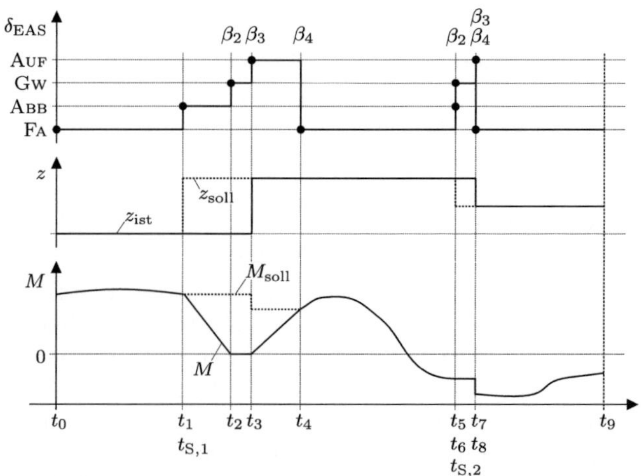

Abbildung 4.11: Beispielhafte Verläufe für $n_S = 2$ Schaltungen im Optimierungshorizont

In Abbildung 4.11 oben ist für zwei Gangwechsel im Optimierungshorizont der Verlauf $\delta_{\mathrm{EAS}}(t)$ dargestellt. Dort ist zu sehen, dass die Folge $\{\delta_{\mathrm{EAS},i}\}$ der Vorschrift (4.2.1) gehorcht. Das Beispiel zeigt darüber hinaus, dass die Verweildauern in einem Zustand während des Dauerbremsbetriebs verschwinden können.

Ziel ist, nach der Festlegung der Schalthäufigkeit aus dem HOSP ein MPOSP in der Gestalt von Definition (3.1.1) abzuleiten, welches die Anwendung weiterführender Methoden möglich macht. Dafür wird zunächst der Phasenparametervektor $\underline{p}_i := (z_{\mathrm{ist},i}\,,\,z_{\mathrm{Ziel},i})^T$ eingeführt, der sich aus dem Ist- und Zielgang zusammensetzt. Aus der Übergangsmenge (4.41) des hybriden Automaten erhält man für diesen die Randbedingungen

$$
\begin{aligned}
z_{\mathrm{ist},0} - z_{\mathrm{ist,A}} &= 0 \qquad & z_{\mathrm{Ziel},0} - z_{\mathrm{ist,A}} &= 0 \\[4pt]
z_{\mathrm{ist},i} - z_{\mathrm{ist},i-1} &= 0 & z_{\mathrm{Ziel},i} - z_{\mathrm{Ziel},i-1} &= 0\,, \quad & i \in \mathcal{I}_{\mathrm{FA}} \setminus \{0\} \\[4pt]
z_{\mathrm{ist},i} - z_{\mathrm{ist},i-1} &= 0 & z_{\mathrm{Ziel},i} - z_{\mathrm{soll},\frac{i+3}{4}} &= 0\,, \quad & i \in \mathcal{I}_{\mathrm{ABB}} \\[4pt]
z_{\mathrm{ist},i} - z_{\mathrm{ist},i-1} &= 0 & z_{\mathrm{Ziel},i} - z_{\mathrm{Ziel},i-1} &= 0\,, \quad & i \in \mathcal{I}_{\mathrm{Gw}} \\[4pt]
z_{\mathrm{ist},i} - z_{\mathrm{Ziel},i-1} &= 0 & z_{\mathrm{Ziel},i} - z_{\mathrm{Ziel},i-1} &= 0\,, \quad & i \in \mathcal{I}_{\mathrm{Auf}}\,,
\end{aligned}
$$

welche zusammen mit dem Istgang zu Beginn des Optimierungshorizonts $z_{\mathrm{ist,A}}$ und der Sollgangfolge $\{z_{\mathrm{soll},j}\}$ die Folgen des Ist- und des Zielgangs vollständig festlegen. Die Sollgänge $z_{\mathrm{soll},j}$, $j = 1, \ldots, n_{\mathrm{S}}$, sind Freiheitsgrade des ggMPOSPs, deren Werte sind durch

$$
z_{\mathrm{soll},j} \in \mathcal{S}(z_{\mathrm{ist},4j-4}) \quad , \, j = 1, \ldots, n_{\mathrm{S}}
$$

eingeschränkt.

Umformulierung der Übergangsbedingungen in Randbedingungen

Bei einem MPOSP können die Phasengrenzen t_i entweder Freiheitsgrade sein, oder diese sind durch Randbedingungen implizit festgelegt. Entsteht das MPOSP aus einem HOSP sind die Zeitpunkte eines gesteuerten Ereignisses meist Freiheitsgrade und die Zeitpunkte von internen Ereignissen durch die Zeitpunkte festgelegt, an denen die betreffende Übergangsbedingung β gerade WAHR wird. Da es sich bei den Übergangsbedingungen um logische Ausdrücke handelt, die wahr/falsch Rückmeldungen liefern, ist es eine Aufgabe bei der Ableitung eines MPOSPs aus einem HOSP, die Übergangsbedingungen in (3.4f) entsprechende Randbedingungen umzuformulieren. Die Randbedingungen müssen dabei sicherstellen, dass die als Lösung des MPOSPs berechneten Phasengrenzen mit den Ereigniszeitpunkten des hybriden Automaten übereinstimmen. Die Zeitpunkte $t_{4j-3} = t_{\mathrm{S},j}$, mit $j = 1, \ldots, n_{\mathrm{S}}$, sind die Schaltzeitpunkte, sie sind Freiheitsgrade der Optimierung. Für die Übergangsbedingung β_1 muss deshalb keine Randbedingung formuliert werden. Die übrigen Ereigniszeitpunkte sind hingegen durch die Übergangsbedingungen der Antriebsstrangsteuerung implizit festgelegt, so dass für sie entsprechende Randbedingungen formuliert werden müssen.

Die Übergangsbedingung β_2 für den Übergang vom Momentabbau zum Gangwechsel fordert, dass er unmittelbar dann stattfinden soll, wenn

$$
M_{i-1}(t_i) \leq 0 \quad \text{für } i \in \mathcal{I}_{\mathrm{Gw}} \tag{4.67}
$$

gilt. Würde man (4.67) alleine als Randbedingung für den Übergang ABB $\rightarrow$ Gw verwenden, wäre der Übergangszeitpunkt nicht eindeutig bestimmt, denn es würde zugelassen werden, dass die KR-Abbaurampe, statt nur bis zu Null, auf beliebige negative Werte weiterlaufen kann. Um dies zu vermeiden, könnte zusätzlich zu (4.67) die Randbedingung

$$M_{i-1}(t_i) \cdot (t_i - t_{i-1}) = 0 \quad \text{für } i \in \mathcal{I}_{\text{Gw}} \tag{4.68}$$

an den Übergängen ABB $\rightarrow$ Gw eingeführt werden, die zusammen mit (4.29) und der generellen Forderung

$$t_i \geq t_{i-1} \quad \text{für } i = 1, \ldots, N \tag{4.69}$$

nach monoton steigenden Ereigniszeitpunkten, die Eindeutigkeit der Ereigniszeitpunkte t_i, mit $i \in \mathcal{I}_{\text{Gw}}$, sicherstellen würde. Gleichung (4.68) würde jedoch zu numerischen Schwierigkeiten bei der Lösung des nach Diskretisierung des MPOSPs entstehenden NLPs führen. Gelte nämlich bei der Durchführung des SQP-Verfahrens im aktuellen Iterationspunkt $t_i = t_{i-1}$ und $M_{i-1}(t_i) = 0$, wäre (4.68) aktiv aber der Gradient von (4.68) identisch dem Nullvektor. Die Linearisierung von (4.68) wäre also stets erfüllt, so dass die als Lösung eines QPs berechnete Suchrichtung die nichtlineare Nebenbedingung (4.68) beliebig stark verletzen kann. Um diese Problematik zu umgehen, wird anstatt der Gleichungsrandbedingung (4.68), die Ungleichungsrandbedingung

$$M_{i-1}(t_i) \cdot (t_i - t_{i-1}) \geq -\varepsilon \quad , \ i \in \mathcal{I}_{\text{Gw}}$$

mit $0 < \varepsilon \ll 1$ verwendet. Durch die Aufweichung des zulässigen Gebiets ist zwar die Eindeutigkeit von t_i nur näherungsweise erfüllt, dafür sind (4.68), (4.69) und (4.67) aber nie gleichzeitig aktiv, so dass die geschilderte Problematik nicht mehr auftreten kann. Durch Anwendung des Mittelwertsatzes kann gezeigt werden, dass der Umschaltpunkt durch die Aufweichung der Randbedingung maximal bis zu $\varepsilon/R_{\text{ab}}$ größer sein kann. Dadurch besteht entgegen dem hybriden Modell die Möglichkeit, dass ausgehend von $M_{i-1}(t_{i-1}) = 0$ das Moment während des Momentabbaus bis auf maximal $-\varepsilon$ reduziert werden kann, was praktisch einer verschwindenden Momentabbauphase entspricht.

Die Bedingungen β_3 und β_4 für die Übergänge Gw $\rightarrow$ AUF und AUF $\rightarrow$ FA liegen jeweils bereits in der Form von Gleichungen vor, so dass die Randbedingungen

$$t_i - t_{i-1} - T_{\text{S}}(z_{\text{ist},i-1}, z_{\text{Ziel},i-1}) = 0 \quad , \ i \in \mathcal{I}_{\text{AUF}}$$

$$M_{\text{soll},i-1}(t_i) - M_{i-1}(t_i) = 0 \quad\quad , \ i \in \mathcal{I}_{\text{FA}} \setminus \{0\}$$

an den entsprechenden Phasenübergangszeitpunkten gesetzt werden.

Umformulierung und Approximation nicht glatter Funktionen

Im nächsten Teilabschnitt wird das Verfahren beschrieben, mit dem die optimale Sollgangfolge bestimmt wird. Dabei soll auch der Gang als reellwertige Entscheidungsgröße durch die Lösung des MPOSPs berechnet werden. Bisher erfüllen die Gleichungen der Problemformulierung noch nicht die gewünschte Eigenschaft der Glattheit bezüglich der Folgen $\{z_{\text{Ziel},i}\}$ und $\{z_{\text{ist},i}\}$, da die vom Gang abhängenden Kenngrößen $\eta_{\text{G}}(z_{\text{ist/Ziel}})$, $i_{\text{G}}(z_{\text{ist/Ziel}})$

und $T_\mathrm{S}(z_\mathrm{ist}, z_\mathrm{Ziel})$ in Form von tabellarischen Feldern vorliegen. Deshalb macht man sich zu Nutze, dass Nutzfahrzeuggetriebe stets geometrisch ausgelegt werden. Für die Gesamtübersetzungen des Gruppengetriebes gilt dann

$$i_\mathrm{G}(z) = i_\mathrm{G}(z_\mathrm{max})r_\mathrm{G}^{z_\mathrm{max}-z}, \tag{4.70}$$

mit den Auslegungskonstanten $i_\mathrm{G}(z_\mathrm{max})$ und r_G. Dieser, bezüglich z beliebig oft stetig differenzierbare Ausdruck, wird an die entsprechenden Stellen in der Problemformulierung eingesetzt. Für die übrigen vom Gang abhängenden Kenngrößen η_G und T_S wird zum Erreichen der Glattheit eine Polynominterpolation verwendet.

Die in Abschnitt 4.1.4 vorgestellte Zielfunktion der Problemformulierung erfüllt bisher die Anforderungen an deren Glattheit nicht, da bei der Berechnung des Verbrauchs das indizierte Motormoment $M_\mathrm{Mot,ind}$ zwar stetig, aber nicht stetig differenzierbar vom verallgemeinerten Motormoment M abhängt. Mit (4.31), (4.27) und (4.9) ergibt sich $M_\mathrm{Mot,ind}$ zu

$$M_\mathrm{Mot,ind} = \begin{cases} M - M_\mathrm{slp}(n_\mathrm{Mot}) & ;\ M \geq 0 \\ \eta_\mathrm{A}^2\eta_\mathrm{G}^2(z_\mathrm{ist})M - M_\mathrm{slp}(n_\mathrm{Mot}) & ;\ 0 > M \geq \frac{1}{\eta_\mathrm{A}^2\eta_\mathrm{G}^2(z_\mathrm{ist})}M_\mathrm{slp}(n_\mathrm{Mot}) \\ 0 & ;\ \frac{1}{\eta_\mathrm{A}^2\eta_\mathrm{G}^2(z_\mathrm{ist})}M_\mathrm{slp}(n_\mathrm{Mot}) > M \end{cases} \tag{4.71}$$

aus dem verallgemeinerten Motormoment M und dem negativen Schleppmoment M_slp des Verbrennungsmotors. Der Verlauf von $M_\mathrm{Mot,ind}(M)$ ist in Abbildung 4.12 dargestellt.

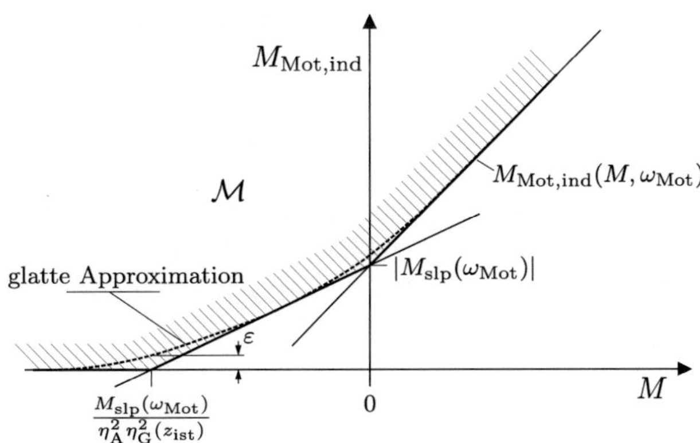

Abbildung 4.12: Verlauf des indizierten Motormoments $M_\mathrm{Mot,ind}(M)$ in Abhängigkeit des verallgemeinerten Motormoments M

Eine Möglichkeit, die Differenzierbarkeit der Problemformulierung zu erreichen, wäre, nicht glatte Terme durch glatte zu approximieren. In [CLPG99] werden dafür verschiedene Techniken vorgestellt. Diese approximieren einen nicht stetig differenzierbaren Term entweder durch abschnittweise definierte Polynome oder durch nur eine nichtlineare Funktion. Alle Techniken haben gemein, dass der maximale Approximationsfehler meist an den Stellen auftritt, an denen die ursprüngliche Funktion Sprünge in der ersten Ableitung aufweist. Als gestrichelte Linie in Abbildung 4.12 ist ein beispielhafter Verlauf für eine Approximationsfunktion für $M_\mathrm{Mot,ind}(M)$ dargestellt. Die Anwendung einer Approximationsfunktion würde jedoch zu zwei entscheidenden Nachteile führen: Zum einen würde gerade im Arbeitspunkt $M = \frac{1}{\eta_A^2 \, \eta_G^2 (z_{\text{ist}})} M_{\text{slp}}(n_{\text{Mot}})$, bei dem die Schubabschaltung (Unterbrechung der Kraftstoffzufuhr) einsetzt, die Approximation fälschlicherweise $M_{\text{Mot,ind}} = \varepsilon > 0$ und damit einen positiven Treibstofffluss liefern. Dadurch würde das Optimierungsverfahren mit einer geringeren Wahrscheinlichkeit diesen anzustrebenden Betriebszustand auswählen. Zum anderen sind die Approximationsfunktionen allesamt nichtlinear, so dass die Lösung eines approximierten Problems schwieriger ist.

Anstatt das indizierte Moment durch eine Approximationsfunktion zu berechnen, wird deshalb $M_{\text{Mot,ind}}$ als Entscheidungsgröße der Problemformulierung zugefügt und zunächst als Komponente des kontinuierlichen Steuerungsvektors interpretiert. Die Menge $\mathcal{M}$ der zulässigen Werte für $M_{\text{Mot,ind}}$ ist konvex, sie wird beschrieben durch

$$\mathcal{M} := \{ M_{\text{Mot,ind}} \in \mathbb{R} \mid \underline{b}_{\text{ind}}(M_{\text{Mot,ind}}, M, n_{\text{Mot}}) \geq \underline{0} \} \, ,$$

mit

$$\underline{b}_{\text{ind}}(M_{\text{Mot,ind}}, M, n_{\text{Mot}}) := \begin{pmatrix} M_{\text{Mot,ind}} \\ M_{\text{Mot,ind}} - M + M_{\text{slp}}(n_{\text{Mot}}) \\ M_{\text{Mot,ind}} - \eta_A^2 \eta_G^2 (z_{\text{ist}}) M + M_{\text{slp}}(n_{\text{Mot}}) \end{pmatrix} . \tag{4.72}$$

Die Ungleichungsbeschränkung $\underline{b}_{\text{ind}}$, welche das Gebiet $\mathcal{M}$ festlegt, ist trotz der Abhängigkeit von $M_{\text{slp}}(n_{\text{Mot}})$ nur schwach nichtlinear. Sie kann deshalb effizient mit dem in dieser Arbeit vorgestellten Lösungsverfahren behandelt werden. Da $M_{\text{Mot,ind}}$ nur in der Kostenfunktion auftritt und das Verbrauchskennfeld die Eigenschaft

$$\frac{\partial}{\partial M_{\text{Mot,ind}}} Q_{\text{Diesel}}(M_{\text{Mot,ind}}, n_{\text{Mot}}) > 0$$

besitzt, muss der optimale Verlauf von $M_{\text{Mot,ind}}(t)$ zu jedem Zeitpunkt seinen kleinstmöglichen Wert annehmen. Da $M_{\text{Mot,ind}}$ für alle M und n_{Mot} durch $\underline{b}_{\text{ind}}$ nach unten beschränkt ist, muss folglich im Optimum mindestens eine Komponente von $\underline{b}_{\text{ind}}$ aktiv sein. Daraus folgt schließlich, dass im Optimum die Steuergröße $M_{\text{Mot,ind}}$ identisch (4.71) sein muss. Das Vorgehen, $M_{\text{Mot,ind}}$ als Steuerung mit glatten Beschränkungen einzuführen, liefert also bei kontinuierlicher Betrachtung den exakten Wert.

Jedoch wird im Zuge des numerischen Lösungsverfahrens der kontinuierliche Steuerungsverlauf durch eine Treppenfunktion approximiert. Die eben beschriebene Vorgehensweise würde dann näherungsweise zu der recht groben Euler-Approximation des Integrals des Treibstoffflusses führen. Um eine höhere Approximationsordnung zu erhalten, wird deshalb $M_{\text{Mot,ind}}$ nicht dem Steuerungsvektors, sondern dem kontinuierlichen Zustandsvektor zugeordnet und für $M_{\text{Mot,ind}}$ die Systemgleichung

$$\dot{M}_{\text{Mot,ind}} = R_{\text{ind}}$$

angesetzt. Neue Komponente des kontinuierlichen Steuerungsvektors wird damit R_{ind}, die Rate des indizierten Motormoments. Der Anfangswert $M_{\text{Mot,ind}}(t_0)$ wird aus (4.71) bestimmt. Nach Approximation des Steuerungsverlaufs durch eine Treppenfunktion ergibt sich eine stückweise lineare Approximation von $M_{\text{Mot,ind}}(t)$. Da auch $M(t)$ nach Diskretisierung ein solcher stückweise linearer Verlauf ist und sich $M_{\mathrm{slp}}(t)$ im Vergleich zu $M(t)$ langsam ändert, ist der Verlauf von $M_{\mathrm{Mot,ind}}$ nach Diskretisierung eine sehr gute Näherung für den exakten nach (4.71).

Als weitere, bisher nicht glatte Komponente der Zielfunktion tritt die max-Funktion bei der Berechnung der Unterschreitung der Wunschgeschwindigkeit im Term K_{Wunsch} auf. Entsprechend dem Vorgehen für $M_{\mathrm{Mot,ind}}$ wird als weitere Zustandsgröße die Unterschreitung der Wunschgeschwindigkeit Δv_{neg} eingeführt. Für sie wird die Systemgleichung

$$\Delta \dot{v}_{\mathrm{neg}} = R_{\mathrm{neg}} \tag{4.73}$$

und die Pfadbeschränkung

$$\underline{b}_{\mathrm{neg}}(v_{\mathrm{Fzg}}, s_{\mathrm{Fzg}}, \Delta v_{\mathrm{neg}}) = \begin{pmatrix} \Delta v_{\mathrm{neg}} \\ v_{\mathrm{Fzg}} - v_{\mathrm{Wunsch}}(s_{\mathrm{Fzg}}) + \Delta v_{\mathrm{neg}} \end{pmatrix} \geq \underline{0} \tag{4.74}$$

verwendet. Die Komponente der Zielfunktion, welche die Unterschreitung der Wunschgeschwindigkeit bestraft, berechnet sich dann zu

$$K_{\mathrm{Wunsch}} = \frac{1}{2}\Delta v_{\mathrm{neg}}^2 + c_\infty \Delta v_{\mathrm{neg}}\,. \tag{4.75}$$

Der glatten Approximation des Kennfelds des indizierten Motorwirkungsgrades kommt eine besondere Bedeutung zu. Bedenkt man, dass bei einem Lkw Verbrauchseinsparungen im Promillebereich zu merklichen Kostenvorteilen führen, muss die Fahrstrategie von IPPC sehr genau den Kraftstoffverbrauch prädizieren. Nur so kann der Vorteil der genauen Kenntnis über die Motorcharakteristik ausgeschöpft werden, welchen das IPPC-System gegenüber dem geübten Fahrer besitzt. In Abschnitt 4.1.2 wurde die Berechnung des momentanen Treibstoffflusses über das Kennfeld des indizierten Motorwirkungsgrades vorgestellt. Dieses Kennfeld kann sehr gut durch eine geglättete zweidimensionale Splinefunktion approximiert werden. Der Forderung nach zweimal stetig differenzierbaren Kennfeldern wird durch die Verwendung von bikubischen Splines 3. Ordnung nachgekommen. Das Kennfeld $M_{\mathrm{Mot,max}}(n_{\mathrm{Mot}}, p_{\mathrm{LL}})$ wird ebenfalls durch eine solche Splinefunktion approximiert. Die Kennlinien der Motorbremsstufen und des Retarders sowie die prädizierten Verläufe $v_{\mathrm{Wunsch}}(s)$, $v_{\mathrm{max}}(s)$, $\gamma(s)$ und $\hat{s}_{\mathrm{FF}}(t)$ erhalten eine Repräsentation als zweimal stetig differenzierbare geglättete Splinefunktionen in der Problemformulierung.

Durch die Maßnahmen dieses Teilabschnitts,

1. der Formulierung glatter Randbedingungen aus den Übergangsbedingungen des hybriden Automaten zur Festlegung der Umschaltzeitpunkte von internen Ereignissen,

2. der Approximation von Kennfeldern durch Splinefunktionen und

3. der Umformulierung nicht differenzierbarer Bestandteile der Problemformulierung durch Einführung neuer Zustands- und Steuerungsgrößen sowie Pfadbeschränkungen,

entsteht nach Festlegung der Schalthäufigkeit aus dem HOSP der Lkw-Längsdynamik ein zweimal stetig differenzierbares gemischt-ganzzahliges Mehrphasen-Optimalsteuerungsproblem (ggMPOSP) mit der Sollgangfolge $\{z_{\mathrm{soll},j}\}$ als diskrete Entscheidungsgrößen.

4.2.2   Das Suchverfahren für die optimale Sollgangfolge

In der weiteren Folge wird das für n_S Schaltungen im Optimierungshorizont abgeleitete gemischt-ganzzahlige MPOSP mit ggMPOSP$_{n_S}$ bezeichnet. Wird durch Randbedingungen die Sollgangfolge im ggMPOSP$_{n_S}$ festgelegt, entsteht ein gewöhnliches MPOSP, bei dem mit den Schaltzeitpunkten $\{t_{S,j}\}$ und dem kontinuierlichen Steuerungsverlauf $\underline{u}_K(t)$ alleine reellwertige Freiheitsgrade verbleiben, so dass es mit dem in Kapitel 3 entwickelten numerischen Verfahren gelöst werden kann. Als Ergebnis der Berechnung erhält man entweder die optimalen reellwertigen Freiheitsgrade und die zugehörigen optimalen Kosten für die vorgegebene Sollgangfolge oder die Erkenntnis, dass das MPOSP keine zulässige Lösung besitzt. Letzteres kann beispielsweise dann vorkommen, wenn es mit der vorgegebenen Sollgangfolge nicht möglich ist, die Drehzahlgrenzen des Motors einzuhalten.

Eine einfache Möglichkeit, die überlagerte Suche nach den diskreten Freiheitsgraden zu realisieren, wäre, eine vollständige Enumeration aller möglicher Sollgangfolgen durchzuführen. Dabei müssten für $n_S = 0, \ldots, n_{S,\max}$ und jeweils sämtliche mögliche Sollgangfolgen die MPOSPs mit festgesetzter Sollgangfolge berechnet werden. Die Lösung des ursprünglichen HOSPs wäre die Sollgangfolge, welche zum einen zu einem zulässigen MPOSP führt und mit der zum anderen die geringsten Kosten erzielt werden.

Problematisch an der vollständigen Enumeration ist jedoch der enorme Rechenaufwand bei der Auszählung aller Sollgangfolgen, da für jede Möglichkeit ein MPOSP gelöst werden müsste und die numerische Lösung eines MPOSPs trotz der Effizienz des in dieser Arbeit entwickelten Verfahrens einen nicht vernachlässigbaren Rechenaufwand darstellt. Insbesondere deshalb, weil bei der vollständigen Enumeration auch die Lösung vieler MPOSP von Sollgangfolgen versucht werden müsste, die zu einem unzulässigen MPOSP führen und feststellen, dass eine Optimierungsaufgabe unzulässig ist, meist mehr Rechenzeit benötigt als die Lösung eines zulässigen Problems.

Deshalb wird hier anstatt der vollständigen Enumeration ein Suchverfahren eingesetzt, bei dem nur die Schalthäufigkeit ausgezählt wird. Für das Auffinden der optimalen Sollgangfolge bei n_S Schaltungen wird eine unterlagerte Suche durchgeführt, welche auf der Relaxation der Forderung nach Ganzzahligkeit an die zu bestimmenden Sollgänge basiert. Das heißt, im Zuge des Suchverfahrens werden MPOSP berechnet, bei denen für alle oder manche der Sollgänge die Forderung $z_{\text{soll}} \in \mathcal{S}(z_{\text{ist}}) \subset \mathbb{Z}$ fallengelassen und stattdessen

$$z_{\text{soll},j} \in \mathcal{S}_R , \quad j = 1, \ldots, n_S \tag{4.76}$$

mit der *relaxierten Sollgangmenge*

$$\mathcal{S}_R := [z_{\min}, z_{\max}] \subset \mathbb{R}$$

zugelassen wird. Der Sollgang kann damit *kontinuierlich* aus dem Intervall zwischen dem minimal und maximal real vorhanden Gang gewählt werden. Der Sollgang wird dadurch eine reellwertige Entscheidungsgröße, die bei der Lösung des MPOSPs mit bestimmt werden kann, da durch die Maßnahmen des vorigen Teilabschnitts die Formulierung des MPOSPs bezüglich des Ganges zweimal stetig differenzierbar ist.

Beschreibung des Lösungsverfahrens

Das Lösungsverfahren für das HOSP der Lkw-Längsdynamik folgt dem Schemas in Abbildung 4.13. Das Verfahren besteht aus einem Suchverfahren für die diskreten Freiheitsgrade, dem die Lösung von Varianten des Mehrphasen-Optimalsteuerungsproblems, wie es im vorigen Abschnitt vom HOSP abgeleitet wurde, unterlagert ist. Das Suchverfahren ist dabei in zwei Ebenen unterteilt. In der oberen Ebene wird die Schalthäufigkeit n_S festgelegt, in der unteren Ebene wird für eine vorgegebene Schalthäufigkeit die optimale diskrete Sollgangfolge bestimmt. Die maximale Zahl $n_{S,max}$ der möglichen Schaltprozesse im Optimierungshorizont sei vorgegeben. Das Verfahren untersucht in der oberen Ebene für jede Anzahl $n_S \in \{0, \ldots, n_{S,max}\}$ an Schaltprozessen, welche zum einen zu einer zulässigen Fahrstrategie und zum anderen zu den geringsten Kosten führt.

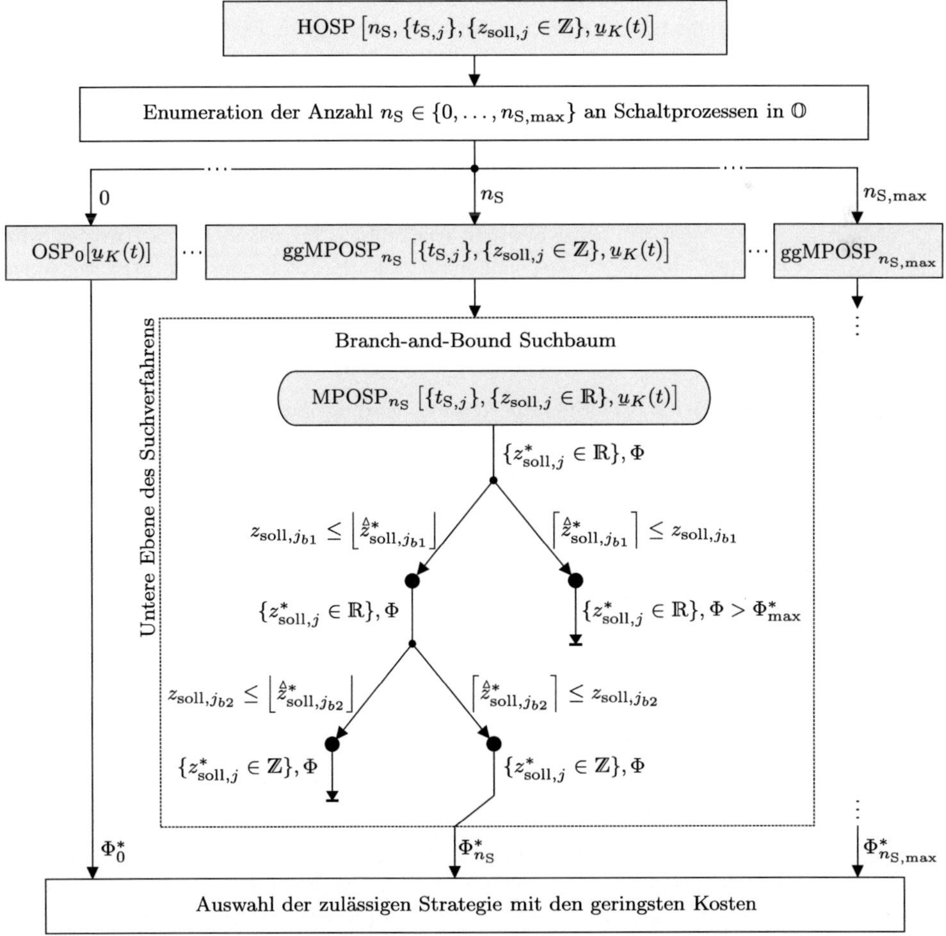

Abbildung 4.13: Schematische Darstellung des Gesamtlösungsverfahrens

Nach der Festlegung von n_S entsteht aus dem HOSP das $\mathrm{ggMPOSP}_{n_\mathrm{S}}$, bei dem für die zu bestimmenden Sollgänge die Ganzzahligkeit $z_{\mathrm{soll},j} \in \mathbb{Z}$ für $j = 1,\ldots,n_\mathrm{S}$ gefordert wird. Insgesamt müssen in der oberen Ebene des Suchverfahrens $n_{\mathrm{S,max}} + 1$ solche ggMPOSP gelöst werden. In Abbildung 4.13 ist die Aufteilung der Berechnung in die einzelnen ggM-POSPs dargestellt. In eckigen Klammern sind dabei die zu bestimmenden Freiheitsgrade der einzelnen Probleme aufgeführt. Durch Festlegung der Schalthäufigkeit verschwindet n_S als Freiheitsgrad in den ggMPOSP.

Zuerst erfolgt die Berechnung des Problems für $n_\mathrm{S} = 0$, bei dem kein Gangwechsel stattfinden soll. Es handelt sich dabei um ein gewöhnliches Optimalsteuerungsproblem (OSP_0), welches nur den kontinuierlichen Steuerungsverlauf als Freiheitsgrad aufweist. Besitzt das OSP_0 eine Lösung, ist diese ein Kandidat für die optimale Lösung des HOSPs. Der ohne Schalten erzielte Kostenwert Φ_0^* ist deshalb eine obere Schranke $\Phi_{\mathrm{max}}^* = \Phi_0^*$ für die Kosten Φ^* der optimalen Lösung des HOSPs, denn es gilt $\Phi^* \leq \Phi_0^*$.

Die einzelnen ggMPOSP werden nun mit zunehmender Schalthäufigkeit nacheinander gelöst. Gelingt es dabei, eine Lösung zu finden, welche zu geringeren Kosten als dem bisherigen Wert Φ_{max}^* führt, so wird diese der neue Kandidat für die Lösung des HOSPs und Φ_{max}^* erhält deren Kostenwert. Während der Auszählung der Schalthäufigkeit nimmt so der Wert Φ_{max}^* monoton ab, bis spätestens nach der Lösung aller ggMPOSP die obere Schranke Φ_{max}^* den optimalen Kosten Φ^* und der verbleibende Kandidat der Lösung des HOSPs entspricht.

Aufgabe der unteren Ebene des Suchverfahrens ist die Lösung eines ggMPOSPs. Die anhand der bisherigen Rechnungen ermittelte obere Schranke Φ_{max}^* für die erzielbaren Kosten wird dabei dazu verwendet, diese Suche gegebenenfalls zu verkürzen oder gar vorzeitig abzubrechen. Die Suchstrategie ist eine Variante des *Branch-and-Bound* Verfahrens (Deutsch: Teilen und Beschränken). Dabei wird ein Suchbaum aufgespannt, an dessen Wurzel das $\mathrm{MPOSP}_{n_\mathrm{S}}$ berechnet wird, bei dem für sämtliche Sollgänge $\{z_{\mathrm{soll},j} \in \mathcal{S}_\mathrm{R}\}$ erlaubt wird.

Besitzt dieses voll relaxierte MPOSP keine Lösung, wird der Suchbaum für n_S Schaltungen nicht weiter untersucht, denn in diesem Fall kann auch keine ganzzahlige Sollgangfolge mit $\{z_{\mathrm{soll},j} \in \mathcal{S}(z_{\mathrm{ist},4j-4})\}$ existieren, welche eine zulässige Lösung ergibt, da das zulässige Gebiet des MPOSPs größer als das des ggMPOSPs ist. Besitzt das $\mathrm{MPOSP}_{n_\mathrm{S}}$ eine zulässige Lösung, erhält man eine Folge optimaler relaxierter Sollgänge $\{z_{\mathrm{soll},j}^* \in \mathbb{R}\}$ und mit den Kosten Φ der Lösung eine untere Schranke $\Phi_{n_\mathrm{S},\mathrm{min}}^* = \Phi$ für die erzielbaren Kosten bei der Vorgabe von n_S Schaltungen in $\mathbb{O}$.

Nun wird geprüft, ob für die untere Schranke

$$\Phi_{n_\mathrm{S},\mathrm{min}}^* < \Phi_{\mathrm{max}}^* - \varepsilon_\Phi, \tag{4.77}$$

gilt, die Kosten des relaxierten Problems also um eine Toleranz $\varepsilon_\Phi > 0$ geringer sind als die der bisher besten Lösung. Ist die Bedingung (4.77) nicht erfüllt, wird nach der Vorgehensweise des Branch-and-Bound argumentiert, dass wenn das vollständig relaxierte MPOSP zu keiner nennenswerten Kostenreduktion führt, auch keine ganzzahlige Sollgangfolge zu einer günstigeren Lösung führen kann. Eine weitere Untersuchung des ggMPOSPs für n_S Schaltungen ist deshalb nicht sinnvoll, so dass dessen Lösung abgebrochen wird.

Über die Konstante ε_Φ wird die Genauigkeit des Suchverfahrens eingestellt. Je größer deren Wert gewählt wird, umso größer wird die Wahrscheinlichkeit, dass (4.77) nicht gilt und eine Suche vorzeitig abgebrochen wird.

Diese Argumentation des Branch-and-Bound setzt voraus, dass bei der numerischen Lösung eines MPOSPs stets das globale Optimum gefunden wird. Da es sich bei dem in dieser Arbeit entwickelten Lösungsverfahren für MPOSP um ein Abstiegsverfahren handelt, kann nur das Auffinden einer lokalen Optimallösung garantiert werden. Aufgrund der nichtlinearen Systemgleichung sind die MPOSPs nichtkonvex, so dass das gefundene lokale Optimum nicht mit dem globalen übereinstimmen muss. Es wäre daher möglich, dass eine ganzzahlige Sollgangfolge mit geringeren Kosten als $\Phi^*_{n_S,\min}$ existiert.

Bei der Formulierung des HOSPs für die Lkw-Längsdynamik wurde jedoch darauf geachtet, nichtkonvexe Bestandteile möglichst zu vermeiden, so dass die Wahrscheinlichkeit des Auffindens eines lokalen Optimums anstatt des globalen gering ist. In praktischen numerischen Experimenten wurde bisher nicht das „hängen bleiben" in einem lokalen Optimum bei der Lösung eines MPOSPs beobachtet. Es wird deshalb in der weiteren Folge angenommen, dass die numerische Lösung eines MPOSPs stets das globale Optimum ergibt.

Ist für das vollständig relaxierte MPOSP Bedingung (4.77) erfüllt, ist es möglich, dass mit n_S Schaltungen geringere Kosten als $\Phi^*_{\max}$ erzielt werden können. Es wird deshalb mit der Lösung des ggMPOSP$_{n_S}$ weiter fortgefahren. Die optimale reellwertige Sollgangfolge $\{z^*_{\mathrm{soll},j}\}$ des MPOSPs ist in der Regel nicht ganzzahlig. Sie dient jedoch als Anhaltspunkt dafür, wo die optimale diskrete Sollgangfolge zu finden ist. Eine Möglichkeit, aus der reellwertigen Folge eine zulässige ganzzahlige abzuleiten, wäre, die reellwertigen Sollgänge auf ganzzahlige Werte zu runden.

In der Optimierungsaufgabe sind die Sollgänge als Entscheidungsgrößen jedoch nicht entkoppelt, so dass bei der Verschiebung eines Sollgangs auf einen ganzzahligen Wert ein anderer noch relaxierter Sollgang seinen optimalen Wert ändern würde und damit vom gerundeten des ursprünglichen Werts abweichen kann. Außerdem hängt die Problemformulierung über die Getriebeübersetzung stark nichtlinear vom Sollgang ab, so dass in numerischen Experimenten oft beobachtet wurde, dass die gerundete Folge von der optimalen verschieden war.

Eine einfache Rundung der relaxierten Sollgangfolge ist also nicht zielführend. Es wird deshalb ein Branch-and-Bound-Suchbaum aufgespannt und abgearbeitet. In Abbildung 4.13 ist ein solcher Suchbaum beispielhaft dargestellt. Die Wurzel des Suchbaums bildet das bereits berechnete MPOSP$_{n_S}$, bei dem alle Sollgänge relaxiert sind. Dessen Lösung ergibt eines Sollgangfolge $\{z^*_{\mathrm{soll},j}\}$, welche in der Regel nicht ganzzahlig ist. Im Zuge des Branch-and-Bound-Suchverfahrens werden nun fortlaufend Beschränkungen zum MPOSP$_{n_S}$ hinzugefügt, durch welche das zulässige nicht ganzzahlige Gebiet $\mathcal{S}_R \setminus \mathbb{Z}$ verkleinert wird, bis schließlich im Blatt des Suchbaums alle Sollgänge auf ganzzahlige Werte festgesetzt sind.

Von der Wurzel ausgehend wird dafür an jedem Knoten des Suchbaums ein bisher nicht ganzzahliger Gang z^*_{soll,j_b}, mit $j_b \in \mathcal{R} := \{j \in \{1,\dots,n_S\} \mid z^*_{\mathrm{soll},j} \notin \mathbb{Z}\}$, ausgewählt und von diesem in zwei Äste verzweigt. An den beiden entstehenden Folgeknoten sind dann MPOSP zu lösen, welche dem MPOSP des aktuellen Knotens entsprechen, wobei zusätzlich am linken Folgeknoten die Ungleichungsbeschränkung

$$z_{\mathrm{soll},j_b} \leq \left\lfloor \overset{\Delta}{z}{}^{*}_{\mathrm{soll},j_b} \right\rfloor \tag{4.78}$$

und am rechten

$$z_{\mathrm{soll},j_b} \geq \left\lceil \overset{\Delta}{z}{}^{*}_{\mathrm{soll},j_b} \right\rceil \tag{4.79}$$

ergänzt wird. Dabei bezeichnet $\overset{\Delta}{x}$ die Größe x des Vorgängerknotens in einem Suchbaum sowie $\lfloor x \rfloor \in \mathbb{Z}$ die nächst kleinere und $\lceil x \rceil \in \mathbb{Z}$ die nächst größere ganze Zahl zu einer reellwertigen Größe x. Durch (4.78) und (4.79) ist das offene Intervall $(\lfloor \overset{\Delta}{z}{}^{*}_{\mathrm{soll},j_b} \rfloor, \lceil \overset{\Delta}{z}{}^{*}_{\mathrm{soll},j_b} \rceil)$ in den Unterbäumen, welche in den beiden Folgeknoten entspringen, nicht mehr zulässig, so dass der bisher nicht ganzzahlige optimale Sollgang $\overset{\Delta}{z}{}^{*}_{\mathrm{soll},j_b}$ des aktuellen Knotens von den beiden Folgeknoten ab nicht mehr gewählt werden kann.

Mit der Tiefe des Suchbaums werden fortlaufend nicht ganzzahlige Sollgänge ausgewählt und Beschränkungen gemäß (4.78) und (4.79) zur Problemformulierung zugefügt, so dass sich die Größe des nicht ganzzahligen zulässigen Gebiets für die Sollgänge reduziert. Da das ursprüngliche zulässige Gebiet wegen (4.76) endlich ist, ist auch der Suchbaum endlich. Es entstehen daher Blätter im Suchbaum an denen sämtliche Sollgänge auf ganzzahlige Werte festgesetzt sind. Mit der Tiefe im Suchbaum steigt so die Wahrscheinlichkeit, dass die Sollgangfolge der Lösung des MPOSPs eines Knotens ganzzahlig ist. Erhält man an einem Knoten eine ganzzahlige Sollgangfolge, wird der erzielte Kostenwert mit der bisherigen oberen Schranke $\Phi^{*}_{\max}$ für die optimalen Kosten des HOSPs verglichen. Sind diese geringer, wird die Lösung des aktuellen Knotens der neue Kandidat für die Lösung des HOSPs und die Schranke $\Phi^{*}_{\max}$ auf den neuen niedrigeren Wert aktualisiert.

Ergibt die Lösung des MPOSPs eines Knotens keine ganzzahlige Sollgangfolge, ist deren Kostenwert eine untere Schranke für die Kosten, welche erzielt werden können, wenn von diesem Knoten weiter verzweigt wird. Wie an der Wurzel erfolgt deshalb in jedem Knoten die Überprüfung der Bedingung (4.77). Erfüllen die Kosten Φ eines Knotens $\Phi < \Phi^{*}_{\max} - \varepsilon_{\Phi}$ nicht, wird von diesem nicht weiter verzweigt, da dann im weiteren Unterbaum keine ganzzahlige Sollgangfolge gefunden werden kann, welche hinreichend besser ist, als der bisherige Kandidat für die Lösung des HOSPs. Man spricht dabei von einem *Abschneiden* eines Knotens. Ein von einem Knoten startender Unterbaum wird auch dann abgeschnitten, wenn dessen MPOSP keine zulässige Lösung besitzt.

Nach Bedingung (4.77) steigt die Wahrscheinlichkeit für das Abschneiden eines Knotens, je näher die untere Schranke $\Phi^{*}_{n_{\mathrm{S}},\min}$ für die Kosten eines Unterbaums an den Kosten der optimalen ganzzahligen Sollgangfolge im Unterbaum liegt. Um möglichst früh im Suchbaum einen hohen Wert für $\Phi^{*}_{n_{\mathrm{S}},\min}$ zu erhalten, wird an einem Knoten derjenige bisher nicht ganzzahlige Sollgang ausgewählt, dessen Übersetzung vom Betrag am weitesten von einer real existierenden Getriebeübersetzung entfernt liegt. Dessen Index lautet

$$j_b = \underset{j \in \mathcal{R}}{\arg\max} \left\{ \min\{ i_{\mathrm{G}}(\lfloor z^{*}_{\mathrm{soll},j} \rfloor) - i_{\mathrm{G}}(z^{*}_{\mathrm{soll},j}) ,\ i_{\mathrm{G}}(z^{*}_{\mathrm{soll},j}) - i_{\mathrm{G}}(\lceil z^{*}_{\mathrm{soll},j} \rceil) \} \right\} .$$

Diese Wahl ist dadurch motiviert, dass der Gang hauptsächlich über die Getriebeübersetzung das Systemverhalten beeinflusst. Eine größere Änderung der Getriebeübersetzung gegenüber dem bisher optimalen relaxierten Wert, lässt deshalb eine stärkere Erhöhung der

Kosten in den beiden Folgeknoten erwarten. Nach (4.77) wächst die Wahrscheinlichkeit für das Abschneiden eines Knotens, je kleiner die Schranke $\Phi^*_{\max}$ ist.

Um schnell zu einer guten Lösung eines ggMPOSPs zu gelangen und mit dieser $\Phi^*_{\max}$ gegebenenfalls zu verringern, wird bei der Abarbeitung des Suchbaums die Strategie der Tiefensuche verfolgt. Dabei werden nach dem Verzweigen von einem Knoten nicht unmittelbar nacheinander die MPOSP der beiden Folgeknoten berechnet, sondern vorerst nur das MPOSP des Knotens, bei dem sich durch die neue Beschränkung die Getriebeübersetzungen gegenüber der des bisher optimalen nicht ganzzahligen Ganges weniger ändert. Von diesem Knoten wird dann zunächst weiter verzweigt und entsprechend wieder vorerst nur ein MPOSP des Folgeknotens berechnet. So wird weiter fortgefahren, bis man an einem Knoten zu einer Lösung mit ganzzahliger Sollgangfolge gelangt. Erst im Anschluss daran wird wieder von einem Knoten einer weiter oben liegenden Ebene verzweigt.

Im theoretisch schlechtesten Fall benötigt das vorgestellte Branch-and-Bound-Suchverfahren die Berechnung von mehr MPOSP als die vollständige Enumeration aller möglicher Sollgangfolgen. Praktisch sind es jedoch weitaus weniger, denn zum einen verkleinert sich der Suchraum stark durch das Abschneiden von Unterbäumen. Zum anderen aber auch deshalb, weil die Verkoppelung der Sollgänge in einem ggMPOSP zwar vorhanden aber nur relativ schwach ist. Bei praktischen numerischen Experimenten wurde deshalb meistens der Fall beobachtet, dass der für eine Verzweigung ausgewählte nicht ganzzahlige Sollgang im weiteren Unterbaum auf dessen nächst kleineren beziehungsweise größeren ganzzahligen Wert stehen blieb. Außerdem tritt durch das Abschneiden von Unterbäumen eines Knotens mit unzulässigem MPOSP gegenüber der vollständigen Enumeration deutlich seltener der Fall auf, dass die Lösung eines unzulässigen MPOSPs versucht werden muss, was wie anfangs geschildert aufwändiger ist als die Lösung eines zulässigen Problems.

Für die Lösung des MPOSPs eines Knoten des Suchbaums wird dieses durch die direkte Mehrzielmethode diskretisiert, so dass ein Nichtlineares Programm entstehen. Die Lösung des NLPs erfolgt durch das in dieser Arbeit entwickelte ETRFSQP-Verfahren. Dieses zeichnet sich durch seine günstigen Eigenschaften bezüglich Warmstart aus, denn es konvergiert überproportional schnell von einem Startpunkt in der Nähe der Lösung und es benötigt keinen Startpunkt, der die Beschränkungen der Problemformulierung erfüllt. Das Verfahren bietet also die Möglichkeit, bei Lösung des MPOSPs eines Knotens die Lösung des Vorgängerknotens als Startpunkt zu verwenden. Diese Startlösung erfüllt wegen der Erweiterung der Problemformulierung um (4.78) oder (4.79) die Nebenbedingungen zwar nicht, es besteht aber auch nicht die Notwendigkeit eines zulässigen Startpunkts.

Um eine schnelle Konvergenz von dem nicht zulässigen Startpunkt zur Lösung zu erzielen, wird die eine Homotopie durchgeführt. Angenommen die Problemformulierung des Nachfolgerknotens entsteht durch die Erweiterung derer des Vorgängers um (4.78). Anstatt von der ersten Iteration des SQP-Verfahrens an (4.78) zu fordern, wird

$$z_{\mathrm{soll},j_b} \leq \hat{z}^*_{\mathrm{soll},j_b} + \tau(\lfloor \hat{z}^*_{\mathrm{soll},j_b} \rfloor - \hat{z}^*_{\mathrm{soll},j_b}) \tag{4.80}$$

mit dem Homotopieparameter $\tau \in [0,1]$ als Randbedingung gesetzt. Für $\tau = 0$ ist die Lösung des Vorgängerknotens auch Lösung des Nachfolgerknotens. Für $\tau = 1$ entspricht (4.80) der ursprünglichen Forderung (4.78).

Während den ersten SQP-Iterationen wird τ nun ausgehend von $\tau_1 > 0$ in n_h Schritten bis auf $\tau_{n_\mathrm{h}} = 1$ erhöht. Die neu zur Problemformulierung hinzugekommene Beschränkung (4.78) wird dadurch gleichmäßig eingeblendet. Eine direkte Vorgabe von (4.78) hätte zur Folge, dass eine große Suchrichtungskomponente $\Delta z_{\mathrm{soll},j_b}$ in der ersten Iteration des SQP-Verfahrens berechnet werden würde. Da die Nebenbedingungen des nach Diskretisierung des MPOSPs entstehenden NLPs stark nichtlinear vom Sollgang abhängen und das SQP-Verfahren auf der Linearisierung von Beschränkungen basiert, würde der erste Korrekturschritt zu großen, eventuell schlechten Änderungen auch der übrigen Entscheidungsgrößen führen. Durch die Homotopie sind die Änderungen des Sollgangs kleiner, so dass eine gleichmäßige Konvergenz beobachtet werden kann.

Beispiel zur Suche der optimalen Sollgangfolge

Die Funktionsweise des soeben vorgestellten Branch-and-Bound-Lösungsverfahrens wird nun anhand einer Beispielrechnung verdeutlicht. Der Rechnung liegt das Versuchsfahrzeug A (40 t Gesamtmasse) mit den technischen Daten aus Tabelle 5.1 vom Anfang des 5. Kapitels zu Grunde. Optimiert werden soll dessen Fahrt auf einem Horizont von 1200 m Länge. Am Anfang des Horizonts befindet sich das Fahrzeug in der Ebene, dann nimmt die Fahrbahnsteigung zwischen $s = 200$ m und $s = 400$ m linear von 0 % bis auf 8 % zu. Der Verlauf des Streckenprofils ist in Abbildung 4.14 im obersten Graph dargestellt. Zu Beginn fährt der Lkw mit 60 $^{\mathrm{km}}/_\mathrm{h}$ im 14. Gang. Die Wunschgeschwindigkeit beträgt durchgängig 60 $^{\mathrm{km}}/_\mathrm{h}$ und die Grenzgeschwindigkeit 72 $^{\mathrm{km}}/_\mathrm{h}$. Der Gewichtungsfaktor $\pi_{\mathrm{Gangwechsel}}$ für die Kosten eines Gangwechsels wird zu Null vorgegeben. Für die Lösung der Optimierungsaufgabe wird die Zahl der möglichen Gangwechsel im Horizont auf $n_{\mathrm{S,max}} = 4$ begrenzt, so dass insgesamt fünf ggMPOSP für $n_\mathrm{S} = 0, \ldots, 4$ gelöst werden müssen. Abbildung 4.14 zeigt die Ergebnisse der einzelnen ggMPOSP. Sofern für ein Teilproblem eine Lösung existiert, sind in Tabelle 4.1 die jeweils erzielten Kostenwerte aufgelistet.

Zuerst wird das OSP_0 berechnet, bei dem versucht wird, den kompletten Horizont im 14. Gang zu durchfahren. Dieses besitzt keine zulässige Lösung, da in diesem Gang die zur Verfügung stehende Zugkraft zu gering ist, um die steile Steigung von 8 % ohne eine Unterschreitung der minimalen Motordrehzahl zu durchfahren. Das ETRFSQP-Verfahren liefert dennoch ein Ergebnis, bei dem die Pfadbeschränkung jedoch verletzt wird. Dies ist in Abbildung 4.14 zum einen daran zu sehen, dass über v_{max} hinaus versucht wird, Schwung zu holen. Zum anderen verletzt der Verlauf des erzeugten Moments am Getriebeausgang für $s > 600$ m die Volllastlinie, da im 14. Gang bei der vorgegeben Antriebsstrangkonfiguration maximal 2500 Nm am Getriebeausgang erzeugt werden kann.

n_S	beste Istgangfolge	Lösung existiert	Abweichung von Φ^* [%]
0	$\{14\}$	nein	-
1	$\{14, 10\}$	ja	$+1{,}065\,\%$
2	$\{14, 12, 10\}$	ja	$0\,\%$
3	$\{14, 13, 12, 10\}$	ja	$+0{,}122\,\%$
4	$\{14, 15, 14, 12, 10\}$	ja	$+0{,}019\,\%$

Tabelle 4.1: Erzielte Kostenwerte für die untersuchten Schalthäufigkeiten

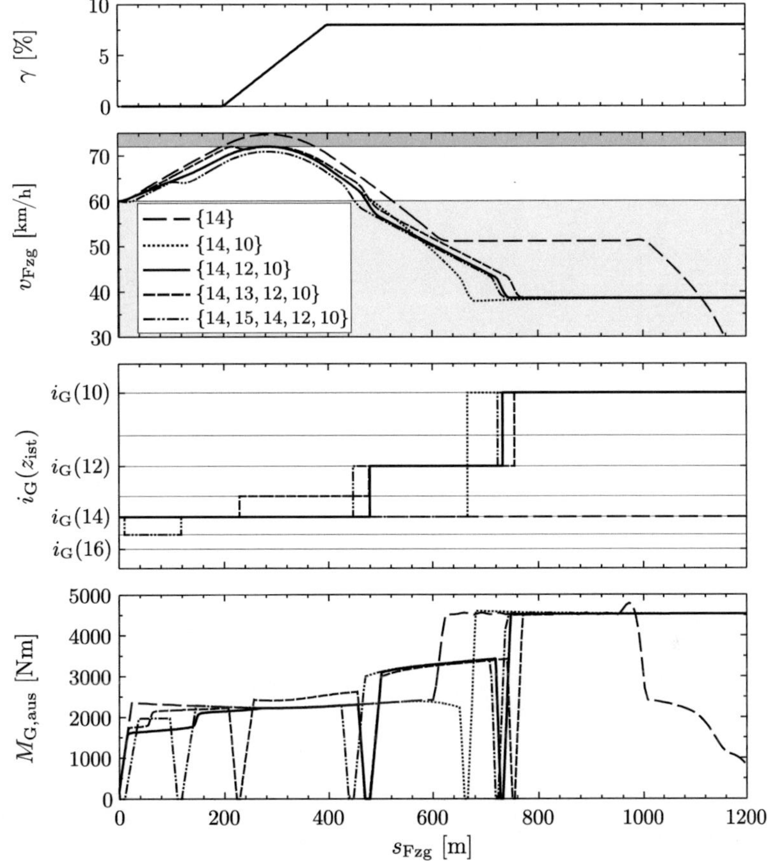

Abbildung 4.14: Ergebnis und Teilergebnisse der Lösung des HOSPs bei bis zu vier zugelassenen Schaltungen im Horizont (Beschreibung der Graphen von oben nach unten: 1. Verlauf der Fahrbahnsteigung, 2. Geschwindigkeitsverläufe, 3. Verläufe der Getriebeübersetzung und 4. Verläufe des verallgemeinerten Moments auf den Getriebeausgang gerechnet)

Für $n_{\mathrm{S}} = 1, \ldots, 4$ existieren zulässige Lösungen. Bei allen Ergebnissen wird am Ende des Horizonts im 10-ten Gang gefahren, welches dem besten stationären Gang für eine 8%-Steigung entspricht. Alle Fahrstrategien haben zusätzlich gemein, dass vor der Steigung das Fahrzeug bis auf v_{max} beschleunigt wird, um Schwung zu holen. Laut Tabelle 4.1 werden mit zwei Schaltungen im Horizont die geringsten Kosten erzielt, so dass die Sollgangfolge $\{12, 10\}$ und die durchgezogenen Verläufe in Abbildung 4.14 die Lösung des hier behandelten Beispiels darstellen.

Für $n_{\mathrm{S}}^{*} = 2$ wird nun der Ablauf der Lösung eines ggMPOSPs veranschaulicht. Abbildung 4.15 zeigt die Teilergebnisse bei der Lösung des ggMPOSP$_2$. Das voll relaxierte MPOSP führt zu einer zulässigen Lösung mit geringeren Kosten als die bisherige obere Schranke für die zu diesem Zeitpunkt optimalen Kosten $\Phi_{\mathrm{max}}^{*} = \Phi_1^{*}$, welche den optimalen Kosten für einmal Schalten im Horizont entspricht. Beide berechneten Sollgänge der Lösung

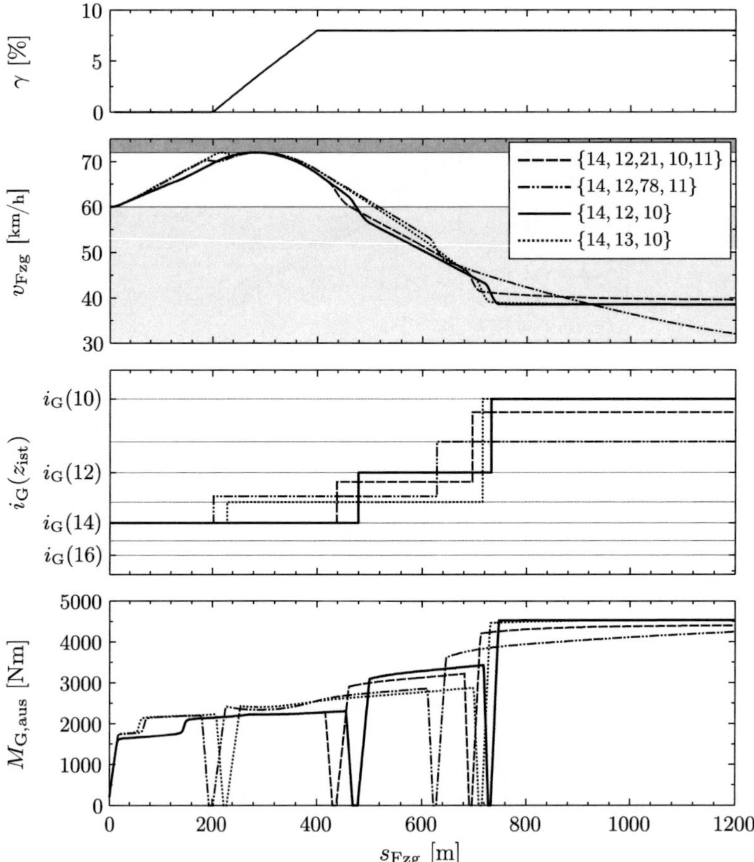

Abbildung 4.15: Teilergebnisse der B&B-Suche für zwei zugelassene Schaltungen im Horizont

$\{z^*_{\mathrm{soll},j}\} = \{12.21, 10.11\}$ sind nicht ganzzahlig, so dass der Suchbaum aufgeteilt werden muss. Da die Übersetzung des zweiten relaxierten Sollgangs (10.11) am weitesten von einer real existierenden entfernt liegt, wird von diesem Gang verzweigt. Im Suchbaum wird nun am linken Zweig $z_{\mathrm{soll},2} \leq 10$ und am rechten $z_{\mathrm{soll},2} \geq 11$ gefordert.

Zuerst wird der linke Folgeknoten berechnet und entsprechenden der Strategie der Tiefensuche weiter verzweigt. Bei der Lösung des linken Folgeknotens $\{12.41, 10\}$ ist nun der zweite Sollgang ganzzahlig, für den ersten wird weiter aufgeteilt. In den beiden neu entstehenden Folgeknoten im Suchbaum erhält man dann als Lösung zum einen die ganzzahlige Sollgangfolge $\{12, 10\}$, welche zu geringeren Kosten als Φ^*_{max} führt, so dass deren Kostenwert die neue obere Schranke stellt. Zum anderen erhält man die zweite Sollgangfolge $\{13, 10\}$, sie führt zu höheren Kosten als $\{12, 10\}$. Schließlich wird der rechte Unterbaum startend von $\{12.21, 10.11\}$ untersucht, dort wurde $z_{\mathrm{soll},2} \geq 11$ ergänzt. Die Lösung ergibt die optimale Sollgangfolge $\{12.78, 11\}$ und Kosten, welche höher als Φ^*_{max} sind. Der rechte Unterbaum wird deshalb abgeschnitten. Der Branch-and-Bound-Suchbaum ist damit abgearbeitet und die optimale Sollgangfolge für zwei Schaltungen ist $\{12, 10\}$.

4.3 Einbettung des Lösungsverfahrens in die MPR

In Abschnitt 2.2.2 wurde die allgemeine Funktionsweise einer MPR beschrieben. In diesem Abschnitt erfolgt nun die Vorstellung des tatsächlich im IPPC-System verwendete MPR-Schemas. Praktische Aspekte der IPPC-MPR werden dabei thematisiert, wie die Berücksichtung der für die Lösung eines HOSPs benötigten Rechenzeit, die Reaktion auf Störungen und die Wahl der Länge des Prädiktionshorizonts.

In jedem Takt der MPR muss das HOSP der Lkw-Längsdynamik für den jeweils aktuellen Zustand und Horizont gelöst werden. In Abschnitt 4.2 wurde dafür ein Verfahren vorgestellt, welches in der Lage ist, dies auch für lange Optimierungshorizonte zu verrichten. In Teilabschnitt 4.3.2 wird ein auf diesem basierendes *verkürztes Suchverfahren* vorgestellt, mit dem es gelingt, die Rechenzeiten in den einzelnen MPR-Takten deutlich zu reduzieren.

4.3.1 Ein genauer Blick auf einen Takt der MPR

Beim in Abschnitt 2.2.2 vorgestellten Basis-MPR-Schema wird in einem Takt das Optimalsteuerungsproblem gelöst und die Stellgrößen des Anfangs des Prädiktionshorizonts auf das System geschaltet. Es entsteht dadurch eine getaktete Regelung mit der Abtastrate T_{MPR}, die durch die Zeit T_{C} bestimmt ist, welche für die numerische Lösung des Optimalsteuerungsproblems benötigt wird. Im n-ten Takt zum Zeitpunkt t_n der MPR beginnt die Lösung des Optimalsteuerungsproblems basierend auf dem ermittelten Anfangszustand $\bar{x}(t_n)$. Das Ergebnis der Berechnung steht zum Zeitpunkt $t_n + T_C$ zur Verfügung, so dass die auf $\bar{x}(t_n)$ basierenden Stellgrößen $\hat{u}(t|t_n)$ erst um die Dauer T_C verzögert ausgegeben werden können.

Die Rechenzeit stellt damit zunächst eine Totzeit im MPR-Regelkreis dar. Ist die Rechenzeit nicht vernachlässigbar, wie es bei der MPR des IPPC-Systems und in den meisten praktischen Anwendungen der Fall ist, führt das Basis-MPR-Schema zu einem Systemverhalten, welches sich deutlich vom optimalen Verhalten unterscheidet. Für das IPPC-System wurde deshalb ein MPR-Schema entwickelt, welches zum einen den Einfluss der Rechenzeit auf das Führungsverhalten der Regelung kompensiert und zum anderen durch ein optimales lineares Regelgesetz den Einfluss von T_C auf das Störverhalten zumindest für kleine Störungen eliminiert.

Dabei erfolgt bei der im IPPC-System implementierten MPR die Berechnung der Trajektorienplanung und die Ausgabe der Stellgrößen an das Fahrzeug in zwei parallel ablaufenden Prozessen mit unterschiedlichen Raten. Die Stellgrößen werden mit einer Rate von $T_{\mathrm{A}} = 10\,\mathrm{ms}$ ausgegeben, so dass eine quasikontinuierliche Momentenvorgabe und eine feine zeitliche Auflösung für das Auslösen eines Gangwechsels erzielt wird. Im zweiten Prozess wird die Trajektorienplanung durchgeführt. Diese erfolgt mit einer Rate $T_{\mathrm{MPC}} = 1\,\mathrm{s} > \max\{T_{C,n}\}$, welche größer als die maximal für die Lösung der HOSPs benötigen Zeit gewählt ist.

Der Ablauf der Trajektorienplanung ist in Abbildung 4.16 zusammengefasst. Er wird nun anhand des Beispielszenarios aus Abbildung 4.17 näher erläutert. Im oberen Teil von Abbildung 4.17 ist der Verlauf der Fahrzeuggeschwindigkeit v_{Fzg} und für die Takte $n-1$ und n deren prädizierte Verläufe $\hat{v}^*_{\mathrm{Fzg}}(t|\cdot)$ dargestellt. Im unteren Teil sind die Verläufe des

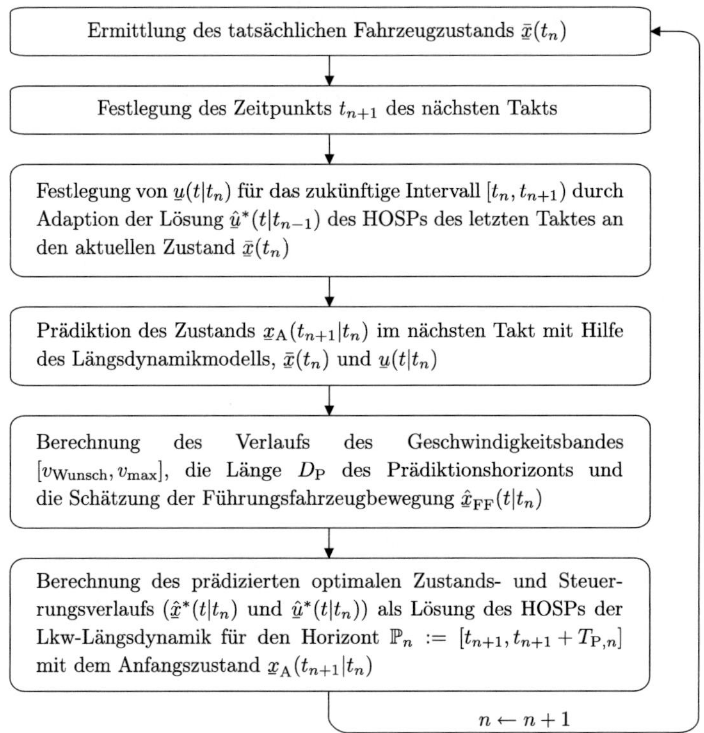

Abbildung 4.16: Ablauf der Berechnung der Trajektorienplanung eines MPR-Taktes

verallgemeinerten Motormoments $M(t)$ und des Sollgangs $z_{\mathrm{soll}}(t)$ sowie deren prädizierte Verläufe für die beiden MPR-Takte zu sehen. Im n-ten Takt der Trajektorienplanung zum Zeitpunkt t_n wird zuerst der aktuelle tatsächliche Zustandsvektor $\bar{x}(t_n) := \left(\bar{x}_K^T, x_D^T\right)^T$ ermittelt, mit der kontinuierlichen Komponente

$$\bar{x}_K(t_n) := \left(v_{\mathrm{Fzg}}^{\mathrm{obs}}(t_n) \quad s_{\mathrm{Fzg}}^{\mathrm{est}}(t_n) \quad M_{\mathrm{soll}}(t_n) \quad t_{\mathrm{KS}}(t_n) \quad \xi^{\mathrm{obs}}(t_n)\right)^T.$$

Das Sollmoment $M_{\mathrm{soll}}(t_n)$ und die vergangene Zeit seit dem letzten Gangwechsel $t_{\mathrm{KS}}(t_n)$ sind dabei zu jedem Zeitpunkt exakt bekannt, da es sich bei diesen um interne Größen des IPPC-Systems handelt. Für die aktuelle Position $s_{\mathrm{Fzg}}^{\mathrm{est}}(t_n)$ des Fahrzeugs auf der Route liefert das Vorausschaumodul einen Schätzwert. Die Fahrzeuggeschwindigkeit $v_{\mathrm{Fzg}}^{\mathrm{obs}}(t_n)$ und die aktuell wirkende Störgröße $\xi^{\mathrm{obs}}(t_n)$ werden von einem Zustandsbeobachter ermittelt. Der Vektor des diskreten Zustands $x_D(t_n) = (\delta_{\mathrm{EAS}}(t_n), z_{\mathrm{ist}}(t_n), z_{\mathrm{Ziel}}(t_n))^T$ ist dem IPPC-System durch die Signale der Getriebesteuerung vollständig bekannt.

Kompensation des Einflusses der Rechenzeit auf das Führungsverhalten

Zur Kompensation des Einflusses der Rechenzeit auf das Führungsverhalten der MPR wird hier in ähnlicher Weise wie in den Arbeiten [Fin00] und [BBB+01] vorgegangen und im

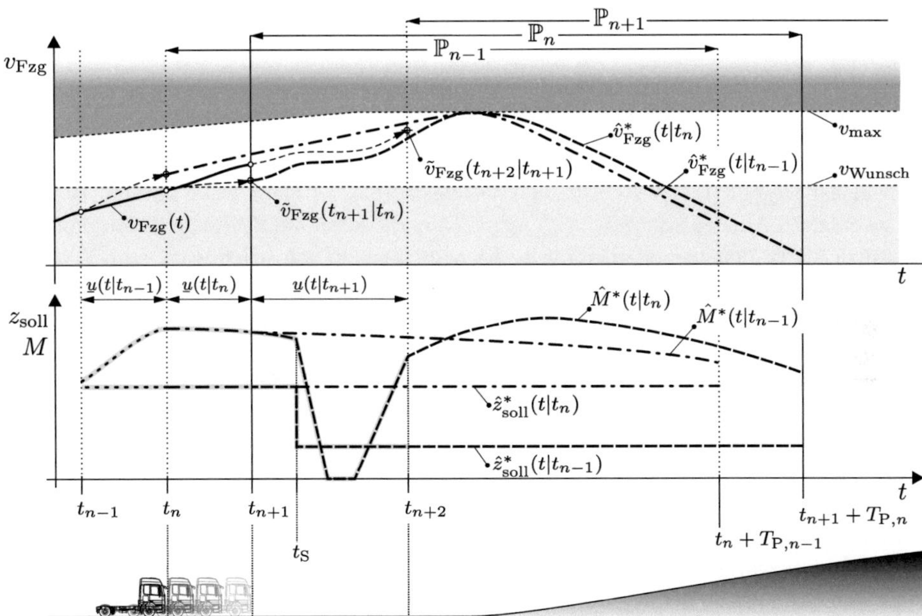

Abbildung 4.17: Ablauf der MPR der Längsdynamik des Lkws (oben: der Verlauf der Fahrzeuggeschwindigkeit v_{Fzg} und die Ergebnisse der Trajektorienplanung $\hat{v}_{\mathrm{Fzg}}(t|t_n)$ [———] und $\hat{v}_{\mathrm{Fzg}}(t|t_{n-1})$ [—·—], unten: verallgemeinertes Motormoment und Sollgang)

n-ten Takt der MPR die Trajektorienplanung, anstatt für einen zum aktuellen Zeitpunkt t_n startenden Prädiktionshorizont, für den Horizont $\mathbb{P}_n := [t_{n+1}, t_{n+1} + T_{\mathrm{P},n}]$ durchgeführt, der zum Zeitpunkt t_{n+1} des nächsten Taktes beginnt. Dabei wird für t_{n+1} zunächst der Zeitpunkt $t_{n+1} = t_n + T_{\mathrm{MPR}}$ angenommen, zu dem die noch zu berechnende Lösung des Optimalsteuerungsproblems abgeschlossen sein wird. Beinhaltet $\hat{\underline{u}}^*(t|t_{n-1})$ im Intervall $[t_n, t_n + T_{\mathrm{MPR}})$ einen Wechsel der Sollgangvorgabe, wie dies für den Takt $n+1$ in Abbildung 4.17 der Fall ist, wird für t_{n+1} gerade der Zeitpunkt gesetzt, an dem der Schaltprozess beendet sein wird, so dass am Anfang jedes Horizonts stets $\delta_{\mathrm{EAS}}(t_{n+1}) = \mathrm{F_A}$ gilt.

Zum Zeitpunkt t_n ist mit dem Ergebnis $\hat{\underline{u}}^*(t|t_{n-1})$ der Trajektorienplanung basierend auf dem Zustand $\bar{x}(t_{n-1})$ aus dem letzten Takt und dem aktuellen Zustand $\bar{x}(t_n)$ der Steuerungsverlauf $\underline{u}(t|t_n)$ für das zukünftige Intervall $[t_n, t_{n+1})$ vollständig festgelegt. Dies wird in Kürze näher erläutert. Die Trajektorienplanung für den Horizont $\mathbb{P}_n$ benötigt eine Schätzung des Zustandsvektors zum Zeitpunkt t_{n+1} als Anfangszustand. Diese erhält man durch Simulation des Längsdynamikmodells im Intervall $[t_n, t_{n+1})$ ausgehend von $\bar{x}(t_n)$ mit dem Steuerungsverlauf $\underline{u}(t|t_n)$. Der Ergebnisverlauf $\tilde{x}(t|t_n)$ liefert dann zum Zeitpunkt t_{n+1} den Anfangszustand $x_{\mathrm{A}}(t_{n+1}|t_n) = \tilde{x}(t_{n+1}|t_n)$. In Abbildung 4.17 ist als gestrichelter Pfeil startend von $v_{\mathrm{Fzg}}(t_n)$ die geschilderte Anfangswertprädiktion eingezeichnet. Beschreibt das verwendete Prädiktionsmodell ideal die Wirklichkeit und wirken keine Störungen auf das System, wird $\bar{x}(t_{n+1}) = x_{\mathrm{A}}(t_{n+1}|t_n)$ sein, so dass durch das beschriebene Vorgehen der Einfluss der Rechenzeit auf das Führungsverhalten der MPR kompensiert ist.

Unmittelbare Reaktion auf Störungen

In [Fin00] wird vorgeschlagen, für das Intervall $[t_n, t_{n+1})$ direkt die auf Basis von $\bar{x}(t_{n-1})$ berechnete Optimalsteuerung $\hat{u}^*(t|t_{n-1})$ als Ausgangsgröße der MPR zu verwenden. Aufgrund einer Änderung der Störgröße ξ oder Ungenauigkeiten im Prädiktionsmodell ist jedoch in der Regel $\bar{x}(t_n) \neq x_{\mathrm{A}}(t_n|t_{n-1})$, so dass $\hat{u}^*(t|t_{n-1})$ nicht mehr optimal bezüglich des geänderten Anfangszustands in $\mathbb{P}_{n-1}$ ist. Eine Reaktion auf Störungen kann damit nur um einen MPR-Takt verzögert erfolgen. Es wäre deshalb wünschenswert, zum Zeitpunkt t_n den Verlauf $\hat{u}^*(t|t_{n-1})$ für $t \in [t_n, t_{n+1})$ an den aktuellen Zustand $\bar{x}(t_n)$ anzupassen, so dass unmittelbar auf eine Störung reagiert wird.

Zu diesem Zweck könnte mit der Lösung $\hat{u}^*(t|t_{n-1})$ auf Basis von $x_{\mathrm{A}}(t_n|t_{n-1})$ als Startlösung und dem veränderten Anfangszustand $\bar{x}(t_n)$ das SQP-Verfahren nochmals bis zur Konvergenz durchgeführt werden. Dies würde jedoch zusätzliche Rechenzeit benötigen, so dass das Ziel der unmittelbaren Reaktion verfehlt werden würde. Die Norm $\|\bar{x}(t_n) - x_{\mathrm{A}}(t_n|t_{n-1})\|$ der Abweichung zwischen prädiziertem und tatsächlichem Zustand zum Zeitpunkt t_n ist jedoch klein, weil die Rate der MPR mit $1\,\mathrm{s}$ schnell im Verhältnis zur Dynamik der Lkw-Längsbewegung ist, das Längsdynamikmodell gut die Wirklichkeit beschreibt und die Störgröße sich nur langsam ändert. Da sich die nach Diskretisierung entstehenden Nichtlinearen Programme für $x_{\mathrm{A}}(t_n|t_{n-1})$ und $\bar{x}(t_n)$ nur in der Anfangsbedingung unterscheiden, weicht auch die Optimalsteuerung für den Anfangszustand $\bar{x}(t_n)$ nur wenig von der bereits berechneten Prädiktion $\hat{u}^*(t|t_{n-1})$ ab.

Diese Tatsache macht sich die von Diehl in [Die02] entwickelte Methode der *Anfangswerteinbettung* zu Nutze. Statt das SQP-Verfahren mit dem veränderten Anfangszustand vollständig durchzuführen, wird dabei zur Anpassung an $\bar{x}(t_n)$ nur eine Vollschritt-SQP-Iteration durchgeführt. Ebenso findet für die Lösung des QPs dieser Iteration auch nur eine Iteration des Aktive-Menge-Verfahrens statt. Es wird also angenommen, dass die Aktiven-Mengen in der Lösung für $\bar{x}(t_n)$ und in der Lösung für $x_{\mathrm{A}}(t_n|t_{n-1})$ gleich sind.

Die Konvergenz des SQP-Verfahrens wird festgestellt, wenn die Lösung eines QPs die SQP-Suchrichtung $\Delta w^* = 0$ ergibt. Das Quadratische Programm des letzten SQP-Schritts der Berechnung der Optimalsteuerung für $x_{\mathrm{A}}(t_n|t_{n-1})$ ist deshalb ausgenommen der durch den neuen Anfangszustand geänderten Anfangsbedingung

$$\Delta x_0 = \bar{x}(t_n) - x_{\mathrm{A}}(t_n|t_{n-1}) \tag{4.81}$$

identisch dem QP, das für die gewünschte Vollschritt-SQP-Iteration berechnet werden muss. Das heißt, zur Anpassung von $\hat{u}^*(t|t_{n-1})$ an $\bar{x}(t_n)$ müssen keine zusätzlichen aufwändigen Gradientenauswertungen vorgenommen werden.

Unter der Annahme, dass die Aktive-Menge trotz der geänderten Anfangsbedingung gleich bleibt, sind die Ergebnismatrizen der Rückwärtsrekursion der letzten QP-Iteration der Berechnung von $\hat{u}^*(t|t_{n-1})$ im neuen Problem gleich, so dass insbesondere die linearen Regelgesetze (3.89) bereits aus den Berechnungen des letzten Takts zur Verfügung stehen. Da gerade die Matrix-Faktorisierungen der Rückwärtsrekursion den größten Aufwand bei der Lösung des QPs benötigen, entsteht eine weitere deutliche Rechenzeitreduktion.

Die Suchrichtung des Vollschritt-SQP-Schritts kann deshalb mit geringem Aufwand durch die Vorwärtsrekursion ausgehend von (4.81) mit Hilfe der linearen optimalen Regelgesetze und der linearisierten zeitdiskreten Systemgleichung (3.89) zu

$$\left.\begin{aligned} \Delta \underline{u}_k &= \underline{L}_k \Delta \underline{x}_k \\ \Delta \underline{x}_{k+1} &= \underline{A}_k \Delta \underline{x}_k + \underline{B}_k \Delta \underline{u}_K \end{aligned}\right\} \quad , \; k = 0, \ldots, n-1$$

berechnet werden. Der SQP-Schritt ergibt

$$\underline{u}_k^{\mathrm{neu}} = \underline{u}_k^* + \Delta \underline{u}_k \,, \quad k = 0, \ldots, n-1 \,,$$

die an $\underline{x}(t_n)$ angepasste Folge $\{\underline{u}_k^{\mathrm{neu}}\}$ der Steuerungsparametrisierung aus der Folge $\{\underline{u}_k^*\}$ von $\underline{\hat{u}}^*(t|t_{n-1})$. Der Verlauf der Ausgangsgröße $\underline{u}(t|t_n)$ der MPR wird für $t \in [t_n, t_{n+1}]$ aus $\{\underline{u}_k^{\mathrm{neu}}\}$ konstruiert. Durch die Anpassung der optimalen Steuerung des letzten Zyklus an den aktuellen Zustand findet die unmittelbare Reaktion der MPR auf den aktuellen Zustand statt. Dies gilt auch für eine Änderung der geschätzten Störgröße des Prädiktionsmodells, denn ξ ist Teil des kontinuierlichen Zustandsvektors, so dass bei der Berechnung der Trajektorienplanung auch die Sensitivität der Optimalsteuerung gegenüber einer Änderung der Störgröße mit berechnet wird. Die MPR des IPPC-Systems ist damit in der Lage, die Wunschgeschwindigkeit beispielsweise auch bei Gegenwind stationär genau einzustellen.

Festlegung der Länge des Prädiktionshorizonts

Nach Festlegung von Anfangszeitpunkt und -zustand des Prädiktionshorizonts $\mathbb{P}_n$ erfolgt die Berechnung der Verläufe der Wunschgeschwindigkeit $v_{\mathrm{Wunsch}}(s)$ und der Grenzgeschwindigkeit $v_{\max}(s)$ für den Vorausschauhorizont $\mathbb{S}_n := [s_{\mathrm{Fzg,A}}(t_{n+1}|t_n), s_{\mathrm{Fzg,A}}(t_{n+1}|t_n) + D_{\mathrm{S}}]$ und gegebenenfalls die Prädiktion der Trajektorie $\hat{\underline{x}}_{\mathrm{FF}}(t|t_n)$ eines vorausfahrenden Fahrzeugs. Der zukünftige Verlauf $v_{\mathrm{Wunsch}}(s)$ legt die Distanz $D_{\mathrm{P},n}$ fest, welche im Prädiktionshorizont $\mathbb{P}_n$ durchfahren werden soll. Dafür wird mit diesem das Anfangswertproblem

$$\dot{\check{s}}(t) = v_{\mathrm{Wunsch}}(\check{s}(t)) \,, \; \check{s}(t_{n+1}) = s_{\mathrm{Fzg,A}}(t_{n+1})$$

für $t \in [t_{n+1}, t_{n+1} + T_{\mathrm{P,Wunsch}}]$ numerisch aufintegriert. Der Endwert der Integration ergibt die Länge des Prädiktionshorizonts $D_{\mathrm{P},n} := \check{s}(t_{n+1} + T_{\mathrm{P,Wunsch}})$. Die Kalibrierung der Länge des Horizonts erfolgt dabei über den Zeitparameter $T_{\mathrm{P,Wunsch}} \in [30\,\mathrm{s}, 40\,\mathrm{s}]$. Für einen fest vorgegebenen Wert für $T_{\mathrm{P,Wunsch}}$ variiert die Länge des Prädiktionshorizonts durch das beschriebene Vorgehen mit der vorausliegenden Fahrsituation. In einer engen Kurve wird der Prädiktionshorizont kürzer sein, da dort v_{Wunsch} kleine Werte annimmt, auf der Autobahn bei freier Fahrt ist er hingegen weitaus länger. Diese heuristisch motivierte Vorgehensweise für die Bestimmung der Länge des Prädiktionshorizonts hat sich in der Praxis bewährt. Ist die Streckenlänge $D_{\mathrm{P},n}$ des Prädiktionshorizonts länger als die Länge D_{S} der Streckenvorausschau, wird der Prädiktionshorizont auf $D_{\mathrm{P},n} = D_{\mathrm{S}}$ verkürzt.

Im letzten Schritt eines MPR-Taktes wird das Hybrid-Optimalsteuerungsproblem der Lkw-Längsdynamik gelöst. Die numerische Berechnung benötigt die Dauer $T_{\mathrm{C},n}$. Ist $t_n + T_{\mathrm{C},n} < t_{n+1}$, wird gewartet bis der vorab festgelegte Zeitpunkt t_{n+1} erreicht ist. Zum Zeitpunkt t_{n+1} beginnt dann ein neuer Takt der MPR.

4.3.2 Die verkürzte Suchstrategie

Die Vorgabe der Schalthäufigkeit $n_{S,max}$ beeinflusst die Rechenzeit für die Lösung eines HOSPs maßgeblich. Um für die gewählte Horizontlänge die Schalthäufigkeit $n_{S,max}$ geeignet festzulegen, wurden Simulationen mit dem IPPC-System durchgeführt. Dabei wurde für die Lösung der HOSPs das Branch-and-Bound-Suchverfahren aus Abschnitt 4.2.2 eingesetzt. Es hat sich gezeigt, dass für $T_{P,Wunsch} = 40\,s$ mindestens $n_{S,max} = 2$ Schaltungen im Horizont zugelassen werden müssen, so dass die Kosten der Trajektorie der Fahrzeuglängsdynamik des geschlossenen Regelkreises nur geringfügig über den mit einer beliebigen Schalthäufigkeit erzielten Kosten liegen. Nur eine Schaltung pro Prädiktionshorizont zuzulassen, kann im Einzelfall zu erhöhten Kosten führen, wie das folgende Beispiel zeigt:

Beispiel 4.3.1

Das Fahrzeug befahre eine Steigung. Im mittleren Drittel des Prädiktionshorizonts sei die Fahrbahnsteigung deutlich geringer als am Anfang und am Ende, so dass mit geringerem Verbrauch gefahren werden könnte, wenn auf dem flacheren Teilstück kurzzeitig in einem höheren Gang gefahren wird. Würde man bei der Lösung des HOSPs für den beschriebenen Prädiktionshorizont nur eine Schaltung zulassen, ergäbe die Lösung keine Hochschaltung, da für die Steigung im letzten Drittel wieder ein kleiner Gang benötigt werden würde. Erst für $n_{S,max} \geq 2$ würde man die Hochschaltung als Ergebnis erhalten.

Simulationen haben gezeigt, dass die Lösung des HOSPs mit $n_{S,max} = 2$ unter Verwendung des Branch-and-Bound-Suchverfahrens die Berechnung von bis zu 10 MPOSP benötigt. Auch wenn im Großteil der MPR-Takte weniger MPOSP berechnet werden mussten, legt dennoch die Rechenzeit für 10 Probleme die Rate T_{MPR} fest. Weitere numerische Experimente auf den eingesetzten Echtzeitrechnern haben gezeigt, dass es nicht immer gelingt, innerhalb der gewünschten Dauer $T_{MPR} = 1\,s$ die 10 MPOSP zu lösen. Für die Lösung der HOSPs wird deshalb ein verkürztes Suchverfahren eingesetzt, welches zwar nicht die exakte Lösung eines Prädiktionshorizonts ermittelt, aber im geschlossenen Regelkreis der MPR nahezu dasselbe Ergebnis liefert, wie das Branch-and-Bound-Verfahren mit $n_{S,max} = 2$.

Bei der MPR werden die berechneten Steuerungsverläufe nur in dem im Vergleich zu T_P kurzen Intervall der Dauer T_{MPR} am Anfang des Prädiktionshorizonts für die Regelung des Fahrzeugs eingesetzt. Deshalb wird auch stets nur der erste berechnete Sollgang ausgegeben. Eine mögliche zweite Schaltung im Prädiktionshorizont beeinflusst zwar die Wahl des ersten Sollgangs, der zweite Sollgang wird jedoch nie ausgegeben. Diese Tatsache motiviert zu der Vermutung, dass für den ersten Gang eine ganzzahlige Größe gefunden werden muss, aber für den Wert des zweiten Sollgangs eine Näherungslösung genügen kann. Eine solche Näherungslösung stellt der relaxierte Sollgang dar. Die IPPC-MPR setzt entsprechend ein verkürztes Suchverfahren ein, welches nur für den ersten Sollgang eine ganzzahlige Lösung liefert. Dabei erfolgt in einem Takt jeweils die Berechnung der folgenden vier MPOSP:

1. Schalthäufigkeit $n_S = 1$, mit $z_{soll,1}$ als reellwertiger Freiheitsgrad, wobei die Fahrzeugposition zum Schaltzeitpunkt $t_{S,1}$ durch die Randbedingung

$$s_{Fzg}(t_{S,1}) - s_{S,rel} = 0 \tag{4.82}$$

mit $s_{S,rel} := s_{Fzg,A} + \frac{2}{3}D_{P,n}$ fest vorgegeben wird.

2. Schalthäufigkeit $n_S = 2$, mit beiden Sollgängen als reellwertige Freiheitsgrade. Dabei wird nur die Position der zweiten Schaltung $s_{Fzg}(t_{S,2})$ durch eine Randbedingung entsprechend (4.82) auf $s_{S,rel}$ festgesetzt. Die erste Schaltposition bleibt frei. Die Lösung dieses MPOSPs ergibt für den ersten Sollgang den reellwertigen Wert $\tilde{z}^*_{soll,1}$.

3. Das MPOSP aus Punkt 2, wobei der erste Sollgang auf den nächst kleineren, ganzzahligen Wert $\lfloor \tilde{z}^*_{soll,1} \rfloor$ festgesetzt wird.

4. Das MPOSP aus Punkt 2, wobei $z_{soll,1}$ auf den nächst größeren, ganzzahligen Wert $\lceil \tilde{z}^*_{soll,1} \rceil$ festgesetzt wird.

Die Lösungen der Probleme 1 bis 4 sind wegen der Schaltung in einen relaxierten Gang bei $s_{S,rel}$ nicht Lösungen des ursprünglichen HOSPs. Die Lösungen der Probleme 1, 3 und 4 erfüllen aber die Systembeschreibung der Lkw-Längsdynamik in den ersten zwei Drittel des Prädiktionshorizonts, so dass sie für die MPR, die nur die Steuerungsverläufe des Horizontanfangs benötigt, geeignet sind. Zur Festlegung der Stellgrößen der MPR wird deshalb aus den Lösungen der Probleme 1, 3 und 4 diejenige ausgewählt, welche zum einen zulässig ist und zum anderen die geringsten Kosten aufweist.

Das verkürzte Suchverfahren verursacht gegenüber dem Branch-and-Bound-Suchverfahren einen deutlich geringeren Rechenaufwand, da zum einen nur vier anstatt bis zu 10 MPOSP numerisch gelöst werden müssen. Zum anderen auch deshalb, weil die Position der Schaltung in den relaxierten Gang und dadurch auch der Schaltzeitpunkt implizit festgesetzt ist. Da die Lösung eines MPOSPs stark nichtlinear vom Schaltzeitpunkt abhängt, vereinfacht sich so dessen Lösung. Das verkürzte Lösungsverfahren eingesetzt in der MPR erzeugt im geschlossen Regelkreis einen Sollgangverlauf und Momentenverläufe, die nur geringfügig von denjenigen Verläufen abweichen, welche man erhält, wenn man das vollständige Branch-and-Bound-Suchverfahren aus Abschnitt 4.2 mit $n_{S,max} = 2$ verwendet. Dies veranschaulicht das folgende Beispiel:

Beispiel 4.3.2
Betrachtet wird das Fahrzeug und die Fahrsituation des Beispiels aus Abschnitt 4.2.2, in dem das Fahrzeug anfangs aus der Ebene in eine 8%-Steigung fährt. Anstatt wie in Abschnitt 4.2.2 die optimale Fahrzeugtrajektorie für die komplette Fahrstrecke zu berechnen, wird sie nun durch die MPR bestimmt. Die Länge des Prädiktionshorizonts wird in jedem Takt gleich zu $D_P = 500\,m$ festgelegt. Das in Abschnitt 4.3.1 beschriebene Schema der im IPPC-System implementierten MPR arbeitet mit einem Takt von $T_{MPR} = 1\,s$. Wird dieses für das vorliegende Beispiel eingesetzt, würde der Prädiktionshorizont mindestens alle 20\,m verschoben. Um den Vergleich zwischen dem Ergebnis der in Abschnitt 4.2.2 berechneten offline-Optimierung und der MPR mit verkürztem Suchverfahren besser zu veranschaulichen, wird im vorliegenden Beispiel anstatt des festen zeitlichen Takts von 1 s die Verschiebung des Prädiktionshorizonts nur alle $\Delta s_{MPR} = 100\,m$ durchgeführt.

Abbildung 4.18 zeigt die in den einzelnen Takten der MPR berechneten Prädiktionsverläufe der Fahrzeuggeschwindigkeit v_{Fzg}, der Getriebeübersetzung $i_G(z_{ist})$ und des Moments am Getriebeausgang $M_{G,aus}$ als gestrichelte Linien. Zur Unterscheidung der einzelnen Takte sind die Verläufe jeweils am Anfang und Ende mit unterschiedlichen Symbolen markiert. Die Verläufe, welche durch die MPR im geschlossenen Regelkreis erzeugt werden, setzten sich jeweils aus den ersten 100 m der Prädiktionsverläufe der einzelnen MPR-Take zu-

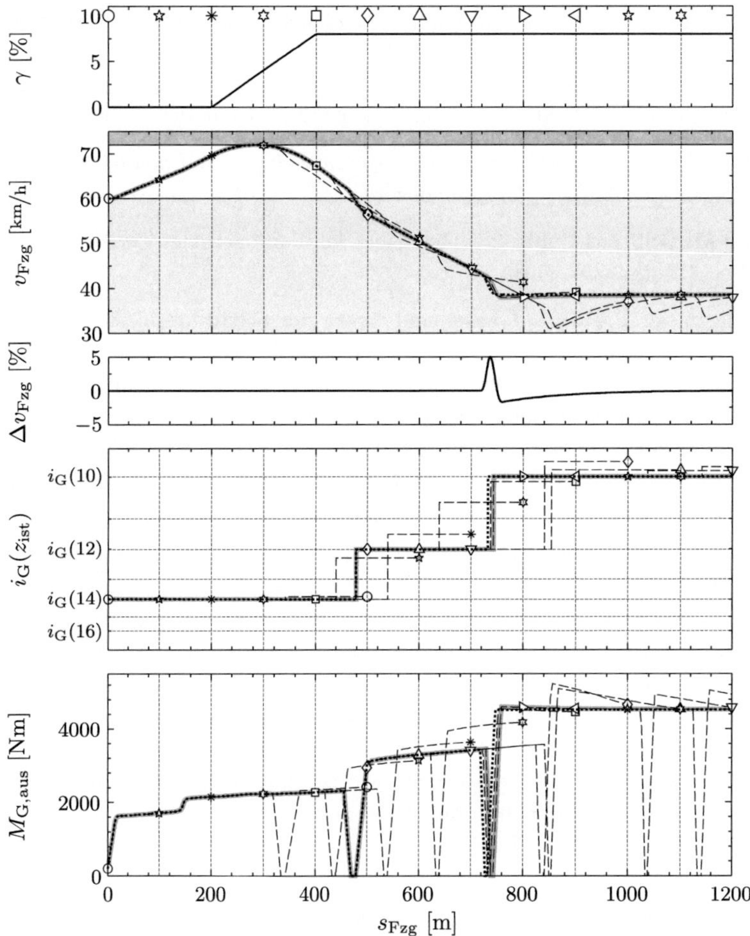

Abbildung 4.18: Vergleich zwischen dem Ergebnis der offline-Optimierung und den resultierenden Verläufen der Optimierung mit gleitendem Horizont mit der verkürzten Suchstrategie

sammen. Die Verläufe des geschlossenen Regelkreises sind grau (———) in Abbildung 4.18 eingezeichnet. Zusätzlich sind jeweils in schwarz (••••••••) die Ergebnisverläufe der offline-Optimierung eingezeichnet. Die MPR erzeugt die Istgangfolge $14 \rightarrow 12 \rightarrow 10$, welche identisch der optimalen Folge der offline-Optimierung ist. Aber nicht nur die Folge, sondern auch die Streckenpositionen, an denen die Gangwechsel stattfinden, sind nahezu identisch. Nur die zweite Schaltung erfolgt bei der MPR um wenige Meter später als bei der Optimallösung über den kompletten Horizont. Im mittleren Graph von Abbildung 4.18 ist der relative Unterschied Δv_{Fzg} zwischen dem durch die MPR erzeugten Geschwindigkeitsverlauf und dem der offline-Rechnung dargestellt. Es ist zu sehen, dass in den ersten 700 m beide Geschwindigkeitsverläufe identisch sind. Nur bei der zweiten Rückschaltung ergibt sich ein kurzzeitige Abweichung um 5 % aufgrund des leicht unterschiedlichen Schaltzeitpunkts.

Die Beobachtung, dass sich die Prädiktionsverläufe zweier aufeinander folgender MPR-
Takte auf dem überlappenden Streckenintervall nur wenig unterscheiden, motiviert dazu,
die Ergebnisverläufe des letzten Taktes dazu einzusetzen, einen guten Startpunkt für die
Lösung der Optimalsteuerungsprobleme des aktuellen Takts abzuleiten. Man spricht bei
diesem Vorgehen von einem *Warmstart* der Berechnung. Der Startpunkt für die Lösung des
aktuellen Taktes wird dabei durch Interpolation der Ergebnisverläufe des letzten Taktes für
die Stützstellen des Diskretisierungsgitters des neuen Prädiktionshorizonts ermittelt.

Es wird dabei nicht nur ein Warmstart für die Steuerungs- und Zustandsverläufe durchgeführt, sondern auch durch lineare Interpolation Startwerte für die Folgen der Lagrange-
Multiplikatoren der Nebenbedingungen berechnet. Letztere Maßnahme hat in der Praxis zu
einer schnellen Konvergenz bereits in den ersten SQP-Iterationen geführt. Im ersten Takt
der MPR steht keine Informationen für einen Warmstart zur Verfügung. Deshalb wird im
ersten Takt der Startpunkt durch eine Regelung auf $v_{\mathrm{Wunsch}}(s)$ mit Hilfe eines klassischen
Regelgesetzes bestimmt. Man spricht dann von einem *Kaltstart* der Berechnung, da der so
gefundene Startpunkt meist weiter von der optimalen Lösung entfernt liegt.

Beim vollständigen Branch-and-Bound-Lösungsverfahren wird die Zahl der zu berechnenden MPOSP dadurch reduziert, dass ein aus einem Knoten mit nicht ganzzahliger Sollgangfolge entstehender Unterbaum nicht weiter untersucht wird, wenn die Kosten des Knotens
nicht hinreichend geringer sind als die einer bereits berechneten ganzzahligen Lösung. Der
Gedanke liegt nahe, diesen Mechanismus auch beim verkürzten Suchverfahren zur Reduktion der Rechenzeit einzusetzen. Man würde dann die Berechnung der Probleme 3 und 4
nicht durchführen, wenn die Lösung des Problems 2 höhere Kosten als Problem 1 aufweist.
Dadurch würde sich die Rechenzeit für diesen Takt halbieren. Für eine MPR ist jedoch
nicht entscheidend, in einem Takt eine geringe Rechenzeit zu erzielen, sondern die maximale Rechenzeit über alle Take niedrig zu halten, da diese die Rate der MPR bestimmt.

Bei der MPR reduziert sich die Zeit für die Lösung eines MPOSPs für eine bestimmte
Schaltfolge signifikant, wenn bereits im letzten Takt das MPOSP mit dieser Schaltfolge
berechnet wurde. Denn dann ist es möglich, den geschilderten Warmstart der Berechnung
durchzuführen. Angenommen in einem Takt würden die Probleme 3 und 4 nicht berechnet,
weil die Kosten von Problem 2 größer als die von Problem 1 seien. Aufgrund einer leicht
geänderten Fahrsituation im folgenden Takt seien dann die Kosten von 2 kleiner als die
von Problem 1, so dass die Probleme 3 und 4 berechnet werden müssten.

Da in diesem Fall keine Lösungen für die Probleme 3 und 4 aus dem vorigen Takt zur Verfügung stünden, müsste für deren Berechnung die in Abschnitt 4.2.2 beschriebene Homotopie
der Lösung von Problem 2 durchgeführt werden. Diese benötigt jedoch mehr Iterationen,
als wenn ein Warmstart mit Hilfe der Lösung aus dem letzten Takt der MPR erfolgen könnte, so dass im Folgetakt die benötigte Rechenzeit höher ausfällt, als wenn die Probleme 3
und 4 zuvor berechnet worden wären. Um Spitzen in den benötigten Rechenzeiten niedrig
zu halten, werden deshalb stets alle vier Probleme in jedem Takt der MPR gelöst, so dass
in den meisten Fällen der Warmstart für die Probleme 3 und 4 erfolgen kann.

4.4 Das Gesamtsystem IPPC

Die im vorigen Abschnitt beschriebene MPR stellt den funktionalen Kern des IPPC-Systems dar. Es werden aber weitere funktionale Module um die MPR herum benötigt, so dass ein praktisch einsetzbares Fahrerassistenzsystem entsteht. Diese Module werden zunächst in Teilabschnitt 4.4.1 bei der Beschreibung der Softwarestruktur des IPPC-Systems vorgestellt. Eines dieser Module ist die *Umsetzungsebene*, welche in gewissen Fahrsituationen die Ausgangsgrößen der MPR beeinflussen kann, so dass bestimmte Eigenschaften der Regelung des IPPC-Systems stets sichergestellt werden. Dieses Modul wird in Teilabschnitt 4.4.2 näher betrachtet. Nach der Vorstellung des Gesamtsystems IPPC erfolgt schließlich die Diskussion der Stabilität des IPPC-Systems in Teilabschnitt 4.4.3.

4.4.1 Die Softwarestruktur des IPPC-Systems

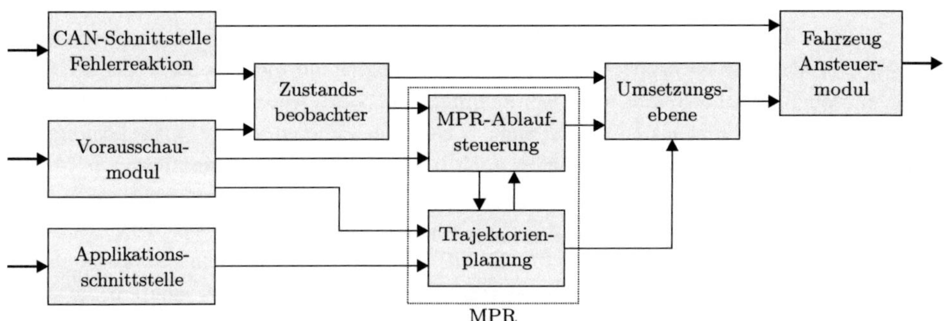

Abbildung 4.19: Struktur der IPPC-Software

Abbildung 4.19 zeigt die Struktur der Implementierung des IPPC-Systems. Die Beschreibung der einzelnen Module beginnt mit dem Modul *CAN-Schnittstelle/Fehlerreaktion*. Dieses Modul übernimmt die Dekodierung der empfangenen CAN-Nachrichten des Fahrzeugbusses. Dabei wird die Gültigkeit der einzelnen Signale geprüft, Signalausfälle werden detektiert und gegebenenfalls Ersatzwerte für ausgefallene Signale gebildet. Die Fehlerreaktion stellt eine übergeordnete Schicht des IPPC-Systems dar. Sie entscheidet anhand der Gültigkeit der Signale des CAN-Busses und den Rückmeldungen der Steuergeräte des Antriebsstrangs, ob aus Systemsicht ein sicherer Betrieb des IPPC-Systems möglich ist. Fällt während einer aktiven IPPC-Längsregelung ein wichtiges Signal aus, wie zum Beispiel die Rückmeldung über eine Betätigung des Bremspedals, erfolgt eine Abschaltung sämtlicher Vorgaben von IPPC über die direkte Verbindung der Fehlerreaktion zum Ansteuermodul.

Der *Zustandsbeobachter* ermittelt zum einen den gefilterten Wert $v_{\mathrm{Fzg}}^{\mathrm{obs}}$ mit geringem Phasenverzug für die Schwerpunktgeschwindigkeit des Fahrzeugs. Zum anderen schätzt er ξ^{obs}, den aktuellen Wert der Störgröße des Prädiktionsmodells aus Abschnitt 4.1.2. Entworfen ist der Beobachter als ein erweiterter Luenberger-Beobachter mit $v_{\mathrm{Fzg}}^{\mathrm{obs}}$, ξ^{obs} und den Momenten der Aggregate des Antriebsstrangs als Zustandsgrößen. Der Beobachter berücksichtigt also die Dynamik des Momentauf- und -abbaus der Aggregate, so dass Fehler bei der Bestimmung von ξ^{obs} reduziert werden. Als Messgrößen verwendet er den Mittelwert der Drehzahlen der Vorderachse des Lkws, aus denen über den dynamischen Halbmesser ein guter Messwert für die Fahrzeuggeschwindigkeit berechnet wird, da außer bei aktiver Betriebsbremse die Vorderachse nicht mit Schlupf behaftet ist. Zusätzlich verwendet der Beobachter als Eingangsgrößen die aktuelle Fahrbahnsteigung zur Berechnung des Fahrwiderstands und die Momentrückmeldungen der Aggregate.

Den funktionalen Kern bildet die im vorigen Abschnitt beschriebe MPR, welche sich aus den Modulen *MPR-Ablaufsteuerung* und *Trajektorienplanung* zusammensetzt. Die MPR-Ablaufsteuerung übernimmt dabei die Bestimmung des Anfangszustands $x_{\mathrm{A}}(t_{n+1}|t_n)$ für den auf den nächsten MPR-Takt verschobenen Prädiktionshorizont. Für diese Prädiktion wird, wie im vorigen Abschnitt beschrieben, die Schätzung $s_{\mathrm{Fzg}}^{\mathrm{est}}$ der aktuellen Streckenposition des Vorausschaumoduls und die Größen des Zustandsbeobachters sowie das Ergebnis der Trajektorienplanung des letzten Taktes verwendet. Initiiert der Fahrer einen manuellen Gangwechsel während aktivem IPPC-Betrieb, bricht die MPR-Ablaufsteuerung die laufende Berechnung ab und startet eine neue Trajektorienplanung beginnend nach dem laufenden Schaltprozess, so dass die IPPC-Längsregelung nach dem Gangwechsel wieder aufsetzen kann. Meldet das Vorausschaumodul, dass die aktuellen Positionsschätzung mit großer Unsicherheit behaftet oder gar fehlgeschlagen ist, bricht die Ablaufsteuerung die laufende Berechnung ebenfalls ab und meldet an die folgenden Module, dass die automatische Längsregelung beendet werden muss. Die Trajektorienplanung berechnet die Lösung des Hybrid-Optimalsteuerungsproblems der Lkw-Längsdynamik. Gegenüber den anderen Modulen wird die Trajektorienplanung nicht im 10 ms-Takt, sondern in einem parallelen, asynchronen Prozess ausgeführt, der über ein Softwareinterrupt von der MPR-Ablaufsteuerung ausgelöst wird. Die Ergebnisverläufe der Trajektorienplanung werden als Kennlinien mit der absoluten Zeit seit Aktivierung des IPPC-Systems als x-Achse abgelegt und so der MPR-Ablaufsteuerung und der Umsetzungsebene zur Verfügung gestellt. Neben dem Anfangszustand der MPR-Ablaufsteuerung und der Streckenvorausschau des Vorausschaumoduls werden dafür Größen des *Applikationsmoduls* verwendet. In diesem sind die Parameter der Referenzberechnung und die Gewichtungsparameter der Zielfunktion abgelegt. Das Applikationsmodul ermöglicht die Einstellung dieser Größen entweder durch externe Bedieneinrichtungen oder über ein Applikationssystem.

Die Aufgabe des Moduls *Umsetzungsebene* ist, aus den prädizierten Verläufen des Sollwerts für das verallgemeinerte Motormoment M_{soll}, des Betriebsbremsmoments M_{BB} und des Sollgangs z_{soll} die tatsächlichen Stellgrößen für das Fahrzeug abzuleiten. Zusätzlich beinhaltet die Umsetzungsebene weitere Regelungs- und Steuerungsfunktionen, welche einen sicheren Betrieb des IPPC-Systems stets gewährleisten. Diese Funktionen der Umsetzungsebene werden im nächsten Teilabschnitt gesondert beschrieben. Die Ausgangsgrößen der Umsetzungsebene – der Sollgang, das Sollmoment für den Drehmomentenpfad und die Sollverzögerung für die Betriebsbremssteuerung – sind Eingangsgrößen des Moduls *Fahrzeug Ansteuermodul*. Hauptaufgabe des Moduls ist die Kommunikation mit den Schnittstellen des Antriebsstrangs. Weiterhin ist in diesem Modul die Interaktion mit dem Fahrer realisiert. Betätigt der Fahrer beispielsweise während aktiver IPPC-Längsregelung das Fahrpedal, wird die Sollmomentvorgabe des Fahrers im Ansteuermodul dem Sollmoment des IPPC-Systems additiv überlagert.

Muss aufgrund einer Anforderung der Fehlerreaktion, einer Betätigung der Betriebsbremse durch den Fahrer oder einem fehlgeschlagenen Map-Matching die Längsregelung abgebrochen werden, übernimmt das Fahrzeug Ansteuermodul situationsabhängig eine angepasste Übergabe der Fahrzeuglängsführung an den Fahrer. Ist das IPPC-Sollmoment zum Zeitpunkt des Abschaltens positiv, wird das Sollmoment rampenförmig ausgeblendet, so dass kein Lastschlag bei der Wegnahme des Antriebsmoments entsteht. Befindet sich das IPPC-System zum Zeitpunkt des Abschaltens im Bremsbetrieb, wird das negative Sollmoment bzw. die Sollverzögerung aufrecht gehalten, bis der Fahrer das Fahrpedal betätigt oder eine größere Verzögerung anfordert.

4.4.2   Die Umsetzungsebene

Primäre Aufgabe des Moduls Umsetzungsebene ist, aus dem Ergebnis der Trajektorienplanung die tatsächlichen Stellgrößen fürs Fahrzeug zu berechnen. Zusätzlich stellt die Umsetzungsebene sicher, dass

1. die Motordrehzahl im zulässigen Arbeitsbereich bleibt,

2. die Fahrzeuggeschwindigkeit die Grenzgeschwindigkeit nicht überschreitet und

3. ein Mindestabstand zu einem vorausfahrenden Fahrzeug eingehalten wird.

Es stellt sich nun die Frage: Wieso wird die Umsetzungsebene benötigt, wenn doch die MPR bereits all diese Forderungen erfüllen soll? Was die ersten beiden Punkte betrifft, ist es der MPR in allen bisher durchgeführten Fahrversuchen auch tatsächlich gelungen. Jedoch ist es nicht möglich, einen strikten mathematischen Beweis unter Berücksichtigung aller real vorhandenen Einflüsse dafür zu führen, dass die MPR in jeder Fahrsituation die ersten beiden Forderungen erfüllen wird. Damit das IPPC-System im öffentlichen Straßenverkehr eingesetzt werden kann, muss dessen sichere Funktionsweise ohne Zweifel sein. Dass die MPR nicht alleine in der Lage ist, Punkt drei – die Einhaltung des Mindestabstands – stets sicherzustellen, wurde dagegen in Fahrzeugtests bereits beobachtet.

Eine Beschränkung des HOSPs, aus dem die Stellgrößen der MPR berechnet werden, fordert

$$n_{\mathrm{Mot,min}} \leq n_{\mathrm{Mot}} \leq n_{\mathrm{Mot,max}} \,. \tag{4.83}$$

Die minimale Drehzahl $n_{\mathrm{Mot,min}}$ liegt dabei oberhalb der Leerlaufdrehzahl und die obere Grenze $n_{\mathrm{Mot,max}}$ unterhalb der Drehzahl, bei der die Abregelung des Motors beginnt. In der Umsetzungsebene wird der Betrieb des Motors im zulässigen Drehzahlbereich nun dadurch sichergestellt, dass im Falle von $n_{\mathrm{Mot}} \leq n_{\mathrm{Mot,min,kritisch}}$ oder $n_{\mathrm{Mot}} \geq n_{\mathrm{Mot,max,kritisch}}$, mit $n_{\mathrm{Mot,LL}} < n_{\mathrm{Mot,min,kritisch}} < n_{\mathrm{Mot,min}}$ und $n_{\mathrm{Mot,max}} < n_{\mathrm{Mot,max,kritisch}} < n_{\mathrm{Mot,abregel}}$, die Gangvorgabe des IPPC-Systems abgeschaltet wird. Dies bewirkt, dass das Grundschaltprogramm des Fahrzeugs wieder die Hoheit über die Vorgabe des Sollgangs erlangt. Da dieses einen im Vergleich zu (4.83) deutlich engeren Drehzahlbereich einzustellen sucht, löst es einen Gangwechsel aus, der zu einer Zieldrehzahl führt, welche (4.83) erfüllt.

Die Berechnung der Stellgrößen $M_{\mathrm{ETP,IPPC}}$ für den Drehmomentenpfad und $a_{\mathrm{Ret,soll}}$ für die Steuerung der Betriebsbremse erfolgt nach dem Schema aus Abbildung 4.20. Zu je-

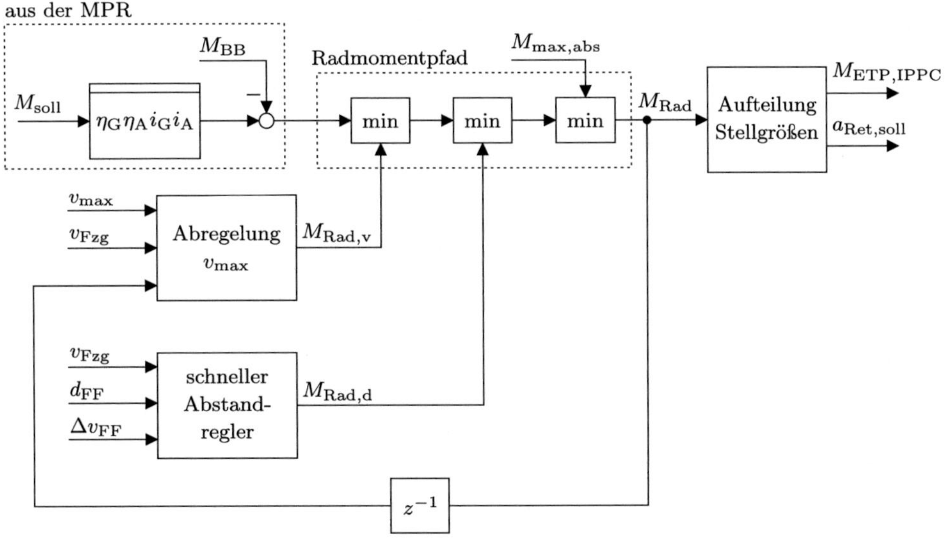

Abbildung 4.20: Schematische Darstellung der Funktionen der Umsetzungsebene

dem Absolutzeitpunkt wird aus dem Ergebnis der Trajektorienplanung der Sollwert M_{soll} für das verallgemeinerte Motormoment und die Summe der Betriebsbremsmomente M_{BB} ausgelesen. Aus beiden Größen wird dann mit Hilfe der Getriebekenngrößen des aktuell eingelegten Gangs und Gleichung (4.30) das Sollradmoment zu

$$M_{Rad,soll} = \eta_A \eta_G(z_{ist}) i_A i_G(z_{ist}) M_{soll} - M_{BB}$$

berechnet. Dieses Sollmoment ist Eingang des *Radmomentpfads*, der in Abbildung 4.20 zu sehen ist. Ähnlich der Funktionsweise des Drehmomentenpfads wird im Radmomentpfad in einer hierarchischen Kette das Sollradmoment an drei Eingriffen begrenzt. Am Ende des Radmomentpfads steht das begrenzte Moment M_{Rad} aus dem die Stellgrößen $M_{ETP,IPPC}$ und $a_{Ret,soll}$ berechnet werden. Dazu wird durch

$$\tilde{M}_{soll} = \frac{1}{\eta_A \eta_G(z_{ist}) i_A i_G(z_{ist})} M_{Rad}$$

das Radmoment wieder auf den Motor vorgerechnet und aus $\tilde{M}_{soll}$ und Gleichung (4.35) das Sollmoment $M_{ETP,IPPC}$ für den Drehmomentenpfad berechnet. Verletzt $\tilde{M}_{soll}$ die untere Schranke von (4.33) bei geschlossenem bzw. von (4.34) bei offenem Triebstrang, genügen Motor und Retarder zusammen nicht, die gewünschte Verzögerung des Fahrzeugs zu erzeugen. In diesem Fall wird die Sollverzögerung $a_{Ret,soll}$ für die Betriebsbremssteuerung anhand der Längsdynamikgleichung des Fahrzeugs aus Abschnitt 4.1.2 berechnet.

Der Regler „Abregelung v_{max}" in Abbildung 4.20 verhindert, dass die Fahrzeuggeschwindigkeit v_{Fzg} die zur aktuellen Streckenposition festgelegte Grenzgeschwindigkeit $v_{max}(s_{Fzg})$ zu weit überschreitet. Der Regler ist als zeitdiskreter PI-Regler in inkrementeller Form implementiert, bei dem sich das Reglermoment zu

$$M_{\mathrm{Rad},\mathrm{v},k} = M_{\mathrm{Rad},k-1} + \Delta M_{\mathrm{Reg},k} + \Delta M_{\mathrm{Vst},k}$$

als Summe aus dem Ausgangsmoment $M_{\mathrm{Rad},k-1}$ des Radmomentpfads des letzten Taktes sowie einem inkrementellen Regel- und Vorsteuermoment berechnet. Für das inkrementelle Regelmoment des PI-Reglers gilt

$$\Delta M_{\mathrm{Reg},k} = K_{\mathrm{P}}\left(e_k - e_{k-1}\right) + K_{\mathrm{I}} T_{\mathrm{A}} e_k \,,$$

mit der Abtastzeit $T_{\mathrm{A}} = 10\,\mathrm{ms}$, dem P-Anteil K_{P} und I-Anteil K_{I} des Reglers sowie der aktuellen Regelabweichung $e_k = v_{\mathrm{max},\mathrm{soll}}(s_{\mathrm{Fzg},k}) - v_{\mathrm{Fzg},k}$ und der des letzten Taktes e_{k-1}. Der Sollwert des Reglers liegt dabei mit

$$v_{\mathrm{max},\mathrm{soll}}(s) = v_{\mathrm{max}}(s) + 2\,\mathrm{km/h}$$

oberhalb der Grenzgeschwindigkeit, so dass der Regler nie eingreift, wenn die MPR ihre Aufgabe, v_{Fzg} unter v_{max} zu halten, erfüllt. Mit der Wahl der Reglerparameter zu

$$K_{\mathrm{P}} = \frac{2 d m_{\mathrm{eff}} r_{\mathrm{dyn}}}{T_1} \quad \text{und} \quad K_{\mathrm{I}} = \frac{m_{\mathrm{eff}} r_{\mathrm{dyn}}}{T_1^2}$$

entspricht das Führungsverhalten des geschlossenen Regelkreises näherungsweise dem eines PT_2-Gliedes. Die Zeitkonstante T_1 und Dämpfung d des Gliedes sind dabei so gewählt, dass sich ein im Vergleich zur weichen Momentregelung der MPR schnelles Reglerverhalten auch bei Störungen ergibt. Aus dem Vorsteuermoment

$$M_{\mathrm{Vst}}(s_{\mathrm{Fzg}}, v_{\mathrm{Fzg}}) := r_{\mathrm{dyn}} \left(F_{\mathrm{Fwst}}(v_{\mathrm{Fzg}}, s_{\mathrm{Fzg}}) + m_{\mathrm{eff}} \frac{\partial v_{\mathrm{max},\mathrm{soll}}(s_{\mathrm{Fzg}})}{\partial s} v_{\mathrm{max},\mathrm{soll}}(s_{\mathrm{Fzg}}) \right)$$

erhält man das inkrementelle Vorsteuermoment zu

$$\Delta M_{\mathrm{Vst},k} = M_{\mathrm{Vst}}(s_{\mathrm{Fzg},k}, v_{\mathrm{Fzg},k}) - M_{\mathrm{Vst}}(s_{\mathrm{Fzg},k-1}, v_{\mathrm{Fzg},k-1}) \,.$$

Dieses kompensiert zum einen den Einfluss des Fahrwiderstands auf die Längsdynamik und ermöglicht zum anderen, dass stationär $v_{\mathrm{Fzg}}(t)$ dem Verlauf des Sollwerts $v_{\mathrm{soll},\mathrm{max}}(t)$ folgt.

Der „schnelle Abstandsregler" wird benötigt, um den Sollabstand zu einem langsamer vorausfahrenden Fahrzeug stets sicherzustellen. Zwar bezieht die MPR das Führungsfahrzeug in die Trajektorienplanung mit ein, es kann aller dennoch zu Fahrsituationen kommen, in denen die relativ langsam getaktete MPR nicht rechtzeitig reagieren kann, insbesondere dann, wenn die Objekterkennung das Führungsfahrzeug erst sehr spät detektiert. Die MPR würde in diesem Fall bis zu einer Sekunde benötigen, die Stellgrößen anzupassen, was zu langsam ist, wenn der Abstand zum Führungsfahrzeug bereits kurz ist und dieses deutlich langsamer fährt. Diese Situation ergab sich bei der in Abschnitt 5.2.3 beschriebenen Abstandregelversuchsfahrt auf der Panzerringstraße in Münsingen. Da die Teststrecke sehr reich an Kurven ist, wurde das langsamer fahrende Führungsfahrzeug, sofern es sich hinter einer Kurve befand, erst sehr spät bemerkt. Der schnelle Abstandsregler, der nun beschrieben wird, griff dann zunächst ein, bis die MPR an das Führungsfahrzeug adaptierte.

Die Systemgleichung für die Relativbewegung zwischen dem Führungsfahrzeug und dem eigenen Fahrzeug lautet

$$\dot{d}_{\mathrm{FF}} = \Delta v_{\mathrm{FF}} \tag{4.84a}$$

$$\Delta \dot{v}_{\mathrm{FF}} = a_{\mathrm{FF}} - \frac{1}{m_{\mathrm{eff}}} \left(\frac{1}{r_{\mathrm{dyn}}} M_{\mathrm{Rad}} - F_{\mathrm{Fwst}}(v_{\mathrm{Fzg}}, \gamma(s_{\mathrm{Fzg}})) \right). \tag{4.84b}$$

Die Beschleunigung a_{FF} des Führungsfahrzeugs ist darin nicht bekannt. Die Vorgabe des Sollabstands zum Führungsfahrzeug

$$d_{\mathrm{FF,min}} = T_{\mathrm{Abstand,min}} v_{\mathrm{Fzg}}$$

des schnellen Abstandsreglers ist mit $T_{\mathrm{Abstand,min}} = 2\,\mathrm{s}$ kürzer als beim HOSP der MPR. Der schnelle Abstandsregler ist als Zustandsregler entworfen. Mit dem Regelgesetz

$$M_{\mathrm{Rad,d}} = r_{\mathrm{dyn}} \left(F_{\mathrm{Fwst}}(v_{\mathrm{Fzg}}, \gamma(s_{\mathrm{Fzg}})) + m_{\mathrm{eff}} \left(\frac{2}{T_2} \Delta v_{\mathrm{FF}} + \frac{1}{T_2^2} (d_{\mathrm{FF}} - d_{\mathrm{FF,min}}) \right) \right) \tag{4.85}$$

ergibt sich die Dynamik der Relativbewegung zu

$$T_2^2 \ddot{d}_{\mathrm{FF}} + 2 T_2 \dot{d}_{\mathrm{FF}} + d_{\mathrm{FF}} = d_{\mathrm{FF,min}} + T_2^2 a_{\mathrm{FF}}.$$

Ist der schnelle Abstandsregler aktiv und fährt das Führungsfahrzeug mit konstanter Geschwindigkeit ($a_{\mathrm{FF}} = 0\,\mathrm{m/s^2}$), nähert sich der Abstand zum Führungsfahrzeug damit aperiodisch dem Sollabstand mit der Zeitkonstante T_2. Es sei anzumerken, dass der Abstandsregelkreis wegen des Integrators (4.84a) am Systemausgang stationär genau ist, wenn das Führungsfahrzeug nicht beschleunigt oder verzögert. Am Ende des Radmomentpfads wird das Sollradmoment auf das absolute maximale Motormoment $M_{\mathrm{max,abs}}$ begrenzt, welches dem größten Momentwert des Volllastkennfelds des Motors entspricht. Dadurch wird zum einen ein *Integrator-Windup* des ersten Reglers verhindert und zum anderen sichergestellt, dass keine zu hohe Momentanforderung an den Drehmomentenpfad gesendet wird.

4.4.3 Zulässigkeit und Stabilität der Längsregelung

Ein Ziel der IPPC-Längsregelung ist, die Fahrzeuggeschwindigkeit in die Nähe des Verlaufs der Wunschgeschwindigkeit zu regeln, wobei die Grenzgeschwindigkeit nie überschritten werden darf und Unterschreitungen der Wunschgeschwindigkeit weniger toleriert werden als Überschreitungen. In diesem Teilabschnitt erfolgt die Diskussion, inwieweit nachgewiesen werden kann, ob bzw. inwiefern das IPPC dieses Regelungsziel erfüllt.

Die Untersuchung unterteilt sich dabei in die Diskussion der *Zulässigkeit* und der *Stabilität* der IPPC-Längsregelung. Unter der Zulässigkeit wird dabei verstanden, ob die Regelung des IPPC-Systems, die Beschränkungen des Zustands- und Steuerungsvektors zu jedem Zeitpunkt erfüllt. Bei der Untersuchung der Stabilität der IPPC-Längsregelung wird betrachtet, in welchem Maße der durch die IPPC-MPR erzeugte Verlauf der Fahrzeuggeschwindigkeit $v_{\mathrm{Fzg}}(t)$ mit dem Wunschgeschwindigkeitsverlauf $v_{\mathrm{Wunsch}}(s_{\mathrm{Fzg}}(t))$ übereinstimmt.

Zulässigkeit der Längsregelung

Für die Untersuchung der Zulässigkeit der Längsregelung werden zunächst die folgenden Annahmen getroffen:

(A1)   Der Anfangszustand des ersten MPR-Taktes ist zulässig

(A2)   Es wirken keine Störungen auf das System

(A3)   Das Prädiktionsmodell beschreibt ideal das reale Systemverhalten

(A4)   Die Schätzung der zukünftigen Führungsfahrzeugposition $\hat{s}_{\mathrm{FF}}(t)$ ist korrekt

(A5)   Die Verzögerung des Führungsfahrzeugs ist geringer als $2\,\mathrm{m/s^2}$

(A6)   Das Optimierungsverfahren findet innerhalb der Dauer T_{MPR} eine vorhandene zulässige Lösung

Im Anschluss daran erfolgt die Diskussion inwieweit die getroffenen Annahmen in der Praxis zulässig sind. Gelingt es in jedem Takt der MPR eine zulässige Lösung des HOSPs zu findet, dann ist ein Überschreitung der Grenzgeschwindigkeit und ein Unterschreiten des Sollabstands ausgeschlossen, denn bei der Trajektorienplanung wird

$$v_{\mathrm{Fzg}}(t) \leq v_{\max}(s_{\mathrm{Fzg}}(t)) \quad \text{und} \quad \hat{s}_{\mathrm{FF}}(t) - s_{\mathrm{Fzg}}(t) \geq v_{\mathrm{Fzg}}(t) T_{\mathrm{Abstand}} \tag{4.86}$$

zu jedem Zeitpunkt gefordert. Es ist aber zunächst noch nicht klar, ob auch für jeden Horizont eine zulässige Lösung für das HOSP gefunden werden kann.

Da die zeitliche Änderung des Grenzgeschwindigkeitsverlaufs wegen der Abhängigkeit (4.51) von $v_{\max}(s)$ vom glatten Wunschgeschwindigkeitsverlauf betragsmäßig stets deutlich kleiner als die maximale Verzögerung $a_{\mathrm{Ret,max}} > 2\,\mathrm{m/s^2}$ ist, welche durch entsprechende Wahl des Betriebsbremsmoments M_{BB} erzeugt werde kann, existiert stets eine Lösung des HOSPs, wenn der Anfangszustands des HOSPs zulässig ist. Dies zeigt das folgende Beispiel:

Beispiel 4.4.1
Angenommen der Anfangszustand $\underline{x}_{\mathrm{A}}(t_n)$ des HOSPs sei im Takt n zulässig, er erfülle also sämtliche Pfadbeschränkungen und damit auch (4.86). Würde man gleich zu Beginn des Horizonts die Betriebsbremse maximal ansteuern und gleichzeitig zurückschalten, läge die Fahrzeuggeschwindigkeit $\tilde{v}_{\mathrm{Fzg}}$ nach der Schaltung unterhalb des kleinsten Werts der Grenzgeschwindigkeit des kompletten Horizonts und wegen Annahme (A5) auch unterhalb der Geschwindigkeit des Führungsfahrzeugs. Durch die Rückschaltung zu Beginn des Horizonts liegt nach der Schaltung zum einen die Motordrehzahl im zulässigen Bereich und zum anderen reicht die zur Verfügung stehende Zugkraft im neuen Gang aus, für die komplette Fahrstrecke des verbleibenden Horizonts den Fahrwiderstand zu überwinden, so dass nach dem Gangwechsel mit konstant $\tilde{v}_{\mathrm{Fzg}}$ weitergefahren werden könnte und damit die Drehzahlbegrenzungen, die Momentbeschränkungen und auch (4.86) für den Rest des Horizonts eingehalten werden.

Die geschilderte Fahrstrategie führt zu einer zulässigen aber keineswegs optimalen Lösung für das HOSP in jeder erdenklichen Fahrsituation, wenn der Anfangszustand zulässig ist. Wirken keine Störungen auf das System und beschreibt das Prädiktionsmodell ideal das reale Systemverhalten, dann besitzt das HOSP in jedem Takt der MPR eine zulässige Lösung, wenn der Anfangszustand $\underline{x}_{\mathrm{A}}(t_0)$ im ersten Takt der MPR zulässig war. Der Beweis dafür erfolgt anhand der Fahrstrategie aus Beispiel 4.4.1 durch vollständige Induktion mit der Induktionsannahme, dass das HOSP des Taktes n zulässig ist: Da $x_\mathrm{A}(t_0)$ zulässig ist, besitzt das HOSP im ersten Takt mit der Fahrstrategie aus Beispiel 4.4.1 eine zulässige Lösung. Damit ist der Induktionsanfang gezeigt. Unter den Annahmen (A2) und (A3) liegt der Anfangszustand $x_\mathrm{A}(t_{n+1})$ des HOSPs des Taktes $n + 1$ auf der Lösung $\hat{x}^*(t|t_n)$ des n-ten Taktes. Da diese laut Induktionsannahme zulässige ist, ist auch $x_\mathrm{A}(t_{n+1})$ zulässig. Mit der Fahrstrategie aus Beispiel 4.4.1 besitzt dann auch das HOSP des Taktes $n + 1$ eine zulässige Lösung, so dass der Induktionsschluss vom Takt n zum Takt $n + 1$ gezeigt ist.

Verletzt aufgrund von Störungen oder Ungenauigkeiten im Prädiktionsmodell der Anfangszustand die Beschränkungen des HOSPs, existiert keine zulässige Lösung des HOSPs. Das ETRFSQP-Verfahren ist in diesem Fall in der Lage, auch eine Näherungslösung für das unzulässige HOSP zu berechnen, welche die Systemgleichung erfüllt, die ℓ_1-Norm der Verletzung der zusätzlichen Beschränkungen minimiert und erst mit dritter Priorität die Zielfunktion minimiert. Das ETRFSQP-Verfahren liefert damit eine Fahrstrategie, welche bezüglich Einhaltung der Beschränkungen mindestens so gut ist wie die aus Beispiel 4.4.1, so dass bereits nach wenigen Takten der Fahrzeugzustand wieder im zulässigen Gebiet liegt.

Es bleibt jedoch zu zeigen, ob das Optimierungsverfahren innerhalb der Dauer T_MPR die zulässige Lösung des HOSPs findet. Auch wenn der Beweis erbracht werden kann, dass das ETRFSQP-Verfahren in endlicher Zeit ein lokales Minimum der ℓ_1-Norm der Verletzung der Beschränkungen stets findet, verbleibt die theoretische Möglichkeit, dass das Verfahren in einem eventuell unzulässigen lokalen Optimum „hängen bleibt" oder die Rechenzeit T_MPR nicht ausreicht. Zwar ist Beides in Simulationen und Fahrversuchen in der Praxis nie aufgetreten, dies garantiert dennoch nicht, dass die MPR des IPPC-Systems alleine unter allen Umständen die Einhaltung der Grenzgeschwindigkeit und des Sollabstands sicherstellt. Deshalb wird zusätzlich mit den Reglern des Radmomentpfads und der Überwachung der Drehzahlgrenzen des Motors in der Umsetzungsebene die IPPC-Längsregelung abgesichert.

Diskussion der Stabilität der Längsregelung

Regelgröße der IPPC-Längsregelung ist die Fahrzeuggeschwindigkeit. Ziel ist, diese in die Nähe des Verlaufs der Wunschgeschwindigkeit zu regeln. Da sich der Verlauf der Wunschgeschwindigkeit mit der Position des Fahrzeugs auf der Route ändern kann, handelt es sich bei der Problemstellung der vorliegenden Arbeit um ein sog. *Bahnverfolgungsproblem* (englisch: tracking problem). Es ist dabei nicht das Ziel, den Zustand des Systems in eine feste Ruhelage zu überführen, sondern diesen in die Nähe beziehungsweise in die Menge

$$\mathcal{T} := \{\underline{x} \in \mathcal{X}_H \mid v_\mathrm{Fzg} - v_\mathrm{Wunsch}(s_\mathrm{Fzg}) = 0\} \tag{4.87}$$

zu regeln. Der Abstand $\|\underline{x}\|_\mathcal{T}$ eines hybride Zustands $\underline{x}$ zu der Menge $\mathcal{T}$ ist definiert durch

$$\|\underline{x}\|_\mathcal{T} := \inf_{z \in \mathcal{X}_H} \|\underline{x} - z\|. \tag{4.88}$$

Mit dem Abstand zur Menge $\mathcal{T}$ ist hier die Stabilität eines hybriden Systems bezüglich einer Menge ähnlich der Definition in [Yos62] für Systeme, welche durch gewöhnliche Differentialgleichungen beschreibbar sind, wie folgt definiert:

Definition 4.4.1 (Stabilität bezüglich einer Menge)
Ein hybrides System (4.1.1) ist bezüglich der Menge $\mathcal{T}$ stabil, wenn für alle $\varepsilon > 0$ ein $\delta(\varepsilon) > 0$ existiert, so dass aus $\|\underline{x}(t_0)\|_\mathcal{T} < \varepsilon$ folgt $\|\underline{x}(t)\|_\mathcal{T} < \delta(\varepsilon)$ für alle $t > t_0$.

Definition 4.4.2 (Asymptotische Stabilität bezüglich einer Menge)
Ein hybrides System (4.1.1) ist bezüglich der Menge $\mathcal{T}$ asymptotisch stabil, wenn es stabil bezüglich der Menge $\mathcal{T}$ ist und zusätzlich $\|\underline{x}(t)\|_\mathcal{T} \to 0$ für $t \to \infty$ konvergiert.

Erste MPR-Schemata, welche nominale asymptotische Stabilität garantieren, wurden bereits Ende der 80er-Jahr entwickelt und intensiv in den 90er-Jahren erforscht [Fon00]. Für eine umfassende Beschreibung dieser Methoden wird auf die Arbeiten [CB07], [MRRS00] und [Fin00] verwiesen. Alle Techniken haben gemein, dass unter anderem die Forderung an den Integrand $K(\underline{x}, \underline{u})$ der Zielfunktion gestellt wird, dass er nach unten durch eine bezüglich $\mathcal{T}$ *positiv definite Funktion* $\alpha(\underline{x})$ beschränkt ist.

Definition 4.4.3 (Positive Definitheit bezüglich einer Menge)
Eine für $\underline{x} \in \mathcal{X}_H$ definierte skalare Funktion $\alpha(\underline{x})$ ist positiv definit bezüglich einer Menge *$\mathcal{T} \subset \mathcal{X}_H$, wenn $\alpha(\underline{x}) = 0$ für alle $\underline{x} \in \mathcal{T}$ ist und wenn für jedes $\varepsilon > 0$ und jede kompakte Menge $\tilde{\mathcal{X}} \subseteq \mathcal{X}$ positive Größen $\delta(\varepsilon, \mathcal{T})$ existieren, so dass*

$$\alpha(\underline{x}) \geq \delta(\varepsilon, \mathcal{T}) \quad \text{für alle} \quad \underline{x} \in \tilde{\mathcal{X}} \setminus \mathcal{N}(\varepsilon, \mathcal{T})$$

gilt, mit der ε-Umgebung $\mathcal{N}(\varepsilon, \mathcal{T}) := \{\underline{x} \in \mathcal{X}_H \mid \|\underline{x}\|_\mathcal{T} \leq \varepsilon\}$.

Um der Forderung an den Integrand der Zielfunktion nachzukommen, verwenden sämtliche in der Literatur vorgestellten Realisierungen einer MPR die quadratische konvexe Zielfunktion (2.4). Bei der MPR des IPPC-Systems handelt es sich jedoch nicht um eine solche *klassische MPR*. Denn der Integrand der Zielfunktion, welcher bei der MPR des IPPC-Systems verwendet wird, erfüllt die Forderung, dass $K(\underline{x}, \underline{u}) \geq \alpha(\underline{x})$ gilt, nur für den Spezialfall, dass alleine für den Gewichtungsfaktor π_{sym} ein von Null verschiedener Wert gewählt wird. Die weiteren Ziele des IPPC-Systems, insbesondere die Senkung des Kraftstoffverbrauchs durch eine vorausschauende Fahrweise, würden durch diese Wahl der Gewichtungsparameter verfehlt werden. Wird einer der Parameter π_Q, π_ϑ oder π_R positiv gewählt, ist $K(\underline{x}, \underline{u})$ nicht durch eine bezüglich $\mathcal{T}$ positiv definiten Funktion nach unten beschränkt, denn für eine exakte Bahnverfolgung wird sowohl Kraftstoff als auch eine von Null verschiedene Stellgröße R_{soll} benötigt, so dass gewöhnlich $K(\underline{x}, \underline{u}) > 0$ für $\underline{x} \in \mathcal{T}$ gilt.

Tatsächlich ist die Längsregelung des IPPC-Systems in vielen Fahrsituationen nicht asymtotisch stabil. Alleine auch deshalb, da beispielsweise in der steilen Steigung die Zugkraft des Fahrzeugs nicht ausreicht, um die Wunschgeschwindigkeit zu halten. Aber auch in Steigungen, in denen die Zugkraft ausreichen würde, ist asymptotische Stabilität nicht das Ziel, welches mit dem IPPC-System verfolgt wird. Die im nächsten Kapitel vorgestellten Simulations- und Messergebnisse werden zeigen, dass es beispielsweise durch Schwung holen vor der Steigung oder ein Abfallen lassen der Geschwindigkeit vor einem Gefälle gelingt, eine Steigung zügiger zu überwinden bzw. Kraftstoff zu sparen. Das heißt, in gewissen Fahrsituationen steuert das IPPC-System die Fahrzeuggeschwindigkeit von der Wunschgeschwindigkeit weg, was im Widerspruch zu einer asymtotisch stabilen Regelung steht. Die Längsregelung des IPPC-Systems ist also nicht asymptotische Stabilität gemäß Definition 4.4.2. Diese Eigenschaft der Längsregelung wird auch nicht verlangt. Dagegen ist die IPPC-MPR einfach Stabilität gemäß Definition 4.4.1. Zu Beginn dieses Teilabschnitts wurde gezeigt, dass es nominal gewährleistet ist, dass die Fahrzeuggeschwindigkeit stets kleiner der Grenzgeschwindigkeit ist. Damit ist der Betrag der Überschreitungen von v_{Wunsch} beschränkt. Auf der anderen Seite wird für die Lösung eines HOSPs gefordert, dass eine feste Distanz D_{P} im Horizont zurückgelegt wird. Mit dieser Forderung muss die Fahrzeuggeschwindigkeit stets positiv sein, so dass auch die Unterschreitung von v_{Wunsch} begrenzt ist. Der Betrag der Abweichung der Fahrzeuggeschwindigkeit von der Wunschgeschwindigkeit ist damit zu jedem Zeitpunkt beschränkt und damit ist der Regelkreis stabil bezüglich der Menge (4.87). Zwar ist damit die einfache Stabilität des Längsregelkreises formal gezeigt, aber es wurde noch keine Aussage über die Fahrbarkeit des IPPC-System getroffen. Damit die Längsregelung des IPPC-Systems vom Fahrer akzeptiert wird, muss sie weitere Eigenschaften erfüllen. Zum einen darf der Geschwindigkeitsverlauf des geregelten Systems nicht zu weit von der vom Fahrer vorgegebenen Wunschgeschwindigkeit beziehungsweise von der maximalen Geschwindigkeit abweichen, welche bei der zur Verfügung stehenden Zugkraft beim aktuellen Fahrwiderstand gefahren werden kann.

Eine weitere Forderung zur Erfüllung der Fahrbarkeit ist, dass der geschlossene Regelkreis bei stationärer Fahrsituation eine asymtotisch stabile Ruhelage besitzt. Eine stationärer Fahrsituation ist dabei gekennzeichnet durch eine konstante Fahrbahnsteigung sowie ein von der Streckenposition unabhängige Wunsch- und Grenzgeschwindigkeit. Ändert sich die Fahrsituation nicht, wird der Fahrer auch nicht akzeptieren, dass sich die Fahrzeuggeschwindigkeit ändert. In Anhang A.3 wird gezeigt, dass durch die getroffene Wahl des Endkostenterms die IPPC-MPR für eine beliebige Wahl der Gewichtungsparameter der Zielfunktion eine Ruhelage besitzt. Diese Ruhelage stimmt dabei mit dem optimalen Betriebspunkt der stationären Fahrsituation überein. Der optimale Betriebspunkt ist dabei derjenige Systemzustand, welcher sämtliche Beschränkungen erfüllt und zur geringsten Kostenzunahme über der gefahrenen Strecke führt. Abbildung 4.21 zeigt für Wunschgeschwindigkeiten $v_{\text{Wunsch}} \in \{40\,^{\text{km}}/_{\text{h}}, 60\,^{\text{km}}/_{\text{h}}, 80\,^{\text{km}}/_{\text{h}}\}$ und jeweils für $c_\infty \in \{0, 10\}$ die Geschwindigkeit v_{Fzg}^∞, den optimalen Gang z_{ist}^∞ und die stationäre Motordrehzahl n_{Mot}^∞ der Ruhelage der Längsregelung aufgetragen über der Fahrbahnsteigung $\gamma \in [-8\,\%, 8\,\%]$. Die Berechnung erfolgt dabei auf Basis des Versuchsfahrzeugs A $(m_{\text{Fzg}} = 40\,\text{t})$, dessen technische Daten Tabelle 5.1 aufgeführt sind, mit den Parametern $\pi_{\text{Q}} = 5$, $\pi_\vartheta = 10$ und $\pi_{\text{sym}} = 0{,}01$.

Zuerst wird der Fall $c_\infty = 0$ in der linken Spalte von Abbildung 4.21 näher behandelt. Die zur Verfügung stehende Zugkraft würde erlauben, die Wunschgeschwindigkeit von $40\,^{\text{km}}/_{\text{h}}$ nahezu für jeden der aufgetragenen Steigungswerte stationär zu fahren. Tatsächlich weicht die stationäre Geschwindigkeit v_{Fzg}^∞ für positive Fahrwiderstände von der Wunschgeschwindigkeit ab. Bei höheren Steigungen wird etwas langsamer gefahren. Bei leichter Steigung und in der Ebene ist es dagegen optimal, *schneller* als mit $40\,^{\text{km}}/_{\text{h}}$ zu fahren. Durch die erhöhte Geschwindigkeit wird es möglich, in einem größeren Gang zu fahren und damit bei einer niedrigeren Motordrehzahl, so dass der Verbrennungsmotor bei einem besseren Wirkungsgrad betrieben wird. In der Ebene liegt beispielsweise v_{Fzg}^∞ knapp oberhalb $40\,^{\text{km}}/_{\text{h}}$, so dass gerade noch mit der minimal erlaubten Motordrehzahl $n_{\text{Mot}}^\infty = 700\,^1/_{\text{min}}$ im 15. Gang gefahren wird. In mittleren Steigungen liegt v_{Fzg}^∞ merklich über der Wunschgeschwindigkeit. Dadurch wird wiederum erzielt, dass in einem recht hohen Gang gefahren werden kann

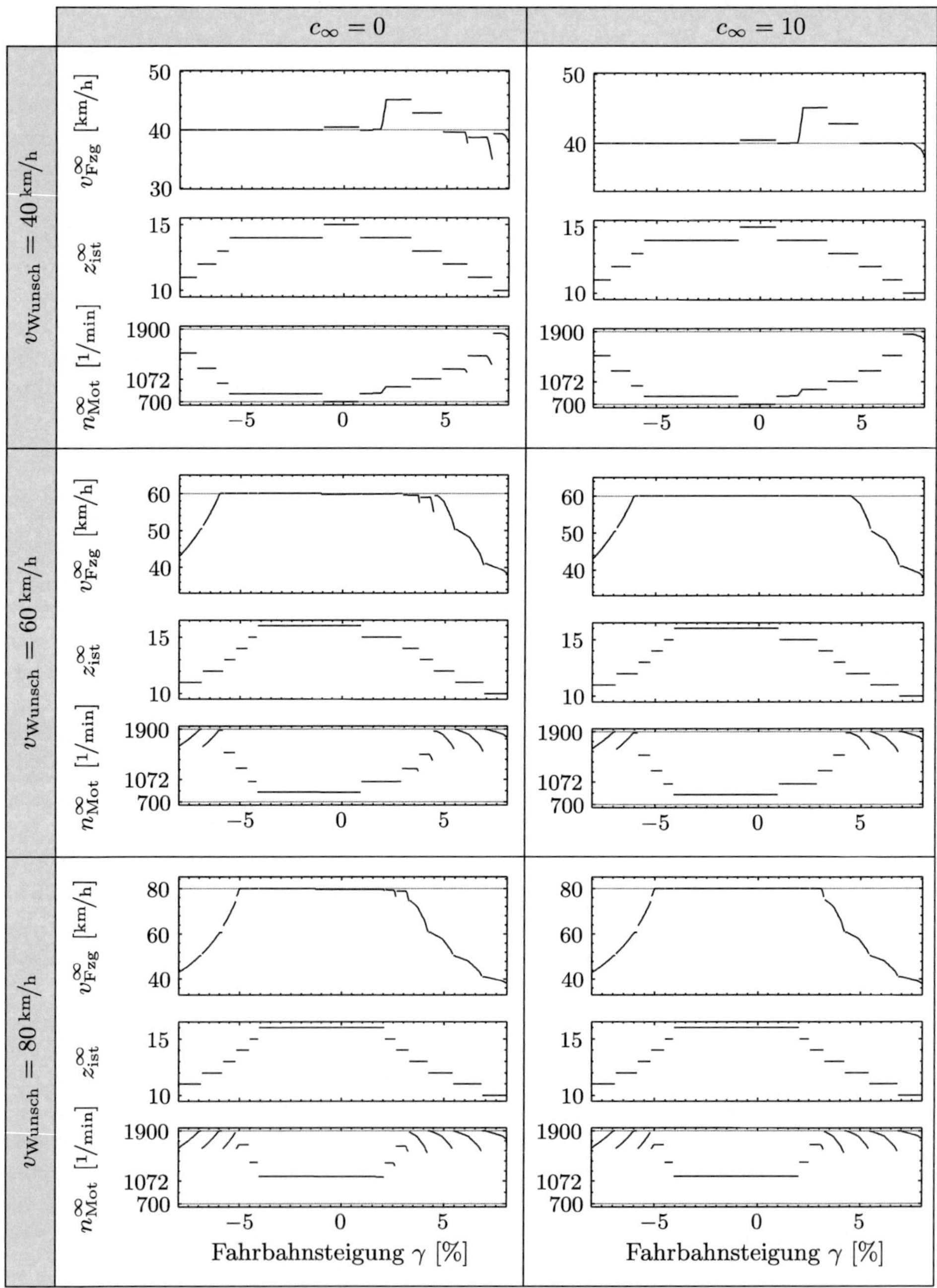

Abbildung 4.21: Ruhelage des geschlossenen Regelkreises bei stationärer Fahrsituation für verschiedene Werte der Wunschgeschwindigkeit

aber gleichzeitig der Motor bei einer Drehzahl um $1072\,1/\mathrm{min}$ betrieben wird, wo dieser sein maximales Moment zu erzeugen vermag.

Für $v_{\mathrm{Wunsch}} = 80\,\mathrm{km/h}$ unterschreitet die stationäre Geschwindigkeit für betragsmäßig große Fahrbahnsteigungen die Wunschgeschwindigkeit deutlich, denn bei hohen positiven Steigungen genügt die Zugkraft bei weitem nicht aus, um den Fahrwiderstand zu überwinden. Der Vergleich mit dem Ausgangsdiagramm des betrachteten Fahrzeugs in Abbildung 2.3 in Abschnitt 2.1.2 zeigt, dass die stationäre Fahrzeuggeschwindigkeit $v_{\mathrm{Fzg}}^{\infty}$ des IPPC-Systems in Abbildung 4.21 links unten mit der maximalen Geschwindigkeit übereinstimmt, welche mit dem betrachteten Fahrzeug bei Steigungen größer $5\,\%$ stationär gefahren werden kann. Auf Gefällestrecken, welche Steigungen kleiner $-6\,\%$ aufweisen, wird ebenfalls deutlich langsamer als $80\,\mathrm{km/h}$ gefahren. Dies liegt an der Bestrafung von zu großen Wärmeeinträgen ins Kühlsystem im Dauerbremsbetrieb in der Zielfunktion. Da im Modell die abführbare Bremsleistung über die Kennlinie $f_{\vartheta}(n_{\mathrm{Mot}})$ auf $360\,\mathrm{kW}$ bei $n_{\mathrm{Mot}} = 1900\,1/\mathrm{min}$ beschränkt ist, wird durch Absenken der Fahrzeuggeschwindigkeit die benötigte Dauerbremsleistung reduziert. Dies entspricht auch der Geschwindigkeitswahl eines geübten Fahrers, der im steilen Gefälle seine Geschwindigkeit nach der Regel wählt, dass ein Gefälle von $-x\,\%$ nicht mit einer höheren Geschwindigkeit als mit der Geschwindigkeit befahren werden sollte, mit der eine Steigung von $+x\,\%$ maximal bewältigt werden kann.

In der Ebene und bei leichten Steigungen liegt für $v_{\mathrm{Wunsch}} = 80\,\mathrm{km/h}$ die stationäre Geschwindigkeit knapp unterhalb der Wunschgeschwindigkeit. Durch entsprechend hohe Wahl des Parameters c_{∞} kann verhindert werden, dass die Fahrzeuggeschwindigkeit abgesenkt wird, um den Verbrauch zu reduzieren, so dass im vorliegenden Fall stationär exakt mit Wunschgeschwindigkeit gefahren wird. In der rechten Spalte von Abbildung 4.21 sind die Ergebnisse für $c_{\infty} = 10$ denen für $c_{\infty} = 0$ gegenübergestellt. Es ist zu erkennen, dass für $c_{\infty} = 10$ stationär Unterschreitungen der Wunschgeschwindigkeit nur dann stattfinden, wenn entweder die Zugkraft nicht ausreicht, um mit Wunschgeschwindigkeit zu fahren, oder im Gefälle ein zu großer Wärmeeintrag ins Kühlsystem verhindert werden muss. In Simulationen und Versuchsfahrten hat sich jedoch gezeigt, dass für die Wahl von $c_{\infty} > 0$ bei instationärer Fahrsituation viele der Fahrstrategien, durch welche das IPPC-Systems für $c_{\infty} = 0$ den Kraftstoffverbrauch reduziert, wie ein leichtes Absenken der Geschwindigkeit kurz vor einem Gefälle, verhindert werden. Bei den im nächsten Kapitel vorgestellten Simulations- und Messergebnissen wurde deshalb durchgängig c_{∞} zu Null gewählt.

Es bleibt nun noch zu zeigen, dass zum einen bei stationärer Fahrsituation die Ruhelage des IPPC-Regelkreises asymtotisch stabil ist. Zum anderen muss nachgewiesen werden, dass die Längsregelung bei geeigneter Wahl der Gewichtungsparameter einen Geschwindigkeitsverlauf erzeugt, welcher nicht zu weit vom Verlauf der Wunschgeschwindigkeit abweicht. Der Nachweis beider Eigenschaften ist auf analytischem Wege nicht möglich. Das IPPC-System wurde bis zur Fertigstellung der vorliegenden schriftlichen Ausarbeitung nicht nur in Simulationen sondern insbesondere auch im realen Fahrversuch sowohl auf Versuchsstrecken als auch im öffentlichen Straßenverkehr auf unterschiedlichen Streckenprofilen über mehrere tausend Kilometer getestet. So wurde der praktische Nachweis für die Stabilität der IPPC-Längsregelung erbracht. Im nächsten Kapitel werden einige dieser mit dem IPPC-System erzielten Simulations- und Messergebnissen vorgestellt.

4.5 Zusammenfassung Kapitel 4

In diesem Kapitel wurde zuerst in Abschnitt 4.1 die Formulierung des Hybrid-Optimalsteuerungsproblems der Lkw-Längsdynamik vorgestellt, welches im Rahmen der MPR des IPPC-Systems in jedem Takt gelöst wird. Dafür wurde in Teilabschnitt 4.1.2 als Modell der Regelstrecke ein hybrider Automat für die Lkw-Längsdynamik entwickelt. Besonderheiten dieses Modells gegenüber bekannten Längsdynamikmodellen sind, dass der Schaltprozess mit dessen Phasen genau abgebildet ist, die Wirkungsgrade des Triebstrangs berücksichtigt werden, die drehzahlerhöhende Wirkung des Reifenschlupfs abgebildet ist und auch der verzögerte Aufbau des maximal möglichen Motormoments nach einem Abfall des Ladedrucks während eines Gangwechsels berücksichtigt wird. Zur Vorgabe des Steuerungsziels der Problemformulierung wurde zunächst in Teilabschnitt 4.1.3 die Berechnung des Verlaufs der Sollgeschwindigkeitsbandes und die Prädiktion der Bewegung eines vorausfahrenden Fahrzeugs beschrieben. In Teilabschnitt 4.1.4 wurde dann zum einen die verwendete Zielfunktion vorgestellt, in der die Unterschreitung der Wunschgeschwindigkeit, der Kraftstoffverbrauch, der Wärmeeintrag ins Kühlsystem im Zusatzbremsbetrieb und die Ratenänderung des Sollmoments mit Kosten behaftet werden. Zum anderen wurden neben den technischen Beschränkungen zusätzliche Randbedingungen eingeführt, durch welche man als Ergebnis des Optimalsteuerungsproblems eine sichere Fahrweise erhält.

In Abschnitt 4.2 wurde das Lösungsverfahren für das HOSP der Lkw-Längsdynamik vorgestellt. Bei dem Verfahren handelt es sich um ein zweistufiges Suchverfahren, das in der ersten Stufe die Schalthäufigkeit auszählt. Für eine vorgegebene Schalthäufigkeit wird dann aus dem HOSP ein glattes gemischt-ganzzahliges Mehrphasen-Optimalsteuerungsproblem abgeleitet mit den Sollgängen als diskrete Entscheidungsgrößen. Die zweite Stufe des Suchverfahrens teilt nach der Vorgehensweise des Branch-and-Bound die Lösung des ggMPOSPs in die Lösung mehrerer gewöhnlicher MPOSP auf, bei denen die Sollgänge reellwertige Entscheidungsgrößen sind. Das entwickelte Lösungsverfahren wurde in Abschnitt 4.3 in das Echtzeitoptimierungsschema der MPR integriert. Dabei wurde veranschaulicht, dass es genügt, im gleitenden Horizont ein verkürztes Suchverfahren für die optimale Sollgangfolge einzusetzen. Die für einen MPR-Takt benötigte Rechenzeit konnte so reduziert werden. Darüber hinaus wurden praktische Mechanismen des im IPPC-System eingesetzten MPR-Schemas vorgestellt, wie die Kompensation des Einflusses der für die Lösung des HOSPs benötigten Rechenzeit auf das Führungsverhalten der MPR und die näherungsweise Kompensation deren Einfluss auf das Störverhalten durch ein lineares optimales Regelgesetz.

In Abschnitt 4.4 wurde der Aufbau des Gesamtsystems IPPC vorgestellt und dabei die neben der MPR benötigten funktionalen Module beschrieben, durch welche ein für den praktischen Einsatz sicheres Fahrerassistenzsystem entsteht. Schließlich wurde die Zulässigkeit und Stabilität der Längsregelung des IPPC-Systems diskutiert. Dabei wurde zum einen gezeigt, dass IPPC eine sichere Fahrweise gewährleistet. Zum anderen wurde gezeigt, dass die Längsregelung des IPPC-Systems nicht asymtotisch stabil ist, sondern dass selbst bei stationärer Fahrsituation die Fahrzeuggeschwindigkeit nur in die Nähe der Wunschgeschwindigkeit geregelt wird.

Kapitel 5

Das IPPC-System in Simulation und Fahrversuch

In diesem Kapitel werden die Simulations- und Messergebnisse vorgestellt, welche mit dem IPPC-System erzielt wurden. Zur Abschätzung des Potenzials des IPPC-Systems werden zunächst in Abschnitt 5.1 Simulationen durchgeführt. Die Simulation bietet die Möglichkeit, das Verhalten des Systems im Idealfall zu beobachten und auch unterschiedliche Fahrstrategien bei der exakt selben Fahrsituation miteinander vergleichen zu können. Eine Simulation ersetzt aber nie den realen Fahrversuch. Nur dort zeigen sich die Robustheit, die Fahrbarkeit und das tatsächliche Potenzial eines Systems. Die mit dem IPPC-System erzielten Messergebnisse werden in Abschnitt 5.2 vorgestellt und analysiert.

Für die Simulationen und die Versuchsfahrten wurden zwei Mercedes-Benz Actros Sattelzüge mit jeweils einer Gesamtmasse von 40 t eingesetzt. Versuche mit teilbeladenem Fahrzeug wurden nicht durchgeführt, da zum einen das voll ausgeladene Fahrzeug den für die Praxis relevanten Anwendungsfall darstellt und zum anderen bei großer Masse der größte Effekt mit einer vorausschauenden Fahrweise erzielt werden kann. Die Simulationen in Abschnitt 5.1 wurden mit dem Versuchsfahrzeug A durchgeführt. Dieses Fahrzeug, ein Mercedes-Benz Actros 1853, war der erste Versuchsträger des IPPC-Projekts. Auch die in Abschnitt 5.2.2 vorgestellten Ergebnisse der Vergleichsfahrt wurde mit Fahrzeug A erzielt. Versuchsfahrzeug B, ein Mercedes-Benz Actros 1846, ist das zweite, weiterentwickelte Versuchsfahrzeug, das auch über eine Radar-Abstandssensorik verfügt. Die Tests der Abstandsregelung des IPPC-Systems im Fahrversuch aus Abschnitt 5.2.3 wurden mit Versuchsfahrzeug B durchgeführt. Die wichtigsten technischen Daten der Versuchsfahrzeuge A und B sind in Tabelle 5.1 zusammengefasst. Zu beachten sei, dass das Versuchsfahrzeug A über eine stärkere Motorisierung als Fahrzeug B verfügt. Beide Fahrzeuge sind mit einem Sekundärretarder ausgerüstet, so dass mit ihnen auch längere Gefällestrecken mit hoher Geschwindigkeit befahren werden können.

5.1 Simulationen

In realen Fahrsituationen beeinflussen die externen Einflussgrößen Fahrbahnsteigung, Fahrbahnkrümmung, Geschwindigkeitsbeschränkung und ein etwaiger Vordermann gleichzeitig die Längsregelung. Für Simulationen können künstliche Fahrszenarien generiert werden, in

	Fahrzeug **A**	Fahrzeug **B**
Fahrzeugtyp	Mercedes-Benz Actros 1853LS Sattelzug	Mercedes-Benz Actros 1846LS Sattelzug
Gesamtmasse	40 t	40 t
Motortyp Abgasnorm Leistung max. Drehmoment Motorbremse	OM502 Euro 3 390 kW ($\approx$ 530 PS) 2400 Nm (bei 1080 $1/\text{min}$) Abgasklappe und Konstant- drossel	OM501 Euro 5 335 kW ($\approx$ 460 PS) 2200 Nm (bei 1080 $1/\text{min}$) Abgasklappe und Konstant- drossel
Getriebetyp Übersetzungen	G260 automatisiertes 16-Gang Synchrongetriebe 11,73 ; 9,75 ; 7,98 ; 6,59 ; 5,29; 4,40 ; 3,64 ; 3,02 ; 2,66 ; 2,21; 1,80 ; 1,50 ; 1,20 ; 1,00 ; 0,83; 0,69	G231 automatisiertes 16-Gang Synchrongetriebe 17,03 ; 14,19 ; 11,50 ; 9,58; 7,80 ; 6,49 ; 5,28 ; 4,40 ; 3,87; 3,22 ; 2,61 ; 2,18 ; 1,77 ; 1,48; 1,20 ; 1,00
Retarder	hydrodynamischer Sekun- därretarder verbaut	hydrodynamischer Sekun- därretarder verbaut
Achsgetriebe Übersetzung	HL7 4,14	HL6 2,85
Reifen Antriebsachse	Doppelbereifung	Super-Single
Abstandssensorik	nicht verbaut	Radar verbaut

Tabelle 5.1: Technische Daten der Versuchsfahrzeuge A und B

denen die Reaktion des IPPC-Systems auf einzelne der externen Einflüsse getrennt voneinander analysiert werden können. Im folgenden Teilabschnitt 5.1.1 findet die Untersuchung
der Längsregelung des IPPC-Systems für aussagefähige Szenarien statt.

In Teilabschnitt 5.1.2 werden Simulationen des IPPC-Systems mit realen Streckendaten
durchgeführt. Dabei wird untersucht, wie die Wahl des Gewichtungsparameters für den
verbrauchten Kraftstoff in der Zielfunktion die Fahrweise von IPPC beeinflusst. Die dabei verwendeten Streckendaten gehören zu der *Panzerringstraße Münsingen*, die auch als
Teststrecke für die in Abschnitt 5.2 beschriebenen Fahrversuche diente. Die Simulation der
Landstraßenstrecke ermöglicht keinen Vergleich zwischen den heutigen Seriensystemen für
Tempomat und Gangermittlung, da ein konventioneller Tempomat nicht in der Lage ist,
dem auf der Landstraße sich ändernden Wunschgeschwindigkeitsverlauf zu folgen. Deshalb
wird in Teilabschnitt 5.1.3 eine Vergleichssimulation für die Autobahnstrecke von Stuttgart

nach Hamburg zwischen IPPC und den Seriensystemen durchgeführt. Diese Autobahnstrecke wird oft als Referenzteststrecke für den Fernverkehr herangezogen. Für die Autobahn wird dabei ein konstantes Sollgeschwindigkeitsband vorgegeben, so dass sie mit dem konventionellen Tempomat abgefahren werden kann.

Die Simulationen dieses Abschnitts werden in der Umgebung Matlab/Simulink durchgeführt. Dabei wird ein, im Vergleich zu dem in Abschnitt 4.1.2 vorgestellten Prädiktionsmodell, genaueres Fahrzeugmodell verwendet. Das Fahrzeugmodell stellt sämtliche relevanten Größen in der Form bereit, wie sie auch auf dem Fahrzeug-CAN zur Verfügung stehen, so dass sowohl das IPPC-System als auch die Automatische Gangermittlung und der Tempomat ohne Modifikation in der Simulationsumgebung getestet werden können. Der Seriencode der Automatischen Gangermittlung und des konventionellen Tempomaten wurde dafür als sog. *Simulink S-Function* in die Simulationsumgebung integriert.

5.1.1 Simulationen ausgewählter Fahrsituationen

In diesem Teilabschnitt werden Ergebnisse von Simulationen des IPPC-Systems im geschlossenen Regelkreis für kurze Streckenabschnitte vorgestellt. Die simulierten Szenarien unterscheiden sich im Steigungsprofil, im Krümmungsverlauf sowie darin, ob ein weiteres Fahrzeug voranfährt oder nicht.

Steigungsfahrt

Eine vorausschauende Fahrweise ist, wie bereits in Abschnitt 2.1.2 erläutert wurde, besonders vor und innerhalb einer Steigung wichtig. Was eine solche vorausschauende Fahrweise beinhaltet, wird nun anhand der Längsregelung des IPPC-Systems gezeigt.

Im Folgenden werden dafür 6 %-Steigungen unterschiedlicher Länge bei einer Wunschgeschwindigkeit von 40 $^{km}/_{h}$ betrachtet. Es ist prinzipiell möglich, bei einer Fahrzeuggeschwindigkeit von 40 $^{km}/_{h}$ in den Gängen 10 bis 16 zu fahren. Die Geschwindigkeit kann aber nur aufrecht gehalten werden, wenn der Fahrwiderstand kleiner oder gleich der maximalen Umfangskraft im jeweiligen Gang bei 40 $^{km}/_{h}$ ist. Dies ergibt sich aus dem Ausgangsdiagramm des Fahrzeugs A, welches für einen verlustfreien Antriebsstrang in Abbildung 2.3 in Abschnitt 2.1.2 dargestellt ist, wenn anstatt $\eta_{ATS} = 1$ der Gesamtwirkungsgrad des Antriebsstrangs von $\eta_{ATS} = 0{,}94$ eingerechnet wird. Im höchsten Gang kann nicht einmal eine Steigung von 1 % überwunden werden. Im 10. Gang kann dagegen auch noch in einer 7,5 %-Steigung mit konstant 40 $^{km}/_{h}$ gefahren werden. Dies jedoch bei einer gleichzeitig sehr hohen Motordrehzahl und einem damit verbundenen hohen Verbrauch. Im vorliegenden Fall einer 6 %-Steigung ist es nur im 10. und 11. Gang möglich, mit konstant 40 $^{km}/_{h}$ zu fahren. Im 12. Gang liegt die stationäre Geschwindigkeit etwas unterhalb von 40 $^{km}/_{h}$.

Abbildung 5.1 zeigt Simulationsergebnisse für 6 %-Steigungen der Länge 150 m (Ergebnis **A**), 200 m (Ergebnis **B**) und 400 m (Ergebnis **C**). Das Fahrzeug fährt zu Beginn des betrachteten Streckenintervalls im 14. Gang mit $v_{Fzg} = 40$ $^{km}/_{h}$. Die Wunschgeschwindigkeit wird zu 40 $^{km}/_{h}$ und die Grenzgeschwindigkeit zu 48 $^{km}/_{h}$ vorgegeben.

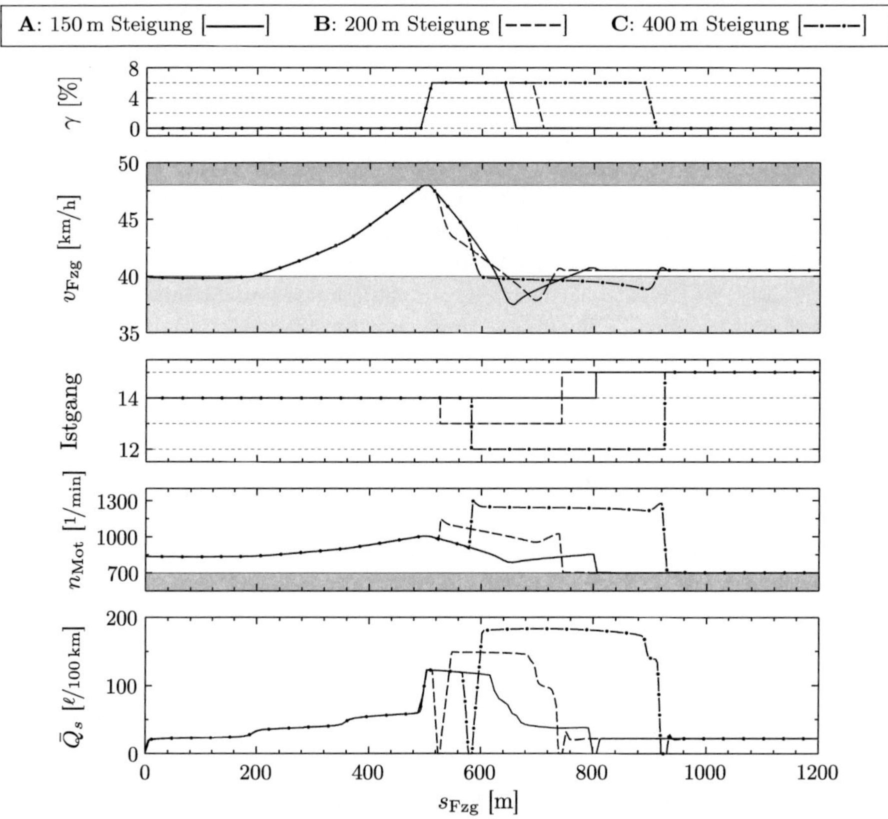

Abbildung 5.1: Simulationsergebnisse für drei 6 %-Steigungen unterschiedlicher Länge

Alle Ergebnisse gleichen sich in der Strategie, dass das Fahrzeug bis zum Beginn der Steigung bei 500 m zunächst im 14. Gang bis auf Grenzgeschwindigkeit beschleunigt wird. Die Fahrzeugmasse als Speicher für kinetische Energie wird dadurch maximal ausgenutzt. In der Steigung wird bei allen Ergebnissen mit Vollgas gefahren. Nach Durchfahren der Steigung regelt sich die Fahrzeuggeschwindigkeit jeweils wieder knapp oberhalb 40 ^{km}/h ein. Diese leichte Überschreitung von v_{Wunsch} ist im vorliegenden Fall verbrauchsgünstiger als exakt mit Wunschgeschwindigkeit zu fahren. Durch die erhöhte Geschwindigkeit wird es nämlich möglich, bei der vorgegebenen Untergrenze von 700 ^{1}/min für die Motordrehzahl noch im 15. Gang zu fahren. Zwar geht die Fahrzeuggeschwindigkeit über die Luftreibung quadratisch in den Fahrwiderstand ein, durch die niedrige Motordrehzahl wird aber bei sehr gutem Wirkungsgrad gefahren. Es kann also im Einzelfall – entgegen der allgemeinen Auffassung – verbrauchsgünstiger sein, dauerhaft schneller zu fahren.

Die Strategien für die Gangwahl unterscheiden sich deutlich bei den drei Ergebnissen. Diese werden nun angefangen mit dem Ergebnis **C** der 400 m langen 6 %-Steigung erläutert: Die ersten 80 m der Steigung verbleibt das Fahrzeug im 14. Gang. Dann wird um zwei Gänge zurück in den 12. geschaltet, in dem es nahezu möglich ist, die Geschwindigkeit zu halten. Nach der Steigung wird das Fahrzeug beschleunigt und anschließend hoch in den 15. Gang geschaltet. Die Strategie **B** für die 200 m lange Steigung besteht darin, schon früher jedoch nur um eine Gangstufe zurück zu schalten. Im 13. Gang kann der Fahrwiderstand zwar nicht überwunden werden, durch das Schwung holen vor der Steigung ist die Motordrehzahl am Ende der Steigung aber noch über dem gesetzten Minimum von $700 \, 1/\mathrm{min}$. Bei der kürzesten Steigung (Ergebnis **A**) ist die optimale Fahrstrategie, nicht zu schalten. Das Fahrzeug verzögert zwar aufgrund des Mangels an Antriebskraft schnell, die vor der Steigung gesammelte kinetische Energie reicht jedoch aus, die Motordrehzahl im günstigen Arbeitsbereich zu halten. Vergleicht man die drei Ergebnisse, so wird erkennbar, dass eine optimale Gangwahl nicht nur vom aktuellen Fahrzeugzustand, sondern zusätzlich stark vom zukünftigen Streckenverlauf bestimmt ist: An der Position 500 m befindet sich das Fahrzeug bei allen drei Simulationsergebnissen im selben Zustand. Auch der vergangene Zustandsverlauf ist bis zu dieser Position bei allen Ergebnissen identisch. Der Fahrwiderstand an dieser Position ist ebenfalls gleich. Aufgrund der unterschiedlichen *Längen* der Steigungen ergeben sich jedoch jeweils andere optimale Schaltstrategien.

Die Fahrweise des IPPC-Systems wird nun mit der Gangwahl der AG und der Geschwindigkeitsregelung des konventionellen Tempomaten verglichen. Abbildung 5.2 zeigt das Ergebnis des Vergleichs für die 200 m lange 6 %-Steigung. Die Vergleichsbasis bildet das bereits in Abbildung 5.1 gezeigte Ergebnis **B** des IPPC-Systems für diese Strecke. Dem gegenübergestellt wird zum einen eine Simulationen mit konventionellem Tempomaten zusammen mit der Gangwahl der AG (Ergebnis **D**) und zum anderen eine Simulation mit reiner Momentenvorgabe durch das IPPC-System und der Gangwahl durch die AG (Ergebnis **E**).

		Fahrzeit [s]	Verbrauch [ℓ]
B:	IPPC	106,46	0,578
D:	konv. Tempomat und AG	109,31	0,604
E:	IPPC-Momentenvorgabe und AG	106,45	0,623

Tabelle 5.2: Vergleich von Verbrauch und Fahrzeit der Ergebnisse aus Abbildung 5.2

Die jeweils für die Fahrt durch die 1,2 km lange Strecke benötigte Zeit sowie der verbrannte Kraftstoff sind in Tabelle 5.2 gegenübergestellt. Mit den rein konventionellen Systemen (Ergebnis **D**) wird bis zum Beginn der Steigung im 14. Gang mit $40 \, \mathrm{km/h}$ gefahren. In der Steigung erkennt die AG schnell den zunehmenden Fahrwiderstand und schaltet um zwei Stufen in den 12. Gang zurück. Die Zugkraftunterbrechung des Schaltprozesses führt zu einer Abnahme der Geschwindigkeit bis auf ca. $36 \, \mathrm{km/h}$. Nach der Steigung beschleunigt das Fahrzeug wieder auf Wunschgeschwindigkeit, wobei in der Ebene nicht wieder in einen verbrauchsgünstigeren Gang hochgeschaltet wird. Vergleicht man den Verlauf des Momentanverbrauchs $\bar{Q}_s$ (Abbildung 5.2 unten) der Simulationen **B** und **D**, so wird bei **B** durch das Schwung holen vor der Steigung zunächst mehr Kraftstoff verbraucht. Dieser Mehrverbrauch wird anschließend dadurch kompensiert, dass die Steigung in einem höheren Gang bewältigt werden kann. Als Folge wird gegenüber **D** für die Strecke bei **B** insgesamt 4,2 % weniger Kraftstoff benötigt. Gleichzeitig ist die benötigte Fahrzeit bei **B** um 2,6 % geringer.

Der konventionelle Tempomat ist nicht in der Lage, ein Schwung holen vor der Steigung vorzunehmen, wie es ein Fahrer tun würde. Um rein die vorausschauende Gangwahl des

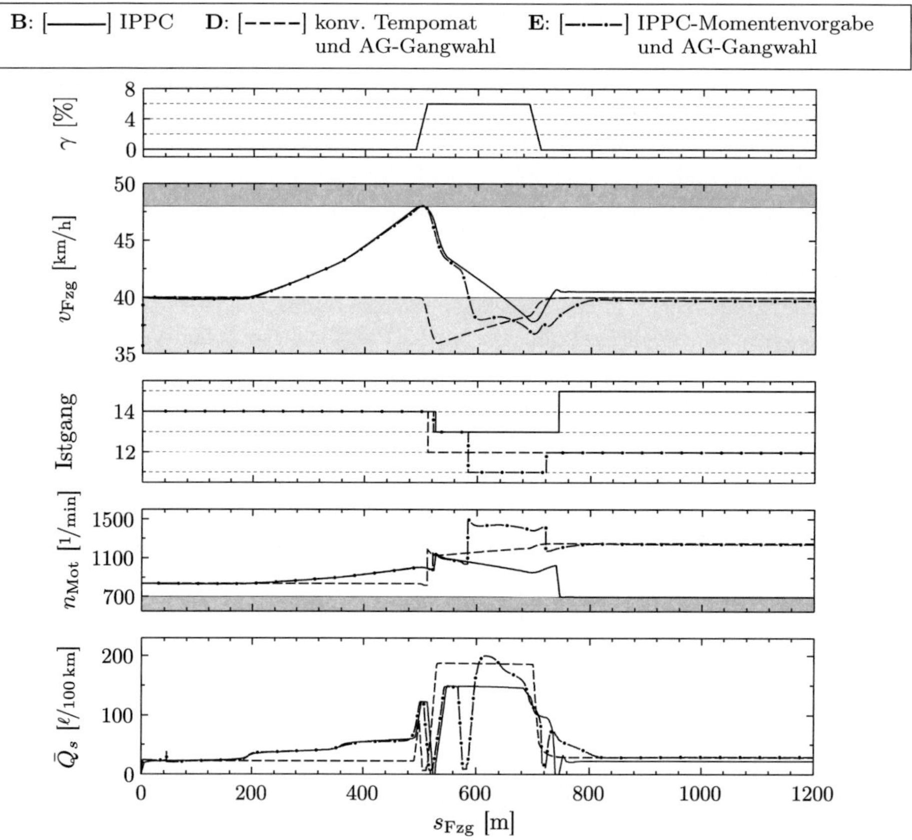

Abbildung 5.2: Vergleich der Simulation von Serientempomat und Gangermittlung mit dem Ergebnis des IPPC-Systems für die 6 %-Steigung von 200 m Länge

IPPC-Systems mit der Schaltstrategie der AG zu vergleichen, wird deshalb in der Simulation **E** der konventionelle Tempomat durch die vorausschauende Momentenregelung von IPPC ersetzt. IPPC errechnet dabei keinen Zielgang. Dadurch wird bei **E** das Fahrzeug wie bei **B** bis zum Beginn der Steigung auf v_{max} beschleunigt. Unmittelbar in der Steigung wird bei **E** von der AG wie beim IPPC-System in den 13. Gang zurückgeschaltet. Bei ca. 590 m schaltet die AG nochmals zurück, dieses Mal zwei Stufen in den 11. Gang. Diese zweite Schaltung im Berg hat nicht nur einen beträchtlichen Geschwindigkeitsverlust sondern auch einen Mehrverbrauch zur Folge, wie anhand Abbildung 5.2 ersichtlich ist. Die Gangwahl des IPPC-Systems führt so gegenüber der AG zu einem um 7,5 % geringeren Verbrauch bei nahezu gleicher Fahrzeit. Dieses Beispiel macht deutlich, dass es bei der Gangwahl in der Steigung nicht nur darauf ankommt, rechtzeitig zurückzuschalten, sondern insbesondere am Ende einer Steigung vorausschauend *nicht* zu schalten, wenn diese im aktuellen Gang noch bewältigt werden kann. Das Schaltverhalten der AG in Simulationsergebnis **E** wird von einem Kraftfahrer als besonders störend empfunden, da er das Ende der Steigung sieht und dann dennoch eine Rückschaltung kurz vor dem Ziel erfährt.

Gefällefahrt

Bisher wurde gezeigt, dass eine vorausschauende Fahrweise bei einer Steigungsstrecke zur Reduktion des Kraftstoffverbrauchs und der Fahrzeit führen kann. Nun wird gezeigt, dass eine vorausschauende Fahrweise bei Gefällestrecken nicht nur in diesen Kriterien vorteilhaft ist, sondern auch die Fahrsicherheit erhöht.

Im folgenden Experiment wird die Fahrstrategie des IPPC-System für drei Strecken mit 4 %-Gefällen von unterschiedlicher Länge untersucht. Für die Simulationen wird das Versuchsfahrzeug A verwendet, wobei entgegen den Angaben in Tabelle 5.1 angenommen wird, dass *kein* Sekundärretarder verbaut ist. Dies deshalb, da zum einen nicht jeder Lkw über einen Sekundärretarder verfügt. Zum anderen ermöglicht dies, in besonderem Maße die Notwendigkeit einer vorausschauenden Fahrweise im Gefälle zu verdeutlichen. Denn im Fall eines nicht verbauten Sekundärretarders steht alleine über die Motorbremsen eine nur geringe Zusatzbremskraft zur Verfügung, die außerdem während eines Gangwechsels, bei dem der Motor abgekoppelt ist, das Fahrzeug nicht verzögern kann. Die Wunschgeschwindigkeit wird wie zuvor auf $40\,^{\mathrm{km}}/_{\mathrm{h}}$ und die Grenzgeschwindigkeit auf $48\,^{\mathrm{km}}/_{\mathrm{h}}$ eingestellt. Dem Ausgangsdiagramm des Versuchsfahrzeugs A für den Motorbremsbetrieb in Abbildung 2.7 links in Abschnitt 2.1.2 kann entnommen werden, in welchen Gängen eine Geschwindigkeit von $40\,^{\mathrm{km}}/_{\mathrm{h}}$ alleine über die Motorbremsen stationär gehalten werden kann. Für ein 4 %-Gefälle sind dies der 10. oder 11. Gang.

Abbildung 5.3 zeigt die Simulationsergebnisse der IPPC-Längsregelung für 4 %-Gefällestrecken der Länge 100 m (Ergebnis **F**), 200 m (Ergebnis **G**) und 400 m (Ergebnis **H**). Es ergeben sich unterschiedliche Fahrstrategien, die nun beginnend mit Ergebnis **F** des 100 m langen Gefälles näher erläutert werden. Beim Simulationsergebnis **F** wird die Befeuerung des Motors bereits knapp vor Beginn des Gefälleabschnitts abgestellt. Dadurch wirkt an dessen Ausgang nur noch das Motorreibmoment. Im Gefälle beginnt das Fahrzeug zu beschleunigen und es wird eine Stufe hoch in den 15. Gang geschaltet. Nach diesem Gangwechsel berührt der Verlauf der Motordrehzahl gerade die gesetzte Untergrenze von $700\,^{1}/_{\mathrm{min}}$. Im Gefälle beschleunigt das Fahrzeug bis nahe an v_{max}. Durch die im Gefälle gesammelte kinetische Energie wird es möglich, bis 240 m nach dem Gefälle in der Schubabschaltung zu verbleiben, ohne dass v_{Fzg} unter v_{Wunsch} fällt. Schließlich wird die Geschwindigkeit knapp über v_{Wunsch} eingeregelt, so dass das Fahrzeug bei minimaler Drehzahl im 15. Gang verbleiben kann. Die Hochschaltung in den 15. Gang hat den Vorteil, dass im höheren Gang am Rad ein geringeres Motorreibmoment als im 14. wirkt. Das Fahrzeug kann dadurch mehr Schwung aufnehmen und länger ausrollen.

Beim 200 m langen Gefälle (Ergebnis **G**) kann das Fahrzeug nicht wie bei **F** das Gefälle ungebremst herabrollen, ohne die Grenzgeschwindigkeit zu überschreiten. Die Einspritzung wird deshalb bereits ca. 180 m vor dem Gefälle eingestellt und das Fahrzeug rollt bis zum Beginn des Gefälles auf ca. $34\,^{\mathrm{km}}/_{\mathrm{h}}$ aus, wo im 14. Gang gerade die untere Drehzahlgrenze berührt wird. Im Gefälle beschleunigt es wieder zügig bis zur Wunschgeschwindigkeit. Dann wird das Fahrzeug mit maximalem Motorbremsmoment eingebremst, so dass es weniger beschleunigt. In der Mitte des Gefällestücks wird in den 15. Gang hochgeschaltet, das Bremsmoment reduziert sich dadurch zwar, es reicht aber aus, so dass der Lkw am Ende des Gefälles v_{max} nur berührt und nicht überschreitet. Genau an dieser Position wird auch

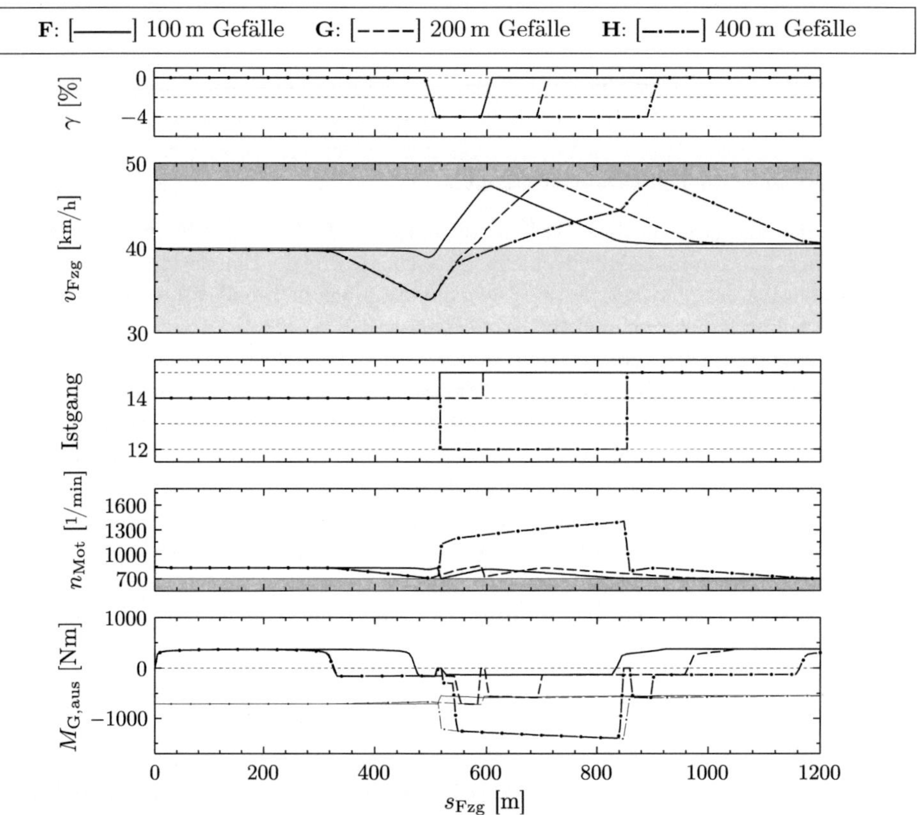

Abbildung 5.3: Simulationsergebnisse für das IPPC-System auf drei 4 %-Gefällestrecken von unterschiedlicher Länge

die Motorbremse gelöst. Beim Ergebnis **G** rollt das Fahrzeug dann wie in **F** aus. Die Fahrstrategie nutzt das 200 m lange Gefälle dahingehend aus, dass für 640 m kein Kraftstoff benötigt wird. Sie stellt ein intelligentes Management des Energiespeichers Fahrzeugmasse dar: Durch die Wegnahme des Antriebsmoments weit vor der Steigung wird der Speicher zunächst geleert, so dass anschließend mehr Energie im Gefälle aufgenommen werden kann.

Das Simulationsergebnis **H** der 400 m langen Gefällestrecke gleicht bis Streckenposition $s_{\mathrm{Fzg}} = 500\,\mathrm{m}$ dem Ergebnis **G**. Im weiteren Verlauf des Gefälles unterscheiden sie sich jedoch. Anstatt hochzuschalten wird im Gefälle zwei Stufen zurück in den 12. Gang geschaltet. In diesem Gang steht genug Bremsmoment zur Verfügung, so dass wie bei **G** die Grenzgeschwindigkeit nur berührt wird. Am Ende des Gefälles wird wie bei **F** in den 15. Gang hochgeschaltet und ausgerollt. Bei jedem der drei Simulationsergebnisse wird der Einfluss der Streckenvorausschau deutlich. Ein Hochschalten in der Steigung nur riskiert werden, wenn bekannt ist, dass die Steigung bald endet. Das Absenken der Fahrzeuggeschwindigkeit vor einem Gefälle ist auch nur durch die Kenntnis über das kommende Steigungsprofil möglich.

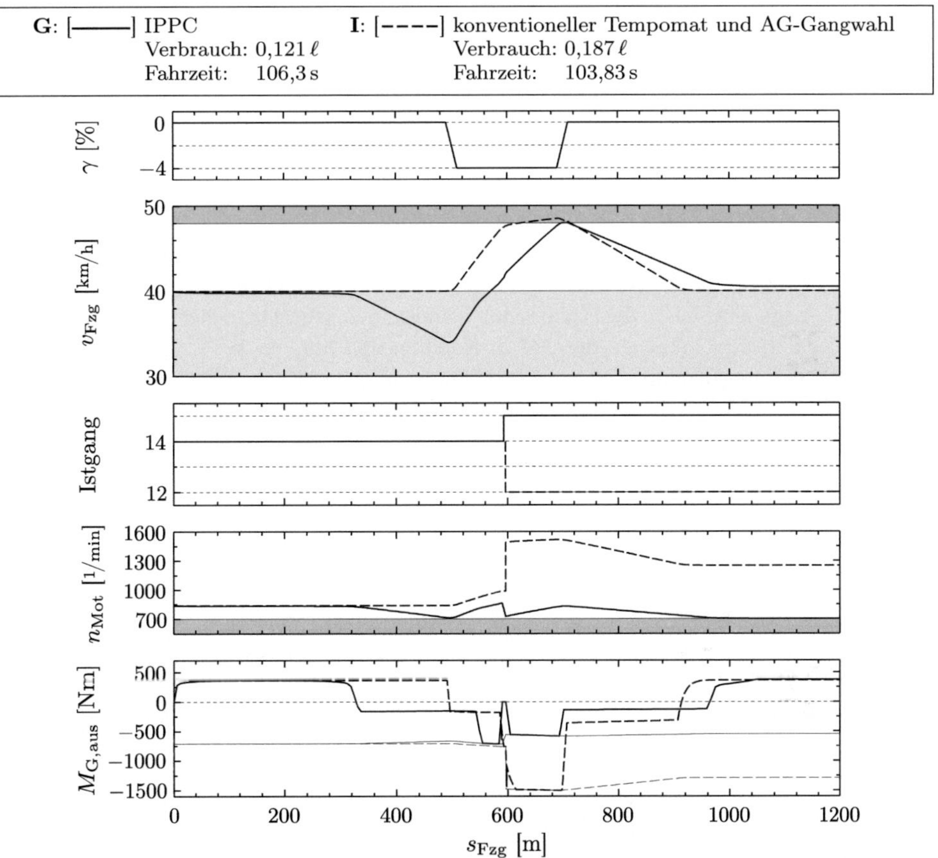

Abbildung 5.4: Vergleich der Simulationen von Serientempomat und -gangermittlung mit der Fahrstrategie von IPPC für die 4 %-Gefällestrecke von 200 m Länge

Nun erfolgt der Vergleich der Fahrweise des IPPC-Systems mit den konventionellen Systemen für Tempomat und Automatische Gangermittlung. Dafür wird das Simulationsergebnis **G** von IPPC für die eben behandelte 4 %-Gefällestrecke von 200 m Länge herangezogen. Die Ergebnisse beider Simulationen sind in Abbildung 5.4 dargestellt. Mit dem konventionellen Tempomaten (Ergebnis **I**) wird, wie in Abschnitt 2.1.3 beschrieben, erst dann gebremst, wenn die Fahrzeuggeschwindigkeit die obere Grenze des eingestellten Geschwindigkeitsbandes erreicht. Dies geschieht bei ca. $s_{\mathrm{Fzg}} = 600$ m, wo die Motorbremsstufe 2 aktiviert wird. Die AG schaltet nun zwei Gangstufen zurück, um eine höhere Bremskraft am Rad zu ermöglichen.

Nach dem Gefälle bleibt die AG im 12. Gang, was im Vergleich zum 15. Gang bei IPPC ein deutlich höheres Schleppmoment zur Folge hat. Trotz der etwas höheren Geschwindigkeit von Ergebnis **I** im Vergleich zu **G** am Ende des Gefälles fällt die Ausrollstrecke bei **I** dadurch kürzer aus. Durch die längeren Streckenabschnitte, in denen das IPPC-System das Fahrzeug rollen lässt, wird in der Simulation **G** 35,2 % weniger Kraftstoff als in **I** verbraucht. Gleichzeitig erhöhte sich aber auch die Fahrzeit um 2,3 %, wegen des Absenkens der Geschwindigkeit vor dem Gefälle. Die langsamere Fahrweise des IPPC-Systems führt aber zu einer höheren Sicherheit, denn beim Simulationsergebnis **I** wird v_{max} überschritten.

Kurvenfahrt

Im Vergleich zur Fahrbahnsteigung ändert sich der Verlauf der Kurvenkrümmung rasch mit der Wegstrecke. Die Geschwindigkeitsregelung des konventionellen Tempomaten ist daher nicht in der Lage, der sich in der Kurve schnell ändernden Wunschgeschwindigkeit zu folgen. Es wird deshalb die Gangwahl der AG in Kombination mit der IPPC-Momentenvorgabe mit der IPPC-Längsregelung bei der Fahrt durch eine enge Kurve verglichen.

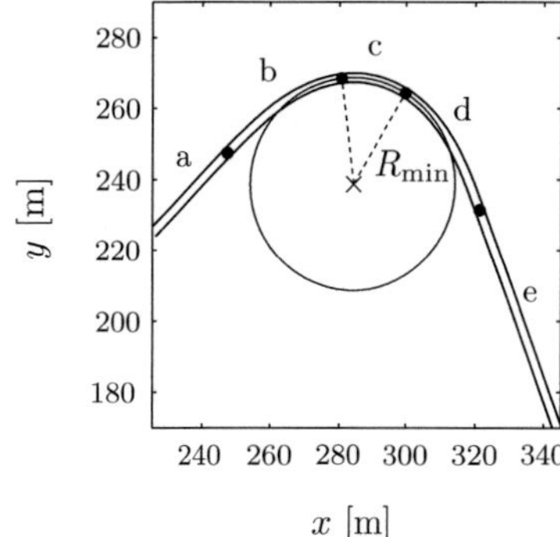

a: 0 m - 350 m Gerade

b: 350 m - 390 m Klotoide

c: 390 m - 410 m Kreisbogen mit $R = 30$ m

d: 410 m - 450 m Klotoide

e: 450 m - 800 m Gerade

Abbildung 5.5: Ausschnitt aus dem Straßenverlauf, welcher für die Simulation einer Kurvenstrecke verwendet wird

In Abbildung 5.5 ist ein Ausschnitt des Straßenverlaufs aufgezeichnet, welcher der Simulation zu Grunde liegt. Er beginnt mit einem Geradenstück, läuft über einen Klotoidenabschnitt[1] in einen Kreisbogen mit Radius $R = 30$ m ein und geht über eine Klotoide wieder in eine Gerade über. Aus dem Straßenverlauf ergibt sich ein Verlauf der Kurvenkrümmung $\kappa(s)$ wie in Abbildung 5.6 oben dargestellt. Die Wunsch- und Grenzgeschwindigkeit werden durch die Kurvenkrümmung abgesenkt. Für die Simulation wird die Fahrbahnsteigung zu $\gamma(s) \equiv 0$ % gesetzt und wiederum das Fahrzeug A ohne Sekundärretarder verwendet.

Abbildung 5.6 zeigt das Simulationsergebnis. Durch die IPPC-Momentenvorgabe gelingt es, mit beiden Schaltstrategien die Kurvengrenzgeschwindigkeit nahezu einzuhalten. Die Kraftstoffeinspritzung wird schon weit vor der Kurve unterbrochen, so dass zunächst alleine durch das Schleppmoment die Fahrzeuggeschwindigkeit reduziert wird. Beim Durchfahren der Kurve benötigt IPPC (Ergebnis **J**) nur zwei Schaltungen, die AG (Ergebnis **K**) hingegen fünf. Bei ca. 300 m steuert die Geschwindigkeitsregelung von IPPC die Motorbremse an, worauf die AG mit einer Rückschaltung reagiert. Dies wiederholt sich noch zweimal, so dass im Scheitelpunkt der Kurve im 9. Gang gefahren wird. Während der Zugkraftunterbrechung der drei Schaltungen rollt das Fahrzeug ungebremst, so dass es im Ergebnis **K** nicht gelingt, exakt unter v_{max} zu bleiben. Bei der Beschleunigung aus der Kurve schaltet die AG zweimal und verbleibt schließlich im 12. Gang.

---

[1]Eine Klotoide ist eine Kurve, deren Krümmung linear mit der Bogenlänge zu- oder abnimmt

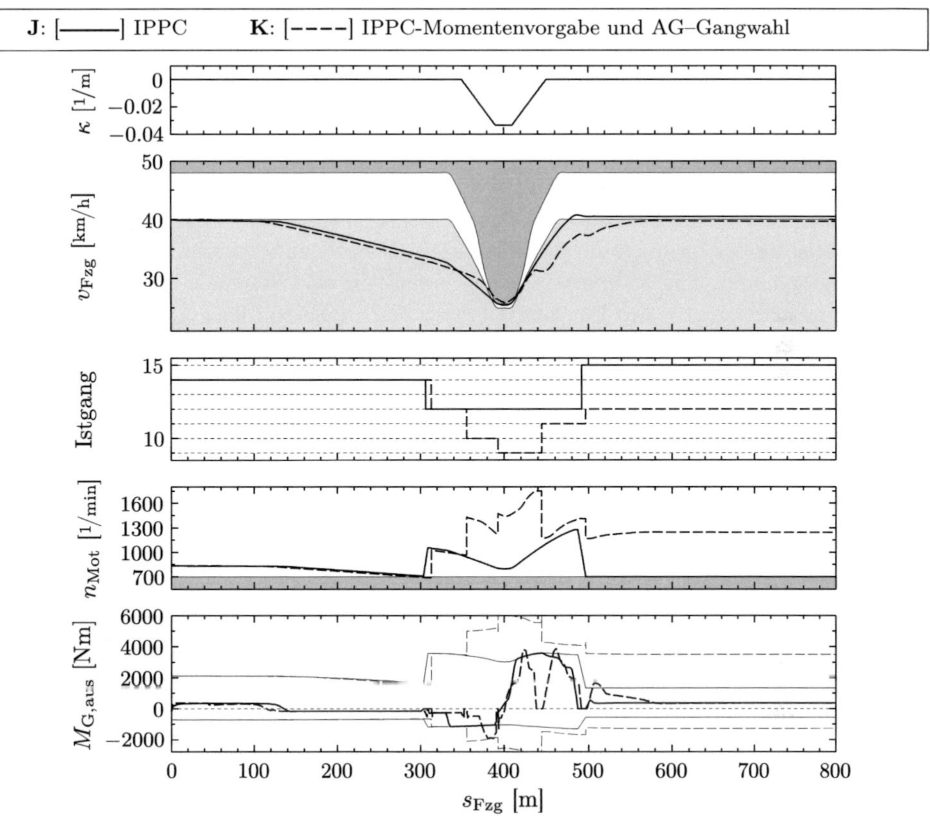

Abbildung 5.6: Simulation einer Kurvenfahrt bei der die IPPC-Längsregelung mit der IPPC-Momentenvorgabe zusammen mit der Gangwahl der AG verglichen werden

IPPC schaltet vor der Kurve zurück in den 12. Gang und durchfährt in diesem die Kurve. Da IPPC in der Kurve keine weiteren Schaltungen durchführt, gelingt es in Ergebnis **J**, die Grenzgeschwindigkeit nicht zu überschreiten. Nach der Kurve beschleunigt IPPC, im 12. Gang verbleibend, bis auf Wunschgeschwindigkeit. Im Vergleich zum Ergebnis **K** ist diese Beschleunigung deutlich zügiger, da sie nicht durch Zwischenschaltungen unterbrochen wird. Nach Erreichen von v_{Wunsch} schaltet IPPC schließlich drei Stufen hoch in den 15. Gang und fährt etwas schneller als v_{Wunsch} bei einer Motordrehzahl von $700\,1/\text{min}$. Vergleicht man die Ergebnisse **J** und **K**, ist die Schaltstrategie von IPPC komfortabler. Die zahlreichen Schaltungen der AG empfindet der Fahrer nämlich, insbesondere in der Kurve, als störend. Zum einen sind die Beschleunigungswechsel durch das An- und Abkoppeln der Motorbremse während des Schaltprozesses unangenehm. Zum anderen verursacht die Zugkraftunterbrechung des Gangwechsels ein kurzzeitig ungebremstes Annähern an die Kurve, was beim Fahrer ein Gefühl von Unsicherheit hervorruft. Neben der Erhöhung von Fahrkomfort- und sicherheit wird durch die Geschwindigkeitsregelung von IPPC in einer Kurvenstrecke auch kraftstoffsparend gefahren, denn bereits $200\,\text{m}$ bevor die Kurvenkrümmung das Geschwindigkeitsband beeinflusst wird das Gas weggenommen.

Abstandsregelung

Die Simulationsergebnisse von Steigungs- und Gefällestrecken haben gezeigt, dass IPPC durch gezieltes Schwung aufnehmen in der Lage ist, Kraftstoff zu sparen. Bisher wurde davon ausgegangen, dass IPPC in freier Fahrt kein vorausfahrendes Fahrzeug (Führungsfahrzeug) zu beachten hat. Die folgenden Simulationsergebnisse werden zeigen, dass auch dann, wenn ein Führungsfahrzeug die Fahrstrategie von IPPC zu behindern scheint, das IPPC-System in der Lage ist, die bisher erzielten Vorteile zu erreichen. Dabei werden die Ergebnisse mit und ohne Führungsfahrzeug jeweils für eine Steigungs- und eine Gefällestrecke gegenübergestellt. Das Führungsfahrzeug fährt dabei mit konstant $40\,\mathrm{km/h}$. Ziel der Abstandsregelung ist es, den Abstand zum Führungsfahrzeug d_{FF} oberhalb eines Sicherheitsabstands von $d_{\mathrm{FF,soll}} = v_{\mathrm{Fzg}} \cdot 2{,}2\,\mathrm{s}$ zu halten. Zu Beginn der Simulationen beträgt der Abstand zum Führungsfahrzeug gerade diesen Sicherheitsabstand.

Zuerst wird die 6\,%-Steigung von 200\,m Länge vom Beginn dieses Abschnitts herangezogen, um die IPPC-Regelung beim Vorhandensein eines Führungsfahrzeugs und das Ergebnis der freien Fahrt (Ergebnis **B** aus Abbildung 5.1) miteinander zu vergleichen. Abbildung 5.7 zeigt beide Simulationsergebnisse. Während bei freier Fahrt (Ergebnis **B**) vor der Steigung bis auf v_{max} beschleunigt wird, um Schwung zu holen, ist dies bei der Abstandsregelung (Ergebnis **L**) nicht möglich. Ansonsten würde der Sicherheitsabstand unterschritten werden. Um trotzdem Schwung aufnehmen zu können, wird in **L** die Geschwindigkeit zunächst reduziert, so dass der Abstand zu dem mit $40\,\mathrm{km/h}$ fahrenden Führungsfahrzeug zunimmt. Vor der Steigung ist dadurch d_{FF} um 10\,m größer als der Sollabstand. Dadurch ist für das eigene Fahrzeug Raum entstanden, um Schwung zu holen. Im Gegensatz zu **B** wird bei **L** schon vor der Steigung in den 13. Gang zurückgeschaltet, um den Geschwindigkeitsverlust durch eine Schaltung in der Steigung zu vermeiden. Dadurch wird es bei Ergebnis **L** möglich, die Steigung annähernd so zügig wie bei der freien Fahrt zu überwinden.

Nach der Steigung wird bei beiden Simulationsergebnissen in den 15. Gang geschaltet, wobei schneller als v_{Wunsch} gefahren werden muss, um die untere Drehzahlgrenze nicht zu unterschreiten. Dies führt bei Ergebnis **L** zu einer Annäherung an das Führungsfahrzeug. Bei Erreichen des Sollabstands wird in den 14. Gang zurückgeschaltet, da die Geschwindigkeit reduziert werden muss. Am Ende des Horizonts fährt das Fahrzeug bei **L** mit Sollabstand hinter dem Führungsfahrzeug. Es wird damit die minimale Fahrzeit benötigt, welche bei diesem Szenario erzielt werden kann. Der Kraftstoffverbrauch bei Simulationsergebnis **L** liegt mit $0{,}585\,\ell$ um $1{,}14\,\%$ über dem Verbrauch von Ergebnis **B**. Dies ist darauf zurückzuführen, dass weniger Schwung vor der Steigung aufgenommen werden konnte und damit länger im niedrigeren Gang gefahren werden musste. Verglichen mit der Fahrt mit den konventionellen Systemen (Ergebnis **D** aus Abbildung 5.2 und Tabelle 5.2) wird bei der Abstandsregelung mit IPPC-System dennoch $3{,}21\,\%$ weniger Kraftstoff verbraucht. Eine Simulation der Fahrsituation dieses Abschnittes mit konventioneller Abstandsregelung würde dasselbe Ergebnis liefern wie Ergebnis **D** aus Abbildung 5.2, da dort $40\,\mathrm{km/h}$ nie überschritten werden und deshalb die Abstandsregelung nicht eingreift.

Als zweites Beispiel für eine Abstandsregelung wird das soeben behandelte Szenario verwendet, wobei die 6\,%-Steigung durch das 4\,%-Gefälle von 200\,m Länge aus Abbildung 5.3 getauscht wird. Verglichen werden die Simulationen mit und ohne Führungsfahrzeug.

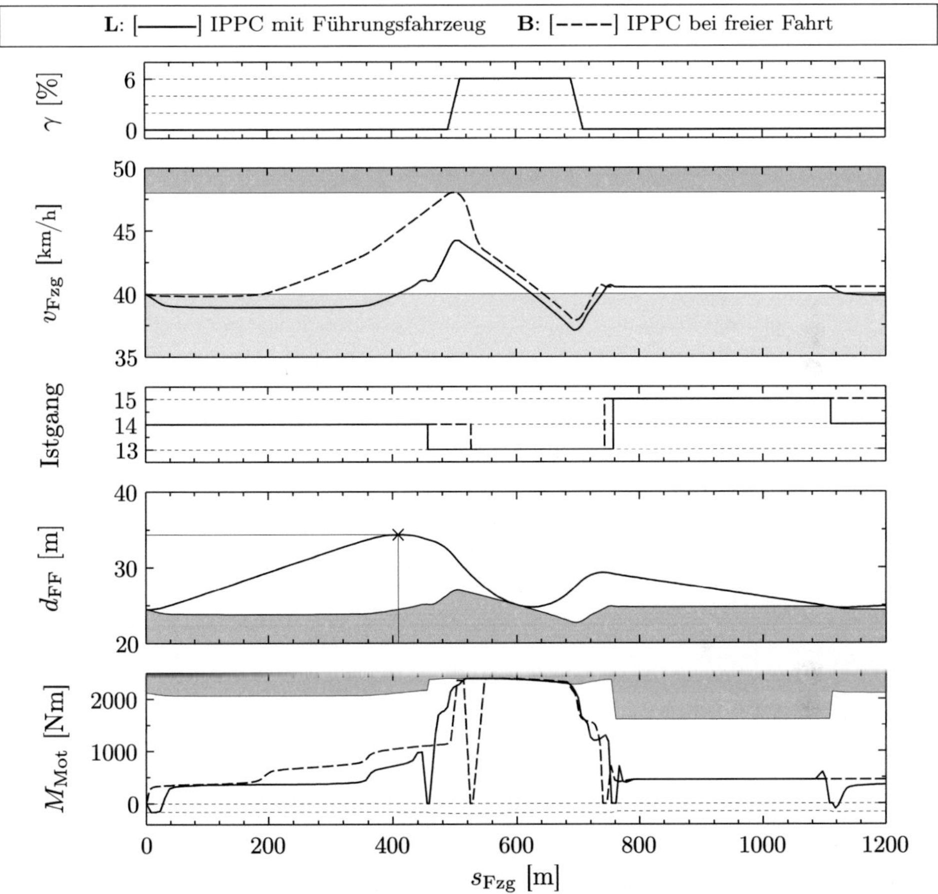

Abbildung 5.7: Vergleich der Simulationen einer 6%-Steigung mit und ohne vorausfahrendem Fahrzeug (im vierten Graph ist der Istabstand $d_{FF}(s)$ und Sollabstand $v_{Fzg} \cdot 2{,}2\,\mathrm{s}$ dargestellt)

Die Simulationsergebnisse sind in Abbildung 5.8 dargestellt. Beide Ergebnisse sind sehr ähnlich. Das Ergebnis **M** mit Führungsfahrzeug unterscheidet sich von dem der freien Fahrt (Ergebnis **G** in Abbildung 5.4) darin, dass wie bei der Steigungsstrecke bereits weit vor dem Gefälleabschnitt die Geschwindigkeit reduziert wird. Es wird dadurch Abstand zum Vordermann aufgebaut. Den größten Abstand zum Führungsfahrzeug hat das Fahrzeug in der Mitte des Gefälles. Er beträgt mit knapp über 60 m das Dreifache des Sollabstands.

Durch das Abfallen lassen vom Führungsfahrzeug vor dem Gefälle wird es möglich, wie bei der freien Fahrt, im Gefälle maximal kinetische Energie zu sammeln und dadurch nach dem Gefälle das Fahrzeug ausrollen zu lassen. Ohne die Vergrößerung des Abstandes vor dem Gefälle, würde das Fahrzeug zu nahe auf das Führungsfahrzeug auflaufen. Das Ausrollen nach dem Gefälle ist bei beiden Ergebnissen zunächst identisch. Erst bei $s_{Fzg} = 1000\,\mathrm{m}$ muss bei **M** in den 14. Gang zurückgeschaltet werden, denn dort wird der Mindestabstand zu dem mit 40 $^{\mathrm{km}}/_{\mathrm{h}}$ fahrenden Führungsfahrzeug berührt. Würde man das betrachtete Stre-

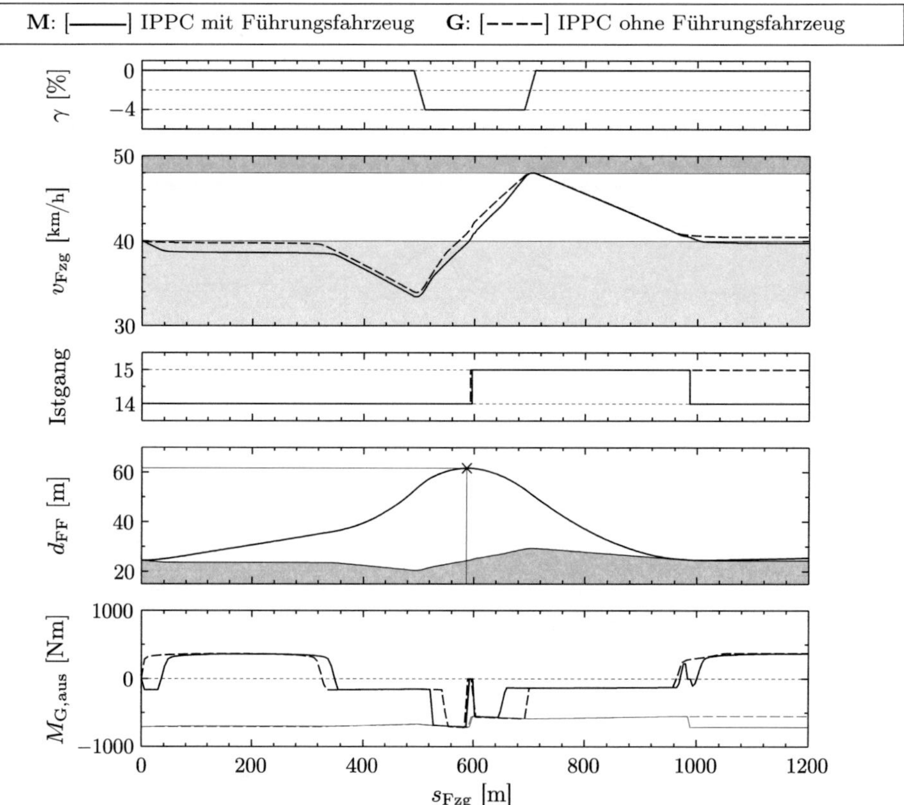

Abbildung 5.8: Vergleich der Simulationen eines 200 m langen Gefälles mit und ohne vorausfahrendem Fahrzeug

ckenintervall mit einem konventionellen Abstandsregeltempomaten befahren, würde dieser die Geschwindigkeit konstant auf $40\,\mathrm{km/h}$ einregeln und somit auf dem kompletten Intervall mit Mindestabstand fahren.

Durch die Fahrweise des IPPC-Systems wird Kraftstoff eingespart: Erstens, durch die Absenkung der Geschwindigkeit am Beginn des betrachteten Streckenintervalls. Zweitens, durch die Absenkung der Geschwindigkeit direkt vor dem Gefälle und schließlich durch das Ausrollen lassen nach dem Gefälle. Im Gegensatz zur freien Fahrt geschieht dies ohne eine Erhöhung der Fahrzeit, denn am Ende des Streckenabschnitts folgt das Fahrzeug dem Führungsfahrzeug wieder mit Mindestabstand. Eine vorausschauende Fahrweise wird also nicht durch ein vorausfahrendes Fahrzeug verhindert. Eine vorausschauende Abstandsregelung eröffnet vielmehr zusätzliche Möglichkeiten, den Verbrauch zu reduzieren.

5.1.2 Simulation einer Landstraßenstrecke

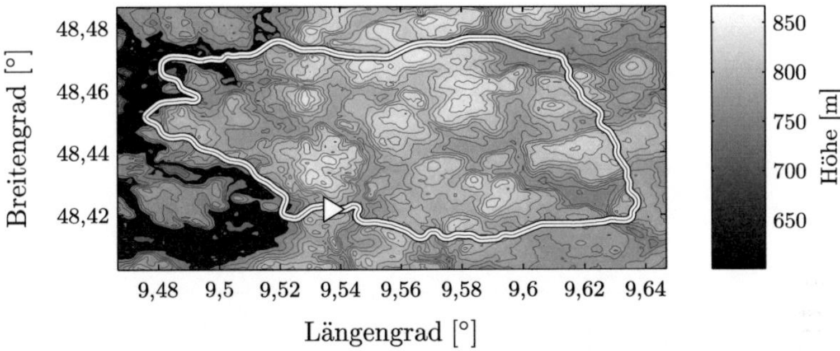

Abbildung 5.9: Straßenverlauf der Teststrecke Panzerringstraße Münsingen

Die Simulationen des vorigen Abschnitts von künstlichen Fahrsituationen haben gezeigt, wie das IPPC-System bei Steigungen, Gefällen oder bei einem Wechsel der Wunschgeschwindigkeit durch eine vorausschauende Fahrweise eine Verbesserung in den Kriterien Kraftstoffverbrauch, Fahrzeit, Sicherheit und Fahrkomfort erzielen kann. In diesem Abschnitt werden die folgenden Fragestellungen beantwortet:

1. Wie wird das IPPC-System reagieren, wenn sich die bisher betrachteten Fahrsituationen miteinander vermischen und beispielsweise eine Kurve im Gefälle bei einer sich ändernden Geschwindigkeitsbeschränkung durchfahren wird?

2. Wie ändert sich die Fahrweise des IPPC-Systems, wenn die Gewichtung des Verbrauchs in der Zielfunktion variiert wird?

3. Wie groß ist der Einfluss der Fahrweise auf den Kraftstoffverbrauch eines 40 t-Lkws auf der Landstraße?

Um diese Fragen zu beantworten, werden nun Simulationen der IPPC-Längsregelung mit Daten einer realen Strecke durchgeführt. Dabei wird in den einzelnen Simulationsdurchläufen der Gewichtungsfaktor für den Kraftstoffverbrauch der Zielfunktion variiert. Für die Simulationen werden die Streckendaten der *Panzerringstraße in Münsingen* verwendet, auf der auch die in Abschnitt 5.2 vorgestellten Ergebnisse der Fahrversuche herausgefahren wurden. Die Teststrecke wird deshalb an dieser Stelle genauer beschrieben.

Die Panzerringstraße befindet sich in einem ehemaligen Militärgelände in der Schwäbischen Alb. Die Lage der Teststrecke ist in Abbildung 5.9 zu sehen. Es handelt sich um einen Rundkurs mit einer Gesamtlänge von ca. 35 km. Gestartet wird von der Abbildung 5.9 eingezeichneten Position. Die Panzerringstraße besitzt ein sehr ausgeprägtes Steigungsprofil, weshalb sie ideal für Tests mit dem IPPC-System geeignet ist.

Der Verlauf der Fahrbahnsteigung ist in Abbildung 5.10 über der gefahrenen Strecke ab der definierten Startposition aufgetragen. Ebenfalls ist in Abbildung 5.10 der Verlauf der Absoluthöhe, der Kurvenkrümmung und der gesetzlichen Geschwindigkeitsbeschränkung zu sehen. Die Panzerringstraße verfügt über einige Kurven, in denen ein Lkw-Fahrer gezwungen ist, seine Geschwindigkeit zu reduzieren. Als Geschwindigkeitsbeschränkung gilt für

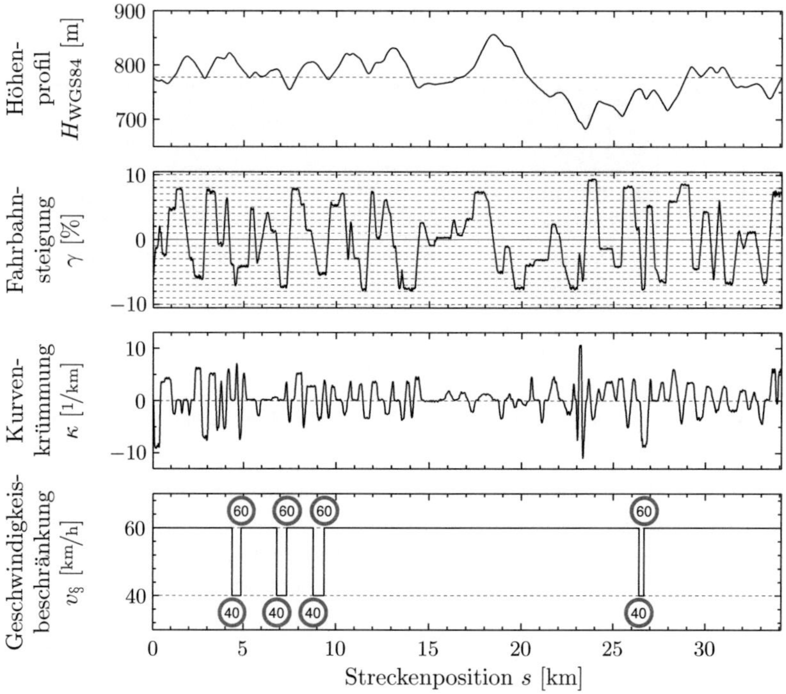

Abbildung 5.10: Streckencharakteristik der Panzerringstraße Münsingen

einen Lkw auf der Teststrecke wie auf jeder Landstraße zunächst $60^{\,\mathrm{km}}/_\mathrm{h}$. In vier Zonen ist auf der Panzerringstraße eine niedrigere erlaubte Geschwindigkeit von $40^{\,\mathrm{km}}/_\mathrm{h}$ beschildert.

Mit den Daten aus Abbildung 5.10 werden nun Simulationen durchgeführt, bei denen der Gewichtungsfaktor $\pi_Q \in [0, 50]$ für den Kraftstoffverbrauch in der Zielfunktion variiert wird. Die Simulationsergebnisse für $\pi_Q \in \{1, 10, 30\}$ sind in Abbildung 5.11 dargestellt. Im obersten Graph ist dort nochmals der Verlauf der Fahrbahnsteigung angegeben. Im zweiten Graph ist das Sollgeschwindigkeitsband zu sehen, welches sich aus den Verläufen der Kurvenkrümmung und der gesetzlichen Geschwindigkeitsbeschränkung ergibt.

Die Geschwindigkeitsverläufe der drei Ergebnisse liegen jeweils unterhalb $v_{\max}(s)$. Betrachtet man die Geschwindigkeitsverläufe für die drei Gewichtungsfaktoren über die gesamte Fahrstrecke, so wird deutlich, dass je höher π_Q gewählt wird, umso mehr senkt IPPC die Geschwindigkeit in manchen Fahrsituationen ab. Dabei fällt besonders der Verlauf für $\pi_Q = 30$ (Ergebnis **C**) auf, da er gegenüber den beiden anderen Ergebnissen teilweise sehr deutlich abfällt.

Der Vergleich der Istgangverläufe der drei Simulationsergebnisse liefert, dass für $\pi_Q = 1$ (Ergebnis **B**) in manchen Streckenabschnitt mit sehr niedrigem Gang gefahren wird. Ein niedriger Gang führt zwar zu hohen Motordrehzahlen und damit zu einem erhöhten Verbrauch. Der Verbrauch ist aber bei Ergebnis **B** nur von geringer Bedeutung. Wegen der geringen Gewichtung des Verbrauchs wird nämlich bei **B** der Gang so gewählt, dass stets

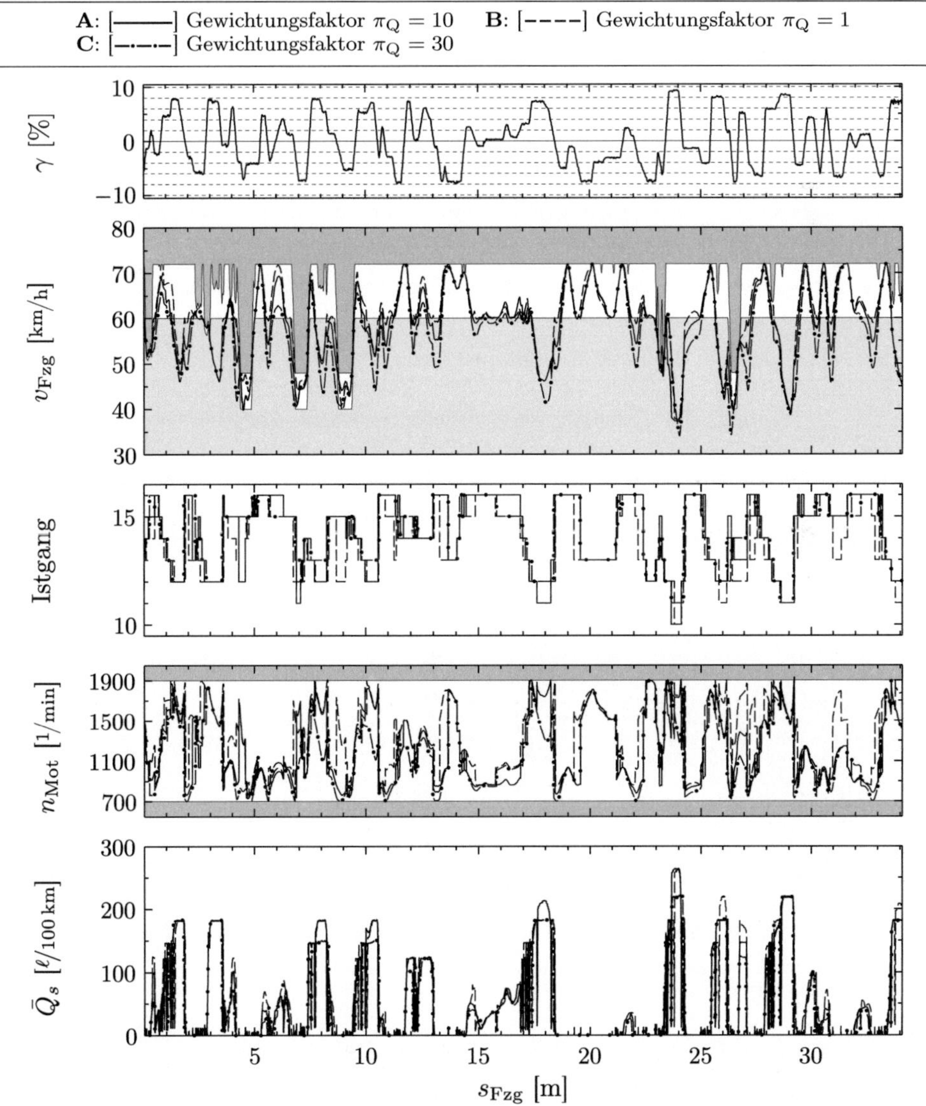

Abbildung 5.11: Simulationsergebnisse für die Teststrecke Panzerringstraße Münsingen für drei unterschiedliche Gewichtungen π_Q des Kraftstoffverbrauchs

ausreichend Zugkraft zur Verfügung steht. Die erhöhte Motordrehzahl bei Ergebnis **B** ist im vierten Graph von oben aus Abbildung 5.11 und der dadurch erhöhte Momentanverbrauch im untersten Graph zu erkennen.

Zur Analyse, wie sich das Fahrverhalten des IPPC-Systems mit zunehmender Gewichtung des Kraftstoffverbrauchs ändert, werden in Tabelle 5.3 zunächst fünf Betriebsarten des Antriebsstrangs definiert. Für die einzelnen Simulationsergebnisse werden nun die prozentua-

Vollgas	vom Motor wird das maximale Moment angefordert
Teilgas	es findet eine Einspritzung statt, jedoch nicht die maximale
Rollen	es wird keine Bremseinrichtung angesteuert und kein Kraftstoff eingespritzt
Zusatzbremsen	mindestens eine der Zusatzbremseinrichtungen ist aktiv aber die Betriebsbremse ist nicht aktiv
Betriebsbremsen	die Betriebsbremse ist aktiv

Tabelle 5.3: Definition von fünf Betriebsarten des Antriebsstrangs

len Anteile der Fahrstrecke bestimmt, in denen der Antriebsstrang in einer der definierten Arten betrieben wird. Die Aufteilung in Abhängigkeit des Gewichtungsparameters π_Q ist in Abbildung 5.12(a) dargestellt.

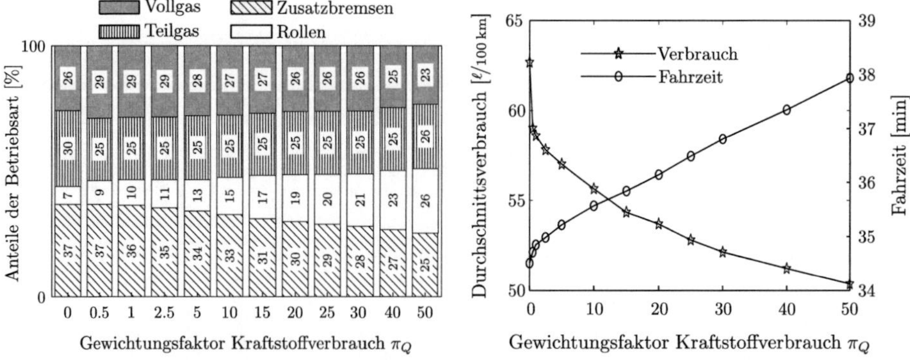

(a) Prozentuale Aufteilung der Fahrt in den definierten Betriebsarten des Antriebsstrangs

(b) Gegenüberstellung Verbrauch und Fahrzeit

Abbildung 5.12: Kennzahlen für die Simulationen der Panzerringstraße mit unterschiedlicher Gewichtung des Kraftstoffverbrauchs

Durch die hohe Bestrafung des Einsatzes der Betriebsbremse in der Zielfunktion wird die Betriebsbremse vom IPPC-System bei keinem Simulationslauf angesteuert. Die Betriebsart Betriebsbremsen besitzt deshalb keine Anteile in Abbildung 5.12(a). Es gelingt dem IPPC-System somit, alleine unter Verwendung der Zusatzbremsen v_{Fzg} unter v_{max} zu halten. In der Betriebsart Rollen wird kein Kraftstoff verbraucht. In Abbildung 5.12(a) ist zu sehen, dass mit zunehmender Gewichtung des Kraftstoffverbrauchs in der Zielfunktion der

Anteil der Rollphasen zunimmt. Während bei $\pi_Q = 0$ nur $7\,\%$ der Strecke gerollt wird, wird bei der sehr starken Gewichtung von $\pi_Q = 50$ insgesamt $26\,\%$ der Strecke in dieser verbrauchsgünstigen Betriebsart gefahren. Dies wird möglich, indem mit Zunahme von π_Q weniger gebremst wird.

Im vorigen Abschnitt wurde gezeigt, dass durch Absenken der Geschwindigkeit vor Gefälleabschnitten und frühzeitiges Ausrollen lassen vor einer Kurve Kraftstoff eingespart werden kann. Dies aber auf Kosten einer Unterschreitung der Wunschgeschwindigkeit. Die Abnahme der Anteile der Betriebsart Zusatzbremsen mit Zunahme von π_Q lässt vermuten, dass IPPC mit steigender Gewichtung der Kraftstoffverbrauchs in der Zielfunktion verstärkt diese Strategien umsetzt. Dies bestätigt auch der Vergleich der Geschwindigkeitsverläufe in Abbildung 5.11. Betrachtet man Abbildung 5.12(a) mag zunächst verwundern, dass bei nicht Berücksichtigung des Kraftstoffverbrauchs in der Zielfunktion ($\pi_Q = 0$) der Anteil der Betriebsart Vollgas etwas geringer ausfällt. Dies liegt aber daran, dass für $\pi_Q = 0$ in so niedrigen Gängen gefahren wird, dass die Zugkraftreserve stets so groß ausfällt, dass ein Volllastbetrieb des Motors gar nicht notwendig wird. Entsprechend ist der Anteil der Betriebsart Teilgas bei $\pi_Q = 0$ größer.

Mit π_Q wird der Kraftstoffverbrauch gegenüber der Einhaltung der Wunschgeschwindigkeit gewichtet. Letzteres führt zu einer erhöhten Durchschnittsgeschwindigkeit und damit zu einer geringeren Fahrzeit. Abbildung 5.12(b) zeigt die Gegenüberstellung der Absolutwerte der konkurrierenden Ziele – geringe Fahrzeit und geringer Kraftstoffverbrauch – aufgetragen über dem Gewichtungsparameter π_Q. Wie erwartet fällt mit Zunahme von π_Q der Kraftstoffverbrauch streng monoton und die Fahrzeit nimmt streng monoton zu. Das Diagramm in Abbildung 5.12(b) liefert auch die Antwort auf die dritte der am Anfang dieses Abschnitts gestellten Fragen, inwieweit die Fahrweise alleine den Kraftstoffverbrauch beeinflusst: Bei einem Nichtbeachten des Kraftstoffverbrauchs ($\pi_Q = 0$) wird $24\,\%$ mehr Kraftstoff verbraucht, als wenn extrem verbrauchsorientiert ($\pi_Q = 50$) gefahren wird.

Darüber, welches nun die *richtige* Wahl für π_Q ist, kann keine Aussage getroffen werden, denn über diesen Parameter wird der Kompromiss zwischen zügigem Vorankommen und ökonomischem Fahren eingestellt. Der Parameter π_Q kann deshalb beim IPPC-System vom Fahrer selbst vorgegeben werden. Im Fahrversuch mit verschiedenen Probanden hat sich gezeigt, dass $\pi_Q = 10$ von den meisten Fahrern noch akzeptiert wird. Wie in Abbildung 5.12(b) zu sehen ist, führt eine weitere Erhöhung von π_Q zu einer unverhältnismäßig großen Zunahme der Fahrzeit.

5.1.3   Simulation einer Autobahnfahrt

Im Gegensatz zum Pkw existieren zur Bestimmung des Verbrauchs eines Lkws keine normierten Testzyklen wie beispielsweise dem NEFZ[2]. Dies liegt daran, dass einen Fuhrunternehmer beim Kauf eines Fahrzeugs nicht die Verbrauchswerte eines Lkws auf einer virtuellen Strecke interessieren, sondern dessen Kraftstoffverbrauch im realen Einsatz. Im deutschen Lastkraftwagengewerbe hat sich die Autobahnstrecke von Stuttgart nach Hamburg als eine repräsentative Fahrstrecke herauskristallisiert, den Verbrauch eines Fahrzeugs im Fernverkehr zu ermitteln. Diese Autobahnstrecke wird deshalb in diesem Abschnitt dazu verwendet, die Längsregelung des IPPC-Systems mit den heutigen Seriensystemen des konventionellen Tempomaten und der Automatischen Gangermittlung in der Simulation zu vergleichen. Zunächst wird die Autobahnstrecke Stuttgart–Hamburg beschrieben, anschließend erfolgt die Vorstellung der Ergebnisse der Vergleichssimulation.

Die Strecke Stuttgart–Hamburg verläuft über die Zwischenstationen Ulm, Würzburg, Bad Hersfeld, Göttingen und Hannover. Der betrachte Streckenabschnitt besitzt eine Gesamtlänge von 773 km. Eine Darstellung des Steigungsprofils über der Fahrstrecke wie im vorigen Abschnitt für die Panzerringstraße wäre für die lange Autobahnstrecke zu unübersichtlich. Stattdessen wird in Abbildung 5.13 die Verteilung der Fahrbahnsteigung auf Steigungscluster gezeigt. Gegenüber dem sehr ausgeprägten Steigungsprofil der Panzerringstraße Münsingen ist die Strecke Stuttgart–Hamburg zu ca. 50 % eben. Steigungen über 5 % treten nur in 8,2 % der Gesamtstrecke auf, ebenso beträgt der Anteil von mittleren bis steilen Gefällen nur 8 %. Bei der Simulation wird für die gesamte Strecke für die Geschwindigkeitsbeschränkung 80 km/h gesetzt und die Kurvenkrümmung durchgängig zu Null angenommen.

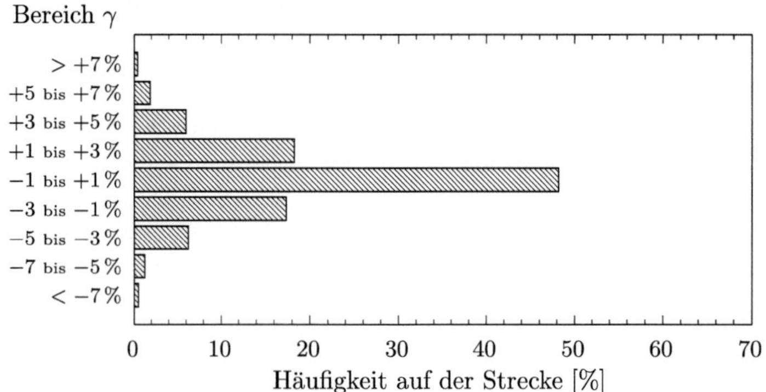

Abbildung 5.13: Häufigkeiten der Steigungscluster auf der Autobahnstrecke von Stuttgart nach Hamburg

Durch die konstante Geschwindigkeitsbeschränkung und das nicht Berücksichtigen von Kurven ist es möglich, zur Längsregelung des Fahrzeugs den konventionellen Tempomaten einzusetzen. Damit kann der Vergleich zwischen der Längsregelung des IPPC-Systems und dem konventionellen Tempomaten zusammen mit der Gangwahl der AG unternommen werden. Als Setzgeschwindigkeit des Tempomaten wird 80 km/h vorgegeben und der Hysteresewert

---

[2]Neuer Europäischer Fahrzyklus

für das Regelband wird zu $\Delta v_{\text{Hyst}} = 8\,\text{km/h}$ gesetzt. Entsprechend wird die Wunschgeschwindigkeit des IPPC-Systems auf $v_{\text{Wunsch}} = 80\,\text{km/h}$ eingestellt ($\Upsilon_{\text{Wunsch}} = 0\,\%$) und ein Überschreiten der Wunschgeschwindigkeit um maximal $10\,\%$ zugelassen. Beiden Längsregelungssystemen wird damit dasselbe Geschwindigkeitsband vorgegeben.

	Tempomat und AG	IPPC-System	Δ
Absolutverbrauch	$275{,}2\,\ell$	$263{,}7\,\ell$	$-4{,}15\,\%$
mittl. Verbrauch	$35{,}60\,\ell/100\,\text{km}$	$34{,}13\,\ell/100\,\text{km}$	$-4{,}15\,\%$
mittl. Geschwindigkeit	$79{,}21\,\text{km/h}$	$78{,}85\,\text{km/h}$	$-0{,}44\,\%$
Fahrzeit	$9\,\text{h}\,46\,\text{min}$	$9\,\text{h}\,48\,\text{min}$	$+0{,}45\,\%$
Anzahl Gangwechsel	191	151	$-20{,}9\,\%$
mittl. Motordrehzahl	$1206\,1/\text{min}$	$1202\,1/\text{min}$	$-0{,}33\,\%$
minimale Geschwindigkeit	$33{,}2\,\text{km/h}$	$37{,}34\,\text{km/h}$	$+12{,}47\,\%$

Tabelle 5.4: Gegenüberstellung der mit den Seriensystemen und dem IPPC-System erzielten Simulationsergebnisse für die Strecke Stuttgart–Hamburg

In Tabelle 5.4 sind Simulationsergebnisse für die Autobahnstrecke Stuttgart–Hamburg für die Seriensysteme und das IPPC-System gegenübergestellt. Dem IPPC-System gelingt es, die Strecke mit einem um $4{,}15\,\%$ geringeren Kraftstoffverbrauch zu durchfahren. Die Durchschnittsgeschwindigkeit des IPPC-System liegt dabei um $0{,}44\,\%$ nur geringfügig unterhalb der des konventionellen Tempomaten. Mit nur 151 Gangwechseln beim IPPC-System gegenüber 191 bei der Automatischen Gangermittlung wird bei IPPC die Schalthäufigkeit um knapp $21\,\%$ reduziert, so dass IPPC sowohl den Getriebeverschleiß reduziert als auch den Fahrkomfort erhöht.

Ein Vergleich beider Simulationsergebnisse anhand von einzelnen Fahrsituationen ist aufgrund der Länge der Teststrecke nicht sinnvoll. Stattdessen wird anhand einer globalen Analyse der Simulationsergebnisse aufgezeigt, wie es dem IPPC-System gelingt, weniger Kraftstoff als die Seriensysteme zu benötigen. Dafür wird zuerst in Abbildung 5.14 links die Gangverteilungen beider Simulationen näher betrachtet. Es fällt auf, dass sowohl die AG als auch das IPPC-System mit annähernd gleichen Häufigkeiten in den einzelnen Gängen fährt. Die Wahl des Ganges scheint also nicht Ursache der Verbrauchseinsparung zu sein. Die geringere Schalthäufigkeit des IPPC-Systems führt dagegen zu einer Verbrauchsreduktion, da bei jedem Gangwechsel aufgrund der Zugkraftunterbrechung die Fahrzeuggeschwindigkeit fällt und deshalb nach jedem Gangwechsel zusätzlicher Kraftstoff aufgebracht werden muss, um das Fahrzeug wieder auf Setzgeschwindigkeit zu beschleunigen.

Einen näheren Einblick auf die unterschiedlichen Fahrweisen der Seriensysteme und des IPPC-Systems liefert die Verteilung der Fahrzeuggeschwindigkeiten über der Fahrstrecke in Abbildung 5.14 rechts. Die bereits erwähnte geringere Durchschnittsgeschwindigkeit des IPPC-Systems ist dort anhand der unterschiedlichen Verteilungen in den Clustern $79\,\text{km/h}$ und $80\,\text{km/h}$ zu erkennen. Die Absenkung der mittleren Geschwindigkeit ist zwar eine weniger gewünschte Maßnahme zur Reduktion des Kraftstoffverbrauchs, der geringere Ver-

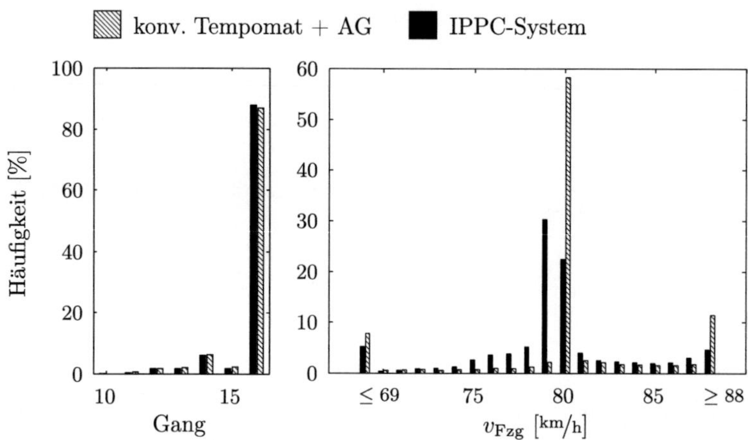

Abbildung 5.14: Links: Vergleich der Häufigkeitsverteilungen des gewählten Ganges bei Simulation des Tempomaten mit AG und des IPPC-Systems, rechts: Vergleich der Häufigkeitsverteilung der gefahrenen Geschwindigkeiten

brauch des IPPC-Systems rührt aber auch nur zu einem geringen Teil aus der Absenkung der Durchschnittsgeschwindigkeit um 0,35 km/h.

Eine Ursache für die höhere Durchschnittsgeschwindigkeit bei den Seriensystemen ist, dass der konventionelle Tempomat im Bremsbetrieb die Fahrzeuggeschwindigkeit auf die obere Grenze des Bandes von 88 km/h regelt. Aufgrund der PI-Regelung überschreitet er zusätzlich in Transienten den oberen Grenzwert. Das IPPC-System hingegen betätigt die Zusatzbremsen vorausschauend, so dass es zu keinen Verletzungen des Geschwindigkeitsbandes kommt, außerdem ist es die Regelstrategie von IPPC bei der Fahrt im Gefälle, die Geschwindigkeit im Regelband konstant zu halten und nicht die Maximalgrenze einzustellen, da ein schnelleres Fahren im Gefälle als unangenehm empfunden wird. Dies führt dazu, dass die Seriensysteme zu höheren Anteilen mit einer Geschwindigkeit größer oder gleich 88 km/h fahren und beim IPPC-System höhere Anteile innerhalb des Bandes vorhanden sind, wie in Abbildung 5.14 rechts zu sehen ist.

Vergleicht man die Anteile in denen in beiden Simulationen mit einer Geschwindigkeit von 69 km/h und niedriger gefahren wird, erhält man Aufschluss über die Fahrweisen in steilen Steigungen, denn dort kommt es zu Einbrüchen der Geschwindigkeit: Das IPPC-System fährt deutlicher seltener als die Seriensysteme mit einer Geschwindigkeit kleiner 69 km/h. Dies ist darauf zurückzuführen, dass das IPPC-System früher in und vor Steigungen in niedrigere Gänge schaltet, so dass in der Steigung eine höhere Motorleistung abgegeben werden kann. So gelingt es dem IPPC-System, starke Einbrüche der Geschwindigkeit zu mindern. Die kleinste Geschwindigkeit des IPPC-Systems liegt mit 37,34 km/h um 12,47 % oberhalb derjenigen der Simulation der Seriensysteme (vergleiche Tabelle 5.4).

In Abbildung 5.15 ist der Vergleich der Lastpunktverteilungen für die Betriebsarten Vollgas, Teilgas und Rollen beider Simulationen dargestellt. Dort eingetragen sind aufgeteilt in einzelne Betriebspunktquadranten die Häufigkeiten, mit denen in einem Quadranten gefahren wird, links für die Simulation der Seriensysteme und rechts für das IPPC-System. In den

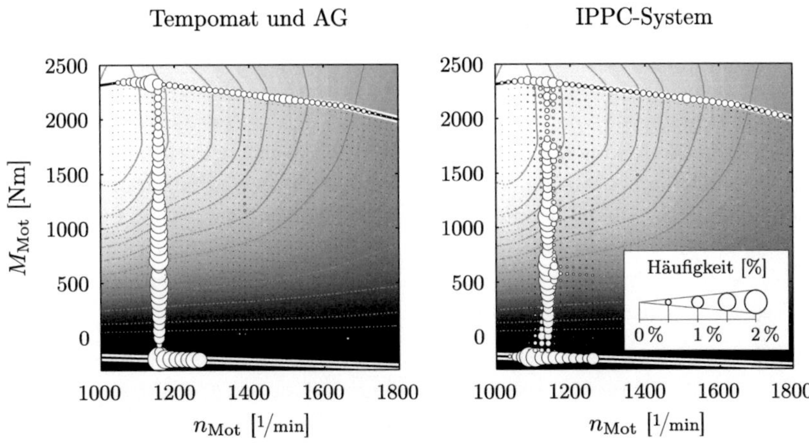

Abbildung 5.15: Verteilungen der Lastpunkte beim angetriebenen oder rollenden Fahrzeug

Schaubildern sind auch jeweils die Kennlinien des Volllast- und Schleppmoments des Motors eingezeichnet. Es werden dabei nur Lastpunkte gezählt, bei denen das Motormoment größer oder gleich dem Schleppmoment ist. Da bei beiden Simulationen die meiste Zeit im 16. Gang mit ca. 80 $^{\mathrm{km}}/_{\mathrm{h}}$ gefahren wird, häufen sich die Betriebspunkte in beiden Diagrammen um die Motordrehzahl $n_{\mathrm{Mot,set}} = 1150\,^{1}/_{\mathrm{min}}$, die sich bei dieser Geschwindigkeit im 16. Gang einstellt. Es werden nun die unterschiedlichen Verteilungen beider Simulationsergebnisse verglichen. Dies geschieht getrennt für Lastpunkte auf der Volllastlinie, auf der Schlepplinie und im Teilgasbereich.

Zuerst werden die Lastpunktverteilungen im Schleppbetrieb verglichen, bei dem das Fahrzeug unter Unterbrechung der Kraftstoffzufuhr rollt. Es fällt auf, dass beim Simulationsergebnis der Seriensysteme diese sich allesamt im Intervall $[n_{\mathrm{Mot,set}}, n_{\mathrm{Mot,grenz}}]$ befinden, wobei $n_{\mathrm{Mot,grenz}} = 1265\,^{1}/_{\mathrm{min}}$ gerade die Drehzahl ist, welche sich im 16. Gang für die obere Grenze des Geschwindigkeitsbandes von 88 $^{\mathrm{km}}/_{\mathrm{h}}$ einstellt. Diese Beobachtung ist mit der Funktionsweise des Tempomaten zu erklären, der bei einer Unterschreitung der Setzgeschwindigkeit unverzüglich zu feuern beginnt und erst bei einer Überschreitung des Geschwindigkeitsbandes bremst.

Die Verteilung der Lastpunkte des IPPC-Systems auf der Schleppkennlinie zeigt dagegen das andere Regelverhalten von IPPC. Das System lässt die Motordrehzahl im Rollbetrieb bis auf 1087 $^{1}/_{\mathrm{min}}$ abfallen, was im 16. Gang einer Fahrzeuggeschwindigkeit von 75,6 $^{\mathrm{km}}/_{\mathrm{h}}$ entspricht. Das IPPC-System wendet dabei die in den Simulationen des Abschnitts 5.1.1 beschriebene Strategie vor Gefällen an, bereits deutlich vor einem Gefälle die Einspritzung zu unterbrechen. In den letzten Metern vor dem Gefälle wird dadurch Kraftstoff eingespart. Der daraus resultierende Abfall der Fahrzeuggeschwindigkeit vor dem Gefälle wird dabei durch das ungebremste Einrollen im ersten Teil des Gefälles wieder ausgeglichen.

Betrachtet man die Lastpunkte des Volllastbetriebs des Diagramms der Seriensysteme fällt auf, dass sich diese unterhalb von $n_{\mathrm{Mot,set}}$ häufen. Zu erklären ist dies mit den späten Rückschaltungen der AG in Steigungen, die erst in einer Steigung den erhöhten Fahrwiderstand erkennen kann. Dadurch wird beim Simulationsergebnis der Seriensysteme oft im 16. Gang in die Steigung hineingefahren, so dass es zu einem Geschwindigkeits- und damit Drehzahlabfall kommt. Das Diagramm des IPPC-Systems zeigt diese Häufigkeit der Lastpunkte auf der Volllastlinie unterhalb von $n_{\mathrm{Mot,set}}$ nicht, da das IPPC-System früher zurückschaltet. Dagegen weist die Verteilung des IPPC-Systems im Vergleich zu derjenigen der Seriensysteme mehr Anteile knapp oberhalb von $n_{\mathrm{Mot,set}}$ auf. Dies ist zurückzuführen auf das Schwung holen vor Steigungen, wie es bereits bei den Simulationen in Abschnitt 5.1.1 beobachtet werden konnte. Ein Schwung holen ohne anschließende Rückschaltung kann auf der Teststrecke Stuttgart-Hamburg nur sehr selten beobachtet werden, da auf der Autobahn zum größten Teil sehr langgezogene Steigungsabschnitte auftreten.

Der Vergleich der Lastpunktverteilungen auf der Volllastlinie im Gebiet um $n_{\mathrm{Mot,set}}$ gibt Aufschluss über die Fahrweisen der Seriensysteme und des IPPC-Systems zu Beginn einer Steigung. Der Vergleich der Lastpunktverteilungen zeigt aber auch, dass beide Systeme eine unterschiedliche Schaltstrategie bei der Fahrt in einer mittleren bis steilen Steigung verfolgen: Die Automatische Gangermittlung wählt nur sehr selten Gänge, die zu einer Motordrehzahl größer $1600\,^1/_{\mathrm{min}}$ führen. Die Lastpunkte der AG konzentrieren sich unterhalb von $1500\,^1/_{\mathrm{min}}$. Im Gegensatz dazu führt die Gangwahl des IPPC-Systems im Volllastbetrieb zu höheren Drehzahlen. Dessen Lastpunkte verteilen sich eher gleichmäßig bis zu einer Drehzahl von $1800\,^1/_{\mathrm{min}}$. Dadurch fordert das IPPC-System dem Motor eine höhere Antriebsleistung ab, was zu der geringeren Minimalgeschwindigkeit und den geringeren Fahranteilen mit einer Geschwindigkeit unter $69\,^{\mathrm{km}}/_{\mathrm{h}}$ führt.

Im Teillastbereich liegen die Lastpunkte der Simulation der Seriensysteme fast ausschließlich auf der Drehzahl $n_{\mathrm{Mot,set}}$. Dies ist nicht verwunderlich, da im Teillastbereich die PI-Regelung des Tempomaten hart auf Setzgeschwindigkeit regelt. Die Lastpunkte des IPPC-Systems sind im Teillastbereich hingegen auf das gesamte Drehzahlband von knapp unterhalb $n_{\mathrm{Mot,set}}$ bis auf $n_{\mathrm{Mot,grenz}}$ verteilt. Zwar ist auch hier die Verteilung der Lastpunkte auf $n_{\mathrm{Mot,set}}$ konzentriert, jedoch nicht so strikt wie bei den Seriensystemen. IPPC variiert die Fahrzeuggeschwindigkeit für den Fahrer kaum merklich um $\pm1\,^{\mathrm{km}}/_{\mathrm{h}}$, so dass Drehzahlschwankung im 16. Gang von $\pm15\,^1/_{\mathrm{min}}$ entstehen. Dies ist darauf zurückzuführen, dass das IPPC-System auf leichte Schwankungen des Fahrwiderstands nicht unmittelbar wie der Tempomat mit Momentänderungen reagiert, sondern die Wunschgeschwindigkeit weich und lose regelt, so dass daraus eine Verbrauchseinsparung resultiert. Die Lastpunkte des IPPC-Systems oberhalb von $n_{\mathrm{Mot,set}}$ sind ein Ergebnis des Schwungholens vor Steigungen.

Die Vergleichssimulation der Autobahnstrecken Stuttgart–Hamburg hat gezeigt, dass es mit dem IPPC-System möglich ist, gegenüber den heute in Serienfahrzeugen vorhandenen Systemen des konventionellen Tempomaten und der Automatischen Gangermittlung sehr lohnenswerte Verbrauchseinsparungen zu erzielen. Dies, obwohl auf einer Autobahnstrecke wenig transiente Fahrsituationen vorkommen, bei denen sich der Fahrwiderstand oder sich aufgrund der Kurvenkrümmung oder Geschwindigkeitsbeschränkungen die Wunschgeschwindigkeit schnell ändern. Solche Fahrsituationen findet man weitaus häufiger auf Landstraßen, wie der Panzerringstraße in Münsingen.

5.2 Fahrversuche

Im vorigen Abschnitt wurden anhand von Simulationen die Vorteile der vorausschauenden Längsregelung des IPPC-Systems gezeigt. Es gilt nun, diese Vorteile auch im realen Fahrversuch nachzuweisen. Dies wird in diesem Abschnitt erfolgen.

In Teilabschnitt 5.1.2 wurde die Panzerringstraße in Münsingen vorgestellt. Diese wurde zur Entwicklung und zum Test des IPPC-Systems zur alleinigen Benutzung angemietet. So war es möglich, wiederholt Tests durchzuführen, die nicht durch andere Verkehrsteilnehmer oder Ampeln gestört wurden. Insgesamt wurden auf der Panzerringstraße im Laufe der Entwicklung von IPPC mehr als 1000 km mit aktivem System erfolgreich zurückgelegt. In Teilabschnitt 5.2.2 werden davon die Messergebnisse von drei Runden präsentiert und diese mit den Simulationsergebnissen aus Teilabschnitt 5.1.2 verglichen. Der Vergleich wird zeigen, dass eine große Übereinstimmung zwischen Simulationen und realem Regelverhalten des IPPC-Systems besteht.

Bei den Simulationen der Panzerringstraße in Teilabschnitt 5.1.2 wurde noch keine Aussage darüber getroffen, wie groß das Kraftstoffeinsparpotenzial des IPPC-Systems auf einer Landstraße wie der Panzerringstraße mit anspruchsvollem Steigungsprofil ist. Dies liegt daran, dass für die Simulation kein „Gegner" für einen Vergleich zur Verfügung stand, denn der konventionelle Tempomat ist nicht in der Lage, der wechselnden Wunschgeschwindigkeit auf der Panzerringstraße zu folgen. Im Fahrversuch sieht dies anders aus. In Abschnitt 5.2.2 werden Messergebnisse von einer Vergleichsfahrt zwischen dem IPPC-System und einem geübten Fahrer präsentiert und analysiert. Der „Gegner" war dabei Fahrer Ralf, der manuell die Geschwindigkeit im Rahmen der Spielregeln frei regelte und die Gangwahl der Automatischen Gangermittlung überließ.

In Teilabschnitt 5.1.1 wurde anhand von zwei idealisierten Fahrsituationen die vorausschauende Abstandsregelung des IPPC-Systems demonstriert. Wie sich das IPPC-System im realen Fahrzeugtest bei einem mit stochastisch wechselnder Geschwindigkeit vorausfahrenden Fahrzeugs bewährt hat, wird in Teilabschnitt 5.2.3 vorgestellt. Bevor jedoch die mit dem IPPC-System erzielten Messergebnisse präsentiert werden, wird beschrieben, wie das IPPC-System in die Versuchsfahrzeuge integriert wurde.

5.2.1 Integration des Systems im Versuchsfahrzeug

Die beiden Mercedes-Benz Actros Versuchsfahrzeuge wurden bereits zu Beginn von Abschnitt 5.1 vorgestellt. Für die Vergleichsfahrt in Teilabschnitt 5.2.2 wurde Versuchsfahrzeug A (Actros 1853) und für die Erprobung der Abstandsregelung des IPPC-Systems in Teilabschnitt 5.2.3 Versuchsfahrzeug B (Actros 1846) eingesetzt.

Die Software des IPPC-Systems ist als Matlab/Simulink-Modell implementiert. Abbildung 5.16 zeigt die oberste Ebene des Modells. Aufgeteilt sind die Funktion der Streckenvorausschau – dort als *MapModul* bezeichnet – und das Modul IPPC. Die Programmierung in Simulink ermöglicht, Zielrechner unterschiedlicher Hersteller für die Integration des Systems im Fahrzeug einzusetzen. Komplexe Module wie beispielsweise die Trajektorienplanung wurden dabei direkt in C-Code programmiert und als Simulink S-Function in das Modell

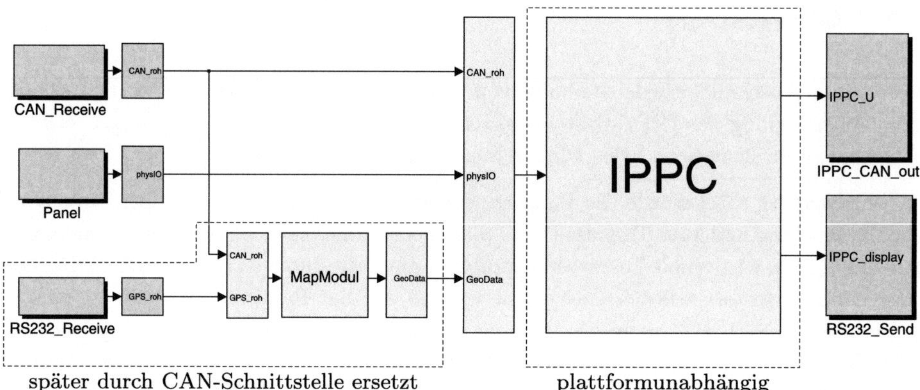

Abbildung 5.16: Obere Ebene des Simulink-Modells des IPPC-Systems

integriert. Das Werkzeug Matlab/Simulink bietet mit dem *Realtime-Workshop* (RTW) die Möglichkeit, automatisch den für eine Zielplattform passenden Code zu generieren. Die Anbieter der Zielrechner liefern dafür sog. *RTW-Targets* mit entsprechenden Treiberblöcken (graue Blöcke in Abbildung 5.16) an, mit denen eine schnelle Anpassung der Schnittstellen der Software an deren Produkt gelingt.

Für die Realisierung des IPPC-Systems in den Versuchsfahrzeugen wurden zwei unterschiedliche Echtzeitrechner verwendet: in Versuchsfahrzeug A eine *xPC-TargetBox* der Firma Mathworks mit einem 700 MHz Intel Pentium III Prozessor, 128 MByte Arbeitsspeicher und 32 GByte Flash-Speicher und in Versuchsfahrzeug B eine *AutoBox* der Firma dSpace mit 1 GHz Motorola 750 PowerPC Prozessor, 128 MByte Arbeitsspeicher und 16 GByte Flash. Beide Rechner besitzen zwei serielle Anschlüsse (RS232) und vier CAN-Anschlüsse. Auf beiden Zielplattformen läuft jeweils ein proprietäres, multi-tasking fähiges Betriebssystem der jeweiligen Hersteller. Für genauere Informationen zu den Zielrechnern und deren Betriebssysteme sei auf die Homepage der jeweiligen Hersteller verwiesen. Abbildung 5.17 zeigt am Beispiel von Fahrzeug B den Versuchsaufbau im Fahrzeug und die Integration des IPPC-Systems in die Architektur der Seriensteuergeräte. Der Aufbau von Versuchsfahrzeug A ist dabei nicht grundlegend unterschiedlich zu dem von B.

Das IPPC-System empfängt über den Fahrzeug- und Getriebe-CAN sämtliche Informationen, welche es neben den Vorausschaudaten zur Längsregelung des Fahrzeugs benötigt. Die Ansteuerung des Motors und des Retarders erfolgt wie in Abschnitt 4.1.2 beschrieben über den Drehmomentenpfad in der CPC. Für das IPPC-Projekt wurde eine Variante des Drehmomentenpfads erstellt, bei der über eine abgesicherte Kommunikation über den Fahrzeug-CAN das IPPC-Sollmoment empfangen und verarbeitet wird. Die CPC berechnet dann aus dem IPPC-Sollmoment das Soll-Antriebsmoment bzw. die Soll-Bremsstufe des Motors und das Sollmoment für den Retarder und sendet diese Stellgrößen über die Serienschnittstellen an die betreffenden Steuergeräte. Ebenfalls in der CPC untergebracht ist die Automatische Gangermittlung, welche den Sollgang entweder durch das ihr hinterlegte Schaltprogramm oder aus einer Betätigung des so genannten Gebergeräts durch den Fahrer ermittelt. Den Sollgang sendet die AG über den Getriebe-CAN an die Getriebesteuerung.

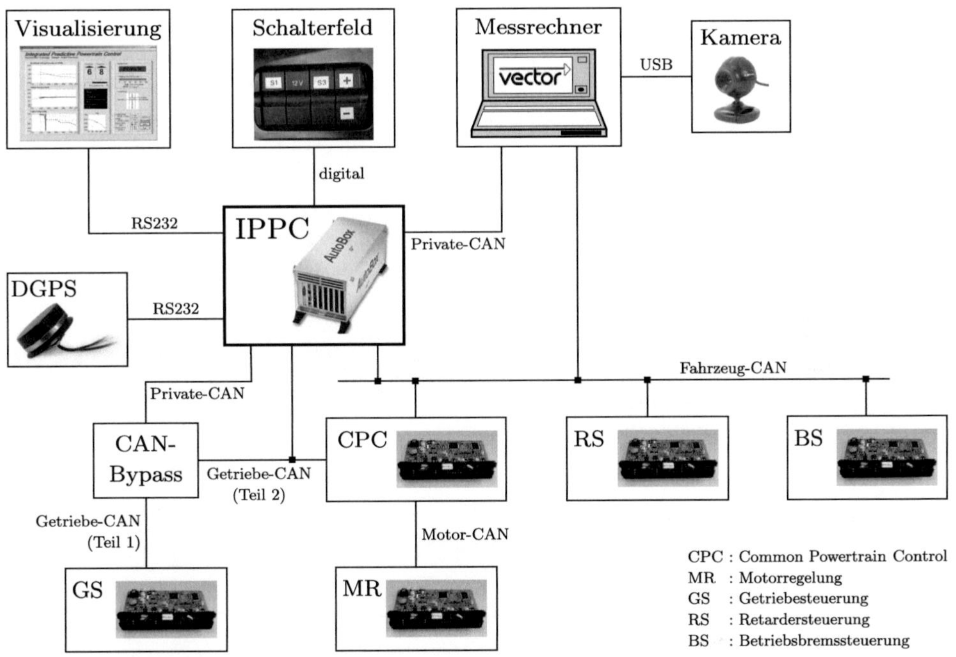

Abbildung 5.17: Schema der Integration des IPPC-Systems im Versuchsfahrzeug B

Zur Realisierung der Sollgangvorgabe des IPPC-Systeme wurde der Getriebe-CAN aufgetrennt und ein Steuergerät, in Abbildung 5.17 als CAN-Bypass bezeichnet, zwischengeschal-
tet. Der CAN-Bypass empfängt vom IPPC-System eine Anforderung für die Hoheit über
die Sollgangvorgabe, einen Sollgang und die Schaltungsfreigabe. Wünscht das IPPC-System
die Ganghoheit, wird die CAN-Botschaft von der CPC, über welche die Ansteuerung des
Getriebes erfolgt, manipuliert und dabei die entsprechenden Signale der Botschaft durch
die Vorgaben des IPPC-Systems ersetzt. Eine Ansteuerung der Betriebsbremse durch das
IPPC-Systems ist nur in Versuchsfahrzeug A realisiert. In diesem Fahrzeug wurde die BS
durch ein Steuergerät mit modifizierter Software ersetzt, mit der eine externe Vorgabe einer
Sollverzögerung möglich ist.

Das für die Versuche dieser Arbeit eingesetzte MapModul empfängt über eine serielle
Schnittstelle (RS232) Botschaften eines DGPS-Empfängers mit der absoluten Fahrzeugposition auf dem WGS84 Ellipsoid und über den CAN-Bus die Raddrehzahlen von der BS.
Mit Hilfe dieser Informationen und der digitalen Karte ermittelt das MapModul entsprechend der Beschreibung aus Abschnitt 2.2.1 die aktuelle Fahrzeugposition, den zukünftig
befahrenen Streckenabschnitt und stellt für den Vorausschauhorizont die benötigten Streckenattribute bereit. Die digitale Karte ist dabei nur für eine vordefinierte Versuchsstrecke
im Flash-Speicher des Echtzeitrechners hinterlegt. Die Route liegt damit stets vorab fest, so
dass die Funktionalität der Schätzung zukünftig befahrener Routen nicht benötigt wird. Zu
Beginn des IPPC-Projekts und damit für den in dieser Arbeit betrachteten Zeitraum war
das MapModul, wie beschrieben, Teil der IPPC-Software. Später erfolgte eine Trennung

des MapModuls von der IPPC-Funktion in ein externes Modul. Die Streckenvorausschau wurde dann über ein anwendungsspezifisches Protokoll über den CAN-Bus übermittelt. Das weiterentwickelte MapModul besitzt sowohl die Funktionalität der Routenschätzung als auch die Möglichkeit mit Kartendaten im standardisierten GDF-Format[3] zu arbeiten.

Bedient wird das IPPC-System über das Schalterfeld, welches in der Konsole eingebaut ist. Mit den Tastern erfolgt dabei die Aktivierung der IPPC-Längsregelung sowie die Einstellung des gewünschten Geschwindigkeitsbandes und des Gewichtungsfaktors für den Kraftstoffverbrauch in der Zielfunktion. Die Visualisierung des IPPC-Systems besteht aus ei-

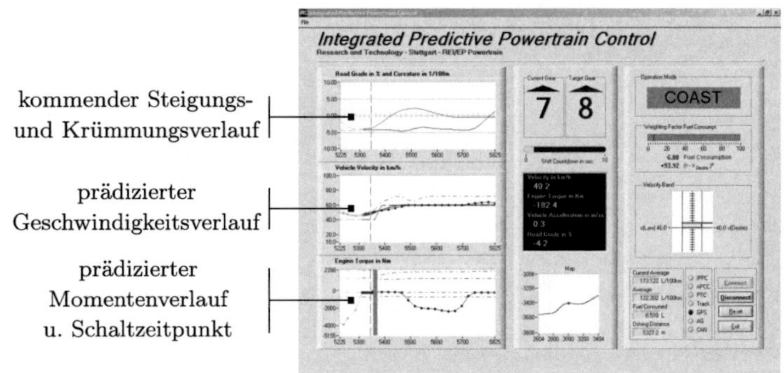

Abbildung 5.18: Visualisierung des IPPC-Systems für den Fahrer

nem zusätzlichen Rechner mit LCD-Tastbildschirm. Die Anzeige des Bildschirms ist in Abbildung 5.18 zu sehen. Auf dem Rechner läuft eine Windows-Applikation, welche vom IPPC-Echtzeitrechner über eine serielle Schnittstelle Datenpakete mit Informationen über den aktuellen Zustand von Fahrzeug und System sowie dem aktuellen Ergebnis der Trajektorienplanung empfängt. Mit Hilfe dieser Informationen wird dem Fahrer die geplante Fahrstrategie des IPPC-Systems angezeigt. Der Visualisierung kommt eine besondere Bedeutung zu, da es für den Fahrer sehr wichtig ist, vorab darüber informiert zu werden, dass die automatisierte Längsregelung beispielsweise vor einer engen Kurve die Fahrzeuggeschwindigkeit reduzieren wird. Die Visualisierung trägt deshalb einen großen Anteil daran, dass das IPPC-System beim Fahrer Akzeptanz findet.

Teil des Versuchsaufbaus im Fahrzeug ist auch die Messausstattung. In Abbildung 5.17 ist das für die Messung eingesetzte Notebook dargestellt. Zur Messung wird das Software-Werkzeug CANape der Firma Vector-Informatik eingesetzt. Mit diesem ist es möglich, die Größen des Fahrzeug-CANs sowie die internen Größen des IPPC-Systems, wie die aktuelle Streckenposition des Fahrzeugs, zu messen und zeitgleich über eine angeschlossene Kamera das Sichtfeld des Fahrers aus der Kabine aufzuzeichnen. Der Einsatz der Kamera hat sich bewährt, denn mit den aufgezeichneten Bildern kann leicht der Bezug zwischen Messgrößen und der Fahrsituation, welche zum Zeitpunkt der Messung herrschte, hergestellt werden. Bei der Analyse der auf der Panzerringstraße erzielten Messergebnisse im nächsten Abschnitt werden diese Bilder einbezogen.

---

[3]Geographic Data File Format

5.2.2 Vergleichsfahrt: geübter Fahrer gegen das IPPC-System

In Abschnitt 5.1.2 wurde die Versuchsstrecke auf der Panzerringstraße in Münsingen vorgestellt. Das aufgezeichnete Steigungs- und Kurvenkrümmungsprofil wurde dort zum Test des IPPC-Systems in Simulationen verwendet. Ein Vorteil der Teststrecke in Münsingen ist, dass dort mit nahezu[4] keinen weiteren Verkehrsteilnehmern zu rechnen ist, so dass es gelingt, vergleichbare Messergebnisse zu erzielen. Das stark ausgeprägte Steigungsprofil der Panzerringstraße erweist sich als ideal geeignet, das Potenzial des IPPC-Systems zu verdeutlichen. Dies wird in diesem Teilabschnitt erfolgen. Dafür wurden mit dem Versuchsfahrzeug A (Actros 1853) drei Runden auf der Panzerringstraße am selben Tag mit aktiviertem IPPC-System gefahren. Die Ergebnisse dieser Messfahrten werden zunächst mit einem Simulationsergebnis aus Abschnitt 5.1.2 verglichen. Anschließend erfolgt die Vorstellung der Ergebnisse der Vergleichsfahrt zwischen Fahrer Ralf und dem IPPC-System.

Vergleich von Simulations- und Messergebnissen

Abbildung 5.19 zeigt die Verläufe der Messungen der drei gefahrenen Runden auf der Panzerringstraße zusammen mit den Ergebnisverläufen der Simulation mit $\pi_Q = 10$ als graue Linien. Bei der Durchführung der drei Messdurchläufe wurde der Gewichtungsfaktor für den Kraftstoffverbrauch $\pi_Q \in \{9, 10, 11\}$ variiert. Der Vergleich der Geschwindigkeitsverläufe der drei Messungen macht deutlich, dass diese trotz der leichten Variation des Gewichtungsfaktors nahezu identisch verlaufen. Nur bei Messung 2 ist bei $s_{\text{Fzg}} \approx 4\,\text{km}$ ein deutliches Abweichen nach unten zu erkennen. Hier hatte der Fahrer manuell die Betriebsbremse betätigt, da – es kann eben nicht alles prädiziert werden – eine Schafherde die Teststrecke zu überqueren drohte. Insgesamt kann jedoch gesagt werden, dass das IPPC-System im realen Betrieb reproduzierbare Ergebnisse liefert. Der Vergleich des gemessenen und des simulierten Geschwindigkeitsverlaufs zeigt ebenfalls sehr gute Übereinstimmungen. Nur bei $s_{\text{Fzg}} \approx 20\,\text{km}$ weicht die Simulation von den Messungen ab. Dies ist darauf zurückzuführen, dass an dieser Position in der digitalen Karte eine zu niedrige Fahrbahnsteigung gespeichert war. Die Geschwindigkeit nimmt bei den Messungen an dieser Stelle deshalb nicht in dem Maße zu, wie in der Simulation.

Betrachtet man den Verlauf des Istgangs und der Motordrehzahl der Messungen und der Simulation, so fällt auf, dass in der Simulation zum Teil andere Gänge als in der Messung gewählt wurden. Dies führt zu den Abweichungen in den Verläufen der Motordrehzahl. Bei einem genaueren Blick auf Abbildung 5.19 stellt man fest, dass die Unterschiede im Gang fast ausschließlich beim Fahren im Gefälle auftreten. Im längeren Gefälle wird kein Kraftstoff verbraucht und die Fahrzeuggeschwindigkeit befindet sich dort zumeist im Sollband. Der Zielfunktionswert der Trajektorienplanung ist dann meist sehr niedrig und allein durch die Komfortkriterien bestimmt. Im leichten bis mittleren Gefälle kann deshalb oft in mehreren Gängen mit annähernd gleichen Kosten gefahren werden, solange in dem Gang das notwendige Zusatzbremsmoment zur Verfügung steht und die Bremsleistung abgeführt werden kann. Abweichungen zwischen Realität und Modell führten deshalb im Gefälle zu einer unterschiedlichen Gangwahl des IPPC-Systems in Simulation und Messung.

---

[4]von ein paar Schafen abgesehen

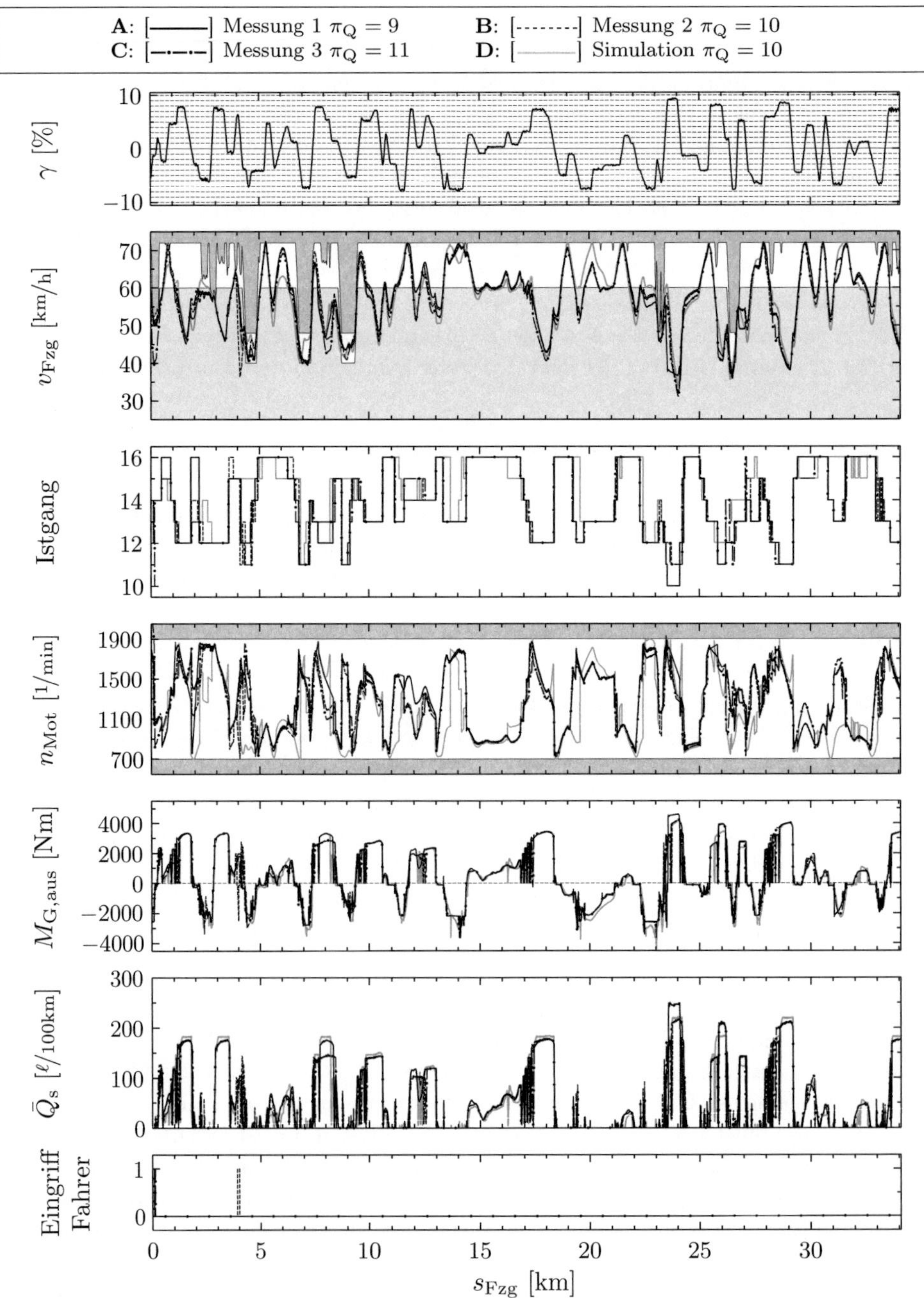

Abbildung 5.19: Vergleich des Simulationsergebnisses für $\pi_Q = 10$ mit den drei Messergebnissen auf der Panzerringstraße in Münsingen

		Mess. 1	Mess. 2	Mess. 3	Simulation
Gewichtungsfaktor Verbrauch		9	10	11	10
Gesamtverbrauch	$[\ell]$	19,19	18,60	18,37	18,52
mittlerer Verbrauch	$[\ell/100\,\mathrm{km}]$	56,29	54,56	53,91	54,34
Fahrzeit	$[\mathrm{s}]$	2178	2180	2210	2193
mittlere Geschwindigkeit	$[\mathrm{km/h}]$	56,34	56,28	55,52	55,97

Tabelle 5.5: Ergebnisse der drei Messfahrten auf der Panzerringstraße sowie die Werte des Simulationsergebnisses mit Gewichtungsfaktor 10

Tabelle 5.5 stellt die bei den Messungen und der Simulation erzielten Kenngrößen gegenüber. Beachtenswert ist, dass nicht nur die Absolutverbräuche der Messungen sehr gut mit dem bei der Simulation ermittelten Wert übereinstimmen, sondern dass sich die nur leichten Variationen des Gewichtungsparameters π_Q als Verbrauchsänderungen in den Messungen wiederfindet. Entsprechend erhöhte sich auch die Fahrzeit mit Zunahme von π_Q.

Ergebnisse der Vergleichsfahrt

Um die Ergebnisse der vorgestellten Messfahrten bewerten zu können, wird eine Vergleichsbasis benötigt. Dafür wurde das Versuchsfahrzeug A von Herrn Ralf K. manuell auf dem Rundkurs gefahren, wobei die Gänge durch die in Mercedes-Benz Lkws eingesetzte Automatischen Gangermittlung vorgegeben wurden. Fahrer Ralf kann als geübter Fahrer bezeichnet werden. Die Panzerringstraße war ihm vor der Vergleichsfahrt nicht vertraut, so dass er bei der Fahrt nicht auf Erfahrung zurückgreifen konnte – seine antizipativen Fähigkeiten waren deshalb voll gefragt. Als Vorgabe sollte Ralf, gleich dem IPPC-System, die Geschwindigkeitsbeschränkungen in Spitze nicht mehr als 20 % überschreiten. Fahrer Ralf und dem IPPC-System wurde damit der gleiche Spielraum für eine vorausschauende Fahrweise eingeräumt. Während der Fahrt von Fahrer Ralf wurden die Signale des Fahrzeug-CAN aufgezeichnet. Zusätzlich wurde mit dem im IPPC-System eingesetzten MapModul fortlaufend die aktuelle Streckenposition auf der Ringstraße mitgemessen. Dadurch ist es möglich, die Messwerte von Ralf und IPPC über der Streckenposition aufzutragen und damit, auch bei unterschiedlichen Fahrzeiten, beide Fahrweisen in einzelnen Fahrsituationen miteinander zu vergleichen.

Gegenübergestellt werden nun das Messergebnis von Fahrer Ralf und das in Messung 1 mit dem IPPC-System erzielte Ergebnis. Messung 1 erweist sich zum Vergleich geeignet, da zum einen bei dieser Messung das IPPC-System ununterbrochen aktiv war und zum anderen, im Vergleich zu den beiden anderen Fahrten, bei der Messfahrt 1 der meiste Kraftstoff verbraucht wurde, so dass diese Messung eher eine Untergrenze für die IPPC-Performance darstellt. Abbildung 5.20 zeigt die Messverläufe der Vergleichsfahrt von Fahrer Ralf als gestrichelte Linien zusammen mit den Messverläufen des IPPC-Systems der Messung 1 als durchgezogene Linien. Zunächst werden diese allgemein bewertet und danach die erzielten Größen der Bewertungskriterien vorgestellt. Im Anschluss daran erfolgt die Analyse ausgewählter Fahrsituationen.

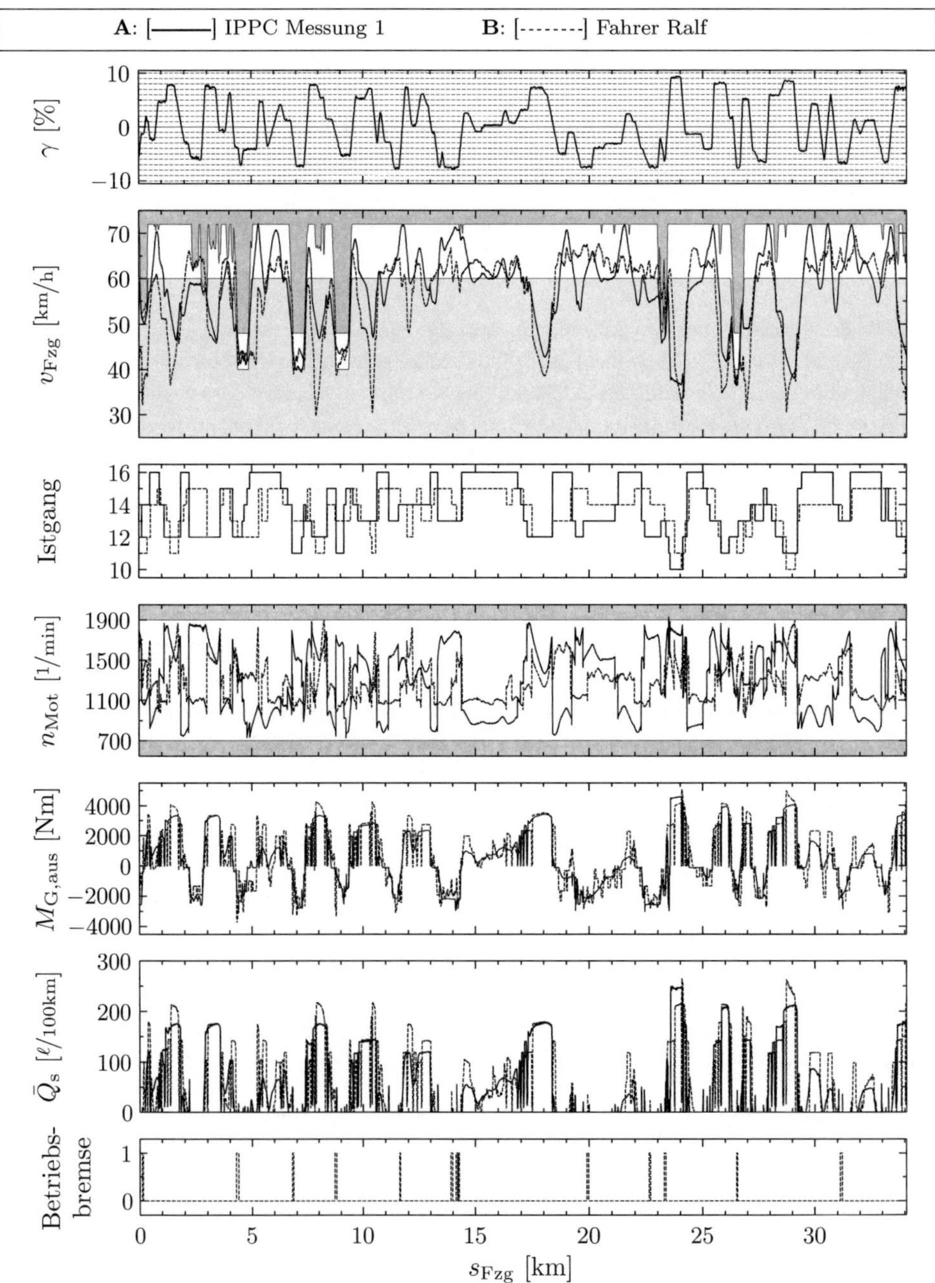

Abbildung 5.20: Vergleich der Messergebnisse von Fahrer Ralf und dem IPPC-System auf der Panzerringstraße Münsingen

Betrachtet man den Verlauf der Geschwindigkeit von Fahrer Ralf, erkennt man, dass dieser die vorgegebenen Beschränkungen eingehalten hat, in den Kurven aber teilweise schneller als das IPPC-System fuhr. Ralf hat manche der Kurven geschnitten, so dass es ihm möglich war, diese schneller zu durchfahren. Das IPPC-System musste hingegen bei der Festlegung der maximalen Kurvengeschwindigkeit davon ausgehen, dass die Kurve nicht geschnitten werden kann. Zwar fuhr Ralf schneller durch Kurven, sein Geschwindigkeitsverlauf zeigt dagegen in Steigungen deutlich stärke Einbrüche als der des IPPC-Systems.

Weiterhin wird deutlich, dass außerhalb von Steigungen das IPPC-System das vorgegebene Geschwindigkeitsband tendenziell mehr ausreizte als Fahrer Ralf. Augenfällig sind auch die Unterschiede in der Gangwahl von IPPC und der AG, der Ralf diese Aufgabe überließ. Das IPPC-System fuhr tendenziell in höheren Gängen als die AG. Besonders häufig fuhr IPPC im höchsten Gang, wogegen von der AG dieser Gang nie gewählt wurde. Der Verlauf der Motordrehzahl von IPPC liegt dadurch in weiten Teilen unterhalb von dem von Ralf.

Betrachtet man den Verlauf des Moments am Getriebeausgang, erkennt man bei Fahrer Ralf vergleichsweise mehr Variationen, was bereits hier eine komfortablere Längsregelung von IPPC vermuten lässt. Während Fahrer Ralf häufig die Betriebsbremse einsetzte, gelang es dem IPPC-System den Rundkurs alleine unter Einsatz der Zusatzbremsen zu bewältigen. Für den Großteil der Strecke liegt Ralfs Momentanverbrauch sichtbar oberhalb dem des IPPC-Systems. Dies lässt einen geringeren Gesamtverbrauch beim IPPC-System auf dem Rundkurs erwarten. Der erzielte Durchschnittsverbrauch und die erzielten Größen in den weiteren Bewertungskriterien der Längsregelung sind in Tabelle 5.6 gegenübergestellt.

	Fahrer	IPPC (Messung 1)	Δ
mittlerer Verbrauch	$62{,}12\,\ell/100\,\mathrm{km}$	$56{,}29\,\ell/100\,\mathrm{km}$	$-9{,}38\,\%$
Durchschnittsgeschwindigkeit	$54{,}23\,\mathrm{km/h}$	$56{,}34\,\mathrm{km/h}$	$+3{,}87\,\%$
minimale Geschwindigkeit	$28{,}62\,\mathrm{km/h}$	$35{,}15\,\mathrm{km/h}$	$+22{,}83\,\%$
Anzahl Gangwechsel	77	71	$-7{,}79\,\%$
RMS der Änderung des Sollmoments	$328{,}4\,\mathrm{Nm/s}$	$171{,}9\,\mathrm{Nm/s}$	$-47{,}66\,\%$

Tabelle 5.6: Erzielte Kenngrößen von Fahrer Ralf und dem IPPC-System

Mit dem IPPC-System gelang es, die Panzerringstraße mit einem um $9{,}38\,\%$ geringeren Kraftstoffverbrauch als Fahrer Ralf zu durchfahren. Gleichzeitig bewältigte das IPPC-System den Rundkurs schneller: die Durchschnittsgeschwindigkeit des IPPC-System lag $3{,}78\,\%$ über der von Fahrer Ralf. Durch die um $7{,}79\,\%$ geringere Anzahl Schaltungen beim IPPC-System wurde der Verschleiß der Synchronringe des Getriebes und des Ausrücklagers des Kupplungssystems reduziert. Zusätzlich verwendete das IPPC-System im Gegensatz zu Ralf die Betriebsbremse nicht, so dass auch deren Verschleiß verringert wurde.

Die Fahrweise des IPPC-System war komfortabler, soweit sich dies an objektiven Kenngrößen vergleichen lässt. Zum einen gelang es IPPC, durch seine vorausschauende Wahl des Ganges, in Steigungen den Abfall der Fahrzeuggeschwindigkeit zu mindern. Die kleinste Geschwindigkeit des IPPC-Systems auf dem Rundkurs lag $6{,}5\,\mathrm{km/h}$ oberhalb der von Ralf.

Noch deutlicher zeigt sich die komfortablere Fahrweise von IPPC wenn man die Änderung des Motormoments betrachtet. Als Kenngröße wird hier die Wurzel des quadratischen Mittels der Rate des Motormoments im Antrieb verglichen:

$$\text{RMS}(\dot{M}_{\text{Mot}}) = \sqrt{\frac{1}{T} \int_0^T \dot{M}_{\text{Mot}}^2 \, \mathrm{d}t} \, .$$

Momentenänderungen im Bremsbetrieb sollen hier nicht miteinander verglichen werden, da Fahrer Ralf das Moment der Zusatzbremsen nur in Stufen über den Retarderhebel vorgeben konnte, so dass sich bei ihm kurzzeitig sehr hohe Bremsmomentänderungen ergaben. Tabelle 5.6 ist zu entnehmen, dass der RMS($\dot{M}_{\text{Mot}}$)-Wert des IPPC-Systems um 47 % deutlich unterhalb dem von Fahrer Ralf liegt. Im Vergleich zum Fahrer war die Längsregelung des IPPC-System damit deutlich „weicher". Wie es dem IPPC-System gelang, den Rundkurs sowohl schneller als auch mit einem deutlich geringeren Kraftstoffverbrauch zu bewältigen, wird zunächst durch Vergleich statistischer Größen beider Messfahrten erläutert.

Globale Analyse der Vergleichsfahrt

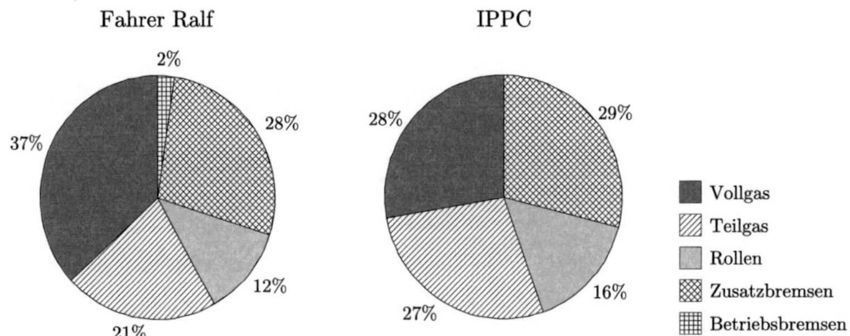

Abbildung 5.21: Gegenüberstellung der Betriebsartverteilungen von Fahrer Ralf und IPPC

Abbildung 5.21 zeigt die prozentualen Anteile der Fahrzeit in denen jeweils in einer der in Tabelle 5.3 definierten Betriebsarten des Antriebsstrangs gefahren wurde. Am deutlichsten sticht der geringere Anteil an Fahren unter Volllast beim IPPC-System hervor. Dies ist zum einen dadurch zu erklären, dass das IPPC-System gegenüber Ralf die steilen Steigungen der Panzerringstraße mit höherer Geschwindigkeit und dadurch schneller bewältigte, wie in Abbildung 5.20 zu sehen ist. Zum anderen liegt dies an der generell weniger präzisen Wahl des Antriebsmoments eines menschlichen Lkw-Fahrers, der bei instationärer Fahrt meist nur die Betriebsarten Vollgas und Bremsen kennt.

Das 9 % weniger Fahren in der Betriebsart Vollgas verschiebt sich beim IPPC-System nicht vollständig zur Betriebsart Teilgas, deren Anteil ist nur um 6 % höher als bei Ralf. Der verbleibende Anteil sowie der geringere Anteil an Bremsbetrieb erhöhen den Rollanteil des IPPC-Systems, er liegt um vier Prozentpunkte über dem Rollanteil von Fahrer Ralf. Dieses häufigere Fahren unter Schubabschaltung ist eine Ursache für den geringeren Kraftstoffverbrauch des IPPC-Systems.

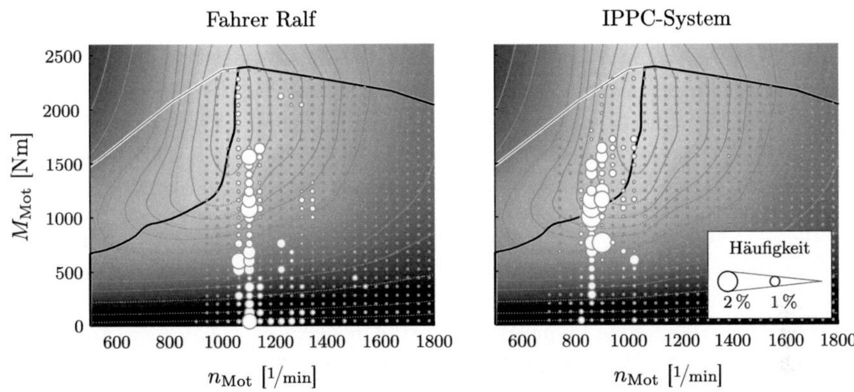

Abbildung 5.22: Verteilung der Arbeitspunkte im Motorwirkungsgradkennfeld in der Betriebsart Teilgas von Fahrer Ralf (links) und dem IPPC-System (rechts)

Als nächstes wird überprüft, wer – IPPC oder Ralf – den Motor in einem besseren Wirkungsgrad betrieben hat. Dies geschieht anhand von Abbildung 5.22. Dort ist für die Betriebsart Teilgas die Verteilung der Lastpunkte im Motorwirkungsgradkennfeld eingetragen, links für Fahrer Ralf, rechts für das IPPC-System. Die Automatische Gangermittlung ist bestrebt, beim Fahren unter Teillast die Motordrehzahl in der Nähe von $1100\,{}^{1}/_{\mathrm{min}}$ zu halten, bei welcher der Motor dieses Fahrzeugs sein maximales Moment zu liefern vermag. Dies zeigt sich in Abbildung 5.22 links in der Konzentration der Lastpunkte von Fahrer Ralf um diese Drehzahl. Häufig wurde dabei der Motor mit einem Moment kleiner 700 Nm betrieben, bei welchem dieser einen relativ schlechten Wirkungsgrad besitzt. Allgemein liegen die Lastpunkte bei der Fahrt von Ralf weit fern von der Linie des optimalen Motorwirkungsgrades.

Beim IPPC-System sind dagegen die Arbeitspunkte um diese Linie konzentriert. Dies gelang IPPC durch Absenkung der Motordrehzahl – die Lastpunkte häufen sich unterhalb von $900\,{}^{1}/_{\mathrm{min}}$. Durch eine niedrigere Drehzahl sinkt der Anteil des Schleppmoments am Motormoment und damit steigt der Motorwirkungsgrad. Dies lässt darauf schließen, dass das IPPC-System in der Betriebsart Teilgas tendenziell höhere Gänge als die AG gewählt hat. Es stellt sich die Frage, wieso die Automatische Gangermittlung nicht auch höhere Gänge wählte, um selbst mit besserem Wirkungsgrad zu fahren. Die Ursache liegt darin, dass die AG die Gangwahl nur basierend auf Informationen über die aktuelle Fahrsituation trifft. Sie muss deshalb den Gang so wählen, dass auch wenn zukünftig die Leistungsanforderung an den Motor steigt, der Gang noch geeignet ist. Das heißt, die AG muss zum einen Zugkraftreserve vorhalten und zum anderen auch bei steigender Motorlast verhindern, in einen sehr schlechten Wirkungsgrad zu geraten. Entsprechend wählte sie im Durchschnitt einen niedrigeren Gang als das IPPC-System.

In den Arbeitspunkten, welche das IPPC-System ansteuerte, besitzt der Motor zwar jeweils einen sehr guten Wirkungsgrad, wäre die Motorlast jedoch schnell unvorhergesehen gestiegen, wäre man ins Rauchgebiet des Motors geraten, wo der Motor einen schlechten Wirkungsgrad besitzt. Außerdem hätte der Leistungsanforderung kaum nachgekommen werden können, da jeweils die Zugkraftreserve in den Arbeitspunkten von IPPC sehr gering ist. Für das IPPC-System traten jedoch keine *unvorhergesehenen* Änderungen von Lastanforderungen an den Motor auf, da es vorausschauend fuhr. Dadurch war das IPPC-System gegenüber der Automatischen Gangermittlung in der Lage, den Motor in Arbeitspunkten mit sehr gutem Wirkungsgrad, aber geringer Zugkraftreserve zu betreiben. Dies ist ein entscheidender Vorteil des IPPC-Systems gegenüber der Seriengangermittlung und die Hauptursache für die mit dem IPPC-System erzielten Verbrauchseinsparungen in der Betriebsart Teilgas.

Nun werden die Fahrweisen von Fahrer Ralf und vom IPPC-System bei unterschiedlicher Fahrbahnsteigung miteinander verglichen. Die aktuelle Fahrbahnsteigung definiert zwar nur einen Teil der Fahrsituation, der Vergleich von Gangverteilung und den Mittelwerten von Motordrehzahl, Verbrauch und Fahrzeuggeschwindigkeit über der Fahrbahnsteigung beider Fahrten hilft jedoch, die Vorteile des IPPC-Systems zu erklären.

Steigung		Ebene	Gefälle	
$\gamma > +7\,\%$	extreme	$-1 \leq \gamma \leq +1\,\%$	$-3 \leq \gamma \leq -1\,\%$	leichtes
$+5 \leq \gamma \leq +7\,\%$	steile		$-5 \leq \gamma \leq -3\,\%$	mittleres
$+3 \leq \gamma \leq +5\,\%$	mittlere		$-7 \leq \gamma \leq -5\,\%$	steiles
$+1 \leq \gamma \leq +3\,\%$	leichte		$\gamma < -7\,\%$	extremes

Tabelle 5.7: Einteilung der Fahrbahnsteigung in Cluster

Für die Analyse wird die Fahrbahnsteigung nach Tabelle 5.7 in neun Cluster eingeteilt. Diese entsprechen der Charakterisierung der Topologie vom extremen Gefälle über Ebene bis zur extremen Steigung. In Abbildung 5.24 links oben ist die prozentuale Aufteilung der Panzerringstraße in die definierten Steigungscluster dargestellt. Zunächst wird untersucht, welche Gänge die Automatische Gangermittlung und das IPPC-System mit welcher Häufigkeit in den jeweiligen Steigungsclustern gewählt hat. Die Verteilungen sind in Abbildung 5.24 gegenübergestellt. Anhand der Ergebnisse von Abbildung 5.23 werden dann die Vorteile der Gangwahl des IPPC-Systems für die jeweilige Fahrbahnsteigung herausgearbeitet.

Die Automatische Gangermittlung hat den 16. Gang nie gewählt. Das IPPC-System fuhr dagegen im leichten Gefälle, der Ebene und in der leichten Steigung den höchsten Gang am häufigsten. Dabei ist besonders das Fahren in der leichten Steigung im 16. Gang beachtenswert, wenn man bedenkt, dass bei $60\,^{\mathrm{km}}/_{\mathrm{h}}$ in diesem Gang stationär eine Steigung von maximal $2\,\%$ überwunden werden kann. Dies weist darauf hin, dass das IPPC-System in der leichten Steigung oft nicht stationär fuhr, sondern durch gezieltes Schwung holen das Fahren im hohen Gang mit sehr niedriger Drehzahl möglich machte. Die Untersuchung von ausgewählten Fahrsituationen gegen Ende dieses Abschnitts wird dies bestätigen. Aber nicht nur alleine das Fahren im höchsten Gang unterscheidet die Gangwahl vom IPPC-System und der AG. IPPC fuhr allgemein mit einer deutlich niedrigeren Getriebeübersetzung in der Ebene ($-17,9\,\%$), der leichten Steigung ($-13,5\,\%$) und im leichten Gefälle ($-15,7\,\%$). Dadurch senkte das IPPC-System die mittlere Motordrehzahl ab, wie in Abbildung 5.23 rechts oben zu sehen ist. Die reduzierte Motordrehzahl führte zu einer Verringerung der Verlustleistung des Motors, so dass das IPPC-System, wie in Abbildung 5.23 links unten zu sehen ist, in der leichten Steigung, der Ebene und im leichten Gefälle die größte Verbrauchsreduktion gegenüber dem Fahrer erzielte. Durch das häufige Fahren im höchsten Gang und die abgesenkte Motordrehzahl erreichte das IPPC-System in der leichten Stei-

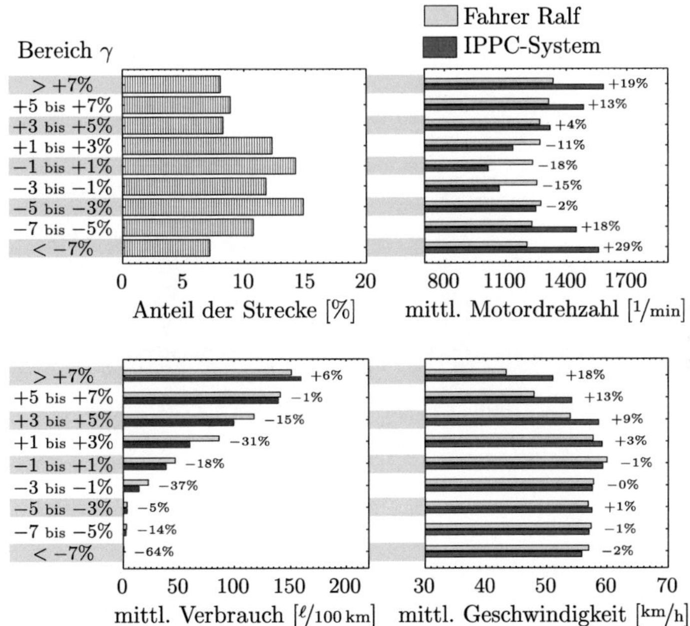

Abbildung 5.23: Vergleich der Mittelwerte von Motordrehzahl, Verbrauch und Geschwindigkeit in den unterschiedlichen Steigungsclustern

gung eine relative Einsparung von 37 %. Die gefahrene Durchschnittsgeschwindigkeit lag um 3 % höher als die von Fahrer Ralf. In der Ebene war die Verbrauchseinsparung des IPPC-Systems mit 15 % niedriger als in der leichten Steigung, aber dennoch signifikant. Die Ursache der Einsparung ist hier hauptsächlich in der niedrigeren durchschnittlichen Motordrehzahl zu finden, da ein Ausnutzen der Topologie durch Schwung holen und Rollen lassen in der Ebene kaum möglich ist. Die Panzerringstraße enthält einen längeren flachen Abschnitt beginnend bei Streckenposition $s = 14$ km. In Abbildung 5.20 ist zu sehen, dass das IPPC-System dort annähernd konstant mit Wunschgeschwindigkeit fuhr. Dies ist eine wichtige Eigenschaft des Systems, denn wenn keine Vorteile durch eine Änderung der Fahrzeuggeschwindigkeit erzielt werden können, muss die vom Fahrer eingestellte Vorgabe zumindest näherungsweise eingeregelt werden.

Einen großen Teil der mittleren Steigungen fuhr das IPPC-System im 16. Gang. Dies war nur durch gezieltes Schwung holen möglich, da die maximale Zugkraft in diesem Gang bei weitem nicht ausreicht, die Wunschgeschwindigkeit in einer mittleren Steigung zu halten. Im Durchschnitt fuhr das IPPC-System in der mittleren Steigung mit niedrigerer Getriebeübersetzung als die AG. Deshalb mag auf den ersten Blick verwundern, dass in mittleren Steigungen die Durchschnittsdrehzahl beim IPPC-System höher war. Wie der Vergleich in Abbildung 5.23 rechts unten zeigt, lag dies an der um 9 % höheren Durchschnittsgeschwindigkeit des IPPC-Systems in mittleren Steigungen. Beachtenswert ist, dass auch der Durchschnittsverbrauch um 15 % geringer war als bei Fahrer Ralf. Hier kommt der Faktor Zeit ins Spiel: IPPC bewältigte mittlere Steigungen zwar mit höherer Drehzahl und damit

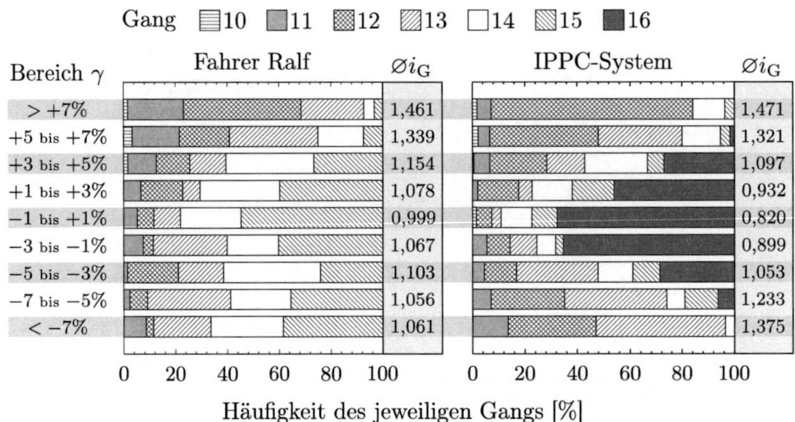

Abbildung 5.24: Häufigkeitsverteilungen der gefahrenen Gangstufen bei der jeweiligen Fahrbahnsteigung

mit einem größeren momentanen Treibstofffluss. Dafür überwand das System diese deutlich schneller, so dass der Gesamtverbrauch im Verhältnis geringer ausfiel.

In steilen und extremen Steigungen fuhren die AG und das IPPC-System mit annähernd gleichen durchschnittlichen Übersetzungen, in der extremen Steigung lag die von IPPC nur knapp über der von Ralf (+0,7 %). Dabei wurde der größte Teil der Steigungen über 5 % vom IPPC-System in einem Gang nicht kleiner dem 12. bewältigt. Die Gangverteilung von Ralf weist zwar in diesen Steigungen größere Anteile in einem höheren Gang als dem 12. auf, dies ist jedoch auf die späten Rückschaltungen der AG in Steigungen zurückzuführen, denn im Gegensatz zum IPPC-System schaltete die AG häufig erst zu spät, nämlich in der Steigung, in den 11. Gang zurück. Der Vergleich der Geschwindigkeitsverläufe von Fahrer Ralf und dem IPPC-System in Abbildung 5.20 bestätigt dies, da bei Ralf die Fahrzeuggeschwindigkeit in steilen und extremen Steigungen stärker einbrach als beim IPPC-System. Die mittlere Geschwindigkeit des IPPC-Systems lag um 15 % in der steilen und 18 % in der extremen Steigung deutlich oberhalb der von Ralf.

Dies ist ein entscheidender Gewinn an Fahrkomfort beim IPPC-System. Erzielt wurde die höhere Durchschnittsgeschwindigkeit bei IPPC durch eine höhere abgegebene Motorleistung. In der extremen Steigung hat zwar auch Fahrer Ralf stets dem Motor sein maximales Moment abverlangte. Beim IPPC-System geschah dies aber bei einer höheren mittleren Motordrehzahl. In der extremen Steigung verbrauchte das IPPC-System deshalb auch mehr Kraftstoff als Fahrer Ralf. Das deutlich schnellere Überwinden extremer Steigungen wurde also durch ein etwas erhöhter Verbrauch erkauft. Aufgrund der quadratischen Bewertung der Abweichung von der Wunschgeschwindigkeit in der Zielfunktion und dem unvermeidlich starken Geschwindigkeitsabfall in der extremen Steigung wird der Term des Kraftstoffverbrauchs in der Zielfunktion quasi ausgeblendet, so dass die MPR alles daran setzt, eine weitere Unterschreitung der Wunschgeschwindigkeit zu verhindern. Möchte man den erhöhten Verbrauch in extremen Steigungen vermeiden, müsste ein stärkerer Geschwindigkeitsabfall hingenommen werden. Dafür müsste in der Problemformulierung der MPR die Wunschge-

schwindigkeit in extremen Steigungen abgesenkt werden, so dass diese näher an der bei der
zur Verfügung stehenden Zugkraft maximal realisierbaren Geschwindigkeit liegt.

Der Kraftstoffverbrauch im mittleren bis extremen Gefälle ist sowohl bei Ralf als auch beim
IPPC-System vernachlässigbar. Die in Abbildung 5.20 angegebenen Verbrauchsvorteile des
IPPC-Systems sind deshalb nicht für das Gesamtergebnis relevant. Kraftstoff wurde im extremen Gefälle fast ausschließlich beim Synchronisieren der Motordrehzahl bei Rückschaltungen verbraucht. Im Gefälle kommt es darauf an, die verschleißfreien Zusatzbremsen des
Lkw-Antriebsstrangs effizient einzusetzen und für eine gute Wärmeabfuhr des Kühlsystems
zu sorgen. Dafür muss in niedrigen Gängen gefahren werden, so dass zum einen die Motorbremse einen hohen Beitrag zum Radmoment liefert und zum anderen die Motordrehzahl
steigt. Die Motorbremse kann dann einerseits einen höheres Moment liefern. Andererseits
ist eine hohe Motordrehzahl wichtig für die Wärmeabfuhr des Kühlkreislaufs, da die Kühlwasserpumpe fest an den Motor gekoppelt ist. Ohne gute Wärmeabfuhr droht im Zusatzbremsbetrieb schnell die Überhitzung des Kühlsystems. Der Unterschied der Gangwahl der
AG und des IPPC-Systems im steilen und extremen Gefälle ist klar erkennbar. Dort wählte
das IPPC-System im Durchschnitt eine höhere Getriebeübersetzung als die AG. Während
die AG über die Hälfte der Gefälleabschnitte mit einer Steigung kleiner $-7\,\%$ im 14. Gang
oder höher fuhr, wählte das IPPC-System für diese Gefälle fast ausschließlich die Gänge 11.
bis 13. Die durchschnittliche Motordrehzahl des IPPC-Systems war deshalb deutlich höher
als bei Fahrer Ralf (siehe Abbildung 5.23). Die Zusatzbremsen wurden infolgedessen vom
IPPC-System besser eingesetzt. Eine Überhitzung des Kühlsystems, welche zu einer Reduzierung der Retarderbremsleistung geführt hätte, konnte so beim IPPC-System verhindert
werden, so dass IPPC ohne Einsatz der Betriebsbremse auskam.

Analyse ausgewählter Fahrsituationen der Vergleichsfahrt

Nun wird anhand ausgewählter Fahrsituationen erklärt, wie zum einen das IPPC-System
auf der Panzerringstraße vorausschauend fuhr und zum anderen werden die – teilweise unvermeidlichen – Fehler in der Fahrweise von Ralf aufgezeigt, durch welche er zusammen
mit der Automatischen Gangermittlung den Wettbewerb gegen das IPPC-System verlor.
Zuerst wird dafür der Streckenabschnitt [7 km, 9 km] näher untersucht. Am Anfang und En-
de des Streckenintervalls gilt eine Geschwindigkeitsbeschränkung von $40\,^{\mathrm{km}/\mathrm{h}}$. Dazwischen
befindet sich eine Zone mit $60\,^{\mathrm{km}/\mathrm{h}}$ Beschränkung. In Abbildung 5.25 sind die Verläufe
der Messgrößen von Fahrer Ralf und dem IPPC-System dargestellt. Die Positionen der
Schilder der Geschwindigkeitsbeschränkungen sind dort im Graph der Geschwindigkeiten
eingezeichnet. Der Streckenabschnitt beginnt mit dem $7,5\,\%$-Gefälle G_1.

Fahrer Ralf fuhr in G_1 im 13. Gang, das IPPC-System wählte den 11. Gang, so dass es
mit höherer Drehzahl und damit besserem Zusatzbremsbetrieb fuhr. Bereits vor der Frei-
gabe der Geschwindigkeitsbeschränkung auf $60\,^{\mathrm{km}/\mathrm{h}}$ schaltete IPPC in den 14. Gang hoch,
reduzierte das Bremsmoment und gab noch im Gefälle wieder Gas, so dass das Fahrzeug
schnell beschleunigte und an der Position des Verkehrsschildes die obere Grenze v_{max} gerade tangierte. Das IPPC-System verfolgte dabei das Ziel, für die kommende Steigung S_1
möglichst viel Schwung zu holen. Dafür schaltete es zusätzlich kurz vor der Senke zwischen G_1 und S_1 zurück in den 13. Gang. In diesem Gang wurde für die Beschleunigung

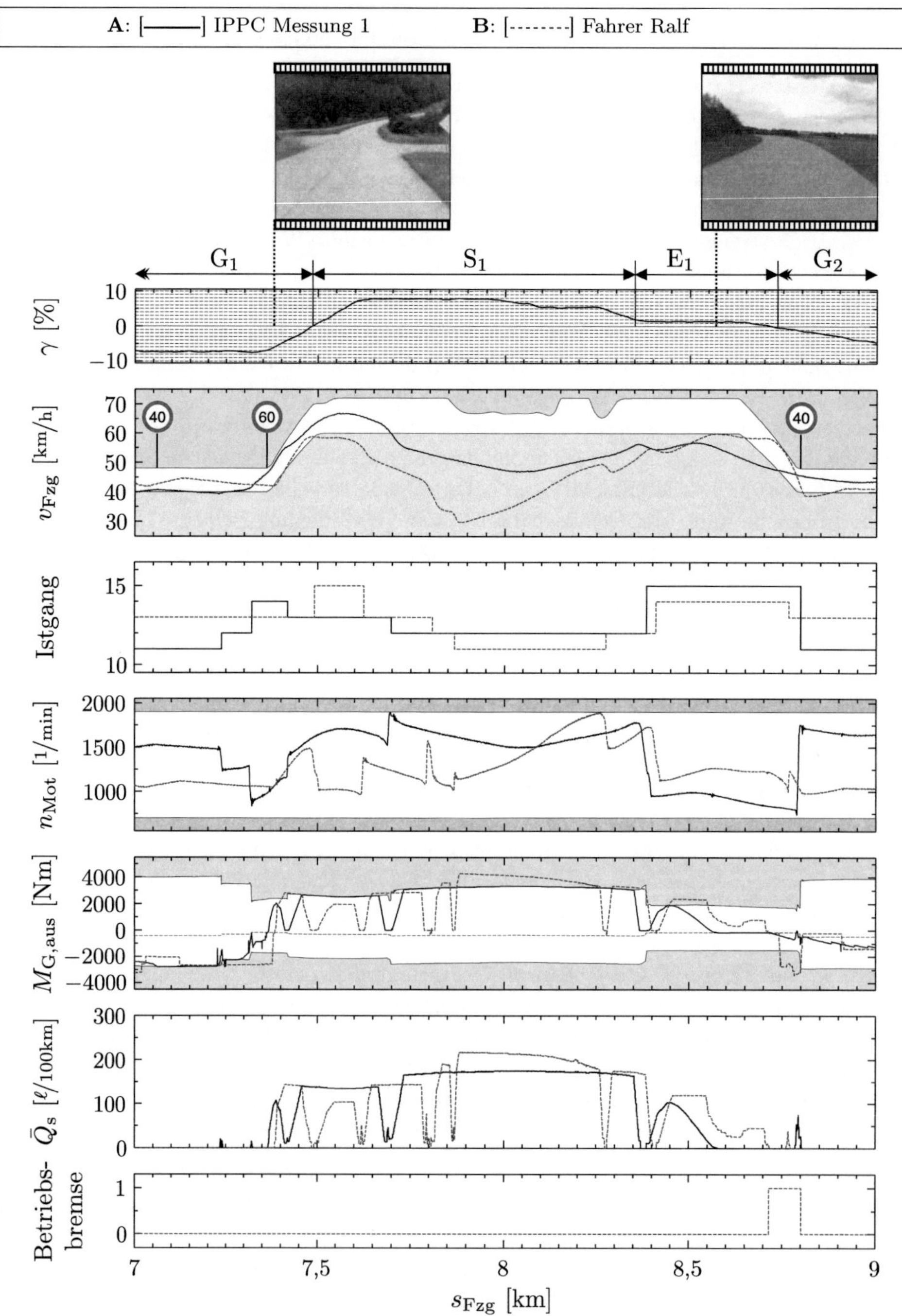

Abbildung 5.25: Messverläufe von IPPC und Fahrer Ralf für die Steigungsstrecke mit wechselnder Geschwindigkeitsbeschränkung

zwar mehr Kraftstoff benötigt als im 14., wichtiger war für das Schwung holen die höhere Zugkraft. Durch seine Gang- und Momentenwahl gelang es dem IPPC-System trotz der Geschwindigkeitsbeschränkung, das Fahrzeug vor der Steigung auf 66 $^{km}/_h$ zu beschleunigen. Fahrer Ralf löste im Gegensatz zum IPPC-System die Zusatzbremsen erst spät. Die kommende Steigung S_1 war für ihn zwar einsehbar, in der Senke befand sich jedoch eine für den Fahrer vorab schwer einschätzbare Rechtskurve (siehe Momentaufnahme 1 in Abbildung 5.25). Die Kurve besitzt zwar nur eine geringe Krümmung, sie wirkte aber für den Fahrer zunächst enger, da sie in einer Senke liegt. Das späte Lösen der Bremse von Ralf ist deshalb wohl auf die Kurve zurückzuführen. Kurz vor der Kurve bemerkte Ralf dann seine Fehleinschätzung der Kurvenkrümmung und trat daraufhin das Gaspedal voll durch, um noch möglichst viel Schwung für die Steigung S_1 zu sammeln. In der Senke betrug seine Geschwindigkeit dadurch ca. 60 $^{km}/_h$.

Nun folgte eine für die weitere Fahrt in der Steigung folgenschwere Fehlentscheidung der AG. Da sie keine Information über die kommende Steigung S_1 besaß, schaltete sie, mit der Absicht verbrauchsgünstig zu fahren, in den 15. Gang hoch. Sie verhinderte dadurch nicht nur ein weiteres Schwung holen, sondern sie wurde dadurch gezwungen, schon zu Beginn von S_1 wieder zurück zu schalten. Sie schaltete aber nur zwei Stufen wieder in den 13. Gang zurück. Die maximale Zugkraft im 13. Gang genügte bei weitem nicht, in der bis zu 7,5 % steilen Steigung S_1 die Geschwindigkeit zu halten. So forderte die AG bereits bei $s_{Fzg} = 7,8$ km eine weitere Rückschaltung in den 12. Gang an. Die Zugkraftunterbrechung während dieser Schaltung führte zu einem zusätzlichen Geschwindigkeitsabfall in der Steigung, wohl auch deshalb, weil bei dieser Schaltung Schwierigkeiten bei der Synchronisation des Hauptgetriebes auftraten, was an der im Vergleich zu den anderen Schaltungen langen Schaltzeit zu erkennen ist. Wegen des hohen Geschwindigkeitsverlusts während der Rückschaltung fiel die Anschlussdrehzahl so gering aus, dass die AG entschied, eine weitere Rückschaltung in den 11. Gang einzuleiten. Durch den Geschwindigkeitsverlust der drei Schaltungen in der Steigung sank die Geschwindigkeit des Fahrzeugs von Ralf bis auf 30 $^{km}/_h$. Im 11. Gang konnte der Fahrwiderstand überwunden werden, so dass das Fahrzeug wieder unter Vollgas beschleunigte. Erst am Ende von S_1 schaltete die AG wieder hoch.

Durch das gezielte Schwung holen vor der Steigung genügte dem IPPC-System nur eine Rückschaltung in den 12. Gang in der Steigung. Die minimale Geschwindigkeit des IPPC-System lag dadurch mit 45 $^{km}/_h$ deutlich oberhalb der von Fahrer Ralf. Der Zeitpunkt der Rückschaltung in den 12. Gang passte genau: mit der Anschlussdrehzahl beim Einkuppeln wurde exakt die parametrierte Obergrenze der Motordrehzahl von 1900 $^1/_{min}$ getroffen. Durch die Kombination von Schwung holen und Rückschalten in den 13. Gang vor der Steigung gelang es dem IPPC-System die Steigung S_1 nicht nur schneller als Ralf zu überwinden, auch der Kraftstoffverbrauch war bei IPPC geringer. Zwar verbrauchte das IPPC-System vor der Steigung für das Schwung holen mehr Kraftstoff als Ralf. In der Steigung benötigte es aber dann weniger Kraftstoff, da Ralf sein Fahrzeug sehr langsam und mit hoher Drehzahl im 11. Gang aus der Steigung ziehen musste. Am Ende der Steigung schaltete das IPPC-System gleich drei Stufen hoch in den 15. Gang und gab anschließend nur noch wenig Gas. Das IPPC-System besaß nämlich bereits Kenntnis über die kommende Geschwindigkeitsbeschränkung auf 40 $^{km}/_h$ und ließ deshalb das Fahrzeug über mehrere hundert Meter in die neue Begrenzungszone unter Schubabschaltung ausrollen. Im Gegensatz dazu sah Fahrer Ralf das 40er-Schild nicht, da es sich hinter einer mit Bäumen bewachsenen Kurve befand, wie die Momentaufnahme 2 in Abbildung 5.25 zeigt. Er gab deshalb nach der Steigung weiter Gas um die $60\,\mathrm{km/h}$ einzuregeln. Nach der Kurve wurde er dann vom 40er-Schild überrascht, so dass er die Zusatzbremsen und die Betriebsbremse einsetzen musste, um seine Geschwindigkeit noch ausreichend anzupassen. Der Vergleich der Flächen unter den Verläufen des momentanen Streckenverbrauchs ab der Position $s_{\mathrm{Fzg}} = 8{,}4\,\mathrm{km}$ beider Messungen lässt bereits eine relative Verbrauchseinsparung im zweistelligen Bereich vermuten. Dafür lag die Durchschnittsgeschwindigkeit ab dieser Position vom IPPC-System unterhalb der von Ralf. Der Vorteil aus Verbrauchseinsparung und Gewinn an Komfort, da bei IPPC nicht schlagartig gebremst wurde, überwiegt jedoch in dieser Fahrsituation den leichten Geschwindigkeitsnachteil.

Als nächstes wird der Streckenabschnitt $[29{,}5\,\mathrm{km}, 33{,}0\,\mathrm{km}]$ näher betrachtet, in dem ein häufig wechselndes Steigungsprofil vorherrscht. Die Verläufe der Vergleichsfahrt dieses Abschnitts sind in Abbildung 5.26 vergrößert dargestellt. Der Verlauf der Fahrbahnsteigung zeigt dort Gefällespitzen bis $-7\,\%$ und Steigungen bis $+6\,\%$ auf. Dabei sind die einzelnen Gefälle- und Steigungsabschnitte relativ kurz, so dass einige Kuppen und Senken in dem betrachteten Streckenabschnitt vorhanden sind. Sowohl am Anfang als auch am Ende des Streckenabschnitts fuhren Ralf und das IPPC-System mit derselben Geschwindigkeit. Bei beiden Fahrten besaß das Fahrzeug somit am Anfang und am Ende dieselbe potentielle und kinetische Energie. Der im Abschnitt jeweils verbrauchte Kraftstoff kann damit direkt verglichen werden.

Zu Beginn fuhr das Fahrzeug im Gefälle, bei Ralf im 15. und beim IPPC-System im 16. Gang. Während das IPPC-System den Lkw zunächst ungebremst rollen ließ und so für die kommende Steigung Schwung aufnahm, bremste Fahrer Ralf über die Aktivierung der Zusatzbremsen und versuchte so, die Fahrzeuggeschwindigkeit konstant zu halten. In der Senke zwischen Gefälle G_1 und der Steigung S_1 beschleunigte IPPC das Fahrzeug auf diese Weise bis auf Grenzgeschwindigkeit und hatte dadurch genug Schwung aufgenommen, so dass es gelang, im 16. Gang die $4\,\%$-Steigung S_1 zu überwinden. Die Geschwindigkeit sank dabei ab, sie lag am Ende von S_1 lediglich ca. $2\,\mathrm{km/h}$ unterhalb der Wunschgeschwindigkeit. Fahrer Ralf sammelte hingegen keinen Schwung, erst in der Senke deaktivierte er die Zusatzbremsen. Da er die Steigung einen Gang niedriger als das IPPC-System befuhr, fiel seine Geschwindigkeit in der Steigung S_1 nur wenig.

Betrachtet man den Verlauf des Momentanverbrauchs in Abbildung 5.26 fällt auf, dass Fahrer Ralf beträchtlich mehr Kraftstoff für die Überwindung der Steigung S_1 benötigte. Gleichzeitig überwand das IPPC-System die Steigung schneller, wie man durch Vergleich beider Geschwindigkeitsverläufe feststellt. Die Frage kommt nun auf: Wieso hat Fahrer Ralf nicht auch das Gefälle G_1 ausgenutzt, um Schwung für die nachfolgende Steigung aufzunehmen? Der Grund dafür ist, dass er die Steigung S_1 erst zu spät sah. Dies zeigt die erste Momentaufnahme der Führerhauskamera in Abbildung 5.26. Zu sehen ist die Sicht des Fahrers auf das vor ihm liegende Gefälle G_1. Die folgende Steigung S_1 befindet sich nach einer Rechtskurve, die Ralf wegen des Baumwuchses rechts nicht einsehen konnte. Wieso Ralf im Gefälle G_1 sein Fahrzeug nicht beschleunigen ließ, ist damit klar: Zum einen wusste er nichts von der Steigung nach der Kurve, so dass er von einer eventuell steileren Fortsetzung des Gefälles nach der Kurve ausgehen musste.

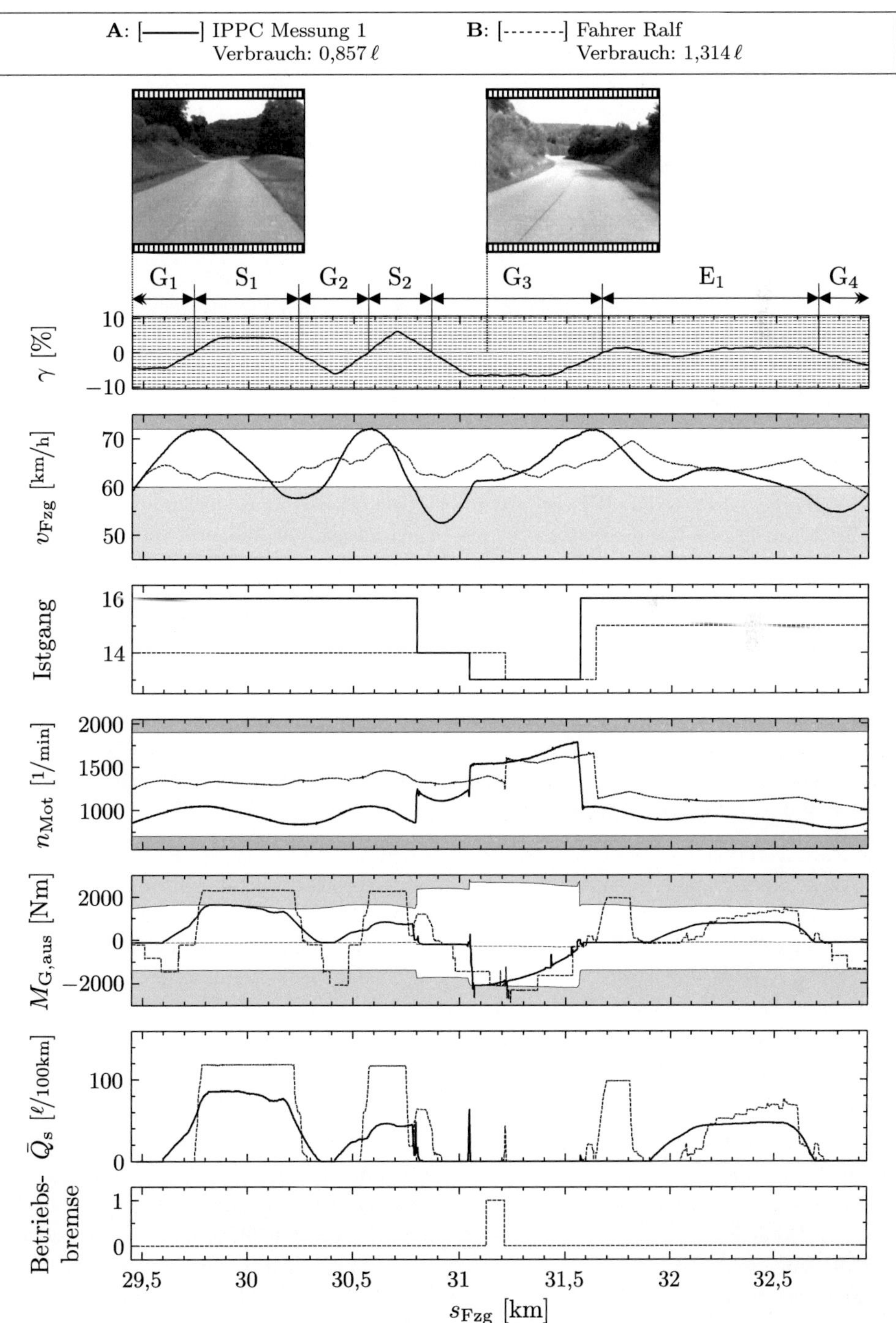

Abbildung 5.26: Streckenabschnitt von 3,5 km Länge mit häufig wechselndem Steigungsprofil

Die eben beschriebene Fahrsituation wiederholt sich im Abschnitt von Gefälle G_2 und Steigung S_2. Wieder füllte das IPPC-System im Gefälle den Speicher Fahrzeugmasse mit kinetischer Energie maximal auf und überwand so die folgende Steigung in der höchsten Gangstufe. Dabei forderte das IPPC-System in der Steigung S_2 nicht einmal das maximale Motormoment. Fahrer Ralf bremste hingegen im Gefälle G_2, so dass er in der Steigung S_2 Vollgas geben musste. Der Vergleich der Verläufe des Momentanverbrauchs beider Fahrten zeigt deshalb einen deutlichen Verbrauchsvorteil beim IPPC-Systems.

Bereits auf der Kuppe zwischen der Steigung S_2 und dem folgenden etwas längeren steileren Gefälles G_3 ging das IPPC-System ins Rollen über. Das IPPC-System ließ dabei gezielt die Geschwindigkeit des Fahrzeugs abfallen und verfolgte dabei die Strategie, den Speicher Fahrzeugmasse für kinetische Energie vor dem Gefälle G_3 etwas zu entleeren, so dass mehr Energie im Gefälle G_3 aufgenommen werden konnte. Damit die minimale Motordrehzahl dabei nicht unterschritten wird, schaltete IPPC zwei Gänge zurück. Im Streckenabschnitt, in dem das IPPC-System das Fahrzeug rollen ließ, gab Ralf zu Beginn noch Gas, so dass er anschließend früher bremsen musste – wieder ein Verbrauchsvorteil bei IPPC.

Im Gefälle G_3 schaltete das IPPC-System noch eine weitere Stufe zurück in den 13. Gang. Dadurch wurde zum einen die Motorbremse besser ausgenutzt und zum anderen durch die erhöhte Motordrehzahl eine besserer Abfuhr der beim Bremsen eingetragen Wärme aus dem Kühlsystem erwirkt. Zum Ende des Gefälles G_3 hin reduzierte IPPC das Bremsmoment, so dass das Fahrzeug am Ende von G_3 mit Grenzgeschwindigkeit fuhr. Die dadurch gesammelte kinetische Energie ermöglichte es dem IPPC-System dann wieder über mehrere hundert Meter ohne Einspritzung des Motors zu rollen. Um das Schleppmoment des Motors dabei klein zu halten, schaltete das IPPC-System hoch in den 16. Gang. Fahrer Ralf hingegen deaktivierte die Bremse erst am Ende des Gefälles G_3 ohne Schwung aufzunehmen. Dadurch war er wiederum gezwungen, im Streckenabschnitt in dem IPPC rollte, Gas zu geben, was zu einem deutlichen Mehrverbrauch führte.

Insgesamt verbrauchte Fahrer Ralf auf dem betrachteten Streckenabschnitt von 3,5 km Länge 1,31 ℓ Diesel. Das IPPC-System kam durch seine vorausschauende Fahrweise mit 0,861 ℓ aus, so dass sich ein Minderung des Verbrauchs bei IPPC von 34,8 % ergab. Auf dem betrachteten Streckenabschnitt hat sich gezeigt, dass bei häufig wechselndem Steigungsprofil das IPPC-System durch sein vorausschauendes Management des Energiespeichers Fahrzeugmasse eine beträchtliche Kraftstoffeinsparung ermöglicht. Die Modellbasierte Prädiktive Regelung schöpft die vorgegebenen Grenzen voll aus. So sieht man am Geschwindigkeitsverlauf des IPPC-Systems in Abbildung 5.26, dass die Grenzgeschwindigkeit dreimal tangiert und somit maximal Schwung im Gefälle aufgenommen wurde.

Fahrer Ralf hatte dagegen die Schwierigkeit, dass es auf dem Streckenabschnitt oft nicht möglich war, wegen des Baumwuchses das kommende Steigungsprofil vorherzusehen. Das IPPC-System ist dagegen in der Lage „um die Ecke zu schauen" und kann damit jeder Zeit vorausschauend fahren. Durch das Gas geben bereits vor den Steigungen im Streckenabschnitt kam es beim IPPC-System zwar kurzzeitig zu einem Mehrverbrauch, dadurch gelang es aber, alle Steigen im 16. Gang bei einer sehr niedrigen Motordrehzahl zu überwinden.

Fahrerakzeptanz

Bezüglich der Akzeptanz des IPPC-Systems durch den Fahrer wurde in dieser Arbeit bisher keine Aussage getroffen. Neben der Vergleichsfahrt mit Fahrer Ralf fanden auf der Panzerringstraße in Münsingen Demonstrationsfahrten mit insgesamt mehr als 40 Probanden statt. Dabei hat sich gezeigt, dass sich ein Fahrer schon nach einer relativ kurzen Fahrstrecke an das System gewöhnt. Zu Beginn waren die meisten Probanden verunsichert, da unter anderem das automatische Abbremsen vor einer Kurve ein, zu diesem Zeitpunkt noch nicht vorhandenes, Grundvertrauen an das technische System voraussetzte. Darauf folgte bei einer Vielzahl von Probanden, besonders den erfahrenen Fahrern, eine Phase, in welcher die von IPPC eingestellte Kurvengeschwindigkeit als zu langsam erachtet wurde. Denn IPPC wählt eine, im Vergleich zum geübten Fahrer, geringere Geschwindigkeit in der Kurve, da es unter anderem nicht voraussetzen kann, dass der Fahrer die Kurve schneiden wird. Trotzdem stellte sich bei nahezu allen Probanden schließlich Zufriedenheit mit der von IPPC gewählten Fahrzeuggeschwindigkeit ein, da die Freude über den neuen Komfort, das Fahrzeug nur noch lenken zu müssen, die leichte Verärgerung über die etwas niedrigere Kurvengeschwindigkeit überwog. Es bleibt dennoch aus, zu klären, inwieweit ein Fahrer ein wenn auch kurzzeitiges automatisches Absenken der Fahrzeuggeschwindigkeit zum Zweck der Verbrauchseinsparung akzeptiert.

5.2.3 Test der Abstandsregelung im Fahrversuch

Im vorigen Abschnitt wurde das Verbrauchseinsparpotenzial des IPPC-Systems gegenüber der Fahrweise eines guten Fahrers demonstriert. Bei den durchgeführten Versuchen waren keine weiteren Verkehrsteilnehmer auf der Versuchsstrecke, so dass sowohl für Fahrer Ralf als auch für das IPPC-System dieselbe Fahrsituation vorlag. Das Abstandsregelverhalten des IPPC-Systems wurde dabei noch nicht untersucht. Zur Verifikation der Fahrbarkeit der Abstandsregelung wurde deshalb auf der Panzerringstraße in Münsingen eine Versuchsfahrt unternommen, bei der ein Führungsfahrzeug vor dem IPPC-Fahrzeug fuhr. Beim Führungsfahrzeug handelte es sich um einen Pkw. Der Fahrer des Wagens wurde angewiesen, seine Geschwindigkeit stochastisch zu variieren und im Mittel, mit einer Geschwindigkeit von $40\,\mathrm{km/h}$, langsamer als die Wunschgeschwindigkeit des IPPC-Systems von $60\,\mathrm{km/h}$ bei freier Fahrt zu fahren, so dass es zu möglichst vielen Folgefahrtsituationen kommt.

Das IPPC-Fahrzeug war Versuchsfahrzeug B. Da dieses Fahrzeug über keine Schnittstelle für die Ansteuerung der Betriebsbremse verfügt, wurde das IPPC-System so parametriert, dass es nur 50 % des maximal möglichen Retardermoments einsetzen sollte. Die restlichen 50 % wurden zur Emulation des Betriebsbremsmoments vorgehalten. Das heißt, wenn das IPPC-System einen Einsatz der Betriebsbremse vorsah, wurde aus der Sollverzögerung für die Betriebsbremssteuerung ein entsprechendes Retardermoment berechnet. Der Abstandsregeltempomat ist ein System, welches alleine für den Einsatz auf Autobahnen und gut ausgebauten Bundesstraßen vorgesehen ist. Es wird daher in der Bedienungsanleitung des ART darauf hingewiesen, diesen nicht auf kurvenreichen Landstraßen einzusetzen. Dies deshalb, da schon bei kleinen Kurvenkrümmungen ein vorausfahrendes Fahrzeug den engen Radarkegel von nur 9° verlässt und somit eine kontinuierliche Abstandsregelung auf solchen

Straßen kaum möglich ist. Die Panzerringstraße ist jedoch eine sehr kurvenreiche Landstraße, so dass es bei der Versuchsfahrt mehrfach zu Schwierigkeiten bei der Abstandsregelung kam, da zum einen der Radarkontakt zum Führungsfahrzeug oft abbrach und zum anderen ein schnelles Bremsen des IPPC-Systems notwendig wurde, wenn erst nach einer Kurve das deutlich langsamer fahrende Führungsfahrzeug detektiert wurde.

Trotzdem konnten bei der Versuchsfahrt sehr vielversprechende Ergebnisse erlangt werden. Abbildung 5.27 zeigt das Messergebnis des Fahrversuchs mit Abstandsregelung. Dort im zweiten Graph von oben ist neben der Geschwindigkeit des IPPC-Fahrzeugs als gestrichelte Linie die Geschwindigkeit des Führungsfahrzeugs dargestellt, falls es von der Objekterkennung detektiert wurde. In Abbildung 5.27 ist zu sehen, dass die Geschwindigkeit des Führungsfahrzeugs, wie vorgesehen, um den Mittelwert von $40\,\mathrm{km/h}$ stark variierte. Sie war deshalb kaum für das IPPC-System prädizierbar. Der dritte Graph von oben zeigt den Verlauf des Abstands zum Führungsfahrzeug d_{FF} als durchgezogene Linie, wenn er als Messwert vorlag, und gestrichelt, wenn er nach Zielverlust der Objekterkennung noch weitere vier Sekunden geschätzt wurde. Zusätzlich ist im dritten Graph der nach $d_{\mathrm{FF,soll}} = v_{\mathrm{Fzg}} \cdot T_{\mathrm{Abstand}}$ berechnete Mindestabstand für $T_{\mathrm{Abstand}} = 2{,}3\,\mathrm{s}$ und grau hinterlegt das nicht zulässige Gebiet für d_{FF} dargestellt. Es ist zu sehen, dass der Abstand an manchen Stellen den Mindestabstand kurzzeitig unterschritten hat. Dies geschah genau in den Fahrsituationen, in denen das zu diesem Zeitpunkt deutlich langsamer fahrende Führungsfahrzeug erst sehr spät detektiert wurde. In diesen Fällen wirkte nicht das von der MPR berechnete Moment, sondern der in Abschnitt 4.4.2 beschriebene, schnell reagierende Abstandsregler der Umsetzungsebene gab das Moment vor. Betrachtet man den Verlauf $d_{\mathrm{FF}}(s)$ fällt zunächst auf, dass es über die gesamte Fahrt auf der Panzerringstraße selten zu einer konstanten Folgefahrt kam. Dies liegt daran, dass es nicht verbrauchsgünstig ist, einen festen Abstand zu halten, da dies ein ständiges Beschleunigen und Abbremsen des Fahrzeugs erfordern würde. Deshalb variierte das IPPC-System bei Folgefahrt den Abstand zum Führungsfahrzeug, um so unnötiges Abbremsen zu vermeiden. Der vierte Graph von Abbildung 5.27 zeigt den Verlauf des Istgangs. Beachtenswert ist, dass das IPPC-System trotz der im Vergleich zu den Versuchen des vorigen Abschnitts deutlich niedrigeren Durchschnittsgeschwindigkeit sehr häufig im 16. Gang fuhr. Dadurch wurde teilweise mit sehr niedriger Motordrehzahl und damit sehr gutem Motorwirkungsgrad gefahren.

Das Abstandsregelverhalten des IPPC-System wird nun anhand von zwei Fahrsituationen erläutert. Zuerst wird der Streckenabschnitt $[26{,}8\,\mathrm{km},\,29{,}6\,\mathrm{km}]$ näher betrachtet. Die Messergebnisse für diesen Abschnitt sind in Abbildung 5.28 vergrößert dargestellt. Obwohl die Objekterkennung in dieser Szene das Führungsfahrzeug nur über drei kurze Zeiträume erfasst hatte, können anhand dieser dennoch Eigenschaften der IPPC-Abstandsregelung gut verdeutlicht werden. Zu Beginn des Streckenabschnitts war das Führungsfahrzeug nicht im Radarkegel. Bei $s_{\mathrm{Fzg}} = 26{,}9\,\mathrm{km}$ wurde es dann plötzlich erkannt. Die schnell reagierende unterlagerte Abstandsregelung musste eingreifen, sie reduzierte das Antriebsmoment für eine Fahrstrecke von $100\,\mathrm{m}$, so dass d_{FF} über diesen Streckenabschnitt exakt auf Mindestabstand eingeregelt wurde. Der Eingriff der Umsetzungsebene ist an dem vergleichsweise etwas unruhigeren Momentverlauf zu erkennen.

Ab $s_{\mathrm{Fzg}} = 27\,\mathrm{km}$ war die Momentenvorgabe wieder bei der MPR des IPPC-Systems, die nun vorausschauend das Führungsfahrzeug in die Längsregelung mit einbezog. Während das

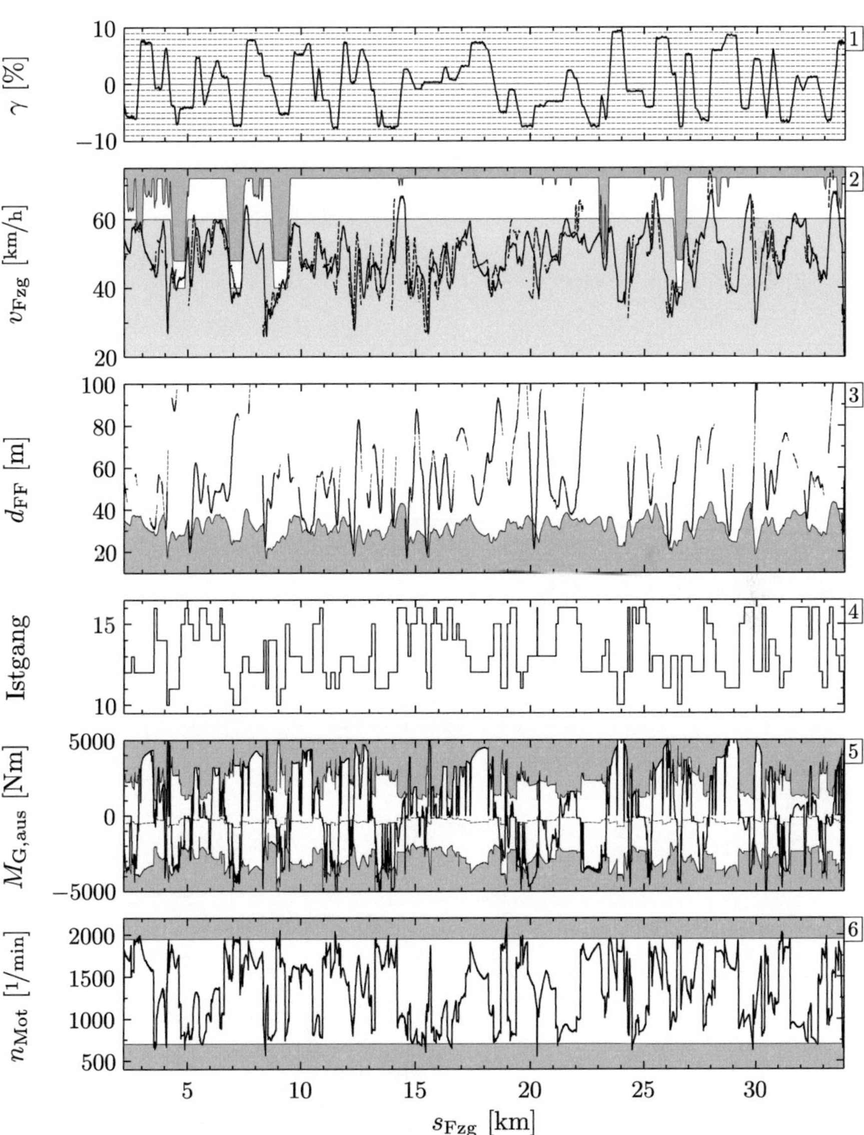

Abbildung 5.27: Messergebnisse des Abstandsregelversuchs (Beschreibung der Graphen von oben nach unten: 1. Verlauf der Fahrbahnsteigung γ; 2. Verlauf der Fahrzeuggeschwindigkeit v_Fzg und der Geschwindigkeit des Führungsfahrzeugs (gestrichelt) falls im Radarkegel; 3. Abstand d_FF und Sollabstand zum Führungsfahrzeug; 4. Istgang; 5. Moment $M_\mathrm{G,aus}$ am Getriebeausgang mit aktuellen Grenzen; 6. Verlauf der Motordrehzahl)

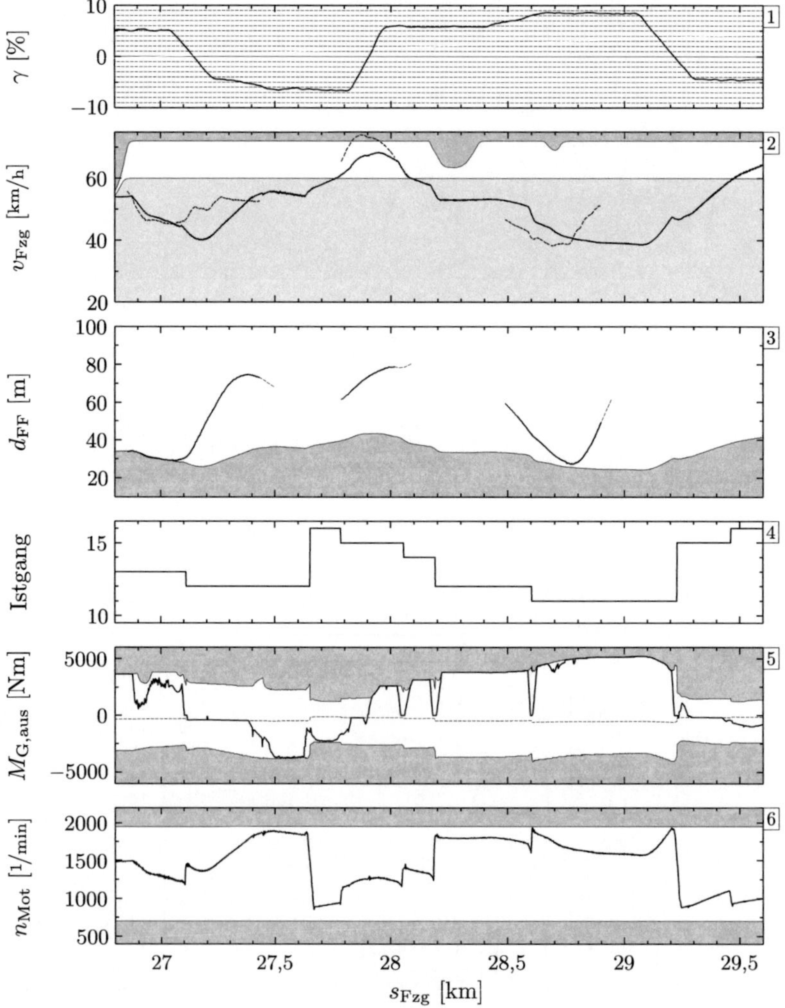

Abbildung 5.28: Messergebnisse der ersten Szene des Abstandsregelversuchs (Beschreibung der Graphen von oben nach unten: 1. Verlauf der Fahrbahnsteigung γ; 2. Verlauf der Fahrzeuggeschwindigkeit v_{Fzg} und der Geschwindigkeit des Führungsfahrzeugs (gestrichelt) falls im Radarkegel; 3. Abstand d_{FF} und Sollabstand zum Führungsfahrzeug; 4. Istgang; 5. Moment $M_{\mathrm{G,aus}}$ am Getriebeausgang mit aktuellen Grenzen; 6. Verlauf der Motordrehzahl).

Führungsfahrzeug leicht beschleunigte, reduzierte das IPPC-System die Geschwindigkeit, obwohl v_{Fzg} zu diesem Zeitpunkt mit ca. 45 km/h deutlich unterhalb der Wunschgeschwindigkeit von 60 km/h lag. Dies deshalb, weil sich das Fahrzeug auf einer Kuppe befand und das IPPC-System das vorausliegende Gefälle ausnutzen wollte. Durch das Absenken von v_{Fzg} bereits vor der Kuppe war das IPPC-Fahrzeug anschließend in der Lage, das Fahrzeug über 300 m in der Schubabschaltung rollen zu lassen. Zusätzlich schaltete IPPC auf der Kuppe vom 13. in den 12. Gang zurück, so dass zum einen am Anfang das Schleppmoment alleine ausreichte, den Geschwindigkeitszuwachs gering zu halten, und zum anderen im steilen Teil des Gefälles genügend Bremsleistung zur Verfügung stand. Bei $s_{\text{Fzg}} = 27{,}5$ km verlor die Objekterkennung den Kontakt zum Führungsfahrzeug. Das IPPC-System passte nun seine Fahrstrategie an die Steigung im Intervall $[27{,}9\,\text{km}, 29{,}2\,\text{km}]$ an. Dafür schaltete das System noch im Gefälle bei $s_{\text{Fzg}} = 27{,}65$ km vier Gangstufen hoch, so dass die Bremskraft reduziert wurde und das Fahrzeug beschleunigte. Kurz vor der Senke schaltete IPPC einen Gang zurück und forderte das maximale Motormoment. Am Fuss der Steigung fuhr das Fahrzeug dadurch mit 66 km/h. Durch den gesammelten Schwung konnte ein Einbruch der Geschwindigkeit im ersten Teil der Steigung vermieden werden. Bereits vor dem zweiten, steileren Teil der Steigung schaltete das IPPC-System nochmals eine Stufe zurück, so dass auch dieser Teil problemlos bewältigt werden konnte.

Während der Fahrt durch die Steigung wurde zweimal das Führungsfahrzeug detektiert. Das erste Mal beim Schwung holen vor der Steigung. Da das Führungsfahrzeug dabei schneller als das IPPC-Fahrzeug fuhr, beeinflusste es die Fahrstrategie von IPPC nicht. In der Steigung bei $s_{\text{Fzg}} = 28{,}5$ km kam es zum zweiten Kontakt, wobei das Führungsfahrzeug nun langsamer fuhr. Die Vollgasfahrt des IPPC-Systems wurde dadurch nur wenig beeinflusst: IPPC reduzierte das Antriebsmoment etwas bei $s_{\text{Fzg}} = 28{,}65$ km. Zusammen mit dem unvermeidlichen Geschwindigkeitsverlust aufgrund des Fahrwiderstands tangierte so der Abstand zum Führungsfahrzeug gerade den Mindestabstand. Hätte das Führungsfahrzeug bei $s_{\text{Fzg}} = 28{,}75$ km nicht wieder beschleunigt, wäre es zu einer Folgefahrt mit Mindestabstand in der 8,5 %-Steigung gekommen. Die Messergebnisse des Streckenabschnitts haben gezeigt, dass das IPPC-System durch die Schätzung der Zustandstrajektorie des Führungsfahrzeugs zum einen in der Lage ist, die vorausschauende Fahrstrategie weitestgehend unbeeinflusst von einem Führungsfahrzeug umzusetzen, sofern dieses nicht deutlich langsamer fährt. Zum anderen hat die Fahrsituation am Anfang des Streckenabschnitts, als das IPPC-Systeme seine Geschwindigkeit abfallen ließ obwohl das Führungsfahrzeug beschleunigte, gezeigt, dass sich beim Vorhandensein eines Führungsfahrzeugs sogar zusätzliche Einsparpotenziale eröffnen können.

Als Zweites wird der Streckenabschnitt $[5{,}2\,\text{km}, 7{,}2\,\text{km}]$ betrachtet. Während der Fahrt durch diesen Abschnitt herrschte ein längerer Radarkontakt zum Führungsfahrzeug. Der Streckenabschnitt zeichnet sich zum einen durch ein wechselndes Steigungsprofil aus. Zum anderen tritt in ihm bei $s_{\text{Fzg}} = 6{,}8$ km ein Wechsel der Geschwindigkeitsbeschränkung von 60 km/h auf 40 km/h auf. Zu Beginn des Streckenabschnitts befand sich das IPPC-Fahrzeug im Gefälle. Das Führungsfahrzeug fuhr schneller als das IPPC-Fahrzeug, der Abstand zwischen beiden Fahrzeugen war mit 40 m mehr als ausreichend. Für die kommende 5 %-Steigung schaltete das IPPC-System in den 14. Gang zurück und begann noch im Gefälle Vollgas zu geben, um Schwung zu holen. Das Führungsfahrzeug reduzierte währenddessen seine

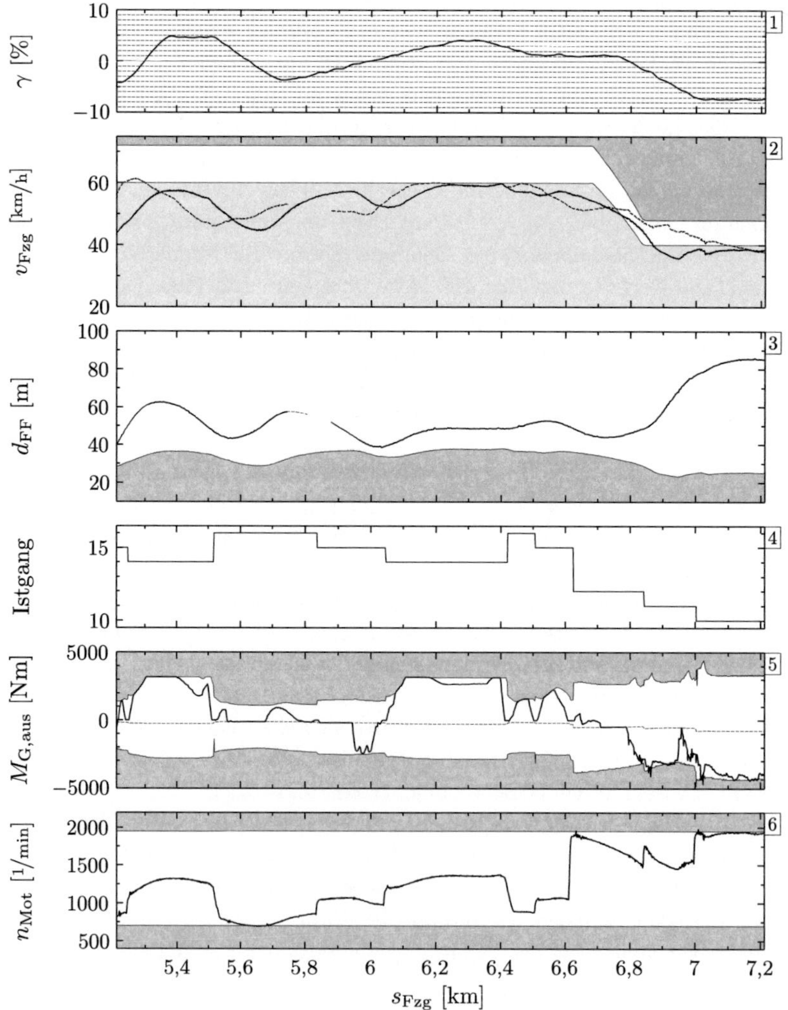

Abbildung 5.29: Messergebnisse der zweiten Szene des Abstandsregelversuchs (Beschreibung der Graphen von oben nach unten: 1. Verlauf der Fahrbahnsteigung γ; 2. Verlauf der Fahrzeuggeschwindigkeit v_{Fzg} und der Geschwindigkeit des Führungsfahrzeugs (gestrichelt) falls im Radarkegel; 3. Abstand d_{FF} und Sollabstand zum Führungsfahrzeug; 4. Istgang; 5. Moment $M_{\mathrm{G,aus}}$ am Getriebeausgang mit aktuellen Grenzen; 6. Verlauf der Motordrehzahl)

Geschwindigkeit um $15\,^{\text{km}}/_{\text{h}}$. Noch in der Steigung verringerte das IPPC-System deshalb das Antriebsmoment, um ein Auflaufen auf das Führungsfahrzeug frühzeitig zu vermeiden.

Schon gegen Ende der Steigung bei $s_{\text{Fzg}} = 5{,}5\,\text{km}$ schaltete das IPPC-System zwei Stufen hoch in den 16. Gang, so dass anschließend die Motordrehzahl nur knapp oberhalb der Minimalgrenze lag. Durch die niedrige Motordrehzahl wurde ein niedriges Schleppmoment des Motors erreicht, so dass es möglich wurde, das Fahrzeug 200 m rollen zu lassen. Die Geschwindigkeit des IPPC-Fahrzeugs nahm dadurch ab, aber nur soweit, dass sich der Abstand zum Führungsfahrzeug genügend vergrößerte, um im nachfolgenden Gefälle kinetische Energie aufnehmen zu können. Das IPPC-System musste nämlich zu diesem Zeitpunkt davon ausgehen, dass das Führungsfahrzeug auch weiterhin mit nur ca. $44\,^{\text{km}}/_{\text{h}}$ fährt. Bei $s_{\text{Fzg}} = 5{,}7\,\text{km}$ gab das IPPC-System einen kurzen Gasstoß, so dass ein Unterschreiten der minimalen Motordrehzahl verhindert wurde. Da das Führungsfahrzeug während der Rollphase von IPPC beschleunigte, trug es mit dazu bei, den Abstand zu vergrößern. Der Abstand wurde so größer als es das IPPC-System benötigt hätte, um die potentielle Energie des Gefälles voll aufnehmen zu können. So diente der kurze Gasstoß bei $s_{\text{Fzg}} = 5{,}7\,\text{km}$ auch dem Zweck, die Beschleunigung durch das Gefälle zu unterstützten, um den Abstand wieder zu verkürzen. Bei $s_{\text{Fzg}} = 5{,}75\,\text{km}$ verlor die Objekterkennung das Führungsfahrzeug. Das IPPC-System versuchte nun v_{Fzg} in die Nähe der Wunschgeschwindigkeit von $60\,^{\text{km}}/_{\text{h}}$ zu bringen. IPPC machte sich dafür wieder das Gefälle zu Nutze und ließ das Fahrzeug rollend beschleunigen. Bei $s_{\text{Fzg}} = 5{,}85\,\text{km}$ schaltete das IPPC-System in den 15. Gang zurück, um für die folgende leichte Steigung Schwung holen zu können. Dazu kam es jedoch nicht. Denn bei $s_{\text{Fzg}} = 5{,}9\,\text{km}$ tauchte das Führungsfahrzeug wieder in den Radarkegel des IPPC-Fahrzeugs. Zu diesem Zeitpunkt war es zwar noch 50 m entfernt, fuhr aber ca. $7\,^{\text{km}}/_{\text{h}}$ langsamer. Ein Schwung holen, ohne zu dicht aufzufahren, war damit nicht mehr möglich. Deshalb ließ das IPPC-System das Fahrzeug zunächst weiter rollen und betätigte anschließend die Zusatzbremsen, um den Mindestabstand einzuhalten.

Da die Strategie, Schwung holen im 15. Gang und Durchfahren der leichten Steigung ohne Rückschaltung, aufgrund des Führungsfahrzeugs nicht durchgeführt werden konnte, schaltete das IPPC-System noch vor der Steigung zurück in den 14. Gang in dem ausreichend Zugkraft für die Steigung zur Verfügung stand. Während der Fahrt durch die leichte Steigung hielt das IPPC-System den Abstand näherungsweise konstant auf 45 m und fuhr mit derselben Geschwindigkeit wie das Führungsfahrzeug. Der Abstand betrug hier 10 m mehr, als es der Mindestabstand vorschrieb. Ein Auffahren auf Mindestabstand wurde hier aber vom IPPC-System als energetisch nicht sinnvoll erachtet, da es ein Beschleunigen und wieder Abbremsen benötigt hätte. Nach der Steigung verlief die Anpassung der Geschwindigkeit auf die $40\,^{\text{km}}/_{\text{h}}$-Geschwindigkeitsbeschränkung weitestgehend vom Führungsfahrzeug unbeeinflusst. Es soll hier angemerkt werden, dass das IPPC-System dabei alleine über das Schleppmoment des Motors verzögerte. Dies gelang durch eine Rückschaltung um drei Gänge, so dass bei hoher Drehzahl ein großes Schleppmoment wirkte. In der 40er-Zone herrschte starkes Gefälle ($-7{,}5\,\%$ Steigung). Um die Geschwindigkeit dort alleine über die Zusatzbremsen halten zu können, schaltete das IPPC-System bis in den 10. Gang zurück.

Die Analyse der zweiten Szene der Abstandsregelung hat gezeigt, dass es dem IPPC-System gelingt, auch dann sein Fahrzeug oft rollen zu lassen, wenn eine Führungsfahrzeug voran fährt. Zusätzlich motiviert das Messergebnis dazu, Aussagen über die Robustheit der Abstandsregelung zu treffen: Obwohl sich die Geschwindigkeit des Führungsfahrzeugs fast andauernd unvorhersehbar änderte, hat das IPPC-System die Längsdynamik seines Fahrzeugs in einer *ausgeglichen* Weise geregelt. Ausgeglichen bezeichnet hier, dass sich keine unkomfortablen Momentänderungen ergaben, wenn sich die Geschwindigkeit des Führungsfahrzeug plötzlich änderte, oder das Führungsfahrzeug den Radarkegel verließ. Zusammenfassend ist anhand des Abstandsregelversuchs auf der Panzerringstraße zu sagen, dass die Abstandsregelung des IPPC-Systems zum einen funktionsfähig ist und zum anderen das Potenzial birgt, beim Vorhandensein eines vorausfahrenden Fahrzeugs kraftstoffsparend zu fahren und auch *zusätzliche* Verbrauchseinsparungen zu realisieren. IPPC versuchte nämlich nicht, den Mindestabstand strikt einzuregeln, auch bei kleinem Abstand zum Führungsfahrzeug wurde beispielsweise durch Rollenlassen des Fahrzeugs der Kraftstoffverbrauch gering gehalten.

5.3 Zusammenfassung Kapitel 5

In diesem Kapitel wurden die mit dem IPPC-System erzielten Simulations- und Messergebnisse präsentiert und analysiert. Zunächst wurden dabei anhand kurzer Fahrszenarien mit unterschiedlichem Steigungs- und Kurvenkrümmungsprofil sowie mit und ohne vorausfahrendem Fahrzeug simuliert. Es hat sich gezeigt, dass das IPPC-System gegenüber den konventionellen Systemen deutliche Vorteile bezüglich niedrigem Kraftstoffverbrauch und hoher Durchschnittsgeschwindigkeit erzielt. Dabei wurde veranschaulicht, was tatsächlich eine *vorausschauende Fahrweise* beinhaltet und wieso diese mit konventionellen Systemen nicht realisiert werden kann. Im Anschluss wurden Simulationen mit realen Streckendaten durchgeführt. Zuerst wurde die Panzerringstraße Münsingen als Repräsentant einer Landstraßenstrecke und anschließend die Autobahn von Stuttgart nach Hamburg simuliert. Die Variation des Gewichtungsfaktors für den Kraftstoffverbrauch bei der Simulation der Panzerringstraße hat gezeigt, dass der Verbrauch um 24 % geringer ausfallen kann, wenn man besonders ökonomisch fährt. Bei der Simulation der Autobahnstrecke war der direkte Vergleich mit den Seriensystemen für Gangermittlung und Tempomat möglich. Bei annähernd gleicher Fahrzeit reduzierte das IPPC-System dabei den Verbrauch um 4,15 %.

In Abschnitt 5.2 wurde zunächst beschrieben, wie das IPPC-System in die Architektur der Seriensteuergeräte integriert und wie die Mensch-Maschine-Schnittstelle zum Fahrer aufgebaut wurde. Anschließend wurden die mit IPPC erzielten Messergebnisse vorgestellt. Der Vergleich der Messergebnisse mit den Simulationsergebnissen aus Abschnitt 5.1.2 hat gezeigt, dass eine sehr gute Übereinstimmung zwischen dem Verhalten von IPPC in der Simulation und der Realität herrscht. Höhepunkt in diesem Kapitel stellte die Beschreibung und Analyse der Vergleichsfahrt zwischen einem geübten Fahrer und dem IPPC-System dar. Diesen Wettbewerb konnte IPPC klar für sich entscheiden: das IPPC-System benötigte für eine Runde auf der Panzerringstraße 9,38 % weniger Kraftstoff und erhöhte dabei die Durchschnittsgeschwindigkeit um 3,87 %. Die Analyse ergab, dass dies durch Ausnutzen der Streckentopologie gelang. Schließlich wurde bei der Versuchsfahrt in Abschnitt 5.2.3 die Funktionsfähigkeit der Abstandsregelung des IPPC-Systems nachgewiesen. Obwohl die Geschwindigkeit des vorausfahrenden Fahrzeugs stark unvorhersehbar variierte, gelang es IPPC einen Sicherheitsabstand zu wahren und dabei gleichzeitig das Terrain bei der Längsregelung zur Senkung des Kraftstoffverbrauchs auszunutzen.

Kapitel 6

Zusammenfassung und Ausblick

Zielsetzung der vorliegenden Arbeit war, ein Fahrerassistenzsystem zu entwickeln, welches mit Hilfe von Informationen eines erweiterten Navigationssystems über Streckenattribute des zukünftig befahrenen Streckenabschnitts die Längsregelung schwerer Lkw vollständig automatisiert. Vollständige Automatisierung bezeichnet dabei, dass das System den Sollgang sowie das Antriebsmoment und die Bremsmomente so wählen soll, dass die Fahrzeuggeschwindigkeit auf eine vom Fahrer vorgegebene Wunschgeschwindigkeit eingeregelt wird. Dabei sollte das automatisierte System die Informationen des vorausliegenden Streckenabschnitts dazu verwenden, um entsprechend einem geübten Kraftfahrer vorausschauend zu fahren, so dass der für die Fahrstrecke benötigte Kraftstoffverbrauch minimiert wird.

Mit *Integrated Predictive Powertrain Control* wurde in dieser Arbeit ein Fahrerassistenzsystem entwickelt, welches die Längsregelung eines schweren Lkws auf Autobahnen, Bundesstraßen und auch auf kurvenreichen Landstraßen vollständig automatisiert. Das System verwendet die Informationen eines Vorausschaumoduls über die Fahrbahnsteigung, Kurvenkrümmung und gesetzliche Geschwindigkeitsbeschränkungen des vorausliegenden Streckenabschnitts. Mit diesen Informationen, den Messgrößen eines Abstandsradars und einem Modell der Lkw-Längsdynamik berechnet das System durch eine Modellbasierte Prädiktive Regelung die optimale Wahl des Sollgangs, des Antriebsmoments und der Bremsmomente. Durch die Anpassung der Fahrzeuggeschwindigkeit an die Kurvenkrümmung, Geschwindigkeitsbeschränkungen und an ein gegebenenfalls vorausfahrendes Fahrzeug verbleiben bei aktivem IPPC-System alleine die Lenkung seines Fahrzeugs und die Überwachung der Längsregelung als Aufgaben beim Fahrer.

Bei einer MPR werden die Stellgrößen in ähnlicher Weise bestimmt, wie ein geübter Fahrer durch Antizipation seine Entscheidungen in einem ihm unbekanntem Terrain trifft: Mit Hilfe eines inneren Modells der Regelstrecke werden fortlaufend für einen Vorausschauhorizont Szenarien für die Ansteuerung des Fahrzeugs entwickelt und die Stellgrößen des als optimal erachteten Szenarios verwendet. Da dem IPPC-System gegenüber dem Fahrer genauere Informationen über das Fahrzeug und den kommenden Streckenabschnitt zur Verfügung stehen, ist das zur Antizipation eingesetzte innere Modell des IPPC-Systems genauer als das des Fahrers. Außerdem vermag das IPPC-System weitaus exakter als ein menschlicher Fahrer und ohne Schwankungen in der Konzentration, die optimale Bahnplanung für die Lkw-Längsdynamik durchzuführen. Damit besitzt das IPPC-System Vorteile auch gegenüber dem routinierten Fahrer.

Die Messergebnisse in Abschnitt 5.2 der Vergleichsfahrt zwischen dem IPPC-System und einem Kraftfahrer, welcher mit dem Seriensystem der Automatischen Gangermittlung fuhr, haben zweifellos gezeigt, dass das IPPC-System dadurch in der Lage ist, auch den geübten Kraftfahrer durch seine vorausschauende Fahrweise zu übertreffen. IPPC benötigte für eine Runde auf der Panzerringstraße 9,38 % weniger Kraftstoff und erhöhte dabei die Durchschnittsgeschwindigkeit um 3,87 %. IPPC ließ das Fahrzeug deutlich häufiger rollen als der Fahrer, holte Schwung vor Steigungen und schaltete seltener aber dafür passender als die Automatische Gangermittlung. Dabei nutzte IPPC seinen Vorteil, dass es ihm auch an Stellen möglich war, vorausschauend zu fahren, an denen der Fahrer die zukünftig befahrene Strecke nicht einsehen konnte. Durch das Fahren in hohen Gängen, wenn nur wenig Zugkraft benötigt wurde, und das frühzeitige Schalten in niedrige Gänge wenn Antriebs- oder Bremsleistung gefragt war, wurde der Motor stets mit optimalem Wirkungsgrad betrieben. Gleichzeitig war die Längsregelung des IPPC-Systems überaus komfortabel, da es schnelle Momentänderungen vermied. Das anfängliche Ziel, die vorausschauende Fahrweise eines geübten Kraftfahrers zu imitieren, konnte damit mehr als erfüllt werden.

Die vorliegende Arbeit beschreibt die prototypische Realisierung des IPPC-Systems. Dieser Prototyp wurde nach dessen Entwicklung in zahlreichen weiteren Versuchsfahrten getestet. Auch wurde eine Vergleichsmessfahrt auf der in Abschnitt 5.1.3 beschriebenen und dort für die Simulation verwendete Autobahnstrecke Stuttgart–Hamburg durchgeführt. Dabei fuhren zwei Fahrzeuge von identischer Konfiguration[1] gleichzeitig von Stuttgart nach Hamburg und wieder zurück. Die Setzgeschwindigkeit von Tempomat und IPPC-System wurde auf 85 ^{km}/h und die Grenzgeschwindigkeit auf 91 ^{km}/h eingestellt. Das Drehzahlband für eine vorausschauende Fahrweise war damit recht eng. Trotzdem gelang es mit dem IPPC-System eine Verbrauchseinsparung von 3 % gegenüber dem Fahrzeug mit konventionellem Tempomaten und Gangwahl durch die Automatische Gangermittlung darzustellen. Dabei fuhren beide Fahrzeuge mit derselben Durchschnittsgeschwindigkeit. Dies bedeutet für einen Fuhrunternehmer eine Reduktion der Kraftstoffkosten um ca. 1500 € pro Jahr[2], wenn dieser alleine im Fernverkehr tätig ist. Wird ein mit dem IPPC-System ausgerüstetes Fahrzeug darüber hinaus vermehrt für Fuhren auf Überlandstrecken mit ausgeprägtem Steigungsprofil eingesetzt, ist eine noch weitaus höhere jährliche Kostensenkung erzielbar.

Zwar ist die grundlegende Funktionsweise einer MPR intuitiv verständlich, da sie eng verwand mit der Regelstrategie eines Menschen ist. Die praktische Realisierung einer MPR gestaltet sich jedoch zumeist schwierig, da die MPR die Lösung von Optimalsteuerungsproblemen in Echtzeit erfordert. Für die MPR des IPPC-Systems wurde das Hybrid-Optimalsteuerungsproblem der Lkw-Längsdynamik formuliert. Dafür wurde ein Modell der Lkw-Längsdynamik in der Gestalt eines hybriden Automaten entwickelt, der das Zusammenwirken der ereignisdiskreten Dynamik des Schaltprozesses und der kontinuierlichen Dynamik des Antriebsstrangs und der Fahrzeuglängsdynamik genau beschreibt. Die Lösung dieses HOSPs innerhalb der geforderten Rate von 1 s der IPPC-MPR stellte eine große Herausforderung dar. Es hat sich gezeigt, dass kein vorhandenes Lösungsverfahren in der Lage war, die gestellten Anforderungen insbesondere die Forderung, dass die Problemformulierung

---

[1] Fahrzeug: Actros Sattelzug MP2 1846LS, Gesamtmasse: 40 t, Motor: Leistung 335 kW, max. Motormoment 2200 Nm, Getriebe: Klauengetriebe G281 12-Gang, Hinterachsübersetzung: 2,846

[2] Auf Basis der durchschnittlichen Kraftstoffkosten im Fernverkehr von ca. 49000 €/a bei einer Laufleistung von 140000 ^{km}/a, einem Verbrauch von 35 ℓ/100 km und einem Dieselpreis von 1 €/ℓ

des HOSPs in der zu Verfügung stehenden Rechenzeit gelöst werden kann, zu erfüllen. Eine weitere Zielsetzung der vorliegenden Arbeit war deshalb die Entwicklung eines numerischen Verfahrens für die Lösung des HOSPs in Echtzeit.

Das entwickelte Verfahren besteht aus einem Suchverfahren für die optimale Schalthäufigkeit und Sollgangfolge, dem die Lösung von Mehrphasen-Optimalsteuerungsproblemen in rein reellwertigen Entscheidungsgrößen unterlagert ist. Das Suchverfahren setzt sich dabei aus zwei Ebenen zusammen, wobei in der oberen Ebene die Schalthäufigkeit ausgezählt wird. Die untere Ebene bestimmt durch eine Variante des Branch-and-Bound-Verfahrens die optimalen Sollgänge. Das Verfahren verkürzt dabei die Suche gegenüber der vollständigen Enumeration aller möglichen Sollgangfolgen, indem MPOSP gelöst werden, bei denen die Sollgänge reellwertige Entscheidungsgrößen sind. Während das Suchverfahren speziell auf die Problemstellung dieser Arbeit zugeschnitten ist, ist das in weiten Teilen neu entwickelte Lösungsverfahren für (Mehrphasen-) Optimalsteuerungsprobleme auch auf eine Vielzahl weiterer Problemstellungen anwendbar, wie zum Beispiel für die optimale Bahnplanung von Robotern und Raumfahrzeugen, zur Optimierung von Prozessen der Verfahrenstechnik und als Kern einer allgemeinen Nichtlineare Modellbasierte Prädiktive Regelung, um nur einige Anwendungsmöglichkeiten zu nennen.

Das Verfahren zählt zu der Klasse der direkten Lösungsverfahren. Im ersten Schritt wird dabei das MPOSP durch die direkte Mehrzielmethode diskretisiert, so dass ein Nichtlineares Programm in der Ausprägung eines zeitdiskreten Optimalsteuerungsproblems entsteht. Im Gegensatz zu den bekannten Realisierungen des direkten Lösungsverfahrens, wurde in der vorliegenden Arbeit zur Lösung des zeitdiskreten Optimalsteuerungsproblems kein kommerzieller NLP- beziehungsweise QP-Löser eingesetzt, sondern ein neuer, auf die Problemstellung zugeschnittener Löser konstruiert, der die rekursive Struktur eines zeitdiskreten Optimalsteuerungsproblems ausnutzt.

Zur Lösung des NLPs wurde dabei eine neue Variante der Filter-SQP-Verfahren entwickelt, das Elastic-Trust-Region-Filter-SQP-Verfahren. Dieses zeichnet sich dadurch aus, dass

- es eine Näherungslösung für Probleme effizient und numerisch robust berechnet, deren Nebenbedingungen nicht exakt erfüllt werden können,

- es exakte zweite Ableitungen verwendet und damit eine quadratische Konvergenzrate zu erzielen vermag, wenn wie bei der MPR ein Startpunkt nahe der Lösung ermittelt werden kann,

- es Informationen über die Aktive-Menge im Lösungspunkt bewahrt und zum Warmstart der Lösung eines Quadratischen Programms vorteilhaft einsetzt.

Da in der vorliegenden Arbeit das NLP die Gestalt eines nichtlinearen zeitdiskreten Optimalsteuerungsproblems besitzt, erhält das Quadratische Programm, welches für die Berechnung der Suchrichtung des SQP-Verfahrens zu lösen ist, die Form eines linearen zeitdiskreten Optimalsteuerungsproblems. Dieses kann wegen der Verwendung exakter zweiter Ableitungen nichtkonvex sein. Praktische Untersuchungen haben gezeigt, dass für die Lösung des HOSPs mehr als 90 % der benötigten Rechenzeit auf die Lösung dieser Probleme entfällt. In der vorliegenden Arbeit wurde deshalb ein neues Lösungsverfahren für nichtkonvexe lineare zeitdiskrete Optimalsteuerungsprobleme entwickelt, welches die Struktur eines solchen Problems optimal ausnutzt. Das Lösungsverfahren ist eine Variante des Aktive-Menge-Verfahrens für nichtkonvexe Quadratische Programme. Durch Verwendung des Bellmanschen Optimalitätsprinzips vermeidet es zum einen hochdimensionale Matrix-Operationen und führt zum anderen nur diejenigen Berechnungen durch, welche bei einem Wechsel der Arbeitsmenge tatsächlich erforderlich sind. Das Verfahren besitzt dadurch das Potenzial, bei Problemen mit vielen Diskretisierungsstellen und Ungleichungsbeschränkungen, die Rechenzeit gegenüber Standardlösern um ein Vielfaches zu reduzieren.

Ergänzend wäre von Interesse, die entwickelten Lösungsverfahren mit standardisierten Schnittstellen zu implementieren, so dass der direkte Vergleich mit kommerziellen Lösern anhand von Benchmark-Problemen erfolgen kann. Die robuste Konvergenz des ETRFSQP-Verfahrens wurde in den vielen Betriebsstunden des IPPC-Systems für die Aufgabenstellung der vorliegenden Arbeit praktisch nachgewiesen. Es kann jedoch nicht ausgeschlossen werden, dass eine „pathologische Problemstellung" konstruiert werden kann, bei der das ETRFSQP-Verfahren zyklisches Verhalten aufzeigt und nicht konvergiert, denn es wurde auf zusätzliche, rechenaufwändige Mechanismen verzichtet, welche alleine dafür benötigt werden würden, um für das Verfahren einen formalen Konvergenzbeweis führen zu können.

Die Entwicklung des ETRFSQP-Verfahrens und des Lösers für nichtkonvexe lineare zeitdiskrete Optimalsteuerungsprobleme hat erst die Realisierung des IPPC-Systems ermöglicht. Das Gesamtlösungsverfahren für das HOSP der Lkw-Längsdynamik erfüllt sämtliche der für die praktische Realisierung des IPPC-Systems notwendigen Anforderung. Es bleibt jedoch die sechste der in Abschnitt 2.2.4 spezifizierten Anforderungen nach der „Nachvollziehbarkeit des Verfahrens" zu diskutieren, welche eine Verständlichkeit des Verfahrens auch für Systemexperten fordert, die über weniger Erfahrung in numerischer Mathematik verfügen. Ein näherer Blick auf das in Kapitel 3 vorgestellte Verfahren zeigt zwar, dass bis in die unterste Ebene eine regelungstechnische Interpretation der Rechenschritte möglich ist, die Komplexität des Verfahrens ist dennoch nicht zu bestreiten. Die direkte Übertragung der in der vorliegenden Arbeit beschriebenen Realisierung des IPPC-System in die Serienentwicklung wird dadurch erschwert.

Voraussetzung dafür, dass die Ergebnisse der vorliegenden Arbeit zu einem Serienprodukt führen können, ist die flächendeckende Verfügbarkeit einer erweiterten digitalen Karte, welche zumindest die Information über die Fahrbahnsteigung enthält. Seit kurzem ist auf dem US-Markt das *RunSmart-Predictive-Cruise-Control*-System erhältlich [Dai09]. Dabei handelt es sich um eine Tempomatfunktion, welche in vergleichbarer Weise wie die in [TNC02] beschriebene PCC-Funktion mit Hilfe der Information über die kommende Fahrbahnsteigung aus einer digitalen Karte die Setzgeschwindigkeit dahingehend variiert, so dass vor einer Steigung Schwung aufgenommen und vor einer Kuppe ausgerollt wird. Die Einführung dieses Seriensystems weist darauf hin, dass die erweiterte digitale Straßenkarte inzwischen regional kommerziell verfügbar ist und voraussichtlich bereits in naher Zukunft auch flächendeckend erhältlich sein wird.

Für die prototypischen Darstellung des IPPC-Systems in den Versuchsfahrzeugen wurden Zielrechner verwendet, die über eine Rechenleistung verfügen, welche deutlich die der heute in der Antriebsstrangautomatisierung eingesetzten Steuergeräte überschreitet. Der Einsatz des IPPC-Systems in der hier vorgestellten Realisierung im Serienfahrzeug würde daher die

Entwicklung eines neuen Steuergeräts mit hoher Rechenleistung jedoch einer vergleichsweise geringeren Anzahl an Schnittstellen benötigen. Dieses Steuergerät würde zwar vermutlich zunächst höhere Kosten verursachen, das IPPC-System wäre dennoch mehrpreisfähig, bedenkt man das Verbrauchseinsparpotenzial des Systems.

Die prototypische Realisierung des IPPC-Systems hatte das Ziel, das vollständige Potenzial einer auf Kartendaten basierenden automatisierten Längsregelung aufzuzeigen. Das System ist einsetzbar auf kurvenreichen Landstraßen, Strecken mit wechselnder Geschwindigkeitsbeschränkung und zur Abstandsregelung. Auch wenn aufgrund der Komplexität und der hohen Anforderungen an die Rechenleistung das in dieser Arbeit beschriebene IPPC-System keinen Einzug in die Serienentwicklung findet, liefert es dennoch den *reproduzierbaren versierten Fahrer*. Das IPPC-System könnte dann als Experte herangezogen werden, anhand dessen Fahrweise für ein abgegrenztes Einsatzgebiet, wie beispielsweise die Fahrt auf der Autobahn, Fahrstrategien für eine vorausschauende Fahrweise abgeleitet werden. Die abgeleiteten Fahrstrategien könnten dann dazu dienen, eine vorausschauende regelbasierte automatisierte Längsregelung schwerer Lastkraftwagen zu realisieren, welche zum einen weniger komplex ist und zum anderen geringere Anforderungen an die Rechenleistung des Steuergeräts stellt.

Anhang A

A.1 Begriffe und Sätze der Nichtlinearen Programmierung

In diesem Abschnitt werden die in Kapitel 3 verwendeten Begriffe und Sätze zusammengefasst. Für eine Einführung in die Thematik der Nichtlinearen Programmierung und die Beweise der verwendeten Sätze wird auf [Fle87] und [NW99] verwiesen. Betrachtet wird in diesem Abschnitt das Nichtlineare Programm laut Definition (3.17):

$$\min_{\underline{w} \in \mathbb{R}^{n_w}} J(\underline{w}) \tag{A.1a}$$

unter den Nebenbedingungen:
$$\underline{d}(\underline{w}) = \underline{0} \tag{A.1b}$$

$$\underline{c}(\underline{w}) \geq \underline{0} \tag{A.1c}$$

Definition A.1.1 (Zulässigkeit, zulässige Menge)
Ein Punkt $\underline{w}^\circ \in \mathbb{R}^{n_w}$ wird als zulässig *bezeichnet, wenn er die Restriktionen (A.1b) und (A.1c) erfüllt. Die Menge $\mathcal{Z}$ aller zulässigen Punkte wird* zulässige Menge *genannt:*

$$\mathcal{Z} := \left\{ \underline{w} \in \mathbb{R}^{n_w} \;\middle|\; \underline{d}(\underline{w}) = \underline{0} \wedge \underline{c}(\underline{w}) \geq \underline{0} \right\}.$$

Definition A.1.2 (Lokales und globales Minimum)
Ein Punkt $\underline{w}^*$ ist ein lokales Minimum *(oder lokale Lösung) des NLPs (A.1), wenn gilt:*

- *$\underline{w}^*$ ist zulässig bezüglich aller Beschränkungen,*

- *es existiert eine Umgebung $\mathcal{N}(\underline{w}^*) \subset \mathcal{Z}$, so dass*

$$\forall \underline{w} \in \mathcal{N}(\underline{w}^*); \; J(\underline{w}^*) \leq J(\underline{w})$$

    gilt.

Ein Punkt $\underline{w}^*$ ist ein globales Minimum *(oder globale Lösung) des NLPs (A.1), wenn*

$$\forall \underline{w} \in \mathcal{Z}; \; J(\underline{w}^*) \leq J(\underline{w})$$

gilt.

Definition A.1.3 (Konvexität)
Die Menge $\mathcal{D} \subset \mathbb{R}^{n_w}$ heißt konvex, *wenn $\forall \underline{x}, \underline{y} \in \mathcal{D}$ und $\forall \lambda \in [0, 1]: \underline{x} + \lambda\,(\underline{y} - \underline{x}) \in \mathcal{D}$ gilt.*

Ist $\mathcal{D}$ konvex, dann heißt die Funktion $J : \mathcal{D} \to \mathbb{R}$ konvex auf $\mathcal{D}$, wenn gilt

$$J(\underline{x} + \lambda\,(\underline{y} - \underline{x})) \leq J(\underline{x}) + \lambda\,\big(J(\underline{y}) - J(\underline{x})\big)\,, \quad \forall \underline{x}, \underline{y} \in \mathcal{D}\,,\ \lambda \in [0, 1]\,.$$

Satz A.1.1 (Konvexität und globale Minima)
Ist die zulässige Menge $\mathcal{Z}$ konvex und die Zielfunktion $J(\underline{w})$ konvex auf $\mathcal{Z}$, so ist jedes lokale Minimum $\underline{w}^* \in \mathcal{Z}$ auch globales Minimum.

Definition A.1.4 (Abstiegsrichtung)
Ein Vektor $\Delta\underline{w} \in \mathbb{R}^{n_w} \setminus \underline{0}$ wird Abstiegsrichtung *für die Zielfunktion $J(\underline{w})$ im Punkt w° genannt, wenn ein $\bar{\alpha} > 0$ existiert, so dass*

$$\forall \alpha \in (0, \bar{\alpha})\,;\ J(\underline{w}^\circ + \alpha \Delta\underline{w}) < J(\underline{w}^\circ) \tag{A.2}$$

gilt.

Satz A.1.2
Sei die zweite Ableitung der Zielfunktion $J(\underline{w})$ im Punkt $\underline{w}^\circ$ Lipschitz stetig, dann ist der Vektor $\Delta\underline{w} \in \mathbb{R}^{n_w} \setminus \underline{0}$ eine Abstiegsrichtung für $J(\underline{w})$ in $\underline{w}^\circ$, wenn

$$\Delta\underline{w}^T\,\nabla_{\underline{w}} J(\underline{w})\big|_{\underline{w}=\underline{w}^\circ} < 0 \tag{A.3}$$

gilt.

Definition A.1.5 (Aktive- und Inaktive-Menge)
Die Aktive-Menge $\mathcal{A}(\underline{w}^\circ)$ *(oder Menge der aktiven Ungleichungsbeschränkungen) eines zulässigen Punktes $\underline{w}^\circ \in \mathcal{Z}$ ist die Indexmenge*

$$\mathcal{A}(\underline{w}^\circ) := \big\{ i \in \{1, \ldots, n_c\} \,\big|\, [\underline{c}(\underline{w}^\circ)]_i = 0 \big\}\,.$$

Entsprechend ist die Passive Menge $\mathcal{P}(\underline{w}^\circ)$ *die Indexmenge, welche durch*

$$\mathcal{P}(\underline{w}^\circ) := \big\{ i \in \{1, \ldots, n_c\} \,\big|\, [\underline{c}(\underline{w}^\circ)]_i > 0 \big\} = \{1, \ldots, n_c\} \setminus \mathcal{A}(\underline{w}^\circ)$$

definiert ist.

In den weiteren Behandlungen wird gefordert, dass sowohl die Zielfunktion $J(\underline{w})$ als auch die Funktionen der Nebenbedingungen $\underline{c}(\underline{w})$ und $\underline{d}(\underline{w})$ zweimal stetig differenzierbar sind. Voraussetzung für eine erfolgreiche Anwendung der Methode der Sequentiellen Quadratischen Programmierung ist, dass die Problemformulierung in jedem Punkt eine der beiden Beschränkungsqualifikationen der folgenden Definitionen erfüllt.

Definition A.1.6 (Lineare-Unabhängigkeits-Beschränkungsqualifikation LUBQ)
Sind in einem zulässigen Punkt $\underline{w}^\circ \in \mathcal{Z}$ die Gradienten der Gleichungs- und aktiven Ungleichungsbeschränkungen

$$\nabla_{\underline{w}}[\underline{d}(\underline{w}^\circ)]_i\,, \quad \forall\, i \in \{1, \ldots, n_d\}$$
$$\nabla_{\underline{w}}[\underline{c}(\underline{w}^\circ)]_i\,, \quad \forall\, i \in \mathcal{A}(\underline{w}^\circ)$$

linear unabhängig, so gilt in $\underline{w}^\circ$ die Bedingung LUBQ.

Definition A.1.7 (Mangasarian-Fromovitz-Beschränkungsqualifikation MFBQ)
Die Bedingung MFBQ gilt in einem Punkt $\underline{w}^\circ \in \mathcal{Z}$, wenn

- *die Gradienten der Gleichungsnebenbedingungen*

$$\nabla_{\underline{w}}[\underline{d}(\underline{w}^\circ)]_i \,, \quad \forall\, i \in \{1,\ldots,n_d\}$$

  linear unabhängig sind

- *und ein Vektor $\Delta\underline{w} \in \mathbb{R}^{n_w}$ existiert, für den gilt:*

$$\nabla_{\underline{w}}[\underline{d}(\underline{w}^\circ)]_i^T \Delta\underline{w} = 0 \quad \forall\, i \in \{1,\ldots,n_d\}$$
$$\nabla_{\underline{w}}[\underline{c}(\underline{w}^\circ)]_i^T \Delta\underline{w} > 0 \quad \forall\, i \in \mathcal{A}(\underline{w}^\circ)$$

Ist eine Beschränkungsqualifikation in einem Punkt erfüllt, dann ist gewährleistet, dass eine Linearisierung der Beschränkungsgleichungen die Geometrie der Beschränkung lokal wiedergibt. Das folgende Beispiel verdeutlicht die Problematik, welche entsteht, wenn die Problemformulierung in einem Punkt keine Beschränkungsqualifikation erfüllt.

Beispiel A.1.1 (Bedeutung Beschränkungsqualifikation)
Durch eine Beschränkung soll gefordert werden, dass mindestens eine von zwei Variablen x und y gleich Null sein soll. Die Beschränkungsgleichung lautet

$$xy = 0\,.$$

Im Punkt $x = y = 0$ verschwindet der Gradient der Beschränkungsgleichung und die Linearisierung der Gleichung lautet

$$0 \cdot \Delta x + 0 \cdot \Delta y = 0\,.$$

Diese ist für alle Δx und Δy erfüllt. Dadurch ist es nicht möglich, mit der Linearisierung die Geometrie der zulässigen Menge lokal in diesem Punkt zu beschreiben. Der Vergleich mit den Definitionen (A.1.7) und (A.1.6) zeigt, dass im Punkt $x = y = 0$ keine Beschränkungsqualifikation erfüllt ist.

Nun werden notwendige und hinreichende Optimalitätsbedingungen erster und zweiter Ordnung vorgestellt, welchen eine lokale Lösung $\underline{w}^*$ des Nichtlinearen Programms (A.1) genügen muss. Zunächst wird dafür eine Hilfsfunktion eingeführt, welche bei der Formulierung der Optimalitätsbedingungen die Schreibweise verkürzt:

Definition A.1.1 (Lagrange-Funktion)
Die Lagrange-Funktion $L : \mathbb{R}^{n_w} \times \mathbb{R}^{n_d} \times \mathbb{R}^{n_c} \to \mathbb{R}$ ist eine Linearkombination der Zielfunktion mit den Funktionen der Nebenbedingungen:

$$L\left(\underline{w},\underline{\lambda},\underline{\eta}\right) := J\left(\underline{w}\right) - \sum_{i=1}^{n_d}[\underline{\lambda}]_i[\underline{d}\left(\underline{w}\right)]_i - \sum_{i=1}^{n_c}[\underline{\eta}]_i[\underline{c}\left(\underline{w}\right)]_i\,.$$

Die Faktoren $\underline{\lambda} \in \mathbb{R}^{n_d}$ und $\underline{\eta} \in \mathbb{R}^{n_c}$ werden Lagrange-Multiplikatoren *genannt.*

Mit ihr werden nun die notwendigen Optimalitätsbedingungen erster Ordnung für ein lokales Minimum $\underline{w}^*$ des Nichtlinearen Programms (A.1) formuliert, welche nach ihren Entdeckern auch als *Karush-Kuhn-Tucker-Bedingungen* (KKT-Bedingungen) bezeichnet werden:

Satz A.1.3 (Notwendige Optimalitätsbedingung 1. Ordnung)
Sei $\underline{w}^*$ eine lokale Minimallösung der Optimierungsaufgabe (3.17) und eine der Beschränkungsqualifikationen (A.1.6) oder (A.1.7) erfüllt, dann existieren eindeutig bestimmte Lagrange-Multiplikatoren $\underline{\lambda}^*$ und $\underline{\eta}^*$, für die

$$\nabla_{\underline{w}} L\left(\underline{w}^*, \underline{\lambda}^*\right) = \nabla_{\underline{w}} J\left(\underline{w}^*\right) - \sum_{i=1}^{n_d} [\underline{\lambda}^*]_i \, \nabla_{\underline{w}} [\underline{d}(\underline{w}^*)]_i - \sum_{i=1}^{n_c} [\underline{\eta}^*]_i \, \nabla_{\underline{w}} [\underline{c}(\underline{w}^*)]_i = \underline{0} \qquad \text{(A.4a)}$$

$$\underline{d}\left(\underline{w}^*\right) = \underline{0} \qquad\qquad\qquad\qquad\qquad\qquad \text{(A.4b)}$$

$$\underline{c}\left(\underline{w}^*\right) \geq \underline{0} \qquad\qquad\qquad\qquad\qquad\qquad \text{(A.4c)}$$

$$[\underline{\eta}^*]_i \geq 0 \qquad\qquad\qquad\qquad , \; i = 1, \ldots, n_c \qquad \text{(A.4d)}$$

$$[\underline{\eta}^*]_i [\underline{c}(\underline{w}^*)]_i = 0 \qquad\qquad , \; i = 1, \ldots, n_c \qquad \text{(A.4e)}$$

gilt. Ein Punkt $(\underline{w}^*, \underline{\lambda}^*, \underline{\eta}^*)$, welcher die Bedingungen (A.4a) bis (A.4e) erfüllt, wird KKT-Punkt oder auch stationärer Punkt *genannt.*

Sind in einem Lösungspunkt die Multiplikatoren der aktiven Ungleichungsbeschränkungen durchweg positiv, so spricht man von der folgenden Eigenschaft:

Definition A.1.8 (Strikte Komplementarität)
Gilt in einem KKT-Punkt $(\underline{w}^*, \underline{\lambda}^*, \underline{\eta}^*)$ für alle $i \in \{1, \ldots, n_c\}$, dass

$$\text{entweder} \quad [\underline{\eta}^*]_i > 0 \quad \text{oder} \quad [\underline{c}(\underline{w}^*)]_i > 0 \qquad\qquad \text{(A.5)}$$

ist, dann ist die strikte Komplementarität *gegeben.*

Die strikte Komplementarität ist eine wichtige Eigenschaft bei der numerischen Lösung eines NLPs. Sie ermöglicht, dass bei einer kleinen Abweichung vom Lösungspunkt zum Beispiel aufgrund von numerischem Rauschen, dennoch numerisch stabil die Lösung gefunden werden kann.

Die Lagrange-Multiplikatoren werden auch als *Schattenpreise* bezeichnet. Der Multiplikator $[\underline{\eta}]_i$ der i-ten Komponente der Ungleichungsnebenbedingung gibt an, wie sich der Wert der Zielfunktion ändert, wenn das zulässige Gebiet dieser Komponente vergrößert wird. Wurde ein KKT-Punkt $(\underline{w}^*, \underline{\lambda}^*, \underline{\eta}^*)$ gefunden, so gilt (A.4). Die Beschränkung $[\underline{c}(\underline{w})]_\nu$ sei im Lösungspunkt streng aktiv und für ihren Multiplikator gilt deshalb $[\underline{\eta}^*]_\nu > 0$. Nun wird das NLP variiert, indem die Beschränkung $[\underline{c}]_i$ durch

$$[\tilde{\underline{c}}(\underline{w})]_\nu \leftarrow [\underline{c}(\underline{w})]_\nu + \delta$$

mit $|\delta| \ll 1$ ersetzt wird, die restlichen Beschränkungen bleiben unverändert. Dadurch entsteht die Optimierungsaufgabe NLP(δ). Da δ sehr klein ist, besitzen das ursprüngliche NLP und das variierte NLP(δ) dieselbe Aktive-Menge. Für $\delta = 0$ entsteht das ursprüngliche NLP mit dem Lösungspunkt $\underline{w}^*$. Die Ableitung des Zielfunktionswerts nach der Verschiebung δ

ergibt in $\delta = 0$:

$$\left. \frac{\partial J(\underline{w}^*(\delta))}{\partial \delta} \right|_{\delta=0} = \nabla_{\underline{w}}^T J(\underline{w}^*(0)) \left. \frac{\partial \underline{w}^*(\delta)}{\partial \delta} \right|_{\delta=0}$$

$$\stackrel{(A.4a)}{=} \left(\sum_{i=1}^{n_d} [\underline{\lambda}^*]_i \nabla_{\underline{w}}^T [\underline{d}(\underline{w}^*(0))]_i + \sum_{i \in \mathcal{A}(\underline{w}^*)} [\underline{\eta}^*]_i \nabla_{\underline{w}}^T [\underline{c}(\underline{w}^*(0))]_i \right) \left. \frac{\partial \underline{w}^*(\delta)}{\partial \delta} \right|_{\delta=0} \tag{A.6}$$

Die Anwendung des impliziten Funktionentheorems auf die aktiven Beschränkungsgleichungen liefert

$$\nabla_{\underline{w}}^T [\underline{c}(\underline{w}^*)]_i \left. \frac{\partial \underline{w}^*(\delta)}{\partial \delta} \right|_{\delta=0} = 0 \qquad \text{für } i \in \mathcal{A}(\underline{w}^*) \setminus \nu$$

$$\nabla_{\underline{w}}^T [\underline{c}(\underline{w}^*)]_i \left. \frac{\partial \underline{w}^*(\delta)}{\partial \delta} \right|_{\delta=0} + 1 = 0 \quad \text{für } i = \nu$$

$$\nabla_{\underline{w}}^T [\underline{d}(\underline{w}^*)]_i \left. \frac{\partial \underline{w}^*(\delta)}{\partial \delta} \right|_{\delta=0} = 0 \qquad \text{für } i \in \{1, \ldots, n_d\}$$

Mit diesen Gleichungen werden die Gradienten der Beschränkungen in (A.6) eliminiert. Die Ableitung des Zielfunktionswerts nach der Verschiebung δ vereinfacht sich dadurch zu

$$\left. \frac{\partial J(\underline{w}^*(\delta))}{\partial \delta} \right|_{\delta=0} = -\lfloor \underline{\eta}^* \rfloor_\nu . \tag{A.7}$$

Ist im Lösungspunkt $[\underline{\eta}^*]_\nu > 0$, bezeichnet man die Beschränkung $[\underline{c}]_\nu$ in $\underline{w}^*$ als *strikt aktiv*. Ist eine Ungleichungsbeschränkung strikt aktiv, wird sich laut (A.7) der Zielfunktionswert bei einer positiven Verschiebung $\delta > 0$ und damit einer Vergrößerung des zulässigen Gebiets reduzieren. Gilt $[\underline{\eta}^*]_\nu = 0$ für eine Beschränkung wird sie als *schwach aktiv* in $\underline{w}^*$ bezeichnet. Der Zielfunktionswert würde sich wegen (A.7) nicht ändern, wenn sie vom NLP entfernt werden würde. Für $[\underline{\eta}^*]_\nu < 0$ wäre eine Reduktion des Zielfunktionswerts möglich, wenn man sich weg von der Beschränkung bewegt. Die Lagrange-Multiplikatoren stellen damit ein Hilfsmittel dar, um zu ermitteln, welchen Einfluss eine Ungleichungsbeschränkung auf den Zielfunktionswert hat. Auf dieser Tatsache basiert die Methode der aktiven Ungleichungsbeschränkungen (Aktive-Menge-Verfahren), welches in Abschnitt 3.2.1 behandelt wird.

Satz A.1.4 (Strikte hinreichende Optimalitätsbedingung 2. Ordnung)
Es seien die folgenden Bedingungen im Punkt $\underline{w}^* \in \mathbb{R}^{n_w}$ erfüllt:

- *Im Punkt $\underline{w}^*$ ist eine Beschränkungsqualifikation erfüllt*

- *Es existieren Lagrange-Multiplikatoren $\underline{\lambda}^* \in \mathbb{R}^{n_d}$ und $\underline{\eta}^* \in \mathbb{R}^{n_c}$, so dass $(\underline{w}^*, \underline{\lambda}^*, \underline{\eta}^*)$ ein KKT-Punkt ist*

- *Die Hesse-Matrix $\nabla_{\underline{w}\underline{w}} L(\underline{w}^*, \underline{\lambda}^*, \underline{\eta}^*)$ der Lagrange-Funktion ist positiv definit auf dem Nullraum der Linearisierungen der Gleichungs- und der strikt aktiven Ungleichungsbeschränkungen*

Dann ist der Punkt $\underline{w}^*$ ein lokales Minimum des Nichtlinearen Programms (A.1).

A.2   Beweis zu Satz 3.3.1

Der Beweis des Satzes erfolgt durch vollständige Induktion mit dem Induktionsanfang in der letzten Stufe n. Der Satz wird dort bestätigt, da dort gilt:

$$\Omega_n^{(\nu+1)} = H_{xx,n} \overset{\vee}{=} \Omega_n^{(\nu)} , \quad \sigma_n^{(\nu+1)} = 0 \overset{\vee}{=} (1 - \alpha^{(\nu)})\sigma_k^{(\nu)} , \quad \Pi_n^{(\nu+1)} = \tilde{D}_n^{(\nu+1)} = \tilde{D}_n^{(\nu)} \overset{\vee}{=} \Pi_n^{(\nu)} ,$$

$$\zeta_n^{(\nu+1)} = g_{x,n}^{(\nu+1)} = g_{x,n}^{(\nu)} + \alpha^{(\nu)} H_{xx,n}\delta x_n^* \overset{\vee}{=} \zeta_n^{(\nu)} + \alpha^{(\nu)}\Omega_n^{(\nu)}\delta x_n^* ,$$

Unter der Annahme der Gültigkeit des Satzes ist die Restkostenfunktion in der Stufe $k+1$

$$\delta\Psi_{k+1}^{(\nu+1)}(\delta x_k, \delta u_k) = \frac{1}{2}\delta x_k^T \Omega_k^{(\nu)}\delta x_k + (\zeta_k^{(\nu)} + \alpha^{(\nu)}\Omega_k^{(\nu)}\delta x_k^*)^T\delta x_k + (1 - \alpha^{(\nu)})\sigma_k^{(\nu)}$$

und die Restpfadbeschränkung $\Pi_{k+1}^{(\nu)}\delta x_{k+1} = 0$. Für die Bezeichner des lokalen QPs (3.80) in der Iteration $\nu + 1$ gilt dann mit $\tilde{D}_{x,k}^{(\nu+1)} = \tilde{D}_{x,k}^{(\nu)}$ und $\tilde{D}_{u,k}^{(\nu+1)} = \tilde{D}_{u,k}^{(\nu)}$:

$$Z_{xx,k}^{(\nu+1)} = Z_{xx,k}^{(\nu)} , \quad Z_{ux,k}^{(\nu+1)} = Z_{ux,k}^{(\nu)} , \quad Z_{uu,k}^{(\nu+1)} = Z_{ux,k}^{(\nu)}$$

$$F_{x,k}^{(\nu+1)} = F_{x,k}^{(\nu)} , \quad F_{u,k}^{(\nu+1)} = F_{u,k}^{(\nu)} ,$$

$$z_{x,k}^{(\nu+1)} = z_{x,k}^{(\nu)} + \alpha^{(\nu)}(Z_{xx,k}^{(\nu)}\delta x_k^* + Z_{ux,k}^{(\nu)T}\delta u_k^*) ,$$

$$z_{u,k}^{(\nu+1)} = z_{u,k}^{(\nu)} + \alpha^{(\nu)}(Z_{ux,k}^{(\nu)}\delta x_k^* + Z_{uu,k}^{(\nu)}\delta u_k^*) .$$

Da die Nebenbedingung (3.80b) in beiden Iterationen gleich sind, sind es auch die Matrizen der Nullraumzerlegungen (3.82), so dass

$$Y_{f,k}^{(\nu+1)} = Y_{f,k}^{(\nu)} , N_{f,k}^{(\nu+1)} = N_{f,k}^{(\nu)} , L_{f,k}^{(\nu+1)} = L_{f,k}^{(\nu)}$$

gilt. Bei der Auflösung der Nebenbedingung werden in den Iterationen ν und $(\nu+1)$ dieselben Berechnungen durchgeführt, so dass nach Bilden der Restpfadbeschränkung der Stufe k mit $\Pi_{k+1}^{(\nu+1)} = \Pi_{k+1}^{(\nu)}$ auch $\Pi_k^{(\nu+1)} = \Pi_k^{(\nu)}$ gelten muss. Damit ist (3.105) gezeigt. Die Vektoren δx_k^* und δu_k^* der Suchrichtung der ν-ten Iteration erfüllen nach (3.87) und (3.89) die Gleichung

$$\delta u_k^* = -\left(Y_{f,k}^{(\nu)} L_{f,k}^{(\nu)} + N_{f,k}^{(\nu)}\big((\tilde{Z}_{uu,k}^{(\nu)})^{-1}(\tilde{Z}_{ux,k}^{(\nu)})^T\big)\right)\delta x_k^* - N_{f,k}^{(\nu)}(\tilde{Z}_{uu,k}^{(\nu)})^{-1}z_{u,k}^{(\nu)} .$$

Mit dieser, den bisher hergeleiteten Beziehungen und (3.88), erhält man für die Bezeichnungen des unbeschränkten QPs der Stufe $k \in \mathcal{K}_R$ in der Iteration $\nu + 1$

$$\tilde{Z}_{xx,k}^{(\nu+1)} = \tilde{Z}_{xx,k}^{(\nu)} , \quad \tilde{Z}_{ux,k}^{(\nu+1)} = \tilde{Z}_{ux,k}^{(\nu)} , \quad \tilde{Z}_{uu,k}^{(\nu+1)} = \tilde{Z}_{ux,k}^{(\nu)} ,$$

$$\tilde{z}_{x,k}^{(\nu+1)} = \tilde{z}_{x,k}^{(\nu)} + \alpha^{(\nu)}\big(\Omega_k^{(\nu)}\delta x_k^{(\nu)} - (\tilde{Z}_{ux,k}^{(\nu)})^T(\tilde{Z}_{uu,k}^{(\nu)})^{-1}\tilde{z}_{u,k}^{(\nu)}\big) ,$$

$$\tilde{z}_{u,k}^{(\nu+1)} = \tilde{z}_{x,u}^{(\nu)} + \alpha^{(\nu)}\tilde{z}_{x,u}^{(\nu)} .$$

Diese eingesetzt in (3.88) liefert

$$\Omega_k^{(\nu+1)} \overset{\vee}{=} \Omega_k^{(\nu)} \qquad \zeta_k^{(\nu+1)} \overset{\vee}{=} \zeta_k^{(\nu)} + \Omega_k^{(\nu)}\delta x_k^{(\nu)} \qquad \sigma_k^{(\nu+1)} \overset{\vee}{=} (1 - \alpha^{(\nu)})\sigma_k^{(\nu)}$$

und damit den Induktionsschluss von der Stufe $k + 1$ auf k. $\square$

A.3 Stationärer Betrieb

In diesem Abschnitt wird untersucht, ob der geschlossene Regelkreis, welcher sich aus der MPR des IPPC-Systems und der Längsdynamik des Lkws zusammensetzt, eine stabile Ruhelage bei einer konstanten Fahrsituation besitzt. Eine konstante Fahrsituation ist dabei gekennzeichnet durch

- eine konstante Fahrbahnsteigung $\gamma(s) \equiv \gamma^{\infty}$,

- eine konstante Wunschgeschwindigkeit $v_{\mathrm{Wunsch}}(s) \equiv v_{\mathrm{Wunsch}}^{\infty}$ und Grenzgeschwindigkeit $v_{\max}(s) \equiv v_{\max}^{\infty}$,

- keine Betätigung der Betriebsbremse,

- kein langsamer vorausfahrendes Fahrzeug,

- und dass der Zeitpunkt des letzen Gangwechsels bereits lange zurück liegt ($t \gg t_{\mathrm{KS}}$).

Mit der Annahme $t \gg t_{\mathrm{KS}}$ und der Betrachtung der freien Fahrt ohne vorausfahrendes Fahrzeug, ist die Problemformulierung des OSP_0 zeitinvariant. Ebenso hängt bei stationärer Fahrsituation keines der Terme der Systembeschreibung explizit von s_{Fzg} ab. Die Problemformulierung ist damit auch positionsinvariant. Weil die Lösung des OSPs über einen festen Weghorizont erfolgen soll und deshalb zu jedem Zeitpunkt $v_{\mathrm{Fzg}}^{*}(t) > 0$ gelten muss, ist es vorteilhaft, anstatt der Zeit t, die Position s_{Fzg} als unabhängige Variable zu verwenden. Die Streckenposition verschwindet dadurch als Komponente des kontinuierlichen Zustandsvektors. Mit dem reduzierten Zustandsvektor $\bar{x}_K := (v_{\mathrm{Fzg}}, M_{\mathrm{soll}})^{T}$ wird die Längsdynamik des Lkws durch die positionsabhängige Systemgleichung

$$\begin{pmatrix} \frac{\mathrm{d}}{\mathrm{d}s_{\mathrm{Fzg}}} v_{\mathrm{Fzg}} \\ \frac{\mathrm{d}}{\mathrm{d}s_{\mathrm{Fzg}}} M_{\mathrm{soll}} \end{pmatrix} = \frac{1}{v_{\mathrm{Fzg}}} \underbrace{\begin{pmatrix} \frac{1}{m_{\mathrm{eff}}(z_{\mathrm{ist}})} \left(\frac{\eta_{\mathrm{A}} \eta_{\mathrm{G}}(z_{\mathrm{ist}}) i_{\mathrm{A}} i_{\mathrm{G}}(z_{\mathrm{ist}})}{r_{\mathrm{dyn}}} M_{\mathrm{soll}} - F_{\mathrm{Fwst}}(v_{\mathrm{Fzg}}, \gamma^{\infty}) \right) \\ R_{\mathrm{soll}} \end{pmatrix}}_{=: \, \bar{f}_K(z_{\mathrm{ist}}, \bar{x}_K, \bar{u}_K)} \tag{A.8}$$

beschrieben. Die Zielfunktionszunahme über die gefahrene Wegstrecke berechnet sich zu

$$\frac{\mathrm{d}}{\mathrm{d}s_{\mathrm{Fzg}}} J = \frac{1}{v_{\mathrm{Fzg}}} \left\{ \frac{1}{2} \Delta v_{\mathrm{neg}}^2 + c_{\infty} \Delta v_{\mathrm{neg}} + \frac{\pi_{\mathrm{sym}}}{2} (v_{\mathrm{Fzg}} - v_{\mathrm{Wunsch}}^{\infty})^2 + \frac{\pi_{\mathrm{R}}}{2} R_{\mathrm{soll}}^2 \right.$$
$$\left. + \pi_{\mathrm{Q}} Q_{\mathrm{Diesel}}(M_{\mathrm{Mot,ind}}, n_{\mathrm{Mot}}(z_{\mathrm{ist}}, v_{\mathrm{Fzg}}, M_{\mathrm{soll}})) + \pi_{\vartheta} P_{\vartheta} \right\} =: K_s(z_{\mathrm{ist}}, \bar{x}_K, \bar{u}_K) \, .$$

Dabei wurde der erweiterte Steuerungsvektor $\bar{u}_K := (R_{\mathrm{soll}}, M_{\mathrm{Mot,ind}}, P_{\vartheta}, \Delta v_{\mathrm{neg}})^{T}$ eingeführt, der neben der Stellgröße R_{soll} zusätzliche Komponenten besitzt, mit denen aus der ursprünglich nicht glatten Zielfunktion, entsprechend der in Abschnitt 4.2.1 beschriebenen Vorgehensweise, eine glatte Problemformulierung abgeleitet wird. Der Zustands- und

Steuerungsvektor müssen gemeinsam die folgende Pfadbeschränkung erfüllen:

$$
\underline{b}(z_{\text{ist}}, \bar{x}_K, \bar{u}_K) := \begin{pmatrix}
M_{\text{soll}} - M_{\min}(z_{\text{ist}}, n_{\text{Mot}}(\cdot)) & (1) \\
M_{\max}(z_{\text{ist}}, n_{\text{Mot}}(\cdot)) - M_{\text{soll}} & (2) \\
n_{\text{Mot}}(\cdot) - n_{\text{Mot,min}} & (3) \\
n_{\text{Mot,max}} - n_{\text{Mot}}(\cdot) & (4) \\
v_{\max}^{\infty} - v_{\text{Fzg}} & (5) \\
M_{\text{Partikel}}(n_{\text{Mot}}(\cdot)) - M_{\text{soll}} & (6) \\
R_{\text{soll}} - R_{\min} & (7) \\
R_{\max} - R_{\text{soll}} & (8) \\
v_{\text{Fzg}} - v_{\text{Wunsch}}^{\infty} + \Delta v_{\text{neg}} & (9) \\
\Delta v_{\text{neg}} & (10) \\
M_{\text{Mot,ind}} - M_{\text{soll}} + M_{\text{slp}}(n_{\text{Mot}}(\cdot)) & (11) \\
M_{\text{Mot,ind}} - \eta_{\text{A}}^2 \eta_{\text{G}}^2(z_{\text{ist}}) M_{\text{soll}} + M_{\text{slp}}(n_{\text{Mot}}(\cdot)) & (12) \\
M_{\text{Mot,ind}} & (13) \\
P_{\vartheta} + n_{\text{Mot}}(\cdot) M_{\text{soll}} + f_{\vartheta}(n_{\text{Mot}}(\cdot)) & (14)
\end{pmatrix} \geq \underline{0}. \qquad \text{(A.9)}
$$

Nun wird untersucht, welches für eine bestimmte stationäre Fahrsituation der optimale Gang z_{ist}^{∞}, der optimale stationäre kontinuierliche Zustand $\bar{x}_K^{\infty} := (v_{\text{Fzg}}^{\infty}, M_{\text{soll}}^{\infty})^T$ und die optimale stationäre Steuerung $\bar{u}_K^{\infty}$ sind. Der optimale stationäre kontinuierliche Zustand für einen vorgegebenen Gang z_{ist} erfüllt zum einen $\underline{\bar{f}}_K(z_{\text{ist}}, \bar{x}_K^{\infty}, \bar{u}_K^{\infty}) = \underline{0}$ sowie die Beschränkung (A.9) und führt zum anderen zu der geringsten Kostenzunahme über die gefahrene Wegstrecke. Er ist also Lösung des Nichtlinearen Programms

$$
\min_{\bar{x}_K^{\infty}, \bar{u}_K^{\infty}} K_s(z_{\text{ist}}, \bar{x}_K^{\infty}, \bar{u}_K^{\infty}) \quad \text{u. Nb.:} \quad \begin{cases} \underline{\bar{f}}_K(z_{\text{ist}}, \bar{x}_K^{\infty}, \bar{u}_K^{\infty}) = \underline{0} \\ \underline{b}(z_{\text{ist}}, \bar{x}_K^{\infty}, \bar{u}_K^{\infty}) \geq \underline{0} \end{cases}. \qquad \text{(A.10)}
$$

Nach Einführung der Lagrange-Multiplikatoren $\bar{\lambda}^{\infty}$ für die Gleichungs- und $\bar{\eta}^{\infty}$ für die Ungleichungsnebenbedingung lauten die KKT-Bedingungen für dieses NLP

$$
\nabla_{\bar{x}_K^{\infty}} K_s(z_{\text{ist}}, \bar{x}_K^{\infty}, \bar{u}_K^{\infty}) - \nabla_{\bar{x}_K^{\infty}} \underline{\bar{f}}_K(z_{\text{ist}}, \bar{x}_K^{\infty}, \bar{u}_K^{\infty}) \bar{\lambda}^{\infty} - \nabla_{\bar{x}_K^{\infty}} \underline{b}(z_{\text{ist}}, \bar{x}_K^{\infty}, \bar{u}_K^{\infty}) \bar{\eta}^{\infty} = \underline{0} \quad \text{(A.11a)}
$$

$$
\nabla_{\bar{u}_K^{\infty}} K_s(z_{\text{ist}}, \bar{x}_K^{\infty}, \bar{u}_K^{\infty}) - \nabla_{\bar{u}_K^{\infty}} \underline{\bar{f}}_K(z_{\text{ist}}, \bar{x}_K^{\infty}, \bar{u}_K^{\infty}) \bar{\lambda}^{\infty} - \nabla_{\bar{u}_K^{\infty}} \underline{b}(z_{\text{ist}}, \bar{x}_K^{\infty}, \bar{u}_K^{\infty}) \bar{\eta}^{\infty} = \underline{0} \quad \text{(A.11b)}
$$

$$
\underline{\bar{f}}_K(z_{\text{ist}}, \bar{x}_K^{\infty}, \bar{u}_K^{\infty}) = \underline{0} \qquad \qquad \text{(A.11c)}
$$

$$
\underline{b}(z_{\text{ist}}, \bar{x}_K^{\infty}, \bar{u}_K^{\infty}) \geq \underline{0} \qquad \qquad \text{(A.11d)}
$$

$$
\left[\underline{b}(z_{\text{ist}}, \bar{x}_K^{\infty}, \bar{u}_K^{\infty})\right]_i \cdot \left[\bar{\eta}^{\infty}\right]_i = 0 \qquad \qquad , \ i = 1, \dots, n_{\bar{b}} \qquad \text{(A.11e)}
$$

$$
\left[\bar{\eta}^{\infty}\right]_i \geq 0 \qquad \qquad , \ i = 1, \dots, n_{\bar{b}}. \qquad \text{(A.11f)}
$$

Die Berechnung des optimalen Ganges und des zugehörigen optimalen stationären Zustands erfolgt mit dem ETRFSQP-Verfahren. Dabei wird für jeden möglichen Gang $z_{\text{ist}} \in \mathcal{S}$ das NLP (A.10) gelöst. Der optimale stationäre Gang z_{ist}^{∞} ist derjenige, für den ein zulässiger stationärer Zustand berechnet werden kann und der zu den geringsten Kosten führt. Da in der Ruhelage $\underline{\bar{f}}_K(z_{\text{ist}}^{\infty}, \bar{x}_K^{\infty}, \bar{u}_K^{\infty}) = \underline{0}$ gilt, folgt $R_{\text{soll}}^{\infty} = 0$ und

$$
M_{\text{soll}}^{\infty} = \frac{r_{\text{dyn}}}{\eta_{\text{A}} \eta_{\text{G}}(z_{\text{ist}}^{\infty}) i_{\text{A}} i_{\text{G}}(z_{\text{ist}}^{\infty})} F_{\text{Fwst}}(v_{\text{Fzg}}^{\infty}, \gamma^{\infty}). \qquad \text{(A.12)}
$$

Weiterhin folgt aus Bedingung (A.11b), dass

$$\frac{1}{v_{\mathrm{Fzg}}}\left(\pi_{\mathrm{R}}R_{\mathrm{soll}}^{\infty} - [\bar{\lambda}^{\infty}]_2\right) = 0 \quad \overset{R_{\mathrm{soll}}^{\infty}=0}{\Longrightarrow} \quad [\bar{\lambda}^{\infty}]_2 = 0 \tag{A.13}$$

gilt. Die erste Komponente $[\bar{\lambda}^{\infty}]_1$ des Lagrange-Multiplikators der Gleichungsnebenbedingung ist dagegen in der Regel von Null verschieden.

Nun erfolgt die Untersuchung, ob der eben berechnete stationäre Zustand auch eine Ruhelage des geschlossenen Regelkreises ist. Betrachtet wird dafür das Fahren im optimalen Gang $z_{\mathrm{ist}}^{\infty}$. Es soll kein Gangwechsel stattfinden, so dass es genügt, anstatt des kompletten HOSPs nur das OSP$_0$ zu betrachten. Dieses umformuliert, mit der Streckenposition als unabhängige Variable lautet:

$$\min \int_{s_{\mathrm{Fzg,A}}(t_n)}^{s_{\mathrm{Fzg,A}}(t_n)+D_{\mathrm{P}}} K_s(z_{\mathrm{ist}}^{\infty},\bar{\underline{x}}_K,\bar{\underline{u}}_K)\mathrm{d}s_{\mathrm{Fzg}} + E(z_{\mathrm{ist}}^{\infty},\bar{\underline{x}}_K(s_{\mathrm{Fzg,A}}(t_n)+D_{\mathrm{P}})) \tag{A.14a}$$

unter den Nebenbedingungen

$$\bar{\underline{x}}_K(s_{\mathrm{Fzg,A}}(t_n)) = \bar{\underline{x}}_{K,\mathrm{A}}(t_n) \tag{A.14b}$$

$$\frac{\mathrm{d}\bar{\underline{x}}_K(s_{\mathrm{Fzg}})}{\mathrm{d}s_{\mathrm{Fzg}}} = \bar{\underline{f}}_K(z_{\mathrm{ist}}^{\infty},\bar{\underline{x}}_K,\bar{\underline{u}}_K) \tag{A.14c}$$

$$\bar{\underline{b}}(z_{\mathrm{ist}}^{\infty},\bar{\underline{x}}_K,\bar{\underline{u}}_K) \geq \underline{0}\,. \tag{A.14d}$$

Dabei ist die Länge des Prädiktionshorizonts D_{P} fest über alle MPR-Takte, da die Wunschgeschwindigkeit konstant ist. Ist die Trajektorie $\bar{\underline{x}}_K(s_{\mathrm{Fzg}}) \equiv \bar{\underline{x}}_K^{\infty}$, $\bar{\underline{u}}_K(s_{\mathrm{Fzg}}) \equiv \bar{\underline{u}}_K^{\infty}$ Lösung von (A.14), dann ist der optimale stationäre Zustand $\bar{\underline{x}}_K^{\infty}$ auch Ruhelage der MPR. Gilt nämlich $\bar{\underline{x}}_{K,\mathrm{A}}(t_n) = \bar{\underline{x}}_K^{\infty}$, dann ist auch im nächsten Takt der MPR $\bar{\underline{x}}_{K,\mathrm{A}}(t_{n+1}) = \bar{\underline{x}}_K^{\infty}$, unter der Voraussetzung, dass das Prädiktionsmodell ideal das reale System beschreibt und keine Störungen wirken. Die Überprüfung, ob $\bar{\underline{x}}_K(s_{\mathrm{Fzg}}) \equiv \bar{\underline{x}}_K^{\infty}$, $\bar{\underline{u}}_K(s_{\mathrm{Fzg}}) \equiv \bar{\underline{u}}_K^{\infty}$ das Problem (A.14) löst, erfolgt durch das Maximumprinzip von Pontrjagin. Mit der Hamilton-Funktion

$$H(z_{\mathrm{ist}},\bar{\underline{x}}_K,\bar{\underline{u}}_K,\bar{\lambda},\bar{\underline{\eta}}) := K_s(z_{\mathrm{ist}},\bar{\underline{x}}_K,\bar{\underline{u}}_K) + \bar{\lambda}^T \bar{\underline{f}}_K(z_{\mathrm{ist}},\bar{\underline{x}}_K,\bar{\underline{u}}_K) + \bar{\underline{\eta}}^T \bar{\underline{b}}(z_{\mathrm{ist}},\bar{\underline{x}}_K,\bar{\underline{u}}_K) \tag{A.15}$$

lauten dabei die notwendigen Optimalitätsbedingungen für die Lösung von (A.14)

$$\bar{\underline{x}}_K(s_{\mathrm{Fzg,A}}(t_n)) = \bar{\underline{x}}_{K,\mathrm{A}}(t_n) \tag{A.16a}$$

$$\frac{\mathrm{d}}{\mathrm{d}s_{\mathrm{Fzg}}}\bar{\underline{x}}_K = \bar{\underline{f}}_K(z_{\mathrm{ist}}^{\infty},\bar{\underline{x}}_K,\bar{\underline{u}}_K) \tag{A.16b}$$

$$\frac{\mathrm{d}}{\mathrm{d}s_{\mathrm{Fzg}}}\bar{\lambda} = -\nabla_{\bar{\underline{x}}_K} H(z_{\mathrm{ist}}^{\infty},\bar{\underline{x}}_K,\bar{\underline{u}}_K,\bar{\lambda},\bar{\underline{\eta}}) \tag{A.16c}$$

$$\nabla_{\bar{\underline{u}}_K} H(z_{\mathrm{ist}}^{\infty},\bar{\underline{x}}_K,\bar{\underline{u}}_K,\bar{\lambda},\bar{\underline{\eta}}) = \underline{0} \tag{A.16d}$$

$$\bar{\underline{b}}(z_{\mathrm{ist}}^{\infty},\bar{\underline{x}}_K,\bar{\underline{u}}_K) \geq \underline{0} \tag{A.16e}$$

$$[\bar{\underline{\eta}}]_i \leq 0 \qquad\qquad , i = 1,\dots,n_{\bar{b}} \tag{A.16f}$$

$$[\bar{\underline{\eta}}]_i \cdot [\bar{\underline{b}}(z_{\mathrm{ist}}^{\infty},\bar{\underline{x}}_K,\bar{\underline{u}}_K)]_i = 0 \qquad\qquad , i = 1,\dots,n_{\bar{b}} \tag{A.16g}$$

$$\bar{\lambda}(s_{\mathrm{Fzg,A}}(t_n)+D_{\mathrm{P}}) = -\nabla_{\bar{\underline{x}}_K} E(z_{\mathrm{ist}}^{\infty},\bar{\underline{x}}_K(s_{\mathrm{Fzg,A}}(t_n)+D_{\mathrm{P}}))\,. \tag{A.16h}$$

Durch den Vergleich dieser Bedingungen mit den KKT-Bedingungen (A.11) des optimalen stationären Betriebspunkts kann nachgewiesen werden, dass wenn $\bar{x}_{K,\mathrm{A}}(t_n) = \bar{x}_K^\infty$ ist, für

$$\left.\begin{array}{l} \bar{x}_K(s_{\mathrm{Fzg}}) \equiv \bar{x}_K^\infty \\ \bar{u}_K(s_{\mathrm{Fzg}}) \equiv \bar{u}_K^\infty \\ \bar{\lambda}(s_{\mathrm{Fzg}}) \equiv \bar{\lambda}^\infty \\ \bar{\eta}(s_{\mathrm{Fzg}}) \equiv \bar{\eta}^\infty \end{array}\right\} \quad \text{für} \quad s_{\mathrm{Fzg}} \in [s_{\mathrm{Fzg,A}}(t_n), s_{\mathrm{Fzg,A}}(t_n) + D_{\mathrm{P}}] \qquad \text{(A.17)}$$

die Bedingungen (A.16a) bis (A.16g) erfüllt sind. Wird zusätzlich der Endkostenterm $E(\cdot)$ so gewählt, dass

$$\bar{\lambda}^\infty = -\nabla_{\bar{x}_K} E(z_{\mathrm{ist}}^\infty, \bar{x}_K^\infty) \qquad \text{(A.18)}$$

gilt, ist auch (A.16h) erfüllt und damit der optimale stationäre Zustand auch Ruhelage der durch die MPR geregelten Fahrzeuglängsdynamik. Der Endkostenterm des HOSPs wird in jedem MPR-Takt neu festgelegt. Dazu wird zunächst mit Hilfe des ETRFSQP-Verfahrens der optimale stationäre Zustand für die feste Endposition des Prädiktionshorizonts berechnet. Das Lösungsverfahren liefert zusätzlich den Wert des Lagrange-Multiplikators $[\bar{\lambda}^\infty]_1$. Mit dem optimalen Gang z_{ist}^∞ sowie dem optimalen stationären Zustand am Horizontende $\bar{x}_K^\infty$ und $[\bar{\lambda}^\infty]_1$ wird dann der Endkostenterm entsprechen (4.66) zu

$$E(\underline{x}_D(t_e), \underline{x}_K(t_e)) :=$$
$$[\bar{\lambda}^\infty]_1 \left(v_{\mathrm{Fzg}}^\infty - v_{\mathrm{Fzg}}(t_e)\right) + \frac{\pi_{\mathrm{E},1}}{2}\left(z_{\mathrm{ist}}(t_e) - z_{\mathrm{ist}}^\infty\right)^2 + \frac{\pi_{\mathrm{E},2}}{2}\left(v_{\mathrm{Fzg}}(t_e) - v_{\mathrm{Fzg}}^\infty\right)^2$$
$$+ \frac{\pi_{\mathrm{E},3}}{2}\left(\frac{\eta_{\mathrm{A}}\eta_{\mathrm{G}}(z_{\mathrm{ist}}(t_e))i_{\mathrm{A}}i_{\mathrm{G}}(z_{\mathrm{ist}}(t_e))}{r_{\mathrm{dyn}}}M_{\mathrm{soll}}(t_e) - F_{\mathrm{Fwst}}\left(v_{\mathrm{Fzg}}(t_e), \gamma(s_{\mathrm{Fzg}}(t_e))\right)\right)^2$$

gewählt. Der so gewählte Endkostenterm erfüllt Bedingung (A.18), da nach (A.13) stets $[\bar{\lambda}^\infty]_2 = 0$ ist.

Anhang B

Abkürzungen, Schreibweisen und Symbole

Abkürzungen

Abkürzung	Ausgeschrieben
ACC	Adaptive Cruise Control
ADAS	Advanced Driver Assistent System
AG	Automatische Gangermittlung
ART	Abstandsregeltempomat
B&B	Branch-and-Bound
DAS	Driver Assistent Systems
DGPS	Differential Global Positioning System
ECU	Electronic Control Unit (Steuergerät)
ETP	Drehmomentenpfad (Electronic Torque Path)
FAS	Fahrerassistenzsystem
ggMPOSP	gemischt-ganzzahliges Mehrphasen-Optimalsteuerungsproblem
GPS	Global Positioning System
HMPR	Hybride Modellbasierte Prädiktive Regelung
HOSP	Hybrid-Optimalsteuerungsproblem
IPPC	Integrated Predictive Powertrain Control
MMI	Mensch-Maschine-Interface
MPOSP	Mehrphasen-Optimalsteuerungsproblem
MPR	Modellbasierte Prädiktive Regelung
NLP	Nichtlineares Programm
NMPR	Nichtlineare Modellbasierte Prädiktive Regelung
NZOSP	Nichtlineares zeitdiskretes Optimalsteuerungsproblem
OSP	Optimalsteuerungsproblem
PAR	Prädiktive Antriebsstrangsregelung
QP	Quadratisches Programm
SQP	Sequentielle Quadratische Programmierung
u.Nb.	unter den Nebenbedingungen
ZBM	Zusatzbremsmanagement
ZOSP	Zeitdiskretes Optimalsteuerungsproblem

Schreibweisen

Symbol	Erläuterung
a	Skalare Größe
$\underline{a}$	Vektor
$\underline{A}$	Matrix
$\mathcal{A}$	Menge
$\mathbb{A}$	Intervall
a^*	Optimaler Wert der Größe a
$a(y)$	Funktion mit dem Argument y
$a(\cdot)$	Funktion, wobei die Argumente nicht ausgeschrieben werden, wenn diese aus dem Zusammenhang eindeutig sind
n_a	Dimension des Vektors $\underline{a}$
$\underline{a}^T$	Transponierter Vektor $\underline{a}$
$\underline{A}^T$	Transponierte der Matrix $\underline{A}$
$\underline{A}^{-1}$	Inverse der Matrix $\underline{A}$
$\underline{A}^{-T}$	Inverse der transponierten Matrix $\underline{A}$: $\underline{A}^{-T} = (\underline{A}^T)^{-1} = (\underline{A}^{-1})^T$
$[\underline{a}]_i$	i-tes Element des Vektors $\underline{a}$
$[\underline{A}]_j$	j-te Spalte der Matrix $\underline{A}$
$[\underline{A}]_i'$	i-te Zeile der Matrix $\underline{A}$
$[\underline{A}]_{ij}$	Element der i-ten Zeile und j-ten Spalte der Matrix $\underline{A}$
$\frac{\partial a(x)}{\partial x}$	Partielle Ableitung der Funktion $a(x)$ bezüglich der Größe x
$\nabla_{\underline{x}} a(\underline{x}^\circ)$	Gradient der Funktion $a(\underline{x})$ bezüglich des Vektors $\underline{x}$ ausgewertet für $\underline{x} = \underline{x}^\circ$: $\left[\nabla_{\underline{x}} a(\underline{x}^\circ)\right]_i := \left.\frac{\partial a(\underline{x})}{\partial [x]_i}\right|_{\underline{x}=\underline{x}^\circ}$
$\nabla_{\underline{x}}^T \underline{a}(\underline{x}^\circ)$	Jacobi-Matrix der vektoriellen Funktion $\underline{a}(\underline{x})$ bezüglich des Vektors $\underline{x}$, ausgewertet bei $\underline{x}^\circ$: $\left[\nabla_{\underline{x}}^T \underline{a}(\underline{x}^\circ)\right]_{ij} := \left.\frac{\partial [\underline{a}(\underline{x})]_i}{\partial [x]_j}\right|_{\underline{x}=\underline{x}^\circ}$
$\nabla_{\underline{x}\underline{x}}^2 a(\underline{x}^\circ)$	Zweite Ableitung der Funktion $a(\underline{x})$ bezüglich des Vektors $\underline{x}$ ausgewertet für $\underline{x} = \underline{x}^\circ$: $\left[\nabla_{\underline{x}\underline{x}}^2 a(\underline{x}^\circ)\right]_{ij} = \left.\frac{\partial^2 a(\underline{x})}{\partial [x]_i \partial [x]_j}\right|_{\underline{x}=\underline{x}^\circ}$
$\lfloor a \rfloor$	Nächst kleinere ganzzahlige Zahl zu einer reellwertigen Größe a
$\lceil a \rceil$	Nächst größere ganzzahlige Zahl zu einer reellwertigen Größe a
$[a, b]$	Geschlossenes Intervall von a bis b
$[a, b)$	Rechts offenes Intervall von a bis b
$a(t)$	Zeitlicher Verlauf der Größe a
a_k	Größe a der k-ten Direktisierungsstelle
$a_i(t)$	Zeitlicher Verlauf der Größe a in der i-ten Phase eines Mehrphasenprozesses
$\hat{a}(t\vert t_n)$	Basierend auf dem Zustand $\underline{x}(t_n)$ prädizierter zeitlicher Verlauf der Größe a
$a(t^-)$	Linksseitiger Grenzwert $\lim_{\substack{\tau \to t \\ \tau < t}} a(\tau)$ des Verlaufs $a(t)$ in t
$\mathbb{R}, \mathbb{Z}, \mathbb{N}$	Mengen der reellen, ganzen und natürlichen Zahlen

Symbole und Formelzeichen

Physikalische Symbole und Parameter

Zeichen	Beschreibung	Einheit
a	Beschleunigung	$[\text{m/s}^2]$
$a_{\text{B,max}}$	Beschleunigungsfähigkeit	$[\text{m/s}^2]$
d_{FF}	Relativabstand zu einem Führungsfahrzeug	$[\text{m}]$
D_{P}	Länge des Prädiktionshorizonts	$[\text{m}]$
D_{S}	Länge des Horizonts der Streckenvorausschau	$[\text{m}]$
δ_{EAS}	Zustand der Elektronischen Antriebsstrangsteuerung	
δ_{Kupp}	Zustand der Kupplung $\delta_{\text{Kupp}} \in \{\text{OFFEN}, \text{ZU}\}$	
η	Wirkunsgrad	
η_{Mot}	Motorwirkungsgrad	
$\eta_{\text{Mot,opt}}(P)$	Optimaler Motorwirkungsgrad bei einer Leistungsanforderung von P	
$\eta^{*}_{\text{Mot,opt}}$	Motorwirkungsgrad im besten Betriebspunkt	
F_{Fwst}	Summe der am Fahrzeug angreifenden Fahrwiderstandskräfte	$[\text{Nm}]$
F_{Hang}	Hangabtriebskraft	$[\text{Nm}]$
F_{U}	Summe der Umfangskräfte aller Reifen einer Achse	$[\text{Nm}]$
g_{Erde}	Erdbeschleunigung $g_{\text{Erde}} = 9{,}81\,\text{m/s}^2$.	$[\text{m/s}^2]$
$\gamma(s)$	Fahrbahnsteigung an der Streckenposition s	$[\text{rad}]$
i_{A}	Übersetzung des Hinterachsgetriebes	
$i_{\text{G}}(z)$	Getriebeübersetzung im Gang z	
$J_{\square}$	Massenträgheitsmoment einer Komponente $\square$	$[\text{kgm}^2]$
m_{eff}	Effektive Fahrzeugmasse	$[\text{kg}]$
m_{Fzg}	Gesamtmasse des Fahrzeugs	$[\text{kg}]$
M	Verallgemeinertes Motormoment	$[\text{Nm}]$
M_{BB}	Summe der Betriebsbremsmomente aller Räder	$[\text{Nm}]$
M_{ETP}	Moment am Ausgang des Drehmomentenpfads	$[\text{Nm}]$
$M_{\text{G,aus/ein}}$	Moment am Getriebeaus- und -eingang	$[\text{Nm}]$
$M_{\text{MB},x}$	Moment der Motorbremsstufe x	$[\text{Nm}]$
M_{Mot}	Am Ausgang des Motors erzeugtes Moment	$[\text{Nm}]$
M_{Ret}	Am Ausgang des Retarders erzeugtes Moment	$[\text{Nm}]$
M_{slp}	Schleppmoment des Motors	$[\text{Nm}]$
n_{Mot}	Motordrehzahl	$[\text{rad/s}]$
n_{HA}	Drehzahl der Hinterachse	$[\text{rad/s}]$
p_{LL}	Ladeluftdruck	$[\text{bar}]$
$P_{\text{Mot,max}}$	Maximale Motorantriebsleistung	$[\text{kW}]$
$\bar{Q}_s$	Momentaner Streckenverbrauch	$[\ell/100\,\text{km}]$
r_{dyn}	Dynamischer Halbmesser eines Reifens	$[\text{m}]$

R_{soll}	Sollrate des verallgemeinerten Motormoments	$[\mathrm{Nm/s}]$
s	Absolutposition auf der betrachteten Route	$[\mathrm{m}]$
s_{FF}	Absolutposition des Führungsfahrzeugs auf der Route	$[\mathrm{m}]$
s_{Fzg}	Absolutposition des Fahrzeugschwerpunkts auf der Route	$[\mathrm{m}]$
σ_{A}	Antriebsschlupf	
$\mathbb{S}$	Weghorizont für den die Streckenvorausschau geliefert wird	
$\mathcal{S}$	Menge der schaltbaren Gänge	
$\mathcal{S}_{\mathrm{R}}$	Relaxierte Sollgangmenge	
T_{Abstand}	Parameter zur Vorgabe des Sollabstands	$[\mathrm{s}]$
$T_{\mathrm{P,Wunsch}}$	Parameter zur Vorgabe der Länge des Prädiktionshorizonts	$[\mathrm{m}]$
T_{S}	Schaltzeit	$[\mathrm{s}]$
$\Upsilon_{\mathrm{Wunsch/max}}$	Parameter zur Vorgabe des Sollgeschwindigkeitsbandes	$[\%]$
v	Fahrzeuggeschwindigkeit	$[\mathrm{m/s}]$
v_{FF}	Geschwindigkeit des Führungsfahrzeugs	$[\mathrm{m/s}]$
v_{Fzg}	Schwerpunktgeschwindigkeit des zu regelnden Fahrzeugs	$[\mathrm{m/s}]$
v_{max}	Grenzgeschwindigkeit	$[\mathrm{m/s}]$
v_{Wunsch}	Wunschgeschwindigkeit	$[\mathrm{m/s}]$
ξ	Störgröße des Prädiktionsmodells	$[\mathrm{m/s^2}]$
Δv_{Hyst}	Hysteresewert des konventionellen Tempomaten	$[\mathrm{km/h}]$
z	Gang	
z_{ist}	Eingelegter Gang	
z_{soll}	Sollgang in den geschaltet werden soll	
z_{Ziel}	Zielgang eines laufenden Schaltprozesse	

Allgemeine Problemformulierung und Numerik

Zeichen	**Beschreibung**
$\mathcal{A}$	Aktive Menge
$\underline{A}$	Systemmatrix eines linearen Systems
$\underline{B}$	Eingangsmatrix eines linearen Systems
$\underline{c}(\underline{w})$	Ungleichungsnebenbedingung des Nichtlinearen Programms
$\underline{c}_k(\cdot)$	Ungleichungsnebenbedingung der k-ten Stufe eines NZOSPs
$\underline{d}(\underline{w})$	Gleichungsnebenbedingung des Nichtlinearen Programms
$\underline{d}_k(\cdot)$	Gleichungsnebenbedingung der k-ten Stufe eines ZOSPs
$\underline{f}(\cdot)$	kontinuierliche Systemfunktion
$\underline{f}_{\mathrm{S}}(\cdot)$	Sprungfunktion
$E(\cdot)$	Endkostenterm
$F(\underline{w})$	Filtereintrag für den Punkt $\underline{w}$
$\underline{F}_k(\cdot)$	Zeitdiskrete Systemfunktion der k-ten Stufe
$\mathcal{F}$	Filter des ETRFSQP-Verfahrens
$\underline{g}$	Zielfunktionsgradient
Γ	Größe des Vertrauensbereichs

i	Phasenindex
j	Index der Diskretisierungsstelle in einer Phase
$J(w)$	Zielfunktion eines Nichtlinearen Programms
k	Index einer Diskretisierungsstelle
$K(\cdot)$	Integrand (Lagrange-Term) einer integralen Zielfunktion
κ	Iterationsindex des SQP-Verfahrens
n	Anzahl der Diskretisierungsintervalle eines ZOSPs und Takt der MPR
N	Anzahl der Phasenwechsel in einem Optimierungshorizont
$\mathcal{N}$	Nachbarschaftmenge
ν	Iterationsindex des Aktive-Menge-Verfahrens
$\mathbb{O}$	Optimierungshorizont
$\underline{p}$	Vektor der Systemparameter
$\mathbb{P}$	Prädiktionshorizont
$\underline{\varphi}(\cdot)$	Basisfunktion zur Approximation des Steuerungsverlaufs
$\Phi(\cdot)$	Mayer-Kostenterm eines MPOSPs
$\Phi_i(\cdot)$	Kosten für den Übergang von der i-ten Phase zur Phase $i+1$
$\underline{q}$	Steuerungsparametervektor
$\underline{r}_g(\cdot)$	Gleichungsrandbedingung
$\underline{r}_u(\cdot)$	Ungleichungsrandbedingung
$\underline{s}_{ij}$	Schießparameter der j-ten Diskretisierungsstelle in der i-ten Phase
$t_{\mathrm{A},i}$	Anfangszeitpunkt der i-ten Phase
$t_{\mathrm{E},i}$	Endzeitpunkt der i-ten Phase
t_i	Umschaltzeitpunkt von der Phase i zur Phase $i+1$
t_n	Zeitpunkt des n-ten Takts der MPR
T_{P}	Zeitliche Dauer des Prädiktionshorizonts
T_{A}	Abtastzeit eines zeitdiskreten Reglers
τ_i	Unabhängige Größe in der i-ten Phase
$\underline{u}$	Steuerungsvektor
$\mathcal{U}_{D,K,H}$	Diskreter, kontinuierlicher und hybrider Steuerraum
$\underline{w}$	Zielvektor eines Nichtlinearen Programms
$\underline{w}^*$	Lösung eines Nichtlinearen Programms
$\Delta\underline{w}$	Zielvektor eines Quadratischen Programms
$\Delta\underline{w}^*$	Lösung eines QPs bzw. Suchrichtung des SQP-Verfahrens
$\delta\underline{w}$	Zielvektor eines gleichungsbeschränkten Quadratischen Programms
$\delta\underline{w}^*$	Lösung eines GQPs bzw. Suchrichtung des Aktive-Menge-Verfahrens
$\mathcal{W}$	Arbeitsmenge
$\underline{x}$	Zustandsvektor
$\bar{\underline{x}}$	Aus Messdaten ermittelter Zustandsvektor
$\underline{x}_{\mathrm{A}}$	Anfangszustand
$\mathcal{X}_{D,K,H}$	Diskreter, kontinuierlicher und hybrider Zustandsraum
$\zeta_i(\cdot)$	Zeittransformationsvorschrift in der i-ten Phase
$\mathcal{Z}$	Zulässige Menge

Literatur

[ABB$^+$99] Anderson, E., Z. Bai, C. Bischof, L. S. Blackford, J. Demmel, J. J. Dongarra, J. Du Croz, S. Hammarling, A. Greenbaum, A. McKenney und D. Sorensen: *LAPACK Users' guide (third ed.)*. Society for Industrial and Applied Mathematics, Philadelphia, PA, USA, 1999.

[Ame98] American Trucking Association: *The Fleet Manager's Guide to Fuel Economy*. 1998.

[AMR88] Ascher, U. M., R. M. M. Mattheij und R. D. Russell: *Numerical Solution of Boundary Value Problems for Ordinary Differential Equations*. Prentice-Hall, Englewood Cliffs, U.S.A., 1988.

[Bac05] Back, M.: *Prädiktive Antriebsregelung zum energieoptimalen Betrieb von Hybridfahrzeugen*. Doktorarbeit, Institut für Regelungs- und Steuerungssysteme, Universität Karlsruhe (TH), 2005.

[Bau99] Bauer, I.: *Numerische Verfahren zur Lösung von Anfangswertaufgaben und zur Generierung von ersten und zweiten Ableitungen mit Anwendungen bei Optimierungsaufgaben in Chemie und Verfahrenstechnik*. Doktorarbeit, Universität Heidelberg, 1999.

[BBB$^+$01] Binder, T., L. Blank, H. G. Bock, R. Bulirsch, W. Dahmen, M. Diehl, T. Kronseder, W. Marquardt, J. P. Schlöder und O. v. Stryk: *Introduction to Model Based Optimization of Chemical Processes on Moving Horizon*. In: *Online Optimization of Large Scale Systems*. Springer Verlag, 2001.

[BBM98] Branicky, M. S., V. S. Borkar und S. K. Mitter: *A Unified Framework for Hybrid Control: Model and Optimal Control Theory*. In: *IEEE Transactions on Automatic Control*, Band 43. Januar 1998.

[Bel57] Bellman, R.: *Dynamic Programming*. Princeton University Press, Princeton, 1957.

[Bet98] Betts, J. T.: *Survey of Numerical Methods for Trajectory Optimization*. AIAA J. of Guidance, Control and Dynamics, 21:193–207, 1998.

[BGH$^+$02] Buss, M., M. Glocker, M. Hardt, O. von Stryk, R. Bulirsch und G. Schmidt: *Nonlinear hybrid dynamical systems: modeling, optimal control, and applications*. In: S. Engell, G. Frehse, E. Schnieder (Herausgeber): *Modelling, Analysis and Design of Hybrid Systems*, Band 279 der Reihe *Lecture Notes in Control and Information Sciences (LNCIS)*, Seiten 311–335, Berlin, Heidelberg, 2002. Springer-Verlag.

[BGR97] Barclay, A., P. Gill und J. Rosen: *SQP methods and their application to numerical optimal control*, 1997.

[BH75] Bryson, A. E. und Y. C. Ho: *Applied Optimal Control*. Hemisphere Publishing Corporation, New York, 1975.

[Ble08] Blervaque, V.: *MAPS&ADAS – Final Report*. Technischer Bericht, ERTICO - ITS Europe, 2008.

[BM99] Bemporad, A. und M. Morari: *Control of systems integrating logic, dynamics, and constraints*. Automatica, 35:407–427, 1999.

[Bom99] Boman, E. G.: *Infeasibility and Negative Curvature in Optimization*. Doktorarbeit, program in scientific computing and computational mathematics, Standford University, 1999.

[BP84] Bock, H. G. und K. J. Plitt: *A multiple shooting algorithm for direct solution of optimal control problems*. In: *Proceedings 9th IFAC world congress*, 1984.

[BRA+05] Beuk, L., D. Rabel, J. Angenvoort, K. Mezger und M. Perchina: *MAPS&ADAS – Interface and Data Entity Specifications – Data Protocol*. Technischer Bericht, PReVENT Comission, 2005.

[Bra08] Braun, H.: *Lkw: Ein Lehrbuch und Nachschlagewerk*. Kirschbaum, 2008.

[BRG01] Bae, H. S., J. Ryu und J. C. Gerdes: *Road Grade and Vehicle Parameter Estimation for Longitudinal Control Using GPS*. In: *Intelligent Transportation Systems*, 2001.

[BT95] Boggs, P. T. und J. W. Tolle: *Sequential Quadratic Programming*. In: *Acta Numerica*, Seiten 1–51. 1995.

[Bus00] Buss, M.: *Methoden zur Regelung Hybrider Dynamischer Systeme*. Habilitationsschrift, Technische Universität München, Lehrstuhl für Steuerungs- und Regelungstechnik, München, Deutschland, 2000.

[But04] Butz, T.: *Optimaltheoretische Modellierung und Identifizierung von Fahrereigenschaften*. Doktorarbeit, Fachbereich Informatik der Technischen Universität Darmstadt, 2004.

[BvSBS00] Buss, M., O. von Stryk, R. Bulirsch und G. Schmidt: *Towards hybrid optimal control*. at-Automatisierungstechnik, 48(9):448–459, 2000.

[CB99a] Camacho, E. F. und C. Bordons: *Model predictive control*. Springer, London, 1999.

[CB99b] Cervantes, A. und L. T. Biegler: *Optimization Strategies for Dynamic Systems*. In: *In C. Floudas, P. Pardalos (Eds), Encyclopedia of Optimization*. Kluwer Academic Publishers, 1999.

[CB07] Camacho, E. F. und C. Bordons: *Nonlinear Model Predictive Control: An Introductory Review*. In: *Assessment and Future Directions of Nonlinear Model Predictive Control*, Seiten 1–16. Springer-Verlag Berlin Heidelberg, 2007.

[Chi02] Chin, C. M.: *A Global Convergence Theory of a Filter Line Search Method for Nonlinear Programming*. Technischer Bericht, Department of Statistics, University of Oxford, 1 South Parks Road, Oxford OX1 3TG, England, UK, 2002.

[CLPG99] Cassandras, C.G., Q. Liu, D. Pepyne und K. Gokbayrak: *Optimal Control of a Two-Stage Hybrid Manufacturing System Model*. In: *Proceedings of 38th IEEE Conf. Decision and Control*, Seiten 450–455, 1999.

[Czo00] Czommer, R.: *Leistungsfähigkeit fahrzeugautonomer Ortungsverfahren auf der Basis von Map-Matching-Techniken.* Doktorarbeit, Institut für Anwendungen der Geodäsie im Bauwesen der Universität Stuttgart, 2000.

[Dai03] Daimler AG: *DaimlerChrysler Hightech Report 2/2003.* Technischer Bericht, 2003.

[Dai08] Daimler AG: *Das Mercedes-Benz ProfiTraining.* Informationsbroschüre, 2008.

[Dai09] Daimler Trucks North America LCC: *Freightliner Trucks Launches RunSmart Predictive Cruise for Cascadia.* http://daimler-trucksnorthamerica.com/news/ press-release-detail.aspx?id=813, 2009. (gesichtet am 1.4.2009).

[Dak65] Dakin, R. J.: *A Tree Search Algorithm for Mixed Integer Programming Problems.* In: *Computer Journal*, Nummer 8, Seiten 250–255. 1965.

[Die02] Diehl, M.: *Real-Time Optimization for Large Scale Nonlinear Processes*, Band 920 der Reihe *Fortschr.-Ber. VDI Reihe 8, Meß-, Steuerungs- und Regelungstechnik.* VDI Verlag, Düsseldorf, 2002.

[Ebe96] Ebersbach, D.: *Entwurfstechnische Grundlagen für ein Fahrerassistenzsystem zur Unterstützung des Fahrers bei der Wahl seiner Geschwindigkeit.* Doktorarbeit, Technische Universität Dresden, 2996.

[Eur03] European Commission: *The Galilei Project - GALILEO Design consolidation.* Technischer Bericht, 2003.

[FA02] Findeisen, R. und F. Allgöwer: *An Introduction to Nonlinear Model Predictive Control.* Technischer Bericht, Institute for Systems Theory in Engineering, University of Stuttgart, Germany, 2002.

[FGM95] Forsgren, A., P. E. Gill und W. Murray: *Computing modified Newton directions using a partial Cholesky factorization.* SIAM J. Sci. Comput., 16(1):139–150, 1995.

[Fin00] Findeisen, R.: *Nonlinear model predictive control : a sampled data feedback perspective.* Doktorarbeit, Institut für Systemtheorie und Regelungstechnik, Universität Stuttgart, 2000.

[Föl94] Föllinger, O.: *Optimale Regelung und Steuerung.* Oldenbourg, München, 3 Auflage, 1994.

[FL99] Fletcher, R. und S. Leyffer: *User manual for filterSQP.* Technischer Bericht, University of Dundee, Department of Mathematics, Dundee, DD1 4HN, Scotland, 1999.

[Föl01] Föll, A.: *Predictive Gear Scheduling – Funktionsweise von prädiktiv geregelten Schaltprogrammen mit Berücksichtigung von Fahrzeugumfelddaten.* In: *VDI Tagung Getriebe in Fahrzeugen*, 2001.

[Fle87] Fletcher, R.: *Practical methods of optimization; (2nd ed.).* Wiley-Interscience, New York, NY, USA, 1987.

[Fle97] Fletcher, R.: *Nonlinear programming without a penalty function.* Mathematical Programming, 91:239–269, 1997.

[FLT00] Fletcher, R., S. Leyffer und Ph. L. Toint: *On the Global Convergence of a Filter-SQP Algorithm*, 2000. Dundee University, Dept. of Mathematics, Report NA/197, to appear in SIAM Journal of Optimization.

[FLT06] Fletcher, R., S. Leyffer und Ph. L. Toint: *A Brief History of Filter Methods.* Technischer Bericht, Department of Mathematics, University of Dundee, Dundee, UK, 2006.

[Fon00] Fontes, F. A. C. C.: *Overview of Nonlinear Model Predictive Control Schemes Leading to Stability.* Technischer Bericht, Departamento de Matematica, Universidade do Minho, Portugal, 2000.

[GKV03] Gonzaga, C. C., E. Karas und M. Vanti: *A Globally Convergent Filter Method for Nonlinear Programming.* SIAM J. on Optimization, 14(3):646–669, 2003.

[GL89] Golub, G. H. und C. F. Van Loan: *Matrix Computations.* Johns Hopkins Univ. Press, 1989. Second Edition.

[GMS95] Gill, P. E., W. Murray und M. A. Saunders: *User's Guide For QPOPT 1.0: A Fortran Package For Quadratic Programming.* Technischer Bericht, Stanford University, 1995.

[GMS05] Gill, P. E., W. Murray und M. A. Saunders: *SNOPT: An SQP algorithm for Large-Scale Constrained Optimization.* SIAM Review, 47(1):99–131, 2005.

[GMSW91] Gill, P. E., W. Murray, M. A. Saunders und M. H. Wright: *Inertia-Controlling Methods for General Quadratic Programming.* j-SIREV, 33(1):1–36, 1991.

[GO04] Guzzella, L. und C. H. Onder: *Introduction to modeling and control of internal combustion engine systems.* Springer, 2004.

[Gri89] Griewank, A.: *On Automatic Differentiation.* In: *in Mathematical Programming: Recent Developments and Applications*, Seiten 83–108. Kluwer Academic Publishers, 1989.

[GT01] Gould, N. I. M. und Ph. L. Toint: *Global Convergence of a Hybrid Trust-Region SQP-Filter Algorithm for General Nonlinear Programming.* In: *System Modelling and Optimization*, Seiten 23–54, 2001.

[Hel07] Hellström, E.: *Look-ahead Control of Heavy Trucks utilizing Road Topography.* Doktorarbeit, Department of Electrical Engineering Linköpings universitet, 2007.

[HMV+05] Heinig, K., M. Mittaz, A. Varchmin, C. Hecht und S. T'Siobbel: *MAPS&ADAS – Driver Warning System Test Results.* Technischer Bericht, PReVENT Comission, 2005.

[Hoe04] Hoepke, E.: *Nutzfahrzeugtechnik.* Friedrich Voeweg & Sohn Verlag/GWV Fachverlag GmbH, Wiesbaden, 2004.

[Hua03] Huang, P.: *Regelkonzepte zur Fahrzeugführung unter Einbeziehung der Bedienelementeigenschaften.* Doktorarbeit, Fakultät für Maschinenwesen der Technischen Universität München, 2003.

[ITT+02] Inagawa, T., H. Tomomatsu, Y. Tanaka, K. Shiiba und Goshi Yamaguchi: *Shift Control System Developement (NAVI AI-SHIFT) for 5 speed automatic transmissions using information from the vehicle's navigation system.* In: *Proceedings of the SAE 2002 World Congress*, Detroit, 2002.

[KB70] Köppel, G. und H. Bock: *Kurvigkeit, Stetigkeit und Fahrgeschwindigkeit.* Straße und Autobahn, 8, 1970.

[KBF⁺05] Koch, H.-J., P. H. Brunner, H. Foth, C. von Haaren, M. Jänicke, P. Michaelis und K. Ott: *Sondergutachten Umwelt und Straßenverkehr – Hohe Mobilität - Umweltverträglicher Verkehr.* Technischer Bericht, Geschäftsstelle des Sachverständigenrates für Umweltfragen (SRU), 2005.

[Kir07] Kirchner, E.: *Leistungsübertragung in Fahrzeuggetrieben.* Springer, 2007.

[KN00] Kiencke, U. und L. Nielsen: *Automotive Control Systems.* Springer-Verlag, Berlin, Heidelberg, New York, 2000.

[KS01] Kuhn, K.-P. und K. Samper: *Reduktion des Kraftstoffverbrauchs durch ein vorausschauendes Assistenzsystem.* In: *Der Fahrer im 21. Jarhhundert.* VDI Berichte 1623, 2001.

[Lei95] Leineweber, D. P.: *Analyse und Restrukturierung eines Verfahrens zur direkten Lösung von Optimal–Steuerungsproblemen.* Diplomarbeit, Interdisziplinäres Zentrum für Wissenschaftliches Rechnnen (IWR) Universität Heidelberg, 1995.

[Lei99] Leineweber, D. P.: *Efficient reduced SQP methods for the optimization of chemical processes described by large sparse DAE models.* Nummer 613 in *3.* VDI-Verlag GmbH, Düsseldorf, 1999.

[Löf00] Löffler, J.: *Optimierungsverfahren zur adaptiven Steuerung von Fahrzeugantrieben.* Doktorarbeit, Fakultät Verfahrenstechnik und Technische Kybernetik der Universität Stuttgart, 2000.

[LNTC04] Lattemann, F., K. Neiss, S. Terwen und T. Connolly: *The predictive cruise control : A system to reduce fuel consumption of heavy duty trucks.* SAE transactions, 113, 2004.

[LVR⁺06] Loewenau, J., A. Vogt, W. Richter, C. Urbanczik, L. Beuk, R. Pichler und S. Durekovic: *MAPS&ADAS – Validating the ADAS Interface using Active Cruise Control.* In: *13th World Congress & Exhibition on Intelligent Transport Systems and Services,* ExCel London, 2006.

[Man04] Manfeld, W.: *Satellitenortung und Navigation: Grundlagen und Anwendung globaler Satellitennavigationssysteme.* Vieweg und Teubner, 2004.

[Mül05] Müller, M.: *Ein Beitrag zur Entwicklung von Assistenzsystemen für eine vorausschauende Fahrzeugführung im Straßenverkehr.* Doktorarbeit, Technische Universität Kaiserlautern, 2005.

[Mün06] Münz, E.: *Identifikation und Diagnose hybrider dynamischer Systeme.* Doktorarbeit, Institut für Regelungs- und Steuerungssysteme, Universität Karlsruhe (TH), 2006.

[MRRS00] Mayne, D. Q., J. B. Rawlings, C. V. Rao und P. O. M. Scokaert: *Constrained Model Predictive Control: Stability and Optimality.* Automatica, 36:789–814, 2000.

[MW04] Mitschke, M. und H. Wallentowitz: *Dynamik der Kraftfahrzeuge.* Springer, 4., neubearb. Aufl. Auflage, 2004.

[Nen01] Nenninger, G. M.: *Modellbildung und Analyse hybrider dynamischer Systeme als Grundlage für den Entwurf hybrider Steuerungen.* Doktorarbeit, Institut für Regelungs- und Steuerungssysteme, Universität Karlsruhe (TH), 2001.

[NK97] Nenninger, G. und V. Krebs: *Modeling and analysis of hybrid systems: A new approach integrating petri nets and differential equations.* In: *Proceedings of the IEEE 5th International Workshop on Parallel and Distrebuted Real-Time Systems.* Springer Verlag, 1997.

[Nor07] Nordström, P.-E.: *Scania stellt professionelles Fahrertraining vor.* Pressemitteilung, 9 2007.

[NW99] Nocedal, J. und S. J. Wright: *Numerical Optimization.* Springer Series in Operations Research, 1999.

[Nyl06] Nylund, N.-O.: *HDEnery: Fuel Savings for Heavy-Duty Vehicles – Summary Report 2003-2005.* Technischer Bericht, 2006.

[Pau98] Paulsen, L.: *Die neue Telligent-Schaltung von Daimler-Benz-Teils I.* Automobiltechnische Zeitung – ATZ, 1998.

[Per84] Perold, A. F.: *Large-Scale Portfolio Optimization.* Management Science, (30), 1984.

[Pro00] Prokop, G.: *Model of Human Vehicle Driving – A Predictive Nonlinear Optimization Approach.* Technischer Bericht, California PATH Research Report, Institute of Transportation Studies, University of California, Berkeley, 2000.

[Raj06] Rajamani, R.: *Vehicle Dynamics and Control.* Springer Science and Business Media, 2006.

[RFD$^+$99] Reichart, G., S. Friedmann, C. Dorrer, H. Rieker, E. Drechsel und G. Wermuth: *Potentials of BMW Driver Assistance to Improve Fuel Economy.* Sonderheft der Automobiltechnischen Zeitschrift (ATZ), 1999.

[RSS98] Rieker, H., P. Schützner und J. Stoll: *Method and apparatus for determining the mass of a vehicle.* Schutzrecht, EP19980123713, 1998.

[Sag05] Sager, S.: *Numerical methods for mixed-integer optimal control problems.* Doktorarbeit, Interdisziplinäres Zentrum für wissenschaftliches Rechnen, Universitt Heidelberg, 2005.

[San01] Sandberg, T.: *Heavy truck modeling for fuel consumption simulations and measurements.* Doktorarbeit, Institute of technology Linköpings Universitet, Department of Electrical Engineering, 2001.

[Sch96] Schulz, V. H.: *Reduced SQP methods for large-scale optimal control problems in DAE with application to path planning problems for satellite mounted robots.* Doktorarbeit, Universität Heidelberg, 1996.

[Sch00] Schraut, M.: *Umgebungserfassung auf Basis lernender digitaler Karten zur vorausschauenden Konditionierung von Fahrerassistenzsystemen.* Doktorarbeit, Lehrstuhl für Realzeit-Computersysteme der Technischen Universität München, 2000.

[Sch01] Schnabel, M.: *Diskret-kontinuierliche dynamische Systeme: Optimale Steuerung und Beobachtung.* Doktorarbeit, Institut für Regelungs- und Steuerungssysteme, Universität Karlsruhe (TH), 2001.

[Sch07] Schuler, R.: *Situationsadaptive Gangwahl in Nutzfahrzeugen mit automatisiertem Schaltgetriebe.* Doktorarbeit, Institut für Verbrennungsmotoren und Kraftfahrwesen der Universität Stuttgart, 2007.

[SKBZ04] Sandkühler, D., H. Kitterer, K. Breuer und F. Zielke: *Rechnet sich ACC im Fernverkehrs-Lkw? Eine Antwort. Und methodische Ansätze zu ihrer Überprüfung.* In: *13. Aachener Kolloquium,* 2004.

[SMI$^+$08] Schulze, M., T. Mäkinen, J. Irion, M. Flament und T. Kessel: *Preventive and Active Safety Applications – Final Report.* Technischer Bericht, PReVENT Consortium, 2008.

[Spi02] Spiegelberg, G.: *Ein Beitrag zur Erhöhung der Verkehrssicherheit und Funktionalität von Fahrzeugen unter Einbindung des Antriebstrangmoduls MOT ion X-ACT.* Cuvillier, 1. Aufl. Auflage, 2002.

[Ste95] Steinbach, M.: *Fast recursive SQP methods for large–scale optimal control problems.* Doktorarbeit, Universität Heidelberg, 1995.

[Sto89] Stoer, J.: *Numerische Mathematik 1.* Springer Verlag, Berlin Heidelberg, 1989.

[TBK04] Terwen, S., M. Back und V. Krebs: *Predictive Powertrain Control for Heavy Duty Trucks.* In: *Proceedings of IFAC Symposium in Advances in Automotive Control,* Seiten 451–457, Salerno, Italien, 2004.

[Ter01] Terwen, S.: *Internship Report: Predictive Cruise Control,* 2001. Daimler Trucks North America LCC, interner Bericht.

[Ter02] Terwen, S.: *Prädiktive Regelung eines Hybridfahrzeugs.* Diplomarbeit, Institut für Regelungs- und Steuerungssysteme, Universität Karlsruhe (TH), 2002.

[TNC02] Terwen, S., K. Neiss und T. Connolly: *Predictive speed control for a motor vehicle.* Schutzrecht, US6990401, 2002.

[UUV03] Ulbrich, M., S. Ulbrich und L. N. Vicente: *A globally convergent primal-dual interior-point filter method for nonconvex nonlinear programming.* Mathematical Programming, 100:379–410, 2003.

[Voi04] Voith Turbo GmbH & Co. KG: *Voith Retarder Produktprogramm,* 2004.

[Vol07] Volvo Trucks Cooperation: *Volvo Trucks and the Environment.* Informationsbroschüre, 2007.

[vS94] Stryk, O. von: *Numerische Lösung optimaler Steuerungsprobleme: Diskretisierung, Parameteroptimierung und Berechnung der adjungierten Variablen.* Nummer 441 in *Fortschritt-Berichte VDI, Reihe 8: Meß-, Steuer- und Regelungstechnik.* VDI Verlag, Düsseldorf, 1994.

[vS03] Stryk, O. von: *Numerical Hybrid Optimal Control and Related Topics.* Habilitationsschrift, Technische Universität München, München, Germany, 2003.

[vSG00] Stryk, O. von und M. Glocker: *Decomposition of mixed-integer optimal control problems using branch and bound and sparse direct collocation.* In: S. Engell, S. Kowalewski, J. Zaytoon (Herausgeber): *ADPM 2000 - The 4th International Conference on Automation of Mixed Processes: Hybrid Dynamic Systems,* Seiten 99–104, Aachen, September 18-19 2000. Shaker.

[WB05] Wächter, A. und L. T. Biegler: *Line search filter methods for nonlinear programming: Local convergence.* SIAM Journal on Optimization, 16:32–48, 2005.

[Yos62] Yoshizawa, T.: *Stability of Sets and Perturbed Systems.* Technischer Bericht, Nihon University, 1962.